中小型水库加固及生态景观设计实例

本书编写委员会　编著

中国水利水电出版社

www.waterpub.com.cn

·北京·

内 容 提 要

本书主要以两座中型水库和三座小型水库中存在的病险问题、生态保护景观设计为例,对不同类型的水库加固工程进行了分类对比研究,介绍了中型水库和小型水库加固及生态保护景观设计方法,涉及众多专业,提供了便于在设计中使用的公式、计算方法、技术资料及新技术、新方法。

本书内容丰富,实用性强,可供从事水利水电工程规划、设计、施工、运行、管理、科研等专业技术人员参考,也可作为大专院校师生的教学参考。

图书在版编目(CIP)数据

中小型水库加固及生态景观设计实例 / 《中小型水库加固及生态景观设计实例》编写委员会编著. -- 北京:中国水利水电出版社,2017.12
ISBN 978-7-5170-6200-4

Ⅰ. ①中… Ⅱ. ①中… Ⅲ. ①水库-加固-高等学校-教学参考资料②水库-景观设计-高等学校-教学参考资料 Ⅳ. ①TV698.2②TU983

中国版本图书馆CIP数据核字(2017)第326753号

书　　名	中小型水库加固及生态景观设计实例 ZHONGXIAOXING SHUIKU JIAGU JI SHENGTAI JINGGUAN SHEJI SHILI
作　　者	本书编写委员会　编著
出版发行	中国水利水电出版社 (北京市海淀区玉渊潭南路1号D座　100038) 网址:www.waterpub.com.cn E-mail: sales@waterpub.com.cn 电话:(010)68367658(营销中心)
经　　售	北京科水图书销售中心(零售) 电话:(010)88383994、63202643、68545874 全国各地新华书店和相关出版物销售网点
排　　版	中国水利水电出版社微机排版中心
印　　刷	天津嘉恒印务有限公司
规　　格	184mm×260mm　16开本　25.75印张　610千字
版　　次	2017年12月第1版　2017年12月第1次印刷
印　　数	0001—1000册
定　　价	**98.00元**

本书编写委员会

陈照方　李远程　李旭辉　索二峰　王海霞

汪　军　李培科　邹　昕　闫　新　张　舫

门春英　李军民　张文捷　窦春锋　孙杨杨

杜　悦　姜苏阳

病险水库达不到有关规范、规定要求，工程本身质量差、老化失修严重。这些病险问题导致水库不能正常运行，不能充分发挥其效益。这些水库蓄水运行几十年过程中持续受到渗流、稳定、冲刷等有害作用，还有可能受到超标准洪水的破坏，筑坝材料逐渐老化，水库主体建筑物承受水压力、渗压力等巨大荷载的能力不断降低，需要通过评价分析，掌握大坝性态变化规律，确定危及大坝安全的主要问题，如果这些水库的缺陷隐患不及时评价并加固，就可能造成坝溃厂毁，殃及下游，给人民的生命财产、国民经济建设乃至生态环境和社会稳定带来极大的灾难。

中小型病险水库工程很多，但采用的加固处理措施方法各有千秋，对总体设计思路没有形成系统的模式。本书通过对两个不同类型的中型病险水库、三个不同类型的小型病险水库工程进行了几个方面内容的加固比选：水文、工程地质、工程任务和规模、工程布置及主要建筑物、工程等别和建筑物级别、设计标准、工程选址及闸型选择、工程总体布置、水力设计、防渗排水设计、结构设计、地基处理设计、机电及金属结构、工程管理、施工组织设计、占地处理及移民安置、水土保持设计、环境影响评价、设计概算等方面。

根据新的水文资料，复核水库规模，使达标完建尚缺工程设施，维修加固已遭破坏的工程设施，通过采取不同方法的除险加固措施设计，通过新技术在中小型水库除险加固中的应用，使得病险水库加固工作提高加固措施与技术进一步相结合，广泛采用新技术、新方法，力求体现先进性、科学性和经济性，力求在病险水库治理的工程设计技术方面有所突破。为水库除险加固改造的设计和施工提供有价值的参考，促进设计水平和工程质量的提高，高效、经济、安全、合理地开展水库除险加固工作。

本书的目的在于适应水库加固实践的需要，针对水库加固工程的特点，因其功能、结构不同，以及建设年代不同，这几座水库各有特点，其加固内容和加固方法亦各有特色。

设计中注重生态环境保护对人居环境的美化，紧密水库库岸线土地利用规划及功能区划分，设计科学合理的岸线和经过优化的多姿多彩的水面形式，使中小型水库真正成为一道靓丽的风景线。其总体设计理念：打造成"蓝色海绵"——雨时吸水，旱时贮水，兼顾旱涝问题的水库及下游弹性河道景观系统，将中小型水库下游泄洪与河道建设成为"与周边共呼吸"的生态、休闲、文化、活力之水库，使之具备如下功能：①外部形态，具有优美自然的岸线，能提供雨水滞蓄、气候调节等功能；②内部结构，具有完善的自我调节功能，生态系统结构多样，能为各种生物提供自然栖息地；③社会服务，具有完善的社会服务与文化展示功能，满足周边居民与使用者的多种活动需求。

水库是重要的生态绿廊，衔接下游生态廊道，串联主要的绿地节点。设计中充分考虑了水土绿地系统的完整性，将慢行系统、景观节点设计与生态相结合。

陈照方编写了前言、第1章、第4章4.4节；李远程编写了第7章7.3节；李旭辉编写了第4章4.3节、第6章6.3.3小节；索二峰编写了第3章3.4.2.1～3.4.2.4小节；汪军编写了第2章2.1～2.2节、第6章6.3节；李培科编写了第4章4.2节、第8章8.4节；邹昕编写了第4章4.1节；王海霞编写了第2章2.4节、第4章4.5～4.7节、第8章8.5～8.6节；闫新编写了第3章3.4.1.4～3.4.1.6小节、第7章7.1节；张舫编写了第3章3.1～3.3节、第8章8.1～8.3节；门春英编写了第3章3.4.1.1～3.4.1.2节、第5章；李军民编写了第2章2.3.1小节；张文捷编写了第3章3.4.2.5～3.4.2.7小节、第7章7.2节；窦春锋编写了第6章6.1～6.2节；孙杨杨编写了第3章3.4.1.3小节；杜悦编写了第2章2.3.2小节；全书由姜苏阳统稿。

为总结探讨中小型水库加固及景观设计的经验，兹编写本书，以期与同行进行技术交流。本书引用了大量的设计科研成果和文献资料，并得到了多家单位和多位专家的大力支持，在此，一并表示衷心的感谢！

由于本书涉及专业众多，编写时间仓促，错误和不当之处，敬请同行专家和广大读者不吝赐教指正。

编写委员会

2017年10月

目 录

第1章 中型水库的加固措施特点

1.1 加固前的状况

(1) 土坝中存在的问题。①土坝未达标，坝顶偏低，背水坡比过陡。现状坝顶高程均低于设计坝顶高程。土坝背水坡比过陡，土坝安全存在隐患；②上游干砌石护坡破坏严重。原设计干砌石护坡厚30cm，但施工时块石超径和逊径较为严重，致使块石粒径大小不一，砌筑质量较差。护坡块石受风化、波浪淘刷及冰冻影响，加之管理养护不善，护坡块石破坏严重。

(2) 溢洪道出现的问题。溢洪道无护砌及消能设施，渠底高程又较低，一方面使水库无法正常蓄水，水资源未能得到充分利用；另一方面溢洪道无能力承担宣泄较大洪水任务。

(3) 输水洞存在的问题。输水洞消力池翼墙受水流冲刷、风化侵蚀和墙后土压力作用及土体冻融等影响，使工程老化，浆砌石出现纵向裂缝。底板受水流冲刷，冻融破坏等，表层已被剥蚀。闸门陈旧、漏水，启闭设备失灵，拦污栅破损。洞身长度不满足土坝加高培厚要求。

1.2 处理措施方案

两个水库除险加固方案均考虑了以下几个方面内容：①根据新的水文资料，复核水库规模；②达标完建尚缺工程设施；③维修加固已遭破坏工程设施。主要包括如下：

(1) 大坝加高培厚。中型水库除险加固工程的除险加固措施应充分利用既有工程。对大坝质量较好、坝身不长、淹没不大的水库，这样做优越性较大，宜对大坝采取加高培厚措施；但对坝身较长的大坝，一般来讲就显得不够经济合理。

(2) 溢洪道拓宽。根据新的水文资料，复核水库规模，拓宽溢洪道，拓宽进、出口段。一般水库溢洪道地处右岸或左岸山体坡脚处，闸室段为全风化的岩石，岩石完整性差，中等透水，应对溢洪道进行加固设计。

(3) 增建非常溢洪道。利用有利地形增建非常溢洪道，提高水库防洪标准。

(4) 输水洞。输水洞除险加固一般主要包括：洞身接长，消力池翻修，更换闸门和启闭设备。此外，要对输水洞过流能力进行复核计算。

1.3 采用的新技术

两个病险水库加固工作坚持加固与提高、加固与技术进一步相结合，力求在病险水库治理的技术经济方面有所突破。在两个病险水库加固时，采用了新技术、新方法、新材料、新工艺。两个病险水库均存在上游坝坡冲刷严重，坝体超高及坝体断面不满足要求，无观测设施，管理设施落后、缺乏等问题。关于工程质量问题，两个土坝主要是渗漏、滑坡和裂缝，其中滑坡和裂缝的产生，有的也与渗漏有关，所以处理土坝质量，关键是防渗。在两个病险水库防渗加固中，坝基和坝体都需要防渗加固。在采取工程措施时，多采取垂直防渗措施。近年来水泥深层搅拌防渗墙技术，应用到水库除险加固中效果显著。随着水泥深层搅拌防渗墙施工机械和工艺技术的不断发展和完善，已成为水库大坝防渗加固的一项重要措施。对于基坝，所采用的防渗处理是一种技术先进、工艺合理、工程造价低、防渗效果好、适用范围广。复合土工膜防渗也广泛运用于土坝加固中，因此，两个水库土坝坝体防渗方案均比较了：复合土工膜铺设于上游坡坡面和坝体采用高压定喷灌浆防渗墙。坝基均采用高压定喷灌浆防渗墙。

第2章 中型水库的洪水标准、工程地质勘察及工程任务和规模

2.1 流域及工程概况

2.1.1 角峪水库

牟汶河为黄河的一级支流大汶河的北支，角峪水库位于牟汶河的支流汇河上，汇河流域形状为扇形，主要发源地为济南市岱岳区周家庄。角峪水库坝址以上控制流域面积为44km²，河道长度14km，干流平均比降为3.7‰，流域内以山地、丘陵为主，山区植被较差。角峪水库流域示意图见图2.1-1。

角峪水库1959年始建，1966年由小（1）型水库扩建为中型水库。水库总库容1785

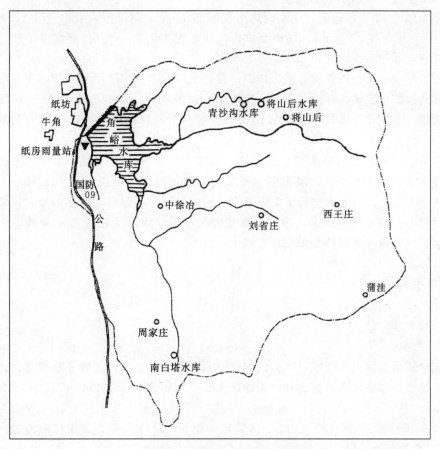

图2.1-1 角峪水库流域示意图

万 m³，死库容 166 万 m³，兴利库容 924 万 m³。水库上游有小（2）型水库 3 座，控制流域面积 6.94km²，总兴利库容 29 万 m³。

水库设计任务为以防洪为主，兼顾农业灌溉、水产养殖。水库下游保护角峪镇人口 1.2 万人，1.0 万亩耕地，以及国防 09 公路，青银高速、京沪高速等重要基础设施；水库原设计灌溉面积 2.5 万亩，"三查三定"核定设计灌溉面积 1.84 万亩，现有效灌溉面积 1.5 万亩。

水库枢纽工程由大坝、溢洪道、放水洞组成。大坝为均质坝，全长 1142m，坝顶高程 166.96～168.00m；溢流堰为开敞式无闸宽顶堰，堰顶高程 163.57m，堰顶净宽 100m。2007 年泰安市水利和渔业局对水库进行了安全鉴定，鉴定结论为工程存在较多的质量问题，水库大坝防洪标准不满足规范要求，坝体、坝基渗漏严重，水库无法发挥正常效益，属Ⅲ类坝，该鉴定结论通过水利部大坝安全管理中心核查。

2.1.2　山阳水库

牟汶河为黄河的一级支流大汶河的北支，山阳水库位于牟汶河的支流八里沟上游，流域形状为扇形。山阳水库坝址以上控制流域面积为 47km²，干流河道长 10km，平均比降为 21‰，流域内山区占 75%，丘陵占 25%，地貌为砂石山区，近年来经大规模植树造林，现可控制水土流失面积在 70% 以上。

山阳水库于 1960 年建成，现水库总库容 2295 万 m³，防洪库容 1057 万 m³，兴利库容 1151 万 m³，死库容 87 万 m³，属中型水库。该水库上游有小（1）型水库 1 座，小（2）型水库 2 座，其控制流域面积 32km²，总库容 246 万 m³，兴利库容 170 万 m³。

山阳水库设计主要任务为防洪、灌溉，兼顾水产养殖。水库下游防护对象有泰安市岱岳区的良庄镇和房庄镇 4.9 万人及 5 万亩农田、京沪铁路、京福高速公路、104 国道等重要交通设施；水库设计灌溉任务为 1.15 万亩，设计灌溉保证率为 50%，现有效灌溉面积为 1.15 万亩。

水库枢纽工程主要包括大坝、溢洪道、放水洞三部分。大坝为均质坝，全长 900m，坝顶高程 139.23～140.18m；溢流堰为开敞式无闸宽顶堰，堰顶高程 136.80m。2007 年泰安市水利和渔业局对水库进行了安全鉴定，鉴定结论为工程存在较多的质量问题，水库大坝防洪标准不满足规范要求，坝体、坝基渗漏严重，水库无法发挥正常效益，属Ⅲ类坝，该鉴定结论通过水利部大坝安全管理中心核查。

2.2　洪水标准

2.2.1　角峪水库

2.2.1.1　气象

该流域属暖温带大陆性季风气候，四季分明，春季干旱多风，夏季酷热多雨，秋季天高气爽，冬季严寒少雨雪。据统计，该地区多年平均年降水量 712mm，其中 6—9 月降水量 489mm，占全年的 70% 左右；流域平均气温 12.8℃，最大冻土深 46cm，最高月平均气温 26.4℃，最低月平均气温−3.2℃，无霜期平均 200d，多年平均最大风速为 14.6m/s。

2.2.1.2　水文基本资料

该水库所在流域无水文测站，流域内仅有一处雨量站，即纸房雨量站，该站自 1963

年以来观测至今，降雨资料观测、整编精度满足规范要求。由于水库流域面积较小，可用纸房雨量站作为角峪水库流域的代表站。

为解决无资料地区设计洪水计算问题，山东省水利厅于1982年编制了《山东省大中型水库防洪安全复核洪水计算办法》，采用资料系列截至20世纪70年代，内容包括设计暴雨、点面关系、雨型日程及时程分配等。

另外，山东省水文水资源局绘制了新的暴雨等值线图，采用资料系列截至1999年。

2.2.1.3 径流

角峪水库所在汇河属雨源型河流，流域径流与降水量变化规律一致，年内、年际变化较大，角峪水库多年平均年径流深200mm（系列1956—2000年，山东省水资源综合评价）。

角峪水库无实测水文资料，同在大汶河流域的黄前水库资料条件较好，且降水、下垫面条件与角峪水库相似，角峪水库天然径流系列采用黄前水库资料按面积比一次方计算，角峪水库上游小型水库共3座，有效库容29万m³，将水库历年天然径流扣除上游水库的有效库容得出水库现状工程下入库径流系列。

2.2.1.4 洪水

1. 暴雨洪水特性

该地区暴雨特性为：暴雨量级大，历时短，发生频繁。角峪水库1963—2005年43年实测降雨系列中，年最大24h降雨量大于100mm的降雨有20场，大于200mm的降雨有3场。最大24h降雨量占最大3d降雨量的比重平均为88.3%。

该流域洪水主要由暴雨形成，洪水主要集中在汛期，且年际变化大。该河属山溪性河流，源短流急，洪水暴涨暴落，历时较短，一次洪水总历时一般在24h左右，双峰型洪水历时可达2～3d。

2. 设计洪水

（1）以往成果。

1）1982年，泰安市水利局编制《水利工程"三查三定"大中型水库防洪安全复核计算书》，PMP洪峰流量2007m³/s，3d洪量0.48亿m³；万年一遇洪峰流量1219m³/s，3d洪量0.29亿m³；300年一遇洪峰流量727m³/s，3d洪量0.165亿m³。

2）2007年4月，泰安水文水资源勘测局编制《山东省泰安市岱岳区角峪水库安全鉴定——设计洪水复核报告》，对角峪水库设计洪水通过实测暴雨资料和等值线图两种方法进行了计算，提出设计洪水成果：千年一遇洪峰流量873m³/s，24h洪量0.18亿m³，3d洪量0.19亿m³；百年一遇洪峰流量579m³/s，24h洪量0.12亿m³，3d洪量0.13亿m³。

（2）本次计算方法。角峪水库设计洪水计算采用3种方法：方法一为直接雨量法；方法二为暴雨等值线图法；方法三为地区综合法。方法一和方法二通称为雨量法。

（3）雨量法（方法一和方法二）。

1）设计面雨量计算。

a. 直接面雨量法。采用年最大值选样法，选取纸房雨量站1963—2005年共43年的最大24h、最大3d点雨量系列，采用数学期望公式计算经验频率：

$$P_m = \frac{m}{n+1} \qquad (2.2-1)$$

式中：P_m 为实测系列各点经验频率；m 为实测系列按大小递减次序排列的序号；n 为实测系列年数。

统计参数中均值按算术平均计算，变差系数 C_V 用矩法公式计算：

$$C_V = \frac{1}{\overline{X}} \sqrt{\frac{1}{n-1} \sum_{i=1}^{n} (x_i - \overline{X})^2} \qquad (2.2-2)$$

式中：$\overline{X}$ 为 n 年实测系列算术平均值；x_i 为连序系列中第 i 项变量。

采用 P-Ⅲ型曲线进行适线，求得角峪水库不同频率设计面雨量见表 2.2-1。

表 2.2-1　　　　　　　　直接法计算角峪水库设计面雨量成果表

项目	均值/mm	C_V	C_S/C_V	不同频率设计面雨量/mm						
				$P=0.05\%$	$P=0.1\%$	$P=0.2\%$	$P=1\%$	$P=2\%$	$P=5\%$	$P=10\%$
H_{24h}	115.1	0.53	3.5	500	460	420	326	286	232	182
H_{3d}	136.6	0.48	3.5	535	494	453	357	315	260	205

b. 暴雨等值线图法。查山东省水文水资源勘测局采用 1999 年以前资料系列绘制的该省暴雨等值线图，得角峪水库流域中心处多年平均最大 24h 点雨量均值为 108mm、变差系数 C_V 值为 0.56；多年平均最大 3d 点雨量均值为 125mm、变差系数 C_V 值为 0.52，取 $C_S=3.5C_V$，求得水库不同频率年最大 24h、年最大 3d 设计点雨量，根据《山东省大、中型水库防洪安全复核洪水计算办法》，按流域面积查点面折减系数（24h 为 0.97，3d 为 0.98），得到角峪水库等值线图法设计面雨量成果见表 2.2-2。

表 2.2-2　　　　　　　　角峪水库等值线图法设计面雨量成果表

项目	点雨量均值/mm	C_V	C_S/C_V	不同频率设计面雨量/mm						
				$P=0.05\%$	$P=0.1\%$	$P=0.2\%$	$P=1\%$	$P=2\%$	$P=5\%$	$P=10\%$
H_{24h}	108	0.56	3.5	488	448	408	315	275	222	181
H_{3d}	125	0.52	3.5	530	489	447	350	307	251	208

c. 设计面雨量成果比较。采用两种途径计算的角峪水库各频率设计面雨量成果见表 2.2-3，比较可知，两种方法计算成果相当接近，不同频率年最大 24h、最大 3d 设计面雨量成果相差在 3% 以内。2000 年编制的暴雨等值线图是选取各区域代表雨量站 1999 年以前的雨量资料，综合定线绘制而成，能反映出较大区域的暴雨特性；直接面雨量法推求设计雨量，采用的纸房雨量站 1953—2005 年资料，暴雨系列更长，纸房站为该流域代表站，更能反映此流域的暴雨特性。两方法计算成果一致，说明该地区设计暴雨成果是较为稳定的。

表 2.2-3   角峪水库设计面雨量成果比较表

方法	项目	均值/mm	C_V	C_S/C_V	不同频率设计面雨量/mm						
					$P=0.05\%$	$P=0.1\%$	$P=0.2\%$	$P=1\%$	$P=2\%$	$P=5\%$	$P=10\%$
直接面雨量法	H_{24h}	115.1	0.53	3.5	500	460	420	326	286	232	182
	H_{3d}	136.6	0.48	3.5	535	494	453	357	315	260	205
暴雨等值线图法	H_{24h}	108	0.56	3.5	488	448	408	315	275	222	181
	H_{3d}	125	0.52	3.5	530	489	447	350	307	251	208

2）产流计算。径流深采用降雨-径流关系查算；降雨-径流关系线采用 4 号线（大汶河流域、津浦铁路以东，山丘地区集水面积小于 300km²），设计前期影响雨量 $P_a=$ 40mm，采用的 4 号线降雨径流关系见表 2.2-4。

表 2.2-4   角峪水库降雨-径流关系表   单位：mm

降雨量 $P+P_a$	50	100	200	300	400	500	600	700	800
径流深 R	4	33	120	214	308	404	500	596	691

设计雨型采用泰沂山南北区雨型，时段长为 1h，角峪水库不同设计频率逐日净雨量见表 2.2-5，计算的不同设计频率净雨时程分配见表 2.2-6。

表 2.2-5   角峪水库不同设计频率净雨日分配表

日次	不同频率净雨量/mm						
	$P=0.05\%$	$P=0.1\%$	$P=0.2\%$	$P=1\%$	$P=2\%$	$P=3.33\%$	$P=5\%$
R_1	5.3	5.2	5	4.5	4.2	4	4
R_2	11.4	11.1	10.8	9.8	9.4	8.9	8.5
R_3	442.6	404	365.5	276.2	238.2	211.3	187.8

3）汇流计算。汇流计算采用综合瞬时单位线法。单位线参数 M 入黄山丘区综合瞬时单位线计算公式推算公式为

$$M=0.24F^{0.33}J^{-0.27}R^{-0.20}T_C^{0.17} \qquad (2.2-3)$$

式中：F 为流域面积，取 44.0km²；J 为河道干流平均坡度，取 0.0037；R 为次净雨深，mm；T_C 为净雨历时，h。

由瞬时单位线法推求的不同频率设计洪水成果见表 2.2-7，设计洪水过程线见表 2.2-8。

（4）地区综合法（方法三）。收集同在大汶河流域的部分支流不同流域面积的雪野、大冶等水库的设计洪水，见表 2.2-9，表中水库设计洪水成果经审查，各水库设计洪水同角峪水库一样，均未考虑上游小型水库影响。水库流域暴雨洪水特性、地形特征与角峪水库相似，水文分区同属大汶河流域津浦铁路以东。角峪水库流域面积 44km²，河道比降 4.7‰，年最大 24h 面雨量均值 105mm（暴雨等值线图）。选取的邻近水库面积在 88.6～444km² 之间，各水库河道比降相差不大，年最大 24h 降雨量均值接近。

表 2.2-6　　　　　角峪水库不同设计频率净雨时程分配表（直接面雨量法）

时段（Δt=1h）净雨量分配/mm

P/%	日程/d	日净雨/mm	1	2	3	4	5	6	7	8	9	10	11	12	13	14	15	16	17	18	19	20	21	22	23	24
0.05	1	5.3			1.6	1.2	1.7	0.4	0.1	0.2																
	2	11.4				3.4	3.5	1.1	0.3							2.3	0.6	0.1						0.1		
	3	442.6			4.4	2.2	0.9	0.4	4.4	4.0	2.7	3.5	4.0	6.6	19.5	38.9	25.2	72.1	110.0	56.2	28.8	11.9	17.3	14.6	14.2	0.0
0.1	1	5.2			1.6	1.2	1.6	0.4	0.1	0.2																
	2	11.1				3.3	3.4	1.0	0.3							2.3	0.6	0.1						0.1		
	3	404.0			4.0	2.0	0.8	0.4	4.0	3.6	2.4	3.2	3.6	6.1	17.8	35.6	23.0	65.9	101.0	51.3	26.3	10.9	15.8	13.3	12.9	0.0
0.2	1	5.0			1.5	1.2	1.6	0.4	0.1	0.2																
	2	10.8				3.2	3.3	1.0	0.3							2.2	0.6	0.1						0.1		
	3	365.5			3.7	1.8	0.7	0.4	3.7	3.3	2.2	2.9	3.3	5.5	16.1	32.2	20.8	59.6	91.4	46.4	23.8	9.9	14.3	12.1	11.7	0.0
1	1	4.5			1.4	1.0	1.4	0.4	0.1	0.2																
	2	9.8				3.0	3.0	0.9	0.3							2.0	0.5	0.1						0.1		
	3	276.2			2.8	1.4	0.6	0.3	2.8	2.5	1.7	2.2	2.5	4.1	12.2	24.3	15.7	45.0	69.1	35.1	18.0	7.5	10.8	9.1	8.8	0.0
2	1	4.2			1.3	1.0	1.3	0.3	0.1	0.2																
	2	9.4				2.8	2.9	0.9	0.2							1.9	0.5	0.1						0.1		
	3	238.2																								
5	1	4.0			1.2	0.9	1.3	0.3	0.1	0.2																
	2	8.5				2.6	2.6	0.8	0.2							1.7	0.5	0.1						0.1		
	3	187.8			1.9	0.9	0.4	0.2	1.9	1.7	1.1	1.5	1.7	2.8	8.3	16.5	10.7	30.6	46.9	23.8	12.2	5.1	7.3	6.2	6.0	0.0

表 2.2-7 角峪水库瞬时单位线法设计洪水成果表

方法	项目	不同频率设计值					
		$P=0.05\%$	$P=0.1\%$	$P=0.2\%$	$P=1\%$	$P=2\%$	$P=5\%$
直接面雨量法	$Q_m/(m^3/s)$	962	873	783	579	493	381
	$W_{6h}/万\ m^3$	1361	1242	1122	847	729	573
	$W_{24h}/万\ m^3$	1948	1778	1609	1216	1049	828
	$W_{72h}/万\ m^3$	2033	1861	1688	1289	1118	891
暴雨等值线图法	$Q_m/(m^3/s)$	926	853	763	552	475	365
	$W_{6h}/万\ m^3$	1333	1221	1098	810	697	541
	$W_{24h}/万\ m^3$	1917	1750	1580	1189	1024	804
	$W_{72h}/万\ m^3$	2045	1885	1711	1316	1143	917

表 2.2-8 角峪水库瞬时单位线法设计洪水过程线 (直接面雨量法)

时段/h	不同频率设计洪水流量/(m^3/s)						
	$P=0.05\%$	$P=0.1\%$	$P=0.2\%$	$P=1\%$	$P=2\%$	$P=3.33\%$	$P=5\%$
1	0.44	0.44	0.44	0.44	0.44	0.44	0.44
2	0.44	0.44	0.44	0.44	0.44	0.44	0.44
3	1.15	1.13	1.09	0.99	0.94	0.89	0.89
4	4.22	4.08	3.89	3.43	3.16	2.93	2.90
5	8.13	7.86	7.49	6.62	6.12	5.68	5.70
6	11.50	11.10	10.60	9.43	8.76	8.17	8.20
7	12.10	11.70	11.30	10.10	9.46	8.89	8.88
8	10.40	10.10	9.74	8.85	8.37	7.92	7.93
9	7.99	7.78	7.53	6.93	6.61	6.30	6.32
10	5.64	5.50	5.35	4.98	4.80	4.62	4.63
11	3.72	3.65	3.56	3.36	3.28	3.18	3.19
12	2.38	2.34	2.30	2.20	2.17	2.12	2.13
13	1.53	1.51	1.49	1.45	1.44	1.42	1.43
14	1.03	1.02	1.01	1.00	1.00	0.99	0.99
15	0.75	0.74	0.74	0.74	0.74	0.74	0.74
16	0.59	0.59	0.59	0.59	0.60	0.60	0.60
17	0.52	0.52	0.52	0.52	0.52	0.52	0.52
18	0.48	0.48	0.48	0.48	0.48	0.48	0.48
19	0.46	0.46	0.46	0.46	0.46	0.46	0.46
20	0.45	0.45	0.45	0.45	0.45	0.45	0.45
21	0.44	0.44	0.44	0.44	0.44	0.44	0.44

时段/h	不同频率设计洪水流量/(m³/s)						
	$P=0.05\%$	$P=0.1\%$	$P=0.2\%$	$P=1\%$	$P=2\%$	$P=3.33\%$	$P=5\%$
22	0.44	0.44	0.44	0.44	0.44	0.44	0.44
23	0.44	0.44	0.44	0.44	0.44	0.44	0.44
24	0.44	0.44	0.44	0.44	0.44	0.44	0.44
25	0.44	0.44	0.44	0.44	0.44	0.44	0.44
26	0.44	0.44	0.44	0.44	0.44	0.44	0.44
27	0.44	0.44	0.44	0.44	0.44	0.44	0.44
28	2.53	2.45	2.35	2.10	1.97	1.83	1.70
29	11.00	10.60	10.20	9.06	8.44	7.82	7.40
30	20.20	19.50	18.80	16.80	15.80	14.70	14.00
31	22.50	21.80	21.00	19.10	18.10	17.00	16.20
32	18.80	18.30	17.70	16.30	15.60	14.90	14.30
33	13.00	12.80	12.40	11.60	11.20	10.80	10.50
34	8.07	7.94	7.76	7.38	7.17	7.02	6.84
35	4.66	4.61	4.53	4.38	4.30	4.26	4.18
36	2.63	2.61	2.58	2.54	2.52	2.52	2.50
37	1.52	1.52	1.51	1.50	1.50	1.52	1.52
38	2.37	2.32	2.25	2.09	2.01	1.93	1.87
39	6.80	6.58	6.33	5.68	5.34	4.99	4.74
40	9.21	8.94	8.62	7.81	7.37	6.94	6.61
41	8.35	8.14	7.88	7.24	6.89	6.57	6.30
42	6.07	5.95	5.79	5.41	5.20	5.02	4.85
43	3.91	3.85	3.76	3.57	3.47	3.40	3.31
44	2.38	2.35	2.31	2.24	2.20	2.18	2.14
45	1.45	1.44	1.43	1.40	1.39	1.39	1.38
46	1.00	1.00	0.99	0.98	0.98	0.98	0.97
47	0.93	0.92	0.91	0.89	0.88	0.87	0.86
48	0.86	0.85	0.84	0.82	0.80	0.79	0.78
49	0.74	0.74	0.73	0.71	0.70	0.70	0.69
50	0.63	0.63	0.62	0.61	0.61	0.60	0.60
51	11.40	10.00	8.83	6.16	5.09	4.40	3.80
52	28.10	25.20	22.50	16.20	13.60	11.80	10.30
53	27.50	25.10	22.60	16.90	14.60	12.90	11.48

续表

时段/h	不同频率设计洪水流量/(m³/s)						
	$P=0.05\%$	$P=0.1\%$	$P=0.2\%$	$P=1\%$	$P=2\%$	$P=3.33\%$	$P=5\%$
54	17.90	16.60	15.30	12.10	10.70	9.70	8.74
55	20.40	18.50	16.80	12.70	11.00	9.70	8.67
56	36.10	32.50	29.20	21.40	18.20	15.90	14.00
57	41.90	38.10	34.20	25.50	21.80	19.20	17.00
58	40.20	36.70	33.20	25.10	21.70	19.30	17.10
59	42.40	38.70	35.00	26.50	22.80	20.20	18.00
60	52.70	47.80	43.00	32.00	27.40	24.10	21.30
61	99.50	89.00	79.40	57.40	48.20	41.90	36.60
62	220.00	197.00	175.00	126.00	105.00	90.80	78.80
63	327.00	295.00	264.00	193.00	164.00	143.00	125.00
64	450.00	405.00	362.00	265.00	224.00	196.00	172.00
65	764.00	686.00	613.00	446.00	376.00	327.00	285.00
66	962.00	873.00	783.00	579.00	493.00	433.00	381.00
67	793.00	728.00	660.00	504.00	437.00	389.00	347.00
68	505.00	470.00	433.00	344.00	303.00	274.00	248.00
69	307.00	287.00	266.00	215.00	191.00	175.00	159.00
70	229.00	213.00	196.00	155.00	137.00	125.00	113.00
71	197.00	182.00	165.00	128.00	112.00	101.00	91.10
72	146.00	136.00	124.00	97.80	86.20	77.90	70.40
73	69.90	66.60	62.20	51.60	46.80	43.20	39.90
74	24.50	24.10	23.70	21.50	20.20	19.20	18.10
75	8.08	8.37	8.27	1.90	7.71	7.55	7.36
76	2.70	2.85	2.82	2.84	2.87	2.90	2.90
77	0.94	1.06	1.08	1.16	1.20	1.23	1.26
78	0.44	0.48	0.56	0.64	0.66	0.68	0.70
79	0.44	0.45	0.47	0.50	0.51	0.51	0.52
80	0.44	0.44	0.45	0.45	0.46	0.46	0.46
81	0.44	0.44	0.44	0.44	0.44	0.45	0.45
82	0.44	0.44	0.44	0.44	0.44	0.44	0.44
83	0.44	0.44	0.44	0.44	0.44	0.44	0.44
84	0.44	0.44	0.44	0.44	0.44	0.44	0.44

表 2.2－9　　　　　　　　　角峪水库临近流域水库设计洪水成果表

水库	所在支流	流域面积 /km²	比降 /‰	H_{24h} /mm	Q_m/(m³/s)		W_{24h}/万 m³		备注
					$P=0.1\%$	$P=1\%$	$P=0.1\%$	$P=1\%$	
大治水库	牟汶河	163	5.70	101	2500	1624	5780	3910	H_{24h} 为
雪野水库	瀛汶河	444	8.15	103	6500	3760	12000	7760	暴雨等值
金斗水库	柴汶河	88.6	4.65	100	1580	932	3480	2150	线图值
东周水库	柴汶河	189			2580	1630			

　　用大治、雪野、金斗、东周水库千年一遇、百年一遇设计洪峰流量和相应流域面积点绘在双对数纸上分别建立相关关系，关系线见图 2.2－1，用此综合相关线推算角峪水库千年一遇设计洪峰流量为 798m³/s，百年一遇设计洪峰流量为 502m³/s。同样，用大治、雪野、金斗水库不同频率 24h 设计洪量与面积点绘相关关系，推算角峪水库千年一遇设计24h 洪量为 1830 万 m³，百年一遇设计 24h 洪量为 1280 万 m³。用地区综合法计算角峪水库设计洪水成果见表 2.2－10。

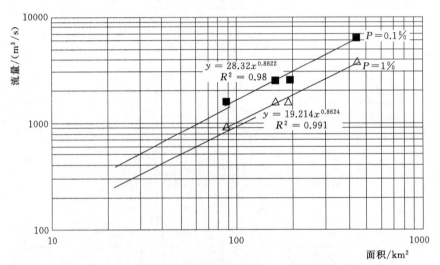

图 2.2－1　角峪水库邻近流域洪峰流量-面积关系图

表 2.2－10　　　　　　　角峪水库设计洪水成果表（地区综合法）

流域面积 /km²	项目	不同频率设计值	
		$P=0.1\%$	$P=1\%$
44	Q_m/(m³/s)	798	502
	W_{24h}/万 m³	1830	1280

　　（5）计算成果及合理性分析。采用雨量法和地区综合法计算角峪水库设计洪水，水库设计、校核频率洪水成果比较见表 2.2－11，两种方法计算的 24h 洪量成果接近，千年一遇、百年一遇设计值相差在 5% 以内；洪峰流量地区综合法成果偏小，千年一遇、百年一遇设计值相差约 10%。

表 2.2 - 11　　　　　　　　　　　　角峪水库设计洪水成果比较表

方法	项目	不同频率设计值	
		$P=0.1\%$	$P=1\%$
直接面雨量法	$Q_m/(m^3/s)$	873	547
	$W_{24h}/万\ m^3$	1778	1216
暴雨等值线图法	$Q_m/(m^3/s)$	853	552
	$W_{24h}/万\ m^3$	1750	1189
地区综合法	$Q_m/(m^3/s)$	798	502
	$W_{24h}/万\ m^3$	1830	1280

由暴雨推算设计洪水采用两种不同途径推求设计面雨量,即直接面雨量法和暴雨等值线图法,两种方法资料系列基础都较为理想,直接面雨量法采用本流域纸房雨量站1963—2005年共43年面雨量系列,暴雨等值线图为山东省水文水资源局2000年新图,用两种途径计算的设计洪水成果较为接近,千年一遇、百年一遇设计值,直接面雨量法成果较暴雨等值线图法大2%。

地区综合法采用同在大汶河流域的其他地区设计洪水,选用地区都在津浦铁路以东,属同一个水文分区,暴雨、洪水特性与角峪水库流域相似,地形条件也相差不大,率定的关系线能基本反映包含角峪水库在内的较大范围的地区规律,用此方法计算的角峪水库设计洪水同用暴雨资料计算的成果接近,这能在一定程度上反映出角峪水库用面雨量资料计算的设计洪水成果与该流域所在大地区设计洪水成果是相协调的,是基本安全、合理的。

另外,对水库上游的3座小(2)型水库(总控制面积6.67km²),本次角峪水库设计洪水计算中未给予考虑。因其兴利总库容较小(29万 m³),溃坝后对角峪水库入库洪水影响甚微。

综上所述,角峪水库采用直接面雨量计算的设计洪水成果是基本合理的,本次除险加固初步设计推荐成果见表2.2-12。

表 2.2 - 12　　　　　　　　　　角峪水库除险加固初步设计洪水成果表

流域面积/km²	项目	不同频率设计值						
		$P=0.05\%$	$P=0.1\%$	$P=0.2\%$	$P=1\%$	$P=2\%$	$P=3.33\%$	$P=5\%$
44	$Q_m/(m^3/s)$	962	873	783	579	493	433	381
	$W_{6h}/万\ m^3$	1361	1242	1122	847	729	646	573
	$W_{24h}/万\ m^3$	1948	1778	1609	1216	1049	931	828
	$W_{72h}/万\ m^3$	2033	1861	1688	1289	1118	996	891

3. 施工洪水

为配合施工导流及施工进度安排,除需要角峪水库汛期入库设计洪水成果外,还需要非汛期设计洪水,根据资料条件,对非汛期5%、10%、20%设计洪水进行计算。

(1) 汛期施工洪水。汛期施工洪水的计算同水库入库设计洪水,成果见表2.2-13。

表 2.2-13   角峪水库汛期施工洪水成果表

项目	不同频率设计值		
	$P=5\%$	$P=10\%$	$P=20\%$
$Q_m/(m^3/s)$	381	307	229
$W_{6h}/$万 m^3	573	443	332
$W_{24h}/$万 m^3	828	655	495
$W_{72h}/$万 m^3	891	714	548

　　（2）非汛期施工洪水。因该水库流域无实测流量资料，依据收集到的同在大汶河流域的距离角峪水库相对较近的水文站资料计算非汛期施工洪水，水文站情况见表 2.2-14，对各水文站非汛期设计洪水进行计算，并建立不同频率面积-洪峰流量地区综合关系线，见图 2.2-2，采用此关系线推求角峪水库非汛期设计洪水；另外，采用流域面积较小、与角峪水库流域面积相对较接近的下港站非汛期设计洪水成果，按面积指数 0.67 推算角峪水库施工设计洪水。安全起见，选取两成果中较大者作为本次角峪水库非汛期施工洪水，见表 2.2-15。

　　根据现场调研，非汛期上游小型水库均蓄水兴利，无下泄流量，角峪水库计算面积将上游小型水库控制面积扣除。

表 2.2-14   角峪水库临近水文站情况表

站名	面积/km²	系列长度/a	站名	面积/km²	系列长度/a
下港	145	12	楼德	1668	20
瑞谷庄	200	10	北望	3499	51

表 2.2-15   角峪水库非汛期施工设计洪水成果表

面积/km²			采用方法	不同频率流量设计值/(m³/s)		
角峪水库	上游水库	区间		$P=5\%$	$P=10\%$	$P=20\%$
44	6.94	37.1	地区综合	6.06	2.86	1.02
			单站（推荐）	8.37	4.37	1.74

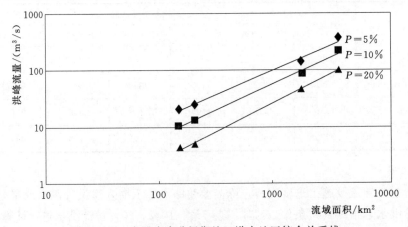

图 2.2-2　角峪水库非汛期施工洪水地区综合关系线

2.2.1.5 泥沙

角峪水库控制流域面积 44km²，上游 3 座小型水库控制流域面积 6.94km²，控制了上游部分来沙量，泥沙问题不严重。

根据《山东省水文图集》中山东省多年平均年侵蚀模数分区图（悬移质泥沙），角峪水库流域多年平均年侵蚀模数为 300t/km²，安全起见，不考虑上游小型水库拦沙和山阳水库自身排沙，算得水库多年平均来沙量为 1.3 万 t，沙容重取 1.3t/m³，则水库年淤积 1.02 万 m³。

角峪水库 1981 年"三查三定"核定死库容为 166 万 m³，按水库年淤积 1.02 万 m³ 的淤积速度，至 2007 年共淤积 25 万 m³，水库现状死库容为 141 万 m³，水库再运行 50 年后，预测水库淤积总量为 76 万 m³，水库死库容为 90 万 m³。

因水库泥沙淤积主要受降水、径流和水库流域下垫面条件的影响，而近年水库流域降水量小，径流量小，无大洪水发生，且流域内开展了水土保持和生态建设，各水库淤积自 1975 年后都明显变小。鉴于 1981 年库容曲线至今已有 20 余年，建议施测新的库容曲线以便更准确地掌握水库实际淤积情况。

2.2.2 山阳水库

2.2.2.1 气象

该流域处于泰山山系徂徕山前，属温带大陆性湿润半湿润气候，四季分明，春季干旱多风，夏季酷热多雨，秋季天高气爽，冬季严寒少雨雪，据泰安气象局多年实测资料统计，该地区多年平均降水量 770mm，平均气温 12.8℃，极端最高气温 40℃，极端最低气温－22.4℃，多年平均蒸发量 1081.8mm，最大冻土深 50cm，全年主要风向为东北风，多年平均风速为 2.6m/s。

2.2.2.2 水文基本资料

山阳水库所在流域及相邻地区无实测流量资料。流域内无雨量站，但在距其 6km、9km 的临近流域有楼德、天宝两处水文部门设立的雨量站，两站分别自 1952 年、1964 年开始观测至今，均按照《降水量观测规范》（SL 21—2006）观测，整编资料精度满足要求，系列较为可靠；降雨系列中包括了 7 个丰水年（组）、8 个枯水年（组），丰枯交替出现，且系列包含较大暴雨资料，系列代表性较好。

楼德站、天宝站与山阳水库所在河流都属大汶河南支，两站所在流域与山阳水库流域的自然地理情况、下垫面条件、暴雨成因和特性等基本相似，而且两站高程与山阳水库高程之差不超过 50m，都在徂徕山以南。本次用两站降雨资料进行山阳水库水文分析计算。

1975 年 8 月河南发生特大暴雨后，为应用全国统一的可能最大暴雨资料，山东省水利厅于 1982 年编制了《山东省大中型水库防洪安全复核洪水计算办法》，采用资料系列截至 20 世纪 70 年代，内容包括设计暴雨、点面关系、雨型日程及时程分配等。

另外，山东省水文水资源局绘制了新的暴雨等值线图，采用资料系列截至 1999 年。

2.2.2.3 径流

角峪水库所在汇河属雨源型河流，流域径流与降水量变化规律一致，年内、年际变化较大，角峪水库多年平均年径流深约 200mm。

山阳水库无实测水文资料，同在大汶河流域的黄前水库资料条件较好，且降水、下垫面条件与山阳水库相似，山阳水库天然径流系列采用黄前水库资料按面积比一次方计算。山阳水库上游小型水库共 3 座，其控制流域面积 32km²，总库容 246 万 m³，有效库容 170 万 m³，将水库历年天然径流扣除上游水库蓄水影响得出水库现状工程下入库径流系列。

2.2.2.4　洪水

1. 暴雨洪水特性

该地区暴雨特性为：暴雨量级大，历时短，发生频繁。山阳水库流域 1964—2005 年 42 年实测降雨系列中，年最大 24h 降雨量大于 100mm 的降雨有 23 场，最大 24h 降雨量占最大 3d 降雨量的比重平均为 82.1%。

该流域洪水主要由暴雨形成，洪水主要集中在汛期，且年际变化大。该河属山溪性河流，源短流急，洪水暴涨暴落，历时较短，一次洪水总历时一般在 24h 左右，双峰型洪水历时可达 2～3d。

2. 设计洪水

（1）以往成果。

1）1959 年，泰安水利建设指挥部编制《山阳水库工程初步设计》，50 年一遇洪峰流量 552m³/s，200 年一遇洪峰流量 761m³/s。

2）1982 年，泰安市水利局编制《水利工程"三查三定"大中型水库防洪安全复核计算书》，PMP 洪峰流量 876m³/s，3d 洪量 0.166 亿 m³，300 年一遇洪峰流量 317m³/s，3d 洪量 0.062 亿 m³。

3）2007 年 5 月，泰安水文水资源勘测局编制《山东省泰安市岱岳区山阳水库安全鉴定——设计洪水复核报告》，对角峪水库设计洪水通过实测暴雨资料和等值线图两种方法进行了计算，提出设计洪水成果：千年一遇洪峰流量 857m³/s，24h 洪量 0.169 亿 m³，3d 洪量 0.187 亿 m³；百年一遇洪峰流量 551m³/s，24h 洪量 0.109 亿 m³，3d 洪量 0.121 亿 m³。

（2）本次计算方法。山阳水库设计洪水计算采用 3 种方法：方法一为直接雨量法；方法二为暴雨等值线图法；方法三为地区综合法。方法一和方法二通称为雨量法。

（3）雨量法（方法一和方法二）。

1）设计面雨量计算。

a. 直接面雨量法。采用年最大值选样法，选取天宝站、楼德站 1964—2005 年共 42 年的最大 24h、最大 3d 面雨量系列，采用式（2.2-1）数学期望公式计算经验频率。

统计参数中均值按算术平均计算，变差系数 C_V 用矩法公式计算，计算公式见式（2.2-2）。

采用 P-Ⅲ型曲线进行适线，求得山阳水库不同频率设计面雨量，见表 2.2-16。

表 2.2-16　　　　　　　　　直接法计算山阳水库设计面雨量成果表

方法	均值/mm	C_V	C_S/C_V	不同频率设计面雨量/mm						
				$P=0.05\%$	$P=0.1\%$	$P=0.2\%$	$P=1\%$	$P=2\%$	$P=3.33\%$	$P=5\%$
H_{24h}	106.0	0.47	3.5	408.6	378.5	348.4	277.3	246.3	224.2	204.8
H_{3d}	130.0	0.45	3.5	476.2	440.2	407.8	327.1	291.8	266.6	244.4

b. 暴雨等值线图法。查山东省水文水资源勘测局采用 1999 年以前资料系列绘制的该省暴雨等值线图，得山阳水库流域中心处多年平均最大 24h 点雨量均值为 105mm、变差系数 C_v 值为 0.55；多年平均最大 3d 点雨量均值为 123mm、变差系数 C_v 值为 0.55，取 $C_s = 3.5C_v$，求得水库不同频率年最大 24h、年最大 3d 设计点雨量，根据《山东省大、中型水库防洪安全复核洪水计算办法》，按流域面积查点面折减系数，得到山阳水库等值线图法设计面雨量成果见表 2.2-17。

表 2.2-17   山阳水库等值线图法设计面雨量成果表

项目	点雨量均值/mm	C_v	C_S/C_v	不同频率设计面雨量/mm						
				$P=0.05\%$	$P=0.1\%$	$P=0.2\%$	$P=1\%$	$P=2\%$	$P=5\%$	$P=10\%$
H_{24h}	105	0.55	3.5	465	427	389	302	264	213	175
H_{3d}	123	0.55	3.5	556	511	466	361	315	255	209

2）产流计算。径流深采用降雨径流关系查算，降雨-径流关系线采用 4 号线（大汶河流域、津浦铁路以东，山丘地区集水面积小于 300km²），设计前期影响雨量 $P_a = 40$mm，采用的 4 号线降雨径流关系见表 2.2-18。

表 2.2-18   山阳水库降雨径流关系表   单位：mm

降雨量 $P+P_a$	50	100	200	300	400	500	600	700	800
径流深 R	4	33	120	214	308	404	500	596	691

设计雨型采用泰沂山南北区雨型，时段长为 1h，计算山阳水库不同频率净雨时程分配见表 2.2-19 和表 2.2-20。

3）汇流计算。汇流计算采用综合瞬时单位线法。

由瞬时单位线法推求的不同频率设计洪水成果见表 2.2-21，设计洪水过程线见表 2.2-22。

（4）地区综合法（方法三）。收集同在大汶河流域的部分支流不同流域面积的雪野、大治等水库的设计洪水，见表 2.2-23，表中水库设计洪水成果经审查。水库流域暴雨洪水特性与山阳水库相似，水文分区同属大汶河流域津浦铁路以东，选取的水库面积在 88.6~444km² 之间，各水库年最大 24h 降雨量均值接近。山阳水库流域面积 47km²，年最大 24h 面雨量均值 104mm（暴雨等值线图）。

用大治、雪野、金斗、东周水库千年一遇、百年一遇设计洪峰和相应流域面积点绘在双对数纸上分别建立相关关系，关系线见图 2.2-3，用此综合相关线推算山阳水库千年一遇设计洪峰流量为 845m³/s，百年一遇设计洪峰流量为 531m³/s。同样，用大治、雪野、金斗水库不同频率 24h 设计洪量与面积点绘相关关系，推算山阳水库千年一遇设计 24h 洪量为 1920 万 m³，百年一遇设计 24h 洪量为 1350 万 m³。用地区综合法计算山阳水库设计洪水成果见表 2.2-24。

表 2.2－19　山阳水库不同频率设计净雨时程分配表（直接面雨量法）

P/%	日程/d	日净雨/mm	1	2	3	4	5	6	7	8	9	10	11	12	13	14	15	16	17	18	19	20	21	22	23	24
0.05	1	12.0			3.6	2.8	3.8	1.0	0.3	0.5																
	2	17.1			0.0	7.1	7.2	2.2	0.6																	
	3	354.6			3.5	1.8	0.7	0.4	3.5	3.2	2.1	2.8	3.2	5.3	15.6	31.2	20.2	57.8	88.7	45.0	23.1	9.6	13.8	11.7	11.4	
0.1	1	10.7			3.3	2.5	3.4	0.9	0.2	0.4																
	2	21.5				6.4	6.6	2.0	0.6							4.4	1.1	0.2						0.2		
	3	326.0			3.3	1.6	0.7	0.3	3.3	2.9	2.0	2.6	2.9	4.9	14.3	28.7	18.6	53.1	81.5	41.4	21.2	8.8	12.7	10.8	10.4	
0.2	1	10.2			3.1	2.4	3.3	0.8	0.2	0.4																
	2	20.6				6.2	6.3	1.9	0.5							4.2	1.1	0.2						0.2		
	3	297.2			3.0	1.5	0.6	0.3	3.0	2.7	1.8	2.4	2.7	4.5	13.1	26.1	16.9	48.4	74.3	37.7	19.3	8.0	11.6	9.8	9.5	
1	1	8.2			2.5	1.9	2.6	0.7	0.2	0.3																
	2	12.3				5.1	5.2	1.6	0.4																	
	3	230.4			2.3	1.2	0.5	0.2	2.3	2.1	1.4	1.8	2.1	3.5	10.1	20.3	13.1	37.5	57.6	29.2	15.0	6.2	9.0	7.6	7.4	
2	1	7.5			2.3	1.7	2.4	0.6	0.2	0.3																
	2	11.1				4.6	4.7	1.4	0.4																	
	3	201.1			2.0	1.0	0.4	0.2	2.0	1.8	1.2	1.6	1.8	3.0	8.9	17.7	11.5	32.8	50.3	25.6	13.1	5.4	7.8	6.6	6.4	
5	1	6.2			1.9	1.5	2.0	0.5	0.1	0.2																
	2	13.0				3.9	4.0	1.2	0.3							2.7	0.7	0.1						0.1		
	3	162.0			1.6	0.8	0.3	0.2	1.6	1.5	1.0	1.3	1.5	2.4	7.1	14.3	9.2	26.4	40.5	20.6	10.5	4.4	6.3	5.3	5.2	

时段（Δt＝1h）净雨量分配/mm

表 2.2－20　　山阳水库设计净雨时程分配表（等值线图法）

时段（$\Delta t=1h$）净雨量分配/mm

P/%	日程/d	日净雨/mm	1	2	3	4	5	6	7	8	9	10	11	12	13	14	15	16	17	18	19	20	21	22	23	24
0.05	1	19.6			6.0	4.6	6.2	1.6	0.4	0.7	0.0	0.0	0.0	0.0	0.0	0.0	0.0	0.0	0.0	0.0	0.0	0.0	0.0	0.0	0.0	0.0
	2	36.6			0.0	11.0	11.2	3.4	1.0	0.0	0.0	0.0	0.0	0.0	0.0	7.5	1.9	0.3	0.0	0.0	0.0	0.0	0.0	0.3	0.0	0.0
	3	413.6			4.1	2.1	0.8	0.4	4.1	3.7	2.5	3.3	3.7	6.2	18.2	36.4	23.6	67.4	103.4	52.5	26.9	11.2	16.1	13.6	13.2	0.0
0.1	1	18.1			5.5	4.2	5.7	1.5	0.4	0.7	0.0	0.0	0.0	0.0	0.0	0.0	0.0	0.0	0.0	0.0	0.0	0.0	0.0	0.0	0.0	0.0
	2	32.6			0.0	9.8	10.0	3.1	0.8	0.0	0.0	0.0	0.0	0.0	0.0	6.7	1.7	0.3	0.0	0.0	0.0	0.0	0.0	0.3	0.0	0.0
	3	377.3			3.8	1.9	0.8	0.4	3.8	3.4	2.3	3.0	3.4	5.7	16.6	33.2	21.5	61.5	94.3	47.9	24.5	10.2	14.7	12.5	12.1	0.0
0.2	1	16.6			5.1	3.9	5.3	1.4	0.4	0.6	0.0	0.0	0.0	0.0	0.0	0.0	0.0	0.0	0.0	0.0	0.0	0.0	0.0	0.0	0.0	0.0
	2	29.8			0.0	8.9	9.1	2.8	0.8	0.0	0.0	0.0	0.0	0.0	0.0	6.1	1.6	0.2	0.0	0.0	0.0	0.0	0.0	0.3	0.0	0.0
	3	341.1			3.4	1.7	0.7	0.3	3.4	3.1	2.1	2.7	3.1	5.1	15.0	30.0	19.4	55.6	85.3	43.3	22.2	9.2	13.3	11.3	10.9	0.0
1	1	13.1			4.0	3.0	4.2	1.1	0.3	0.5	0.0	0.0	0.0	0.0	0.0	0.0	0.0	0.0	0.0	0.0	0.0	0.0	0.0	0.0	0.0	0.0
	2	23.3			0.0	7.0	7.1	2.2	0.6	0.0	0.0	0.0	0.0	0.0	0.0	4.8	1.2	0.2	0.0	0.0	0.0	0.0	0.0	0.2	0.0	0.0
	3	257.8			2.6	1.3	0.5	0.3	2.6	2.3	1.5	2.1	2.3	3.9	11.3	22.7	14.7	42.0	64.5	32.7	16.8	7.0	10.1	8.5	8.3	0.0
2	1	11.6			3.5	2.7	3.7	0.9	0.2	0.4	0.0	0.0	0.0	0.0	0.0	0.0	0.0	0.0	0.0	0.0	0.0	0.0	0.0	0.0	0.0	0.0
	2	20.5			0.0	6.2	6.3	1.9	0.5	0.0	0.0	0.0	0.0	0.0	0.0	4.2	1.1	0.2	0.0	0.0	0.0	0.0	0.0	0.2	0.0	0.0
	3	222.2			2.2	1.1	0.4	0.2	2.2	2.0	1.3	1.8	2.0	3.3	9.8	19.5	12.7	36.2	55.5	28.2	14.4	6.0	8.7	7.3	7.1	0.0
5	1	9.6			2.9	2.2	3.0	0.8	0.2	0.3	0.0	0.0	0.0	0.0	0.0	0.0	0.0	0.0	0.0	0.0	0.0	0.0	0.0	0.0	0.0	0.0
	2	16.8			0.0	5.0	5.2	1.6	0.4	0.0	0.0	0.0	0.0	0.0	0.0	3.4	0.9	0.1	0.0	0.0	0.0	0.0	0.0	0.2	0.0	0.0
	3	174.9			1.7	0.9	0.3	0.2	1.7	1.6	1.0	1.4	1.6	2.6	7.7	15.4	10.0	28.5	43.7	22.2	11.4	4.7	6.8	5.8	5.6	0.0

表 2.2 - 21　　　　　　　　　　　山阳水库瞬时单位线设计洪水成果表

方法	项目	不同频率设计值					
		$P=0.05\%$	$P=0.1\%$	$P=0.2\%$	$P=1\%$	$P=2\%$	$P=5\%$
直接面雨量法	$Q_m/(\text{m}^3/\text{s})$	853	779	712	551	482	390
	$W_{6h}/$万 m^3	1196	1098	1001	770	671	540
	$W_{24h}/$万 m^3	1672	1536	1401	1086	949	766
	$W_{72h}/$万 m^3	1847	1695	1554	1213	1065	865
暴雨等值线图法	$Q_m/(\text{m}^3/\text{s})$	1000	904	817	617	531	418
	$W_{6h}/$万 m^3	1397	1277	1154	870	749	589
	$W_{24h}/$万 m^3	1949	1779	1608	1217	1049	826
	$W_{72h}/$万 m^3	2219	2022	1834	1396	1207	958

表 2.2 - 22　　　　山阳水库瞬时单位线法设计洪水过程线（直接面雨量法）

时段/h	不同频率设计洪水流量/(m³/s)				
	$P=0.05\%$	$P=0.1\%$	$P=1\%$	$P=3.33\%$	$P=5\%$
1	0.52	0.52	0.47	0.47	0.47
2	0.52	0.52	0.47	0.47	0.47
3	0.52	0.52	0.47	0.47	0.47
4	9.82	8.55	5.50	4.25	3.80
5	28.20	24.90	16.50	13.00	11.70
6	39.40	35.10	23.90	19.20	17.40
7	40.60	36.50	25.70	21.00	19.20
8	27.40	25.10	18.50	15.60	14.50
9	15.30	14.20	10.90	9.42	8.88
10	8.60	8.06	6.31	5.56	5.29
11	4.13	3.94	3.23	2.95	2.84
12	1.86	1.82	1.59	1.51	1.48
13	0.96	0.96	0.87	0.86	0.86
14	0.65	0.65	0.60	0.61	0.61
15	0.55	0.56	0.51	0.51	0.52
16	0.53	0.53	0.48	0.48	0.48
17	0.52	0.52	0.47	0.47	0.47
18	0.52	0.52	0.47	0.47	0.47
19	0.52	0.52	0.47	0.47	0.47
20	0.52	0.52	0.47	0.47	0.47
21	0.52	0.52	0.47	0.47	0.47
22	0.52	0.52	0.47	0.47	0.47

时段/h	不同频率设计洪水流量/(m³/s)				
	$P=0.05\%$	$P=0.1\%$	$P=1\%$	$P=3.33\%$	$P=5\%$
23	0.52	0.52	0.47	0.47	0.47
24	0.52	0.52	0.47	0.47	0.47
25	0.52	0.52	0.47	0.47	0.47
26	0.52	0.52	0.47	0.47	0.47
27	0.52	0.52	0.47	0.47	0.47
28	0.52	0.52	0.47	0.47	0.47
29	22.70	19.40	12.80	10.10	9.04
30	65.70	57.80	39.60	31.90	28.90
31	75.50	68.40	48.50	39.90	36.80
32	50.20	46.30	34.30	29.20	27.40
33	24.00	22.60	17.70	15.70	15.10
34	9.00	8.87	7.43	6.88	6.74
35	3.09	3.26	2.89	2.76	2.77
36	1.11	1.27	1.22	1.21	1.23
37	0.63	0.67	0.65	0.69	0.70
38	0.53	0.54	0.50	0.53	0.54
39	15.60	13.30	8.86	7.05	6.31
40	33.30	29.70	20.70	16.90	15.40
41	25.40	23.50	17.10	14.30	13.40
42	12.30	11.40	8.93	7.95	7.60
43	4.54	4.48	3.82	3.58	3.51
44	1.78	1.84	1.63	1.57	1.58
45	0.81	0.90	0.84	0.82	0.83
46	0.56	0.58	0.56	0.57	0.58
47	1.19	1.09	0.85	0.79	0.76
48	1.79	1.66	1.27	1.13	1.07
49	1.25	1.21	0.98	0.91	0.88
50	0.79	0.77	0.68	0.66	0.66
51	0.59	0.59	0.54	0.54	0.54
52	22.20	19.91	11.70	8.63	7.58
53	32.70	30.10	19.20	14.90	13.30
54	22.20	20.60	13.70	11.10	10.20
55	11.70	10.80	7.53	6.26	5.76
56	26.30	23.80	14.70	11.20	9.89

时段/h	不同频率设计洪水流量/(m³/s)				
	$P=0.05\%$	$P=0.1\%$	$P=1\%$	$P=3.33\%$	$P=5\%$
57	42.20	38.80	24.40	18.80	16.80
58	39.50	36.40	23.60	18.70	16.90
59	38.00	34.90	22.40	17.70	15.90
60	42.20	38.80	24.90	19.50	17.50
61	58.30	53.20	33.50	25.90	23.20
62	135.00	122.00	74.50	56.20	49.80
63	296.00	270.00	165.00	124.00	110.00
64	343.00	316.00	201.00	157.00	141.00
65	540.00	491.00	302.00	231.00	205.00
66	938.00	857.00	530.00	404.00	359.00
67	925.00	855.00	551.00	433.00	390.00
68	601.00	556.00	370.00	299.00	272.00
69	316.00	294.00	204.00	167.00	153.00
70	202.00	187.00	128.00	104.00	94.00
71	182.00	167.00	111.00	87.60	78.80
72	169.00	156.00	101.00	80.00	72.00
73	96.00	89.90	62.00	50.80	46.40
74	26.40	24.50	19.20	17.10	16.00
75	4.74	4.61	4.72	4.40	4.08
76	0.52	0.52	1.20	1.28	1.20
77	0.52	0.52	0.47	0.47	0.47

表 2.2-23　　　　　　　山阳水库临近流域水库设计洪水成果表

水库	所在支流	流域面积/km²	H_{24h}/mm	Q_m/(m³/s)		W_{24h}/万 m³		备注
				$P=0.1\%$	$P=1\%$	$P=0.1\%$	$P=1\%$	
大冶水库	牟汶河	163	101	2500	1624	5780	3910	H_{24h} 为暴雨等值线图值
雪野水库	瀛汶河	444	103	6500	3760	12000	7760	
金斗水库	柴汶河	88.6	100	1580	932	3480	2150	
东周水库	柴汶河	189		2580	1630			

表 2.2-24　　　　　　　山阳水库设计洪水成果表 (地区综合法)

面积/km²	项目	$P=0.1\%$	$P=1\%$
47	Q_m/(m³/s)	845	531
	W_{24h}/万 m³	1920	1350

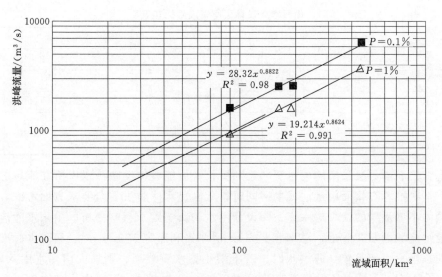

图 2.2-3　山阳水库临近流域洪峰流量-面积关系图

（5）计算成果及合理性分析。山阳水库设计洪水计算主要采用了雨量法计算，同时又采用周边其他水库设计洪水点绘了地区综合线进行比较分析，各方法成果见表 2.2-25。

表 2.2-25　　　　　　　　　　　山阳水库设计洪水成果比较表

方法	项目	不同频率设计值	
		$P=0.1\%$	$P=1\%$
直接面雨量法	$Q_m/(m^3/s)$	779	551
	$W_{24h}/万\ m^3$	1536	1086
暴雨等值线图法	$Q_m/(m^3/s)$	904	617
	$W_{24h}/万\ m^3$	1779	1216
地区综合法	$Q_m/(m^3/s)$	845	531
	$W_{24h}/万\ m^3$	1920	1350
直接面雨量法（$P=0.1\%$加10%安全修正值）	$Q_m/(m^3/s)$	857	551
	$W_{24h}/万\ m^3$	1690	1086

山阳水库设计面雨量推求采用了两种途径，直接面雨量法和暴雨等值线图法，由此推算的设计洪水等值线图法成果较直接面雨量法成果偏大，洪峰流量偏大 7%～17%，最大 24h 洪量、3d 洪量偏大 1%～20%。由于两种途径推算设计洪水过程中，产、汇流计算所采用的方法完全一致，成果差别的原因在于设计面雨量结果不同（两途径计算面雨量成果比较见表 2.2-26），而两方法采用的面雨量均值接近，所以设计面雨量的不同关键是 C_V 值不同。由暴雨等值线图上查得的 $C_V=0.55$ 较用实测暴雨资料率定的 $C_V=0.47$ 要大。为再进一步分析该地区实测系列的代表性，分析楼德站 1952—2005 年共 54 年最大 24h 降雨量的 C_V 值，该系列具有较好的代表性，计算的 $C_V=0.50$，与山阳水库以上流域直接面雨量法采用的 C_V 值较接近。这也说明用直接面雨量法采用的资料系列长、系列更稳定、更具代表性。

表 2.2-26　　　　　　　　　　　　山阳水库设计面雨量成果比较表

方法	项目	均值/mm	C_V	C_S/C_V	不同频率设计值/mm					
					$P=0.05\%$	$P=0.1\%$	$P=0.2\%$	$P=1\%$	$P=2\%$	$P=5\%$
直接面雨量法	H_{24h}	106	0.47	3.5	409	379	348	277	246	205
	H_{3d}	130	0.45	3.5	476	440	408	327	292	244
暴雨等值线图	H_{24h}	105	0.55	3.5	465	427	389	302	264	213
	H_{3d}	123	0.55	3.5	556	511	466	361	315	255

考虑直接面雨量法采用的雨量资料系列更长，更能具体反映该水库所在流域的暴雨洪水特性，本次推荐直接面雨量法成果。同时，从满足水库防洪安全要求方面考虑，对山阳水库流域内小型水库的溃坝对水库入库设计洪水的影响给予粗略分析。山阳水库流域内小型水库控制流域面积 32km²，总库容 246 万 m³，兴利库容 170 万 m³，其防洪标准都小于千年一遇，当发生超千年一遇洪水时，若上游小型水库溃坝，则加大山阳水库入库洪水，对防洪安全不利。考虑最不利情况，当发生千年一遇洪水时，流域内小型水库兴利库容蓄满，则兴利库容占山阳水库千年一遇最大 3d 洪量的 10%。因此，对山阳水库千年一遇以上设计洪水加 10% 的安全修正值。

通过以上分析，将直接面雨量法千年一遇洪水加 10% 安全修正值后成果作为本次除险加固设计推荐成果，将该成果点距点绘于地区综合关系线上，从图 2.2-4 可见，该点距位于关系线略偏上位置，这说明水库设计洪水成果与临近地区洪水成果是较为协调的，是符合地区规律的。本次除险加固初步设计推荐山阳水库设计洪水成果见表 2.2-27。

表 2.2-27　　　　　　　　　　　山阳水库除险加固初步设计洪水成果表

流域面积/km²	项目	不同频率设计值								
		$P=0.05\%$	$P=0.1\%$	$P=0.2\%$	$P=1\%$	$P=2\%$	$P=3.33\%$	$P=5\%$	$P=10\%$	$P=20\%$
47	$Q_m/(\text{m}^3/\text{s})$	938	857	712	551	482	433	390	319	251
	$W_{6h}/$万 m³	1315	1209	1001	770	671	601	540	437	342
	$W_{24h}/$万 m³	1839	1690	1401	1086	949	852	766	628	497
	$W_{72h}/$万 m³	2032	1866	1554	1213	1065	958	865	712	567

3. 施工洪水

为配合施工导流及施工进度安排，除需要山阳水库汛期入库设计洪水成果外，还需要非汛期（10月至翌年5月）设计洪水，根据资料条件，对非汛期 5%、10%、20% 设计洪水进行计算。

（1）汛期施工洪水。汛期施工洪水的计算同水库入库设计洪水，成果见表 2.2-27。

（2）非汛期施工洪水。因该水库流域无实测流量资料，依据收集到的同在大汶河流域的距离山阳水库相对较近的水文站资料计算非汛期施工洪水，水文站情况见表 2.2-28，对各水文站非汛期设计洪水进行计算，并建立不同频率面积-洪峰流量地区综合关系线，见图 2.2-4，采用此关系线推求山阳水库非汛期设计洪水；另外，采用流域面积较小、与山阳水库流域面积相对较接近的下港站非汛期设计洪水成果，按面积指数 0.67 推算山阳水库施工设计洪水。安全起见，选取两成果中较大者作为本次山阳水库非汛期施工洪水，见表 2.2－29。

表 2.2－28　　　　　　　　山阳水库临近水文站情况表

站名	面积/km²	系列长度/a	站名	面积/km²	系列长度/a
下港	145	12	楼德	1668	20
瑞谷庄	200	10	北望	3499	51

根据现场调研，非汛期上游小型水库均蓄水兴利，无下泄流量，山阳水库非汛期入库洪水计算采用面积为将上游小型水库控制面积扣除后的区间面积。

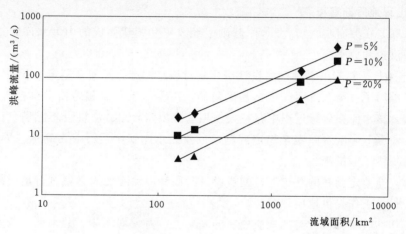

图 2.2－4　山阳水库非汛期施工洪水地区综合关系线

表 2.2－29　　　　　　　　山阳水库非汛期施工设计洪水成果表

面积/km²			采用方法	不同频率设计值/(m³/s)		
角峪水库	上游小型水库	区间		$P=5\%$	$P=10\%$	$P=20\%$
47	32	15	地区综合	2.77	1.23	0.41
			单站（推荐）	4.56	2.38	0.95

2.2.2.5　泥沙

山阳水库控制流域面积 47km²，水库流域森林覆盖率达 65％，水土保持良好。上游 3 座小型水库控制流域面积 32km²，控制上游部分来沙量，泥沙问题不严重。

根据《山东省水文图集》中山东省多年平均年侵蚀模数分区图（悬移质泥沙），山阳水库流域多年平均年侵蚀模数为 300t/km²，安全起见，不考虑上游小型水库拦沙和山阳水库自身排沙，算得水库多年平均来沙量为 1.4 万 t，沙容重取 1.3t/m³，则水库年淤积 1.1 万 m³。

山阳水库 1981 年"三查三定"核定死库容为 87 万 m³，按水库年淤积 1.1 万 m³ 的淤积速度，至 2007 年共淤积 27 万 m³，估算水库现状死库容为 60 万 m³，水库再运行 50 年后，预测水库淤积总量为 81 万 m³，水库死库容为 6 万 m³。

因水库泥沙淤积主要受降水、径流和水库流域下垫面条件的影响，而近年水库流域降水量小，径流量小，无大洪水发生，且流域内开展了水土保持和生态建设，各水库淤积自 1975 年后都明显变小。

鉴于 1981 年库容曲线至今已有 20 余年，建议施测新的库容曲线以便更准确地掌握水库实际淤积情况。

2.3　工程地质勘察

2.3.1　角峪水库
2.3.1.1　工程地质勘察概述

角峪水库是在原有小（1）型水库基础上经改建和续建而成的中型水库，主要建筑物为大坝、溢洪道和放水洞。

2007 年 4 月，泰安市水利勘测设计研究院对该水库进行了安全鉴定，开展了工程地质勘察工作，编写了《山东省泰安市岱岳区角峪水库安全鉴定工程地质勘察报告》。安全鉴定结果表明：该水库在运行过程中存在大坝坝基及坝体渗漏、溢洪道不能满足设计需要以及放水洞的渗漏等影响水库安全稳定问题，危及到水库安全运行，为确保水库安全运行，需采取除险加固工程措施。

在水库安全鉴定勘察的基础上，初步设计阶段针对除险加固方案进行地质勘察，为除险加固初步设计工作提供地质依据。

地质工作在收集分析已有的地质资料的基础上，对大坝坝体、截渗墙、放水洞及溢洪道等部位进行了钻探、取样和试验工作。本次勘察外业自 2007 年 10 月 12 日开始，至 11 月 2 日结束，勘察工作的工作量见表 2.3-1。

本次勘察工作主要执行以下技术规范：

《中小型水利水电工程地质勘察规范》（SL 55—2005）；

《水利水电工程地质测绘规程》（SL 299—2004）；

《水利水电工程天然建筑材料勘察规程》（SL 251—2000）；

《水利水电工程钻探规程》（SL 291—2003）；

《土工试验规程》（SL 237—1999）。

表 2.3-1　　　　角峪水库除险加固工程地质勘察完成的主要工作量表

勘　察　项　目		单位	工作量		
			安全鉴定	初步设计阶段	天然建筑材料
测量	1/1000 地形测量	km²		1	
	1/200 溢洪道水渠渡槽地形图测量	km²		0.038	
	1/1000 建材地形图测量	km²			0.5
	地质点测量	组日		20	
	高程点测量	个	51		

勘 察 项 目		单位	工作量		
			安全鉴定	初步设计阶段	天然建筑材料
外业地质工作	1/1000 地质测绘	km²		1	
	1/1000 天然建材地质测绘	km²			0.5
	1/1000 实测地质剖面	km		1	
	水文地质调查	组日		5	
	骨料调研	组日			5
	取水样	组		2	
	取岩样	组		3	
	取土样	组		85	
	钻探	m/孔	561/26	245.1/11	
	坑、槽探	m³	14.27	50	
	浅井	m/个			52.8/32
试验工作	现场试验	压水试验	段/孔	37 段	2/1	
		注水试验	段	4		
		标贯试验	次	118		
	室内试验	水质简分析	组	1	2	
		土样常规试验	组	77	50	
		颗粒分析	组	58	50	35
		化学分析	组		30	5
		物性试验	组		5	5
		力学试验	组			5
		渗透试验	组			5
		岩石物理力学性质试验	组	2	3	

2.3.1.2 区域地质构造与地震动参数

1. 区域地质构造

角峪水库位于鲁中山区南部边缘，区域地质构造属鲁西旋扭构造体系，在大地构造单元上，本区位于华北地台山东台背斜鲁中南隆起区，由于受中生代后期燕山运动和早第三纪与中新世喜马拉雅运动的影响，基底强烈褶曲，形成山地和凹陷盆地，该区有新泰凹陷、泰莱凹陷、肥城凹陷和汶河凹陷。柴汶河和牟汶河于泰安市岱岳区汶口交汇成汶河干流。汶河干流自汶口凹陷盆地向西流经宁阳、东平平原流入黄河。

2. 地震动参数

根据中国地震局 2001 年编制的 1∶400 万《中国地震动参数区划图》（GB 18306—

2001）中，《中国地震动峰值加速度区划图》和《中国地震动反应谱特征周期区划图》，工程区地震动峰值加速度为 0.05g，地震动反应谱特征周期 0.45s，相应的地震基本烈度为Ⅵ度。

2.3.1.3　库区环境地质问题

1. 水库区的地质条件

水库库区位于汇河之上，回水距离约 2km，为丘陵地貌，海拔高程 151.00～172.00m 之间。地形平缓，河谷开阔。河谷呈不对称 "U" 字形，库区内出露的地层主要为寒武系灰岩、页岩，奥陶系灰岩，燕山期闪长岩和第四系堆积物。库区内地下水主要为第四系孔隙潜水和基岩裂隙水，第四系孔隙潜水主要分布于第四系冲洪积中的粗砂及含砾土层中，透水性强，富水性好，是良好的含水层；基岩裂隙水主要分布于灰岩、闪长岩风化裂隙中。

2. 库区的环境地质问题

（1）水库渗漏。库区两岸及周围，地形开阔、平缓，无深切邻谷存在，汇河是本区地下水的最低排泄基准面。勘察期间，库水位为 162.70m，附近的井水位均高于库水位，因此该水库不存在库岸渗漏问题。

大坝左岸为奥陶系灰岩，通过钻探取芯和现场压水试验成果分析，透水率在 3.2～12.2Lu 之间，平均 8.4Lu。属于弱～中等透水，经现场调查，未发现水库渗漏现象。

（2）库岸稳定。库区两岸边坡主要为岩质边坡，岩性灰岩和闪长岩，坡度 5°～15°，边坡上断裂构造不发育，无大的不利结构面组合。库尾主要为冲洪积成因的土质边坡，属河漫滩，地形平缓，坡度 5°～10°。因冲洪积物透水性较好，库水位升降时，在坡体内不会形成较大的动水压力，且边坡低矮。库岸已经过长期的冲刷侵蚀处于稳定状态，因此，也不存在大规模的塌岸和坍岸问题。

（3）水库浸没。角峪水库库岸由壤土、灰岩和闪长岩组成，为相对不透水地层，两岸村庄和耕地位置相对较高，不存在浸没问题。水库运行 40 多年来，也未出现浸没问题。

2.3.1.4　坝址区基本地质情况

1. 地形地貌

角峪水库的坝址区位于牟汶河一级支流汇河上，在地貌单元上为丘陵地貌，高程在 151.00～172.00m 之间，地势平缓，沟谷开阔。汇河呈 SE～NW 流向，河谷呈不对称 "U" 字形，坝址区河床高程 152.00m，河谷宽 80～100m。由于人为修梯田、耕植等原因，两岸阶地形态已分辨不清。

2. 地层岩性

角峪水库坝址区内出露的地层主要为奥陶系灰岩、燕山期闪长岩和第四系堆积物。

（1）奥陶系灰岩（层号⑥）（O_2）：呈青灰色，微晶结构，块状构造，主要成分为方解石和白云石。出露于近坝库区左岸，厚度不详。

（2）燕山期闪长岩：呈灰绿色～灰白色，半自形粒状结构，片麻构造，主要成分为斜长石、角闪石和黑云母，局部风化裂隙发育。在坝址区和溢洪道广泛分布。

（3）第四系堆积物：主要为人工填土和冲洪积物。

1）人工填土主要为杂填土、中砂以及粉质壤土。

第①层杂填土（rQ$_4$）：为灰黄色碎石土，松散状，含水量干～稍湿，由灰岩碎石、砖块、瓦块、中粗砂以及粉质黏土等组成，碎石的含量约占 15%，厚 0.3～0.6m，分布于大坝桩号 0～024～0＋028 段坝顶部位，高程 168.00m，为修整坝顶路面铺垫形成。

第②层中砂（rQ$_4$）：为灰绿色～黄褐色风化料，松散状，干～稍湿，为闪长岩风化后物质，主要成分为灰褐色斜长石、灰绿色角闪石（由于风化作用）以及少量因风化呈黄褐色的黑云母，呈粗砂状。分布于大坝桩号 0＋034.3～0＋978.9 段，据钻孔揭露显示最低分布高程在 163.00m，厚度 0.4～3.7m；其中在 0＋240～0＋280 段和 0＋460～0＋870 段形成坝的前后坡与坝体形成贯通，致使大坝高程 165.00m 以上部分坝段失去有效防渗作用；在 0＋240～0＋280 段，该层厚度为 0.4～2.45m，平均厚度 1.45m；0＋460～0＋870 段，风化料的厚度为 2.0～3.7m，平均厚度 2.5m。

第③层中、重粉质壤土（rQ$_4$）：褐色、黄褐色，可塑～硬塑，局部成软塑状，湿～饱和状，土质不均匀，含砂及少量细砾。本层土体构成水库大坝的主体，层底高程约为 149.00～167.00m，厚度 0～17m，由于大坝是人工施工，上坝土料不均匀，施工分期、分段较多，造成坝体土料差异性较大。

2）冲洪积物主要为壤土、粉细砂和中粗砂等，广泛分布于河道阶地、河漫滩。主要包括如下几层。

第④层中、重粉质壤土壤土（al＋plQ$_4$）：为褐色～灰黑色，可塑状，局部软塑，湿～饱和状。分布于坝基上部与坝体接触的部位，层顶部高程 150.00～163.00m，厚度 0～11m。

第⑤-1层粉土质砂（al＋plQ$_4$）：为黄褐色～灰黄色，饱和，松散～稍密实，矿物成分以长石石英为主，该层分布范围纵向 0＋110.6～0＋280.4 之间，厚度在 0.20～3.20m 之间，层顶部高程 148.40～151.30m，坝体上下游形成贯通，形成库水向坝下游渗透的通道。

第⑤-2层含细粒土砂（al＋plQ$_4$）：为黄褐色～灰黄色中粗砂，饱和，松散～稍密实，矿物成分以长石石英为主，含少量砾石，砾径 1～5cm，层厚 0.6～4.2m，分布于坝基桩号 0＋333.13～0＋557.06 之间，层顶部高程 147.20～149.30m，并形成纵向贯通，该处为古河道，易形成库水向坝下游渗透的通道。

3. 地质构造

大坝桩号 0＋055 附近有一断层 f 穿过坝基，走向 NW～SE，倾向 NE，倾角 30°～60°。在大坝 0＋070 桩号附近处的 JYZK10、JYZK11 钻孔内有揭露显示：断层泥呈棕红色，可塑～硬塑状，黏粒含量较高，断层带宽度 0.3m，断层影响带宽度 0.3～0.5m，为角砾岩，呈暗红、灰红色，无分选，岩块呈棱角状，表面溶蚀严重，裂隙溶隙发育。断层带渗透性较强，据钻孔压水试验显示，透水率达 213Lu。

4. 岩土的物理力学性质

坝址区基岩主要为灰白色闪长岩以及奥陶系青灰色灰岩。根据本次工作取样 50 组以及安全鉴定阶段的 77 组坝体坝基土样的试验资料，通过统计分析，各岩土层的主要物理力学性质见表 2.3-2 和表 2.3-3。

表2.3-2　角峪水库除险加固土工试验成果分层统计汇总表

层号	岩性	统计项目	40~20mm	20~10mm	10~5mm	5~2mm	2~0.5mm	0.5~0.25mm	0.25~0.075mm	0.075~0.05mm	0.05~0.005mm	<0.005mm	含水率 w/%	湿密度 ρ/(g/cm³)	干密度 ρ_d/(g/cm³)	孔隙比 e	孔隙率 n/%	饱和度 S_r/%	液性指数 I_L	土粒比重 G_s	液限 W_L/%	塑限 W_P/%	塑性指数 I_P	压缩系数 a_{v1-2}/MPa⁻¹	压缩模量 E_s/MPa	渗透系数 k_{20}/(cm/s)	黏聚力 C_{cu}/kPa	摩擦角 φ_{cu}/(°)	黏聚力 C'/kPa	摩擦角 φ'/(°)
			颗粒组成/%										天然状态下的基本物理指标											固结试验		渗透试验	三轴试验 CU			
②	中砂（坝体上游坡风化残）	试验组数	3		3	3	3	3	3	3	3	3	17	17	17	17	6	17	17		17	17	17	16	16	11	3	3	3	3
		最大值	2.40		3.00	27.30	40.30	33.30	36.00	12.10	19.60	13.80	26.10	2.07	1.75	1.076	43.31	99.35	0.33	2.72	40.80	22.90	20.80	1.01	9.34	3.17×10⁻⁴	33.00	15.80	33.00	23.50
		最小值			0.00	0.00	10.00	18.50	9.60	0.00	1.90	0.00	16.90	1.60	1.31	0.553	36.24	56.00	−0.24	2.70	26.50	20.20	13.50	0.17	2.06	4.11×10⁻⁷	28.00	12.10	29.00	15.80
		大值平均	2.40		1.66	27.30	40.30	33.30	29.60	10.47	19.50	12.90	23.86	2.02	1.68	0.801	42.12	94.55	0.18	2.72	39.20	22.60	17.90	0.59	6.98	4.68×10⁻⁵	31.90	15.80	33.00	23.50
		小值平均			0.00	0.00	11.10	19.30	9.60	0.00	1.90	0.00	19.59	1.87	1.54	0.627	37.63	77.33	−0.11	2.71	34.90	20.80	15.20	0.27	3.84	4.68×10⁻⁵	28.00	12.40	29.00	15.80
		平均值	0.80		0.52	9.10	20.90	23.90	23.00	3.93	13.70	8.60	21.85	1.98	1.62	0.679	39.88	88.47	0.01	2.71	37.20	21.60	16.10	0.37	5.41	4.68×10⁻⁵	30.60	13.50	31.70	18.40
③	坝土（坝体上游坡天然、饱和）	试验组数				32	32	32	32	32	32	32	32	32	32	32	22	22	32		32	32	32	30	30	17	11	11	11	11
		最大值				3.00	14.70	8.30	18.60	20.50	75.00	34.30	29.60	2.20	1.69	0.836	45.53	100.28	0.51	2.73	43.50	24.10	20.80	0.54	13.82	6.66×10⁻⁴	56.00	19.10	54.00	23.40
		最小值				0.00	0.00	0.00	0.00	0.00	39.70	17.90	17.90	1.87	1.48	0.616	38.11	69.35	−0.14	2.70	33.50	19.70	13.00	0.12	3.14	2.29×10⁻⁷	11.80	6.90	10.50	10.20
		大值平均					4.00	3.76	9.27	11.27	69.12	30.02	25.99	2.20	1.63	0.759	43.79	96.92	0.25	2.72	40.50	23.00	18.10	0.47	8.23	4.61×10⁻⁵	48.50	17.60	45.50	20.80
		小值平均					0.90	0.83	1.73	1.79	49.07	21.20	22.49	1.97	1.55	0.666	40.25	86.05	0.03	2.71	35.90	20.80	15.20	0.27	4.21	4.61×10⁻⁵	21.60	10.10	23.70	13.20
		平均值				0.52	2.88	2.99	7.65	7.42	56.59	25.44	24.24	2.04	1.59	0.709	41.70	92.84	0.14	2.72	38.60	22.00	16.70	0.36	5.41	4.61×10⁻⁵	33.90	14.20	35.60	17.30

续表

层号	岩性	野外编号	石 40~20mm	石 20~10mm	砾 10~5mm	砾 5~2mm	砂粒 2~0.5mm	砂粒 0.5~0.25mm	砂粒 0.25~0.075mm	粉粒 0.075~0.05mm	粉粒 0.05~0.005mm	黏粒 <0.005mm	含水率 ω/%	湿密度 ρ/(g/cm³)	干密度 ρ_d/(g/cm³)	孔隙比 e	孔隙率 n/%	饱和度 S_r/%	液性指数 I_L	土粒比重 G_s	液限 W_L/%	塑限 W_P/%	塑性指数 I_P	压缩系数 a_{v1-2}/MPa⁻¹	压缩模量 E_s/MPa	渗透系数 k_{20}/(cm/s)	黏聚力 C_{cu}/kPa	摩擦角 φ_{cu}/(°)	黏聚力 C'/kPa	摩擦角 φ'/(°)
③	填土（坝体下游坝坡天然）	试验组数				3	5	5	5	5	5	5	5	5	5	5	4	5	5	5	5	5	5	5	5	1	2	2	2	2
		最大值				3.00	4.00	5.70	11.00	11.00	68.30	31.70	23.60	2.03	1.67	0.700	41.19	95.06	0.03	2.72	41.80	23.9	18.60	0.42	7.18	1.67×10^{-6}	40.00	13.00	41.00	17.20
		最小值				0.00	0.00	0.00	0.00	0.00	44.70	20.00	21.80	1.97	1.59	0.626	38.50	90.76	−0.10	2.71	38.50	22.8	15.30	0.23	4.04	1.67×10^{-6}	38.00	9.50	36.00	11.50
		大值平均				3.00	4.00	4.00	9.20	10.18	64.93	27.65	23.20	2.03	1.66	0.685	40.84	94.72	−0.01	2.72	40.80	23.8	18.10	0.37	6.43	1.67×10^{-6}	40.00	13.00	41.00	17.20
		小值平均				0.00	0.67	0.80	2.33	0.00	50.60	20.73	22.10	1.98	1.61	0.628	38.57	91.03	−0.08	2.71	39.00	23.1	15.30	0.26	4.53	1.67×10^{-6}	38.00	9.50	36.00	11.50
		平均值				1.00	2.00	2.08	5.08	8.14	59.20	23.50	22.54	2.00	1.63	0.662	39.71	92.51	−0.05	2.71	40.00	23.4	16.70	0.33	5.29	1.67×10^{-6}	39.00	11.30	38.50	14.40
	填土（坝体下游坝坡饱和）	试验组数				3	3	3	3	3	3	3	2	2	2	2	1	2	2	3	3	3	2	2	2	1	1	1	1	1
		最大值				3.00	3.30	7.30	27.70	12.10	62.60	22.90	26.50	2.00	1.65	0.723	41.95	99.37	0.25	2.71	38.70	22.4	16.30	0.31	7.62	4.84×10^{-6}	20.90	24.60	20.10	29.40
		最小值				0.00	2.00	4.00	12.70	0.00	41.70	15.40	21.30	1.99	1.57	0.644	41.95	90.00	0.06	2.70	28.60	17.9	14.30	0.23	5.30	4.84×10^{-6}	20.90	24.60	20.10	29.40
		大值平均				3.00	3.30	7.00	27.70	12.10	62.60	22.90	26.50	2.00	1.65	0.723	41.95	99.37	0.25	2.71	36.70	21.4	16.30	0.31	7.62	4.84×10^{-6}	20.90	24.60	20.10	29.40
		小值平均				0.00	2.00	4.00	15.00	0.00	42.90	15.80	21.30	1.99	1.57	0.644	41.95	90.00	0.06	2.70	28.60	17.9	14.30	0.23	5.30	4.84×10^{-6}	20.90	24.60	20.10	29.40
		平均值				1.00	2.43	6.00	19.23	4.03	49.47	18.17	23.90	2.00	1.61	0.683	41.95	94.69	0.16	2.71	34.00	20.2	15.30	0.27	6.46	4.84×10^{-6}	20.90	24.60	20.10	29.40

固结试验：压缩系数 a_{v1-2}、压缩模量 E_s；渗透试验：渗透系数 k_{20}；三轴试验 CU：黏聚力 C_{cu}、摩擦角 φ_{cu}、黏聚力 C'、摩擦角 φ'。

续表

层号	岩性	统计项	石 40~20mm	石 20~10mm	石 10~5mm	砾 5~2mm	砾 2~0.5mm	砾 0.5~0.25mm	砂粒 0.25~0.075mm	砂粒 0.075~0.05mm	砂粒 0.05~0.005mm	黏粒 <0.005mm	含水率 ω/%	湿密度 ρ/(g/cm³)	干密度 ρ_d/(g/cm³)	孔隙比 e	孔隙率 n/%	饱和度 S_r/%	液性指数 I_L	土粒比重 G_s	液限 W_L/%	塑限 W_P/%	塑性指数 I_P	压缩系数 a_{v1-2}/MPa⁻¹	压缩模量 E_s/MPa	渗透系数 k_{20}/(cm/s)	黏聚力 C_{cu}/kPa	摩擦角 φ_{cu}/(°)	黏聚力 C'/kPa	摩擦角 φ'/(°)
④	填土(坝基)	试验组数	35	35	35	35	35	35	35	35	35	35	40	40	40	40	17	40	40	40	40	40	40	40	40	21	10	10	10	10
④	填土(坝基)	最大值	15.50	3.00	4.80	6.60	30.00	26.60	24.00	11.40	75.60	35.90	30.30	20.20	1.70	0.834	45.46	100.00	0.50	2.73	45.60	214.30	20.70	0.74	13.70	6.27×10^{-4}	70.00	19.50	55.00	24.10
④	填土(坝基)	最小值	0.00	0.00	0.00	0.00	0.00	0.00	0.00	0.00	9.30	3.40	17.80	1.91	1.49	0.584	36.88	80.00	-0.27	2.69	28.40	18.80	0.30	0.12	2.34	5.09×10^{-7}	25.20	8.80	22.00	12.50
④	填土(坝基)	大值平均	15.50	3.00	4.80	3.17	10.58	6.67	9.75	8.96	67.47	30.77	25.69	20.20	1.66	0.723	41.86	98.48	0.21	2.72	41.50	214.30	18.10	0.42	7.41	4.28×10^{-5}	57.60	17.60	49.80	22.70
④	填土(坝基)	小值平均	0.00	0.00	0.00	0.00	0.40	0.38	1.53	0.14	49.81	22.04	22.03	2.01	1.58	0.633	38.27	91.59	-0.02	2.71	36.30	22.30	13.10	0.25	4.64	4.28×10^{-5}	30.50	12.70	28.30	17.30
④	填土(坝基)	平均值	0.44	0.09	0.14	0.36	1.85	2.18	4.58	4.93	59.40	26.03	23.77	2.46	1.62	0.674	40.38	95.38	0.10	2.72	39.00	27.10	16.10	0.32	5.82	4.28×10^{-5}	44.10	16.10	39.00	20.50
⑤-1	粉土质砂	试验组数				3	3	3	3		3	3	2	2	2	2	2	2	2	2	2	2	2	1	1	2	2	2	2	2
⑤-1	粉土质砂	最大值				8.70	16.70	18.80	22.00		38.40	11.40	22.50	2.17	1.84	0.658		100.00	0.03	2.77	42.30	23.40	18.90	0.28	5.92	9.27×10^{-5}	22.50	2.17	1.84	0.66
⑤-1	粉土质砂	最小值				8.30	13.00	13.00	18.30		30.50	9.90	18.20	2.01	1.64	0.471		93.00	-0.05	2.70	28.60	17.90	0.03	0.28	5.92	3.88×10^{-5}	18.20	2.01	1.64	0.47
⑤-1	粉土质砂	大值平均				8.70	15.20	18.80	22.00		38.40	11.40	22.50	2.17	1.84	0.658		100.00	0.03	2.77	42.30	23.40	18.90	0.28	5.92	6.57×10^{-5}	22.50	2.17	1.84	0.66
⑤-1	粉土质砂	小值平均				8.30	10.30	13.35	19.15		32.00	9.95	18.20	2.01	1.64	0.471		93.00	-0.05	2.70	28.60	17.90	0.03	0.28	5.92	6.57×10^{-5}	18.20	2.01	1.64	0.47
⑤-1	粉土质砂	平均值				8.43	13.57	15.17	20.10		34.13	10.43	20.35	2.09	1.74	0.565		96.50	-0.01	2.74	35.45	20.65	9.47	0.28	5.92	6.58×10^{-5}	20.35	2.09	1.74	0.57
⑤-2	含细粒砂	试验组数	4	4	4	4	4	4	4	4										1	1	1								
⑤-2	含细粒砂	最大值	12.20	10.70	10.90	24.90	37.30	24.60	14.00	8.30										2.71	37.00	21.30								
⑤-2	含细粒砂	最小值	0.00	0.00	4.50	12.20	27.00	10.10	9.10	2.50										2.71	37.00	21.30								
⑤-2	含细粒砂	大值平均	12.20	10.70	10.60	23.20	35.50	21.65	13.90	7.25										2.71	37.00	21.30								
⑤-2	含细粒砂	小值平均	0.00	1.50	4.75	15.10	27.25	13.55	10.60	2.95										2.71	37.00	21.30								
⑤-2	含细粒砂	平均值	3.05	3.80	7.68	19.15	31.38	17.60	12.25	5.10										2.71	37.00	21.30								

表 2.3－3　　　　　　　　　角峪水库除险加固岩石试验成果统计汇总表

岩性	室内编号	含水率 ω/%	吸水率 /%	饱水率 /%	饱水系数	块体密度/(g/cm³) 自然	干	饱和	抗压强度/MPa 干	饱和	静变模/(×10³MPa) 干	饱和	静泊松比 干	饱和	软化系数	三轴压缩强度 C/MPa 饱和	φ/(°) 饱和
闪长岩	组数	4	4	4	2	4	4	4	2	4	2	3	2		2	2	1
	最大值	2.65	3.44	3.54	0.94	2.96	2.95	2.96	114.00	71.30	37.10	56.10	0.38		0.25	0.56	3.50
	最小值	0.16	0.19	0.22	0.87	2.63	2.56	2.66	35.70	13.30	11.90	2.85	0.23		0.12	0.39	3.50
	大值平均	2.13	2.67	2.83	0.94	2.94	2.93	2.94	114.00	63.95	37.10	43.65	0.38		0.25	0.56	3.50
	小值平均	0.17	0.20	0.23	0.87	2.71	2.65	2.74	35.70	13.85	11.90	2.85	0.23		0.12	0.39	3.50
	平均值	1.15	1.44	1.53	0.91	2.83	2.80	2.84	74.85	38.90	24.50	30.05	0.31		0.19	0.48	3.50
灰岩	组数	4	4	4	2	4	4	4	2	4	2	3	3		3	2	1
	最大值	0.69	1.46	1.50	0.97	2.79	2.79	2.80	36.70	23.20	25.90	26.30	0.27		0.29	0.61	2.20
	最小值	0.22	0.43	0.45	0.96	2.70	2.68	2.72	26.40	13.60	23.10	13.30	0.23		0.09	0.59	2.20
	大值平均	0.62	1.41	1.46	0.97	2.78	2.77	2.79	36.70	22.45	25.90	23.15	0.27		0.29	0.61	2.20
	小值平均	0.25	0.66	0.69	0.96	2.71	2.68	2.73	26.40	15.70	23.10	13.30	0.23		0.09	0.59	2.20
	平均值	0.22	0.43	0.45	0.96	2.70	2.68	2.72	13.60	23.10	13.30	0.23	0.09		0.52	2.20	54.90

根据上述试验结果，结合工程实际情况，类比近似工程资料，提出坝址区岩土体的物理力学指标建议值见表 2.3－4。

表 2.3－4　　　　　　　　　角峪水库除险加固土的物理力学指标建议值表

层号	岩土名称	含水率 ω/%	湿密度 ρ/(g/cm³)	干密度 ρ_d/(g/cm³)	孔隙比 e	液性指数 I_L	土粒比重 G_s	塑性指数 I_P	压缩系数 a_{V1-2}/MPa^{-1}	压缩模量 E_{S1-2}/MPa	渗透系数 k_{20}/(cm/s)	饱和三轴剪切 黏聚力 C'/kPa	摩擦角 φ'/(°)	承载力标准值 /kPa
①	碎石土		1.97	2.07								5	20	300
②	坝体中砂（风化料）		1.97	2.07								0	32	200
③	中、重粉质壤土（坝体）	20	1.99	1.60	0.68	0.15	2.71	13	0.25	5.00	2.50×10^{-5}	18	20	90
④	中、重粉质壤土（坝基）		1.98	1.61			2.71			5	2.50×10^{-5}	19	20.5	90
⑤-1	粉土质砂（坝基）	20	2.09	1.70	0.58		2.69				1.45×10^{-3}	0	28	120
⑤-2	含细粒土砂（坝基）										2.50×10^{-2}	0	32	180
⑥	强风化灰岩		2.74	2.73										400
⑦	全风化闪长岩										4.50×10^{-3}	0	28	300
⑦	强风化闪长岩										8.90×10^{-4}	150	32	400
⑦	弱风化闪长岩										2.50×10^{-5}	800	35	800

5. 水文地质条件

坝址区内地下水主要为第四系孔隙潜水和基岩裂隙水。

第四系孔隙潜水主要分布于第四系冲洪积中粗砂层中，透水性强，富水性好，是良好的含水层。

基岩裂隙水主要分布于灰岩、闪长岩风化裂隙中，通过裂隙渗流。分布不均匀，季节性变化大。岩体中的裂隙为地下水的运动提供了良好通道。

本区内地下水主要靠大气降水补给，以蒸发和向下游排泄为主要排泄途径，区内地下水径流运动状态，主要受地形地貌、地层岩性及裂隙发育程度等因素影响与控制。

据水质分析，本区地下水为重碳酸盐硫酸盐钙镁型水，pH 值为 7.33～8.23，弱碱性，水化学试验结果分析见表 2.3－5。

表 2.3－5　　　　　　　　　　角峪水库除险加固水质分析成果一览表

水样	编号	库尔洛夫表达式	水化学类型	pH 值	总硬度	总碱度	侵蚀性 CO_2	离子含量		
								Mg^{2+}	SO_4^{2-}	HCO_3^-
					mg/L			mg/L		mmol/L
库水	JYSY1	$M_{0.296} \dfrac{HCO_3^- \, 61.7 \, SO_4^{2-} \, 28.8}{Ca^{2+} \, 63.4 \, Mg^{2+} \, 34.9}$	$HCO_3^- \, SO_4^{2-}$ —$Ca^{2+} \, Mg^{2+}$	7.65	272.97	171.42	0	23.56	76.66	3.425
塘水	JYSY2	$M_{0.270} \dfrac{HCO_3^- \, 64.72 \, SO_4^{2-} \, 23.04 \, Cl^- \, 12.24}{Ca^{2+} \, 73.38 \, Mg^{2+} \, 18.87}$	$HCO_3^- \, SO_4^{2-}$ —Ca^{2+}	8.23	266.92	147.65	0	13.26	50.43	2.950
	SY01	$M_{0.487} \dfrac{HCO_3^- \, 53.23 \, SO_4^{2-} \, 35.59 \, Cl^- \, 11.18}{Ca^{2+} \, 58.38 \, Mg^{2+} \, 24.41 \, (K^+ + Na^+) \, 17.21}$	$HCO_3^- \, SO_4^{2-}$ —Ca^{2+}	7.33	281.75	181.16	0	20.17	111.32	3.62

环境水对混凝土的腐蚀分为分解类腐蚀、结晶类腐蚀、结晶分解复合类腐蚀，相应的腐蚀性特征判定依据分别为 HCO_3^-、pH 值、侵蚀性 CO_2 含量。环境水对角峪水库混凝土腐蚀判定见表 2.3－6。

表 2.3－6　　　　　　　　角峪水库除险加固环境水对混凝土的腐蚀判定表

腐蚀类别	腐蚀特征判定依据	界限指标	实测值			判定结果
			SY01	JYSY1	JYSY2	
分解类腐蚀	HCO_3^- 含量/(mg/L)	>1	220.86	208.99	180.01	无腐蚀
	pH 值	>6.5	7.33	7.65	8.23	
	侵蚀性 CO_2 含量/(mg/L)	<15	0	0	0	
结晶类腐蚀	SO_4^{2-} 含量/(mg/L)	<250	111.32	76.66	50.43	
结晶分解复合类腐蚀	Mg^{2+} 含量/(mg/L)	<1000	20.17	23.56	13.26	

由表 2.3－7 可知，角峪水库除险加固环境水对混凝土的腐蚀性判定包括 3 类：分解类、结晶类和结晶分解复合类。分解类腐蚀判定：①HCO_3^- 含量大于 1mg/L，实测值为 180.01～220.86mg/L，判定结果为无腐蚀；②pH 值大于 6.5，实测值为 7.33～8.23，判定结果为无腐蚀；③侵蚀性 CO_2 含量小于 15mg/L，实测值为 0，判定结果为无腐蚀。分解类腐蚀判定结论为无腐蚀。结晶类腐蚀判定：SO_4^{2-} 含量小于 250mg/L，实测值为 50.43～111.32mg/L，判定为无腐蚀，故结晶类腐蚀的判定结果为无腐蚀。复合类腐蚀判定：Mg^{2+} 含量小于 1000mg/L，实测值为 13.26～23.56mg/L，判定结果为无腐蚀。综上所述，环境水对混凝土的腐蚀性判定为无结晶类、分解类和复合类腐蚀。

2.3.1.5　大坝工程地质情况

1. 概述

大坝为均质土坝，全长 1142m，坝顶高程 166.96～168.00m，坝顶宽 3.0～5.0m；防浪墙高程 168.67m，大坝上游坡为干砌石护坡，下游坡为草皮护坡。桩号 0＋000～0＋949 段，坝前坡在高程 162.27m 以下边坡为 1：3.5、以上为 1：3，坝后坡在高程 162.27m 设有戗台，宽 2.0m，戗台以上边坡为 1：2.75，以下为 1：3；桩号 0＋949～1＋142 段，坝前后坡均为 1：2；坝后排水体位于桩号 0＋137～0＋673 河槽段，为棱体排水体，总长 537m，坝顶高程 159.09～155.57m，顶宽 1.0～2.0m，高 1.0～4.1m。

水库在运行过程中出现了以下问题并做了处理。

（1）1960 年水库由小型水库改建中型水库时（但未达到中型水库标准），在桩号 0＋300 处的原小放水洞处理不彻底，形成集中渗漏和接触冲刷，引起坝体裂缝和塌陷。

（2）1960 年改建时，主河槽截渗槽未开挖到基岩，大坝初建成后，坝后 5m 多远处，渗水形成多个泉眼。由于建坝时坝体与坝基接触部位清基不彻底，桩号 0＋050～0＋600 段，排水体底脚均有明流出现。在水位 162.00m 时，坝后地表渗流量达 0.15m³/s，坝后三角地出现沼泽化，高于河床 3.0m 处的地面出现明流积水，不能进入。

（3）1966 年续建中，由于土料质量控制不严，坝后坡和上部坝体部分坝段采用了风化料，降低了坝体的有效防渗高度，缩短了坝体上部的防渗渗径，在高水位时可能造成坝体渗透破坏。

（4）桩号 0＋055 处有一条横切大坝的断层 f，地层破碎，渗漏较严重，未作防渗处理。

（5）迎水坡用片乱石护砌，标准低，坍塌破坏严重，局部常出现脱坡现象。

因上述存在问题，1976 年对大坝进行培厚加固，1983 年对坝前护坡重要险段进行了局部翻修，1994 年对大坝坝体桩号 0＋050～0＋600 坝段实施了黏土灌浆，因资金有限，处理范围较小，问题依然严重。

2. 坝体质量评价

组成坝体的土料主要为壤土，局部有风化料（壤土）和碎石土，分层描述如下。

第①层杂填土：为灰黄色碎石土，松散状，含水量干～稍湿，由灰岩碎石、砖块、瓦块、中粗砂以及粉质黏土等组成，碎石的含量约占 15%，厚度 0.3～0.6m，分布于大坝桩号 0～024～0＋028.1，高程 168.51～167.91m 之间，为修整坝顶路面铺垫形成。

第②层中砂（坝体填筑风化料）：为灰绿色～黄褐色，松散状，干～稍湿，为闪长岩风化后的残积物，主要成分为灰褐色斜长石、灰绿色角闪石（由于风化作用）以及少量因风化呈黄褐色的黑云母，呈粗砂状。分布于大坝桩号 0+034.3～0+978.9 段，据安全鉴定阶段钻孔 ZK10、ZK11 揭露，最低分布高程在 162.97m；其中在 0+462.59～0+870 段，中砂的厚度为 2.0～3.7m，平均厚度 2.5m；0+240～0+280 段，厚度为 0.4～2.45m，平均厚度 1.45m，根据安全鉴定阶段开挖探槽验证，桩号 0+240～0+280 段坝前坡和坝体形成贯通，致使大坝高程 165.02m 以上部分坝段失去有效防渗作用。

坝体中砾石含量平均值为 9.9%，砂粒含量平均值为 67.8%，粉粒含量平均值为 13.7%，黏粒含量平均值为 8.6%。该层中砂（风化料）渗透系数为 $5.94 \times 10^{-3} \sim 6.19 \times 10^{-3}$ cm/s，为中等透水。

第③层中、重粉质壤土：褐色～黄褐色壤土，可塑～硬塑，局部成软塑状，湿～饱和状，韧性较低，土质不均匀，含砂及少量细砾。本层土体构成的水库大坝的主体，由于大坝施工时全是人工操作，上坝土料不均匀，施工分期、分段较多，造成坝体土料差异性较大。

坝体壤土中各粒组平均含量为：砾 0.2%，砂 12.2%、粉粒 62.5%、黏粒 25.1%。坝体土黏粒含量范围 15.4%～34.3%，含水率 16.9%～29.6%；压缩模量 2.1～13.8MPa，属中～高压缩性土；干密度 1.31～1.75g/cm³，平均 1.61g/cm³；渗透系数范围 $2.29 \times 10^{-7} \sim 6.66 \times 10^{-4}$ cm/s，平均渗透系数 3.68×10^{-5} cm/s，属极微透水～中等透水，有接近 9% 大于规范值 1×10^{-4} cm/s。根据以上数据可知，坝体土土质混杂，碾压质量稍差，局部软弱。

坝体壤土质量其黏粒含量在 15.4%～34.3% 之间，基本满足《水利水电天然建筑材料勘察规程》（SL 251）对坝体土料的要求。干密度在 1.31～1.75g/cm³ 间，渗透系数范围 $2.29 \times 10^{-7} \sim 6.66 \times 10^{-4}$ cm/s，平均渗透系数 3.68×10^{-5} cm/s，属极微透水～中等透水，有 7.14% 大于规范值 1×10^{-4} cm/s。说明坝体壤土土质较好，但局部回填碾压稍差。

综合分析表明：坝体土料主要为中、重粉质壤土，局部有风化料、碎石土。风化料在坝前后坡和坝体形成上下游贯通，致使大坝高程 165.02m 以上部分坝段失去有效防渗作用，需进行防渗处理。

3. 坝基地质条件

（1）地层。坝基地层为第四系冲洪积中、重粉质壤土，粉土质砂，含细粒土砂以及风化的灰岩、闪长岩，分述如下。

1）第④层中、重粉质壤土：为褐色～灰黑色壤土，可塑状，局部软塑，湿～饱和状，分布于坝基上部与坝体接触的部位，厚度 1～7m。

坝基土中各粒组平均含量：砾 0.59%、砂 8.6%、粉粒 64.3%、黏粒 26%。天然含水量 17.8%～30.3%，干密度 1.49～1.70g/cm³，平均干密度 1.62g/cm³；压缩系数 0.12～0.74MPa，平均压缩系数为 0.32MPa，压缩模量 2.3～13.7MPa⁻¹，平均压缩模量为 5.8MPa⁻¹，属于中～高压缩性土。渗透系数范围 $6.27 \times 10^{-4} \sim 5.09 \times 10^{-7}$ cm/s，平均压缩系数为 4.28×10^{-5} cm/s，属极微透水～中等透水。

2）第⑤-1 层粉土质砂：为黄褐色～灰黄色，松散～稍密实，矿物成分以长石石英为主，该层分布范围纵向 0+110.6～0+280.4 之间，厚度在 0.20～3.20m 之间，坝下深度

16.1～18.8m 横向上坝体上下游形成贯通，可以形成库水向坝下游渗透的通道。

坝基粉土质砂：砾石含量平均值 8.43%，砂粒含量平均值 48.84%，粉粒含量平均值 34.13%，黏粒含量平均值 10.43%，渗透系数为 6.58×10^{-5} cm/s。

3）第⑤-2 层含细粒土砂：为黄褐色～灰黄色中粗砂，松散～稍密实，矿物成分以长石石英为主，含少量砾石，砾径 1～5cm，层厚 0.6～2.2m，分布于坝基 0+333.13～0+557.1 之间，坝下深度 18.0～20.5m，并形成纵向贯通，该处为古河道，易形成库水向坝下游渗透的通道。

坝基含细粒土砂含漂石平均含量 1.58%，砾石平均含量 19.86%，砂平均含量 61.07%，粉粒 12.19%，黏粒 5.3%。渗透系数为 6.13×10^{-3} cm/s。

4）第⑥层灰岩：奥陶系主要为青灰色灰岩，微晶结构，块状构造，主要成分为方解石和白云石，岩溶裂隙发育。分布于河流及水库左岸、左坝肩以及坝基 0-24～0+055 段，与闪长岩呈断层接触。由压水试验可知透水率为 4.5～12.2Lu，属弱～中等透水。

5）第⑦层闪长岩：呈灰绿色～灰白色，半自形粒状结构，片麻构造，主要成分为斜长石、角闪石和黑云母，局部风化裂隙发育。

全风化闪长岩：灰绿、灰白色，主要矿物成分为灰白色斜长石、黑色角闪石以及黑云母，岩石风化严重，原岩的结构构造破坏殆尽，分解成松散的土状或粗砂状，岩心呈碎屑状，采取率低，分布于坝基 0+055～1+142 段，其中，桩号 0+055～0+855 段坝下深度 16.6～20.6m，桩号 0+900～1+142 段坝下深度 5.0～6.5m。

强风化闪长岩：灰绿色，半自形中粗粒结构，片麻状构造，由于风化作用原岩的结构构造大部分遭受破坏，主要矿物成分为灰白色斜长石、黑色角闪石以及黑云母，岩石风化强烈，小部分分解或崩解为土，岩芯大部分呈粗砂状，部分成碎块状、短柱状，采取率较低。分布于坝基 0+055～1+142 段，其中，桩号 0+055～0+855 段坝下深度 20.2～25.5m，桩号 0+900～1+142 段坝下深度 10.6～16.0m。

弱风化闪长岩：青灰色，半自形中粗粒结构，片麻状构造，主要矿物成分为灰白色斜长石、黑色角闪石以及黑云母，岩石风化裂隙较发育，岩芯呈短柱、长柱状。分布于坝基 0+055～1+142 段，其中，桩号 0+120～0+350 段坝下深度 27.1～28.1m，桩号 0+610～0+760 段坝下深度 26.1～27.8m。

压水试验显示坝基闪长岩透水率为 4.5～24.35Lu 之间，属弱～中等透水。

（2）地质构造。据以往物探成果和本次勘察钻孔探测资料，大坝桩号 0+055 附近有一断层穿过坝基，走向 NW～SE，倾向 NE，倾角 30°～60°。据钻探资料显示：断层泥呈棕红色，可塑～硬塑状，黏粒含量较高，夹灰白色钙质结核，或为灰岩风化后的残余物质，厚度约 2m，随深度增加，钙质结核含量增高，见有角砾岩，呈暗红、灰红色，无分选，角砾岩呈棱角状，基岩表面溶蚀严重，裂隙溶隙发育，根据钻孔压水试验，断层部位透水率达到 213Lu，透水性极强，易形成坝基岩石的渗漏通道，需做防渗处理。大坝桩号 0+055 东侧为奥陶系灰岩，产状 5°∠35°，西侧为闪长岩，是两种岩石的分界部位。

坝下以及右坝肩为闪长岩，风化较严重，节理较发育，主要发育 2 组节理：产状 124°～142°∠68°～85°，22°～28°∠71°～87°。左坝肩为奥陶系灰岩，风化较严重。

4. 主要工程地质问题评价

（1）坝基断层渗漏。坝基 0+055 附近发育一条断层 f，据注水试验，透水率为

213Lu，透水性极好。断层上覆盖坝基壤土，容易在断层破碎带顶部形成接触流失，需要对该处进行防渗处理。

（2）坝基渗透变形分析。

1）计算方法。坝基土的渗透变形类型包括流土和管涌两种类型，应该根据土的细粒含量，采用下列方法判别：

流土

$$P_c \geqslant \frac{1}{4(1-n)} \times 100 \qquad (2.3-1)$$

管涌

$$P_c < \frac{1}{4(1-n)} \times 100 \qquad (2.3-2)$$

式中：P_c 为土的细粒颗粒含量，以质量百分率计，%；n 为土的孔隙率，%。

流土型临界水力比降采用下式计算：

$$J_{cr} = (G_s - 1)(1 - n) \qquad (2.3-3)$$

式中：J_{cr} 为土的临界水力比降；G_s 为土粒比重。土的允许比降 $J_{允许} = J_{cr}/2$，安全系数取 2。

管涌型临界水力比降采用下式计算：

$$J_{cr} = 2.2(G_s - 1)(1 - n)^2 \frac{d_5}{d_{20}} \qquad (2.3-4)$$

式中：d_5、d_{20} 分别为占总土重的 5% 和 20% 的土粒粒径，mm。土的允许比降 $J_{允许} = J_{cr}/1.5$，安全系数取 1.5。

2）坝基粉土质砂与坝体中砂的渗透变形及水力坡降计算。坝基粉土质砂与坝体中砂的基本参数取值见表 2.3-7，渗透变形类型及水力坡降计算结果见表 2.3-8。

表 2.3-7　　　　坝基粉土质砂与坝体中砂渗透变形基本参数取值表

土类	不均匀系数 C_U	细颗粒含量 P_c/%	孔隙率 /%	土粒比重 G_s	d_5 /mm	d_{20} /mm
第①层坝基粉土质砂	16.27	40.5	41.8	2.65	0.05	0.30
第②层坝体中砂	9.78	40	46.8	2.65	0.22	0.50
第③层坝体中重粉质壤土	18.13	81.2	41.1	2.71	0.0035	0.0041
第④层坝基中重粉质壤土	17.14	79.3	40.4	2.70	0.0032	0.0042

表 2.3-8　　　　渗透变形类型及水力坡降计算表

土类	渗透变形类型	J_{cr}	计算值 $J_允$	建议值 $J_允$
第①层坝基含细粒土砂	管涌	0.19	0.13	0.10
第②层坝体中砂	管涌	0.45	0.30	0.25
第③层下游坝坡土料	流土	1.02	0.51	0.50
第④-1层坝基壤土	流土	0.55	0.37	0.35

3) 接触冲刷判别。大坝主河槽段由于清基不彻底，坝基粉土质砂与坝体土料之间易形成接触冲刷破坏，根据《水利水电工程地质勘察规范》(GB 50287—1999)，利用颗分资料进行判断。

坝基粉土质砂的 $D_{10}=0.22$，坝体底部土料和坝基壤土 $d_{10}=0.001\sim0.002$，则 $D_{10}/d_{10}=110\sim220>10$，故判断坝基粉土质砂与坝基壤土、坝体土之间存在接触冲刷的可能。

4) 接触流失判别。大坝主河槽段由于清基不彻底，坝基粉土质砂与坝体土料之间易形成接触流失破坏，利用颗分资料进行判断。

坝基粉土质砂的 $C_U=39.57$，坝基含细粒土砂的 $C_U=15.62$，坝基中、重粉质壤土 $C_U=16.52>10$，故判断坝基中粗砂、粉细砂与坝基壤土、坝体土之间存在接触流失的可能。

(3) 坝基渗漏分析。

1) 渗漏原因分析。水库运行 40 多年来，存在水库渗漏问题，根据本次野外调查以及分析判断，形成坝基渗漏的原因主要有以下几个方面。

a. 该坝坝基的渗漏主要是由于大坝在建设时清基不彻底和断层未做防渗处理造成的。通过钻探揭示：在坝基中有含细粒土砂层，松散～稍密实，分布范围为 0+110.59～0+280.4 间，横向上形成贯穿坝体上下游的渗漏通道。

在坝基中还有粉土质砂层，呈松散～稍密实状，分布范围为 0+333.1～0+557.1，沿坝轴线方向形成贯通，并在横向上形成贯穿坝体上下游的渗漏通道。

b. 大坝 0+055 附近有一断层穿过坝基，断层带及断层影响带形成坝基岩石的渗漏通道。

c. 坝基岩石包括全风化闪长岩、强风化闪长岩、弱风化闪长岩、灰岩，岩石的风化使得原岩致密的结构遭受到强烈的破坏，从而形成坝下的渗漏通道。

2) 渗漏计算。根据地质条件及大坝的不同部位，采用分段计算法，整体上分为 3 段：0+098～0+281 段、0+343～0+437 段、0+437～0+566 段。渗漏量计算公式如下：

$$Q=BKHM/(2b+M) \qquad (2.3-5)$$

式中：B 为渗漏长度，m；$2b$ 为坝基宽度，m；H 为坝上下游水位差，m；M 为含水层厚度，m；K 为渗透系数取，m/d。

角峪水库坝基渗漏分段计算结果见表 2.3-9。则大坝年渗漏量估算 $Q_t=Q\times360=1450.06\times365=529272\text{m}^3$。

表 2.3-9　　　　　　　　　角峪水库坝基渗漏分段计算参数及成果表

分段位置	B/m	$2b$/m	H/m	M/m	K/(m/d)	Q/(m³/d)	渗漏量合计 /(m³/d)
0+098～0+281	183	71	7.09	1.33	1.21	28.87	
0+343～0+437	94	97	12.43	0.6	5.30	38.07	1450.06
0+437～0+566	93	6	13.01	1.65	5.30	1383.12	

3) 渗漏评价结论。由此可知，大坝年渗漏量约为 52.9 万 m³，约占兴利库容的 5.6%，影响水库兴利功能的发挥，坝下游的鱼塘、水坑，皆来源于水库坝下渗水，即使

现在库水位保持在 162.70m，水塘水面也达到了满溢的状态，且涌水量有逐年上升的趋势，对坝体稳定产生威胁。

5. 防渗处理措施

坝体和坝基的防渗处理措施采用在上游坝坡 159.00m 平台处设置截渗墙。截渗墙位于大坝桩号 0+050～0+950 处，总长度 900m。截渗墙部位地层为坝体壤土、坝基中重粉质壤土，含细粒土砂以及全、强风化的闪长岩，其中 0+055 桩号附近基岩内有断层通过，断层走向 NW～SE，倾向 NE，倾角 30°～60°。断层北东为全、强风化的闪长岩，南西为风化的奥陶系灰岩。截渗墙部位的基岩为风化的灰岩以及闪长岩，本次及安全鉴定阶段在坝轴线部位所作的压水试验成果汇总见表 2.3-10。

表 2.3-10　　　　　　　　　压 水 试 验 成 果 表

层位	岩性	桩号	孔号	试段位置/m	高程/m	试段长度/m	透水率/Lu
⑥	灰岩	0+007	ZK2	1.5～6.5	166.39～161.39	5	5.54
⑥	灰岩	0+007	ZK2	6.5～11.5	161.39～156.39	5	3.20
⑥	灰岩	0+007	ZK2	15.2～20.2	152.62～147.62	5	11.60
⑥	灰岩	0+052	ZK3	5.4～10.4	162.42～156.42	5	6.22
⑥	灰岩	0+052	ZK3	13.0～18.0	154.82～149.82	5	12.20
⑥	灰岩	0+062	ZK4	12.0～17.0	155.66～150.66	5	12.10
⑥	灰岩	0+062	ZK4	19.1～24.1	148.56～143.56	5	10.20
⑦	全风化闪长岩	0+126	ZK5	19.2～24.2	148.42～143.42	5	10.40
⑨	弱风化闪长岩	0+126	ZK5	27.2～32.2	140.42～135.42	5	8.50
⑦	全风化闪长岩	0+200	ZK6	19.2～24.2	148.27～143.27	5	23.05
⑨	弱风化闪长岩	0+200	ZK6	27.0～32.0	140.47～135.47	5	39.50
⑦	全风化闪长岩	0+267	ZK7	19.6～24.6	147.87～142.87	5	4.50
⑨	弱风化闪长岩	0+267	ZK7	26.77～31.77	140.70～135.70	5	12.20
⑧	强风化闪长岩	0+295	ZK8	20.5～25.5	147.07～142.07	5	4.00
⑨	弱风化闪长岩	0+295	ZK8	27.0～32.0	140.57～135.57	5	3.20
⑨	弱风化闪长岩	0+295	ZK8	32.0～37.0	135.57～130.57	5	7.70
⑦	全风化闪长岩	0+392	ZK10	22.4～27.4	145.05～140.05	5	8.90
⑦	全风化闪长岩	0+500	ZK11	19.0～23.0	148.47～144.47	4	8.50
⑦	全风化闪长岩	0+602	ZK12	19.0～24.0	148.60～143.50	5	19.70
⑧	强风化闪长岩	0+602	ZK12	24.0～27.0	143.60～140.60	3	8.40
⑦	全风化闪长岩	0+870	ZK13	14.0～18.0	153.76～149.76	4	6.80
⑧	强风化闪长岩	0+870	ZK13	18.0～22.0	149.76～145.76	4	11.60
⑧	强风化闪长岩	0+870	ZK13	24.0～29.0	143.76～138.76	5	1.90
⑦	全风化闪长岩	0+950	ZK14	7.0～10.0	160.76～157.76	3	2.04
⑦	全风化闪长岩	0+950	ZK14	10.0～15.0	157.76～152.76	5	24.35

层位	岩性	桩号	孔号	试段位置/m	高程/m	试段长度/m	透水率/Lu
⑧	强风化闪长岩	0+950	ZK14	17.1~22.1	150.66~145.66	5	25.10
⑦	全风化闪长岩	1+000	ZK15	5.5~10.5	162.12~157.12	5	13.04
⑧	强风化闪长岩	1+000	ZK15	19.0~23.0	148.62~144.62	4	23.30
⑨	弱风化闪长岩	0+708	JYZK05	25.0~30.0	142.50~137.50	5	8.60
⑨	弱风化闪长岩	0+708	JYZK05	30.0~35.0	137.50~132.50	5	8.00

注 其中 JYZK05 为本次压水试验成果，其余的为安全鉴定阶段压水试验成果。

对以上压水试验成果分层统计见表 2.3-11。

表 2.3-11   压水试验成果分层统计表

层位	岩性	组数	最大值	透水率/Lu	平均值
⑥	灰岩	7	12.2	3.20	8.72
⑦	全风化闪长岩	10	24.35	2.04	12.13
⑧	强风化闪长岩	6	25.1	1.90	12.38
⑨	弱风化闪长岩	7	39.5	3.20	12.53

根据坝体及坝基的地质条件，截渗墙的底线宜选择进入相对隔水层，古河道部位稍深，两坝肩稍浅，断层部位适当加深。因此，根据上述原则，建议截渗墙达到坝基岩体 1m 深度，按地面高程 159.00m 来计算，其中，0+075~0+650 段，截渗墙底部建议高程为 145.10~149.10m，深度 9.9~13.9m；0+700~0+950 段截渗墙底部建议高程为 149.60~159.00m，深度 9.4~0m。截渗墙底部设置高程及深度按桩号分述见表 2.3-12。

表 2.3-12   截渗墙底部设置高程及深度建议表

桩号	0+075	0+150	0+350	0+450	0+600	0+650	0+700	0+800	0+865	0+950
截渗墙底高程/m	147.50	147.20	145.10	146.30	149.10	148.30	149.60	152.40	154.90	159.00
截渗墙深度/m	11.5	11.8	13.9	12.7	9.9	10.7	9.4	6.6	4.1	0

6. 溢洪道工程地质情况

（1）基岩承载力。溢洪道引水渠、控制段、泄槽段均为全风化基岩，岩性为闪长岩，全风化带埋深较浅，在 4~5m；强风化带埋深 7~10m，岩石物理力学性质见表 2.3-7。根据岩石力学试验结果综合分析确定：全风化闪长岩承载力标准值为 300kPa，强风化闪长岩承载力标准值为 400kPa，弱风化闪长岩承载力标准值为 800kPa。

根据设计方案，本次加固在原溢流堰顶下挖，在溢洪道中线部位建溢洪闸，然后扩宽下游泄槽的宽度到 16m。溢洪闸的闸基底部高程 160.50m，坐落于全风化闪长岩，属于 V 类岩体，建议承载力标准值 300kPa，混凝土与基岩接触面的抗剪强度建议取 $f'=0.4$，$C'=0.05$MPa。

（2）基岩渗透性。岩石裂隙发育，水平和垂直裂隙均较发育，断裂构造、岩脉不发育。本次勘察共做压水试验段 10 段，透水率在 2.6~21.6Lu 间，属弱~中等透水。溢洪道钻孔压水试验成果见表 2.3 - 13。

表 2.3 - 13　　　　　　　　　　　溢洪道钻孔压水试验成果表

孔号	试段位置/m	高程/m	试段长度/m	透水率/Lu
YZK1	1.0～6.0	163.02～158.02	5	14.20
	6.0～11.0	158.02～153.02	5	9.50
	12.0～17.0	152.02～147.02	5	10.00
YZK2	7.0～12.0	156.63～151.36	5	2.60
YZK3	1.0～6.0	162.29～157.29	5	21.60
	6.1～11.1	157.19～152.19	5	11.40
	10.2～15.2	153.09～148.09	5	9.40
YZK4	0.5～5.5	162.32～157.32	5	15.18
	6.0～11.0	156.82～151.82	5	13.50
	11.0～15.0	147.43～142.43	5	12.90

（3）基岩抗冲能力。溢洪道无控制工程和消能设施，两侧为人工开挖边坡，未做任何护砌；下游为自然冲沟基础，为全风化闪长岩，风化较严重，岩体较破碎，水平和垂直裂隙均较发育，主要产状 124°～142°∠68°～85°，22°～28°∠71°～87°，抗冲刷能力低。若遇较大洪水，将遭受严重的侵蚀、冲刷，危及溢洪道及大坝的安全。

（4）边坡稳定性。溢洪道为人工开挖而成，土质边坡，局部边坡稳定性较差。左岸边坡坡高比 1∶0.2～1∶1，上游坡高比较大，越往下游坡高比越小，多年未经历大的洪水冲刷，总体稳定，但是由于局部边坡较陡，存在坍塌掉块的可能，若遇洪水冲刷掏底，则有可能引起崩塌，危及左岸大坝坝体安全。

7. 放水洞工程地质情况

（1）西放水洞。西放水洞位于大坝桩号 0＋058 处，为无压砌石拱涵洞，进口洞底高程 157.07m，砌石拱涵总长 60.56m，竖井前部长 16.73m，竖井深 4.0m，竖井后部长 39.83m，比降为 0.004；涵洞宽 1.2m，墩高 1.2m，拱高 0.6m，基础坐落在奥陶系灰岩上。设计引水流量 3.5m³/s，闸孔尺寸 1.2m×1.2m，1980 年改建了启闭机房，更换了闸门。

该放水洞内渗漏、溶蚀严重，该放水洞为露天开挖，衬砌拱涵后回填碾压而成，回填时拱涵处理不彻底，填土压实度不够，库水位时常有绕渗水流在下游岸墙处逸出，坝上游放水洞的上部已出现塌陷坑，直径约 3.0m，深 0.5m 左右，说明已产生了渗透破坏，危及大坝的安全。本次除险加固对西放水洞拟采取在原址拆除重建的处理措施。

本次勘探在西放水洞附近布孔 2 个，其中坝顶与坝下游坡各 1 个孔。

1）洞周土体。勘察发现西放水洞外围主要为土层，其黏粒含量为 29.4%～32.7%，基本满足《水利水电工程天然建筑材料勘察规程》（SL 251—2000）对坝体土料要求的 10%～30%。标贯试验击数为 6.6 击，干密度在 1.54～1.65g/cm³，压实度 88%～94%，小于规范对坝体土料要求的 96%～98%；渗透系数在 $6.66×10^{-4}$～$3.51×10^{-6}$ cm/s。说明该部位土质混杂，回填碾压稍差，容易产生渗透破坏。

2）洞基础。西放水洞进口底高程为 157.07m，基础坐落在灰岩上，由于该地段位于断层附近受构造的影响以及风化作用，承载力建议值为 400kPa。

（2）东放水洞。东放水洞位于大坝桩号 0+865 处，为无压砌石拱涵洞，进口洞底高程 156.57m，砌石拱涵总长 54.66m，竖井前部长 16.33m，竖井深 4.0m，竖井后部长 34.23m，比降为 0.004；涵洞宽 1.0m，墩高 1.0m，拱高 0.5m，基础未完全坐落在基岩上。设计引水流量 2.0m³/s，闸孔尺寸 1m×1m，1973 年更换了钢平板闸门。

东放水洞洞内渗漏、溶蚀严重，该放水洞为露天开挖，衬砌拱涵后回填碾压而成，下游部分基础坐落在壤土上。本次除险加固工作对其拟采取在原址拆除重建的处理措施。

本次勘察在东放水洞附近布置钻孔 2 个，即在坝顶与坝下游坡各布置 1 个钻孔。

1）洞周土体。勘察发现东放水洞外围被壤土层覆盖，其黏粒含量在 21.0%～32.6% 之间，基本满足《水利水电工程天然建筑材料勘察规程》（SL 251—2001）对坝体土料的要求。标贯试验击数为 5.6～6.5 击，干密度在 1.63～1.69g/cm³ 间，压实度在 93%～96%，小于规程对坝体土料要求的 96%～98%；渗透系数在 $4.11×10^{-7}$～$6.54×10^{-7}$cm/s，满足规程要求的小于 $1×10^{-4}$cm/s。说明该部位土质较好，但回填碾压稍差。

2）洞基础。放水洞进口底高程为 156.57m，洞体下游部分基础坐落在壤土上，建议壤土的承载力标准值为 90kPa，下伏全风化闪长岩的承载力标准值为 300kPa。

8. 天然建筑材料

角峪水库除险加固工程需要的天然建筑材料为：块石料 1.478 万 m³、混凝土骨料 2.711 万 m³、砂砾石料 1.0137 万 m³、土料 4.7115 万 m³，其中块石料、混凝土骨料、砂砾石料拟选用外购料，土料场选定角峪土料场。为满足设计施工方面的要求以及本着就地取材节省投资的思想，对坝址区的角峪土料场进行了勘探试验工作。布置浅井 32 个，总进尺 52.8m，取土样 35 组，其中，简分析（颗粒分析）30 组，全分析（颗粒分析、化学分析、物性试验、力学试验、渗透试验）5 组。并对块石料和混凝土骨料以及砂砾石料进行了调研：块石料场位于邵家行子块石料场，运距约 60km；位于大官庄块石料场，运距约 50km。砂砾石及混凝土骨料料场位置都在角峪镇附近，距水库约 5km。

（1）土料。角峪土料场位于右坝肩下游，运距约 150m，有简易路通向坝顶，地面高程 152.00～160.00m，地形平坦，为第四系冲洪积壤土，厚度 4～5m，料场长 310m，宽 170m，为了查清料场的有用层厚度和地下水的埋藏深度，本次工作布置了 32 个探井，间距 50～70m。

角峪土料场共做试验 35 组，土的试验统计汇总结果见表 2.3-14，表 2.3-16。由试验结果可知：土料颗粒中黏粒（$d<0.005$mm）平均含量 24.4%；粉粒（0.075～0.005mm）平均含量 57.0%；土料以中、重粉质壤土为主。全分析土样塑性指数为 16.5，渗透系数 $9.64×10^{-7}$cm/s，土的分散性试验表明：角峪土料土为非分散型。做三轴试验 5 组，$C_{平均}=75.3$kPa，$\varphi_{平均}=23.4°$。依据《水利水电天然建筑材料勘察规程》附录 A.2.1 土料质量指标表和此次试验的结果进行了对比，对比结果见表 2.3-15，从表中可以看出：各项指标均符合规程要求。

从表 2.3-15 可知，角峪土料场的质量满足《水利水电天然建筑材料勘察规程》（SL 251）中对均质坝土料的要求。

表 2.3 - 14　　　　　　　　　　角峪土料场土的颗粒级配成果汇总表

野外编号	颗粒组成					
	砂粒			粉粒		黏粒
	2～0.5mm	0.5～0.25mm	0.25～0.075mm	0.075～0.05mm	0.05～0.005mm	<0.005mm
组数	30	30	30	30	30	30
最大值/%	26.7	8.0	22.6	17.5	60.8	33.7
最小值/%	0.7	0.7	2.7	7.1	22.8	11.1
平均值/%	4.7	3.5	10.3	10.7	46.3	24.4

表 2.3 - 15　　　　　　　　　　角峪土料场土的质量指标对比表

序号	项目	土料标准	角峪土料场实验数据		对比结果
			范围值	平均值	
1	黏粒含量/%	10～30	11.1～33.7	24.4	基本符合
2	塑性指数	7～17	9.3～22.3	16.5	基本符合
3	渗透系数/(cm/s)	碾压后<1×10^{-4}	1.72×10^{-6}～4.37×10^{-7}	9.64×10^{-7}	符合
4	有机质含量（按重量计）/%	<5	0.2～0.5	0.4	符合
5	水溶盐含量/%	<3	0.09～0.04	0.04	符合
6	pH 值	>7	7.3～8.5	8.1	符合

从浅井和地形所揭露的情况来看，料场上部 0.3～0.5m 含植物根系，属于耕植土，开挖时应剥去，上部为壤土，疏松，料场储量计算采用平均厚度法。计算公式如下：

$$V = SH \qquad\qquad (2.3 - 6)$$

式中：S 为料场面积，取 310m×170m＝52700m^2；H 为平均可采厚度，取 2m。即得 V＝52700m^2×2m＝105400m^3。

角峪土料场总储量为 10.54 万 m^3，大于设计需要量 4.7 万 m^3 的 2 倍，满足设计施工要求。

（2）块石料。本次除险加固工程需要的块石料拟外购。经过现场调查，邵家行子块石料场和大官庄块石料场属于良庄镇，岩性为花岗岩，岩性坚硬，质量较好，料源丰富，正在进行的类似工程——黄前水库除险加固工程的施工用的即为本料场的块石料，运距 50km，交通便利，下一阶段需对该料场质量和储量进一步复核。

（3）砂砾料。本次除险加固工程需要的砂砾料拟外购。经过现场调查，砂砾石料场位于角峪镇，质量较好，料源丰富，正在进行的类似工程——黄前水库除险加固工程施工用的即为本料场的砂砾石料，运距 5km，交通便利，下一阶段需对该料场质量和储量进一步复核。

表 2.3－16　　　　　　　角峪土料场土的全分析试验成果汇总表

野外编号	土样深度	室内定名（颗分）	颗粒组成						土粒比重 G_S	pH	有机质含量	易溶盐	液限 W_L /%
			砂粒			粉粒		黏粒					
			2～0.5 mm	0.5～0.25 mm	0.25～0.075 mm	0.075～0.05 mm	0.05～0.005 mm	＜0.005 mm					
组数			5	5	5	5	5	5	5	5	5	5	5
最大值/%			26.70	8.00	22.60	17.50	52.30	27.40	2.72	8.52	0.50	0.09	43.80
最小值/%			1.00	1.00	4.70	7.70	22.80	11.10	2.70	7.27	0.21	0.04	24.30
平均值/%			8.90	4.00	11.40	12.30	40.70	22.80	2.71	8.11	0.38	0.06	35.80

野外编号	土样深度	室内定名（颗分）	塑限 W_P	塑性指数 I_P	击实		制样干密度 ρ_d /(g/cm³)	制样含水率 w /%	制样压实度 /%	击实后					
					最大干密度 ρ_d /(g/cm³)	最优含水率 W_{op} /%				固结试验		渗透试验	直剪试验		
										初始孔隙比 e_0	压缩系数 a_{V1-2} /MPa⁻¹	压缩模量 E_{S1-2} /MPa	渗透系数 k_{20} /(cm/s)	快剪	
														黏聚力 C /kPa	摩擦角 φ /(°)
组数			5	5	5	5	5	5	5	5	5	5	5	5	5
最大值			22.00	22.30	1.98	19.20	1.90	19.20	96.00	0.687	0.320	11.64	1.72×10^{-6}	93.20	26.0
最小值			15.00	9.30	1.68	12.50	1.61	12.50	96.00	0.420	0.122	5.17	4.37×10^{-7}	55.18	20.5
平均值			19.30	16.50	1.77	17.10	1.69	17.10	96.00	0.606	0.247	7.26	9.64×10^{-7}	75.35	23.4

（4）人工骨料。本次除险加固工程需要的人工骨料拟外购。经过现场调查，料场位于角峪镇，岩性为灰岩，岩性坚硬，质量较好，料源丰富，正在进行的类似工程——黄前水库除险加固工程施工用的即为本料场的人工骨料，运距 5km，交通便利，下一阶段需对该料场质量和储量进一步复核。

2.3.1.6　角峪水库工程勘察结论

（1）区域地质背景。角峪水库在区域地质构造上属鲁西旋扭构造体系，位于徂徕山断层隆起带南部。工程区地震动峰值加速度为 0.05g，反应谱特征周期 0.45s，相当于地震基本烈度Ⅳ度。

（2）库区。水库区地形平缓，河谷开阔。库区内出露的地层主要为奥陶系灰岩，燕山期闪长岩和第四系堆积物。水库区不存在渗漏问题、浸没问题和大规模塌岸问题，不存在水库诱发地震的可能性。

（3）大坝。坝体土以中、重粉质壤土为主，渗透系数稍大，有 7.14% 大于规范值 1×10^{-4} cm/s；上部有一层中砂，渗透性较好。

坝基主河槽段（0+300～0+560）覆盖强透水粉土质砂，厚度 0.8～1.9m，左岸阶地段（0+100～0+276）上覆中、重粉质壤土层，下伏含细粒土砂层，厚 1.0～3.2m，渗漏严重。坝体土料与坝基粉土质砂之间存在接触冲刷的隐患，需进行防渗处理。大坝桩号0+055 处发育一条断层，断层带破碎，岩溶发育，透水率 213Lu，存在接触流失的隐患，对大坝产生不均匀沉陷的影响，从而危及坝体安全。

截渗墙拟置于坝上游坡 159.00m 平台处，位于桩号 0+050～0+950，坝基地层为中重粉质壤土，含细粒土砂、粉土质砂以及风化的灰岩、闪长岩，截渗墙应穿透坝基砂层，设置于基岩内。

（4）放水洞。西放水洞洞周土体压实度偏低，渗透系数偏大，土质混杂，回填碾压较差，基础坐落在风化的灰岩上，由于处在断层附近，受断层影响及风化作用，基础存在渗漏及强度降低等问题，建议进行防渗加固处理，建议灰岩承载力标准值 400kPa。

东放水洞土料压实度略低，土质较好，回填碾压稍差，洞内渗漏、溶蚀严重，出现渗透破坏的可能性很大。进口底高程为 156.57m，洞体下游部分基础坐落在壤土上，建议壤土的承载力标准值为 90kPa，下伏全风化闪长岩的承载力标准值为 300kPa。

（5）溢洪道。溢洪道部位为风化的闪长岩，全风化带厚度 4～5m，强风化带 3～5m，岩石裂隙发育，透水率 2.6～21.6Lu，属弱～中等透水。溢洪闸闸基坐落于全风化闪长岩之上，建议承载力标准值 300kPa。

（6）天然建筑材料。角峪土料场土料主要为壤土，距大坝不远，适于开采。料场储量10.54 万 m^3，大于设计需用量的 2 倍，质量和储量满足规程要求。块石料、人工骨料和砂砾料均拟外购，运距较近，交通便利，下一阶段需对外购料质量和储量进一步复核。

2.3.2　山阳水库

2.3.2.1　工程地质勘察概述

1. 工程概况

山阳水库位于黄河流域大汶河水系牟汶河支流八里沟上游，徂徕山南侧，泰安市岱岳区良庄镇新庄村东 300m 处，距离泰安市 30km，交通便利，是一座以防洪、灌溉及水产养殖等综合利用的中型水库。

水库枢纽由主坝、副坝（东、北）、溢洪道、放水洞（南、北）等建筑物组成。

主坝为均质土坝，坝长 900m，坝顶高程 139.23～140.18m，防浪墙高程 140.89～141.20m，坝顶宽 5m，最大坝高 13.2m。

副坝总长 1750m，其中，东副坝长 1450m，坝宽 1～2m，高程 138.46～140.14m，北副坝长 300m，坝顶宽 2～3m，高程 138.48～139.66m，最大坝高 5m。

溢洪道位于主坝右侧，为开敞式浆砌石渠，总长 550m。溢流堰为平底浆砌石宽顶堰，净宽 20m，堰顶高程 136.80m。溢洪道原设计最大泄流量 72m³/s，"三查三定"审定溢洪道最大泄量为 188m³/s。

放水洞分为南、北 2 座，南放水洞位于主坝桩号 0+250 处，为单孔无压半圆砌石拱涵，拱涵长 50.5m，进口底高程 131.50m，设计流量 3m³/s。北放水洞位于北副坝桩号 0+169 处，为单孔无压半圆砌石拱涵，进口底高程 131.70m，设计流量 2m³/s。南北放水洞均为平板铸铁闸门。

2. 本次勘察主要目的及工作量

2006 年 12 月 26 日，由泰安市水利勘测设计研究院针对山阳水库存在的地质病害及危害程度做了安全鉴定工作，其间总共在坝址区布孔 21 个，其中，坝体 18 个，溢洪道 3 个（表 3.1-1），依据钻孔资料，结合大坝高密度电法 CT 探测成果及各项试验成果编写了《山东省泰安市岱岳区山阳水库安全鉴定工程地质勘察报告》。

根据山阳水库安全鉴定结果（《山东省泰安市岱岳区山阳水库安全鉴定工程地质勘察报告》及附图），该水库主要存在主坝坝基、坝体渗漏、副坝高度及宽度不能满足防洪要求，溢洪道泄洪能力不够，放水洞洞身溶蚀渗漏严重等问题。

本次地质勘察的主要任务如下。

（1）查明主坝坝体及坝基的地层岩性、水文地质条件，对大坝的坝基渗漏及渗透稳定性进行评价。

（2）查明东副坝坝基的地层岩性、水文地质条件、岩土体物理力学指标，为坝体加高培厚提供地质资料；查明北副坝的地层岩性和岩土物理力学性质，对坝体的加宽提供地质资料。

（3）对放水洞和溢洪道工程地质条件进行评价。

（4）针对除险加固设计方案进行必要的岩土物理力学试验，提出设计所需的岩土物理力学参数。

（5）根据工程设计所需天然建筑材料的数量、质量，在工程区附近选择合适的土料场，并对其储量、质量和开采运输条件做出评价；对块石料、混凝土骨料进行调研。

本次工作主要依据以下技术规范：《中小型水利水电工程地质勘察规范》（SL 55—2005）、《水利水电工程地质测绘规程》（SL 299—2004）、《水利水电工程天然建筑材料勘察规程》（SL 251—2000）、《水利水电工程钻探规程》（SL 291—2003）、《土工试验规程》（SL 237—1999）。

本次勘察外业自 2007 年 10 月 12 日开始，至 11 月 2 日结束，完成的勘察工作量见表 2.3-17。

表 2.3−17　　　　　　　泰安市山阳水库工程地质勘察完成工作量表

工作类别		工作项目	单位	安全鉴定	初步设计阶段	
					工程区	天然建材
测量		地质点测量	组日	41	13	25
		1/1000 地形图测量	km²		1.5	
		1/2000 地形图测量	km²			0.5
地质		1/1000 工程地质测绘	km²	0.5	1.5	
		天然建筑材料 1/1000 工程地质测绘	km²			0.5
		1/1000 实测地质剖面	km		0.5	2
		水文地质调查	组日		5	
		坑（槽）	m³		50	
		骨料调研	工日			5
勘探		钻孔	m/孔	349.16/21	209.3/10	
		浅井	m			60
		取土样	组	64	60	23
		取水样	组	1	2	
		CT 探测断面	组	5		
试验	现场试验	标准贯入试验	组	131	7	
		压水试验	组		2	
	室内试验	水质化验	组	1	2	
		颗分试验	组	40	60	23
		物理性质试验	组	64	60	5
		力学性质试验	组	7	20	5

2.3.2.2　区域地质构造与地震动参数

1. 区域地质构造

（1）区域地层岩性。本区域出露的主要地层由老到新分别为太古界泰山群、新生界第三系和第四系地层，其岩性特征如下。

1）太古界泰山群（Art），为一套中深变质岩系，称泰山杂岩，主要岩性为黑云斜长片麻岩、角闪岩、黑云母变粒岩及各种混合岩，各岩体间为渐变接触，岩体、岩层呈北西向展布，并有石英岩脉、闪长岩脉和辉绿岩脉穿插。

2）新生界下第三系（E），为页岩和黏土岩，风化裂隙发育，成分以黏土矿物为主。

3）新生界第四系（Q），为河流冲洪积物和残坡积地层，主要为卵砾、中粗砂、粉土质砂、黏土等，主要分布于河流河谷及山前，厚度变化大，工程性质各异。

（2）地质构造。本区位于华北地台山东台背斜鲁中南隆起区，由于受中生代后期燕山运动、早第三纪与中新世喜马拉雅运动的影响，基底强烈褶曲，形成山地和凹陷盆地，本区有新泰盆地、泰莱盆地、肥城盆地和汶河盆地。本区断裂构造受区域应力场控制，基底构造以轴向 300°～340°褶皱最为发育，其周边发育 3 条大断裂带。

1）郯庐断裂带：长约 360km，呈 15°～20°方向延伸，由 4 条大致平行的主干断裂带组成，并组成两堑夹一垒的构造形式，是长期活动的地壳构造破碎带，在库区以东约 150km。

2）聊城—兰考断裂带：长约 270km，由一系列规模不等的 NE～NNE 向断裂组成，其规模大，新构造活动强烈，在库区以西 160km。

3）广齐断裂带：长约 300km，呈 NE65°～80°方向延伸，在第三纪时期活动强烈，第四纪早期仍有活动，全新世以来无明显活动，在库区以北约 100km。

因此，工程处于地质构造稳定区。

2. 地震动参数

根据中国地震局 2001 年编制的 1∶400 万《中国地震动参数区划图》（GB 18306—2001）中《中国地震动峰值加速度区划图》和《中国地震动反应谱特征周期区划图》，工程区的地震动峰值加速度为 0.05g，地震动反应谱特征周期为 0.45s，相应的地震基本烈度为Ⅵ度。

2.3.2.3 水库区地质条件及环境地质问题

1. 水库区地质条件

山阳水库位于牟汶河左岸支流八里沟上游，在地貌单元上为丘陵地貌和山前冲洪积平原，海拔高程在 127.00～140.00m 之间，地势平缓，沟谷开阔。八里沟呈 NE～SW 走向，河谷呈不对称"U"字形，库区河床宽 100～120m，以侧向侵蚀为主。水库上游植被相对较好，水土流失较轻，库区因开垦坡地，植被较差。河漫滩以冲洪积中粗砂为主，由粉土质砂、黏土质砂及中粗砂、砾石组成。由于人工修梯田、耕植等原因，两岸阶地形态已分辨不清。

库区出露的地层主要为下第三系页岩和第四系堆积物。下第三系页岩为灰黄色～灰白色的泥质页岩，局部夹少量砂质页岩和泥灰岩，受风化影响，表层岩体结构部分破坏，矿物成分变化显著，风化裂隙发育；第四系堆积物由粉土质砂、黏土质砂、中粗砂、残积土等组成，主要为冲洪积、残坡积成因，广泛分布于两岸冲积阶地及河漫滩。

水库区位于华北地台山东台背斜鲁中南隆起区，经野外地质调查，库区范围未发现断层分布。

根据含水介质特征、赋存条件，地下水的类型可分为第四系松散岩类孔隙水和基岩裂隙水。第四系松散岩类孔隙水主要分布在河床及两岸不同成因类型的堆积体内，一般为潜水，受降雨和地表水补给，向下游或低洼处排泄。基岩裂隙水主要接受降雨和地表水补给，向下游八里沟排泄，地下水补给河水。

库区河谷较开阔，阶地及坡洪积物较发育，地表无基岩出露，物理地质现象不发育。

2. 水库区的环境地质问题

（1）水库渗漏。库区两岸及库尾，地形开阔、平缓，无明显的单薄分水岭和深切邻谷存在，库盆周边无构造切割，地层岩性以泥质页岩为主，渗透条件差，水库封闭条件较好，无明显的渗漏通道，故不存在水库渗漏问题。水库经过多年运行后，没有发现通过单薄分水岭或断层向邻谷渗漏问题。

（2）库岸稳定。水库两岸覆盖层广布，地形相对平缓，一般为 5°～15°，岩层近水平分布，断裂构造不发育，无大的不利结构面组合，水库经长期运行，岸坡已基本形成稳定边坡，不存在大规模的塌岸问题。

（3）水库浸没。水库库岸由壤土和页岩组成，为相对不透水地层；两岸为丘陵区，耕地和居民区高程高出库水位较多，水库运行期间未发现浸没问题。

（4）水库诱发地震。区域主要断裂均在库外，距离较远，水库区构造不发育，库水无向深层渗漏的可能，地下水没有进行深部循环的条件，另外，水库蓄水后壅水高度小，因此，水库诱发地震的可能性不大。

2.3.2.4　坝址区基本地质情况

1. 地形地貌

山阳水库的坝址区位于牟汶河一级支流八里沟上游，在地貌单元上为丘陵地貌，海拔高度在 $127.00\sim140.00m$ 之间，地势平缓，沟谷开阔。主坝址处河流走向 $45°$，河谷呈不对称 "U" 字形，河谷宽 $700\sim800m$，河床高程约为 $129.60m$。

坝址区两岸地形起伏不大，高程一般在 $134.00\sim140.00m$ 之间，属低山丘陵地貌。局部范围地形起伏较大，高差可达 $20m$。区内植被较差，多为耕种土地。区内未见基岩出露，地表多被第四系黄土覆盖，厚度为 $3\sim24m$，厚度变化较大。

2. 地层岩性

山阳水库坝址区地层岩性较为简单，主要为下第三系页岩和第四系堆积物。

（1）下第三系页岩（E）。坝址区广泛分布，主要为灰黄色~灰白色的泥质页岩，局部夹少量砂质页岩和泥灰岩。受风化影响，表层岩体结构部分破坏，矿物成分变化显著，风化裂隙发育。该套地层地表未出露，主要在勘探钻孔中揭露，最小埋藏深度 $13.0\sim20.50m$。

（2）第四系堆积物（Q）。由人工填土和河流冲洪积、残坡积物组成，冲洪积物广泛分布于河流两岸阶地及河漫滩，残积物则分布于河床下基岩顶部与覆盖层之间。

1）人工填土。第①层粉土质砂（rQ_4），以褐色或黄褐色粉土质砂为主，稍湿~饱和，含灰黑色铁锰质结核和灰白色钙质结核，局部含氧化铁条纹。主要分布在主坝和副坝区。

第①-1层粉土质砂（rQ_4），在坝体中部局部分布，呈透镜体，厚度 $0.5\sim0.8m$，含砂量高，砂粒含量可高达 $60\%\sim70\%$，上下游不贯通。

2）第四系冲洪积~残坡积物。第②层粉土质砂（$al+plQ_4$），黄褐色，局部呈坚硬状态。土质较均一，稍湿~湿润，切面较光滑。该层广泛分布于坝基上部与坝体接触的部位。

第③层粉土质砂（alQ_4），黄褐、灰黄色，松散~稍密。含少量砾石，粒径 $1\sim5cm$，层厚 $0.5\sim2.3m$，分布于桩号 $0+120\sim0+600$ 之间坝基，其中，从桩号 $0+300\sim0+500$ 为古河道。该层含砂量高，砂粒含量高达 69.1%，且上下游贯通性较好，故本层为库水向坝下游渗透的主要通道。

第④层残积土（elQ_3），黄褐色，可塑~硬塑状，局部呈坚硬状态，土质均一，以黏土矿物为主，保留有原岩结构特征，局部夹有未完全风化页岩碎块。分布广泛，层位连续，厚度为 $2.5\sim7.5m$ 不等。

第⑤层页岩（E），灰黄色~灰白色，组织结构部分破坏，矿物成分已显著变化，风化裂隙发育，以黏土矿物为主，分布广泛，揭露厚度大于 $5.46m$。

3. 地质构造

地质调查及勘探资料表明，坝址区未见断层分布，仅在岩芯中偶见有短小裂隙。

坝址区地下水根据其含水介质特征和赋存条件不同可分为第四系松散岩类孔隙水和基岩裂隙水。第四系松散岩类孔隙水主要分布在河床及两岸第四系不同成因类型的堆积体内，受大气降水补给，向下游和低洼处排泄，该类地下水水量大。基岩裂隙水主要分布于页岩风化裂隙中，主要接受降雨、松散岩类孔隙水和地表水补给，向八里沟排泄；其赋存和运移与构造和岩性组合特征有关。

水质分析成果表明（表 2.3-18），坝址区地表水（库水）为 $HCO_3^- \cdot SO_4^{2-} - Ca^{2+}$ 型水，地下水化学类型为 $HCO_3^- - Ca^{2+} \cdot (K^+ + Na^+)$ 型水，pH 值 6.95～8.49。环境水对混凝土腐蚀性判定见表 2.3-19。

表 2.3-18 　　　　　　　　　　山阳水库水质分析成果统计表

水样	编号	水化学类型	pH 值	总硬度	总碱度	侵蚀性 CO_2	离子含量		
							Ca^{2+}	SO_4^{2-}	HCO_3^-
				mg/L			mg/L		mmol/L
库水	SYSY01	$HCO_3^- \cdot SO_4^{2-}$ $-Ca^{2+} Mg^{2+}$	8.49	115.27	71.32	0	37.23	42.70	1.125
塘水	SYSY02	$HCO_3^- \cdot$ $SO_4^{2-} - Ca^{2+}$	8.10	119.32	141.39	0	38.86	39.77	2.825

表 2.3-19 　　　　　　　　　山阳水库环境水对混凝土的腐蚀性判定表

腐蚀类别	腐蚀特征判定依据	界限指标	实测指标			判定结果
			SY1	SYSY01	SYSY02	
分解类腐蚀	HCO_3^- 含量/(mg/L)	＞1	86.86	68.65	172.38	无腐蚀
	pH 值	＞6.5	6.95	8.49	8.10	无腐蚀
	侵蚀性 CO_2 含量/(mg/L)	＜15	0	0	0	无腐蚀
结晶类腐蚀	SO_4^{2-} 含量/(mg/L)	＜250	46.86	42.70	39.77	无腐蚀
结晶分解复合类腐蚀	Mg^{2+} 含量/(mg/L)	＜1000	5.23	5.41	5.41	无腐蚀

2.3.2.5 主坝工程地质情况

1. 基本地质概况

主坝为均质土坝，坝长 900m，坝顶高程 139.23～140.18m，防浪墙高程 140.43～141.20m，溢洪道交通桥右端坝段无防浪墙，主坝左端公路路面低于坝顶约 0.5m，为一防洪隐患。

依据钻孔资料，主坝部位主要为坝体人工填筑层及坝基冲洪积、坡积层。

2. 坝址区岩土体物理力学性质

（1）岩体物理力学性质。坝址区基岩主要为下第三系灰黄色泥质页岩，另有少量青灰色砂质页岩，参考《水利水电工程地质手册》和《中小型水利水电工程地质勘察规范》（SL 55—2005）及工程类比，提出坝址区岩体物理力学指标建议值见表 2.3-20。

表 2.3 - 20　　　　　　　　　　坝址区岩体物理力学指标建议值表

岩性	含水率 /%	块体密度/(g/cm³)			抗压强度 /MPa	静变模 /(×10³ MPa)	静泊松比	弹性模量 /(×10³ MPa)	三轴压缩强度		承载力 F/kPa
		自然	干	饱和					C/MPa	φ/(°)	
页岩	1.96	2.6	2.55	2.66	15	20	0.28	0.60	0.8	25	500

（2）土体物理力学性质。根据坝址区土体分布及时代、成因的不同，从上至下将土层分为 5 层：第①层坝体粉土质砂；第①-1 层坝体粉土质砂层；第②层坝基粉土质砂；第③层坝基粉土质砂层；第④层坝基残积土层。

坝址区土体的物理力学指标统计值见表 2.3 - 21。由于第①-1 层在坝体中呈透镜体出现，未取到土样，无相应的试验数据，其物理力学指标可参照第③层。

在试验资料的基础上，综合考虑各种因素，给出坝址区土体的物理力学指标建议值见表 2.3 - 22。

3. 主坝坝体质量评价

主坝坝体土层按岩性分为 2 层。

（1）第①层粉土质砂（rQ₄），以褐色或黄褐色粉土质砂为主，夹有少量黏土质砂和重粉质壤土夹层，可塑～硬塑状，稍湿～饱和，含灰黑色铁锰质结核和灰白色钙质结核，局部含氧化铁条纹。该层在坝体分布广泛，从桩号 0+000～0+900 都有分布，厚度从 4.1～13.2m 不等。

（2）第①-1 层粉土质砂（rQ₄），该层夹于第①层之中，人工填筑而成，在坝体中部局部分布，分布范围纵向从桩号 0+300～0+442，呈透镜体，厚度较小。该层在位于坝顶的 ZKB4、ZKB5 钻孔中见有，位于坝后坡的 ZKB12、ZKB13 两钻孔中均未见有，上下游贯通性差。在钻孔 ZKB2（0+155）埋深为 4.60～5.40m，在 ZKB4（0+342）埋深为 10.5～11.0m，在 ZKB5（0+410）埋深为 9.8～10.3m。

颗分试验结果（表 2.3 - 21）表明，坝体第①层各粒组平均含量为砂粒 59.0%、粉粒 21.5%、黏粒 19.5%，黏粒含量范围值 12.3%～32.1%，满足规范对筑坝材料黏粒含量要求。

物理性质试验（表 2.3 - 21）表明，坝体土体平均含水率 16.6%，天然孔隙比 0.423～0.775，平均孔隙比 0.577。湿密度 1.80～2.21g/cm³，平均湿密度 2.00g/cm³。干密度 1.53～1.90g/cm³，平均干密度 1.72g/cm³。饱和度 42%～100%，平均饱和度 78%。液限 21.0%～40.4%，塑限 12.3%～22.7%，塑性指数 7.1～17.7，液性指数 -0.58～0.62，压实度在 71%～93%。

土的力学性质（表 2.3 - 21）表明，坝体土体压缩系数 0.130～0.593MPa⁻¹。压缩模量 2.86～10.95MPa，平均 5.90MPa，属中等～高压缩性土。有效黏聚力 9.0～51.0kPa，平均 30.7kPa。有效摩擦角 7.2°～34.6°，平均 17.1°。总黏聚力 16.0～48.0kPa，平均黏聚力 29.3kPa。总摩擦角 9.6°～35.1°，平均摩擦角 18.9°。渗透系数范围值在 7.59×10^{-4}～4.31×10^{-6}cm/s，平均渗透系数 3.89×10^{-4}，根据岩土渗透性分级，属于极微透水～中等透水层。

表 2.3 – 21　　坝址区土体物理力学指标统计值表

土层代号及岩性	野外编号	砂粒 $2\sim0.5$mm	砂粒 $0.5\sim0.25$mm	砂粒 $0.25\sim0.075$mm	粉粒 $0.075\sim0.05$mm	粉粒 $0.05\sim0.005$mm	黏粒 <0.005mm	含水率 ω /%	湿密度 ρ /(g/cm³)	干密度 ρ_d /(g/cm³)	孔隙比 e	饱和度 S_r /%	液性指数 I_L	土粒比重 G_s	液限 W_L /%	塑限 W_P /%	塑性指数 I_P	压缩系数 a_{v1-2} /MPa⁻¹	压缩模量 E_s /MPa	渗透系数 k_{20} /(cm/s)	黏聚力 C_{cu} /kPa	摩擦角 φ_{cu} /(°)	黏聚力 C' /kPa	摩擦角 φ' /(°)
		颗粒组成/%						天然状态下的基本物理指标										固结试验		渗透试验	三轴试验 CU			
第①层 坝体粉土质砂	试验组数	36	36	36	36	36	36	36	36	36	36	36	36	36	36	36	36	36	36	16	6	6	6	6
	最大值	36.0	23.0	26.7	34.9	26.0	32.1	26.6	2.21	1.90	0.775	100	0.62	2.72	40.4	22.7	17.7	0.593	10.95	7.59×10^{-4}	51.0	34.6	48.0	35.1
	最小值	12.7	8.0	15.3	3.2	0.0	12.3	10.3	1.80	1.53	0.423	42	-0.58	2.70	21.0	12.3	7.1	0.130	2.86	4.31×10^{-6}	9.0	7.2	16.0	9.6
	平均值	23.6	14.1	20.7	12.0	9.5	19.5	16.6	2.00	1.72	0.577	78	-0.05	2.70	28.7	17.2	11.5	0.341	5.19	3.89×10^{-4}	30.7	17.1	29.3	18.9
	大值均值	29.5	18.0	23.5	20.2	16.5	22.0	20.4	2.07	1.78	0.656	87	0.31	2.71	32.1	19.3	13.5	0.451	6.90	5.79×10^{-4}	42.0	32.6	39.0	33.1
	小值均值	18.4	11.4	18.1	5.4	0.5	16.9	14.3	1.93	1.63	0.520	66	-0.34	2.70	24.4	15.1	9.6	0.261	3.97	1.45×10^{-4}	19.3	9.3	24.5	11.8
第②层 坝基粉土质砂	试验组数	23	23	23	23	23	23	23	23	23	23	23	23	23	23	23	23	23	23	8	4	4	4	4
	最大值	38.0	23.0	24.7	42.2	54.6	33.6	24.9	2.22	1.94	0.806	100	0.29	2.73	41.5	23.1	18.4	0.520	13.54	9.22×10^{-5}	51.0	23.6	52.0	26.1
	最小值	2.7	1.6	3.7	2.2	0.0	11.0	14.7	1.87	1.50	0.395	80	-0.34	2.70	21.3	12.4	8.0	0.103	3.09	4.15×10^{-7}	23.0	8.0	28.0	9.5
	平均值	20.5	12.1	16.9	15.3	12.3	22.5	18.0	2.07	1.75	0.549	89	0.00	2.71	30.9	18.2	12.7	0.257	6.80	2.83×10^{-5}	34.8	16.6	37.5	19.2
	大值均值	28.8	15.1	20.6	27.9	22.6	27.2	20.9	2.12	1.80	0.624	95	0.16	2.73	36.1	20.8	15.3	0.367	8.51	7.19×10^{-5}	43.5	21.5	52.0	24.3
	小值均值	12.8	8.8	13.4	5.6	1.1	18.2	16.5	2.03	1.67	0.501	85	-0.21	2.70	26.2	15.4	10.7	0.199	5.24	2.10×10^{-6}	26.0	11.6	32.7	14.1
第③层 坝基粉土质砂	试验组数	3	3	3	3	3	3	3	3	3	3	3	3	3	3	3	3	3	3	0	1	1	1	1
	最大值	56.3	13.0	18.7	5.4	18.1	15.5	17.6	2.16	1.88	0.534	93	0.31	2.70	24.7	16.4	8.3	0.246	9.62		35.0	17.2	33.0	20.9
	最小值	40.3	7.7	8.6	2.7	9.0	13.4	15.2	2.07	1.76	0.440	89	-0.14	2.69	21.9	15.4	6.1	0.156	5.85		35.0	17.2	33.0	20.9
	平均值	46.3	10.0	12.8	4.3	12.3	14.3	16.7	2.11	1.81	0.492	92	0.13	2.70	23.0	15.9	7.1	0.193	8.03		35.0	17.2	33.0	20.9
	大值均值	56.3	13.0	18.7	5.1	18.1	15.5	17.4	2.16	1.88	0.518	93	0.27	2.70	24.7	16.4	8.3	0.246	9.12		35.0	17.2	33.0	20.9
	小值均值	41.3	8.6	9.8	2.7	9.4	13.7	15.2	2.09	1.78	0.440	89	-0.14	2.69	22.2	15.6	6.6	0.167	5.85		35.0	17.2	33.0	20.9

续表

土层代号及岩性	野外编号	颗粒组成/%						天然状态下的基本物理指标										固结试验		渗透试验	三轴试验 CU			
		砂粒			粉粒		黏粒	含水率 ω /%	湿密度 ρ /(g/cm³)	干密度 ρ_d /(g/cm³)	孔隙比 e	饱和度 S_r /%	液性指数 I_L	土粒比重 G_S	液限 W_L /%	塑限 W_P /%	塑性指数 I_P	压缩系数 a_{v1-2} /MPa⁻¹	压缩模量 E_s /MPa	渗透系数 k_{20} /(cm/s)	黏聚力 C_{cu} /kPa	摩擦角 φ_{cu} /(°)	黏聚力 C' /kPa	摩擦角 φ' /(°)
		2~0.5mm	0.5~0.25mm	0.25~0.075mm	0.075~0.05mm	0.05~0.005mm	<0.005mm																	
	试验组数	5	5	5	5	5	5	5	5	5	5	5	5	5	5	5	5	5	5	1	3	3	3	3
	最大值	19.0	18.3	22.0	53.5	47.3	41.9	46.9	2.07	1.77	1.261	100	1.09	2.74	48.1	25.7	22.4	0.460	6.67	1.50×10⁻⁸	52.0	17.1	50.0	20.9
	最小值	1.3	2.3	5.7	5.0	0.0	17.0	16.8	1.78	1.21	0.529	86	-0.25	2.70	26.8	16.4	10.4	0.270	4.12	1.50×10⁻⁸	30.0	9.8	33.0	10.6
第④层坝基残积土	平均值	8.5	7.5	12.7	25.2	14.5	30.6	28.2	1.96	1.54	0.798	94	0.37	2.72	39.2	22.1	17.1	0.349	5.28	1.50×10⁻⁸	41.0	13.4	40.3	16.0
	大值均值	17.9	14.2	22.0	50.0	36.2	37.4	39.4	2.04	1.69	1.079	98	0.77	2.74	44.9	24.6	20.3	0.420	5.98	1.50×10⁻⁸	52.0	17.1	50.0	18.8
	小值均值	2.2	3.1	6.6	8.7	0.0	20.5	20.7	1.84	1.32	0.611	88	-0.23	2.71	30.8	18.4	12.4	0.302	4.22	1.50×10⁻⁸	30.0	9.8	35.5	10.6

表 2.3 - 22　坝址区土体物理力学指标建议值表

土层代号及岩性	天然状态下的基本物理指标									固结试验		渗透试验	三轴试验 CU			
	湿密度 ρ /(g/cm³)	干密度 ρ_d /(g/cm³)	孔隙比 e	饱和度 S_r /%	液性指数 I_L	土粒比重 G_S	液限 W_L /%	塑限 W_P /%	塑性指数 I_P	压缩系数 a_{v1-2} /MPa⁻¹	压缩模量 E_{s1-2} /MPa	渗透系数 k_{20} /(cm/s)	黏聚力 C_{cu} /kPa	摩擦角 φ /(°)	黏聚力 C' /kPa	摩擦角 φ' /(°)
第①层坝体粉质壤土(浸润线上)	1.90	1.72	0.577	66	-0.05	2.70	28.7	17.2	11.5	0.451	5.19	4.79×10⁻⁴	27.6	22.4	25.8	26.3
第①层坝体粉质壤土(浸润线下)	2.00	1.72	0.580	87	-0.05	2.70	28.7	17.2	11.8	0.341	5.19	3.89×10⁻⁴	28.7	17.4	29.1	20.0
第②层坝基粉土质砂	2.07	1.75	0.549	89	0.006	2.71	30.9	18.2	12.7	0.367	5.24	7.19×10⁻⁵	30.0	15.0	30.0	20.0
第③层坝基粉土质砂	2.11	1.81	0.492	92	0.13	2.70	23.0	15.9	7.1	0.246	5.85	3.80×10⁻³	0.0	30.0	0.0	32.0
第④层坝基残积土	1.96	1.54	0.798	94	0.37	2.72	39.2	22.1	17.1	0.420	4.22	4.65×10⁻⁶	28.0	15.0	25.0	20.0

综上所述，主坝坝体土料为粉土质砂，土体压实度较低，干密度较小，不满足规范要求。坝体为中等～高压缩性土，局部填筑碾压质量较差，坝体土较疏松。

4. 主坝坝基质量评价

主坝坝基土层按岩性分为 4 层。

(1) 第②层粉土质砂（al＋plQ$_4$），黄褐色，局部呈坚硬状态。土质较均一，稍湿～湿润，切面较光滑。该层分布厚度为 2.0～14.0m，广泛分布于坝基上部与坝体接触的部位。

(2) 第③层粉土质砂（alQ$_4$），黄褐、灰黄色，松散～稍密。含少量砾石，粒径 1～5cm，层厚 0.4～2.3m，分布于桩号 0＋120～0＋600 之间坝基，并形成纵向贯通，该处为古河道。本层为库水向坝下游渗透的主要通道，是造成水库渗漏的一个重要原因。

(3) 第④层残积土（eolQ$_3$），黄褐色，可塑～硬塑状，局部呈坚硬状态，土质均一，以黏土矿物为主，保留有原岩结构特征，局部夹有未完全风化页岩碎块。分布广泛，层位连续，厚度从 2.5～7.5m 不等。

(4) 第⑤层页岩（E），灰黄色～灰白色，组织结构部分破坏，矿物成分已显著变化，风化裂隙发育，以黏土矿物为主，分布广泛。

坝基土体颗分试验结果（表 2.3－21）表明，第②层粉土质砂各粒组平均含量为砂粒 50.0%、粉粒 27.5%、黏粒 22.5%，黏粒含量范围值 11.0%～33.6%；第③层粉土质砂各粒组平均含量为砂粒 69.1%、粉粒 16.6%、黏粒 14.3%，黏粒含量范围值 13.4%～15.5%。

坝基土体第②层粉土质砂含水率 14.7%～24.9%，平均值 18.0%。天然孔隙比 0.395～0.806；湿密度 1.87～2.22g/cm^3。干密度 1.50～1.94g/cm^3，平均干密度 1.75g/cm^3。饱和度 80%～100%，平均饱和度 85%。液限 21.3%～41.5%，平均液限 30.9%。塑限 12.4%～23.1%，平均塑限 18.2%。塑性指数 8.0～18.4，平均塑性指数 12.7。液性指数 －0.34～0.29。第③层粉土质砂含水率 15.2%～17.6%，天然孔隙比 0.440～0.534，湿密度 2.07～2.16g/cm^3，干密度 1.76～1.88g/cm^3，饱和度 89%～93%，液限 21.9%～24.7%，塑限 15.4%～16.4%，塑性指数 6.1～8.3，液性指数 －0.14～0.31。

坝基土体力学性质试验成果表明：第②层粉土质砂压缩系数 0.103～0.520MPa^{-1}，具中等～高压缩性；压缩模量 3.09～13.54MPa，平均压缩模量 6.80MPa；有效黏聚力 23.0～51.0kPa，平均黏聚力 34.8kPa；有效摩擦角 8.0°～23.6°，平均摩擦角 16.6°；黏聚力 28.0～52.0kPa，平均黏聚力 37.5kPa；摩擦角 9.5°～26.1°，平均摩擦角 19.2°；渗透系数范围值在 4.15×10^{-7}～9.22×10^{-5}cm/s。第③层粉土质砂压缩系数 0.156～0.246MPa^{-1}，具中等压缩性，压缩模量 5.85～9.62MPa。

5. 主坝工程地质问题评价

(1) 坝体与坝基渗漏问题。通过勘察表明，在主坝坝体中部分布含砂量高的第①-1 层粉土质砂透镜体，厚度 0.50m 左右，分布于桩号 0＋310～0＋450，形成坝体局部渗漏。同时由于建坝时坝基清基不彻底，在桩号 0＋120～0＋600 的坝基存在一层厚度为 0.40～2.30m 含砂量高的第③层粉土质砂，形成渗漏通道，造成坝基渗水严重。坝后原河道右岸，有集中水流溢出，主坝桩号 0＋380～0＋450 坝后 50m 处，在坝基渗透压力作用下，坝脚外土地呈沼泽化，常年有水；水库管理所院内多个鱼塘常年向河道排水；主坝 0＋150～0＋230 段背水坡坝脚以上部位出现大面积的湿润片，坝脚排水沟出现渗水明流，坝脚处已沼泽化。

经初步勘察，造成坝体与坝基渗漏的土层主要有两层：第①-1 层和第③层。

钻探和取样试验揭示，第①-1 层分布不连续，仅在坝体中部见有，分布范围纵向桩号 0＋300～0＋442；上下游贯通性差，位于坝顶的 ZKB4、ZKB5 钻孔中见有，位于坝后坡的 ZKB12、ZKB13 两钻孔中均未见有，该层疑为坝体填筑过程操作不慎填埋所致，故对坝体的渗漏不造成影响。

第③层厚度变化大，分布范围广。分布范围纵向为 ZKB2（0＋155）～ZKB6（0＋500）之间，横向上 ZKB8、ZKB2（0＋155）、ZKB11 贯通，ZKB9、ZKB4（0＋342）、ZKB12 贯通，ZKB10、ZKB5（0＋410）、ZKB13 贯通。该层厚度 0.4～2.30m。

根据主坝坝基土层（第③层粉土质砂）渗透条件不同，采用分段计算，整体上分为 3 段：①主坝坝基层渗漏（无截水槽段），0＋121～0＋296；②主坝坝基层渗漏（有截水槽段），0＋296～0＋376 段；③主坝坝基层渗漏（无截水槽段），0＋376～0＋575 段。鉴于坝基渗漏主要为坝基中粗砂层的渗漏，为单体含水层，且水平厚度不大，故采用以下方法对坝基渗漏量进行估算。

山阳水库主坝坝基渗漏量估算采用式（2.3－5）。

山阳水库主坝坝基分段计算的渗漏量见表 2.3－23。

表 2.3－23　　　　　　　　山阳水库主坝坝基渗漏分段计算参数及成果表

桩号	B/m	$2b/m$	H/m	M/m	$K/(m/d)$	$Q/(m^3/d)$
0＋121～0＋296	175	84	2.5	0.8	30	123.82
0＋296～0＋376	80	6	8.7	0.9	30	2723.48
0＋376～0＋575	199	84	3.6	0.9	30	227.83

大坝估算年渗漏量：$Q＝（Q_1＋Q_2＋Q_3）×365＝1122422.45m^3$。

大坝兴利库容为 1151 万 m^3，经估算，大坝坝基年渗漏量约为 112.2 万 m^3，占兴利库容的 9.75%，渗漏量大，必须进行防渗处理。

（2）坝基粉土质砂渗透变形问题。由于建坝时清基不彻底，坝基含有一层含砂量较高的粉土质砂层，造成坝体和坝基的渗透变形和坝基渗水严重。下面分别进行分析说明。

1）渗透变形类型判断方法。

渗透变形类型应根据土的细颗粒含量，当 $P_c < \dfrac{1}{4 \cdot (1-n)} \times 100$ 为管涌；当 $P_c \geqslant \dfrac{1}{4(1-n)} \times 100$ 为流土。

相关变量含义同式（2.3－1）和式（2.3－2）。流土型临界水力比降采用式（2.3－3）计算。土的允许比降 $J_{允许} = J_{cr}/2$，安全系数取 2。

管涌型临界水力比降采用式（2.3－4）计算。土的允许比降 $J_{允许} = J_{cr}/1.5$，安全系数取 1.5。

2）坝基粉土质砂的渗透变形分析及水力比降计算。

钻探和取样试验揭示，在主坝基中第③层粉土质砂，松散～稍密，且砂粒含量较高，在坝前后形成贯通，形成渗漏通道。坝基粉土质砂的基本参数见表 2.3-24，根据土料的基本参数判断的渗透变形类型及计算的临界和允许水力比降值见表 2.3-25。

表 2.3-24　　　　　　　　　　坝基粉土质砂的基本参数表

土层 \ 参数	土的不均匀系数 C_U	土的细粒颗粒含量/%	土的孔隙率/%	土粒比重 G_S	d_5/mm	d_{20}/mm
第①层粉土质砂	180.7	34.1	50.2	2.73	0	0.018
第②层粉土质砂	79.6	41.5	35.8	2.70	0.002	0.006
第③层粉土质砂	7.4	43.55	29.18	2.70	0.62	3.2

表 2.3-25　　　坝基粉土质砂层的渗透变形类型、临界和允许水力比降值一览表

土层 \ 参数	渗透变形类型	临界水力比降 J_{cr}	水力比降计算值 $J_{允许}$
第①层粉土质砂	流土	0.86	0.57
第②层粉土质砂	流土	1.20	0.80
第③层粉土质砂	管涌	0.36	0.24

根据现场地质情况及室内渗透性试验，结合土质经验，建议第③层粉土质砂允许水力比降取 0.20。

6. 防渗墙部位的工程地质条件

主坝坝基存在较严重的渗漏问题，本次工程加固采取防渗墙方案。防渗墙布置在主坝前坡桩号 0+100～0+650，顶部高程在 133.50m 平台上。

本次工作在防渗墙部位布置了 4 个钻孔，据钻孔揭露，防渗墙部位地层主要为下第三系页岩和第四系堆积物。下第三系页岩呈黄白色，组织结构部分破坏，在防渗墙下部地层中分布广泛；第四系堆积物由粉土质砂和残积土组成，主要为冲洪积和残坡积。

第①层为粉土质砂，属于人工填土，灰褐色，含灰黑色铁锰质结核和氧化铁条纹；第②层为粉土质砂，较湿润，土质较均一，该土层为中等～高压缩性土，属微透水～中等透水层，土质疏松，在截渗墙部位均有分布。

第③层在桩号 0+120～0+575 部位均见有。含砂量高，平均含砂量为 69.1%，分布厚度在 0.40～2.30m 之间。黄褐色～灰黄色，松散～稍密，含少量砾石，砾径 1～5cm。由于此处为古河道，建坝时清基不彻底，形成地下水和库水的天然渗漏通道，造成坝基渗漏严重。

残积土为黄褐色，可塑～硬塑状，局部呈坚硬状态，土质均一，保留有原岩结构特征，局部夹有未完全风化的页岩碎块，分布广泛，层位连续，厚度从 1.2～5.7m 不等。该层残积土组成物质以黏土矿物为主，黏粒含量高，是良好的天然隔水层。

根据压水试验资料，该处页岩透水率为 7.8～9.5Lu，按岩土渗透性分级为弱透水性，可作为相对隔水层。

由于该处土层压缩性不高，局部含砂量较高，土质疏松，且含有一层含砂量较高、连

续性较好的粉土质砂层，综合考虑各岩土层渗透性大小，建议防渗墙底部位置应穿过该层粉土质砂层，进入基岩顶面以下 0.5m。

7. 东副坝工程地质情况

(1) 东副坝工程地质条件。

1) 东副坝坝体质量评价。东副坝为均质土坝，坝长 1450m，坝顶宽 1～2m，高程 138.46～140.14m，最大坝高 5m，一般为 3～4m。

东副坝坝体为黄褐色粉土质砂，土质较均一，可塑～硬塑状，稍湿～饱和，含铁锰质结核或氧化铁条纹，局部含砾量较大。

根据物理力学试验结果（表 2.3 - 26），东副坝体土体含水率 12.2%～25.0%，平均含水率 19.9%。天然孔隙比 0.554～0.947，平均孔隙比 0.740。密度 1.70～1.97g/cm³，平均密度 1.87g/cm³。干密度 1.39～1.74g/cm³，平均干密度 1.57g/cm³。饱和度 60%～94%，平均饱和度 72.7%。液限 28.6%～37.0%，平均液限 32.4%。塑限 17.9%～21.3%，平均塑限 19.4%。塑性指数 10.7～15.7，平均塑性指数 13.0。液性指数 -0.53～0.28，平均液性指数 0.00。

表 2.3 - 26　　　　　　　　　　　东副坝土体物理力学性质统计表

统计指标	天然状态下的基本物理指标						液限 W_L /%	塑限 W_P /%	塑性指数 I_P	压缩系数 a_{1-2} /MPa⁻¹	压缩模量 E_{S1-2} /MPa
	含水率 ω /%	湿密度 ρ /(g/cm³)	干密度 ρ_d /(g/cm³)	孔隙比 e	饱和度 S_r /%	液性指数 I_L					
组数	8	8	8	8	8	8	8	8	8	8	8
最大值	25.0	1.97	1.74	0.947	94.0	0.28	37.0	21.3	15.7	0.69	5.55
最小值	12.2	1.70	1.39	0.554	60.0	-0.53	28.6	17.9	10.7	0.31	2.82
平均值	19.9	1.87	1.57	0.740	72.7	0.00	32.4	19.4	13.0	0.45	4.27

根据颗分试验资料（表 2.3 - 27）：砾石含量最大为 9.3%，砂粒含量为 43.3%，压实度在 71%～89%（山东省泰安市岱岳区山阳水库安全鉴定工程地质勘察报告，泰安市水利勘察设计研究院，2007 年 5 月），压实度较差。东副坝体土体压缩系数 0.31～0.69MPa⁻¹，平均压缩系数 0.45MPa⁻¹。压缩模量 2.82～5.55MPa，平均压缩模量 4.27MPa，属中～高压缩性土。室内渗透试验表明坝体土料渗透系数范围值在 3.63×10^{-8}～6.61×10^{-4}cm/s，属极微透水～中等透水层。

表 2.3 - 27　　　　　　　　　　　东副坝土体颗分试验成果表

统计值	颗粒组成					
	砾	砂粒			粉粒	黏粒
	20～2mm	2～0.5mm	0.5～0.25mm	0.25～0.075mm	0.075～0.005mm	<0.005mm
组数	8	8	8	8	8	8
最大值/%	9.3	13.3	11.7	19.0	31.9	28.8
最小值/%	2.3	11.0	15.0	14.3	27.3	15.8
平均值/%	6.0	12.1	12.8	16.1	31.2	21.8

综上所述，东副坝坝体土料为粉土质砂，土料渗透系数、压实度不满足规范要求。坝体土为中等压缩性，坝体局部填筑碾压较差，土较疏松，显示出施工质量的差异性和不均匀性。

2）东副坝坝基质量评价。据钻探揭露，东副坝坝基地层主要为页岩和第四系松散堆积物。第四系堆积物主要由粉土质砂和残积土组成。粉土质砂呈黄褐色，硬塑状，局部含有砾石。残积土呈灰白色～黄白色，残留原始痕迹。

坝基土体塑性指数平均值为13.5，黄褐色，可塑～硬塑状，局部呈坚硬状态，土质较均一，稍湿～湿润。黏粒平均含量22.2%，粉粒平均含量为24.8%，天然含水量为14.1%，干密度平均值为1.71g/cm³。压缩系数平均值为0.25MPa，属中等压缩性土。土体渗透系数为1.60×10^{-6} cm/s。

（2）东副坝主要工程地质问题及其评价。经现场勘察，东副坝坝顶高程最低仅有138.46m，最大坝高5m，坝身单薄，无防浪墙，上游坡无干砌石护坡，上下游仅有星星点点的草皮护坡。坝顶面高低不平，深陷不均，且坝身已有多处损坏，在现有坝体上，有16处出现缺口，缺口深0.3～1.54m不等，深度1m以上的有6处；完全破坏有2处，最大宽度13m，致使大坝在高程138.46m以上失去挡水作用，满足不了防洪的要求。建议对东副坝采取工程措施进行加高培厚。

8. 北副坝工程地质情况

（1）北副坝坝体质量评价。北副坝为均质土坝，坝长300m，坝顶高程138.48～139.66m，坝顶宽2～3m，最大坝高5m，无防浪墙，上游坡为浆砌石挡土墙，下游坡仅有星星点点的草皮护坡，无排水沟。

勘探结果显示，坝体土质较均一，组成坝体的土料主要为粉土质砂，黄褐色，可塑～硬塑，稍湿～饱和，局部含砂量较大。

北副坝土料颗分试验成果见表2.3-28。土体中各粒组平均含量为砾0.8%、砂粒59.8%、粉粒19.5%、黏粒19.9%。物理力学指标见表2.3-29。

表 2.3-28　　　　　　　　　北副坝坝体土料颗分试验成果　　　　　　　　　　%

土样编号	颗粒组成					
	砾	砂粒			粉粒	黏粒
	20～2mm	2～0.5mm	0.5～0.25mm	0.25～0.075mm	0.075～0.005mm	<0.005mm
ZKB14-3	0.7	18.0	16.7	27.3	16.6	20.7
ZKB15-1	1.0	19.0	15.3	23.3	22.3	19.1
平均值	0.8	18.5	16.0	25.3	19.5	19.9

北副坝坝体土料含水率12.1%～15.5%，平均含水率13.8%。天然孔隙比0.529～0.636，平均孔隙比0.582。湿密度1.85～2.04g/cm³，平均湿密度1.94g/cm³。干密度1.65～1.77g/cm³，平均干密度1.714g/cm³。饱和度51.4%～79.2%，平均饱和度65.3%。液限30.3%～32.0%，平均液限31.1%。塑限18.6%～19.3%，平均塑限19.0%。塑性指数11.7～12.7，平均塑性指数12.2。液性指数-0.56～-0.30，平均液性指数-0.43。压实

度在 84%～90%，压实度较差。压缩系数 $0.24\sim0.51\text{MPa}^{-1}$，平均压缩系数 0.38MPa^{-1}。压缩模量 $3.21\sim6.37\text{MPa}$，平均压缩模量 4.79MPa，属中高压缩性。

表 2.3 - 29 北副坝坝体土料物理力学指标统计表

统计指标	天然状态下的基本物理指标						液限 W_L/%	塑限 W_P/%	塑性指数 I_P	压缩系数 a_{1-2} /MPa^{-1}	压缩模量 E_{S1-2} /MPa
	含水率 ω /%	湿密度 ρ /(g/cm^3)	干密度 ρ_d /(g/cm^3)	孔隙比 e	饱和度 /%	液性指数					
最大值	15.5	2.04	1.77	0.636	79.2	−0.30	32.0	19.3	12.7	0.51	6.37
最小值	12.1	1.85	1.65	0.529	51.4	−0.56	30.3	18.6	11.7	0.24	3.21
平均值	13.8	1.94	1.71	0.582	65.3	−0.43	31.1	19.0	12.2	0.38	4.79

北副坝坝体土室内渗透试验成果见表 2.3 - 30，从表中可知坝体土料渗透系数范围值在 $8.86\times10^{-6}\sim6.42\times10^{-4}$ cm/s，平均渗透系数为 3.65×10^{-4} cm/s，根据岩土渗透性分级，该土料属弱～中等透水。

表 2.3 - 30 北副坝坝体土料渗透系数统计表

孔号	深度/m	渗透系数/(cm/s)	土样分类
ZKB14 - 3	4.5～4.7	6.42×10^{-4}	壤土
ZKB15 - 1	1.5～1.7	8.86×10^{-5}	壤土

综上所述，北副坝坝体土料为粉土质砂，土料渗透系数、压实度不满足规范要求。坝体土为中等压缩性，局部填筑碾压较差，坝体土较疏松，坝体施工质量差。坝体宽度不满足防洪标准，建议进行培厚处理。

（2）北副坝坝基质量评价。北副坝坝基根据钻孔揭露，主要由粉土质砂、残积土组成。粉土质砂为黄褐色，可塑～硬塑状，土质较均一，呈稍湿～湿润。黏粒平均含量为 20.7%，粉粒平均含量 24.3%。天然含水率为 15.9%，干密度平均值为 1.77g/cm^3。压缩系数平均值为 0.28MPa，具中等压缩性。粉土质砂渗透系数为 3.83×10^{-5} cm/s，为弱透水层。残积土呈灰白色～黄白色，破碎，残留原始痕迹。

9. 溢洪道工程地质情况

本次加固拟在原溢流堰顶下挖 2.2m，在溢洪道与主坝连接部位建挡水闸，然后扩宽下游泄槽的宽度到 21m。按照设计方案，闸基坐落在 134.60m 高程处。

本次工作在闸基部位布置钻孔 2 个，结合原有 5 个钻孔的地质资料进行分析，闸基地层岩性主要为第②层、第③层、第④层。

第②层为粉土质砂层，黄褐色，稍湿～饱和，较光滑，含铁锰结核或氧化铁条纹，厚度是 6.0～12.1m，底板分布高程 124.00～124.80m。下部含砂量较大。土体物理力学指标建议值为：含水率为 15.9%～23.0%，密度为 2.00g/cm^3，干密度为 1.70g/cm^3。黏聚力 42.17kPa，摩擦角 21.08°。有效黏聚力 36.00kPa，有效摩擦角 23.5°。

第③层为粉土质砂层，黄褐色，松散，饱和，含少量砾石。厚度在 2.4m 左右，底板分布高程 121.00～121.80m。标贯击数为 10 击。

第④层为残积土，灰白色～黄白色，破碎，残留原始结构痕迹，混有未完全风化片状岩块，以黏土矿物为主。

经现场勘察，溢洪道沿线地形起伏较小，无影响工程施工的高陡边坡，以低矮的土质边坡为主。溢洪闸闸基存在的主要问题为地基土沉陷和承载力大小问题，相关的参数见表2.3-31和表2.3-32。

表 2.3-31　　　　　　　　　　溢洪道土体物理力学指标表

土层	含水率 ω /%	湿密度 ρ /(g/cm³)	干密度 ρ_d /(g/cm³)	孔隙比 e	饱和度 S_r /%	液性指数 I_L	液限 W_L /%	塑限 W_P /%	塑性指数 I_P	压缩系数 a_{V1-2} /MPa^{-1}	压缩模量 E_{S1-2} /MPa	凝聚力 C' /kPa	摩擦角 φ' /(°)
第②层 粉土质砂	14.0	2.18	1.91	0.41	92.0	0.23	20.4	12.1	8.3	0.10	14.12	0	30
第③层 粉土质砂	21.5	2.00	1.70	0.70	90.5	0.37	37.0	20.9	16.1	0.30	6.30	35	20

表 2.3-32　　　　　　　　　　溢洪道土体各层厚度和承载力建议值表

土层	厚度/m	承载力标准值/kPa
第②层粉土质砂	6.0~12.1	85.0~95.0
第③层粉土质砂	0.8~2.4	220.0
第④层残积土	1.5~4.5	100.0

10. 南放水洞工程地质情况

依据钻孔资料，南放水洞坐落在土基上，外围被粉土质砂层覆盖，黄褐色，可塑～硬塑状，稍湿～饱和，切面较光滑，含铁锰质结核和氧化铁条纹，下部含砂量较大。其物理力学性质见表2.3-33。

表 2.3-33　　　　　　　　　　南放水洞土体物理力学指标表

试验指标	含水率 ω /%	湿密度 ρ /(g/cm³)	干密度 ρ_d /(g/cm³)	孔隙比 e	饱和度 S_r /%	液性指数 I_L	液限 W_L /%	塑限 W_P /%	塑性指数 I_P	压缩系数 a_{V1-2} /MPa^{-1}	压缩模量 E_{S1-2} /MPa	渗透系数 /(cm/s)
组数	6	6	6	6	6	6	6	6	6	6	6	6
最大值	32.1	2.05	1.77	0.946	92	0.60	38.9	22.1	16.8	0.31	5.78	3.29×10⁻⁸
最小值	16.1	1.84	1.39	0.529	82	−0.21	29.9	18.5	11.4	0.27	4.93	5.19×10⁻⁵
平均值	24.1	1.95	1.58	0.738	87	0.20	34.4	20.3	14.1	0.29	5.40	2.60×10⁻⁵

南放水洞土体含水率16.1%～32.1%，平均含水率24.1。天然孔隙率0.529～0.946，平均孔隙率0.738。湿密度1.84～2.05g/cm³，平均湿密度1.95g/cm³。干密度1.39～1.77g/cm³，平均干密度1.58g/cm³。饱和度82%～92%，平均饱和度87%。液限29.9%～38.9%，平均液限34.4%。塑限18.5%～22.1%，平均塑限20.3%。塑性指数11.4～16.8，平均塑性指数14.1。液性指数−0.21～0.60，平均液性指数0.20。渗透系数3.29×10⁻⁸～5.19×10⁻⁵cm/s，平均渗透系数2.60×10⁻⁵cm/s。各粒组平均含量分别为砾2.0%、砂粒34.9%、黏粒19.1%。压实度71%～90%。压缩系数0.27～

0.31MPa^{-1}，平均压缩系数 0.29MPa^{-1}，压缩模量 $4.93\sim5.78\text{MPa}$，平均压缩模量 5.4MPa，属中高压缩性土。标准贯入试验击数范围值一般在 $3\sim6$ 击，8m 以上 3 个部位击数均在 3 击左右，壤土呈软塑～可塑状态。放水洞底部 8m 处土样试验结果：含水率高达 32.1%，干密度仅为 1.39g/cm^3，结合标准贯入试验击数结果，确认为坝体软弱部位，存在接触流失的可能，建议进行工程处理。

南放水洞基础坐落在更新统粉土质砂层上，其承载力标准值为 110kPa。

根据工程现状，现南放水洞存在洞身钙化、渗漏、开裂现象，洞身断面小，启闭设备老化，对其进行修补或改造很困难。考虑现放水涵洞的病害和加固施工困难等实际情况，设计决定将现放水涵洞废弃、封堵，新增建一条放水洞。北放水洞处于报废状态，本次予以封堵。

拟建放水洞布置在原南放水洞南侧，根据设计方案，隧洞进口底板高程 131.50m，出口底板高程 131.18m，坐落在壤土地基上。由于新建放水洞距离现放水洞较近，土体物理力学参数可以参照南放水洞或主坝土体物理力学参数。

11. 天然建筑材料

(1) 材料需求情况。本次加固工程设计需要天然建筑材料种类和数量为：土料 14.3m^3、混凝土骨料 29589t、砂卵石及碎石料 9368m^3、粗砂 4163m^3、块石料 16108m^3，除土料用于副坝加高培厚需要进行地质勘察外，其余均为外购料。

(2) 土料。

1) 土料场概况。山阳土料场位于右坝肩距坝址约 300m 的河流一级阶地和高漫滩上，地面高程 $142.50\sim145.80\text{m}$，地形起伏不大，为第四系冲洪积粉土质砂、黏土质砂，开采运输较为方便，料层厚度 $3\sim4\text{m}$，料场长 350m，宽 250m，为了查清料场的有用层厚度和地下水的埋藏深度，按照天然建筑材料详查要求布置了 18 个探井和 10 个探坑。

2) 土料的质量指标。山阳土料场共做试验 23 组，颗粒中黏粒（$d<0.005\text{mm}$）平均含量 19.1%；粉粒（$0.05\sim0.005\text{mm}$）平均含量 19.2%；土料以黏土质砂为主，颗分成果见表 2.3-34。全分析试验成果见表 2.3-35，可知土料塑性指数平均为 11.3，击实后最大干密度的平均值为 1.90g/cm^3，最优含水率平均为 12.0%，渗透系数平均值 $7.7\times10^{-6}\text{cm/s}$，$C_{平均}=54.5\text{kPa}$，$\varphi_{平均}=28.2°$。

表 2.3-34　　　　　　山阳土料场土的颗分成果及物理性质汇总表

野外编号	土样深度/m	颗粒组成/%						液限 W_L/%	塑限 W_P/%	塑性指数 I_P
		砂粒			粉粒		黏粒			
		$2\sim0.5\text{mm}$	$0.5\sim0.25\text{mm}$	$0.25\sim0.075\text{mm}$	$0.075\sim0.05\text{mm}$	$0.05\sim0.005\text{mm}$	$<0.005\text{mm}$			
KTY01	$1.60\sim1.80$	32.7	11.6	15.7	3.5	17.7	18.8	25.3	15.4	9.9
KTY02	$3.40\sim3.60$	18.3	18.7	33.0	4.2	15.1	10.5	25.4	15.9	9.5
KTY03	$4.80\sim5.00$	27.7	11.3	19.3	3.4	17.3	21.0	26.0	15.5	10.5
KTY04	$6.50\sim6.70$	31.7	12.0	19.6	2.6	13.4	20.7	25.4	15.1	10.3

续表

| 野外编号 | 土样深度/m | 颗粒组成/% | | | | | | 液限 W_L /% | 塑限 W_P /% | 塑性指数 I_P |
| | | 砂粒 | | | 粉粒 | | 黏粒 | | | |
		2～0.5mm	0.5～0.25mm	0.25～0.075mm	0.075～0.05mm	0.05～0.005mm	<0.005mm			
KTY05	8.20～8.40	28.0	11.7	21.0	3.4	14.8	21.1	27.5	14.8	12.7
KTY06	9.90～10.10	27.0	11.7	19.3	5.3	15.0	21.7	28.2	14.7	13.5
KTY07	11.60～11.80	28.0	10.7	18.3	3.9	18.2	20.9	28.8	17.4	11.4
KTY08	1.60～1.80	23.3	12.7	22.0	5.1	18.5	18.4	27.1	15.9	11.2
KTY09	3.10～3.30	32.7	12.3	18.3	3.7	12.6	20.4	26.8	16.2	10.6
KTY10	4.60～4.80	33.3	11.7	18.0	3.0	12.7	21.3	26.2	15.7	10.5
KTY11	6.10～6.30	30.0	13.7	20.3	3.5	13.5	18.8	26.0	15.3	10.7
KTY12	7.60～7.80	33.3	12.7	20.3	3.1	13.5	17.1	25.8	14.7	11.1
KTY13	9.10～9.30	30.0	13.3	20.0	3.1	16.3	17.3	25.8	15.7	10.1
KTY14	10.60～10.80	27.0	11.0	24.7	4.5	13.9	18.9	26.7	15.7	11.0
KTY15	12.20～12.40	33.3	11.0	18.0	4.7	14.5	18.5	25.4	16.2	9.2
KTY16	1.60～1.80	29.0	9.7	16.0	3.3	18.4	23.6	27.1	16.4	10.7
KTY17	3.10～3.30	33.7	11.3	17.0	3.5	16.1	18.4	25.0	15.2	9.8
KTY18	4.60～4.80	29.3	12.0	20.7	3.6	16.3	17.2	25.7	16.0	9.7
统计结果	最大值	33.7	18.7	33.0	5.3	18.5	23.6	28.8	17.4	13.5
	最小值	18.3	9.7	15.7	2.6	12.6	10.5	25.0	14.7	9.2
	平均值	29.4	12.2	20.1	3.8	15.4	19.1	26.3	15.7	10.7

　　根据上述分析对比可知山阳水库土料场土的质量指标基本满足《水利水电工程天然建筑材料勘察规程》（SL 251—2000）中对均质土坝土料的要求，见表2.3—36。

　　3）储量计算。从探井和地形所揭露的情况来看，料场上部为0.3～0.5m含植物根系，属于耕植土，开挖时应剥去，上部为粉土质砂，疏松，料场储量计算采用平均厚度法。

$$V = SH$$

式中：S 为料场面积，取 $S = 350\text{m} \times 250\text{m} = 87500\text{m}^2$；$H$ 为可采厚度，取3.5m。即得 $V = 87500\text{m}^2 \times 3.5\text{m} = 306250\text{m}^3$。

　　山阳水库土料场总储量为30.6万 m^3。根据设计要求土料需用量14.3万 m^3，本料场储量大于需用量的2倍，符合规范要求。

　　（3）块石料、混凝土骨料、砂卵石及碎石料、粗砂料。块石料、混凝土骨料、砂卵石及碎石料、粗砂料均为外购料。块石料场有2个：邵家行子块石料场和大官庄块石料场，运距分别约为10km和5km。砂料场有3个：石楼砂场、北宋砂场和宣路砂场，运距分别约为2.5km、2.5km和5km。经过现场调查，料场岩性为花岗岩，岩性坚硬，质量较好，料源丰富，为前期工程施工和附近工程建设所利用，储量和质量完全满足工程施工需求。运距近，有公路连接，交通便利。

表 2.3-35　山阳土料场土的全分析试验成果汇总表

野外编号	土样深度 /m	土粒比重 G_s	液限 W_L/%	塑限 W_P/%	塑性指数 I_P	击实 最大干密度 ρ_d/(g/cm³)	击实 最优含水率 W_{op}/%	制样干密度 ρ_d/(g/cm³)	制样含水量 ω/%	制样压实度 /%	固结试验 初始孔隙比 e_0	固结试验 压缩系数 a_{v1-2}/MPa⁻¹	固结试验 压缩模量 E_{s1-2}/MPa	渗透试验 渗透系数 k_{20}/(cm/s)	直剪试验 快剪 黏聚力 C/kPa	直剪试验 快剪 摩擦角 φ/(°)
KTTY1	0.00~2.10	2.70	25.0	13.8	11.2	1.90	12.0	1.82	12.0	96.0	0.480	0.187	7.91	7.80×10^{-6}	46.02	32.6
KTTY2	0.00~2.20	2.71	26.3	13.5	12.8	1.90	11.8	1.82	11.8	96.0	0.486	0.176	8.44	6.13×10^{-6}	47.00	26.8
KTTY3	0.00~2.50	2.70	25.7	14.9	10.8	1.90	12.0	1.82	12.0	96.0	0.480	0.210	7.05	8.60×10^{-6}	60.45	28.5
KTTY4	0.00~2.50	2.70	24.8	14.3	10.5	1.88	12.3	1.80	12.3	96.0	0.496	0.179	8.36	7.72×10^{-6}	66.06	27.0
KTTY5	0.00~2.30	2.70	24.7	13.4	11.3	1.90	12.0	1.82	12.0	96.0	0.480	0.226	6.55	8.20×10^{-6}	53.06	26.1
统计结果 最大值		2.71	26.3	14.9	12.8	1.90	12.3	1.82	12.3	96.0	0.496	0.226	8.44	8.6×10^{-6}	66.10	32.6
统计结果 最小值		2.70	24.7	13.4	10.5	1.88	11.8	1.80	11.8	96.0	0.480	0.176	6.55	6.1×10^{-6}	46.00	26.1
统计结果 平均值		2.70	25.3	14.0	11.3	1.90	12.0	1.82	12.0	96.0	0.485	0.200	7.7	7.7×10^{-6}	54.50	28.2

表 2.3-36　　　　　　　　　　山阳水库土料场土的质量指标对比表

序号	项目	均质坝土料标准 (SL 251—2000)	山阳水库土料场实验数据		对比结果
			范围值	平均值	
1	黏粒含量/%	10~30	10.5~23.6	19.1	符合
2	塑性指数	7~17	9.2~13.5	10.4	符合
3	渗透系数/(cm/s)	<1×10^{-4} (碾压后)	6.1×10^{-6}~8.6×10^{-6}	7.7×10^{-6}	符合
4	有机质含量（按重量计）/%	<5	0.25~0.31	0.28	符合
5	水溶盐含量/%	<3	0.03~0.09	0.06	符合
6	pH 值	>7	7.72~8.23	7.96	符合

块石料、混凝土骨料及砂砾料的质量检验在下一阶段补充。

2.3.2.6　山阳水库工程勘察结论与建议

（1）山阳水库位于鲁中山区南部边缘，徂徕山断层隆起带南部，处于地质构造稳定区。水库库区及坝址区出露的主要地层主要为新生界下第三系页岩和第四系河流冲洪积、残坡积地层，主要为卵砾、粉土质砂、残积土层，土层厚度变化大，工程性质各异。工程区地震动峰值加速度为 0.05g，地震动反应谱特征周期为 0.45s，相应的地震基本烈度为Ⅵ度。

（2）水库区不存在水库渗漏、水库塌岸和水库浸没问题，发生水库诱发地震的可能性不大。

（3）主坝坝体以粉土质砂为主，局部含有黏土质砂和重粉质壤土，坝体质量较差。坝基含有一层含砂量较高的粉土质砂层，砂粒含量高达 69.1%，导致坝基存在渗透变形和渗漏问题，建议进行工程处理。

北副坝坝体土料为粉土质砂，土料渗透系数、压实度不满足规范要求。坝体土为中等压缩性，局部填筑碾压较差，坝体土较疏松，表明坝体施工质量差。坝体宽度不满足防洪标准，建议进行培厚处理。

东副坝坝身单薄，且多处损坏，建议加高培厚坝体。

（4）坝体、坝基根据地质条件，建议采用截渗墙处理。截渗墙部位岩性为粉土质沙、残积土和第三系页岩。建议截渗墙底部入残积土层。

（5）南放水洞洞身溶蚀严重，洞身内壁砌石缝可见大面积滴水，说明坝体与放水洞存在接触流失现象。

（6）溢洪道进口处板桥年久失修，承载能力差，拟对其改建。拟在溢洪道与主坝连接部位建挡水闸，闸基坐落在粉土质砂层上。

（7）本次除险加固工程土料场位于大坝右岸，距离约 300m。土料质量和储量均满足设计要求。块石料和混凝土骨料及砂砾石垫层料均为外购料。根据调查，质量和储量满足设计要求。运距较近，交通便利。

2.4　除险加固任务及规模

2.4.1　角峪水库

2.4.1.1　社会经济概况及工程建设的必要性

1. 社会经济现状

角峪水库所在区域属于暖温带大陆性半湿润季风气候，寒暑适宜，光温同步，雨热同季。年平均气温 13℃，多年平均降雨量 700～800mm，无霜期多达 200 多天。粮食作物主要有小麦、玉米、地瓜、高粱、大豆、大麦等；经济作物主要有花生、芝麻、棉花、大麻、烟草、蔬菜等。坝址区涉及泰安市岱岳区的角峪镇，岱岳区 2005 年年末农业人口 78.35 万人，农作物总播种面积为 194.76 万亩，其中粮食作物播种面积 107 万亩，粮食总产 49.96 万 t，农业人均 638kg。农民人均纯收入 4085 元。

2. 工程现状和存在的主要问题

(1) 概述。角峪水库是在原有小（1）型水库基础上经改建和续建而成的中型水库，1958 年建成小（1）型水库，1959 年 10 月至 1960 年春改建为中型水库，但未达到设计规模，1965 年 2 月至 1966 年 4 月续建成中型水库，1976 年将原 70m 的溢洪道加宽到 100m，同时大坝增加了 1.2m 高的砌石防浪墙。东放水洞位于大坝桩号 0+865 处，1960 年建成；西放水洞位于大坝桩号 0+058 处，1963 年建成，两放水洞均为无压砌石拱涵。

角峪水库现状主要建筑物包括：均质土坝、开敞式无闸控制溢洪道、东放水洞、西放水洞。

(2) 防洪标准及防洪能力。水库总库容 2109 万 m^3（本次复核值），根据《水利水电工程等级划分及洪水标准》（SL 252—2000）的要求，工程规模为中型，工程等别为Ⅲ等，其主要建筑物级别为 3 级、次要建筑物为 4 级。设计洪水标准为百年一遇，校核洪水标准为千年一遇。设计洪水位 166.34m，最大下泄流量 120m^3/s；校核洪水位 167.35m，最大下泄流量 391m^3/s；坝顶高程复核结果为 168.50m，比现状坝顶高程 167.50m 高 1.0m。防浪墙顶高程 168.67m，由于防浪墙质量差，与防渗体连接质量差，不能起到防渗作用，故水库防洪能力不满足千年一遇校核洪水、百年一遇设计洪水的坝顶超高要求。

(3) 大坝。角峪大坝为均质坝，全长 1142m，顶高程 166.96～168.00m，坝顶宽 6m，防浪墙顶高程 168.67m。上游坝坡为干砌石护坡，下游坝坡草皮护坡。桩号 0+000～0+949 段，上游坝坡 162.27m 高程以上边坡 1:3，以下边坡 1:3.5；下游坝坡 162.27m 高程设有马道，宽 2m，马道以上边坡 1:2.75，以下边坡 1:3。桩号 0+949～1+142 段，上下游坝坡为 1:2。坝后排水棱体位于桩号 0+137～0+673 河槽段，总长 545m，顶高程 159.09～155.57m，顶宽 1.0～2.0m，高 1.0～4.1m。水库自建成后，存在严重的沉陷、变形及裂缝等险情，自水库竣工蓄水至今，一直带病运行，大部分年份不能达到正常蓄水位，给下游防洪和灌区生产造成巨大损失。主要问题如下。

1) 大坝防浪墙基础没有发现大的不均匀沉陷，墙体不存在大的裂缝，局部勾缝砂浆脱落严重，砌筑质量差，砂浆强度低，检测平均值为 4.6MPa。部分基础下为中砂，且砂浆不饱满，局部位置为砂灰砌筑，与防渗体连接不紧密。

2）坝体填筑质量差。受当时筑坝技术限制，角峪水库在施工时全是人抬肩扛，上坝土料不均，施工分缝多，又经过三期工程才形成现在的规模，造成坝体土料差异性大。组成坝体的土料主要为中、重粉质壤土，局部夹杂有中砂和杂填土。

坝体中、重粉质壤土黏粒含量27.7%、粉粒62.1%、砂砾9.9%、砾石0.3%；天然含水量16.9%～29.5%，平均含水量22.3%；压实干密度1.31～1.69g/cm³，平均压实干密度1.62g/cm³，填筑压实度仅为75%～91%，孔隙比为0.553～1.076，饱和度55.9%～100%；压缩模量0.26～7.13MPa，平均压缩模量4.72MPa，属中高压缩性土。壤土渗透系数范围值$3×10^{-7}$～$6.66×10^{-4}$cm/s，平均渗透系数$3×10^{-6}$cm/s，属极微透水～中等透水，接近7%大于$1×10^{-4}$cm/s。由此可知，坝体土质混杂，碾压质量差，局部软弱。

坝体中砂为闪长岩风化残积物，呈粗砂粒状，纵向分布在桩号0＋052～0＋950之间，最低高程163.00m；桩号0＋460～0＋870段，厚度2.0～3.7m，平均厚度2.5m；0＋240～0＋280段，厚度为0.4～2.45m，平均厚度1.4m，上下游贯通，使大坝165.02m高程以上失去有效防渗作用。

坝体杂填土由灰岩碎石、砖瓦块、砂砾和粉质黏土组成，其中碎石含量占15%左右，厚度0.3～0.6m，分布于大坝左端桩号0＋000～0＋040，高程168.51～167.91m，为整修坝顶路面多年铺垫形成。

3）坝体裂缝。经过几十年长期运行，坝顶无硬化处理，由于沉陷不均匀和汛期来往车辆碾压，坝顶凹凸不平。

大坝运行中没有出现过大的裂缝，1964年桩号0＋300处坝身出现长50m、宽0.05m、深0.8m的纵向裂缝，1975年库水位达164.57m时坝坡出现裂缝和塌陷现象，1979年对大坝进行培厚加固。但1976年汛期东放水洞西侧出现过滑坡，1983年对坝坡进行局部翻修加固。

4）渗漏严重。坝基岩体自大坝0＋000～0＋120段为奥陶系灰岩，0＋120～1＋060段为闪长岩，在桩号0＋055处发育一条横切大坝的断层，破碎带为断层角砾岩，透水率较大，是坝基岩体的渗漏通道。0＋050～0＋600段排水体底部均有明流出现，水位在162.00m时，下游地表渗漏量达0.15m³/s。坝基表层为没有清除的粉土质砂和含细粒土砂，引起下游出现明流、大面积沼泽化。坝基长期渗漏会加剧坝基的接触冲刷，逐渐使坝体产生变形。

大坝左岸没有清基，据资料记载当库水位超过157.00m时，坝脚排水沟渗漏量达0.05m³/s。

5）大坝上游护坡为干砌石，现状厚度18～29cm，从库水位以上观察，护坡石存在大面积塌陷、架空和翻转现象，监测面积15840m²，存在塌陷和损坏的面积为1450m²，最大塌陷深度58.6cm，平均塌陷38.6cm。护坡石质量差，风化严重，其下无反滤料，仅局部位置分布有一层8～10cm厚的碎石垫层，不符合规范对反滤层的要求。

6）大坝下游坡为草皮护坡，护坡质量极差，大部分坝坡裸露，少部分坝坡分布有稀疏草皮；坝坡雨淋冲沟发育，冲沟最大深度0.58m，局部坝坡沉陷严重。

7）大坝0＋137～0＋673段坝后为棱体排水，排水体长545m。排水体外部为干砌石，表面凹凸不平，塌陷严重，存在 26 处大的塌陷，最大塌陷面积达 4.2m²。块石局部风化较严重，块径较小，槽探发现排水体块石内侧为全风化料和卵石、碎石垫层，垫层直接与坝壳接触，反滤层结构不合理，不能保护坝体。

坝后排水设施不完善，大部分排水沟已坍塌和缺失，没有坍塌的部分淤积严重。

8）根据安全鉴定报告，大坝下游坡脚存在渗透破坏。

9）坝顶高程不能满足要求。

10）水库建成后，经过几次加高培厚，出现一些沉陷问题，只做过临时处理，一直没有安装位移监测设施。1987 年 8 月安设了大坝浸润线观测设施测压管，分别在 0+300、0+450、0+600 三个断面三排，每排 4 支共 12 支，现测压管已全部淤堵报废。

（4）放水洞。

1）东放水洞。东放水洞位于大坝桩号 0+865 处，为无压砌石拱涵洞，洞底进口高程 156.57m，砌石拱涵总长 54.66m，竖井前引渠长 16.33m，竖井长 4.0m，竖井后部涵洞长 34.23m，底坡 0.004。涵洞宽 1.0m，墩高 1.0m，拱高 0.5m，基础未完全坐落在基岩上，下游局部洞体基础坐落在岩石上。设计引水流量 2.0m³/s，闸孔尺寸 1.0m×1.0m，1973 年更换钢平板闸门。东放水洞存在的主要问题如下。

放水洞及竖井砌筑和勾缝砂浆治疗较差，强度低，有的部位基本没有强度。洞内渗漏溶蚀严重，整个洞体基本全部渗漏，拱顶及侧墙的砌石面上附着大量的钙质等析出物，说明砌石块的内部结构已受到严重破坏，其强度也大大降低，形成工程的隐患。洞内虽未发现射流，但渗水严重，在洞外能听到滴水声，且洞口处常年有渗漏水流出。

放水洞启闭机房内，启闭机部件锈蚀老化，缺乏养护，不能正常开启，螺杆等金属构件有较严重的锈蚀现象，且启闭机为淘汰产品。闸门关闭不严，已出现锈坑，锈蚀和漏水现象严重，不能正常工作，不利于工程安全和效益的发挥。涵洞没有设置检修闸门，发生故障时检修困难。启闭机房顶未安装避雷设备，给防汛工作和操作人员的人身安全带来隐患。

2）西放水洞。西放水洞位于大坝桩号 0+058 处，为无压砌石拱涵洞，洞底进口高程 157.07m，砌石拱涵总长 60.56，渠长 16.73m，竖井长 4.0m，竖井后部涵洞长 39.83m，底坡 0.004。涵洞宽 1.2m，墩高 1.2m，拱高 0.6m，基础都为岩石。设计引水流量 3.5m³/s，闸孔尺寸 1.2m×1.2m，1980 年改建启闭机房，更换闸门。

放水洞及竖井砌筑和勾缝砂浆治疗较差，强度低，有的部位基本没有强度。洞内渗漏溶蚀一般，闸室处拱顶及侧墙的砌石面上附着大量的钙质等析出物，说明砌石块的内部结构已受到严重破坏，其强度也大大降低，形成工程的隐患。洞内虽未发现射流，但有渗水，洞口处常年有渗漏水流出。该放水洞两侧填土压实度不够，库水位高时常有绕渗水流在下游岸墙处逸出，坝上游坡放水洞的上部已出现塌陷坑，直径 3.0m，深 0.5m 左右，说明已产生了渗透破坏，危及大坝安全。

放水洞启闭机房内，启闭机部件锈蚀老化，缺乏养护，不能正常开启，螺杆等金属构件有较严重的锈蚀现象，且启闭机为淘汰产品。闸门关闭不严，已出现锈坑，锈蚀和漏水现象严重，不能正常工作，不利于工程安全和效益的发挥。涵洞没有设置检修闸门，发生故障时检修困难。启闭机房顶未安装避雷设备，给防汛工作和操作人员的人身安全带来安全隐患。

（5）溢洪道。溢洪道位于大坝右岸，为正槽开敞式溢洪道，由引水渠、溢流堰和下游泄槽组成，总长980m，桩号以大坝末端溢流堰处为0+000，最大泄量960m³/s（"三查三定"）。溢流堰前引水渠长约220m，底宽169~100m，底高程为161.60~163.57m；溢流堰为宽顶堰，无控制设施，堰面为开挖的风化闪长岩岩面，堰顶高程163.57m，净宽100m；溢洪道无消能防冲设施，下游泄槽宽度由100m渐变为20m，泄槽0+020~0+200段，坡度比较平坦，0+200~0+280段为跌坎和陡坡段，0+280段以下相对比较平缓；泄槽上游段覆盖层为全风化的闪长岩，下游段覆盖层为壤土，覆盖层抗冲刷能力差，溢洪道退刷严重，下游多处已形成冲沟。

1）溢洪道进口宽度虽为100m，但下游为自然冲沟，断面狭窄，宽度10~20m，深度1.5~2.0m，不能满足行洪要求，安全泄量小于100m³/s。溢洪道底坡度很不均匀，0+100~0+200之间为自然跌水和陡坡段，0+350以后基本为较均匀的缓坡。

2）渠底为强风化闪长岩，抗冲刷能力差，无控制和消能设施，且大坝裹头标准太低，两岸均未做任何护砌，若遇较大洪水，剥蚀冲刷严重，危及大坝安全及右岸农田。

3）溢洪道进水口有近90°的大转弯，水流条件不好，凹岸无防护导流工程，无交通桥，严重影响防汛工作的开展。

4）溢洪道在0+350附近与灌渠渡槽交叉，渡槽孔宽不足，槽墩阻水，此处将严重影响泄洪，遇较大洪水时洪水将溢出河槽淹没冲蚀两岸农田。

5）溢洪道下游河槽内树木杂草丛生，流水不畅，水流条件差，对泄洪不利。两岸及河底均无护砌，抗冲能力差。河槽宽度为15~20m，深度1.5~2.0m，过水断面小，且树木较密，严重阻水，遇较大洪水时洪水将溢出河槽大量淹没冲蚀两岸农田，剥蚀冲刷岸坡，造成很大损失。

6）溢洪道尾部地面高程150.50m左右，大坝坝脚处地面高程有多处为150.50m左右，此处溢洪道与国防09公路交叉，通过国防09公路上的交通桥（两孔平板桥，孔净宽27m，高2.3m）下泄洪，遇较大洪水时桥孔阻水，将出现回水并淹没坝脚，严重影响大坝安全。

（6）安全鉴定结论。根据水利部大坝安全管理中心的安全鉴定复核意见，水库存在的主要问题如下。

1）防洪标准不满足要求。

2）大坝防浪墙质量差，部分倒塌，与防渗体连接不紧密。

3）坝体填筑质量差，曾多次发生裂缝。

4）上游护坡质量差，部分倒塌，坝后排水体无反滤料，坝基清基不彻底，坝后渗漏严重，沼泽化。

5）溢洪道基岩风化严重，无护砌，无消能工，出水渠段为自然冲沟，过流能力不足，泄洪回水影响坝脚安全。

6）东、西放水洞为浆砌石无压拱涵，埋于坝下，渗漏严重，与坝体填土间存在接触冲刷，放水洞闸门及启闭设施陈旧、老化，不能正常运行。

7）防汛公路标准低，大坝安全监测与管理设施不完善。

大坝安全鉴定指出的工程问题存在，Ⅲ类坝结论符合实际情况。

3. 除险加固的必要性

角峪水库是一座以防洪为主,兼顾灌溉、养殖等综合利用的中型水库,下游保护角峪镇人口 1.2 万人,1.0 万亩耕地,国防 09 公路,青银高速、京沪高速等重要基础设施,地理位置重要,社会和经济效益显著。水库原设计灌溉面积 2.5 万亩,"三查三定"核定灌溉面积 1.84 万亩。水库水面宽阔,水质良好,很适合渔业生产,每年捕鱼 2.5 万 kg 以上。

由于该工程存在较多的质量问题,尤其是水库防洪标准低,坝体、坝基渗漏严重,水库无法发挥正常效益。经水利部大坝安全管理中心鉴定为Ⅲ类坝。

为确保水库下游广大人民群众及城镇、交通安全,尽早对该库进行除险加固,消除隐患,达到设计标准,保证水库安全运行,充分发挥其防洪、灌溉、水产养殖等方面的经济效益和社会效益,缓解当地水资源供需矛盾,促进经济快速发展,提高当地人民群众的生活水平,对角峪水库进行除险加固是十分必要的。

2.4.1.2　角峪水库除险加固任务

1. 水库承担的任务

角峪水库是一座以防洪为主,兼顾灌溉、养殖等综合利用的中型水库,下游保护角峪镇人口 1.2 万人,1.0 万亩耕地,国防 09 公路,青银高速、京沪高速等重要基础设施。水库原设计灌溉面积 2.5 万亩,"三查三定"核定灌溉面积 1.84 万亩。水库水面宽阔,水质良好,很适合渔业生产,每年捕鱼 2.5 万 kg 以上。

2. 除险加固任务

本次除险加固的主要任务是在批准的大坝安全鉴定报告的基础上,确定坝体、坝基、放水洞、溢洪道及其他建筑物的除险加固方案,完善防汛路、水库管理和监测设施,使水库能够充分发挥经济效益和社会效益。

3. 除险加固原则

本次除险加固设计方案的确定按以下原则进行。

(1) 本次除险加固的重点是解决水库的渗漏、稳定、输水洞和溢洪道的安全问题。

(2) 兴利指标尽量和原设计方案一致,水库规模基本不变。

(3) 加固治理措施应做到技术先进,经济合理,安全可靠,便于管理,并为以后提高水资源的利用程度创造有利条件。

2.4.1.3　工程规模

1. 水库运行方式

水库非汛期尽量蓄水,保持正常蓄水位,发挥水库灌溉以及库区养殖业等综合效益;汛期水库发挥防洪作用,保护大坝及下游人民生命财产安全,水库原设计汛期为敞泄运用,本次除险加固设计按下游防洪要求及水库自身条件,按当入库洪水小于百年一遇时水库最大泄量不超过 120m³/s,当入库洪水大于千年一遇时水库敞泄来运用。

水库自 1960 年建库以来,最高洪水位发生在 1975 年,为 164.84m。

2. 死水位

本次除险加固初步设计水库死水位采用原设计值 156.57m,死库容 166 万 m³。

3. 正常蓄水位

角峪水库现正常蓄水位 163.57m,设计兴利库容为 924 万 m³,水库现状供水用户为农业用水，灌区原设计灌溉面积 2.5 万亩，"三查三定"核实设计灌溉面积为 1.84 万亩，有效灌溉面积 1.5 万亩。水库灌区多年平均灌溉净定额为 $170m^3/$ 亩，灌区现状灌溉水利用系数为 0.5。

借用黄前水库蒸发资料，角峪水库多年平均年蒸发量取 870mm（E601）。水库现状渗漏损失水量按月库容的 0.5% 计算。

水库水位-面积-库容曲线采用 1982 年成果，见表 2.4-1。

表 2.4-1 角峪水库水位-面积-库容曲线

水位/m	面积/km²	库容/万 m³
150.27	0	0.01
151.00	2	0.05
152.00	11	0.11
153.00	28	0.2
154.00	51	0.3
155.00	87	0.44
156.00	133	0.53
156.57	166	0.61
157.00	192	0.68
158.00	268	0.86
159.00	365	1.05
160.00	484	1.27
161.00	620	1.5
162.00	782	1.77
163.00	971	2.01
163.57	1090	2.15
164.00	1180	2.26
165.00	1426	2.54

采用时历法进行水库调节计算，调节计算结果见表 2.4-2。水库设计兴利库容为 924 万 m^3，农业灌溉面积按原设计 2.5 万亩，灌溉水利用系数按 0.5，水库供水保证率为 47%；农业灌溉面积按核实的设计值 1.84 万亩，供水保证率为 87%。水库除险加固后，若对水库灌区进行改造配套，使灌溉水利用系数提高到 0.65，灌溉面积为 2.5 万亩时灌溉用水保证率可达 78%，灌溉面积按 1.84 万亩可达 100%。

调节计算结果表明，角峪水库有效库容可满足现状供水需求，且供水保证率较高，若经过灌区改造提高灌溉水利用系数，则农业灌溉保证率有较大提高。

表 2.4-2　　　　　　　　　　　　　角峪水库兴利调节计算成果表

项目		灌溉面积 /万亩	渠系利用 系数	水库来水量 /万 m³	农业需水量 /万 m³	蒸发渗漏水量 /万 m³	弃水量 /万 m³	农业供水保证率 /%
加固前		2.50	0.50	719	850	16	0	47
		1.84	0.50	719	626	26	67	87
加固后		2.50	0.65	719	654	24	41	78
		1.84	0.65	719	481	41	197	100

本次除险加固初步设计正常蓄水位采用原设计值 163.57m，兴利库容 924 万 m³。

4. 防洪特征水位

(1) 溢洪道泄洪能力。角峪水库泄洪建筑物为溢洪道，原为开敞式无闸宽顶堰，堰顶高程 163.57m，堰顶净宽 100m，本次除险加固设计溢洪道采用溢流堰和控制闸结合布置，闸底板高程 162.00m，溢流堰堰顶高程 166.34m，宽顶堰溢流段全长 78m，本次除险加固设计溢洪道泄流能力见表 2.4-3。

表 2.4-3　　　　　　　　　　　　　角峪水库溢洪道泄洪能力

水位/m	162.00	162.50	163.00	163.50	164.00	165.00	166.00	167.00	167.50
泄流量/(m³/s)	0	9.18	24.02	39.41	60.68	111.47	171.62	304.84	428.14

(2) 库容曲线。角峪水库库容曲线采用安全鉴定测量结果，见表 2.4-4。

表 2.4-4　　　　　　　　　　　　　角峪水库水位-库容曲线表

水位/m	151.00	152.00	153.00	154.00	155.00	156.00	156.57	157.00
库容/万 m³	2	11	28	51	87	133	166	192
水位/m	158.00	159.00	160.00	161.00	162.00	163.00	164.00	165.00
库容/万 m³	268	365	484	620	782	971	1180	1426

(3) 调洪原则。起调水位取正常蓄水位 163.57m。防洪运用原则，当入库洪水小于百年一遇时，控制下泄流量不超过 120m³/s，当入库洪水超过百年一遇时，水库敞泄运用。

(4) 设计、校核洪水位。根据各种频率设计洪水过程线及水库水位-库容-泄量曲线，运用以上调洪原则，按水量平衡原理对水库入库洪水进行调洪演算，计算水库设计、校核洪水位，见表 2.4-5，本次水库除险加固计算设计洪水位为 166.34m，控制水库最大下泄流量为 120m³/s，校核洪水位 137.35m，水库最大下泄流量 391m³/s。

表 2.4-5　　　　　　　　　　　　　角峪水库调洪成果表

频率	最大入库流量/(m³/s)	最大出库流量/(m³/s)	最高水位/m
$P=1\%$	579	120	166.34
$P=0.1\%$	873	391	167.35

2.4.2　山阳水库

2.4.2.1　社会经济现状

山阳水库加固工程所在区域属于暖温带大陆性半湿润季风气候，寒暑适宜，光温同步，雨热同季。年平均气温 13℃，多年平均年降雨量 700～800mm，无霜期多达 200d。粮食作物主要有小麦、玉米、地瓜、高粱、大豆、大麦等；经济作物主要有花生、芝麻、棉花、大麻、烟草、蔬菜等。坝址区涉及泰安市岱岳区的良庄镇，岱岳区 2005 年年末农业人口 78.35 万人，农作物总播种面积为 194.76 万亩，其中，粮食作物播种面积 107 万亩，粮食总产 49.96 万 t，农业人均 638kg。农民人均年纯收入 4085 元。

2.4.2.2 工程现状和存在的主要问题

1. 概述

山阳水库于 1959 年 10 月开始兴建，1960 年 6 月基本建成蓄水，1961 年春发挥灌溉效益。1972 年对大坝进行了加高培厚 0.5m，1974—1975 年修建了现溢洪道，1979 年对坝基进行防渗处理。

水库建成 40 多年来，最高水位发生在 1990 年 8 月 19 日，水位 137.00m；最低水位发生在 1980 年 9 月 6 日，水位为 127.40m。最大泄洪水量是 2004 年的 676 万 m³，其次为 2005 年的 407.8 万 m³，多年平均年泄洪水量 48 万 m³。水库原设计灌溉面积 4 万亩，“三查三定”核算设计灌溉面积 1.42 万亩，农业设计灌溉保证率 50%，目前有效面积 1.15 万亩，多年平均灌溉用水量 345 万 m³。

山阳水库现状主要建筑物包括：主坝（均质坝）、东副坝（均质坝）、北副坝、开敞式无闸控制溢洪道、南放水洞、北放水洞。

2. 防洪标准及防洪能力

水库总库容 2201 万 m³（本次复核值），根据《水利水电工程等别划分及洪水标准》（SL 252—2000）的要求，工程规模为中型，工程等别为Ⅲ等，其主要建筑物级别为 3 级、次要建筑物为 4 级。设计洪水标准为百年一遇，校核洪水标准为千年一遇。设计洪水位 138.13m，最大下泄流量 191m³/s；校核洪水位 138.95m，最大下泄流量 263m³/s；坝顶高程复核结果为 141.10m，比现状坝顶高程 139.90m 高 1.2m。防浪墙顶高程 140.43～141.20m，由于防浪墙质量差，与防渗体连接质量差，不能起到防渗作用，故水库防洪能力不满足千年一遇校核洪水、百年一遇设计洪水的坝顶超高要求。

3. 主坝

主坝为均质土坝，长 900m，坝顶高程 139.77～140.18m。防浪墙顶高程 140.43～141.20m，最大坝高 13.2m，坝顶宽 5m。上游坡为干砌石护坡，在 133.00m 高程设 5m 宽平台，平台以上坡度为 1∶2.4，以下坡度为 1∶3。下游坡为草皮护坡，在 136.00m、131.00m 高程分别设 1.16m 和 2.4m 宽的马道，136.00m 高程以上坡度为 1∶2.2，136.00～131.00m 高程之间坡度为 1∶2.8，131.00m 高程以下为贴坡排水，坡度为 1∶3。水库自建成后，存在严重的沉陷、变形及裂缝等险情，自水库竣工蓄水至今，一直带病运行，大部分年份不能达到正常蓄水位，给下游防洪和灌区生产造成巨大损失。主要问题如下。

（1）主坝防浪墙为浆砌块石结构，全长 800m，顶宽 0.7m。防浪墙未设沉陷缝，经多年运行，由于不均匀沉陷产生多条裂缝，缝宽一般为 3～5mm。砌筑砂浆强度较低，平均值仅为 4.6MPa。在坝顶挖探坑揭示，防浪墙基础与防渗体结合紧密，但防浪墙基础砂浆不饱满，起不到防渗作用。

（2）坝体填筑质量差。受当时筑坝技术限制，山阳水库在施工时全是人抬肩扛，上坝土料不均，冻土上坝，碾压不实，施工分缝多，造成坝体土料差异性大。组成坝体的土料主要为粉土质砂第①层，局部夹杂有含砂量较高的粉土质砂第①-1层。

主坝坝体材料主要为粉土质砂第①层，黏粒含量19.5%、粉粒21.5%、砂粒59.0%，天然含水量平均值16.6%；压实干密度1.53～1.90g/cm³，平均压实干密度1.72g/cm³，填筑压实度仅为71%～93%，孔隙比为0.423～0.775；压缩模量2.86～10.95MPa，平均压缩模量5.90MPa，属中等压缩性土。壤土渗透系数范围值$7.59 \times 10^{-4} \sim 4.31 \times 10^{-6}$cm/s，平均渗透系数$3.89 \times 10^{-4}$cm/s，属于极微透水～中等透水层，接近84.6%大于1×10^{-4}cm/s。由此可知，坝体土质混杂，碾压质量差，局部软弱。

由于坝体填筑质量普遍较差，特别是0+300～0+450段和0+150～0+230段，筑坝质量最差，土质松散，含沙量大，渗水性强。现场检查库水位135.70m时，主坝桩号0+150～0+230段下游坡坝脚以上部位出现大面积的浸润片，坡脚排水沟出现渗水明流，坝脚处已沼泽化。

桩号0+152～0+162段，高程135.50m处，上游坡出现一平行于坝轴线长8m、宽3m的椭圆形塌坑，只进行了回填处理。1990年水库溢洪，大坝在高水位137.00m运行时，浸润线较高，下游坝坡出现浸润面，132.00～136.00m高程坝体沉陷量在3%以上，进行了回填处理。

（3）坝体裂缝。经过几十年长期运行，坝顶无硬化处理，由于沉陷不均匀和汛期来往车辆碾压，坝顶凹凸不平。

大坝第一期高程结束后，坝顶高程达到139.00m，1960年大坝建成蓄水后，大坝下沉0.8m，在桩号0+260～0+310段出现纵向裂缝，宽10cm，采取腾空库容自压灌浆处理后，以后再未出现明显的沉陷和裂缝。

（4）坝基渗漏严重。主坝坝基清基不彻底，含一层含沙量高的粉土质砂第③层，松散～稍密，分布在桩号0+100～0+650段，在坝前后形成贯通，厚0.4～4.6m，平均厚度1.61m。坝基粉土质砂第③层无黏粒，颗粒级配不良，透水性较强，试坑抽水试验测得渗透系数为3.8×10^{-2}cm/s，没有彻底清除的坝基高含沙量的粉土质砂是坝基渗漏的主要通道。主坝下游6个鱼池，均由坝基渗水形成，水深在1.5～2.0m，据勘探时水位135.70m观测，鱼池水面满溢，且涌水量有逐年上升的趋势，危及大坝安全。

主坝坝基原河槽左岸30m，清基深3～4m，达到泥质页岩，右半部基础仍有部分含沙量高的粉土质砂第③层未清除，就开始回填坝体，大坝蓄水后，坝下渗水量大于0.01m³/s，主坝坝基及截水槽坝基第③层清除不彻底，坝基渗水严重，特别是在桩号0+280、0+380处排水体坝脚外4m处水塘边出现渗水通道，直径10cm左右，冒水翻砂流出，砂土流失严重。针对坝基渗漏及存在的问题，1980年对大坝坝基进行了截渗处理，设计在上游坡脚开挖基槽至泥质页岩，用黏土回填至戗台133.00m高程，自桩号0+175～0+535，长360m。经与现场施工人员座谈及查阅资料核实，实际施工时由于基槽内渗水量较大，又没有排水设备，基槽开挖深度没有达到设计的泥质页岩，只挖除了坝基表层的部分第③层、覆盖层，其下没有全部清除。

（5）大坝上游护坡为干砌石，桩号0+150～0+250段134.00～137.00m高程之间，

0+250～0+500 段 133.00～137.00m 高程之间为干砌块石护坡，其余段为干砌乱石护坡，护坡平均厚度 18～25cm。

大坝 0+140～0+410 段上游护坡为应急翻修部分，原护坡石曾发生脱坡，后来重新进行了护砌。护坡实测厚度 20～25cm，平均厚度 23.6cm，平均直径 24.2cm，护坡下无反滤层，仅有 10～30cm 的碎石和毛石垫层。从库水位以上观察，护坡局部存在塌陷、架空现象，现场监测水面以上面积 6800m²，存在塌陷和损害的面积为 480m²，测量 10 处，最大塌陷深度 28.6cm，平均塌陷 19.6cm。

大坝 0+000～0+140 和 0+410～0+800 段，护坡局部塌陷严重，护坡厚度 18～20cm，平均厚度 18.5cm，护坡下无反滤，仅有 10～20cm 的碎石垫层。护坡塌陷、架空现象严重，现场监测水面以上面积 1200m²，存在塌陷和损害的面积为 258m²，测量 10 处，最大塌陷深度 28.6cm，平均塌陷 14.6cm。

（6）大坝下游坡为天然草皮护坡，护坡质量极差，大部分坝坡裸露，少部分坝坡分布有稀疏草皮；坝后凹凸不平，存在多处雨淋冲沟现象，冲沟最大深度 0.6m。

（7）大坝 0+280～0+400 段下游坝坡设有干砌石贴坡排水，坡比 1∶3，排水体顶高程 131.00m。排水体表面凹凸不平，局部位置塌陷，石料风化较严重，块径小，探槽发现排水体干砌石内侧无碎石夹砂层，垫层直接与坝壳接触，反滤层结构不合理，不能保护坝体。

坝后排水设施不完善，大坝在 134.50m 及 131.00m 高程设有 2 条浆砌石纵向排水沟，每隔 50m 设 1 条横向排水沟。排水沟砌筑质量差，大部分已坍塌和缺失，没有坍塌的部分淤积严重，基本失去排水作用。

（8）根据安全鉴定报告，大坝下游坡脚存在渗透破坏。

（9）坝顶高程不能满足要求。

（10）水库建成后，没有安装监测设备。1990 年 11 月安装了测压管和量水堰，随即开始对坝体进行浸润线监测和渗流监测。大坝坝基测压管及位移监测设施一直未安装。

现有测压管 6 支，其中，0+332 断面 3 支，0+382 断面 3 支。目前，坝体测压管和量水堰监测设施均已损坏，无法继续对大坝进行正常监测。

4. 副坝

山阳水库副坝包括东副坝和北副坝。

东副坝为均质土坝，长 1450m，设计坝顶高程 140.00m，无防浪墙，最大坝高 5m，设计坝顶宽度 2.0m，现坝顶宽 1.0～2.0m，坝顶高程 138.46～140.14m，绝大部分没有达到设计高程。上下游边坡均为 1∶2，现坝坡上下游均植满树，对工程安全极为不利。坝体土料为粉土质砂，黏粒含量 21.8%，粉粒含量 31.2%，砂砾含量 41.0%，砾石含量 6%；天然含水量 12.2%～25.0%，平均天然含水量 19.9%，压实干密度 1.39～1.74g/cm³，平均压实干密度 1.57g/cm³；渗透系数范围值 3.63×10^{-8}～6.61×10^{-4}cm/s，平均渗透系数 5.36×10^{-4}cm/s，属极微透水～中等透水，有接近 66.7% 大于 1×10^{-4}cm/s。由此可知，坝体填筑质量差，压实度低，渗透系数偏高。

北副坝为均质土坝，长 300m，设计坝顶高程 140.00m，无防浪墙，最大坝高 5m，设计坝顶宽度 3.0m，现坝顶宽 2.0～3.0m，坝顶高程 138.48～139.66m，均未达到设计高程。上游坡为 1∶0.3 的浆砌石挡土墙，下游坡度 1∶2，零星分布有天然草皮护坡。坝体土料为粉土质砂，黏粒含量 19.9%，粉粒含量 19.5%，砂砾含量 59.8%，砾石含量 0.8%；天然含水量 12.1%～15.5%，平均含水量 13.8%；压实干密度 1.65～1.77g/cm³，平均压实干密度 1.71g/cm³；渗透系数范围值 8.86×10^{-5}～6.42×10^{-4} cm/s，平均渗透系数 3.65×10^{-4} cm/s，属极微透水～中等透水，有接近 66.7% 大于 1×10^{-4} cm/s。由此可知，坝体填筑质量差，压实度低，渗透系数偏高。

5. 放水洞

（1）南放水洞。南放水洞位于主坝桩号 0+250 处，1960 年建成，为单孔无压半圆砌石拱涵洞，洞底进口高程 131.50m，砌石拱涵总长 50.5m，底坡 0.01。涵洞宽 1.0m，墩高 1.0m，拱高 0.5m，基础坐落在粉土质砂层上。设计引水流量 3.0m³/s，闸孔尺寸 1.0m×1.0m；闸门为平板铸铁闸门，尺寸 1.4m×1.4m，采用螺杆启闭机。存在的主要问题如下。

经过 40 多年的运行，洞身内壁浆砌石砌筑缝处可见大面积的水泽，墙壁溶蚀现象严重，洞内可见大面积的碳酸钙结晶物析出，拱涵内部有 20% 左右的面积被碳酸钙结晶物所覆盖。拱涵内壁存在裂缝并渗水，且伴有大量结晶物覆盖表面，这将造成拱涵结构强度的下降。

由于不均匀沉陷等的影响，放水洞浆砌石拱涵存在一条横向裂缝，位于放水洞闸门下游 10m 处，裂缝最大宽度 3.0mm，该断裂已贯穿整个放水洞洞身，浆砌块石也被剪断，影响其整体稳定性。由于放水洞竖井基础沉陷，放水洞启闭机房与坝体间的引桥已断裂，存在一条宽 3.6mm 的断裂缝，危及竖井和引桥的安全。

放水洞闸门为平板铸铁闸门，无检修闸门，门体锈蚀较严重，部分锈蚀点结瘤闸门关闭不严，不能正常运行。该设备陈旧老化，属淘汰产品。砖混结构启闭机房墙体破损严重，门窗损坏，雨天漏水，不能正常运行。

安全鉴定报告复核，拱涵拱圈结构强度和稳定性满足规范要求，竖井的地基承载力和稳定性满足规范要求。

（2）北放水洞。北放水洞位于北副坝桩号 0+169 处，为单孔无压半圆砌石拱涵洞，基础坐落在粉土质砂层上。由于长期闲置，放水洞砖混结构启闭机房门窗缺失，房屋破烂不堪，雨天房顶漏水。启闭机已损坏无法使用，竖井爬梯钢筋锈断，人员无法进入底部进行检查。由于灌渠未开挖，北放水洞处于报废状态，放水洞洞身未经任何封堵措施处理，是大坝安全的严重隐患。

6. 溢洪道

溢洪道位于主坝右岸阶地段桩号 0+800～0+822.4 处，为正槽无控制开敞式，坐落在土基上，总长 550m，由进水渠、溢流堰、泄槽、跌水消力池、尾水渠 5 部分组成。溢洪道桩号以溢流堰中心线为 0+000。原溢洪道设计最大流量 72m³/s，"三查三定"审定最大泄量为 188m³/s。

（1）进水渠长 6.6m，桩号 0-010.35～0-003.75，上游宽 29.5m，下游宽 22.4m，两岸为浆砌石八字墙，无浆砌石护底，底坡 i=0，底高程 136.80m。引水渠八字墙及护底浆砌石砂浆强度低，勾缝脱落，八字墙压顶石损坏脱落，与主坝护坡石结合不紧密，墙后护坡石坍塌、脱坡。泄洪时危及八字墙和大坝安全。

（2）溢流堰为平底浆砌石宽顶堰，净宽 20m，顺水流方向长 7.5m，桩号 0－003.75～0＋003.75，堰顶高程 136.80m，坐落在粉土质砂上，堰上为交通桥，共 5 孔，每孔净宽 4m，中墩宽 0.6m，总宽 22.4m。交通桥为现浇钢筋混凝土板桥，荷载设计标准为汽-10 级，板厚 0.3m，桥墩为浆砌石结构，桥面总宽 7.5m，净宽 7m，两侧各设置现浇混凝土护轮带及预制混凝土栏杆。溢流堰净宽仅 20m，泄流能力不足，交通桥设计标准低，且桥板及栏杆柱混凝土老化严重，钢筋裸露锈蚀，桥墩浆砌石砂浆标号低，表面风化，勾缝脱落，不能满足防汛抢险交通要求。桥边墩设计断面小，没有设置防渗刺墙嵌入坝体内，溢洪道泄洪时桥边墩与坝体间易形成接触渗漏、冲刷，危及大坝安全。

（3）泄槽长 50m，桩号为 0＋003.75～0＋053.75，矩形断面，分 2 段，第一段长 10m，上游宽 22.4m，下游宽 20m，底坡 $i＝0$；第二段长 40m，宽 20m，上游端高程 136.80m，下游端高程 136.10m，底坡 $i＝0.0175$。泄槽底板为浆砌石结构，厚 0.3m，边墙为重力式浆砌石结构，墙顶宽 0.5m，顶部有 0.5m 高直墙段。泄槽过流能力不足，抗冲刷能力差，边墙及护底浆砌石砌筑砂浆强度低，勾缝剥落，老化严重，边墙排水孔堵塞，存在重大安全隐患。

跌水消力池长 10m，桩号 0＋053.75～0＋063.75，宽 20m，矩形断面，跌水墙为垂直式，墙顶高程 136.10m，跌坎高 3.5m，消力池深 1m，底高程 132.60m。

尾水渠长 475.9m，矩形断面，0＋063.75～0＋093.75 段为渐变段，宽度由 20m 渐变到 10m，以下渠道宽度均为 10m。桩号 0＋376 以上渠底采用浆砌石护砌，厚度 0.2～0.3m，以下无护底，为壤土基础。尾水渠边墙为重力式浆砌石结构，高 1.5m。尾水渠过流能力不足，抗冲刷能力差，边墙及护底浆砌石砌筑砂浆强度低，勾缝剥落，老化严重。溢洪道桩号 0＋376.65～0＋389.65 处的泗良路公路桥为平拱桥，桥宽 13m，拱脚处净高 0.8m，拱顶处净高 1.5m，严重阻水。尾水渠出口无消能防冲设施，水流直接冲八里沟对岸边坡，尾水渠出口对岸护堤石墙 40m，现已倒塌。

7. 安全鉴定结论

根据水利部大坝安全管理中心的安全鉴定复核意见，水库存在的主要问题如下。

（1）水库防洪标准不满足要求。

（2）主坝防浪墙、上游护坡质量差，破损严重，护坡无垫层，坝后排水体反滤层不满足要求，部分坝段无排水体。

（3）东副坝坝顶宽度严重不足，坝坡太陡，主坝河槽段清基不彻底，坝体填筑质量差，坝后渗漏严重，下游坡大面积散浸。

（4）开敞式溢洪道进口无导墙，泄槽边墙高度不足，消能防冲设施不完善，公路桥严重阻水，泄流直冲对岸农田，交通桥混凝土老化锈蚀严重。

（5）南放水洞洞身存在环向裂缝，渗漏严重，与坝体土间存在接触冲刷，启闭机房引桥断裂。

（6）北放水洞已报废，但未封堵；闸门及启闭设备陈旧、老化不能正常运行。

（7）主坝与副坝间无防汛公路，管理房简陋，监测设施不完善。

大坝安全鉴定指出的工程问题存在，不能按设计正常运行。同意Ⅲ类坝鉴定结论意见。

2.4.2.3　除险加固的必要性

山阳水库是一座集防洪、灌溉、养殖等综合利用的中型水库，水库大坝距京沪铁路12km，距京福高速公路、104国道13.5km，距泰良公路2.5km，距泰楼公路0.8km，距良庄镇1km。水库下游主要保护良庄镇、房村镇4.9万人和5.0万亩农田及京沪铁路、京福高速公路、104国道等重要交通设施。地理位置重要，防洪任务十分艰巨。水库原设计灌溉面积4万亩，"三查三定"核算设计灌溉面积1.42万亩，农业设计灌溉保证率50%，目前有效面积1.15万亩。水库建成以来，对下游农田灌溉和促进当地经济发展发挥了重要作用。

由于该工程存在较多的质量问题，尤其是水库防洪标准低，坝体、坝基渗漏严重，水库无法发挥正常效益。经水利部大坝安全管理中心鉴定为Ⅲ类坝。

为确保水库下游广大人民群众及城镇、交通安全，尽早对该库进行除险加固，消除隐患，达到设计标准，保证水库安全运行，充分发挥其防洪、灌溉、水产养殖等方面的经济效益和社会效益，缓解当地水资源供需矛盾，促进经济快速发展，提高当地人民群众的生活水平，对山阳水库进行除险加固是十分必要的。

2.4.2.4　山阳水库除险加固任务

1. 水库承担的任务

山阳水库是一座集防洪、灌溉、养殖等综合利用的中型水库，水库大坝距京沪铁路12km，距京福高速公路、104国道13.5km，距泰良公路2.5km，距泰楼公路0.8km，距良庄镇1km。水库下游主要保护良庄镇、房村镇4.9万人和5.0万亩农田及京沪铁路、京福高速公路、104国道等重要交通设施。水库原设计灌溉面积4万亩，"三查三定"核算设计灌溉面积1.42万亩，农业设计灌溉保证率50%，目前有效面积1.15万亩。

2. 本次除险加固任务

本次除险加固的主要任务是在批准的大坝安全鉴定报告的基础上，确定坝体、坝基、放水洞、溢洪道及其他建筑物的除险加固方案，完善防汛路、水库管理和监测设施，使水库能够充分发挥经济效益和社会效益。

3. 除险加固原则

本次除险加固设计方案的确定按以下原则进行。

（1）本次除险加固的重点是解决水库的渗漏、稳定、输水洞和溢洪道的安全问题。

（2）兴利指标尽量和原设计方案一致，水库规模基本不变。

（3）加固治理措施应做到技术先进，经济合理，安全可靠，便于管理，并为以后提高水资源的利用程度创造有利条件。

2.4.2.5　工程规模

1. 死水位

本次除险加固初步设计水库死水位采用原设计值131.50m，死库容87万 m^3。

2. 正常蓄水位

山阳水库现正常蓄水位136.80m，设计兴利库容为1151万 m^3，水库现状供水用户为农业用水，灌区原设计灌溉面积1.42万亩，有效灌溉面积1.15万亩，实灌面积1.0万亩。水库灌区多年平均灌溉净定额为 170m³/亩，现状灌溉水利用系数为 0.55。

借用黄前水库蒸发量资料，山阳水库多年平均年蒸发量取 870mm（E601）。水库现状渗漏损失水量按月库容的 0.5％计算。

水库水位-面积-库容曲线采用 1982 年成果，见表 2.4-6。

表 2.4-6　　　　　　　　　　　　山阳水库水位-面积-库容曲线表

水位/m	面积/km²	库容/万 m³
127.61	0	0
128.00	0.018	0.2
129.00	0.063	4
130.30	0.204	16.7
131.00	0.562	53.5
131.50	0.745	87
132.00	0.948	128.2
133.00	1.414	245.5
133.35	1.58	295
134.00	1.957	413.3
134.50	2.28	517
135.00	2.64	642.3
135.50	3.01	787
136.00	3.453	946
136.80	3.945	1238
137.00	4.047	1320.6

采用时历法进行水库调节计算，调算结果见表 2.4-7。农业灌溉面积按原设计 1.42 万亩，灌溉水利用系数按 0.55，现状兴利库容下，水库供水保证率为 70％。水库除险加固后，若对水库灌区进行改造配套，使灌溉水利用系数提高到 0.65，灌溉面积为 1.42 万亩时灌溉用水保证率可达近 100％。

调算结果表明，山阳水库有效库容可满足现状供水需求，且供水保证率较高，若经过灌区改造提高灌溉水利用系数，则农业灌溉保证率有较大提高。

表 2.4-7　　　　　　　　　　　　山阳水库兴利调节计算成果表

项目	渠系利用系数	水库来水量/万 m³	农业需水量/万 m³	蒸发渗漏水量/万 m³	弃水量/万 m³	农业供水保证率/％
加固前	0.55	441	439	17	15	70
加固后	0.55	441	439	17	15	70
	0.65	441	371	31	39	100

本次除险加固初步设计水库正常蓄水位采用原设计值 136.80m，兴利库容 1151 万 m³。

3. 防洪特征水位

水库设计洪水标准为 100 年一遇，校核洪水标准为 1000 年一遇。

（1）溢洪道泄洪能力。山阳水库泄洪建筑物为溢洪道，原为开敞式无闸宽顶堰，堰顶高程 136.80m，堰顶净宽 20m；本次除险加固设计溢流堰为带闸门正槽平底宽顶堰，堰顶高程 134.60m，堰顶净宽 18m。除险加固设计溢洪道泄流能力见表 2.4－8。

表 2.4－8　　　　　　　　　　山阳水库溢洪道泄流能力表

水位/m	库容/万 m³	泄流量/(m³/s)
134.50	517	
135.00	642	1
135.50	787	16
136.00	946	39
136.80	1238	89
137.00	1321	104
137.50	1522	143
138.00	1750	186
138.50	1982	233
139.00	2225	283
139.50	2472	337
140.00	2741	

（2）库容曲线。根据泥沙估算及现场查勘，水库泥沙淤积问题不严重，对水库防洪库容未产生影响，本次调洪计算采用的库容曲线同安全鉴定一样，为 1982 年由山东省水利厅以〔82〕鲁水文字第 5 号通知启用的水位-库容曲线，见表 2.4－8。

（3）调洪原则。按下游防洪要求制定水库防洪运用原则，当入库洪水小于 20 年一遇时，控制下泄流量不超过 57.7m³/s，当入库洪水超过 20 年一遇时，水库敞泄运用。

（4）设计、校核洪水位。汛限水位取正常蓄水位 136.80m，按水库汛期运用方式，运用水量平衡原理对水库入库洪水进行调洪演算，计算水库设计、校核洪水位，见表 2.4－9，本次水库除险加固设计阶段设计洪水位为 138.13m，水库最大下泄流量为 191m³/s，校核洪水位 138.95m，水库最大下泄流量 263m³/s。

表 2.4－9　　　　　　　　　　山阳水库本次除险加固调洪成果表

频率	最大入库流量/(m³/s)	最大出库流量/(m³/s)	最高水位/m
$P=1\%$（设计）	551	191	138.13
$P=0.1\%$（校核）	857	263	138.95

第3章　中型水库的工程布置及主要建筑物

3.1　工程等别、建筑物级别及洪水标准

3.1.1　工程等别

根据《水利水电工程等级划分及洪水标准》(SL 252—2000) 2.1.1规定：水利水电工程等别，应根据其工程规模、效益及在国民经济中的重要性，按表3.1-1确定。

表3.1-1　　　　　　　　　　　　　水利水电工程分等指标

工程等别	工程规模	水库总库容/亿 m³	防洪		治涝	灌溉	供水	发电
			保护城镇及工矿企业的重要性	保护农田/万亩	治涝面积/万亩	灌溉面积/万亩	供水对象重要性	装机容量/万 kW
Ⅰ	大(1)型	≥10	特别重要	≥500	≥200	≥150	特别重要	≥120
Ⅱ	大(2)型	10~1.0	重要	500~100	200~60	150~50	重要	120~30
Ⅲ	中型	1.0~0.10	中等	100~30	60~15	50~5	中等	30~5
Ⅳ	小(1)型	0.10~0.01	一般	30~5	15~3	5~0.5	一般	5~1
Ⅴ	小(2)型	0.01~0.001		<5	<3	<0.5		<1

角峪水库是一座以防洪为主，兼顾灌溉、养殖的综合型水库。水库总库容2109万 m³，下游保护农田1.0万亩，人口1.2万人，灌溉耕地面积1.84万亩，由此确定水库等别为中型Ⅲ等工程。

山阳水库是一座以防洪为主，兼顾灌溉、养殖的综合型水库。水库总库容2201万 m³，下游保护农田5.0万亩，人口4.9万人，灌溉耕地面积1.42万亩，由此确定水库等别为中型Ⅲ等工程。

3.1.2　永久性建筑物级别

永久性建筑物是指工程运行期间使用的建筑物，按其在工程中发挥的作用和失事后对整个工程安全的影响程度的不同，分为主要建筑物和次要建筑物。

《水利水电工程等级划分及洪水标准》(SL 252—2000)中2.2.1条规定，水利水电工程永久性水工建筑物级别，根据其所在工程的等别和建筑物的重要性，按表3.1-2确定。

表 3.1 - 2 永久性水工建筑物级别

工程等别	主要建筑物级别	次要建筑物级别
Ⅰ	1	3
Ⅱ	2	3
Ⅲ	3	4
Ⅳ	4	5
Ⅴ	5	5

　　角峪水库等别为中型Ⅲ等工程，因此根据以上规定，主要建筑物大坝、溢洪道、放水洞均为 3 级建筑物，其余次要建筑物为 4 级建筑物。

　　山阳水库等别为中型Ⅲ等工程，因此根据以上规定，主要建筑物大坝、溢洪道、放水洞均为 3 级建筑物，其余次要建筑物为 4 级建筑物。

3.1.3　洪水标准

　　根据《水利水电工程等级划分及洪水标准》（SL 252—2000）3.1.1 条规定，水利水电工程永久性水工建筑物的洪水标准，应按山区、丘陵地区和平原、滨海区分别确定。

　　角峪水库位于鲁中山区南部，工程区属山区，其洪水标准应按山区和丘陵区水利水电工程永久性水工建筑物洪水标准确定。具体见表 3.1 - 3。

表 3.1 - 3 山区、丘陵区水利水电工程永久性水工建筑物洪水标准

项目	水工建筑物级别	1	2	3	4	5
设计		1000～500	500～100	100～50	50～30	30～20
校核	土石坝	可能最大洪水（PMF）或 10000～5000	5000～2000	2000～1000	1000～800	800～200
	混凝土坝、浆砌石坝	5000～2000	2000～1000	1000～500	500～200	200～100

注　设计、校核标准以重现期计，单位为年。

　　根据以上标准，对于角峪水库和山阳水库 3 级永久性水工建筑物，设计洪水重现期应为 $100～50$ 年，校核洪水重现期应为 $2000～1000$ 年。角峪水库、山阳水库历经多次改建和续建，洪水标准也多次改变，安全鉴定认定的设计洪水标准为：设计洪水重现期为 100 年（$P=1\%$），校核洪水重现期为 1000 年（$P=0.1\%$），符合《水利水电工程等级划分及洪水标准》（SL 252—2000）规定，因此本次设计，洪水标准仍采用现状标准，即设计洪水重现期为 100 年（$P=1\%$），校核洪水重现期为 1000 年（$P=0.1\%$）。

3.2 设计依据

本次除险加固设计采用的主要技术规范、规程如下。

(1)《水利水电工程等级划分及洪水标准》(SL 252—2000)。

(2)《防洪标准》(GB 50201—1994)。

(3)《碾压式土石坝设计规范》(SL 274—2001)。

(4)《水利水电工程土工合成材料应用技术规范》(SL/T 225—1998)。

(5)《水工混凝土结构设计规范》(SL/T 191—1996)。

(6)《溢洪道设计规范》(SL 253—2000)。

(7)《水闸设计规范》(SL 265—2001)。

(8)《水工挡土墙设计规范》(SL 379—2007)。

(9)《水工建筑物荷载设计规程》(DL 5077—1997)。

(10)《土石坝安全监测技术规范》(SL 60—94)。

(11)《水利水电工程进水口设计规范》(SL 285—2003)。

角峪水库依据的文件如下。

(1)《山东省泰安市岱岳区角峪水库安全鉴定大坝综合评价报告》(泰安市水利勘测设计研究院)。

(2)《山东省泰安市岱岳区角峪水库安全鉴定设计洪水复核报告》(泰安市水文水资源勘测局)。

(3)《山东省泰安市岱岳区角峪水库安全鉴定工程地质勘察报告》(泰安市水利勘测设计研究院)。

(4)《山东省泰安市岱岳区角峪水库安全鉴定大坝渗流、边坡稳定分析报告》(泰安市水利勘测设计研究院)。

(5)《山东省泰安市水库大坝安全鉴定岱岳区角峪水库溢洪道、放水洞安全监测评估报告》(山东省水利科学研究院、山东省水利工程建设质量与安全监测中心站)。

(6)《山东省泰安市岱岳区角峪水库安全鉴定运行管理报告》(泰安市岱岳区水务局)。

(7)《山东省泰安市水库大坝安全鉴定岱岳区角峪水库大坝老化病害检测评估报告》(山东省水利科学研究院、山东省水利工程建设质量与安全监测中心站)。

(8)《山东省泰安市岱岳区角峪水库安全鉴定放水洞、溢洪道安全复核报告》(泰安市水利勘测设计研究院)。

(9)《山东省泰安市岱岳区角峪水库大坝安全鉴定报告书》(泰安市水利和渔业局)。

(10)《角峪水库Ⅲ类坝鉴定成果核查意见表》(水利部大坝安全管理中心)。

山阳水库设计过程参考和依据的相关文件如下。

(1)《山东省泰安市岱岳区山阳水库安全鉴定大坝综合评价报告》(泰安市水利勘测设计研究院)。

(2)《山东省泰安市岱岳区山阳水库安全鉴定设计洪水复核报告》(泰安市水文水资源勘测局)。

（3）《山东省泰安市岱岳区山阳水库安全鉴定工程地质勘察报告》（泰安市水利勘测设计研究院）。

（4）《山东省泰安市岱岳区山阳水库安全鉴定大坝渗流、边坡稳定分析报告》（泰安市水利勘测设计研究院）。

（5）《山东省泰安市水库大坝安全鉴定岱岳区山阳水库溢洪道、放水洞安全监测评估报告》（山东省水利科学研究院、山东省水利工程建设质量与安全监测中心站）。

（6）《山东省泰安市岱岳区山阳水库安全鉴定运行管理报告》（泰安市岱岳区水务局）。

（7）《山东省泰安市水库大坝安全鉴定岱岳区山阳水库大坝老化病害检测评估报告》（山东省水利科学研究院、山东省水利工程建设质量与安全监测中心站）。

（8）《山东省泰安市岱岳区山阳水库安全鉴定放水洞、溢洪道安全复核报告》（泰安市水利勘测设计研究院）。

（9）《山东省泰安市岱岳区山阳水库大坝安全鉴定报告书》（泰安市水利和渔业局）。

（10）《山阳水库Ⅲ类坝鉴定成果核查意见表》（水利部大坝安全管理中心）。

3.3 工程基本资料

3.3.1 角峪水库

1. 水库特征水位

正常蓄水位 163.57m，设计洪水位（$P=1\%$）166.34m，校核洪水位（$P=0.1\%$）167.35m，汛限水位 163.57m，死水位 156.57m。

2. 库容

总库容 2109 万 m^3，兴利库容 924 万 m^3，死库容 166 万 m^3。

3. 入库洪峰流量

设计洪水流量（$P=1\%$）579m^3/s，校核洪水流量（$P=0.1\%$）873m^3/s。

4. 气象资料

多年平均气温 12.8℃，最高气温 40.7℃，最低气温 −22.4℃，多年平均最大风速 14.6m/s。

5. 地震烈度

根据中国地震局 2001 年编制的 1：400 万《中国地震动参数区划图》（GB 18306—2001）中，《中国地震动峰值加速度区划图》和《中国地震动反应谱特征周期区划图》，工程区地震动峰值加速度为 0.05g，地震动反应谱特征周期 0.45s，相当于地震基本烈度为Ⅵ度。

根据《水工建筑物抗震设计规范》（SL 203—1997）1.0.6 条规定，水工建筑物抗震设计的设计烈度一般采用基本烈度作为设计烈度，因此该工程各水工建筑物抗震设计烈度为 6 度。根据《水工建筑物抗震设计规范》（SL 203—1997）1.0.2 条规定，设计烈度为 6 度时，可不进行抗震计算。

6. 基本地质参数

（1）大坝。大坝基本地质参数见表 3.3-1。

表 3.3 - 1   角峪水库大坝基本地质参数表

序号	材料	干容重 /(kN/m³)	湿容重 /(kN/m³)	饱和容重 /(kN/m³)	抗剪强度指标		渗透系数 /(cm/s)
					C'/kPa	φ'/(°)	
1	坝体壤土	16.0	19.4	20.2	15.4	19.8	5.0×10^{-4}
2	坝体中砂	15.2	16.5	19.5	0	32	5.94×10^{-3}
3	坝基壤土	15.8	19.7	20.0	17.8	21.6	5.0×10^{-4}
4	排水棱体	18.9	18.9	24.5	0	42	1×10^{-2}
5	坝基砂	15.9	19.1	19.9	0	28	1.45×10^{-3}
6	全风化闪长岩	27.3	27.4		0	28	1×10^{-4}
7	复合土工膜						1×10^{-9}
8	高压定喷墙						1×10^{-7}
9	强风化闪长岩						1×10^{-5}
10	坝基粉土质砂						6.3×10^{-3}

（2）放水洞。西放水洞进口底高程为 157.07m，基础坐落在灰岩上，由于该地段位于断层附近受构造的影响以及风化作用，承载力建议值为 400kPa。

东放水洞进口底高程为 156.57m，洞体下游部分基础坐落在壤土上，建议壤土的承载力标准值为 90kPa，下伏全风化闪长岩的承载力标准值为 300kPa。

（3）溢洪道。溢洪道引水渠、控制段、泄槽段均为全风化基岩，岩性为闪长岩，全风化带埋深较浅，在 4~5m；强风化带埋深 7~10m。全风化闪长岩承载力标准值为 300kPa，强风化闪长岩承载力标准值为 400kPa，弱风化闪长岩承载力标准值为 800kPa。

3.3.2 山阳水库

1. 水库特征水位

正常蓄水位 136.80m，设计洪水位（$P=1\%$）138.13m，校核洪水位（$P=0.1\%$）138.95m，汛限水位 136.80m，死水位 131.50m。

2. 库容

总库容 2201 万 m³，兴利库容 1151 万 m³，死库容 87 万 m³。

3. 入库洪峰流量

设计洪水流量（$P=1\%$）551m³/s，校核洪水流量（$P=0.1\%$）857m³/s。

4. 气象资料

多年平均气温 12.8℃，最高气温 40.7℃，最低气温 -22.4℃，多年平均最大风速 14.6m/s。

5. 地震烈度

根据中国地震局 2001 年编制的 1：400 万《中国地震动参数区划图》（GB 18306—2001）中，《中国地震动峰值加速度区划图》和《中国地震动反应谱特征周期区划图》，工程区地震动峰值加速度为 0.05g，地震动反应谱特征周期 0.45s，相当于地震基本烈度为 Ⅵ 度。

根据《水工建筑物抗震设计规范》（SL 203—1997）1.0.6 条规定，水工建筑物抗震设计的设计烈度一般采用基本烈度作为设计烈度，因此该工程各水工建筑物抗震设计烈度为 6 度。根据《水工建筑物抗震设计规范》（SL 203—1997）1.0.2 条规定，设计烈度为 6 度时，可不进行抗震计算。

6. 基本地质参数

（1）大坝。大坝基本地质参数见表 3.3 - 2。

表 3.3 - 2　　　　　　　　　　山阳水库大坝基本地质参数表

序号	材料	湿容重 /(kN/m³)	浮容重 /(kN/m³)	强度指标（CD）		渗透系数 /(cm/s)
				C /kPa	φ /(°)	
1	第①层原坝体粉土质砂	20.1	11.3	20	20.5	$4×10^{-4}$
2	第②层坝基粉土质砂	19.8	10.6	21.5	20	$1×10^{-5}$
3	第③层坝基粉土质砂	20.4	11.8	0	27	$4×10^{-2}$
4	第④层坝基残积土	19.5	10	19	18	$5×10^{-6}$
5	坝体新填土	21.3	13	25	16	$5×10^{-6}$
6	棱体排水	18.9	14.5			$1.0×10^{-1}$
7	土工膜	—	—			$1.0×10^{-9}$
8	高压定喷墙					$1.0×10^{-7}$

（2）放水洞。南放水洞基础坐落在更新统粉土质砂层上，土体承载力标准值为 110kPa。

（3）溢洪道。溢洪道闸基部位地层为粉土质砂和残积土，各层的厚度和承载力见表 3.3 - 3。

表 3.3 - 3　　　　　　　　　　溢洪道土层各层厚度和承载力表

土层	厚度/m	承载力标准值/kPa
第②层坝基粉土质砂	6.0～12.1	85.0～95.0
第③层坝基粉土质砂	0.8～2.4	220.0
第④层坝基残积土	1.5～4.5	100.0

3.4　工程设计

3.4.1　角峪水库

角峪水库现状主要建筑物包括均质土坝、开敞式无控制溢洪道、东放水洞、西放水洞。

大坝高 16.8m，长 1142m，鉴于本次大坝加固主要内容为坝体防渗体系、上下游护坡改建、坝顶防浪墙重建等，所以，工程布置采取现坝轴线位置不变的原位加固方案。

溢洪道位于大坝右岸，为正槽开敞式溢洪道，由引水渠、溢流堰和下游泄槽组成，总长 980m，桩号以大坝末端溢流堰处为 0+000，最大泄量 391m³/s（本次设计值）。溢洪道主要存在的问题是基岩风化严重，无护砌，无消能工，出水渠段为自然冲沟，过流能力不足，泄洪回水影响坝脚安全。根据鉴定意见，本次溢洪道加固的主要内容是增加闸门调控下泄流量、解决泄槽泄流能力不足、增加消力池，所以，采取现溢洪道位置不变的原位加固方案。

东放水洞位于大坝桩号 0+865 处，为浆砌石无压拱涵，埋于坝下，涵洞宽 1.0m，墩高 1.0m，拱高 0.5m，设计引水流量 2.0m³/s。放水洞渗漏严重，与坝体填土间存在接触冲刷；放水洞没有设置检修闸门，工作闸门及启闭设施陈旧、老化，不能正常运行。鉴于以上存在的问题，东放水洞需进行重建。现状洞子坐落在坝体壤土上，经过 40 多年的运用，没有出现变形问题，且基础已经过预压，在原位拆除重建，洞身不存在承载力问题，只需复核闸室的承载力。为了与下游灌溉渠连接平顺，减少现放水洞的封堵投资，东放水洞选择原位拆除重建方案，施工期间采用西放水洞导流。

西放水洞位于大坝桩号 0+058 处，为无压砌石拱涵洞，埋于坝下，涵洞宽 1.2m，墩高 1.2m，拱高 0.6m，设计引水流量 3.5m³/s。放水洞渗漏严重，两侧填土压实度不够，库水位高时常有绕渗水流在下游岸墙处逸出，坝上游坡放水洞的上部已出现塌陷坑，直径 3.0m，深 0.5m 左右；放水洞没有设置检修闸门，工作闸门及启闭设施陈旧、老化，不能正常运行。鉴于以上存在的问题，西放水洞需进行重建。地质勘探发现，放水洞右岸存在一断层，走向平行洞轴线，相距 2~3m，采取在原位拆除重建，既可解决放水洞重建后与下游灌溉渠道的平顺连接，又可将断层挖开进行处理，故西放水洞选择原位拆除重建方案，施工期间采用东放水洞导流。

3.4.1.1 土坝加固

1. 土坝现状

角峪水库大坝为均质坝，全长 1142m，最大坝高 16.8m，坝顶高程 166.96~168.00m，坝顶宽 6m，防浪墙顶高程 168.67m。上游坝坡为干砌石护坡，下游坝坡草皮护坡。桩号 0+000~0+949 段，上游坝坡 162.27m 高程以上边坡 1:3，以下边坡 1:3.5；下游坝坡 162.27m 高程设有马道，宽 2m，马道以上边坡 1:2.75，以下边坡 1:3。桩号 0+949~1+142 段，上下游坝坡为 1:2。坝后排水棱体位于桩号 0+137~0+673 河槽段，总长 545m，顶高程 159.09~155.57m，顶宽 1.0~2.0m，高 1.0~4.1m。

大坝上游护坡为干砌石，现状厚度 18~29cm，护坡石存在大面积塌陷、架空和翻转，其下无反滤料。大坝下游坡为草皮护坡，质量极差，大部分坝坡裸露，少部分坝坡分布有稀疏草皮。

大坝 0+137~0+673 段坝后为棱体排水，排水体长 545m。排水体外部为干砌石，表面凹凸不平，塌陷严重，反滤层结构不合理，不能保护坝体。坝后排水设施不完善，大部分排水沟已坍塌和缺失，没有坍塌的部分淤积严重。

水利部大坝安全管理中心对角峪水库大坝安全鉴定结论为：大坝防浪墙质量差，与防渗体连接不紧密，上游护坡砌石块径偏小，反滤垫层不合格，松动、塌陷严重；坝后排水体无反滤料，渗透破坏严重；大坝填土混杂，密实度低，渗透系数不满足规范要求，局部坝段存在上下连通的风化料层，高水位下存在大面积坝坡出逸；大坝左段阶地及断层未做截渗处理，主河槽清基不彻底，渗漏严重，坝基以及与坝体、排水体接触部位存在渗透稳定安全问题。

2. 土坝加固项目

根据大坝现状和存在的主要问题，以及大坝安全鉴定结论，确定土坝加固项目如下。

（1）大坝体型修整。原大坝坝坡变形严重，应对其进行整修。整修原则是在保证坝坡稳定的前提下，为了减少工程投资，原坝坡基本不变，仅对坝坡进行整修。坝顶高程统一为 167.50m，坝顶宽度统一为 6.0m。

（2）坝体坝基防渗加固。原坝体填筑质量差，坝基清基不彻底，渗漏严重，对其进行全面防渗处理。上游坝坡铺设两布一膜复合土工膜进行防渗，复合土工膜铺设到 159.00m高程，此高程以下采用高压定喷桩作为坝基防渗，顶部与复合土工膜连接，底部嵌入基岩 1m。

（3）上游护坡全部拆除重建。原上游护坡存在大面积塌陷，护坡质量极差，上游采用干砌方块石护坡，其下铺设砂砾石垫层。

（4）坝体排水系统拆除重建。原下游坝脚排水棱体坍塌严重，需进行整修。排水棱体增设 2 层砂砾石、1 层粗砂反滤，0.3m 厚的干砌石外侧保护。在主河床区增加了排水棱体长度 210m。大坝原排水沟坍塌、淤积严重，全部予以拆除重建。

（5）断层带处理。桩号 0+055 基岩存在断层破碎带，透水率 213Lu，原坝基断层带未做防渗处理。本次结合西放水洞重建进行断层带的处理。在坝基不同材料中分别采用定喷墙和二排帷幕灌浆，并在坝轴线与上游坝脚之间挖除 1m、宽 1m 深的断层带，采用 1m宽、1.5m 厚的混凝土断层塞封堵。

（6）新建坝顶道路及上坝步梯。坝顶路面硬化，硬化宽度 5.4m，采用 0.34m 厚的沥青路面。东坝头增加一回车场。大坝增加了 2 个上坝步梯。

3. 坝顶高程复核

按照《碾压式土石坝设计规范》（SL 274—2001）计算坝顶超高。坝顶高程计算公式如下：

$$y = R + e + A \tag{3.4-1}$$

式中：y 为顶超高，m；R 为最大波浪爬高，m；e 为最大风壅水面高度，m；A 为安全加高，m；设计工况 A 取 0.7m，校核工况 A 取 0.4m。

（1）风壅水面高度 e。

$$e = \frac{KW^2 D\cos\beta}{2gH_m} \tag{3.4-2}$$

式中：K 为综合摩阻系数，$K = 3.6 \times 10^{-6}$；β 为风向与水域中线的夹角，$\beta = 0°$；D 为风区长度，m；W 为计算风速，m/s；H_m 为水域平均水深，m；g 为重力加速度，取 $g = 9.81\text{m/s}^2$。

（2）平均波高和平均波周期采用莆田试验站公式计算，公式如下。

$$\frac{gh_m}{W^2} = 0.13 \cdot \tanh\left[0.7\left(\frac{gH_m}{W^2}\right)^{0.7}\right] \cdot \tanh\left\{\frac{0.0018\left(\frac{gD}{W^2}\right)^{0.45}}{0.13 \cdot \tanh\left[0.7\left(\frac{gH_m}{W^2}\right)^{0.7}\right]}\right\}$$

$$T_m = 4.438 h_m^{0.5} \tag{3.4-3}$$

式中：h_m 为平均波高，m；T_m 为平均波周期，s。

（3）平均波长。

$$L_m = \frac{g T_m{}^2}{2\pi} \tan\left(\frac{2\pi H}{L_m}\right) \qquad (3.4-4)$$

式中：L_m 为平均波长，m；H 为坝迎水面前水深，m。

（4）平均波浪爬高。正向来波在 $m = 1.5 \sim 5.0$ 的单一斜坡上的平均爬高按下式计算：

$$R_m = \frac{K_\Delta K_w}{\sqrt{1+m^2}} \sqrt{h_m L_m} \qquad (3.4-5)$$

式中：R_m 为平均波浪爬高，m；K_Δ 为斜坡的糙率渗透性系数，查《规范》附表 A.1.12-1，干砌石护坡 $K_\Delta = 0.80$；K_w 为经验系数，查《规范》附表 A.1.12-2 可查得；m 为斜坡的坡度系数，$m = 3$。

设计波浪爬高值应根据工程等级确定，3级坝采用累积频率为 1% 的爬高值 $R_{1\%}$。

根据《碾压式土石坝设计规范》（SL 274—2001），坝顶高程等于水库静水位与坝顶超高之和，根据该工程实际，分别按以下组合计算，取其最大值。①设计洪水位加正常运用条件的坝顶超高；②正常蓄水位加正常运用条件的坝顶超高；③校核洪水位加非常运用条件的坝顶超高。

根据泰安市气象站的观测资料统计分析，多年平均最大风速为 14.6m/s，设计风速正常运用情况下乘以 1.5 系数为 21.9m/s，吹程 1200m。坝顶高程计算结果见表 3.4-1。

表 3.4-1　　　　　　　　　　　　角峪水库坝顶高程计算结果表

运用工况	水位/m	设计波浪爬高 R/m	风壅水面高度 e/m	安全加高 A/m	坝顶超高 y/m	计算坝顶防浪墙高程/m
正常	163.57	1.260	0.009	0.7	1.969	165.54
设计	166.34	1.233	0.007	0.7	1.940	168.28
校核	167.35	0.744	0.003	0.4	1.148	168.50

从表 3.4-1 看出，校核工况控制坝顶高程，计算的坝顶防浪墙高程为 168.50m。

现坝顶高程为 167.50m，防浪墙为浆砌石结构，部分基础下为中砂，且砂浆不饱满，局部位置为砂灰砌筑，与防渗体连接不紧密，起不到防渗作用。故现坝顶高程不满足要求，比计算值低 1.0m。采取在坝顶加 1m 高防浪墙，现坝顶高程不变的加高方案。

4. 防渗系统设计

（1）方案比选。角峪水库经过多次加高加固改建，现坝体存在较多的质量缺陷，主要表现为坝体填筑质量差，压实干密度为 $1.31 \sim 1.69 \text{g/cm}^3$，平均值 1.62g/cm^3，填筑压实度仅为 75% ~ 91%。坝体防渗性能差，坝体填土渗透系数为 $3 \times 10^{-7} \sim 6.66 \times 10^{-4} \text{cm/s}$，渗透系数平均值 $3 \times 10^{-6} \text{cm/s}$，有接近 7% 大于 $1 \times 10^{-4} \text{cm/s}$。局部中砂为闪长岩风化残积物，纵向分布在桩号 0+052~0+950 间，最低高程 163.00m；桩号 0+460~0+870 段，厚度 2.0~3.7m，平均厚度 2.5m；桩号 0+240~0+280 段，厚度为 0.4~2.45m，平均厚度 1.4m，上下游贯通，使大坝 165.02m 高程以上防渗作用甚差。坝体碎石土由灰岩碎石、砖瓦块、砂砾和粉质黏土组成，其中碎石含量约占 15%，厚度 0.3~0.6m，分布于大坝左端桩号 0+000~0+040，高程 168.51~167.91m，为整修坝顶路面多年铺垫形成。

从上述坝体质量情况可以看出，除高程 163.00m 以上坝体加有平均厚度 1.4~2.5m

的透水层外，整个坝体填筑质量差且不均匀，压实度 75%～91%，均不满足《碾压式土石坝设计规范》（SL 274—2001）规定的 96%～98%，最小仅为规定的 76%，实际最小压实度与最大压实度之比为 85%。在这种压实度低且不均匀的情况下，坝体内部难免没有裂缝存在，虽然坝体钻孔注水试验的渗透系数最大为 10^{-4} cm/s 量级，基本满足《碾压式土石坝设计规范》（SL 274—2001）对均质坝的要求。但是有限的钻孔注水试验很难全面反映坝体的防渗性能，更难以代表坝体裂缝部位的防渗性能。从现场检查和水库管理人员反映，在下游坡有多处渗漏点表明坝体防渗性能较差。渗流出逸点较高表明坝体浸润线也较高，不利于下游坝坡稳定。因此对坝体进行防渗处理是必要的。

主坝坝基清基不彻底，含一层粉土质砂，松散～稍密，分布在桩号 0+300～0+560 段，在坝前后形成贯通，厚 0.8～3.2m；坝基还有一层含细粒土砂，层厚 0.2～3.2m，分布于桩号 0+110.6～0+280.4 之间，形成纵向贯通。主河槽清基不彻底，左阶地段未作防渗处理，坝基渗漏和坝后沼泽化严重，多处发生渗透变形。坝基壤土的渗透系数平均值为 $1×10^{-4}$ cm/s，粉土质砂的渗透系数为 $3.8×10^{-2}$，含细粒土砂的渗透系数为 $1.40×10^{-3}$ cm/s，透水性较强，为库水向坝下游渗透的主要通道。为防止坝基发生大面积的渗透破坏，进而危及大坝安全，因此需对坝基进行防渗处理。

针对大坝存在的问题及对大坝安全的分析，比较了两种防渗加固方案。

1）方案一：坝坡复合土工膜＋高压定喷灌浆防渗墙。结合上游护坡改建，在拆除原干砌石护坡后，将坝面整平压实，铺设复合土工膜（两布一膜 200g/0.5mm/200g）。复合土工膜上部与坝顶防浪墙连接，左右两岸埋入锚固沟内。综合考虑坝体和坝基现状、导流条件、施工期导流和水库运用等因素，复合土工膜下部铺设至 159.00m 高程。在 159.00m 高程以下，布设高压定喷灌浆防渗墙，防渗墙底部嵌入基岩 1m，左右两端至两坝肩。坝面复合土工膜和下部坝体、坝基的防渗墙形成了完整的防渗体系。

2）方案二：坝顶高压定喷桩防渗方案。坝体与坝基均采用高压定喷桩防渗墙，即在坝轴线处从坝顶向下做高压定喷墙，直至岩石以下 1m。

针对以上两个方案，主要从以下几个方面进行比较。

a. 方案一复合土工膜铺设在主坝上游坡坡面，可以降低上游坝体浸润线，减少高水位情况下的坝体变形，有利于上游坝坡稳定，且复合土工膜具有适应变形能力强、防渗性能好的特点，而且在近几年的病险水库加固处理中得到了广泛的应用，施工工艺成熟；结合坝坡修整、护坡改建，进行复合土工膜铺设，施工环节可以减少。由于该工程可用于导流的放水洞规模较小，泄水降低库水位和施工期导流受水库来流影响较大，并会在一定程度上影响工期，因此本方案施工会有一些风险。

b. 方案二防渗体布置在坝轴线处，在工程投入运用后，定喷墙上游的坝体在长时间的高水位下，坝体处于饱和状态，坝体浸润线高，对水位降落工况下的坝坡稳定十分不利，尤其在现坝体压实度仅有 75%～91% 的情况下，加固工程完成投入后的上游坝体的变形极可能引起坝体裂缝，危及大坝安全；施工工艺单一，防渗墙施工基本无导流问题、风险相对较小。

c. 由于两个方案主坝施工均不控制总工期，施工工期也基本一样，故两个方案的工期不具有可比性。

d. 方案一与方案二的直接工程投资比较见表 3.4－2。

表 3.4－2   工程投资方案比较表

序号	材料	单位	方案一工程量	方案二工程量
1	清基清坡	m³	30958	30958
2	砌石拆除	m³	11003	11003
3	土方开挖	m³	3363	900
4	钢筋	t	56	50
5	回填土	m³	54618	52155
6	干砌石护坡	m³	13038	13038
7	砂卵石、粗砂垫层	m³	9529	9529
8	排水沟、步梯浆砌石	m³	684	684
9	草皮护坡	m²	29901	29901
10	上游坝坡复合土工膜 200g/0.5mm/200g	m²	40087	0
11	高压定喷墙	m³	8250	16308
12	高压旋喷墙	m³	437	437
13	帷幕灌浆	m³	414	414
14	坝面整平、碾压	m²	56710	56710
15	坝顶沥青路面（沥青碎石＋封层，厚 0.05m）	m³	326	326
16	坝顶沥青路面（厚 0.3m 灰土基层）	m³	1956	1956
17	混凝土防浪墙	m³	1147	1147
	工程直接投资	万元	1034	1113

由表 3.4－2 可看出：方案一比方案二工程投资低 79 万元，占坝体加固总投资的 7.6％，且方案一运用条件较好，故本阶段推荐方案一即坝体采用复合土工膜、基础采用高压定喷桩防渗方案。

（2）防渗方案设计。结合上游护坡改建，拆除原干砌石护坡，整平坡面后全部铺设两布一膜复合土工膜，以防止库内水位升高后坝体浸润线的升高，从而降低坝体渗透变形、阻止沿坝体裂缝可能产生的集中渗漏。

定喷墙位于主坝上游坡，上部与复合土工膜连接，下部根据基础透水性确定底高程。由于现水库在低水位时仅有放水洞可以泄流，放水洞底高程 157.00m，根据施工洪水验算，施工期围堰顶高程应为 159.00m。为了保证施工期定喷墙不受库水影响，定喷墙顶高程与施工围堰顶高程相同，取 159.00m。

根据主坝坝轴线地质纵剖面图和定喷墙地质纵剖面图，为了封堵坝基主要渗漏通道，处理 159.00m 高程以下填筑质量差的坝体，混凝土高压定喷墙范围为 D0＋087～D0＋600，高压定喷墙注浆孔距 1.2m，墙体最小厚度 0.1m。由于在 D0＋087～D0＋050 范围内坝基有约 1m 宽的断层，因此，在此范围内的坝基防渗处理采用断层上部（坝基壤土内）为混凝土高压旋喷墙，孔距 0.8m；以下部分（岩石内）采用二排灌浆帷幕，一直到 D0＋031 结束，孔距 2m。

断层带的防渗处理：在上游坝脚处采用定喷墙和二排帷幕灌浆；由于该断层与西放水洞基本平行相临约 4.5m，西放水洞需要重建，此处坝体全部开挖至坝基，开挖范围包括断层带，在坝轴线与上游坝脚之间挖除 1m 宽、1m 深的断层带，采用 1m 宽、1.5m 厚的混凝土断层塞封堵。

复合土工膜从坝顶开始铺设，其顶端埋于坝顶上游防浪墙底；与放水涵洞混凝土和定喷墙连接采用锚固连接；与两岸壤土边坡的连接，在岸坡的连接处挖深 2.0m、底宽 4.0m 的槽，把土工膜埋入槽内，再用土回填密实；与底部壤土连接处挖深 1.0m、底宽 1.5m 的槽，把土工膜埋入槽内，再用土回填密实。

由于顶部定喷墙施工质量难以保证，施工中，定喷墙顶高程按照 159.00m 控制，在土工膜连接时，将顶部 0.3m 高的部分凿除，再将墙周边的壤土挖 0.3m 深，浇筑混凝土与定喷墙顶齐平，宽度根据两侧包住定喷墙，选为 0.7m。土工膜锚固在现浇的混凝土上，锚固后上部再浇筑 0.3m 厚混凝土，保证定喷墙与土工膜的连接可靠。锚固方法是先将连接处混凝土表面清理干净，涂上一层沥青，贴上橡胶垫片后再铺膜，土工膜上再贴橡胶垫片，并用 10mm 厚钢板压平，每隔 25cm 用膨胀螺栓固定，最后用混凝土或砂浆覆盖封闭。

5. 坝顶加高及结构设计

现大坝防浪墙为浆砌块石结构，顶宽 0.7m。大坝防浪墙基础没有发现大的不均匀沉陷，墙体不存在大的裂缝，局部勾缝砂浆脱落严重，砌筑质量差，砂浆强度低，检测平均值为 4.6MPa。部分基础下为中砂，且砂浆不饱满，局部位置为砂灰砌筑，与防渗体连接不紧密，起不到防渗作用。

复核后坝顶高程不满足要求，本次结合上游坝坡改建和坝顶路面硬化，将原防浪墙拆除重建。根据计算，坝顶高程应为 168.50m。测量结果显示，现大坝坝顶高程约为 167.50m，采取在坝顶加 1.0m 高的防浪墙，坝顶不加高方案。加高后防浪墙顶高程 168.50m，坝顶高程 167.50m，高出坝顶 1.0m，墙身采用 M10 浆砌粗料石结构，厚 0.4m，基础采用 M10 浆砌石，并在墙顶设 M10 浆砌粗料石帽石。

原坝顶宽度 6m，为了交通方便，路面硬化宽度 5.4m，为沥青路面，厚 0.34m，其中灰土基层厚 0.3m，沥青碎石层厚 0.04m。路面设倾向下游的单面排水坡，坡度为 2%。

为使交通便利，在东坝头增加一回车平台。为使坝顶 167.50m 与溢洪道桥面 168.60m 平顺连接，从 D1+130 到 K 点（坝轴线与溢洪道边墙接点）的坝顶路坡度约为 5.8%。并在大坝两端各增加了一道上坝步梯。步梯采用浆砌石结构，宽 1.2m。

6. 上、下游坝坡复核及加固

（1）上游坝坡。大坝上游护坡为干砌石，现状厚度 18～29cm，从库水位以上观察，护坡石存在大面积塌陷、架空和翻转现象，监测面积 15840m²，存在塌陷和损坏的面积为 1450m²，最大塌陷深度 58.6cm，平均塌陷 38.6cm。护坡石质量差，风化严重，其下无反滤料，仅局部位置分布有一层 8～10cm 厚的碎石垫层，不符合规范对反滤层的要求。

由于坝坡损坏严重，厚度不足，部分护坡下无反滤层，在水位下降时造成坝体渗透破坏，故需对其进行拆除重建。

主坝上游坝面由于采用复合土工膜防渗，须对上游坝面进行清基，故与上游护坡改造相结合，统一考虑。

为了保证复合土工膜与坝体连接质量、避免其他材料对土工膜的破坏，上游坝面应清除干砌石护坡及其垫层，并应保持坝面平顺。

复合土工膜直接铺设在原坝坡上。为防止波浪淘刷、风沙的吹蚀、紫外线辐射以及膜下水压力的顶托而浮起等因素对土工膜的影响，需在土工膜上设保护层。保护层分为面层和垫层。

由于当地石料丰富，可采用干砌石护坡。根据《碾压式土石坝设计规范》（SL 274—2001）中护坡计算，砌石护坡在最大局部波浪压力作用下所需的换算球形直径和质量、平均粒径、平均质量和厚度按下式计算：

$$D = 0.85D_{50} = 1.018K_t \frac{\rho_w}{\rho_k - \rho_w} \frac{\sqrt{m^2+1}}{m(m+2)} h_P$$

$$Q = 0.85Q_{50} = 0.525\rho_k D^3 \qquad (3.4-6)$$

$$t = 1.82D/K_t$$

式中：D 为石块的换算球形直径，m；Q 为石块的质量，t；D_{50} 为石块的平均粒径，m；Q_{50} 为石块的平均质量，t；t 为护坡厚度，m；K_t 为随坡率变化的系数；ρ_k 为块石密度，t/m³，取 2.4t/m³；ρ_w 为水的密度，t/m³，取 1t/m³；h_P 为累积频率为 5% 的坡高，m。

上游干砌块石护坡厚度计算结果见表 3.4-3。

表 3.4-3　　　　　　　　　　上游干砌块石护坡厚度计算结果表

运用工况	平均波高 h_m/m	累积概率 5% 坡高 h_P/m	块石所需直径 D/m	干砌石护坡厚度 t/m
正常	0.362	0.706	0.152	0.2
设计	0.364	0.709	0.152	0.2
校核	0.234	0.456	0.098	0.13

经计算，上游干砌石护坡厚度为 0.2m，现状厚度 18～29cm，不完全满足要求。设计采用干砌块石厚 0.2m，石块最大粒径 0.2m，块石最小粒径 0.1m。要求石料坚硬，抗风化能力强。为了保护坝坡上游复合土工膜，复合土工膜上游面即干砌方块石下铺设 0.2m 厚砂砾石垫层，为了保证垫层不被波浪淘刷，砂砾石粒径范围取 10～40mm 的连续级配。

（2）下游护坡加固。

1）棱体排水。现下游坝脚排水棱体坍塌、脱落严重，需进行整修。将原排水棱体表面风化破碎的岩石清除，其余部分整平。为了保证排水畅通，在清除后的下游面，分别铺设垂直厚度 0.2m 的砂砾石、粗砂和 0.3m 厚的干砌石。

原排水棱体桩号 D0+137～D0+637，本次加固增加了排水棱体范围，桩号为 D0+135～D0+835。坝后排水棱体位于桩号 D0+135～D0+845 河槽段，总长 710m，顶高程 156.00m，顶宽 1.5m。

棱体排水顶高程与原设计基本相同为 156.0m，顶宽 1.5m，外坡 1∶1.5，内坡 1∶2。

2）坝面排水。原坝后排水设施不完善，排水沟坍塌、淤积严重，全部予以拆除重建。在下游坝坡 162.00m 高程马道顶部设置一排纵向排水沟；在下游坝脚和两岸岸边连接处设排水沟，以便收集下游坝坡和两岸岸坡雨水。下游坝坡排水汇入坝下游坝脚排水沟，形成完整的排水系统。下游坝脚的排水最终汇集到位于河漫滩最低处的渗流监测处，然后经渠道流入下游河道。横向排水沟宽 0.2m，深 0.2m，间距 100m；马道顶部纵向排水沟宽 0.3m，深 0.3m；下游坝脚纵向排水沟宽 0.4m，深 0.4m；排水沟均采用浆砌石砌筑。

（3）坝体裂缝处理。受当时筑坝技术限制，角峪水库在施工时全是人抬肩扛，上坝土料不均，施工分缝多，又经过三期工程才形成现有规模，造成坝体土料差异性大。组成坝体的土料主要为壤土，局部夹杂有中砂和杂填土。

经过几十年长期运行，坝顶无硬化处理，由于沉陷不均匀和汛期来往车辆碾压，坝顶凹凸不平。

大坝运行中没有出现过大的裂缝，1964 年桩号 0＋300 处坝身出现长 50m、宽 0.05m、深 0.8m 的纵向裂缝，1975 年库水位达 164.57m 时坝坡出现裂缝和塌陷现象，1979 年对大坝进行培厚加固。但 1976 年汛期东放水洞西侧出现过滑坡，1983 年对坝坡进行局部翻修加固。

在上下游坝坡清坡完成后，对出露的裂缝采取以下处理方法：

1）深度不超过 1.5m 的裂缝，可顺裂缝开挖成梯形断面的沟槽。

2）深度大于 1.5m 的裂缝，可采用台阶式开挖回填。

3）横向裂缝开挖时应做垂直于裂缝的结合槽，以保证其防渗性能。

坝体裂缝处理，开挖前需向裂缝内灌入白灰水，以利于掌握开挖边界。开挖时顺裂缝开挖成梯形断面的沟槽，根据开挖深度可采用台阶式开挖，确保施工安全。裂缝相距较近时，可一并处理。裂缝开挖后要防止日晒、雨淋。回填土料与坝体土料相同，应分层夯实，达到原坝体的干密度。回填时要注意新老土的接合，边角处用小榔头击实，同时保证槽内不发生干缩裂缝。

7. 坝的计算分析

（1）渗流计算。

1）计算方法。渗流计算程序采用河海大学工程力学研究所编制的《水工结构分析系统（AutoBANK v5.0）》。计算采用二维有限元法，按各向同性介质模型，采用拉普拉斯方程式，用半自动方式生成四边形单元，对复杂的剖分区域需要用若干个四边形子域拼接形成，划分单元对子域依次进行。

2）计算断面。坝总长 1140m，选择了 D0＋250、D0＋500、D0＋950 三个有代表性的断面进行渗流计算。上游正常蓄水位 163.57m，下游水位与地面平。

3）基本参数选取。根据地质勘探资料，结合工程的材料特性，选用坝体、坝基材料渗流计算参数见表 3.4-4。

表 3.4-4　　　　　坝体、坝基材料渗流计算参数表

序号	材料名称	渗透系数/(cm/s)
1	坝体中、重粉质壤土	5.0×10^{-4}
2	坝体中砂	5.94×10^{-3}
3	坝基中、重粉质壤土	5.0×10^{-4}
4	棱体	1×10^{-2}
5	复合土工膜	1×10^{-9}

序号	材料名称	渗透系数/(cm/s)
6	高压定喷墙	1×10^{-7}
7	全风化闪长岩	1×10^{-4}
8	强风化闪长岩	1×10^{-5}
9	坝基含细粒土	1.45×10^{-3}
10	坝基粉土质砂	6.3×10^{-3}

4）渗流计算成果及分析。渗流计算结果见图 3.4-1～图 3.4-3。

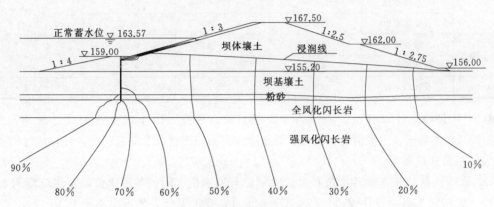

图 3.4-1 D0+250 桩号渗流计算成果图（单位：m）

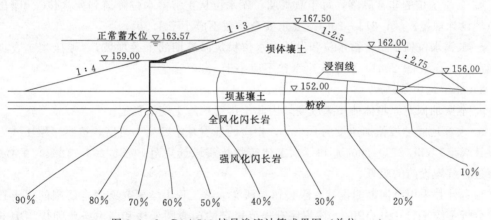

图 3.4-2 D0+500 桩号渗流计算成果图（单位：m）

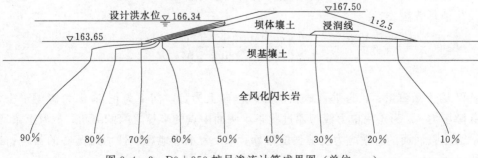

图 3.4-3 D0+950 桩号渗流计算成果图（单位：m）

从渗流计算结果看：由于坝体采用复合土工膜，坝体浸润线位置均较低，对大体稳定有利。

从表 3.4-5 中，坡脚处的最大渗透坡降为 0.36，小于壤土的容许水力坡降建议值 0.51，因此不会发生渗透破坏。

表 3.4-5　　　　　　　　　　　　　二维渗流计算成果表

桩号	工况	单宽渗流量 /[m³/(d·m)]	出逸点高度/m	出逸坡降	允许坡降
D0+250	正常蓄水位	0.086	0	0.21	0.51
	设计洪水位	0.571	0	0.36	
D0+500	正常蓄水位	0.89	0	0.23	0.51
	设计洪水位	0.112	0	0.29	
D0+950	设计洪水位	0.133	0	0.23	0.51

（2）坝坡稳定计算分析。该坝为 3 级建筑物。根据《碾压式土石坝设计规范》（SL 274—2001）的要求及工程情况，大坝抗滑稳定应包括正常情况和非常情况，计算情况如下。

1）正常运用条件。

a. 水库水位处于正常蓄水位和设计洪水位与死水位之间的各种水位稳定渗流期的上游坝坡，《碾压式土石坝设计规范》（SL 274—2001）要求安全系数不应小于 1.30。

b. 水库水位的非常降落，每年灌溉期，库水位从正常蓄水位降落到死水位。《碾压式土石坝设计规范》（SL 274—2001）要求安全系数不应小于 1.30。

c. 水库水位处于正常蓄水位和设计洪水位稳定渗流期的下游坝坡，《碾压式土石坝设计规范》（SL 274—2001）要求安全系数不应小于 1.30。

2）非常运用条件。

a. 本次加固对原坝体体型未改变，因此不再复核施工期的稳定。

b. 大坝地震动峰值加速度为 $0.05g$，相应的地震基本烈度为Ⅵ度，按照《碾压式土石坝设计规范》（SL 274—2001）和《水工建筑物抗震设计规范》（SL 203—1997）的要求，不再进行抗震设防的验算。

稳定计算采用黄河勘测设计有限公司与河海大学工程力学研究所联合研制的《土石坝稳定分析系统 HH-SLOPE》。该程序有规范规定的瑞典圆弧法和考虑条块间作用力的各种方法。计算方法采用计及条块间作用力的简化毕肖普法。

简化毕肖普法公式：

$$K = \frac{\sum\{[(W \pm V)\sec\alpha - ub\sec\alpha]\tan\varphi' + C'b\sec\alpha\}[1/(1 + \tan\alpha\tan\varphi')/K]}{\sum[(W \pm V)\sin\alpha + M_c/R]}$$

$$(3.4-7)$$

式中：W 为土条重量；V 为垂直地震惯性力（向上为负，向下为正）；u 为作用于土条底面的孔隙压力；α 为条块重力线与通过此条块底面中点的半径之间的夹角；b 为土条宽度；C'、φ' 为土条底面的有效应力抗剪强度指标；M_c 为水平地震惯性力对圆心的力矩；R 为圆弧半径。

角峪水库坝体和坝基材料强度指标见表3.4-6。

表3.4-6 角峪水库坝体和坝基材料强度指标表

序号	材料	干容重 /(kN/m³)	湿容重 /(kN/m³)	饱和容重 /(kN/m³)	C' /kPa	φ' /(°)
1	坝体壤土	16.0	19.4	20.2	15.4	19.8
2	坝体中砂	15.2	16.5	19.5	0	32
3	坝基壤土	15.8	19.7	20.0	17.8	21.6
4	排水棱体	18.9	18.9	24.5	0	42
5	坝基粉土质砂	15.9	19.1	19.9	0	28
6	全风化闪长岩	27.3	27.4		0	28

角峪水库稳定计算分析成果见表3.4-7、图3.4-4～图3.4-6。坝坡在各计算工况下均满足抗滑稳定要求。

表3.4-7 角峪水库稳定计算成果汇总

桩号	坝坡	滑裂面 位置	计算工况	规范要求 安全系数	计算安全 系数
D0+250	上游坡	(1)	不利水位159.00m	1.30	2.086
		(2)	上游水位降落（正常蓄水位降落到159.00m）	1.30	2.100
	下游坡	(3)	正常蓄水位	1.30	1.813
		(4)	设计洪水位	1.30	1.538
D0+500	上游坡	(1)	不利水位156.57m	1.30	2.050
		(2)	上游水位降落（正常蓄水位降落到死水位156.57m）	1.30	2.013
	下游坡	(3)	正常蓄水位	1.30	1.703
		(4)	设计洪水位	1.30	1.703
D0+950	下游坡	(1)	设计洪水位	1.30	2.823

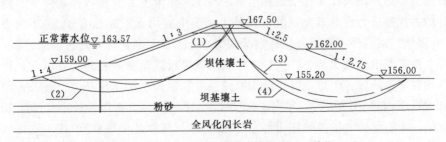

图3.4-4 D0+250桩号稳定计算成果图（单位：m）

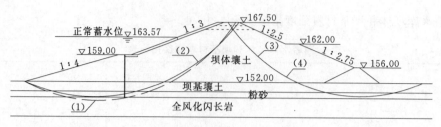

图 3.4-5　D0+500 桩号稳定计算成果图（单位：m）

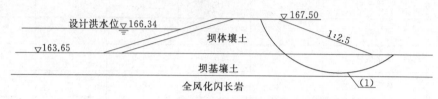

图 3.4-6　D0+950 桩号稳定计算成果图（单位：m）

（3）复合土工膜稳定分析。根据《水利水电工程土工合成材料应用技术规范》（SL/T 225—1998），需验算水位骤降时，防护层与土工膜之间的抗滑稳定性，采用规范中附录 A 中推荐的极限平衡法。坝坡复合土工膜上面铺设了 20cm 厚的砂砾石和 20cm 厚的干砌方块石，为等厚保护层，因此抗滑稳定安全系数可按下式计算：

$$F_S = \frac{\tan\delta}{\tan\alpha} = \frac{f}{\tan\alpha} \tag{3.4-8}$$

式中：δ、f 分别为上垫层土料、下卧土层与复合土工膜之间的摩擦角、摩擦系数；α 为复合土工膜铺放坡角。

复合土工膜直接铺设在主坝材料土坡上。土工织物与土的摩擦系数一般为 0.43 左右，取 0.43 计算，上游坝坡坡度为 1:3，计算的土工织物与大坝边坡的抗滑稳定安全系数为 1.3，满足《水利水电工程土工合成材料应用技术规范》（SL/T 225—1998）要求。

角峪水库的主要功能是防洪和灌溉，水位降落速度较慢，随着库水的降落，坝坡干砌方块石后的水位也会随之下降，对坝坡稳定不会造成危害。

8. 材料设计

（1）下游棱体排水反滤设计。根据现坝体材料和现棱体排水材料特性，棱体排水的砂砾石级配为 5~40mm，粗砂的级配为 0.25~10mm。

（2）复合土工膜的耐老化性能和选材。

1）土工膜的耐老化性能。土工膜应用于水工建筑物，其使用寿命有多长，这是工程技术人员最关心的问题。要比较全面和准确地测定和评价土工膜在各种条件下的耐老化性能，最好的方法是进行自然老化试验。国外土坝工中应用土工膜已有 40 多年的历史，国内也有 30 多年。国内外工程长期运行情况表明，土工膜耐老化性能是可信的。

美国、南非和纳米比亚从 20 世纪 60 年代起就进行试验室研究和野外试验，得到的结论是：不论在寒冷地区、干热地区，土工膜的强度和伸长率都变化甚微。有关实测资料还表明，埋设在坝内的 PE 膜在 15 年中，抗拉强度只降低 5%，极限伸长率只降低 15%。因而可以推估，土石保护下的薄膜使用寿命可达 60 年（按伸长率估算），或 180 年（按强度估算）。

苏联对聚乙烯膜作老化试验，根据推算认为用在坝内可使用 100 年。苏联能源部《土石坝应用聚乙烯防渗结构须知》（BCH 07—1974）中规定：聚乙烯膜可用于使用年限不超过 50 年的建筑物。苏联文献认为：之所以限制在 50 年，是因为观测时间不长，因此对使用寿命的结论是极为谨慎的。当积累足够的观测资料以后，使用年限将延长。

另外一个旁证是：从 1860 年开始，英国的混凝土坝内的伸缩缝止水片应用天然橡胶制品，经检查，至今尚未损坏。由此可以认为，坝内埋设的橡胶膜使用寿命应在 100 年以上。而目前使用的土工合成材料，属聚合物橡胶，其耐久性优于天然橡胶，因此用于坝内防渗是安全耐久的。

国内外大量试验研究和原型工程观测资料表明，土工膜具有足够长的使用寿命。巴家嘴土坝采用复合土工膜防渗，膜位于上游坝坡，其上覆盖土石保护层，应力较小且避免了紫外线的照射，其使用寿命可达到 50 年以上。

2）复合土工膜选材。工程常用复合土工膜有聚氯乙烯（PVC）和聚乙烯（PE）两种。PVC 复合土工膜比重大于 PE 复合土工膜；PE 复合土工膜较 PVC 复合土工膜易碎化；PE 复合土工膜成本价低于 PVC 复合土工膜；两者防渗性能相当；PVC 膜可采用热焊或胶粘，PE 复合土工膜只能热焊；PVC 复合土工膜和 PE 复合土工膜还有一个突出差别，就是膜的幅宽，PVC 复合土工膜一般为 1.5～2.0m，PE 复合土工膜可达 4.0～6.0m，相应地接缝 PE 复合土工膜比 PVC 复合土工膜减少 1 倍以上。

一般情况下，在物理性能、力学性能、水力学性能相当的情况下，大面积土工膜施工，应尽量选用 PE 复合土工膜。而且，PE 复合土工膜接缝采用热焊，施工质量较稳定，焊缝质量易于检查，施工速度快，工程费用低。PVC 复合土工膜虽然可焊接，可胶粘，但胶粘施工质量受人为因素影响较大，大面积施工中粘缝质量较难控制，成本较高；采用焊接时温度控制很关键，温度较高，则易碳化，温度较低，则焊接不牢。

因此经综合分析，该工程初步确定采用 PE 复合土工膜。根据工程类比，PE 复合土工膜厚度初选 0.5mm。

复合土工膜是膜和织物热压粘合或胶粘剂粘合而成。土工织物保护土工膜以防止土工膜被接触的卵石碎石刺破，防止铺设时被人和机械压坏，亦可防止运输时损坏。织物材料选用纯新涤纶针刺非织造土工织物。复合土工膜采用两布一膜，规格为 200g/0.5mm/200g。

3）复合土工膜厚度验算。土工膜厚度可按《水利水电工程土工合成材料应用技术规范》（SL/T 225—1998）中的公式计算。

$$T = 0.204 \frac{pb}{\sqrt{\varepsilon}} \tag{3.4-9}$$

式中：T 为薄膜的单宽拉力，kN/m；p 为薄膜上承受的水压力荷载，kPa；b 为预计膜下地基可能产生的裂缝宽度，m；ε 为薄膜发生的拉应变。

计算土工膜的厚度时，考虑土工膜垫层采用中细砂、砾石，最大作用水头按最大水头 8.65m 计，即 $p = 86.5$kPa，根据运行资料分析，在裂缝宽度为 25mm 时，8.65m 水头的水压力荷载得到土工膜的拉应力-拉应变曲线如下。

$$T = \frac{0.44}{\sqrt{\varepsilon}} \tag{3.4-10}$$

此曲线应与选用厚度的土工膜材料的拉应力-拉应变曲线对比,求出应力安全系数和应变安全系数,要求安全系数为 5。如不满足,应选较厚膜。

根据国内已建工程经验,以及土工合成材料生产厂家的能力,设计要求 0.5mm 厚的土工膜极限抗拉强度为 8kN/m,许可应变为 10%,进行验算得 $T=1.33\text{kN/m}$,安全系数 $F_s=8/1.33=5.75>4\sim5$,满足《水利水电工程土工合成材料应用技术规范》(SL/T 225—1998)要求的数值。

9. 主要工程量

角峪大坝加固工程主要工程量见表 3.4-8。

表 3.4-8　　　　　　　　　　角峪大坝加固主要工程量汇总表

编号	项目	单位	工程量
1	土方开挖	万 m³	1.7
2	浆砌石拆除	m³	1454
3	干砌石拆除	m³	9549
4	土方回填	万 m³	3.8
5	上游护坡干砌石填筑	m³	7785
6	干砌石	m³	1419
7	砂卵石垫层填筑	m³	9529
8	浆砌石填筑	m³	2073
9	坝面整平	万 m²	2.7
10	坝顶沥青路面	m²	6521
11	复合土工膜 200g/0.5mm/200g	万 m²	4.01
12	混凝土	m³	970
13	高压定(旋)喷墙	m	7442
14	帷幕灌浆	m	396

3.4.1.2　放水洞改建设计

1. 加固方案

现东放水洞位于大坝桩号 0+865 处,为浆砌石无压拱涵,埋于坝下,涵洞宽 1.0m,墩高 1.0m,拱高 0.5m,设计引水流量 2.0m³/s。放水洞渗漏严重,与坝体填土间存在接触冲刷;放水洞没有设置检修闸门,工作闸门及启闭设施陈旧、老化,不能正常运行;并且放水洞断面尺寸过小,没有足够的空间对其进行修补或者改造。鉴于以上存在的问题,东放水洞需进行重建。为了与下游灌溉渠连接平顺,减少现放水洞的封堵投资,东放水洞选择原位拆除重建方案,施工期间采用西放水洞导流。

现西放水洞位于大坝桩号 0+058 处,为无压砌石拱涵洞,埋于坝下,涵洞宽 1.2m,墩高 1.2m,拱高 0.6m,设计引水流量 3.5m³/s。放水洞渗漏严重,两侧填土压实度不够,库水位高时常有绕渗水流在下游岸墙处逸出,坝上游坡放水洞的上部已出现塌陷坑,直径 3.0m,深 0.5m 左右;放水洞没有设置检修闸门,工作闸门及启闭设施陈旧、老化,不能正常运行;并且放水洞断面尺寸过小,没有足够的空间对其进行修补或者改造。鉴于以上存在的问题，西放水洞需进行重建。地质勘探发现，放水洞以右存在一断层，走向平行洞轴线，相距2～3m，采取在原位拆除重建，既可解决放水洞重建后与下游灌溉渠道的平顺连接，又可将断层挖开进行处理，故西放水洞选择原位拆除重建方案，施工期间采用东放水洞导流。

因此，东、西放水洞需要拆除重建，不再对其现状结构进行复核计算。

2. 放水涵洞布置

（1）东放水涵洞布置。为了减少开挖量并利用下游输水渠道，重建的东放水洞仍布置在原来位置，洞轴线同原来洞轴线。新建涵洞为钢筋混凝土结构，断面型式采用城门洞型，按明流涵洞设计，设计流量与原放水涵洞相同，为2.0m³/s。

重建的东放水洞总长75.12m，主要由进口段、闸室段、洞身段、出口（消力池）段4部分组成。

1）进口段。采用"八"字形挡墙式矩形引渠，渠底高程156.57m。

2）闸室段。采用塔式进水口，为钢筋混凝土结构，混凝土强度等级C25。闸室底板长8.0m，宽5.0m。闸室底板基础开挖至基岩，基岩至闸室底板之间回填C15素混凝土。闸室内设置检修及工作2道闸门，检修门闸孔尺寸为1.0m×1.5m，工作门闸孔尺寸为1.0m×1.0m。检修门和工作门之间设置胸墙一道，检修门启闭机室设在闸室上部，底板与坝顶平，高程为167.50m，启闭机室内设可以顺水流向移动的单轨移动启闭机作为检修门的启门设备，并可以为工作门及启闭机检修的起吊设备。工作门启闭机室布置于前后胸墙之间，底板高程为162.07m，设固定螺杆启闭机作为工作门的启闭设备，该层与检修门启闭机室机房之间设置带防护网的钢爬梯供操作人员通行。

3）洞身段。全长46.62m，为了充分利用库内水量，考虑现状下游灌溉渠道运用，进口底板高程与原洞进口底板高程相同，为156.57m，出口底板高程156.39m，纵坡0.004。涵洞断面在满足设计流量的前提下，还应保证运用期的正常检查、维修，尺寸为1.5m×2.0m，圆拱直墙式城门洞型，钢筋混凝土结构，断面净宽1.5m，侧墙高1.57m，顶拱中心角120°，半径0.866m，衬砌厚度0.30m。

4）出口段。涵洞出口处设置消力池，为钢筋混凝土结构，总长10.50m，其中陡坡段水平长4.2m，池长5.8m、宽4.0m、深0.66m。

（2）西放水涵洞布置。为了减少开挖量并利用下游输水渠道，重建的西放水洞仍布置在原来位置，洞轴线同原来洞轴线。新建涵洞为钢筋混凝土结构，断面型式采用城门洞型，按明流涵洞设计，设计流量与原放水涵洞相同，为3.5m³/s。

重建的西放水洞总长71.00m，为竖井式，主要由进口段、闸室段、洞身段、出口（消力池）段4部分组成。

1）进口段。采用"八"字形坝下矩形埋涵引渠，渠底高程157.07m。

2）闸室段。采用塔式进水口，为钢筋混凝土结构，混凝土强度等级C25。闸室底板长8.0m，宽5.0m，底板下铺10cm厚C10素混凝土。闸室内设置检修及工作两道闸门，检修门闸孔尺寸为1.0m×1.5m，工作门闸孔尺寸为1.0m×1.0m。检修门和工作门之间设置胸墙一道，检修门启闭机室设在闸室上部，底板与坝顶平，高程为167.50m，启闭机室内设可以顺水流向移动的单轨移动启闭机作为检修门的启门设备，并可以为工作门及启闭机检修的起吊设备。工作门启闭机室布置于前后胸墙之间，底板高程 162.57m，设固定螺杆启闭机作为工作门的启闭设备，该层与检修门启闭机室机房之间设置带防护网的钢爬梯供操作人员通行。

3）洞身段。全长 42.50m，为了充分利用库内水量，考虑现状下游灌溉渠道运用，进口底板高程与原洞进口底板高程相同，为 157.07m，出口底板高程 156.90m，纵坡 0.004。涵洞断面为 1.5m×2.0m 圆拱直墙式城门洞型，钢筋混凝土结构，断面净宽 1.5m，侧墙高 1.57m，顶拱中心角 120°，半径 0.866m，衬砌厚度 0.30m。

4）出口段。涵洞出口处设置消力池，为钢筋混凝土结构，总长 10.50m，其中，陡坡段水平长 4.2m，池长 5.8m、宽 4.0m、深 0.5m。

3. 水力计算

（1）计算公式。

1）涵洞正常水深及临界坡度。洞内正常水深按下式计算：

$$Q = \frac{1}{n} A i^{1/2} R^{2/3} \qquad (3.4-11)$$

式中：R 为水力半径；n 为渠道糙率系数；i 为渠道比降；A 为过流面积。

临界坡度 i_K 计算公式为

$$i_K = \frac{g \chi_K}{\alpha C_K^2 B_K} \qquad (3.4-12)$$

式中：g 为重力加速度；α 为流量不均匀系数，取 $\alpha = 1.1$；χ_K 为湿周；C_K 为谢才系数；B_K 为断面宽。

2）闸门开启度。当水库水位分别在 157.57m、159.57m 左右时，东、西放水洞自由泄流量将大于设计流量，此时应按设计流量通过闸门控制放水。因进口段设置有压短洞，设下游水位不影响隧洞的泄流能力，此时，其泄流量可由闸孔自由出流的公式计算：

$$Q = \sigma_s \mu B e \sqrt{2g(H - \varepsilon e)} \qquad (3.4-13)$$

式中：e 为闸门开启高度；B 为水流收缩断面处的底宽；H 为由有压短洞出口的闸孔底板高程起算的上游水深；ε 为垂直收缩系数；μ 为短洞有压段的流量系数，计算公式为

$$\mu = \frac{\varepsilon}{\sqrt{1 + \sum \zeta_i \left(\dfrac{\omega_c}{\omega_i}\right)^2 + \dfrac{2g l_a}{C_a^2 R_{a\,i}} \left(\dfrac{\omega_c}{\omega_a}\right)^2}} \qquad (3.4-14)$$

式中：ω_c 为收缩断面面积，$\omega_c = \varepsilon e B$；$\zeta_i$ 为局部能量损失系数；ω_i 为与 ζ_i 相应的过水断面面积；l_a 为有压短洞长度；ω_a、R_a、C_a 分别为有压短管的平均过水断面面积、相应的水力半径和谢才系数。

3）消力池。消力池尺寸按《溢洪道设计规范》（SL 253—2000）规定方法计算，即

$$d = 1.05 h_2 - h_t - \Delta Z$$

$$\Delta Z = \frac{Q^2}{2g b^2} \left(\frac{1}{\phi^2 h_t^2} - \frac{1}{h_2^2}\right)$$

$$L_k = 0.8L$$

$$h_2 = \frac{h_1}{2}(\sqrt{1 + 8 Fr_1^2} - 1) \sqrt{\frac{b_1}{b_2}}$$

$$Fr_1 = \frac{v_1}{\sqrt{gh_1}} \qquad\qquad (3.4-15)$$

式中：d 为池深；h_t 为消力池下游水深；b_1、b_2 分别为跃前、跃后消力池宽度；ϕ 为消力池出口段流速系数，取为 0.95；h_1 为跃前水深；v_1 为跃前流速；h_2 为池中发生临界水跃时的跃后水深；L 为自由水跃长度，$L=6.9(h_2-h_1)$；ΔZ 为水头差；b 为单宽；L_k 为临界水跃长度。

（2）东放水洞计算结果。

1）涵洞正常水深及临界坡度。东放水洞设计流量为 2.0m³/s 时，洞内正常水深 h_t 为 0.642m，临界水深为 0.584m，临界坡度 i_K 为 0.0053。涵洞坡度为 0.004，小于临界坡度，为缓坡。正常水深时，洞内过水流速为 2.08m/s。

2）闸门开启度。由式（3.4-13）及式（3.4-14）计算不同水位的东放水洞闸门开启高度见表 3.4-9。由表可知闸后共轭水深大于下游水深，为闸孔出流。

由于为缓坡，闸后水深将由正常水深决定，东放水洞的正常水深为 0.642m，经计算洞内水面线以上的空间大于涵洞断面面积的 15%，且涵洞内净空超过 40cm，故东放水洞过流能力满足《水工隧洞设计规范》（SL 279—2002）规范要求。

表 3.4-9　　　　　　　　　　　东放水洞闸门开度与流量关系表

水位/m	闸前水头/m	开启高度/m	流量/(m³/s)	闸后收缩水深/m	共轭水深/m
158.07	1.50	0.72	2.01	0.48	0.81
159.07	2.50	0.52	2.05	0.34	1.16
160.07	3.50	0.42	2.01	0.27	1.33
161.07	4.50	0.37	2.03	0.23	1.46
162.07	5.50	0.33	2.02	0.21	1.55
163.07	6.50	0.30	2.00	0.19	1.63
164.07	7.50	0.28	2.02	0.17	1.71
165.07	8.50	0.26	2.00	0.16	1.77
166.07	9.50	0.25	2.03	0.16	1.84
167.07	10.50	0.23	1.97	0.14	1.87

3）消力池。由式（3.4-15）计算得出，跃前水深为 0.11m，跃前流速为 4.70m/s，跃长 3.8m，池深为 0.09m，故所设计的池长 5.8m、底坎高 66cm 满足消能要求。

（3）西放水洞计算结果。

1）涵洞正常水深及临界坡度。西放水洞设计流量为 3.5m³/s 时，洞内正常水深 h_t 为 0.979m，临界水深为 0.848m，临界坡度 i_K 为 0.0058。涵洞坡度为 0.004，小于临界坡度，为缓坡。正常水深时，洞内过水流速为 2.38m/s。

2）闸门开启高度。由式（3.4-13）及式（3.4-14）计算不同水位的西放水洞闸门开启高度见表 3.4-10。由表可知闸后共轭水深大于下游水深，为闸孔出流。

表 3.4 - 10   西放水洞闸门开启高度与流量关系表

水位/m	闸前水头/m	开启高度/m	流量/(m³/s)	闸后收缩水深/m	共轭水深/m
159.57	2.50	0.94	3.50	0.59	1.46
160.07	3.00	0.83	3.50	0.52	1.60
161.07	4.00	0.70	3.53	0.43	1.81
162.07	5.00	0.61	3.49	0.38	1.95
163.07	6.00	0.56	3.54	0.34	2.09
164.07	7.00	0.51	3.51	0.31	2.18
165.07	8.00	0.48	3.54	0.30	2.29
166.07	9.00	0.45	3.53	0.28	2.37
167.07	10.00	0.42	3.51	0.26	2.43
167.57	10.50	0.41	3.51	0.25	2.47

由于为缓坡，闸后水深将由正常水深决定，而西放水洞的正常水深为 0.979m，洞内水面线以上的空间大于涵洞断面面积的 15%，且涵洞内净空均超过 40cm，故西放水洞过流能力满足《水工隧洞设计规范》（SL 279—2002）要求。

3）消力池。由式（3.4 - 15）计算得出，跃前水深为 0.178m，跃前流速为 4.90m/s，跃长 4.64m，池深为 0.04m，故所设计的池长 5.8m、底坎高 50cm 满足消能要求。

4. 结构设计

（1）闸室稳定计算。

1）荷载组合。作用在水闸上的竖向荷载主要有闸室自重、启闭机自重、水重、扬压力等，水平向荷载主要有静水压力、填土压力等。荷载组合分基本组合与特殊组合，其中基本组合包括正常蓄水位情况及设计洪水位情况，特殊组合包括完建情况、校核洪水位情况，荷载组合情况见表 3.4 - 11。

表 3.4 - 11   荷 载 组 合 表

荷载组合	计算工况	荷载						
		自重	静水压力	扬压力	浪压力	泥沙压力	土压力	风压力
基本组合	设计洪水位	√	√	√	√	√	√	√
	正常蓄水位	√	√	√	√	√	√	√
特殊组合	完建工况	√					√	
	校核洪水位	√	√	√	√	√	√	√

2）计算公式及标准。闸室基底应力计算采用下列公式：

$$P_{min}^{max} = \frac{\sum G}{A} \pm \frac{\sum M}{W} \qquad (3.4 - 16)$$

式中：P_{min}^{max} 为基底应力的最大值和最小值；$\sum G$ 为作用在闸室上的全部竖向荷载；$\sum M$ 为作用在闸室上的全部荷载对于基础底面垂直于水流方向的形心轴的力矩；A 为闸室基底面的面积；W 为闸室基底面对于垂直水流方向的形心轴的截面矩。

闸室抗滑稳定计算采用以下公式：

$$K_c = \frac{f \sum G}{\sum H} \quad\quad\quad (3.4-17)$$

式中：K_c 为闸室基底面的抗滑稳定安全系数；f 为闸室基底面与地基之间的摩擦系数；$\sum G$ 为作用在闸室上的全部竖向荷载；$\sum H$ 为作用在闸室上的全部水平向荷载。

沿基础面抗倾覆稳定计算采用以下公式：

$$K_f = \frac{\sum M_f}{\sum M} \quad\quad\quad (3.4-18)$$

式中：K_f 为抗倾覆安全系数；$\sum M$ 为倾覆力矩，kN·m；$\sum M_f$ 为抗倾覆力矩，kN·m；$\sum M_f$、$\sum M$ 均为对计算端点的力矩。

东、西放水洞新建闸室均为 3 级建筑物，东放水洞闸室基础为壤土，其允许承载力为 90kPa，f 取 0.30；西放水洞闸室基础为灰岩，其允许承载力为 400kPa，f 取 0.50。

经过初步计算，在各种工况下东放水洞闸室基底应力值为 138.75~231.87kPa，均大于地基允许承载力，需要对其进行地基处理。

3）东放水洞闸室地基处理。由于基岩深度较浅，闸室基础按 1:2 的坡度开挖至基岩。基岩至闸室底板之间回填 C15 素混凝土，其余部分回填壤土，压实度 0.98。经过处理后的闸室基础为全风化闪长岩，其允许承载力为 300kPa。

4）计算结果。经过地基处理后的东放水洞闸室坐落在基岩上，相当于底板加厚，f 值取 0.40。由于西放水洞进水塔为竖井式，闸室上下游填土较厚，本次只计算东放水洞抗倾覆安全系数。

东、西放水洞闸室基底应力及稳定安全系数计算结果见表 3.4-12 和表 3.4-13。

计算表明，在各种工况下，东、西放水洞进水闸闸室抗滑稳定安全系数均大于《水利水电工程进水口设计规范》（SL 285—2003）允许值，基底应力均小于地基允许承载力，即东、西放水洞闸室稳定及基底应力均满足规范要求。

表 3.4-12　　　　　角峪水库东放水洞闸室基底应力及稳定安全系数汇总表

计算工况	基底应力分析				抗滑稳定分析		抗倾覆稳定分析	
	基底应力/kPa			P_{max}/P_{min}	安全系数计算值	允许值	安全系数计算值	允许值
	P_{max}	P_{min}	允许值					
正常蓄水位	249.65	171.35	300	1.457	5.56	1.08	3.44	1.3
设计水位	265.50	161.98	300	1.639	5.33	1.08	3.11	1.3
校核水位	270.70	151.11	300	1.791	4.90	1.03	3.12	1.15

表 3.4-13　　　　　角峪水库西放水洞闸室基底应力及稳定安全系数汇总表

计算工况	基底应力分析				抗滑稳定分析	
	基底应力/kPa			P_{max}/P_{min}	安全系数计算值	允许值
	P_{max}	P_{min}	允许值			
正常蓄水位	162.35	136.62	400	1.19	4.98	1.08
设计洪水位	151.22	133.35	400	1.13	4.69	1.08
校核洪水位	144.75	134.38	400	1.08	4.27	1.03

（2）涵洞衬砌结构计算。

1）荷载组合。作用在涵洞上的荷载主要有衬砌自重、填土压力、外水压力、内水压力、地基抗力等，本次主要计算了衬砌自重、填土压力、外水压力、地基抗力等荷载共同作用下衬砌的内力。各类荷载分项系数按《水工混凝土结构设计规范》（SL/T 191—1996）及《水工建筑物荷载设计规范》（DL 5077—1997）规定确定。

2）计算方法及结果。按荷载结构法计算涵洞衬砌内力，采用衬砌边值问题的数值解法，即计算衬砌的内力和变形时，不需事先对抗力作出假设，而由程序自动迭代求出。

校核洪水位情况下最大坝高处的涵洞断面受力最大，且东放水洞最大埋深比西放水洞最大埋深大，故本次只计算东放水洞衬砌内力。

设计衬砌厚 0.30m，混凝土强度等级为 C25，东放水涵洞衬砌的内力计算结果见表 3.4-14。

表 3.4-14　　　　　角峪水库东放水涵洞衬砌内力计算结果统计表

内力情况	轴力/kN	剪力/kN	弯矩/(kN·m)
最大轴力	−23.72	14.88	11.95
最小轴力	−39.28	−30.82	−13.92
最大弯矩	−27.97	−30.00	11.79
最小弯矩	−30.82	39.28	−13.92
最大剪力	−30.82	39.28	−13.92
最小剪力	−39.28	−30.82	−13.92

计算结果显示在直墙衬砌与底板交汇处，衬砌内力较大。衬砌按正常使用极限状态限裂设计，衬砌最大裂缝宽度允许值为 0.25mm。

5. 主要工程量

角峪东、西放水洞重建工程主要工程量见表 3.4-15 和表 3.4-16。

表 3.4-15　　　　　　角峪水库东放水洞主要工程量表

编号	工程项目	单位	工程量	备注
1	土方开挖	m³	11021	
2	土方回填	m³	10348	
3	固结灌浆	m	74	孔距 3m，深 3.5m
4	C15 素混凝土	m³	157	
5	水泥砂浆砌料石拆除	m³	269	
6	C25 钢筋混凝土	m³	482	
7	C10 垫层素混凝土	m³	16	厚 0.10m
8	新建启闭机房	m²	37	
9	钢筋	t	37	

表 3.4－16　　　　　　　　　　　　角峪水库西放水洞主要工程量表

编号	工程项目	单位	工程量	备注
1	石方开挖	m³	26	
2	土方开挖	m³	10478	
3	土方回填	m³	9977	坝体回填
4	水泥砂浆砌料石拆除	m³	314	孔距3m，深3.5m
5	固结灌浆	m	303	
6	C15素混凝土	m³	314	
7	C25钢筋混凝土	m³	452	
8	C10垫层混凝土	m³	162	厚0.10m
9	新建启闭机房	m²	37	
10	钢筋	m	41	

3.4.1.3　溢洪道改建设计

1. 改建目标及基本方案确定

（1）现溢洪道存在问题。角峪水库现状溢洪道位于大坝右端，为正槽开敞式溢洪道，由引水渠、溢流堰和下游泄槽组成，总长约980m。水库建成时，原溢洪道进口宽只有70m，1975年9月16日水库流域降暴雨，溢洪道行洪水深1.3m，最大泄量100m³/s，当时下游农田淹没冲蚀破坏严重，大坝经抢险后未出现较大险情。1976年对溢洪道进口段进行了扩挖，使进口宽度达到100m，底高程163.57m。

现状溢洪道引水渠长约220m，底宽169～100m，底高程161.60～163.57m；溢流堰为宽顶堰，无控制设施，堰面为开挖的风化闪长岩面，堰顶净宽100m，堰顶高程163.57m；溢洪道泄槽无衬砌，宽度由100m渐变为20m左右，泄槽过流能力不足、抗冲刷能力差；下游无消能防冲设施，多处形成冲沟。

根据水库管理方介绍，由于水库带病运行，在较长时间内水库汛期运用方式是降低汛限水位迎洪，即在汛前较长时间段内采用放水洞预泄、降低水位，以损失水库兴利库容为代价保证水库防洪能力。

水利部大坝安全管理中心对角峪水库溢洪道的主要鉴定结论为：溢洪道未做护砌和消能工程，不满足抗冲要求，出水渠断面不足，回水影响坝脚安全。

（2）改建目标。鉴于溢洪道存在的上述问题，溢洪道改建的目标如下。

1）恢复水库原设计功能，并在汛期有足够能力宣泄洪水，保证大坝安全。

2）控制一定标准内的洪水的最大下泄流量，以充分发挥水库防洪功能，保证下游生产和生活安全。

3）控制下泄洪水对泄槽段及下游的冲刷，保证大坝安全。

（3）改建方案选择。由于工程历经多次改建和续建，尽管现状溢洪道存在诸多遗留问题（如溢洪道轴线弯道过多、无消能设施等），但结合本中型水库工程实际，新建溢洪道或泄洪洞将涉及征地、移民、原溢洪道处理等诸多问题，无论从投资还是建设条件方面都不具备优势。

因此根据改建目标，可行的改建方案包括两个方案：①原址无闸门控制溢洪道改建方案；②原址溢洪道改建增加堰（闸）控制段方案。

开敞式无闸门控制溢洪道运用管理简单，超泄能力大，但不能充分发挥水库的防洪功能，下泄最大流量不易控制，下游安全标准低，上游相对较低标准洪水即可危及下游安全，该工程 1975 年 9 月 16 日的水库险情也验证了开敞式溢洪道的这一缺点。

根据《角峪水库防洪预案》，下游第一安全泄量为 120m³/s，第二安全泄量为 491m³/s。若采用开敞式溢洪道，即使扩建的泄槽段增加过流能力后（开敞式溢洪道泄流能力见表 3.4-17），在满足大坝不加高条件下，163.57m 高程水位起调，设计洪水过程（$P=1\%$），开敞式溢洪道最大泄量为 367.92m³/s；校核洪水过程（$P=0.1\%$），开敞式溢洪道最大泄量为 564.03m³/s；即使是 20 年一遇洪水标准，开敞式溢洪道的最大泄量也达 234.13m³/s，均大于下游核定的第一安全泄量 120m³/s。

表 3.4-17　　　　　　　　角峪水库开敞式溢洪道水位-泄流量关系表

水位/m	流量/(m³/s)	水位-泄流量关系曲线
163.57	0.00	
164.00	37.95	
164.50	120.71	
165.00	230.15	
165.50	360.86	
166.00	509.81	
166.50	675.00	
167.00	854.95	

由此，根据下游防洪要求，增加闸门（堰）控制泄洪是必要的。考虑工程现状、控泄流量和改建工程量等因素，控制工程的控泄目标定为：设计洪水位以下洪水控泄最大泄量 120m³/s，设计洪水位以上敞泄，但校核洪水时最大泄量不超过 491m³/s。

综上所述，角峪水库溢洪道改建方案推荐采用"原址溢洪道改建增加控制工程方案"。该方案工程措施主要包括：新建控制工程，新建泄槽防护工程，增建消能、防冲工程和扩挖尾水渠等。

2. 总布置方案比选

（1）总布置方案比选内容。与新建溢洪道的工程布置不同，在原有开敞式溢洪道基础上进行改建，必须紧密结合现状溢洪道的布置和结构，尽量利用其合理的和有利的部分，经增建、改建或扩建，以较小的代价，达到预期的目标。

根据改建工程的以上特点，加之该工程改建后溢洪道轴线及各工程部位位置已相对明确，仅控制段结构形式及控制段的位置对溢洪道工程总布置影响较大，因此主要对控制段的结构型式和控制段在整个溢洪道体系中的位置进行了比选，泄槽及消能防冲布置根据实际地形条件进行综合分析和布置。

（2）控制段结构形式方案比选。原溢洪道为开敞式溢洪道，泄流控制段为宽 100m 的宽顶堰。根据改建方案比选结果，需要设控制工程（堰或闸）以控制下泄流量，但该工程现状溢洪道控制段宽度条件决定了改建方案控制段布置的多样性，针对这一问题，提出了3种可行方案：方案一开敞式溢流堰和控制闸结合方案、方案二闸坝（封堵）结合方案、方案三无闸门控制高低堰结合方案。

1) 方案一开敞式溢流堰和控制闸结合方案。开敞式溢流堰和控制闸结合的结构形式，即在控制段中部设控制闸，两侧设开敞式溢流堰，溢流堰堰顶高程以下水位时泄水通过闸门调节，堰顶高程以上水位时敞泄。

由此，该方案的主要问题是溢流段堰顶高程、溢流段长度、闸门控制段长度和闸门控制段底坎高程（堰顶高程）之间相互协调关系的比选上。以上4个要素的组合将会引出众多比选方案，而控制段结构形式方案比选的最终目标是在坝体不加高条件下控制不同标准洪水条件下的最大下泄流量。

根据《角峪水库防洪预案》，下游第一安全泄量为 $120 \mathrm{m^3/s}$，第二安全泄量为 $491 \mathrm{m^3/s}$，因此控泄目标为设计洪水位以下条件时控泄最大流量为 $120 \mathrm{m^3/s}$，且需要同时满足校核洪水过程最大泄量不超过 $491 \mathrm{m^3/s}$。因此溢流段堰顶高程由设计洪水位确定，在总宽度一定条件下，溢流段宽度取决于闸门控制段宽度，而闸门控制段宽度由不同闸底高程条件下闸和堰的综合泄流能力决定，综合泄流能力的控制标准是充分利用水库防洪库容，且校核洪水标准下大坝不需加高。综合泄流能力过大，现状水库防洪库容得不到充分利用，综合泄流能力过小，大坝需要加高。

由此可见，堰闸结合布置方案的方案比选是众多因素的综合比选，是个逐步试算的过程，这里仅把几个代表性方案的比较及结果进行汇总，具体见表3.4-18。

表3.4-18 控制段结构方案比较表

方案	控制闸		溢流堰		校核洪水位/m
	闸底板高程/m	闸孔×净宽	堰顶高程/m	溢流堰净宽	
A	160.00	3孔×5m	165.21	2×39.0m	165.85
B	161.00	5孔×5m	165.37	2×32.5m	166.46
C	161.00	3孔×5m	165.96	2×39.0m	166.73
D	162.00	5孔×5m	165.68	2×32.5m	166.82
E	162.00	3孔×5m	166.34	2×39.0m	167.35
备注	堰型均为宽顶堰				

从表3.4-18可以看出，同样闸孔尺寸条件下，随控制段闸底板高程升高，控制闸段过流能力降低，设计洪水位升高，堰顶高程升高，校核洪水过程综合泄流能力降低，校核洪水位相应增加；同样闸底高程条件下，随闸孔尺寸增加过流能力增加，设计洪水位降低，堰顶高程降低，校核洪水过程综合泄流能力增加，校核洪水位相应降低。

经坝顶高程计算，方案E满足控制段结构型式方案比选目标：在大坝不加高条件下，充分利用大坝除险加固后具备的防洪能力（防洪库容）。其他方案由于泄流能力较大，校核洪水位较低，不能充分利用防洪库容。同时，如果继续抬高闸底板及溢流段堰顶高程，降低过流能力，大坝则需要加高，不符合本次除险加固原则。由以上比较，对于开敞式溢流堰和控制闸结合方案采用方案E。本方案工程直接投资见表3.4-19。

表 3.4 - 19　　　　　　　　　方案一工程直接投资表

项目	单位	工程量	单价/元	合计/万元
土方开挖（利用料 200m）	m³	29427	8.36	24.60
土方开挖（弃渣 1km）	m³	12612	9.96	12.56
石方开挖（利用料 200m）	m³	12142	31.57	38.33
石方开挖（弃渣 1km）	m³	28796	34.1	98.19
土方回填（0.2km）	m³	1682	10.17	1.71
石方回填（利用料 200m）	m³	15905	16.45	26.16
浆砌石渠道	m³	6735	218.89	147.41
模板	m²	13046	95.01	123.95
C15 垫层混凝土（厚 0.10m）	m³	1659	288.13	47.80
混凝土 C20	m³	8154	346.19	282.27
混凝土 C25	m³	3046	326.91	99.59
交通桥上部预制混凝土 C25	m³	176	762.94	13.43
交通桥沥青混凝土 C15（6cm 厚）	m²	515	39.72	2.05
交通桥混凝土垫层 C25（15cm 厚）	m²	735	49.77	3.66
钢筋	t	806	5332.46	429.78
钢筋混凝土管 $\phi2×1.8m$	m	56	2310.87	12.94
橡胶止水	m	2052	106.56	21.87
锚杆 $\phi25×3m$	根	363	90.9	3.30
固结灌浆	m	2633	321.76	84.72
启闭机房	m²	140	800	11.20
细部结构	m³	16308	12.92	21.07
闸门等				55.83
电气等				58.93
总计				1621.35

2）方案二闸坝（封堵）结合方案。闸坝（封堵）结合方案，即在控制段中部设控制闸，闸两侧原溢洪道范围采用均质土坝封堵与左岸原坝体及右岸岸坡衔接。该方案控制闸堰顶高程和堰宽由以下两个条件确定：①20 年一遇洪水时最大下泄流量为 120m³/s；②大坝不加高。

根据以上条件，并在方案一比较基础上，设 3 孔×5m 净宽闸门控制段，闸底高程为 162.00m，闸两侧原溢洪道采用均质土坝封堵。经计算，此方案对应水位为百年一遇洪水位 166.11m，千年一遇洪水位 167.28m，大坝不需要加高。溢洪道封堵段土坝坝顶高程同原大坝为 167.50m，土坝上游坡采用 1：2.5，下游坡采用 1：2。

该方案采用坝体封堵部分原溢洪道，与方案一比较，取消了溢流堰。但闸后过水断面由 100m 缩减为 19m，增加了陡槽前（0+162.8 前）边墙高度；另外增加了该段挡墙后原溢洪道范围内的土方回填量及封堵段坝体填筑量；同时 30 年一遇洪水最大泄流量为 141m³/s（方案一 30 年一遇洪水位最大泄流量为 120m³/s），与方案一相比，增加了消能防冲工程量。综合以上因素，经计算，方案二直接投资较方案一增加 4.00 万元。本方案工程直接投资见表 3.4-20。

表 3.4-20　　　　　　　　　　方案二工程直接投资表

项目	单位	工程量	单价/元	合计/万元
土方开挖（利用料 200m）	m³	23053	8.36	19.27
土方开挖（弃渣 1km）	m³	9880	9.96	9.84
石方开挖（利用料 200m）	m³	11569	31.57	36.52
石方开挖（弃渣 1km）	m³	26995	34.1	92.05
土方回填（0.2km）	m³	50674	10.17	51.54
石方回填（利用料 200m）	m³	12084	16.45	19.88
浆砌石渠道	m³	2903	218.89	63.54
模板	m²	13046	95.01	123.95
C15 垫层混凝土（厚 0.10m）	m³	1585	288.13	45.67
混凝土 C20	m³	6134	346.19	212.35
混凝土 C25	m³	5555	326.91	181.60
交通桥上部预制混凝土 C25	m³	176	762.94	13.43
交通桥沥青混凝土 C15（6cm 厚）	m²	515	39.72	2.05
交通桥混凝土垫层 C25（15cm 厚）	m²	735	49.77	3.66
钢筋	t	897	5332.46	478.32
钢筋混凝土管 $\phi 2 \times 1.8m$	m	56	2310.87	12.94
橡胶止水	m	1927	106.56	20.53
锚杆 $\phi 25 \times 3m$	根	363	90.9	3.30
固结灌浆	m	1940	321.76	62.42
启闭机房	m²	140	800	11.20
细部结构	m³	16308	12.92	21.07
闸门等				55.83
电气等				58.93
上游护坡		329	462	15.20

项目	单位	工程量	单价/元	合计/万元
垫层		658	100.16	6.59
防浪墙		69	531	3.66
总计				1625.35

3）方案三无闸门控制高低堰结合方案。无闸门控制高低堰结合方案，即在控制段中部设低堰，堰顶高程为 163.57m（正常蓄水位），两侧设开敞式溢流堰，堰顶高程为 20 年一遇洪水时相应洪水位。中部低堰的宽度满足 20 年一遇洪水时最大下泄流量 120m³/s，两侧开敞式溢流堰宽度满足大坝不加高。

按以上要求试算，中部堰宽 26m 时满足 20 年一遇洪水时最大下泄流量 120m³/s，对应洪水位为 165.74m，此水位即两侧开敞式溢流堰堰顶高程；两侧采用宽顶堰，堰宽为 2×36m 时，对应千年一遇水位 167.18m，满足大坝不加高。

根据调洪计算，方案三校核洪水位（千年一遇）最大泄流量为 461m³/s，较方案一有较大增加（方案一校核洪水位最大泄流量为 391m³/s）；同时方案三 30 年一遇洪水最大泄流量为 148m³/s，较方案一也有增加（方案一 30 年一遇洪水位最大泄流量为 120m³/s）。因此该方案泄槽及消能防冲工程量较方案一都有所增加。但由于该方案不设闸门，减少了控制闸机电及金属结构部分投资。经计算，方案三直接投资较方案一减少 27.9 万元。方案三工程直接投资见表 3.4 - 21。

表 3.4 - 21　　　　　　　　　方案三工程直接投资表

项目	单位	工程量	单价/元	合计/万元
土方开挖（利用料 200m）	m³	30186.1	8.36	25.24
土方开挖（弃渣 1km）	m³	12936.9	9.96	12.89
石方开挖（利用料 200m）	m³	3874.5	31.57	12.23
石方开挖（弃渣 1km）	m³	34870.5	34.1	118.91
土方回填（0.2km）	m³	1682	10.17	1.71
石方回填（利用料 200m）	m³	15905	16.45	26.16
浆砌石	m³	3767	218.89	82.46
模板	m²	13046	95.01	123.95
C15 垫层混凝土（厚 0.10m）	m³	2288	288.13	65.92
混凝土 C20	m³	10449	346.19	361.73
混凝土 C25	m³	3506	326.91	114.61
交通桥上部预制混凝土 C25	m³	176	762.94	13.43
交通桥沥青混凝土 C15（6cm 厚）	m²	515	39.72	2.05
交通桥混凝土垫层 C25（15cm 厚）	m²	735	49.77	3.66

项目	单位	工程量	单价/元	合计/万元
钢筋	t	902.0	5332.46	480.98
钢筋混凝土管$\phi 2 \times 1.8m$	m	56	2310.87	12.94
橡胶止水	m	2395	106.56	25.52
锚杆$\phi 25 \times 3m$	根	363	90.9	3.30
固结灌浆	m	2633	321.76	84.72
启闭机房	m²	0	800	0.00
细部结构	m³	16308	12.92	21.07
总计				1593.48

综合分析以上 3 个方案，其各自的特点分别如下。

方案一：开敞式溢流堰和控制闸结合方案，该方案不仅可以解决泄流控制问题，也解决了沿溢洪道全宽设闸门的经济合理性问题，同时溢流段也具备一定的超泄能力，满足可能的超标准洪水泄洪需求。缺点是相对无闸门方案，溢洪道投资略高。

方案二：闸坝（封堵）结合方案，该方案特点在于以坝代堰缩短了控制段长度，且投资与方案一相当，控泄标准也可以达到工程要求的标准。但由于现状溢洪道是经历水库建成以来的多次改建在长期运用过程中逐步形成的，采用坝体封堵部分原溢洪道过水断面，不仅未能充分利用长期以来形成的有利地形条件，封堵后超泄能力极大降低，同时考虑到小流域水文资料的精确程度，在可能的超标准洪水情况下，大坝及下游安全得不到可靠保证。水流出闸后一直处于弯道，整个泄槽段水流流态不好。

方案三：无闸门控制高低堰结合方案，优点是充分利用了现状溢洪道地形条件，高低堰结合形式也具备一定的超泄能力，满足可能的超标准洪水泄洪需求。同时无闸门控制，运用方便，投资最少。但该方案控泄标准比方案一低，泄量大，相应洪水位较低，不能充分利用现状库容为水库提供的防洪效益。同时汛期无闸门调控，不利于实现流域内多水库联合防洪调度。

经以上综合分析，并着重从工程安全、充分发挥水库防洪效益两方面考虑，溢洪道控制段结构型式方案采用方案一，即开敞式溢流堰和控制闸结合方案。闸底高程为162.00m，控制段采用 3 孔×5m 净宽闸门控制，溢流段堰顶高程 166.34m，溢流段过水断面宽度 2×39.0m。对应设计洪水位 166.34m，校核洪水位 167.35m。

（3）控制段布置方案比选。结合该工程现溢洪道实际条件，对溢洪道控制段工程布置进行了"近坝布置方案"和"远坝布置方案"两个方案的比较。两个方案的区别在于控制段轴线位置，"近坝布置方案"控制段轴线紧贴现东坝头，"远坝布置方案"控制段轴线位于"近坝布置方案"下游 40m。

两方案控制段结构并无实质区别，主要区别在于溢洪道和大坝的衔接及进口水流条件两个方面，"近坝布置方案"与原坝体衔接条件好，但引渠弯道后至堰（闸）前的直线段距离较小（12.5m）；"远坝布置方案"需要延长坝体，增加投资，但引渠弯道后至堰（闸）前的直线段距离较大（52.5m），闸前水流条件优于"近坝布置方案"。

经过综合比较，根据《溢洪道设计规范》（SL 253—2000）中 2.2.1 条第 4 款：进水渠需要转弯时，弯道至控制堰（闸）之间宜有长度不小于 2 倍堰上水头的直线段，控制段最大堰上水头为 5.35m。"近坝布置方案"亦满足这一规定，同时考虑到原开敞式溢洪道引渠较宽，弯道对水流条件影响不大。因此推荐控制段布置方案"近坝布置方案"。

（4）泄槽及消能防冲结构布置原则及方案确定。原溢洪道除进水渠和 100m 宽溢流槽段为人工开挖形成外，其余部分多为自然冲刷形成，局部冲刷严重，地形条件较为复杂。针对此地形条件，溢洪道泄槽及消能防冲结构的设计原则是：在满足各部位设计功能前提下尽可能根据现状地形条件，协调布置各部位建筑物，减小开挖，以减小工程投资及开挖弃渣对环境的影响。

溢洪道控制闸（堰）后至天然河道水平距离约 720m，此段高程由 163.50m 降至150.00m，天然落差 13.5m。由于局部冲刷，沿程地形变化复杂：闸后约 150m 范围内坡度较小，且有一洼地（据业主介绍为采石形成），该坑顺水流长度约 23m，宽约 76m，深约 2.5m；其后约 200m 范围内集中了近 10m 落差，此范围内冲刷严重；之后到灌溉渡槽之间约 70m 范围内为一缓坡区域；渡槽附近有一天然跌水（冲坑），落差约 1.5m，掏刷严重，危及渡槽基础安全；最后至河道间为缓坡滩地，主槽断面极小（最窄处约 4m），过流断面严重不足，漫滩及滩面冲刷痕迹随处可见。

根据以上地形特点，结合该工程泄槽及消能防冲结构的设计原则，拟定了溢洪道闸后泄槽及消能防冲结构布置方案：闸后经过渡段后利用天然采石坑修整衬护作为天然消力池，其后设平底渐变段调整流态接陡槽，陡槽尾部设主消力池（挖深式底流消能），主消力池后接平坡过渡段，其后利用天然地形设跌水，消能后尾水接尾水渠入下游主河道。同时考虑到泄流过程中原跨溢洪道渡槽基础安全与溢洪道泄槽过流能力之间的相互不利影响，将原渡槽改建为倒虹吸。

3. 建筑物设计

（1）结构组成与布置。根据工程总体布置方案比选结果，溢洪道改建工程总体布置由上而下分为以下几部分：进水渠、控制段、闸（堰）后过渡段、天然消力池、陡槽前过渡段、陡槽段、主消力池、平坡过渡段、跌水、尾水渠和穿溢洪道倒虹吸。

本次设计是在减少工程投资的基础上进行的，闸后没有衬砌段，平时应多进行观测，若岩石风化严重，将影响到工程运行安全，应及时进行衬砌。

（2）进水渠。进水渠整体上基本维持现溢洪道进水渠型式，改建部分包括 162.00m 高程引水渠、堰前 163.50m 高程混凝土铺盖、东坝头与控制段衔接结构、右岸堰前岸坡过渡段及防护。

162.00m 高程引水渠起点桩号 0−086.37，终点至闸前桩号 0−016.00，底宽 19m，闸前 10m 范围采用混凝土衬砌并兼做防渗铺盖，衬砌厚度 0.3m。

堰前 10m 范围（0−026.00～0−016.00）163.50m 高程采用混凝土防渗铺盖，单侧溢流堰堰前混凝土铺盖垂直水流向长度为 39m，厚度 0.3m，顺水流方向每 10m 设沉降缝，并设橡胶止水。

进水渠段东坝头与控制段的衔接采用浆砌石护坡（1：2）到浆砌石重力挡墙直墙的过渡扭面衔接，保证进口水流的平顺过渡。浆砌石护坡与坝体上游护坡衔接。

右岸堰前岸坡过渡段型式与东坝头近似,亦采用浆砌石扭面过渡与原进水渠右岸坡衔接,过渡段上游衔接段根据原进水渠段地形设 39m 长浆砌石护坡避免进口段岸坡冲刷,浆砌石护坡坡度 1∶2,垂直厚度 0.3m。

(3) 控制段。控制段 (0−016.00～0+000.00) 总体上包括 3 个部分:控制闸、溢流堰和交通桥,控制闸布置在整个控制段中部,溢流堰在闸两侧对称布置,交通桥位于控制闸 (堰) 下游,与控制闸 (堰) 平行布置。控制段结构总体尺寸顺水流长度 16m,垂直水流方向长度 100m。

1) 控制闸。控制闸闸室段沿水流方向长度 8.0m,底板垂直水流方向总宽度 20.0m。底板顶面高程 162.00m,底板厚 1.0m,闸底板开始和末尾处垂直水流方向设宽 1.0m、高 0.5m 的齿槽,闸室底板与基础间设 0.10m 的 C15 素混凝土垫层。闸室设 3 孔,孔口尺寸 5.0m×5.9m (宽×高)。

闸室中墩厚 1.5m,边墩厚 1.0m,顺水流方向长度均为 8.0m。闸墩沿水流方向依次设有检修门槽和工作门槽,门槽尺寸 0.80m×0.55m (宽×深),闸墩顶高程由计算定为 167.90m,在该高程设检修工作平台,检修平台设人行工作桥,桥宽 1.0m,工作桥通过启闭室工作楼梯 167.90m 平台段与闸后交通桥衔接,人行工作桥两侧设钢制栏杆,保证检修期间人员行走安全。

机架桥结构为框架结构,排架层高 6.0m,顺水流方向净跨 6.0m,排架柱共 8 根,柱断面尺寸 0.50m×0.50m,检修门启闭设备 (移动电动葫芦) 悬挂于起吊钢梁上,起吊钢梁固定于机架桥次梁上,工作门启闭机 (固定卷扬式) 固定在启闭机支撑梁上,启闭荷载通过框架结构传导至闸墩。

启闭机层位于 173.90m 高程,启闭机层总体尺寸 19.60m×7.0m,该层设 3 组 6 台工作门启闭机。

启闭机层以上设启闭机室以保护启闭及电器设备,启闭机室顶高程 177.50m,层高 3.60m,为砖混结构。

启闭机室与交通桥间设工作楼梯,楼梯宽度 0.9m,分 2 级,楼梯共 2 组,对称布置于闸室两侧。

2) 溢流堰。溢流堰对称布置于控制闸两侧,顺水流方向长度 8.0m,单侧溢流净宽为 39.0m,堰型为有底坎宽顶堰,堰基础面高程 162.00m,堰前坎底高程 163.50m,堰顶高程 166.34,堰顶宽 2.6m,堰顶进口边缘修圆,修圆半径 R=0.5m,堰后设 1∶1 下游坡。堰后底板顶高程 163.50m,下游坡与堰顶及堰后底板衔接段均修圆,修圆半径分别为 0.35m 和 0.5m。

3) 交通桥。交通桥布置于溢流段和控制闸段下游,与堰 (闸) 平行布置,交通桥共 11 跨,净跨 5.0m 共 3 联位于闸后,净跨 9.0m 共 2 部分,每段 4 联,在闸后对称布置,结构整体尺寸顺水流方向长度 8.0m,垂直水流方向长度 100.0m。

交通桥下部结构包括基础和桥墩。桥墩采用扩大基础,基础底宽 3.0m,顶宽 2.0m,堰后桥墩中墩厚度 1.0m,闸后中墩厚度 1.5m,边墩为悬臂式挡墙结构,墩厚 1.0m,基础长度 4.5m。堰后桥墩间净距 9.0m,闸后桥墩间净距 5.0m。

交通桥上部结构包括预制桥板、沥青混凝土路面及栏杆等。交通桥桥宽 7m,其中沥青路面净宽 6m，与坝顶路面宽度相同，路面两侧各设 0.5m 安全带。桥面采用预制钢筋混凝土空心板，荷载标准汽车-20 级、挂车-100 级，边板 2 块、中板 2 块；堰后交通桥预制桥板跨径 10m，共 8 联，闸后交通桥预制桥板跨径 6m，共 3 联。沥青路面厚度 5cm，混凝土基层厚度 15cm。桥面栏杆采用混凝土栏杆。

（4）闸后过渡段。闸后过渡段（0+000.00～0+085.00）是溢洪道泄槽的起始段，衔接控制段和天然消力池。该段依照原溢洪道泄槽地形布置，主要改建工程包括闸后 19m 宽泄槽、岸坡防护和堰后槽底衬砌。

闸后泄槽是闸后过渡段设计洪水位以下洪水泄流通道，槽宽 19.0m，槽深 1.5m，底坡 $i=0.005$，起点接闸后高程 162.00m，终点接天然消力池池前高程 161.58m。考虑溢洪道基础为岩石，水头较小，仅将交通桥后 10m 段进行混凝土衬砌，衬砌厚度 0.3m。

原溢洪道岸坡为天然开挖岸坡，为全风化闪长岩，考虑到此段过流宽度大，流速低，桩号 0+010.00～0+085.00 段边坡开挖为 1∶2.5，不衬砌。

堰后槽底主要宣泄超百年一遇洪水，槽宽 2×39.5m，考虑到运用频率较低，仅将交通桥后 10m 段进行浆砌石衬砌护底，衬砌厚度 0.3m。

（5）天然消力池。天然消力池（0+085.00～0+118.00）是利用现状自然地形条件修整后形成的消能结构，其主要功能是减小陡槽前弯道过渡段的流速，避免弯道段流速过大。天然消力池基本维持该段原状地形，仅局部开挖调整水流条件。

天然消力池 0+085.00～0+095.00 段设陡坡与池底衔接，陡坡坡度闸后泄槽段为 $i=0.108$，即高程 161.58～160.50m；堰后泄槽段为 $i=0.258$，即高程 163.08～160.50m。

池底高程 160.50m，顺水流方向总长度 17m，宽度根据地形渐变为 78.4～67.0m，池两侧开挖保留 2m 宽平台以减小池侧挡墙高度。由于此段的水头较低，天然消力池池底及池侧岸坡仅进行开挖整修，不进行衬砌。

（6）陡槽前过渡段。陡槽前过渡段（0+118.00～0+162.80）是泄槽由宽浅泄槽到陡槽的过渡段，过水断面宽度由 69.0m 渐变到陡槽起坡点的 40.0m，此段轴线设半径为 150m 弧段调整水流方向，使水流导向下游陡槽。此段限制于原溢洪道条件，必须设置弯道和渐变，水流条件较为复杂，但由于位于天然消力池之后，流速小，流速在横断面内分布相对均匀，不存在冲击波对水流扰动问题。

陡槽前过渡段设为平坡以进一步调整水流进入陡槽时的流态，底高程根据地形地质条件设为 161.90m。此段基础为岩石，不再进行衬砌。

（7）陡槽段。陡槽段（0+162.80～0+279.90）是整个泄水系统中的重要部分，但由于冲刷严重，该段现状地形条件复杂，新建陡槽轴线布置和纵坡设计较为复杂，在保证泄流前提下为尽量减小挖填方量，泄槽轴线布置尽量沿现状冲沟槽底线布置，纵坡设计以减小开挖且避免大规模槽底填方为原则。平面布置上，接陡槽前过渡段半径 150m 圆弧设渐变段，其后为直线段直至主消力池，以保证泄槽和消力池的平顺水力衔接。

陡槽段底坡 $i=0.068$，槽底高程 161.90～153.90m。陡槽段分为两部分：渐变段（0+162.80～0+218.62）和等宽段（0+218.62～0+279.90）。

渐变段槽底宽由 40m 渐变到 16m，等宽段底宽 16m。由于此段基础岩石较好，可不进行衬砌。

陡槽段尾部（桩号 $0+270.00\sim0+279.90$），为了不破坏消力池结构，此段底板采用混凝土衬砌，衬砌厚度 0.5m。此段设无砂混凝土排水孔，排水孔孔径 0.1m，顺水流方向共 9 排，排间距 1.0m。

（8）主消力池。主消力池（$0+279.90\sim0+322.00$）集中消减陡坡段积聚水头，主消力池位置根据地形条件选择在天然陡坡段与下游缓坡段的折点位置。由于消力池下游天然坡度极缓，消能后需要过水断面较大，经计算为 40m，陡槽段宽度仅为 16m，为衔接上下游，综合分析和计算（参见主消力池水力计算）后采用挖深式底流消能，消力池边墙扩散，为减小消力池底坎挖深，增加辅助消能工。

主消力池包括陡坡衔接段、护坦、趾墩、尾坎及消力池边墙。

1）陡坡衔接段。陡坡衔接段（$0+279.90\sim0+300.00$）是陡槽段和消力池护坦的衔接段，该段净宽仍为 16.0m，纵坡度分为两段，$0+295.56$ 前纵坡与上段相同为 $i=0.068$，之后接弧段加大纵坡至 1∶4，以满足消力池挖深要求，同时避免泄槽段的整体挖深增加开挖工程量。

该段边墙顶高程与消力池边墙顶高程相同，为 157.50m，因此随槽底高程降低，边墙高度增加，高度由 3.6m 渐变到 5.7m，随边墙高度增加，悬臂式挡墙结构由于开挖断面较大已不适合，同时考虑该段均为岩石开挖，强风化闪长岩饱和抗压强度达 48.4MPa，因此该段边墙采用锚杆式挡墙，挡墙厚度 1.0m，岩石锚杆长度 3.0m，间距 1.0m×1.0m。

根据《溢洪道设计规范》（SL 253—2000）4.4.2 条规定，泄槽底板在消力池最高水位以下部分，应按消力池护坦设计。因此该段底板厚度采用 1.0m，与消力池护坦厚度相同。

2）护坦。护坦设计的主要部分是确定护坦高程、护坦长度，以满足在池内形成淹没水跃或稍有淹没的水跃。

由于陡槽尾端收缩水深和池后下游水深已定，护坦底高程取决于不同消能结构型式的挖深需要，因此比较了边墙不扩散方案、边墙扩散方案和边墙扩散增加辅助消能工 3 个方案，根据计算（见水力设计部分）边墙不扩散方案护坦高程为 150.80m；边墙扩散方案护坦高程为 151.2m；边墙扩散增加辅助消能工方案护坦高程为 151.80m；为减小挖深，降低边墙高度，护坦高程采用 151.80m 高程方案。

护坦长度根据相应方案计算为 22m，护坦厚度为 1.0m，为满足抗浮要求，在底部设无砂混凝土排水孔，顺水流方向共 12 排，排水孔孔径 0.1m，排间距 1.0m。

3）趾墩、尾坎。根据水力学计算结果（见水力设计部分），趾墩及尾坎布置型式依照《水力学计算手册》中 USBRⅢ型消力池布置，趾墩墩宽、墩高和间距都取为 0.5m（近似于设计流量下的收缩水深 $h_c=0.618\text{m}$），尾坎池内侧坡度 1∶2，尾坎顶高程 154.30m，顶宽 0.5m。

4）消力池边墙。虽经采用多种措施尽量减小护坦大挖深带来的边墙过高问题，经计算需要的边墙净高也达 5.7m，加上护坦厚度 1.0m，和基础垫层 0.1m，边墙总高度为 6.8m，悬臂式和重力式挡墙结构已不适合，与渐变段边墙相同，同时考虑该段均为岩石开挖，且岩石强度高，考虑经济性边墙采用锚杆式挡墙，挡墙厚度 1.0m，岩石锚杆长度 3.0m，间距 1.0m×1.0m。

（9）平坡过渡段。平坡过渡段（0+322.00~0+420.00）是主消力池和下游跌水之间的衔接段，底高程均为153.50m。该段设成平坡的原因：①该段地形条件平缓且天然主槽断面小，陡坡开挖量较大；②平坡可增加主消力池池后断面水深，从而减小消力池挖深。该段分为两部分：扩散段（0+322.00~0+350.00）和等宽段（0+350.00~0+420.00）。

1）扩散段（0+322.00~0+350.00）是主消力池后的延伸段，不将扩算段全部设在主消力池范围内的原因是：避免扩散角过大导致扩散段中的扩散水流可能出现的扩散不佳，致使侧壁处产生回流从而迫使主流折冲侧壁形成折冲水流。扩散段由于紧接主消力池，水力条件相对复杂，该段边墙和底板均采用钢筋混凝土结构。底板过水断面宽度由26.56m扩散到40m，底板衬砌厚度0.4m，设沉降缝并设橡胶止水。边墙高度4.0m，采用悬臂式钢筋混凝土挡墙，经结构计算，墙顶厚度为0.5m，墙底断面厚度0.6m，底板厚度0.5m，墙后底板长度3.0m，墙前底板长度2.0m。

2）等宽段（0+350.00~0+420.00）过水断面宽度均为40m，该段为缓流段，槽底不衬砌；边墙为重力式浆砌石挡墙，由于该段后接跌水，沿程水深渐落，因此边墙高度渐变，由4.0m渐变到3.0m，墙顶宽0.5m，顶高程由157.50m渐变到156.50m，墙后坡度均为1:0.5。

（10）跌水。跌水（0+420.00~0+450.00）是泄槽段与尾水渠间的衔接段，跌水平面位置位于天然跌坎处，依据现状地形条件布置。跌水由进口段（0+420.00~0+430.00）、跌水墙、消力池（0+430.00~0+440.00）和出口段（0+440.00~0+450.00）4部分组成。4部分除出口段边坡为浆砌石结构外均为钢筋混凝土结构。

1）进口段（0+420.00~0+430.00）。进口段衔接上游平坡过渡段，底宽40.0m，底高程153.50m，进口形式为矩形缺口。渠底采用0.4m厚混凝土衬砌，边墙高度3.0m，采用悬臂式钢筋混凝土挡墙，经结构计算，墙顶厚度为0.5m，墙底断面厚度0.6m，底板厚度0.5m，墙后底板长度3.0m，墙前底板长度1.0m。

2）跌水墙。跌水高度较小为2.0m，故跌水墙型式采用垂直式，采用悬臂式钢筋混凝土挡墙，经结构计算，墙顶厚度为0.5m，墙底断面厚度0.8m，底板厚度0.5m，墙后底板长度3.0m，墙前底板长度2.0m。

3）消力池（0+430.00~0+440.00）。经水力计算（见水力设计部分），消力池底高程150.50m，池长10.0m，宽40.0m。底板厚度0.5m，底板设无砂混凝土排水孔，顺水流方向共设5排，排水孔孔径0.1m，排间距1.0m。消力池边墙为悬臂式钢筋混凝土挡墙，挡墙高度由6.0m渐变为4.0m，经结构计算，挡墙顶厚度为0.6m，墙底断面厚度1.0m，底板厚度0.8m，墙后底板长度3.0m，墙前底板长度3.0m。

4）出口段（0+440.00~0+450.00）。出口段衔接跌水消力池和下游尾水渠，底高程152.00m，宽度40.0m。渠底采用混凝土衬砌，衬砌厚度0.3m；边墙采用浆砌石，边墙高度2.5m，该段边墙为扭面，由重力式挡墙渐变为1:2护坡，接下游尾水渠。

（11）穿溢洪道倒虹吸。现状溢洪道0+425桩号附近有一渡槽，横跨溢洪道泄槽，渡槽基础为浆砌石基础，泄槽范围内共设8个槽墩，严重阻水，槽墩经多年泄水冲刷，损坏严重，且该处紧邻地形跌坎，长期冲刷，渡槽安全不能保证。因此考虑到泄流过程中渡槽基础安全与溢洪道泄槽过流能力之间的相互不利影响，将原渡槽改建为倒虹吸。

原跨溢洪道渡槽是角峪水库东放水洞后灌溉渠道的一部分,东放水洞设计流量为 $2.0\text{m}^3/\text{s}$,因此倒虹吸设计流量按 $2.0\text{m}^3/\text{s}$。

由于倒虹吸规模较小,倒虹吸布置采用竖井式。倒虹吸由进口段竖井段、预制管身段和出口竖井段 3 部分组成。

1)进口竖井段。进口竖井段位于溢洪道跌水进口段左岸,竖井平面尺寸 $3.0\text{m} \times 3.0\text{m}$,该尺寸由预制段管身直径和竖井整体稳定性确定。竖井钢筋混凝土结构边墙顶高程与进口渠道边墙顶高程相同,为 157.80m;竖井底高程由溢洪道泄槽底高程和管身直径及管底集砂坑深度综合确定,为 149.50m。竖井边墙厚度 0.5m,垂直倒虹吸水流方向上下游设扶壁,扶壁位于边墙中部,扶壁厚度 0.5m,顶宽 0.5m,底宽 3.0m。

进口渠底高程 156.20m,竖井进口边墙设溢流槽,槽顶高程 157.60m,溢流槽保证下游渠道在可能出现的事故工况条件下,控制倒虹吸前水位,渠道弃水通过溢流槽进入溢洪道不致影响溢洪道跌水段边墙安全。

2)预制管身段。预制管身段采用钢筋混凝土预制圆管,以埋涵形式穿过溢洪道底部,涵管采用预制钢筋混凝土圆管,管型号 RCPⅢ1800×2000GB 11836,单节长 2.0m,管径 1.8m,壁厚 0.18m,共 28 节,刚性接口企口管。涵管基础为 C25 素混凝土基础,涵管基础支撑角 $2\alpha = 120°$,基础每 14m 设一沉降缝。

3)出口竖井段。出口竖井段位于溢洪道跌水进口段右岸,竖井结构形式与进口相同,仅边墙顶高程降为 157.70m,与出口渠道边墙顶高程相同;竖井底高程为 149.50m,竖井边墙厚度 0.5m;垂直倒虹吸水流方向上下游设扶壁,扶壁位于边墙中部,扶壁厚度 0.5m,顶宽 0.5m,底宽 3.0m;出口渠底高程 156.10m。

4. 水力设计

(1)泄流能力计算。

1)控制闸。控制闸尺寸及结构型式已由控制段结构比选确定,闸孔尺寸为 3 孔×5m 净宽。水力计算的主要内容包括两部分:不控泄过流能力计算和控泄过程闸门开度计算。

a. 不控泄过流能力计算。按照无坎宽顶堰自由出流公式计算:

$$Q = \sigma_c mnb \sqrt{2gH_0^3} \tag{3.4-19}$$

式中:σ_c 为侧收缩系数;m 为自由溢流流量系数;n 为闸孔孔数;b 为过流宽度,m;H_0 为包括行近流速的堰前水头,即 $H_0 = H + V_0^2/2g$;g 为重力加速度。

由于闸前进水渠为复式断面,考虑侧收缩影响,163.50m 高程以下和以上流量系数不同,流量系数采用"直角形翼墙进口的平底宽顶堰流量系数",插值获得。163.50m 高程以下流量系数 $m_1 = 0.362$;163.50m 高程以上流量系数 $m_2 = 0.323$。

由于对无坎宽顶堰,此流量系数已考虑了侧收缩影响,因此,侧收缩系数 σ_c 取 1.0。

根据以上参数,经计算,控制闸段不控泄水位-流量关系见表 3.4-22。

b. 控泄过程闸门开度计算。设计洪水位(166.34m)以下水位,控制闸控泄流量为 $120\text{m}^3/\text{s}$,控泄过程闸门开度应用闸孔出流公式计算,公式为

$$Q = \sigma_s \mu enb \sqrt{(H_0 - \varepsilon e)2g} \tag{3.4-20}$$

式中:Q 为过流量,m^3/s;σ_s 为淹没系数;n 为孔数;ε 为垂直收缩系数;μ 为流量系数,$\mu = \varepsilon\phi$,ϕ 为流速系数;e 为闸孔开启高度,m。

计算结果见表 3.4 - 23。

表 3.4 - 22　　　　　　　　　控制闸段不控泄水位-流量关系表

序号	水位/m	泄量/(m³/s)	水位-流量关系曲线
1	162.00	0.00	
2	162.50	9.18	
3	163.00	24.02	
4	163.50	39.41	
5	164.00	60.68	
6	164.50	84.80	
7	165.00	111.47	
8	165.50	140.47	
9	166.00	171.62	
10	166.34	193.96	
11	166.50	204.78	
12	167.00	239.85	
13	167.50	276.71	
14	168.00	315.29	

表 3.4 - 23　　　　　　　　　控制闸控泄流量 120m³/s 时闸门开度

闸门开度 e	水位 /m	水头 H_0 /m	e/H	垂直收缩系数 ε	流速系数 ϕ	流量系数 μ
1.664	166.34	4.34	0.383	0.630	0.95	0.599
1.761	166.00	4.00	0.440	0.636	0.95	0.605
1.957	165.50	3.5	0.559	0.652	0.95	0.619
全开	165.15	3.15	堰流			

2) 溢流堰。溢流堰尺寸及结构型式已由控制段结构比选确定,溢流段为有底坎宽顶堰,溢流面净宽 2×39m。水力计算的主要内容为水位-流量关系。

按照有坎宽顶堰自由出流公式计算:

流量系数取值按进口边缘修圆,$P/H \geqslant 3.0$ 条件,取 $m = 0.36$;侧收缩系数 σ_c 取 0.97。

根据以上参数,经计算,溢流堰水位-流量关系见表 3.4 - 24。

表 3.4-24   溢流堰水位-流量关系表

序号	水位/m	泄量/(m³/s)	水位-流量关系曲线
1	166.34	0	
2	166.50	7.52	
3	166.60	16.07	
4	166.70	26.18	
5	166.80	37.81	
6	166.90	50.79	
7	167.00	64.99	
8	167.50	151.43	
9	168.00	259.23	

（2）溢洪道泄槽水面线计算。溢洪道泄槽水面线通过沿程各控制断面的控制水深，按分段求和法计算。

1）沿程控制水深计算。泄洪道泄槽控制水深计算结果见表 3.4-25。

表 3.4-25   溢洪道泄槽控制水深计算结果表

计算工况	断面位置	断面尺寸	断面形状	流量/(m³/s)	控制水深 h_k/m	备注
设计洪水位	0+000.00	底宽 19m	矩形	120	1.05	闸后收缩断面
	0+162.80	底宽 40m	矩形	120	0.972	陡槽起点断面
	0+430.00	底宽 40m	矩形	120	0.972	跌坎前断面
校核洪水位	0+162.80	底宽 40m	矩形	391	2.136	陡槽起点断面
	0+430.00	底宽 40m	矩形	391	2.136	跌坎前断面

注 闸后收缩断面位置随闸门开度变化，设计洪水位，控泄 120m³/s，闸门开度 1.66m，收缩断面位置为 0-006.90，由于闸后接陡坡，不产生水跃，近似认为 0+000.00 断面水深等于收缩水深。

2）分段求和法水面线计算。根据已知断面控制水深，采用分段求和法计算水面线，计算公式如下：

$$\Delta S = \frac{E_{sd} - E_{su}}{i - \overline{J}}$$
（3.4-21）

式中：ΔS 为计算流段长度，m；E_{sd} 为 ΔS 流段的下游断面的断面比能，m；E_{su} 为 ΔS 流段的上游断面的断面比能，m；$\overline{J}$ 为流段的平均水力坡度；i 为泄槽段纵坡。

波动及掺气水深计算公式为

$$h_b = \left(1 + \frac{\xi v}{100}\right) h$$
（3.4-22）

式中：h 为不计入波动及掺气的水深，m；h_b 为计入波动及掺气的水深，m；v 为不计入波动及掺气的计算断面上的平均流速，m/s；ξ 为修正系数，可取 1.0~1.4s/m，视流速和断面收缩情况而定，当流速大于 20m/s 时，宜采用较大值，因渠道流速较小，此处取为 1.1s/m。

依据上述公式，泄槽各段水面线计算成果见表 3.4-26。

表 3.4-26　　　　　　　　　　　泄槽各段水面线计算成果表

计算断面	设计洪水位				校核洪水位			
	流量/(m³/s)	水深/m	流速/(m/s)	掺气水深/m	流量/(m³/s)	水深/m	流速/(m/s)	掺气水深/m
0+000.00	120	1.05	6.02		391			
0+162.80	120	0.972	3.09	1.014	391	2.136	4.58	2.273
0+218.62	120	0.824	9.11	0.929	391	2.604	9.39	2.946
0+296.00	120	0.655	11.45	0.760	391	1.808	13.51	2.150
0+300.00	120	0.618	12.13	0.723	391	1.719	14.22	2.061
0+322.00	120	1.563	2.84	1.656	391			
0+350.00	120	1.438	2.09		391	2.894	3.38	3.031
0+430.00	120	0.972	3.09		391	2.136	4.58	2.273

（3）天然消力池水力计算。天然消力池由采用现状天然地形修整开挖而成，30 年一遇洪水标准泄流均在闸后 19m 宽泄槽内，而消力池处垂直水流向长度突扩为 78.4m，对于此类条件，目前没有可以采用的计算理论。这里按照矩形断面水跃计算方法复核消力池深度和长度，由于实际跃后水深将远小于计算值，对于此消力池是偏于安全的算法。

1）计算消力池深。

$$T_0 = h_c + \frac{q^2}{2g\varphi^2 h_c^2}$$

$$Fr_c = \frac{q}{h_c\sqrt{gh_c}} \qquad\qquad (3.4-23)$$

$$h''_c = \frac{h_c}{2}(\sqrt{1+8Fr_c^2}-1)$$

式中：T_0 为收缩断面的总能量，m；h_c 为收缩断面的水深，m；q 为收缩断面的单宽流量，m²/s；Fr_c 为收缩断面的弗劳德数；h''_c 为跃后水深，m。

$$\Delta z = \frac{q^2}{2g\varphi^2 h_t^2} - \frac{q^2}{2g\,(\sigma h''_c)^2} \qquad\qquad (3.4-24)$$

$$s = \sigma h''_c - h_t - \Delta z$$

式中：Δz 为消力池出口水面落差，m；q 为消力池末端单宽流量，m²/s；φ 为水流自消力池出流的流速系数 0.95；h_t 为下游水深，m；σ 为安全系数 1.05；s 为消力池池深，m。

经计算，跃后水深为 2.62m，下游水深为 0.97m，消力池挖深为 1.65m，如前所述，由于断面突扩，实际跃后水深将远小于计算值，现状坑底高程清理后高程为 160.50m，相当于挖深 1.40m，因此认为天然消力池的深度符合要求。

2）消力池长度。

$$L_{sj} = L_s + \beta L_j$$

$$L_j = 6.9(h''_c - h_c) \qquad\qquad (3.4-25)$$

式中：L_{sj} 为消力池的长度，m；L_s 为消力池斜坡段的长度，m；β 为水跃长度校正系数，可采用 0.7～0.8；L_j 为水跃长度，m。

经计算，$L_j = 13.77$，消力池长度 $L_{sj} = 21.0$m，因此天然消力池长度满足要求。

（4）主消力池水力计算。

1）设计标准。消能防冲按 30 年一遇洪水标准（$P=3\%$）设计，相应溢洪道最大泄量为 120m³/s。

2）消力池。共轭水深计算按照矩形扩散明渠水跃计算公式计算，计算公式为

$$h''_c=2h_c\sqrt{\frac{1+\xi+4\beta Fr_1{}^2}{3(1+\beta)}}\cos\frac{\psi}{3} \qquad (3.4-26)$$

式中的 ψ 按下式计算：

$$\cos\psi=-\frac{10.4\beta(1+\xi)^{0.5}Fr_1^2}{\xi(1+\xi+4\beta_0 Fr_1^2)^{1.5}} \qquad (3.4-27)$$

式中的 $\beta_0=1.03$。

收缩断面水深 h_c 已由陡槽段水面线计算求得，即 $h_c=0.618$，经计算，$h''_c=3.64$m。

消力池深度 d 按《溢洪道设计规范》（SL 253—2000）所给公式计算，即

$$d=\sigma h''_c-h_t-\Delta z \qquad (3.4-28)$$

式中：h''_c 为共轭水深，m；h_t 为下游水深，m；Δz 为消力池出口水面落差，m；σ 为安全系数，此处取 $\sigma=1.05$。

消力池后为平坡过渡段，底高程 153.50m，经水面线推求，120m³/s 流量时，下游水深为 1.56m，消力池挖深 $d=3.82$m，对应底坎高程为 151.20m，为减小消力池挖深，增设辅助消能工，设计流量收缩断面流速为 12.13m/s，满足设辅助消能工流速不超过 16m/s 的要求，辅助消能工型式为趾墩和尾坎。

由于趾墩的存在，使收缩水深变为 h_{c1}，由下式解出：

$$16.1h_{cr}{}^3-(24.8Fr_{c1}{}^2+52.2)h_{cr}+32.2Fr_{c1}{}^2=0 \qquad (3.4-29)$$

式中：$h_{cr}=h_{c1}/h_c$。

经计算，$h_{c1}=0.741$，此收缩水深的共轭水深为 $h''_{c1}=3.30$。

由于尾坎的存在，护坦高程可取为下游水位减 h''_{c1}，由此护坦高程为 151.80m。

水跃长度 L_j 按下式计算：

$$L_j/h'=9.5(Fr_1-1) \qquad (3.4-30)$$

式中：$1.7<Fr_1\leqslant9.0$。

计算得消力池长度为 21.22m，实际取消力池长度为 22.0m。

（5）跌水水力计算。跌水按 30 年一遇洪水标准（$P=3.33\%$）设计，相应泄量为 120m³/s。

跌水为垂直式跌水墙，水力计算按以下经验公式。

1）跌落水舌长度。

$$L_d=4.30D^{0.27}P \qquad (3.4-31)$$

2）水舌后水深。

$$H_P=D^{0.22}P \qquad (3.4-32)$$

3）收缩水深。

$$H_c=0.54D^{0.425}P \qquad (3.4-33)$$

4）跃后水深。

$$H''_c = 1.66D^{0.27}P \qquad (3.4-34)$$

5）水跃长度。

$$L_j = (1.9H''_c - H_c) \qquad (3.4-35)$$

6）池深。

$$S = h'' - h_t \qquad (3.4-36)$$

7）池长。

$$L_s = L_d + 0.8L_j \qquad (3.4-37)$$

式中：P 为跌坎高度。

跌水水力计算结果见表 3.4-27。

表 3.4-27　　　　跌水水力计算成果表

底宽 B/m	单宽流量 q/(m³/s)	跌坎高度 P/m	$D=\dfrac{q^2}{gP^3}$	水舌长度 L_d/m	水舌后水深 H_P/m	收缩水深 H_c/m	跃后水深 H''_c/m	水跃长度 L_j/m	池深 S/m	池长 L_s/m	下游水深 H_t/m
40.00	3.00	3.00	0.03	5.18	1.43	0.39	2.00	3.41	1.05	7.91	0.94

综合考虑该处陡坎地形条件，跌水底高程为 150.50m，池深 1.5m，池长 10m。

（6）穿溢洪道倒虹吸水力计算。

1）计算条件。原跨溢洪道渡槽是角峪水库东放水洞后灌溉渠道的一部分，因此改建后穿溢洪道倒虹吸设计流量按 2.0m³/s 设计，与东放水洞设计流量相同。

根据实测地形图，原渡槽段上下游渠道衔接边墙顶高程分别为 157.80m 和 157.70m，根据业主提供资料，现渡槽底高程为 156.20m。

根据以上资料，倒虹吸过水断面规模按照设计流量 2.0m³/s 时，上下游水头差 $Z=0.10$m 设计。

2）水力计算。由于原渡槽段上下游水位已定，水力计算的目的是计算经济的过水断面或管道直径。

倒虹吸管内的水流为压力流，过水能力可按压力管道公式计算：

$$Q = \mu\omega\sqrt{2gz} \qquad (3.4-38)$$

其中

$$z = h_f + h_j = (\xi_f + \sum\xi_j)\frac{v^2}{2g}$$

$$\mu = \frac{1}{\sqrt{\xi_f + \sum\xi_j}} = \frac{1}{\sqrt{\lambda\dfrac{L}{D_0} + \sum\xi_j}}$$

式中：Q 为倒虹吸设计流量，m³/s；进出口竖井段局部损失系数取 1.0，沿程损失系数 $\lambda = 8g/C^2$，C 为谢才系数。

由此计算当 $Z=0.10$m、$Q=2.0$m³/s 时 $D_0=1.741$m，选用定型钢筋混凝土预制管管径 $D_0=1.80$m。

复核管径 $D_0 = 1.80$m、$Z = 0.10$m 时，过流能力为 $Q = 2.15\text{m}^3/\text{s}$，对应沿程水头损失 $h_f = 0.027$m，局部水头损失 $h_j = 0.073$m。过流能力满足要求。

5. 控制段结构计算

(1) 闸室稳定计算。

1) 荷载及荷载组合。作用在水闸上的竖直向荷载主要有闸室自重、设备自重、水重、扬压力等，水平向荷载主要有静水压力。荷载组合分基本组合与特殊组合，其中基本组合包括完建情况、正常蓄水位情况及设计洪水位情况，特殊组合包括检修情况及校核洪水位情况，设计烈度为 6 度，不计算地震工况。荷载组合情况见表 3.4 - 28。

表 3.4 - 28 溢洪道闸室段稳定计算荷载组合表

荷载组合	计算情况	荷载				
		结构自重	设备自重	静水压力	扬压力	土压力
基本组合	完建工况	√	√			
	正常蓄水位情况	√	√	√	√	√
	设计洪水位情况	√	√	√	√	√
特殊组合	检修情况	√	√	√	√	√
	校核洪水位情况	√	√	√	√	√

2) 计算公式。

a. 抗滑稳定。抗滑稳定安全系数按《溢洪道设计规范》(SL 253—2000) 混凝土与岩基的抗剪断强度公式计算，计算公式为

$$K = \frac{f' \sum W + c' A}{\sum P} \tag{3.4-39}$$

式中：K 为按抗剪断强度计算的抗滑稳定安全系数；f' 为堰（闸）体混凝土与基岩接触面的抗剪断摩擦系数；c' 为堰（闸）体混凝土与基岩接触面的抗剪断凝聚力；A 为堰（闸）体混凝土与基岩接触面的面积；$\sum W$ 为作用在堰（闸）体上的全部荷载对计算滑动面的法向分量；$\sum P$ 为作用在堰（闸）体上的全部荷载对计算滑动面的切向分量。

b. 基底应力。基底应力计算公式

$$P_{\min}^{\max} = \frac{\sum G}{A} \pm \frac{\sum M}{W} \tag{3.4-40}$$

式中：$\sum G$ 为作用在堰（闸）体基础上的全部竖向荷载，kN；$P_{\min}^{\max}$ 为闸室基底应力的最大值或最小值，kPa；A 为闸室基底面的面积，m^2；$\sum M$ 为作用在闸室上的全部竖向和水平荷载对于基础底面垂直水流方向的形心轴的力矩，$\text{kN} \cdot \text{m}$；W 为闸室基底面对于该底面垂直水流方向的形心轴的截面矩，m^3。

不均匀系数：$\eta = P_{\max} / P_{\min} \leqslant [\eta]$。

c. 抗浮稳定。抗浮稳定计算公式为

$$K_c = \frac{\sum V}{\sum U} \tag{3.4-41}$$

式中：K_c 为闸室抗浮稳定安全系数；$\sum V$ 为作用在闸室上全部向下的铅直力之和；$\sum U$ 为作用在闸室基底面上的扬压力。

3）计算条件及参数。闸室段稳定计算按 3 孔整体进行计算。闸室顺水流长度 8.0m，宽 20.0m。

按抗剪断强度计算的抗滑稳定安全系数允许值见表 3.4-29。

表 3.4-29　　　　　　　　　　抗滑稳定安全系数允许值表

荷载组合		按抗剪断强度计算的抗滑稳定安全系数
基本组合		3.0
特殊组合	(1)	2.5
	(2)	2.3

注　地震情况为特殊组合（2），其他情况为特殊组合（1）。

闸室基础位于全风化闪长岩上部，因此，堰（闸）体混凝土与基岩接触面的抗剪断摩擦系数 f' 按 Ⅴ 类岩体下限取 0.4；堰（闸）体混凝土与基岩接触面的抗剪断黏聚力 C' 按 Ⅴ 类岩体下限取 0.05MPa；闸室段稳定计算按 3 孔整体进行计算。闸室顺水流长度 8.0m，宽 20.0m。

4）计算成果。闸室段稳定及基底应力计算见表 3.4-30。

表 3.4-30　　　　　　　　　　闸室段抗滑稳定计算成果表

计算工况		按抗剪断强度计算的抗滑稳定安全系数 K	应力/kPa		P_{max}/P_{min}	抗浮稳定安全系数
			P_{max}	P_{min}		
基本组合	完建工况	稳定	90.15	89.08	1.01	稳定
	正常运用	22.44	101.86	99.13	1.02	26.18
	设计工况	6.29	129.78	114.50	1.13	14.95
特殊组合	检修工况	5.59	127.22	112.15	1.13	11.28
	校核工况	5.13	144.50	118.66	1.21	16.07

计算成果表明，不同运用工况，控制闸抗滑稳定安全系数和抗浮稳定安全系数均满足《水闸设计规范》（SL 265—2001）要求。

（2）闸底板内力计算。

1）计算方法。根据《水闸设计规范》（SL 265—2001），对于开敞式闸室底板的应力分析，岩基上的水闸闸室底板的应力分析可按照基床系数法（文克尔假定）计算。角峪水库溢洪道闸室符合以上条件，因此，闸底板应力分析采用基床系数法计算。

计算采用中国建筑科学研究院 PKPM CAD 软件计算，计算过程采用该软件《结构平面计算机辅助设计》PMCAD 和《基础工程计算机辅助设计》JCCAD 两大模块。采用结构计算模块建模并布置荷载，经荷载传导计算，由基础工程计算机辅助设计模块按照弹性地基筏板基础板元法计算（按广义文克尔假定）。根据基床反力系数推荐值表，对于强风化硬质岩石 $K=200000\sim1000000kN/m^3$，本次计算中 K 取 $200000kN/m^3$。

2）计算结果。闸底板内力计算结果见图 3.4-7。

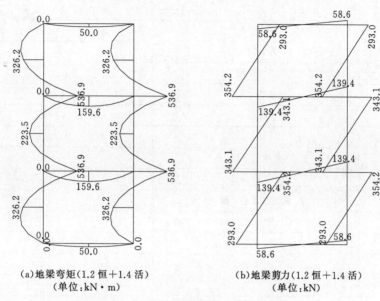

(a) 地梁弯矩(1.2恒+1.4活) 　　　　 (b) 地梁剪力(1.2恒+1.4活)
(单位：kN·m)　　　　　　　　　　　 (单位：kN)

图 3.4-7　闸底板内力计算结果图

底板配筋根据以上弯矩包络图按钢筋混凝土结构计算配筋，经计算，地梁（板带每延米）配筋面积为 $2000mm^2$，实配 $\phi25@200$，闸底板单位长度实配钢筋面积为 $2454.37mm^2$。

（3）溢流堰稳定计算。溢流堰段取 39.0m 宽整体计算，溢流堰段稳定计算参数选取及计算方法与闸室段相同。计算结果见表 3.4-31。

表 3.4-31　　　　　　　　　溢流堰抗滑稳定计算成果表

计算工况		按抗剪断强度计算的抗滑稳定安全系数 K	应力/kPa		P_{max}/P_{min}	抗浮稳定安全系数
			P_{max}	P_{min}		
基本组合	完建工况	稳定	82.63	62.24	1.33	稳定
	正常运用	稳定	81.82	61.36	1.33	41.45
	设计工况	11.32	114.46	91.87	1.25	21.60
特殊组合	校核工况	7.28	127.32	102.05	1.25	19.48

计算成果表明，不同运用工况，溢流堰抗滑稳定安全系数和抗浮稳定安全系数均满足《水闸设计规范》（SL 265—2001）要求。

6. 主要工程量

溢洪道改建主要工程量汇总见表 3.4-32。

表 3.4-32　　　　　　　　　　溢洪道改建主要工程量汇总表

编号	工程项目	单位	工程量
I	土石方工程		
1	土方开挖	m^3	20368
2	石方开挖	m^3	40938
3	石方回填	m^3	8880
4	土方回填	m^3	1682
II	基础处理		
1	固结灌浆	m	2633
2	锚杆	m	1088
III	浆砌石工程		
1	浆砌石	m^3	3198
IV	钢筋混凝土工程		
1	C15 垫层混凝土	m^3	892
2	C20 混凝土	m^3	5871
3	C25 混凝土	m^3	1968
4	钢筋	t	595
V	其他		
1	启闭机房	m^2	140
2	钢质栏杆	m	108
3	混凝土栏杆	m	200
4	橡胶止水	m	1006

3.4.1.4　安全监测

1. 监测设计原则

该工程监测设计的主要原则如下。

（1）突出重点、兼顾全局，既要密切结合工程具体情况，以危及建筑物安全的因素为重点监测对象，做到少而精，同时兼顾全局，又要能全面反映工程的运行状况。

（2）由于该工程为已建工程，因此以外部变形和坝体渗流为主。监测项目的设置和测点的布设应满足监测工程安全资料分析的需要。

（3）对于监测设备的选择要突出长期、稳定、可靠。

2. 监测项目选择

为确保大坝的安全运行，掌握大坝的工作状态，根据《土石坝安全监测技术规范》（SL 60—1994）要求，结合该工程的实际情况以及类似工程的经验，该工程设置了如下监测项目。

（1）坝体水平位移和垂直位移监测。

（2）坝体浸润线监测。

（3）坝基渗透压力、绕坝渗流监测。

（4）东、西放水洞与坝体结合部的渗流监测。

（5）溢洪道的安全监测。

（6）库水位、气温和降雨量监测。

3. 大坝安全监测

（1）已有安全监测项目。角峪水库于 1960 年 7 月初建成，原工程只有简单的观测设备，由于年久失修，已基本上不能正常使用。鉴于上述情况，在本次改造中不考虑对原有的观测设施进行利用，所有项目均为新设项目。

（2）监测布置。

1）坝体的水平位移和垂直位移监测。外部变形监测是判断大坝是否正常运行的重要指标。根据该水库自身的特点以及运行情况，在主坝的平行坝轴线方向上布设 2 条测线，分别位于坝顶和坝下游一级马道上，每条测线上每间隔 50m 左右设置 1 个位移标点，监测坝体的水平位移和沉降，共 42 个测点。

2）坝体浸润线监测。对土石坝而言，坝体浸润线的高低是大坝稳定与否的关键，为监测坝体浸润线的分布情况，主坝沿坝轴方向共布设 5 个监测断面进行监测，分别位于坝轴线桩号 0+200、0+267、0+400、0+500 和 0+700 处，每个监测断面上布设 3 个测压管，分别位于坝顶、坝下一级马道、马道下的边坡上。除此之外，为监测复合土工膜和高喷混凝土墙的防渗效果，在上述监测断面的高喷混凝土墙后、复合土工膜下的坝体 159.00m 高程附近各布设 1 支渗压计，共 5 支。渗压计通过电缆引向观测站。

3）坝基渗透压力、绕坝渗流观测。为监测坝基的渗流情况，在上述 5 个监测断面上，坝顶和坝下一级马道的测压管底部的坝基内，分别布设 1 支渗压计，共 10 支。

为监测主坝的绕坝渗流状况，在主坝两侧坝肩分别布设 3 支测压管。

4）东、西放水洞与坝体结合部的渗流监测。为监测东、西放水洞与坝体结合部的渗流状况，在其结合部各布设 3 支渗压计，共 6 支。

5）溢洪道的安全监测。在本次除险加固中，溢洪道属于重建工程，为监测溢洪道底板渗透压力，在沿底板中心线上布置 3 支渗压计，为监测溢洪道与坝体结合部的接触渗流，沿溢洪道与坝体结合部布设 5 支渗压计，左侧 2 支，右侧 3 支，共计 8 支。渗压计通过电缆引向监测站。

另外，为监测溢洪道的不均匀沉陷情况，在溢洪道闸室及挡墙左右两侧各布置 6 个垂直位移标点，共 12 个。

6）库水位、气温和降雨量监测。根据该水库目前现状，水位计拟放在主坝上游坡库水位比较平稳的部位，通过水压力的变化来测定库水位的高低。同时，在西放水洞闸室侧面布设 1 个水尺，用以进行人工观测。

为监测库区附近的大气温度和降雨量，拟在水库管理所内的监测房顶设 1 个百叶箱和 1 个雨量计。

该工程拟设 2 个观测站，在坝顶桩号 0+500 桩号附近新建一座观测站，另一座观测站位于水库管理所内，可利用已有空房。仪器电缆根据距离两座观测站的远近，就近引入测站。

4. 监测工程量表

安全监测工程量见表 3.4-33。

表 3.4-33　　　　　　　安 全 监 测 工 程 量 表

序号	项目	单位	数量
1	渗压计	支	31
2	水位计	支	1
3	温度计	支	1
4	雨量计	支	1
5	水尺	m	10
6	四芯屏蔽水工电缆	m	15000
7	位移标点	个	42
8	工作基点	个	4
9	垂直位移测点	个	12
10	垂直位移工作基点	个	1
11	镀锌钢管	m	230
12	电缆保护管（$\phi50mm$ PVC 管）	m	1000
13	全站仪	台	1
14	水准仪	台	1
15	振弦式读数仪	台	1
16	平尺水位计	台	1

3.4.1.5　机电及金属结构

1. 电气一次

（1）现状。角峪水库现有变电站为 1980 年建造，运行年久，电气设备已严重老化，变压器型号 S7-50/10，型号老、容量小、损耗大、变压器漏油严重，运行的安全性和可靠性较差，不符合节能要求，属于淘汰产品；变电站低压配盘是无型号、无生产厂家、无出厂日期的"三无"产品，电器元件已老化；动力箱小，锈蚀严重，进、出线混乱且不规范，低压线路均为架空裸线、部分地段较低、存在严重安全隐患、对人身安全构成威胁；柴油发电机、坝顶照明灯具等已被盗，部分地段供电设施已被破坏；变电站无补偿设备；房子破旧、漏雨严重等。

此次更新改造将原有电气设备、线路全部更换，变电站重建。

由于原变电站位于管理房处（管理房变电站），距新建溢洪道较远约为 1200m，已超出 0.4kV 供电范围（500m），需在溢洪道处新建 1 座 10/0.4kV 变电站，命名为"溢洪道变电站"，变电站电源从附近村庄 10kV 线路"T"接一回架空至溢洪道变电站，距离约 1.5km。（当地供电部门已同意）

（2）电源引接方式。本次属除险加固改造，根据《供配电系统设计规范》（GB 50052—1995）规定溢洪道变电站按二级负荷设计，主供电源从"T"接架空来的 10kV 电源终端杆引下经电缆（YJV22-3×35　8.7/10kV）至变电站；备用电源由柴油发电机组发电经电缆（ZR-YJV22-3×70+1×35　1kV）至变电站 0.4kV 母线；变电站主要为溢洪道、东放水洞闸门启闭机、照明负荷、检修负荷等负荷供电；电网与柴油发电机组通过

SQG1-200-3PF 自动电源转换开关，完成双回路供电系统的电源自动转换，以保证重要负荷供电的可靠性；溢洪道变电站为新建。

管理房变电站按三级负荷设计，负荷采用单电源供电：利用原有 10kV 电源，从原终端杆引下经电缆（YJV22-3×35 8.7/10kV）至管理房变电站；变电站主要为西放水洞闸门启闭机、照明负荷、检修负荷、计算机监控负荷及原有负荷等负荷供电；管理房变电站为重建。

（3）电气接线。溢洪道变电站、管理房变电站均属永久变电站，电压等级为 10kV/0.4kV；高压均采用组合式变电站，共 2 台；变压器容量均为 100kVA。

1）溢洪道变电站。10kV 进线 1 回，0.4kV 进、出线采用 MNS 组合式低压开关柜共 1 面，电容补偿柜 1 面，补偿装置容量为 15×2=30kvar。另设 1 台柴油发电机组作为外来电源失去时的备用电源，为重要闸用负荷供电；本站 10kV 侧采用单母线接线，0.4kV 侧亦采用单母线接线，高压侧 1 回进线接入 10kV 母线，经主变压器至 0.4kV 母线，考虑到负荷功率不大，距离较近，在低压母线上采用集中补偿装置补偿。

2）管理房变电站。10kV 进线 1 回，0.4kV 进、出线采用 MNS 组合式低压开关柜共 2 面，电容补偿柜 1 面，补偿装置容量为 15×2=30kvar。本站 10kV 侧采用单母线接线，0.4kV 侧亦采用单母线接线，高压侧 1 回进线接入 10kV 母线，经主变压器至 0.4kV 母线，考虑到负荷功率不大，在低压母线上采用集中补偿装置补偿。

（4）主要电气设备选择。

1）组合式变电站。溢洪道变电站变压器容量选择：因最大运行工况为 2 台 7.5kW 启闭机运行，正常照明加 1 台 7.5kW 启闭机起动，选择变压器容量为 100kVA。

管理房变压器容量选择：考虑原有负荷（管理处办公楼、职工宿舍楼、潜水泵、塑料加工厂、太阳能集热管加工厂）和本次改造的西放水洞负荷，选择变压器容量为 100kVA。

型式：ZBN-100/10　户内型

高压单元：

额定电压：10kV；

最高工作电压：11.5kV；

额定电流：630A；

额定短时耐受电流：16kA；

额定峰值耐受电流：40kA。

变压器单元：

型式：SC10-100/10　环氧树脂浇注干式变压器；

额定容量：100kVA；

额定电压：10/0.4kV；

绝缘水平：LI175AC35/LI0AC3；

高压分接范围：±2×2.5%；

联接组别：D，yn11；

阻抗电压：$U_k=4\%$。

2）氧化锌避雷器。

型号：Y5WS5-17/50；

系统额定电压：10kV；

避雷器额定电压：17kV；

避雷器持续运行电压：13.6kV；

雷电冲击残压：50kV；

爬电比距：大于 2.4cm/kV。

3）跌落式熔断器。

型号：RW9-10；

额定电压：10kV；

额定电流：100A；

额定断流容量：100kVA。

4）低压开关柜。

型式：MNS 型，低压抽出式开关柜；

额定工作电压：380V；

额定绝缘电压：660V；

水平母线额定工作电流：4000A；

垂直母线额定工作电流：1000A；

水平母线短时耐受电流：80kA；

垂直母线短时耐受电流：60kA；

外壳防护等级：IP4X。

5）柴油发电机柴油。柴油发电机容量选择：按 2 台 7.5kW 启闭机运行，正常照明加
1 台 7.5kW 启闭机起动，选择柴油发电机容量为 68kW。

额定输出功率：68kW；

额定电压：400V 三相四线；

额定频率：50Hz；

额定功率因数：0.8；

噪声水平（dB）：不大于 92。

（5）主要电气设备布置。溢洪道变电站布置在溢洪道附近，与 10kV 终端接杆、溢洪
道、东放水洞均相对合理，且地势相对较高，不易积水、便于值班人员巡视的地方。组合
式变压器、低压柜、无功补偿柜布置在变电站内。柴油发电机布置在柴油发电机房内。变
电站内布置见配电房电气设备布置图。

管理房变电站布置在原地附近，与 10kV 终端杆、管理房、西放水洞均较合理，且地
势相对较高，不易积水、便于值班人员巡视。组合式变压器、低压柜、无功补偿柜布置在
变电站内。变电站内布置见配电房电气设备布置图。

溢洪道、东放水洞、西放水洞启闭机控制箱布置在启闭房内，为方便溢洪道、放水洞
启闭机检修，溢洪道、东放水洞、西放水洞房内各布置 1 个配电箱、1 个照明箱。

从变电站至溢洪道、东放水洞、西放水洞、管理房均采用电缆穿管直埋敷设；溢洪

道、放水洞房内电缆穿管暗敷。

(6) 照明。为降低损耗，采用节能型高效照明灯具。启闭机房照明布置工矿灯，事故照明灯采用带蓄电池灯具；变电站、柴油发电机房、管理房办公楼照明布置荧光灯、吸顶灯，事故照明灯采用带蓄电池灯具。坝顶道路照明灯具布置在坝顶上游侧，灯杆采用钢管杆，杆高 8m，安装间距为 30m，电缆穿管直埋。

(7) 过电压保护及接地。为防止雷电波侵入，管理房变电站在 10kV 电源进线处，即原 10kV 架空线终端杆上装设一组氧化锌避雷器；溢洪道变电站在 10kV 架空线终端杆上装设一组氧化锌避雷器。

接地系统以人工接地装置（接地扁钢加接地极）和自然接地装置相结合的方式。人工接地装置包括：变电站、溢洪道、管理房、放水洞等处设的人工接地装置。自然接地装置主要是利用结构钢筋等自然接地体，人工接地装置与自然接地装置相连，所有电气设备均与接地网连接。接地网接地电阻不超过 1Ω，若接地电阻达不到要求时，采用高效接地极或降阻剂等方式有效降低接地电阻，直至满足要求。

(8) 电缆防火。根据《水利水电工程设计防火规范》（SDJ 278—1990）要求，所有电缆孔洞均应采取防火措施，根据电缆孔洞的大小采用不同的防火材料，比较大的孔洞选用耐火隔板、阻火包和有机防火堵料封堵，小孔洞选用有机防火堵料封堵。电缆沟主要采用阻火墙的方式将电缆沟分成若干阻火段，电缆沟内阻火墙采用成型的电缆沟阻火墙和有机堵料相结合的方式封堵。

(9) 主要工程量表。电气一次主要工程量见表 3.4-34。

表 3.4-34　　　　　　　　　电气一次主要工程量表

序号	名称	型号规格	单位	数量	备注
1	组合式变电站	ZBN-100/10 100 kVA	台	2	
2	氧化锌避雷器	Y5WS5-17/50	组	2	
3	跌落式熔断器	RW9-10 10kV 100A	套	2	
4	并沟线夹	JB-3	套	12	
5	户外三芯电缆终端	5601PST-G1 15kV	套	2	
6	户内三芯电缆终端	5623PST-G1 15kV	套	2	
7	低压配电盘	MNS	面	5	
8	照明配电箱		面	4	
9	检修箱		面	4	
10	灯具		项	1	
11	10kV 电缆	YJV22-3×35 8.7/10kV	m	150	终端杆至变压器
12	1kV 电缆		m	3000	
13	导线	BV-6	m	300	
14	导线	BV-4	m	1000	
15	导线	BV-2.5	m	400	
16	护管	φ32mm	m	400	

序号	名称	型号规格	单位	数量	备注
17	护管	$\phi 20mm$	m	600	
18	接地装置		项	1	
19	电缆封堵防火材料		项	1	
20	水煤气管	$\phi 40mm$	m	1200	
21	水煤气管	$\phi 100mm$	m	400	
22	柴油发电机	68kW 0.4kV	台	1	
23	10kV架空线路	1.5km	项	1	
24	坝顶照明	含灯柱	套	25	

2. 电气二次

（1）控制范围。角峪水库闸门自动控制系统的控制范围包括东放水洞工作闸门1扇、西放水洞工作闸门1扇、溢洪道工作闸门3扇，其中东、西放水洞工作闸门配套螺杆式启闭机，电机功率为3kW；溢洪道工作闸门配套固定卷扬启闭机，电机功率为7.5kW。

（2）控制方式及系统组成。闸门控制拟采用由上位计算机系统及现地控制单元组成的分层分布式控制系统。

1）上位计算机系统。由监控计算机、不间断电源、以太网交换机等设备组成，设于水库管理处办公室内。

2）现地控制单元。设于启闭机房，与上位计算机系统通过以太网连接，由PLC控制屏、动力屏、自动化元件构成。

PLC控制屏内装设可编程序逻辑控制器（PLC）、触摸屏、信号显示装置、网络服务器等。PLC具有网络通信功能，采用标准模块化结构。PLC由电源模块、CPU模块、I/O模块、通信模块等组成。

动力屏装设主回路控制器件，主要包括空气开关、接触器、热继电器等。

为了配合实施闸门控制系统的功能要求，实现闸门的远方监控，启闭机均装设闸门开度传感器、荷重传感器和水位传感器，将闸门位置信号、荷载信号及水位信号传送至现地控制单元和上位机系统，为闸门控制提供重要参数。

（3）上位计算机系统的功能。

1）数据采集和处理。模拟量采集：闸门启闭机电源电流、电压、闸前水位、闸后水位、闸门开度、闸门荷载。

状态量采集：闸门上升或下降接触器状态、闸门启闭机保护装置状态、动力电源、控制电源状态、有关操作状态等。

2）实时控制。通过监控计算机对闸门实施上升或下降的控制，所有接入闸门控制系统的闸门均采用现地控制与远方控制两种控制方式，互为闭锁，并在现地切换。

3）安全运行监视。

a. 状态监视。对电源断路器事故跳闸、运行接触器失电、保护装置动作等状态变化进行显示和打印。

b. 过程监视。在控制台显示器上模拟显示闸门升降过程，并标定升降刻度。

c. 监控系统异常监视。监控系统中硬件和软件发生故障时立即发出报警信号，并在显示器显示记录，同时指示报警部位。

d. 语音报警。利用语音装置，按照报警的需要进行语言的合成和编辑。当事故和故障发生时，能自动选择相应的对象及性质语言，实现汉语语音报警。

4）事件顺序记录。当供电线路故障引起启闭机电源断路器跳闸时，电气过负荷、机械过负荷等故障发生时，应进行事件顺序记录，进行显示、打印和存档。每个记录包括点的名称、状态描述和时标。

5）管理功能。

a. 打印报表。包括闸门启闭情况表、闸门启闭事故记录表。

b. 显示。以数字、文字、图形、表格的形式组织画面在显示器上进行动态显示。

c. 人机对话。通过标准键盘、鼠标可输入各种数据，更新修改各种文件，人工置入各种缺漏的数据，输入各种控制命令等，实现各涵闸运行的监视和控制。

6）系统诊断。主控级硬件故障诊断：可在线和离线自检计算机和外围设备的故障，故障诊断应能定位到电路板。

主控级软件故障诊断：可在线和离线自检各种应用软件和基本软件故障。

7）软件开发。应能在在线和离线方式下，方便地进行系统应用软件的编辑、调试和修改等任务。

（4）现地控制单元的功能。

1）实时数据采集和处理。模拟量采集：闸门启闭机电源电流、电压、闸前水位、闸后水位、闸门开度、闸门荷载。

状态量采集：闸门行程开关状态、启闭机运行故障状态等。

涵闸监控系统通过在不同点安装一定数量的传感器进行以上数据的信号采集，并对数据进行整理、存储与传输。

2）实时控制。运行人员通过触摸屏在现场对所控制的闸门进行上升、下降、局部开启等操作。闸门开度实时反映，出现运行故障能及时报警并在触摸屏上显示。通过通信网络接受上位机系统的控制指令，自动完成闸门的上升、下降、局部开启。

3）安全保护。闸门在运行过程中，如果发生电气回路短路电源断路器跳闸，当发生电气过负荷，电压过高或失压，启闭机荷重超载或欠载时，保护动作自动断开闸门升/降接触器回路，使闸门停止运行。如果由于继电器、接触器接点粘连，或发生其他机械、电气及环境异常情况时，应自动断开闸门电源断路器，切断闸门启闭机动力电源。

4）信号显示。在 PLC 控制屏上通过触摸屏反映闸门动态位置画面、电流、电压、启闭机电气过载、机械过载、故障等信号。

5）通信功能。现地控制单元将采集到的数据信息上传到上位机系统，并接收远程控制命令。

3. 金属结构

（1）概况。角峪水库除险加固工程金属结构设备主要布置在新建东放水洞、西放水洞和溢洪道控制闸。金属结构设备包括平面闸门 7 扇、螺杆启闭机 2 台、单轨移动式启闭机

2 台、固定卷扬式启闭机 3 台。总工程量约为 53.6t。

（2）工程现状和存在的主要问题。角峪水库始建于 20 世纪 60 年代，由大坝、东放水涵洞、西放水涵洞、开敞式溢洪道组成。金属结构设备布置在东、西放水涵洞进口。

东放水洞进口设工作闸门 1 扇，孔口尺寸 1.0m×1.0m，1973 年更换为平板钢闸门，采用螺杆启闭机操作。

西放水洞进口设工作闸门 1 扇，孔口尺寸 1.2m×1.2m，1980 年改建启闭机房，更换为平板钢闸门，采用螺杆启闭机操作。

2 条放水洞的闸门和启闭设备运行 30 年以上，设备陈旧、锈蚀、破损严重，操作困难，不能正常运行。特别是西放水洞工作闸门漏水严重，每次放水后常用麻袋、草袋堵塞。放水洞进口没有设置检修门，工作闸门无法进行正常维修。运行管理存在安全隐患，已不能满足运行要求。

大坝安全鉴定结论是 2 条放水洞的闸门变形漏水，启闭设备均已陈旧、老化、锈蚀、破损严重，不能正常运行。

（3）设备选型与布置。东、西放水洞进口增设检修闸门，更换工作闸门及启闭机。

由于溢洪道下游河道防洪能力低，为控制下泄流量，溢洪道增设控制闸门及启闭设备。

1）东、西放水洞。新建东、西放水洞的主要任务是灌溉引水，进口依次设置检修闸门、工作闸门及其启闭设备。

a. 检修闸门及启闭设备。检修闸门均为平面滑动门，孔口尺寸 1.0m×1.5m，闸门尺寸 1.54m×2.0m，东、西放水洞的底坎高程分别为 156.57m、157.07m，设计水头分别为 7.00m、6.50m，运用条件为静水启闭，采用门顶充水阀充水平压。闸门平时锁定在塔顶 167.50m 高程，当工作门槽需要检修时闭门挡水。闸门主要材料采用 Q235B，主支承材料为油尼龙。

启闭设备均选用单轨移动式启闭机操作，同时兼顾工作闸门及其启闭机的检修；启闭容量均为 50kN，扬程 12m。

b. 工作闸门及启闭设备。工作闸门均为平板滑动闸门，孔口尺寸 1.0m×1.0m，闸门尺寸 1.54m×1.4m，东、西放水洞设计水头分别为 9.79m、9.29m，运用方式为动水启闭，有局部开启要求。闸门根据灌溉引水流量要求局部开启运用，汛期或不引水时闸门闭门挡水；闸门主要材料采用 Q235B，主支承材料为油尼龙。

启闭设备均选用螺杆启闭机操作，启闭容量均为 50kN/30kN，扬程 3.0m。

2）溢洪道控制闸。根据水工布置，新建溢洪道控制闸设在原溢洪道中部，共 3 孔；由于水库水位一般低于正常蓄水位，闸门检修可安排在低水位时进行，故不设检修闸门，仅设工作闸门，工作闸门每孔 1 扇。

工作闸门孔口尺寸 5.0m×2.68m，底坎高程为 162.00m，根据闸门控制泄量 40m³/s 的要求，设计水头 2.68m，闸门运用方式为动水启闭，有局部开启要求。工作闸门选用平面滑动闸门。门体主要材料采用 Q345B，埋件采用 Q235B，主支承为自润滑复合材料。

启闭设备选用固定卷扬启闭机，1 门 1 机布置，共 3 台。启闭容量 2×100kN，扬程 7m。

（4）启闭设备及控制要求。螺杆式启闭机和固定卷扬式启闭机均可现地与远方控制。

启闭机设有荷载限制器，具有自动报警及切断电路功能。当荷载达到90％额定起重量时自动报警，达到110％额定起重量时自动切断起升机构电路，确保运行安全。

启闭机设有行程限位开关，用于控制闸门的上、下极限位置，具有闸门到位自动切断电路的功能。

启闭机设有闸门开度传感器，用于显示和控制闸门的起升高度，与行程限位开关一起控制闸门的运行，其接收装置具有数字动态显示功能，可安装于现场。对于要求远方控制的启闭机，其信号可传至远方控制中心。该装置可控制闸门停在预先设定的任意位置，满足工作闸门的局部开启要求。

（5）工程量。金属结构工程量详见表3.4－35。

表 3.4－35 角峪水库除险加固工程金属结构工程量表

| 基本资料 | | | | 闸门 | | | | | 启闭机 | | | | | | |
闸门名称	闸门尺寸/(宽×高，m×m)—设计水头/m	孔口数量/个	扇数	闸门型式	门体重量 单重/t	门体重量 共重/t	埋件重量 单重/t	埋件重量 共重/t	型式	容量/kN—行程/m	数量/个	单重/t	共重/t	抓梁/t	轨道/t
东放水洞 检修闸门	1.54×2.0—7.0	1	1	平面滑动	1.5	1.5	4	4	单轨移动式启闭机	50—12	1	1.0	1.0		0.5
东放水洞 工作闸门	1.54×1.4—9.79	1	1	平面滑动	1	1	0.8	0.8	螺杆机	50/30—3	1	1.0	1.0		
西放水洞 检修闸门	1.54×2.0—6.5	1	1	平面滑动	1.5	1.5	3.5	3.5	单轨移动式启闭机	50—12	1	1.0	1.0		0.5
西放水洞 工作闸门	1.54×1.4—9.29	1	1	平面滑动	1	1	0.8	0.8	螺杆机	50/30—3	1	1.0	1.0		
溢洪道 工作闸门	5.9×3.1—2.68	3	3	平面滑动	3.5	10.5	3.5	10.5	固定卷扬启闭机	2×100—7	3	4.5	13.5		
合计						15.5		19.6					17.5		1
总计	53.6t														

3.4.1.6 消防与节能设计

角峪水库除险加固工程主要建筑物包括新建东放水洞、西放水洞和溢洪道控制闸。根据运行要求和结构特点，溢洪闸 3 孔设进口工作闸门 3 套，工作闸门用固定卷扬式启闭机，上面布置卷扬启闭机室。放水洞设进口检修门、工作门各 1 套，上面设闸门启闭机室。溢洪闸附近有变电站和柴油发电机房、集中控制室等建筑物。

1. 消防设计

（1）消防设计依据和设计原则。

1）设计依据。

《水利水电工程设计防火规范》（SL 329—2005），《建筑设计防火规范》（GB 50016—2006），《建筑灭火器配置设计规范》（GB 50140—2005）。

2）设计原则。该工程消防设计贯彻"预防为主，防消结合"和"确保重点，兼顾一般，便于管理，经济实用"的原则。

（2）消防设计。该工程中需要消防的部位有：放水洞的启闭机房、溢洪闸的卷扬式启闭机室、柴油发电机房、变压器室、闸门集中控制室、值班及生活用房等。

根据《水利水电工程设计防火规范》（SL 329—2005）的规定，上述各部位的火灾危险性及耐火等级见表 3.4-36。

表 3.4-36　　　　　　　　　建筑物的火灾危险性及耐火等级表

部位	火灾危险性类别	耐火等级	火灾危险等级
柴油发电机房	丙	二	中
干式变压器室	丁	二	中
中控室、通信室、继电保护盘室等	丙	二	严重
卷扬式启闭机室	戊	三	轻
水工观测仪表室	丁	二	轻
值班及生活用房	丁	二	轻

因该工程涉及的建筑物比较简单，消防面积相对较小，大多为混凝土结构，耐火等级高，易燃物较少。故根据不同的耐火等级、火灾危险性类别和火灾危险等级，配备适当的移动灭火器即可满足防火要求。灭火器配置见表 3.4-37。

表 3.4-37　　　　　　　　　　灭 火 器 配 置 表

序号	部位	火灾危险等级	灭火器型号	数量
1	放水洞启闭机房	轻	MT5	2×2＝4
2	卷扬式启闭机室	轻	MT5	2
3	柴油发电机房	中	MT5	2
4	干式变压器室	中	MT5	2
5	集中控制室	严重	MT5	3
6	水工观测仪表室	轻	MT5	2
7	值班及生活用房	轻	MT5	2

2. 节能设计

（1）电气设备。在整个配电系统中，变压器的能源消耗所占比重最大，因而选用低损耗变压器可以降低能源消耗。山阳水库原有1台S7－50/10型三相油浸站用电力变压器，为20世纪70年代生产，属超期服务，其技术参数落后，能耗指标偏高，运行的安全性和可靠性较差，不符合节能要求，属于淘汰产品。本次改造将该站变压器更新为1台ZBN－100/10型干式变压器，变压器参数按《三相配电变压器能效限定值及节能评价值》（GB 20052—2006）控制。

为提高电网潮流功率因数、减少无功潮流、降低电网损耗，在变电站设计中增设无功补偿装置。

新站高、低压母线均采用铜母线，与铝母线相比电能损耗降低，节约了能源。

在此次改造中，为降低损耗，照明均采用节能型灯具和节能控制系统等高效产品。

在闸门控制系统设计中，控制设备在选型时充分考虑安全可靠，经济合理，节约运行费用并选择节能产品。控制系统采用PLC控制，采用弱电集成模块，较常规继电器接线回路节省了设备，降低了电能损耗，节约了能源。

（2）金属结构。在金属结构设备运行过程中，操作闸门的启闭设备消耗了大量的电能，降低启闭机的负荷，就能减少启闭机的电能消耗，实现节能。

闸门启闭力的大小与闸门重量、闸门的支承和止水的摩阻力有关。因此，在闸门设计中选用摩擦系数较小的自润滑复合材料作为主滑块的材质；闸门的止水采用摩擦系数小、耐磨性强的橡塑复合材料。这些设计和新材料的选用降低了闸门的启闭力，从而减少了启闭机的容量，在保证设备安全运行的情况下减少电能消耗。

（3）施工机械。该工程主要施工项目有：原大坝、水闸等建筑物的混凝土、砌石拆除和重建，基础固结灌浆、土工膜铺设及高喷防渗墙、土石方挖装和运输、混凝土拌和与浇筑、金属结构与机电设备运输和安装等等。施工项目均需要施工机械、设备和配套设施。施工期从机械设备使用与管理等方面应尽量采用节能新工艺、新技术、新材料和新产品，并采用以下节能措施。

1）限制并淘汰落后的施工机械和设备。

2）施工期夜间照明，采用节能型灯具和节能控制系统。

3）尽量采用生物柴油、乙醇类燃料汽车和机械。

4）尽量采用高效节能水泵和空压机。

5）使用逆变式焊接电源焊机、自动和半自动焊接设备、CO_2气体保护焊机等。

6）建立一套完善的施工机械设备技术状况检查方法及管理制度，推广燃油节能添加剂、燃油清净剂、润滑油节能添加剂、子午线轮胎等汽车节能新技术产品。

7）推广节能驾驶操作培训，提高驾驶员技术素质。

8）更新改造老化的大中型拖拉机、推土机等施工机械，加强柴油机的节能技术改造。

3.4.2　山阳水库

山阳水库现状主要建筑物包括主坝、东副坝、北副坝、开敞式无控制溢洪道、南放水洞、北放水洞。

鉴于本次主坝加固主要内容为坝体防渗体系、上下游护坡改建、坝顶防浪墙重建等，工程布置采取现坝轴线位置不变，原位加固方案。

东副坝坝顶高程和坝顶宽度都不满足规范要求，本次设计采用上游坡回填黏土质砂方案，这样既解决了坝顶高程和宽度问题，又解决了坝体防渗问题。

北副坝主要是坝顶宽度不足，现上游坡为浆砌石挡土墙，采取下游坡加宽方案。

在北小新庄的西北方向有一处垭口，此处高程只有 137.50m 左右，不能满足水库挡水的要求，在此修建一座副坝。为了尽可能少的影响此地交通，利用靠近库区的一条道路，从其北侧路面开始起坡填筑坝体，坝轴线直线布置，一直延伸到两侧岸边。

溢洪道位于主坝右岸阶地段桩号 0＋800～0＋822.4 处，为正槽无控制开敞式，坐落在粉土质砂和残积土层上，总长 550m，由进水渠、溢流堰、泄槽、跌水消力池、尾水渠 5 部分组成。根据鉴定意见，本次溢洪道加固的主要内容是增加闸门调控下泄流量、解决泄槽泄流能力不足、增加消力池，采取现溢洪道位置不变，原位加固方案。

由于山阳水库仅有一条南放水洞可以放空水库，在水库加固过程中，此放水洞要作为施工期导流洞使用，所以，只有重新修建南放水洞。为了便于与下游灌溉渠连接，减少连接长度，在满足施工要求的前提下，新建放水洞尽量靠近现状放水洞，布置在现放水洞左岸。

3.4.2.1　主坝加固

1. 主坝现状

主坝为均质土坝，长 900m，坝顶高程 139.77～140.18m。防浪墙顶高程 140.43～141.20m，最大坝高 13.2m，坝顶宽 5m。上游坡为干砌石护坡，在 133.00m 高程设 5m 宽平台，平台以上坡度为 1：2.4，以下坡度为 1：3。下游坡为草皮护坡，在 136.00m、131.00m 高程分别设 1.16m 和 2.4m 宽的马道，136.00m 高程以上坡度为 1：2.2，136.00～131.00m 高程之间坡度为 1：2.8，131.00m 高程以下为贴坡排水，坡度为 1：3。

水利部大坝安全管理中心角峪水库大坝安全鉴定结论为：主坝坝顶高程不满足规范要求，上游护坡破损严重，质量不满足规范要求，部分坝段无反滤层；上游坝基清基不彻底，坝基渗漏严重，下游有冒水翻砂现象，虽经截渗处理，坝体填筑质量差，坝后渗漏严重，下游坡大面积散浸；坝基高含砂量的粉土质砂③存在渗透变形破坏的可能。

2. 主坝加固项目

根据主坝现状和存在的主要问题，以及水利部大坝安全管理中心的鉴定结论，确定主坝加固项目如下。

（1）主坝体型修整。原大坝坝坡变形严重，应对其进行整修。整修原则是在保证坝坡稳定的前提下，为了减少工程投资，原坝坡基本不变，仅对坝坡进行整修。坝顶高程统一为 139.90m，坝顶宽度统一为 5.0m。

（2）坝体坝基防渗加固。原坝体填筑质量差，坝基清基不彻底，渗漏严重，应对其进行全面防渗处理。上游坝坡铺设两布一膜复合土工膜进行防渗，复合土工膜铺设到

133.20m 高程，此高程以下采用高压定喷墙作为坝基防渗，顶部与复合土工膜连接，底部深入残积土下 1m。

（3）上下游护坡全部拆除重建。原上下游护坡存在大面积塌陷，护坡质量极差，上游护坡拆除重建，采用干砌石，其下设置砂砾石垫层；下游护坡全部采用 0.3m 厚的耕植土，其上植草护坡。

（4）坝体排水系统拆除重建。现下游坝脚贴坡排水坍塌严重，需拆除重建。大坝原排水沟坍塌、淤积严重，全部予以拆除重建。分别重新设置了 A、B、C 型 3 种纵横向排水沟。

（5）新建坝顶道路及上坝步梯。原水库防汛道路不完善、标准低，增建宽 5.0m、厚 0.35m 的沥青路面。大坝增加了 2 道上坝步梯。

3. 坝顶高程复核

根据《碾压式土石坝设计规范》（SL 274—2001）规定，坝顶高程等于水库静水位与坝顶超高之和。坝顶超高计算公式采用式（3.4-1）计算。

（1）风壅水面高度。风壅水面高度 e 按式（3.4-2）计算。

（2）平均波高和平均波周期。平均波高和平均波周期采用莆田试验站公式计算，即式（3.4-3）。

（3）平均波长。平均波长 L_m 计算采用式（3.4-4）。

（4）平均波浪爬高。主坝体迎水面坡度系数为 2.5，正向来波在坡度系数为 1.5～5.0 的单一斜坡上的平均爬高按式（3.4-5）计算。

设计波浪爬高值应根据工程等级确定，工程等级为 3 级的坝采用累积频率为 1% 的爬高值 $R_{1\%}$。

根据《碾压式土石坝设计规范》（SL 274—2001），坝顶高程等于水库静水位与坝顶超高之和，根据该工程运行情况，分别按以下组合计算，取其最大值。①设计洪水位加正常运用条件的坝顶超高，②正常蓄水位加正常运用条件的坝顶超高，③校核洪水位加非常运用条件的坝顶超高。

根据泰安市气象站的观测资料统计分析，多年平均最大风速为 14.6m/s，吹程3320m。根据规范 SL 274—2001，正常运用情况下设计风速取为多年平均最大风速的 1.5倍，即为 21.9m/s。坝顶高程计算结果见表 3.4-38。

由表 3.4-38 知，设计洪水位加正常运用条件工况控制坝顶高程，计算的坝顶高程为 141.09m。

根据测量结果，现大坝坝顶高程为 139.77～140.18m。防浪墙为浆砌石结构，未设沉陷缝，经多年运行，由于不均匀沉陷产生多条裂缝，缝宽一般为 3～5mm。砌筑砂浆强度较低，平均值仅为 4.6MPa。在坝顶挖探坑揭示，防浪墙基础砂浆不饱满，起不到防渗作用。故现坝顶高程不满足要求，比计算值低 1.2m。采取在坝顶加 1.2m 高防浪墙，现坝顶高程不变的加高方案。

最低处比需要的坝顶高程低 1.32m，可采取在坝顶加 1.2m 高的防浪墙，坝顶局部加高方案。加高后防浪墙顶高程 141.10m，坝顶高程 139.90m。

表 3.4 - 38　　　　　　　　　山阳水库主坝坝顶高程计算结果表

运用工况	水位 /m	设计波浪爬高 R/m	风壅水面高度 e/m	安全加高 A/m	坝顶超高 y/m	计算坝顶高程 /m
正常	136.80	2.261	0.027	0.7	2.988	139.79
设计	138.13	2.237	0.024	0.7	2.961	141.09
校核	138.95	1.359	0.010	0.4	1.769	140.72

从表 3.4 - 38 看出，校核工况控制坝顶高程，计算的坝顶防浪墙高程为 168.50m。

现坝顶高程为 167.50m，部分基础下为全风化料，且砂浆不饱满，局部位置为砂灰砌筑，与防渗体连接不紧密，起不到防渗作用。故现坝顶高程不满足要求，比计算值低 1.0m。采取在坝顶加 1m 高防浪墙，现坝顶高程不变的加高方案。

4. 防渗系统设计

(1) 方案比选。山阳水库经过多次加高加固改建，现坝体存在较多的质量缺陷，主要表现为坝体填筑质量差，干密度为 $1.53 \sim 1.90 \text{g/cm}^3$，平均干密度 1.72g/cm^3，填筑压实度仅为 71% ～ 93%。坝体防渗性能差，坝体填土渗透系数范围值 $4.31 \times 10^{-5} \sim 7.59 \times 10^{-3} \text{cm/s}$，平均渗透系数 $3.89 \times 10^{-4} \text{cm/s}$，接近 84.6% 大于 1×10^{-4} cm/s；0+300～0+450 段和 0+150～0+230 段坝脚以上出现大面积浸润片，坝脚处已沼泽化。坝体产生裂缝、塌坑，桩号 0+152～0+162 段，高程 135.50m 处，上游坡出现一平行于坝轴线长 8m、宽 3m 的椭圆形塌坑，只进行了回填处理；1960 年大坝建成蓄水后，大坝下沉 0.8m，在桩号 0+260～0+310 段出现纵向裂缝，宽 10cm，采取腾空库容自压灌浆处理后，主坝坝基清基不彻底，含一层高含沙量的粉土质砂层③，松散～稍密，分布在桩号 0+100～0+650 段，在坝前后形成贯通，厚 0.4～4.6m，平均厚度 1.61m，试坑抽水试验测得渗透系数为 $3.8 \times 10^{-2} \text{cm/s}$，坝基渗漏严重。为防止坝体、坝基发生大面积的渗透破坏，进而危及大坝安全，因此需对坝体和坝基进行防渗处理。

地质资料显示，坝址区岩土体共分 5 层，自上而下有坝体粉土质砂第①层 (坝体中部局部分布有含沙量高的粉土质砂第①-1 层)、坝基粉土质砂第②层、坝基含沙量高的粉土质砂第③层、残积土第④层及页岩第⑤层。其中坝体粉土质砂第①层的渗透系数平均值为 $3.89 \times 10^{-4} \text{cm/s}$，属弱透水～中等透水，接近 84.6% 大于 $1 \times 10^{-4} \text{cm/s}$；坝基粉土质砂第②层的渗透系数平均值为 $1 \times 10^{-4} \text{cm/s}$，属弱透水～中等透水；坝基含沙量高的粉土质砂第③层的渗透系数为 $3.8 \times 10^{-2} \text{cm/s}$，透水性较强，为库水向坝下游渗透的主要通道；粉土质砂第③层下残积土层土质均一，以黏土矿物为主，保留有原岩结构特征，局部夹有未完全风化页岩碎块，其分布广泛，层位连续，厚度从 2.5～7.5m 不等，该层渗透系数为 $4.65 \times 10^{-6} \text{cm/s}$，透水性较弱，可作为坝基相对不透水层。在防渗墙部位，残积土厚为 1.2～5.7m，为了保证防渗墙与相对不透水层的连接质量，将防渗墙底部嵌入残积土下部页岩 0.5m。

针对上述存在的问题和坝基材料情况，比较了两种防渗方案。

1) 方案一：上游坝坡铺复合土工膜＋坝基高压定喷灌浆防渗墙。结合上游护坡改建，在拆除现干砌石护坡后，将坝面整平压实，铺设复合土工膜（两布一膜200g/0.5mm/200g）。复合土工膜上部与坝顶防浪墙连接，左右两岸埋入土内。结合施工导流、施工规划论证，复合土工膜下部铺设至133.50m高程。133.50m高程以下，布设高压定喷灌浆防渗墙，防渗墙底部嵌入基岩顶以下0.5m，左右两端至两坝肩。坝面复合土工膜和下部坝体、坝基的防渗墙形成了完整的防渗体系。

2) 方案二：坝顶高压定喷灌浆防渗墙。坝体与坝基均采用高压定喷桩防渗墙，即在坝顶向下做高压定喷墙，直至基岩顶以下0.5m。

针对以上两个方案，主要从以下几个方面进行了比较。

a. 方案一复合土工膜铺设在主坝上游坡坡面，可以降低上游坝坡浸润线，减少高水位情况下的坝体变形，有利于上游坝坡稳定，且复合土工膜具有适应变形能力强、防渗性能好的特点，而且在近几年的病险水库加固处理中得到了广泛的应用，施工工艺成熟；结合坝坡修整、护坡改建，进行复合土工膜铺设，施工环节可以减少；由于该工程可用于导流的放水洞规模较小，泄水降低库水位和施工期导流受水库来流影响较大，并会在一定程度上影响工期，因此本方案施工会有一些风险。

b. 方案二防渗体布置在坝顶，在工程投入运用后，定喷墙上游的坝体在长时间的高水位下，坝体处于饱和状态，坝体浸润线高，对水位降落工况下的坝坡稳定十分不利，尤其在现坝体压实度仅有71%～93%的情况下，加固工程完成投入后的上游坝体的变形极可能引起坝体裂缝，危及大坝安全；由于施工工艺单一，防渗墙施工基本无导流问题、风险相对较小。

c. 由于两个方案主坝施工均不控制总工期，施工工期也基本一样，故工期不决定两个方案的比较。

d. 方案一与方案二的直接工程投资比较见表3.4-39。

表 3.4-39 　　　　　　　　　　主坝防渗加固直接工程投资比较表

编号	材料	单位	工程量	
			方案一	方案二
1	浆砌石	m^3	429	429
2	混凝土	m^3	1232	884
3	钢筋	t	42	42
4	回填土	m^3	15482	14052
5	干砌石	m^3	6701	6701
6	砂砾石	m^3	4554	4554
7	粗砂	m^3	352	352
8	上游坝坡复合土工膜 200g/0.5mm/200g	m^2	28759	
9	上下游坝面整平、碾压	m^2	28875	28875
10	坝顶沥青路面（沥青碎石＋封层，厚0.05m）	m^3	228	228
11	坝顶沥青路面（厚0.3m灰土基层）	m^3	1369	1369
12	干砌石拆除	m^3	4857	4857

编号	材料	单位	工程量	
			方案一	方案二
13	浆砌石拆除	m³	1517	1517
14	定喷墙顶凿除（0.3m 高）	m³	54	
15	上游护坡垫层拆除（0.2m）	m³	2495	2495
16	清基	m³	11773	8416
17	下游草皮护坡	m²	16401	16401
18	高压定喷墙（壤土内）	m	5969	11553
19	土工布与混凝土连接处橡皮板面积（厚 6mm，宽 12cm）	m²	176	
20	土工布与混凝土连接处钢板面积（厚 10mm，宽 8cm）	m²	56	
21	土工布与混凝土连接处膨胀螺栓	套	2926	
	工程直接投资	万元	598.7	642.4

由表 3.4-39 可看出方案一比方案二工程投资低 43.7 万元，占坝体加固总投资的 7.3%，且方案一运用条件较好，故本阶段推荐方案一即上游坝坡采用复合土工膜、基础采用高压定喷桩防渗方案。

（2）防渗方案设计。结合上游护坡改建，拆除原干砌石护坡，整平坡面后全部铺设两布一膜复合土工膜，以防止库内水位升高后坝体浸润线的升高，从而降低坝体渗透变形、阻止沿坝体裂缝可能产生的集中渗漏。

定喷墙位于主坝上游坡，上部与复合土工膜连接，下部根据基础透水性确定底高程。由于现水库在低水位时仅有南放水洞可以泄流，南放水洞底高程 131.50m，根据施工洪水验算，施工期围堰顶高程应为 133.50m，为了保证施工期定喷墙不受库水影响，定喷墙顶高程与施工围堰顶高程相同，取 133.50m。虽然坝基残积土的渗透系数较小，可以作为坝基不透水层，但由于其厚度仅为 1.2～5.7m，为了保证防渗墙与相对不透水层的连接质量，将防渗墙底部嵌入残积土下部页岩 0.5m。

根据主坝坝轴线地质纵剖面图和定喷墙地质纵剖面图，坝基从桩号 0+120～0+630 之间存在一层厚 0.4～4.6m 的高含砂量粉土质砂，平均厚度 1.61m，为了封堵坝基主要渗漏通道，定喷墙的设计范围为桩号 0+100～0+650 之间。高压定喷墙注浆孔距 1.2m，墙体最小厚度 0.1m。

复合土工膜从坝顶开始铺设，其顶端埋于坝顶上游防浪墙底；与放水涵洞混凝土和定喷墙连接采用锚固连接；与两岸壤土边坡的连接，在岸坡的连接处挖深 2.0m、底宽 4.0m 的槽，把土工膜埋入槽内，再用土回填密实；与底部壤土连接处挖深 1.0m、底宽 1.5m 的槽，把土工膜埋入槽内，再用土回填密实。

由于顶部定喷墙施工质量难以保证，施工中，定喷墙顶高程按照 133.50m 控制，在土工膜连接时，将顶部 0.3m 高的部分凿除，再将墙周边的壤土挖 0.3m 深，浇筑混凝土与定喷墙顶齐平，宽度根据两侧包住定喷墙，选为 0.7m。土工膜锚固在现浇的混凝土上，锚固后上部再浇筑 0.3m 厚混凝土，保证定喷墙与土工膜的连接可靠。锚固方法是先将连接处混凝土表面清理干净，涂上一层沥青，贴上橡胶垫片后再铺膜，土工膜上再贴橡胶垫片，并用 10mm 厚钢板压平，每隔 25cm 用膨胀螺栓固定，最后用混凝土或砂浆覆盖封闭。

5. 坝顶加高及结构设计

主坝防浪墙为浆砌块石结构，顶宽 0.7m。防浪墙未设沉陷缝，经多年运行，由于不均匀沉陷产生多条裂缝，缝宽一般为 3～5mm。砌筑砂浆强度较低，平均值仅为 4.6MPa。在坝顶挖探坑揭示，防浪墙基础与防渗体结合紧密，但防浪墙基础砂浆不饱满，起不到防渗作用。复核后坝顶高程不满足要求，本次结合上游坝坡改建和坝顶路面硬化，将原防浪墙拆除重建。根据计算，坝顶高程应为 141.09m。测量结果显示，现大坝坝顶高程为 139.77～140.18m，最低处比需要的坝顶高程低 1.32m，采取在坝顶加 1.2m 高的防浪墙，坝顶局部加高方案。加高后防浪墙顶高程 141.10m，坝顶高程 139.90m，高出坝顶 1.2m，墙身采用 M10 浆砌粗料石结构，厚 0.4m，基础采用 M10 浆砌石，并在墙顶设 M10 浆砌粗料石帽石。

原坝顶宽 5m，凹凸不平，未作硬化处理，为了防汛安全、交通方便和坝体美观，本次对其作整平、硬化处理。坝顶清基 0.3m，然后碾压整平。硬化路面宽度 4.7m，为沥青路面，厚 0.34m，其中灰土基层厚 0.3m，沥青碎石层厚 0.04m。路面设倾向下游的单面排水坡，坡度为 2%。

6. 上、下游坝坡复核及加固

(1) 上游坝坡加固。现上游坝坡为干砌石护坡，大坝 0+140～0+410 段上游护坡为应急翻修部分，原护坡石曾发生脱坡，后来重新进行了护砌。护坡实测厚度 20～25cm，平均厚度 23.6cm，平均直径 24.2cm，护坡下无反滤层，仅有 10～30cm 的碎石和毛石垫层。从库水位以上观察，护坡局部存在塌陷、架空现象，现场监测水面以上面积 6800m²，存在塌陷和损害的面积为 480m²，测量 10 处，最大塌陷深度 28.6cm，平均塌陷深度 19.6cm。

大坝 0+000～0+140 和 0+410～0+800 段，护坡局部塌陷严重，护坡厚度 18～20cm，平均厚度 18.5cm，护坡下无反滤，仅有 10～20cm 的碎石垫层。护坡塌陷、架空现象严重，现场检查水面以上面积 1200m²，存在塌陷和损害的面积为 258m²，测量 10 处，最大塌陷深度 28.6cm，平均塌陷 14.6cm。

由于坝坡损坏严重，厚度不足，部分护坡下无反滤层，在水位下降时造成坝体渗透破坏，故需对其进行拆除重建。

主坝上游坝面由于采用复合土工膜防渗，须对上游坝面进行清基，故与上游护坡改造相结合，统一考虑。

为了保证复合土工膜与坝体连接质量、避免其他材料对土工膜的破坏，上游坝面应清除干砌石护坡及其垫层，并应对清基面进行整平压实，保持坝面平顺。

复合土工膜直接铺设在原坝坡上。为防止波浪淘刷、风沙的吹蚀、紫外线辐射以及膜下水压力的顶托而浮起等因素对土工膜的影响，需在土工膜上设保护层。保护层分为面层和垫层。

由于当地石料丰富，可采用干砌方块石护坡。根据《碾压式土石坝设计规范》（SL 274—2001）中护坡计算，砌石护坡在最大局部波浪压力作用下所需的换算球形直径和质量、平均粒径、平均质量和厚度按式（3.4-6）计算。

山阳水库上游干砌方块石护坡厚度计算结果见表 3.4-40。

表 3.4-40　　　　　　　山阳水库上游干砌方块石护坡厚度计算结果表

运用工况	平均波高 h_m/m	累积概率5%坡高 $h_{5\%}$/m	块石所需直径 D/m	块石平均块径 D_{50}/m	干砌石护坡厚度 t/m
正常	0.560	1.091	0.216	0.254	0.277
设计	0.563	1.099	0.217	0.256	0.304
校核	0.365	0.713	0.141	0.166	0.181

经计算，上游干砌方块石护坡厚度取 0.3m。现状干砌石护坡厚度不满足要求。设计方块石尺寸：厚 0.3m，宽度为厚度的 1.0~1.5 倍，长度为厚度的 1.5~2.0 倍。要求石料坚硬，抗风化能力强。为了保护坝坡上游复合土工膜，复合土工膜上游面铺设 1 层 0.1m 后的粗砂，粗砂上部铺设 0.2m 厚砂砾石垫层，为了保证垫层不被波浪淘刷，粒径范围取 10~40mm 的连续级配。

（2）下游坝坡加固。

1）坡面整修。现大坝下游坡为天然草皮护坡，护坡质量极差，大部分坝坡裸露，少部分坝坡分布有稀疏草皮；坝后凹凸不平，存在多处雨淋冲沟现象，冲沟最大深度 0.6m，需要对其进行整修。在保证坝坡稳定的前提下，为减少工程投资，原坝坡基本不变，仅对坝坡进行整修。

下游坝面采用草皮护坡。为了保证草皮护坡的成活率，在坝坡填筑垂直厚度为 0.3m 的耕植土。

2）贴坡排水。现下游坝脚排水体表面凹凸不平，局部位置塌陷，石料风化较严重，块径小，探槽发现排水体干砌石内侧无碎石夹砂层，垫层直接与坝壳接触，反滤层结构不合理，不能保护坝体，需进行整修。为了保证排水畅通和坝体填土的渗透稳定，将现贴坡排水体挖除，在清除后的下游面，分别铺设垂直厚度为 0.2m 的 2 层反滤料和 0.3m 厚的干砌石。

原排水棱体桩号 0+280~0+400，本次加固增加了排水棱体范围，桩号为 0+248~0+411。

棱体排水顶高程与原设计基本相同，为 131.0m，顶宽 2m，外坡 1:3。

3）坝坡排水。原坝后排水设施不完善，排水沟坍塌、淤积严重，现全部予以拆除重建。在下游坝坡 136.00m 高程马道内侧设置 1 排纵向排水沟，在下游坝坡上，每 100m 设置 1 道横向排水沟，与 136.00m 高程马道上的排水沟联通。下游坝坡排水汇入坝下游坝脚排水沟，形成完整的排水系统。下游坝脚的排水最终汇集到位于河漫滩最低处的渗流监测处，然后流入下游河道。横向排水沟宽 0.2m、深 0.2m，马道内侧纵向排水沟宽 0.3m、深 0.3m，下游坝脚纵向排水沟宽 0.4m、深 0.4m，均采用浆砌石。

4）上坝步梯。为了方便管理人员上下坝坡，在大坝下游坝坡设置 2 道上坝步梯。步梯采用浆砌石结构，宽 1.2m。

（3）坝体裂缝处理。受当时筑坝技术限制，山阳水库在施工时全是人抬肩扛，上坝土料不均，冻土上坝，碾压不实，施工分缝多，造成坝体土料差异性大。组成坝体的土料主要为含砾壤土，局部夹杂有中粗砂。

桩号 0+152~0+162 段，高程 135.50m 处，上游坡出现一平行于坝轴线长 8m、宽 3m 的椭圆形塌坑，只进行了回填处理。1990 年水库溢洪，大坝在高水位 137.00m 运行时，浸润线较高，下游坝坡出现浸润面，132.00~136.00m 高程坝体沉陷量在 3% 以上，进行了回填处理。

大坝第一期高程结束后，坝顶高程达到 139.00m，1960 年大坝建成蓄水后，大坝下沉 0.8m，在桩号 0+260~0+310 段出现纵向裂缝，宽 10cm，采取腾空库容自压灌浆处理后，以后再未出现明显的沉陷和裂缝。

针对已发现和未发现的裂缝，在上下游坝坡清坡完成后，出露的裂缝采取以下处理方法。

1）深度不超过 1.5m 的裂缝，可顺裂缝开挖成梯形断面的沟槽。

2）深度大于 1.5m 的裂缝，可采用台阶式开挖回填。

3）横向裂缝开挖时应作垂直于裂缝的结合槽，以保证其防渗性能。

坝体裂缝处理，开挖前需向裂缝内灌入白灰水，以利于掌握开挖边界。开挖时顺裂缝开挖成梯形断面的沟槽，根据开挖深度可采用台阶式开挖，确保施工安全。裂缝相距较近时，可一并处理。裂缝开挖后要防止日晒、雨淋。回填土料与坝体土料相同，应分层夯实，达到原坝体的干密度。回填时要注意新老土的接合，边角处用小榔头击实，同时保证槽内不发生干缩裂缝。

7. 材料设计

（1）坝体填筑土料。土料场位于右坝肩距坝址约 300m 的河流一级阶地和高漫滩上，土料以黏土质砂为主，颗粒中黏粒（$d<0.005mm$）平均含量 19.1%；粉粒（$0.05~0.005mm$）平均含量 19.2%；塑性指数平均为 11.3，天然干密度的平均值 $1.9g/cm^3$，最优含水率平均 12.0%，渗透系数平均值 $7.7×10^{-6}cm/s$。此土料可作为均质坝的填筑土料。填筑土料级配曲线见图 3.4-8。

主坝、副坝填筑均可采用此料场土料，压实度控制为 98%。

（2）反滤料设计。保护坝体土料的反滤料设计方法采用《碾压式土石坝设计规范》（SL 274—2001）中附录 B 反滤料设计，通过计算，反滤料级配曲线见图 3.4-9。

保护坝体填土的第一层反滤级配为 0.25~10mm，第二层反滤级配为 5~40mm。

（3）复合土工膜的耐老化性能和选材。

1）复合土工膜的耐老化性能。土工膜应用于水工建筑物，其使用寿命有多长，这是工程技术人员最关心的问题。要比较全面和准确地测定和评价土工膜在各种条件下的耐老化性能，最好的方法是进行自然老化试验。国外坝工中应用土工膜已有 40 多年的历史，国内也有 30 多年。国内外工程长期运行情况表明，土工膜其耐老化性能是可信的。

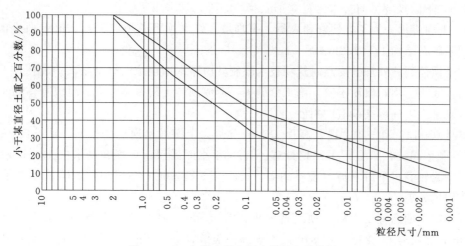

图 3.4-8　山阳水库上坝土料级配曲线图

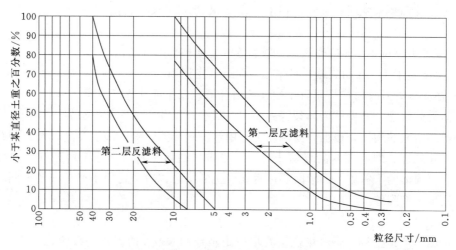

图 3.4-9　山阳水库反滤料级配曲线图

　　美国、南非和纳米比亚从 20 世纪 60 年代起就进行土工膜试验室研究和野外试验，得到的结论是：不论在寒冷地区、干热地区，土工膜的强度和伸长率都变化甚微。有关实测资料还表明，埋设在坝内的 PE 膜在 15 年中，抗拉强度只降低 5%，极限伸长率只降低 15%。因而可以推估，土石保护下的薄膜使用寿命可达 60 年（按伸长率估算），或 180 年（按强度估算）。

　　苏联对聚乙烯膜作老化试验，根据推算认为用在坝内可使用 100 年。苏联能源部《土石坝应用聚乙烯防渗结构须知》（BCH 07—1974）中规定：聚乙烯膜可用于使用年限不超过 50 年的建筑物。苏联文献认为：之所以限制在 50 年，是因为观测时间不长，因此对使用寿命的结论是极为谨慎的。当积累足够的观测资料以后，这个年限将延长。

　　另外一个旁证是：英国从 1860 年开始，混凝土坝内的伸缩缝止水片应用天然橡胶制品，经检查，至今尚未损坏。由此可以认为，坝内埋设的橡胶膜使用寿命应在 100 年以上。而目前使用的土工合成材料，属聚合物橡胶，其耐久性优于天然橡胶，因此用于坝内防渗是安全耐久的。

国内外大量试验研究和原型工程观测资料表明，土工膜具有足够长的使用寿命。巴家嘴土坝采用复合土工膜防渗，膜位于上游坝坡，其上覆盖土石保护层，应力较小且避免了紫外线的照射，其使用寿命可达到 50 年以上。

2）复合土工膜选材。工程常用土工膜有聚氯乙烯（PVC）和聚乙烯（PE）两种。PVC 膜比重大于 PE 膜；PE 膜较 PVC 膜易碎化；PE 膜成本价低于 PVC 膜；两者防渗性能相当；PVC 膜可采用热焊或胶粘，PE 膜只能热焊；PVC 膜和 PE 膜还有一个突出差别，就是膜的幅宽，PVC 复合土工膜一般为 1.5～2.0m，PE 复合土工膜可达 4.0～6.0m，相应地接缝 PE 膜比 PVC 膜减少 1 倍以上。

一般情况下，在物理性能、力学性能、水力学性能相当的情况下，大面积土工膜施工，应尽量选用 PE 膜。而且，PE 膜接缝采用热焊，施工质量较稳定，焊缝质量易于检查，施工速度快，工程费用低。PVC 膜虽然可焊接，可胶粘，但胶粘施工质量受人为因素较大，大面积施工中粘缝质量较难控制，成本较高；采用焊接时温度控制很关键，温度较高则易碳化，较低则焊接不牢。

因此经综合分析，该工程初步确定采用 PE 膜。根据工程类比，PE 膜厚度初选 0.5mm。

复合土工膜是膜和织物热压粘合或胶粘剂粘合而成。土工织物保护土工膜以防止土工膜被接触的卵石碎石刺破，防止铺设时被人和机械压坏，亦可防止运输时损坏。织物材料选用纯新涤纶针刺非织造土工织物。复合土工膜采用两布一膜，规格为 200g/0.5mm/200g。

3）复合土工膜厚度验算。土工膜厚度可按《水利水电工程土工合成材料应用技术规范》（SL/T 225—1998）中的公式计算，即式（3.4-9）。

计算土工膜的厚度时，考虑土工膜垫层采用中细砂、砾石，最大作用水头按最大水头 5.5m 计，即 $p=55$kPa，根据运行资料分析，在裂缝宽度为 25mm 时，5.5m 水头的水压力荷载得到土工膜的拉应力 T-拉应变 ε 关系如下：

$$T = \frac{0.2805}{\sqrt{\varepsilon}} \qquad (3.4-42)$$

此曲线应与选用厚度的土工膜材料的拉应力-拉应变曲线对比，求出应力安全系数和应变安全系数，要求安全系数为 5。如不满足，应选较厚膜。

根据国内已建工程经验，以及土工合成材料生产厂家的能力，设计要求 0.5mm 厚的土工膜极限抗拉强度为 8kN/m，许可应变为 10%，进行验算得 $T=0.89$kN/m，安全系数 $F_s=8/0.89=8.99>4～5$，满足《水利水电工程土工合成材料应用技术规范》（SL/T 225—1998）要求的数值。

8. 坝的计算分析

（1）渗流计算。

1）计算方法。渗流计算采用河海大学工程力学研究所编制的《水工结构分析系统（AutoBANK v5.0）》程序，计算选用二维有限元法，按各向同性介质建立分析模型。

2）计算断面。主坝总长 940m，沿坝轴线选择了桩号为 0+100、0+300、0+500 三个有代表性的断面进行渗流计算。上游正常蓄水位为 136.80m，下游水位与地面平。

3）基本参数选取。根据地质勘探资料，结合工程的材料特性，采用的坝身、坝基材料渗流计算参数见表 3.4－41。

表 3.4－41　　　　　　　　　坝身、坝基材料渗流计算参数表

名称	湿容重/(kN/m³)	浮容重/(kN/m³)	渗透系数/(cm/s)
第①层坝体粉土质砂	20.1	11.3	4×10^{-4}
第②层坝基粉土质砂	19.8	10.6	1×10^{-5}
第③层坝基粉土质砂	20.4	11.8	4×10^{-2}
第④层坝基残积土	19.5	10	5×10^{-6}
坝体新填土	21.3	13	5×10^{-6}
棱体排水	18.9	14.5	1.0×10^{-1}
土工膜	—	—	1.0×10^{-9}
高压定喷墙	—	—	1.0×10^{-7}

4）渗流计算成果及分析。各断面渗流计算结果见图 3.4－10～图 3.4－12 及表 3.4－42。

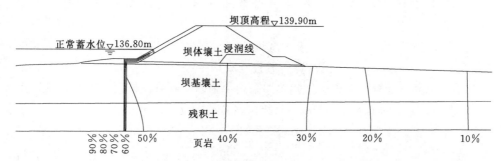

图 3.4－10　山阳水库主坝 0＋100 渗流计算成果图

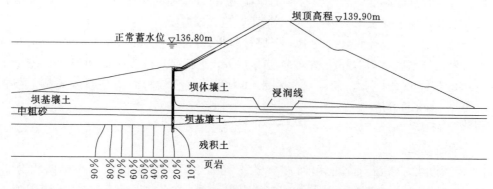

图 3.4－11　山阳水库主坝 0＋300 渗流计算成果图

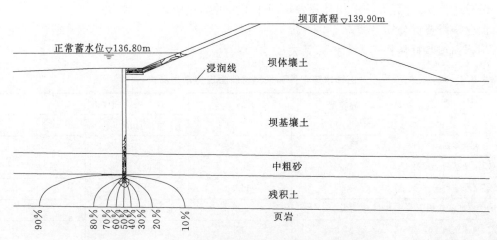

图 3.4-12　山阳水库主坝 0+500 渗流计算成果图

表 3.4-42　　　　　　　　　　　代表断面二维渗流计算成果表

桩号	工况	单宽渗流量/[m³/(d·m)]	出逸点高度/m	出逸比降	容许比降
主坝 0+100	正常蓄水位	0.002	0	0.01	0.54
	不利水位	0.002	0	0.01	
主坝 0+300	正常蓄水位	0.018	0	0.04	0.54
	死水位	0.006	0	0.04	
主坝 0+500	正常蓄水位	0.013	0	0.01	0.54
	不利水位	0.005	0	0.01	0.54

从渗流计算结果看：由于坝体采用复合土工膜，坝体浸润线位置均较低，对大坝稳定有利。

坡脚处的最大渗透坡降为 0.04，小于压实壤土的容许水力比降，因此不会发生渗透破坏。

（2）坝坡稳定计算分析。大坝为 3 级建筑物，根据《碾压式土石坝设计规范》（SL 274—2001）要求及该工程情况，大坝抗滑稳定应包括正常情况和非常情况，计算情况及要求如下。

1）正常运用条件。①水库水位处于正常蓄水位和设计洪水位与死水位之间的各种水位稳定渗流期的上游坝坡，《碾压式土石坝设计规范》（SL 274—2001）要求安全系数不应小于 1.30；②水库水位处于正常蓄水位和设计洪水位稳定渗流期的下游坝坡，《碾压式土石坝设计规范》（SL 274—2001）要求安全系数不应小于 1.30；③水库水位的非常降落，每年灌溉期，库水位从正常蓄水位降落到死水位。规范要求安全系数不应小于 1.30。

2）非常运用条件。①本次加固未改变原坝体体型，因此不再复核施工期的稳定；②大坝地震动峰值加速度为 0.05g，相应的地震基本烈度为 Ⅵ 度，按照《碾压式土石坝设计规范》（SL 274—2001）和《水工建筑物抗震设计规范》（SL 203—1997）的要求，不再进行抗震设防的验算。

稳定计算采用黄河勘测设计有限公司与河海大学工程力学研究所联合研制的《土石坝

稳定分析系统》，计算方法选用计及条块间作用力的简化毕肖普圆弧法。

简化毕肖普法公式见式（3.4-7）。

坝体和坝基材料物理力学指标见表 3.4-43。

表 3.4-43　　　　　　　　山阳水库坝体和坝基材料物理力学指标表

部位	湿容重 /(kN/m³)	浮容重 /(kN/m³)	强度指标（CD）	
			C/kPa	φ/(°)
第①层坝体粉土质砂	20.1	11.3	20	20.5
第②层坝基粉土质砂	19.8	10.6	21.5	20
第③层坝基粉土质砂	20.4	11.8	0	30
第④层坝基残积土	19.5	10	19	18
坝体新填土	21.3	13	25	16

各断面稳定计算分析成果见表 3.4-44 及图 3.4-13～图 3.4-15。计算结果表明各断面坝坡在各计算工况下均满足抗滑稳定要求。

表 3.4-44　　　　　　　　　山阳水库坝体稳定计算成果汇总表

断面桩号	坝坡	滑裂面位置	计算工况	规范要求安全系数	计算安全系数
主坝 0+100	上游坡	（1）	不利水位 136.43m	1.30	3.22
		（2）	上游水位降落（正常蓄水位降落到不利水位 136.43m）	1.30	3.21
	下游坡	（3）	正常蓄水位 136.80m	1.30	2.70
		（4）	不利水位 136.43m	1.30	2.71
主坝 0+300	上游坡	（1）	死水位 131.50m	1.30	2.54
		（2）	上游水位降落（正常蓄水位降落到死水位 131.50m）	1.30	2.49
	下游坡	（3）	正常蓄水位 136.80m	1.30	2.04
		（4）	死水位 131.50m	1.30	2.04
主坝 0+500	上游坡	（1）	不利水位 135.60m	1.30	2.80
		（2）	上游水位降落（正常蓄水位降落到不利水位 135.60m）	1.30	2.79
	下游坡	（3）	正常蓄水位 136.80m	1.30	1.70
		（4）	不利水位 135.60m	1.30	1.93

（3）复合土工膜的稳定分析。根据《水利水电工程土工合成材料应用技术规范》（SL/T 225—1998），需验算水位骤降时，防护层与土工膜之间的抗滑稳定性。采用该规范附录 A 中推荐的计算方法，即极限平衡法。坝坡复合土工膜上面铺设了 20cm 厚的砂砾石和 30cm 厚干砌石护坡，为等厚保护层，因此抗滑稳定安全系数可按式（3.4-8）计算。

根据工程经验，土工织物与砂砾石之间的摩擦角取 28°。上游坝坡坡度为 1:2.5。边

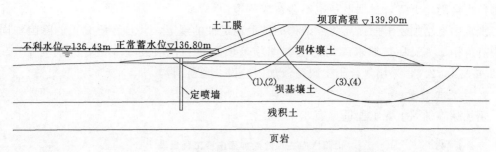

图 3.4-13 山阳水库主坝 0+100 稳定计算成果图

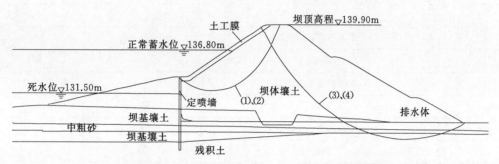

图 3.4-14 山阳水库主坝 0+300 稳定计算成果图

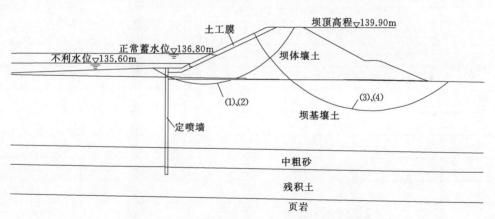

图 3.4-15 山阳水库主坝 0+500 稳定计算成果图

坡计算的抗滑安全系数为 1.18, 边坡复合土工膜与砂砾石之间的抗滑稳定安全系数不满足《碾压式土石坝设计规范》(SL 274—2001) 所规定的 3 级建筑物骤降情况下安全系数不小于 1.30 的要求。但考虑复合土工膜铺设高度仅有 7m, 边坡为 1:2.5, 工程实例中 1:1.5 的边坡铺设复合土工膜, 运行状态良好, 故认为土工织物与砂砾石之间是稳定的。

复合土工膜直接铺设在主坝材料土坡上。土工织物与土的摩擦系数一般为 0.43 左右, 取 0.43 计算, 上游坝坡坡度为 1:2.5, 按此计算的土工织物与大坝边坡的抗滑稳定安全系数为 1.08, 安全系数不满足规范要求。为增强复合土工膜的抗滑稳定性, 在高程 133.00m 及坡脚 136.9m 处设止滑槽。

山阳水库的主要功能是灌溉, 水位降落速度较慢, 随着库水位的降落, 坝坡干砌石后的水位也会随之下降，对坝坡稳定不会造成危害。

规范中有增加止滑槽提高防渗结构的抗滑稳定性的规定，并且在已完工的除险加固工程中有应用，如义乌长堰水库为黏土斜墙坝，坝高 37m，坝坡分 3 级，分别为 1：1.5、1：2.6 及 1：2.8，采用复合土工膜防渗加固，设 3 道抗滑沟。

9. 主要工程量

主坝除险加固主要工程量见表 3.4－45。

表 3.4－45　　　　　　　　　山阳水库主坝除险加固主要工程量表

编号	材料	单位	工程量
1	浆砌石	m³	429
2	浆砌方块石防浪墙	m³	1170
3	混凝土	m³	674
4	上游护坡干砌块石	t	5809
5	回填土	m³	11745
6	下游排水体干砌石	m³	669
7	砂砾石	m³	4523
8	粗砂	m³	1744
9	上游坝坡复合土工膜 200g/0.5mm/200g	m²	28759
10	上下游坝面整平、碾压	m²	28875
11	坝顶沥青路面（沥青碎石＋封层，厚 0.05m）	m³	228
12	坝顶沥青路面（厚 0.3m 灰土基层）	m³	1369
13	干砌石拆除	m³	4857
14	浆砌石拆除	m³	1517
15	定喷墙顶凿除（0.3m 高）	m³	54
16	上游护坡垫层拆除（0.2m）	m³	2495
17	清基	m³	9233
18	下游草皮护坡	m²	16401
19	高压定喷桩（粉土质砂内）	m	6307
20	高压定喷桩（页岩内）	m	303
21	土工布与混凝土连接处橡皮板面积（厚 6mm，宽 12cm）	m²	176
22	土工布与混凝土连接处钢板面积（厚 10mm，宽 8cm）	m²	56
23	土工布与混凝土连接处膨胀螺栓	套	2926

3.4.2.2　副坝加固设计

1. 东副坝加固设计

（1）加固方案。东副坝为均质土坝，长 1450m，设计坝顶高程 140.00m，无防浪墙，最大坝高 5m，设计坝顶宽度 2.0m，现坝顶宽 1.0～2.0m，坝顶高程 138.46～140.14m，绝大部分没有达到设计高程。上下游边坡均为1:2,现坝坡上下游均植满树,对工程安全极为不利。坝体土料为粉土质砂,黏粒含量21.8%,粉粒含量31.2%,砂粒含量41.0%,砾石含量6%;天然含水量12.2%~25.0%,平均含水量19.9%,压实干密度1.39~1.74 g/cm³,平均压实干密度1.57g/cm³,渗透系数范围值3.63×10^{-8}~6.61×10^{-4}cm/s,平均渗透系数5.36×10^{-4}cm/s,属极微透水~中等透水,有接近66.7%大于1×10^{-4}cm/s。由此可知,坝体填筑质量差,压实度低,渗透系数偏高,部分坝体存在缺口。

水利部大坝安全鉴定管理中心的鉴定结论为:东副坝坝顶高程不满足规范要求;坝顶宽度严重不足,上游无护坡,坝坡太陡。

针对以上存在的问题,对东副坝采取上游加高加宽回填黏土质砂方案,这样既解决了坝顶高程和宽度问题,又解决了坝体防渗问题。上游坝坡采取干砌石护坡,其下设置具有反滤功能的垫层料。

(2)坝顶高程确定。坝顶高程计算与主坝计算方法相同,吹程2990m,多年平均最大风速14.6m/s,风向与上游坝坡夹角为45°,上游边坡1:2.5。东副坝坝顶高程计算结果见表3.4-46。

表3.4-46　　　　　　　　山阳水库东副坝坝顶高程计算结果表

运用工况	水位/m	设计波浪爬高 R/m	风壅水面高度 e/m	安全加高 A/m	坝顶超高 y/m	计算坝顶高程/m
正常	136.80	1.239	0.146	0.7	2.085	138.89
设计	138.13	1.566	0.084	0.7	2.350	140.48
校核	138.95	1.122	0.030	0.4	1.551	140.50

由表3.4-46知,设计工况与校核工况计算的坝顶高程非常接近,最大为140.50m,以此作为坝顶设计高程。现大坝坝顶高程为138.46~140.14m,故坝顶需要加高0.36~1.54m。

(3)结构设计。加高加宽以后的东副坝仍为均质坝,由于现坝坡质量较差,采取在上游加宽加高方案,新填筑的土压实度高,透水性低,在坝体上游可以起到主要防渗作用。

经稳定计算,上游坝坡为1:2.5,下游坝坡为1:2,为了防汛和交通便利,坝顶宽度取5.0m。上游采用干砌石护坡,由于风向与东副坝上游坡面夹角为45°,且此处水深较小,护坡厚度取0.2m,为了保证在水位降落时上游坝坡不发生渗透破坏,护坡下设2层具有反滤作用的垫层,厚度分别为0.15m,粒径范围与主坝下游反滤料相同,分别为0.25~15mm和5~80mm,连续级配,要求石料坚硬,抗风化能力强。

现大坝下游坝坡变形严重,坡面遍布冲沟,应对其进行整修。在保证坝坡稳定的前提下,为了减少工程投资,原坝坡基本不变,仅对坝坡进行整修。清除现坝坡表面0.5m厚树、杂草等,然后碾压整平,整修后下游坝坡在距离下游坡脚处填至与排水沟顶一样高。下游坝面采用草皮护坡,为了保证草皮护坡的成活率,在下游坝坡填筑垂直厚度为0.3m的耕植土。

原坝顶宽1~2m,凹凸不平,未作硬化处理,为了防汛、交通方便和坝体美观,本次对其作整平、加宽、硬化处理。坝顶清基0.3m,然后碾压整平。整修后下游坝坡为1:

2，坡脚与排水沟顶齐平。坝脚处设贴坡排水，排水高 1.0m、顶宽 1.34m。硬化路面宽 5.0m，为沥青路面，厚 0.34m，其中灰土基层厚 0.3m，沥青碎石层厚 0.04m，路两侧设路缘石。路面设倾向上游的单面排水坡，坡度为 2%。

（4）坝体稳定计算分析。

1）渗流计算。东副坝渗流分析与主坝体计算方法相同，东副坝总长 1411.51m，由于坝高较低，坝基地质条件相差不大，故本次选择桩号为 0+890 断面进行渗流计算。上游正常蓄水位 136.80m，下游水位与地面平。

东副坝渗流计算结果见图 3.4－16 及表 3.4－47。

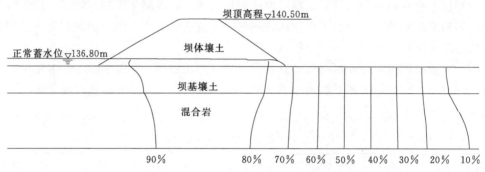

图 3.4－16　山阳水库副坝 0+890 渗流计算成果图

表 3.4－47　　　　　　　　东副坝二维渗流计算成果表

桩号	工况	单宽渗流量/[m³/(d·m)]	出逸点高度/m	出逸坡降	容许坡降
东副坝 0+890	正常蓄水位	0.013	0	0.05	0.54

渗流计算结果显示，坝体浸润线位置较低，对坝体稳定有利。坡脚处的最大渗透坡降为 0.05，小于压实壤土的容许水力坡降，因此不会发生渗透破坏。

2）坝坡稳定计算分析。东副坝坝坡稳定计算情况、计算方法同主坝计算分析，稳定计算各材料物理力学指标见表 3.4－42。

稳定计算结果见表 3.4－48 及图 3.4－17。计算结果表明坝坡在各计算工况下均满足抗滑稳定要求。

表 3.4－48　　　　　　　　坝体稳定计算成果汇总

桩号	坝坡	滑裂面位置	计算工况	规范要求安全系数	计算安全系数
东副坝 0+890	上游坡	（1）	正常蓄水位 136.80m	1.30	2.74
	下游坡	（2）	正常蓄水位 136.80m	1.30	2.22

2. 北副坝加固设计

（1）坝体现状。北副坝为均质土坝，长 300m，设计坝顶高程 140.00m，无防浪墙，最大坝高 5m，设计坝顶宽度 3.0m，现坝顶宽 2.0～3.0m，坝顶高程 138.48～139.66m，均未达到设计高程。上游坡为 1∶0.3 的浆砌石挡土墙，下游坡度 1∶2，零星分布有天然草皮护坡。坝体土料为粉土质砂，坝体填筑质量差，压实度低，渗透系数偏高。

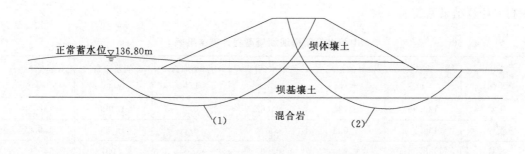

图 3.4-17　山阳水库副坝 0+890 稳定计算成果图

（2）坝顶高程确定。坝顶高程计算与主坝计算方法相同，北副坝坝顶高程计算结果见表 3.4-49。

表 3.4-49　　　　　　　　　山阳水库北副坝坝顶高程计算结果表

运用 工况	水位 /m	设计波浪爬高 R/m	风壅水面高度 e/m	安全加高 A/m	坝顶超高 y/m	计算坝顶高程 /m
正常	136.80	0.530	0.015	0.7	1.245	138.04
设计	138.13	0.588	0.008	0.7	1.296	139.43
校核	138.95	0.347	0.003	0.4	0.750	139.70

由表 3.4-49 知，校核工况控制坝顶高程，计算的坝顶高程为 139.70m，设计坝顶高程为 139.70m。现大坝坝顶高程为 138.48～139.66m，故坝顶需要加高。

（3）大坝加固及护坡设计方案。北副坝坝体上游的浆砌石挡墙比较完好，坝顶宽 2～3m，凹凸不平，未作硬化处理，下游坝体部分缺失。为了防汛、交通方便和坝体稳定，本次向下游加宽坝体，坝顶加宽至 5.0m，并作硬化处理。坝顶路面采用沥青路面，厚 0.34m，其中灰土基层厚 0.3m，沥青碎石层厚 0.04m。路面设倾向下游的单面排水坡，坡度为 2%。

加固后坝下游坡度为 1:2，坝面采用草皮护坡。为了保证草皮护坡的成活率，在下游坝坡填筑垂直厚度为 0.3m 的耕植土。

现北副坝长 450m，为了与周围建筑物及地形较好衔接，在现坝体左、右两侧分别加长 80.0m 和 69.85m，加长坝段均采用壤土填筑，上、下游坡均为 1:2，坝顶高程 139.70m，顶宽 5.0m。加长坝段上、下游均作草皮护坡，为了保证草皮护坡的成活率，在上、下游坝坡填筑垂直厚度为 0.3m 的耕植土。

3. 新建副坝

（1）工程布置。在北小新庄的西北方向有一处垭口，此处高程只有 137.50m 左右，不能满足水库挡水的要求，在此修建一座副坝。为了尽可能少的影响此地交通，利用靠近库区的一条道路，从其北侧路面开始起坡填筑坝体，坝轴线直线布置，一直延伸到两侧岸边。

（2）坝顶高程确定。坝顶高程计算与主坝计算方法相同，吹程 490m，多年平均最大风速 14.6m/s，风向与上游坝坡夹角为 45°，上游边坡 1:2.5，采用草皮护坡。新副坝坝顶高程计算结果见表 3.4-50。

表 3.4-50　　　　　　　山阳水库新副坝坝顶高程计算结果表

运用工况	水位 /m	设计波浪爬高 R/m	风壅水面高度 e/m	安全加高 A/m	坝顶超高 y/m	计算坝顶高程 /m
正常	136.80	0.738	0.062	0.7	1.499	138.30
设计	138.13	1.033	0.021	0.7	1.755	139.88
校核	138.95	0.690	0.007	0.4	1.097	140.04

由表 3.4-50 知，校核工况控制坝顶高程，计算的坝顶高程为 140.04m，取坝顶高程 140.00m。

（3）结构设计。由于坝址区土料丰富，可作为坝体填筑土料，采用黏土质砂均质坝，为了满足防洪要求和坝顶交通要求，坝顶宽度取 5m，采用泥结碎石路面。上下游坝坡边坡均为 1:2，采用草皮护坡，为了保证草皮护坡的成活率，在上、下游坝坡填筑垂直厚度为 0.3m 的耕植土。

4. 北副坝与主坝间路面设计

北副坝与主坝之间的道路，路面凹凸不平，没有硬化，影响防汛期间的交通。现状路面高程约 140.00m，可满足水库要求的高程，故不需加高，仅将路面硬化。现路面清基、碾压整平后做硬化处理，路面宽度 5.0m，为沥青路面，厚 0.34m，其中，灰土基层厚 0.3m，沥青碎石层厚 0.04m。

5. 副坝除险加固主要工程量

副坝除险加固主要工程量见表 3.4-51。

表 3.4-51　　　　　　山阳水库副坝除险加固主要工程量表

东副坝工程量			
编号	材料	单位	工程量
1	填土	m³	94697
2	坝坡清基	m³	18889
3	坝基清基	m³	20467
4	干砌石	m³	4408
5	砂卵石	m³	3305
6	粗砂	m³	3261
7	坝顶沥青路面（沥青碎石＋封层，厚 0.05m）	m³	296
8	坝顶沥青路面（厚 0.3m 灰土基层）	m³	1779
9	混凝土路缘石	m³	104
10	草皮护坡	m²	5879
11	耕植土	m³	1764

北副坝工程量

编号	材料	单位	工程量
1	填土	m³	7538
2	清基	m³	2732
3	坝顶沥青路面（沥青碎石＋封层，厚0.05m）	m³	98
4	坝顶沥青路面（厚0.3m灰土基层）	m³	586
5	混凝土路缘石	m³	22
6	草皮护坡	m²	3776
7	耕植土	m³	1133

北副坝与主坝连接路面工程量

编号	材料	单位	工程量
1	填土	m³	211
2	坝顶沥青路面（沥青碎石＋封层，厚0.05m）	m³	40
3	坝顶沥青路面（厚0.3m灰土基层）	m³	241
4	混凝土路缘石	m³	14

新建副坝工程量

编号	材料	单位	工程量
1	填土	m³	10454
2	清基	m³	1796
3	上下游草皮护坡	m²	1342
4	坝顶泥结碎石路面干压碎石	m³	119
5	坝顶泥结碎石路面水泥石灰土	m³	357
6	耕植土	m³	402

3.4.2.3 溢洪道加固

1. 改建目标及基本方案确定

（1）存在问题。山阳水库原溢洪道位于主坝右岸阶地段桩号 0＋800.00～0＋822.40 处，溢流堰为平底浆砌石宽顶堰，净宽 20m，顺水流方向长 7.5m，桩号 0－003.75～0＋003.75，堰顶高程 136.80m，坐落在土基上，堰上为交通桥，共 5 孔，每孔净宽 4m，中墩宽 0.6m，总宽 22.4m。溢洪道总长 550m，由进水渠、溢流堰、泄槽、跌水消力池、尾水渠 5 部分组成。原溢洪道设计最大流量 72m³/s，"三查三定"审定最大泄量为 188m³/s。

水利部大坝安全管理中心大坝安全鉴定结论为：开敞式溢洪道进口无导墙，泄槽边墙高度不足，消能防冲设施不完善，溢流堰、泄槽、尾水渠过流及抗冲刷能力不满足规范要求，溢流堰护底砌石强度低于设计要求，反滤、边墙稳定性均不满足规范要求，下游泗良路石拱桥阻水，泄流直冲对岸农田，交通桥混凝土老化、锈蚀严重。

（2）改建目标。鉴于溢洪道存在的上述问题，溢洪道改建的目标如下。

1）恢复水库原设计功能，并在汛期有足够能力宣泄洪水，保证大坝安全。

2）下游河道防洪标准为 20 年一遇，现状河道过流能力为 $57.7m^3/s$。控制 20 年一遇洪水的最大泄量 $57.7m^3/s$，以充分发挥水库防洪功能，保证下游生产和生活安全。

3）控制下泄洪水对泄槽段及下游的冲刷，保证大坝安全。

（3）改建方案选择。根据鉴定意见，本次溢洪道加固的主要内容是增加闸门调控下泄流量、解决泄槽泄流能力不足、增加消力池，改建采取现溢洪道位置不变，原位加固方案。

根据改建目标，进行了开敞式无闸门控制溢洪道和开敞式有闸门控制溢洪道 2 种形式的方案比较。

1）开敞式无闸门控制溢洪道改建方案。采用开敞式无控制溢洪道，为了保证兴利库容，溢流堰顶高程与正常蓄水位相同，为 136.80m；保证 20 年一遇洪水下泄不超过 $57.7m^3/s$，则闸孔尺寸为 18m，设计洪水最大泄量 $87.69m^3/s$，相应水库最高水位 138.89m；校核洪水最大泄量为 $150.46m^3/s$，相应水库最高水位 139.80m。这样，坝顶需加高 0.8m，对于山阳水库，水位升高后，水库周围需要增加大量的副坝，工程投资较大，且实施起来困难。若降低溢流堰顶高程，可以降低设计洪水位和校核洪水位，不加高坝高，但却无法满足兴利库容的要求。虽然开敞式无控制溢洪道运用方便，但不能同时满足下游河道的防洪要求和水库的兴利库容，故本次设计不推荐此方案。

2）开敞式有闸门控制溢洪道改建方案。为了满足水库的防洪功能，溢洪道需要设置闸门控制下泄流量，控制标准为 20 年一遇洪水标准以下洪水控泄最大泄量 $57.7m^3/s$，超 20 年一遇洪水标准敞泄。

综上所述，山阳水库溢洪道改建方案推荐采用"开敞式有闸门控制溢洪道改建方案"。该方案工程措施主要包括：新建引渠工程，新建控制工程，改建泄槽工程，改建泗良路交通桥工程，改建消能、防冲工程，增建与八里沟交汇处的防护工程等。

2. 总布置方案比选

在现有开敞式溢洪道基础上进行改建，首先考虑紧密结合现状溢洪道的布置和结构，尽量利用其合理的和有利的部分，降低工程投资。

根据改建工程特点，该工程改建后溢洪道轴线相对明确，采用与原溢洪道轴线平行方案。需对闸孔宽度、堰顶高程、消能位置进行比选。

（1）控制段结构型式的比选。原山阳溢洪道为开敞式宽顶堰，堰顶宽度 20m，由 4 个浆砌石中墩和 2 个浆砌石边墩分为 5 孔，根据改建方案的比选结果，需要在溢洪道上设控制闸以控制下泄流量。因此控制段结构形式的比选主要就是溢流堰堰顶高程、闸孔尺寸和闸孔数目的选择。而控制段结构形式方案比选的最终目标是在坝体不加高条件下控制不同标准洪水条件下的最大下泄流量。

根据甲方提供资料，下游 20 年一遇洪水标准安全泄量为 $57.7m^3/s$，因此控泄目标为 20 年一遇洪水标准时控泄最大泄量为 $57.7m^3/s$，且需要同时满足校核洪水标准时大坝不加高。由此可以确定在满足上述条件时，溢流堰堰顶必须降低，本次设计共比较了以下 4

种方案，详见表 3.4-52。

表 3.4-52　　　　　　　　　山阳水库控制段结构方案比较表

方案	堰顶高程/m	闸孔数目/孔	闸孔宽度/m	设计洪水位/m	校核洪水位/m
一	135.00	5	4	138.21	139.04
二	134.60	5	4	138.11	138.87
三	135.00	3	6	138.24	139.09
四	134.60	3	6	138.13	138.95

从表 3.4-52 可以看出，同样闸孔尺寸条件下，随控制段闸底板高程升高，控制段过流能力降低，设计洪水位升高，堰顶高程升高，校核洪水过程综合泄流能力降低，校核洪水位相应增加；同样闸底高程条件下，随闸孔尺寸增加过流能力增加，设计洪水位降低，堰顶高程降低，校核洪水过程综合泄流能力增加，校核洪水位相应降低。

经坝顶高程计算，方案一、方案三不满足大坝不加高条件，予以废除；方案二、方案四满足控制段结构型式方案比选目标：在大坝不加高条件下，充分利用大坝除险加固后具备的防洪能力（防洪库容）。但方案二同方案四相比增加了中墩数目，使底板宽度增大，相应增加了工程量和投资。

综上所述，控制段结构型式的比选结果为方案四，即闸底高程为 134.60m，控制段采用 3 孔×6m 净宽闸门控制。

（2）消能位置比选及确定。由于是改建工程，为减少工程量，溢洪道轴线采用与原溢洪道轴线平行方案，在桩号 Y0+253.46～Y0+318.92 之间存在转弯段。溢洪道改建后，溢流堰堰顶高程 134.60m，较原溢流堰降低 2.2m，溢洪道与下游八里沟交汇处高程 126.00m，相对高差 8.60m，对溢洪道消能设施的布置，本次进行了两个方案的比较。

1）转弯段前部消能方案。该方案是将消力池设在转弯段前，其优点是泄槽内无弯段，从而避免在泄槽内产生不利流态，减少混凝土衬砌长度；缺点是由于消能后水头降低，要保证消力池后尾水渠能下泄校核洪水，必须加大尾水渠过流面积，增加下游征地面积及工程量，对控制投资不利。

2）入河道处消能方案。该方案是将消力池设在泗良路桥与八里沟间，其优点是可充分利用溢洪道上下游水头差，减小溢洪道征地面积和工程量；缺点是在泄槽内出现弯道，影响水流流态，增加溢洪道混凝土衬砌长度。

采用在转弯段前消能，若消力池后尾水渠保留一定的纵向坡度，可以缩减尾水渠下泄校核洪水所需的过流面积，这样不但可以适当控制尾水渠的征地面积及工程量，而且可以避免在入河道处消能所带来的泄槽内存在转弯段、影响水流流态问题。综合考虑工程投资和水力条件，推荐转弯段前消能方案。

3. 建筑物设计

山阳水库溢洪道位于主坝桩号 0+807.00 处右阶地坝段，总长 869.7m，由进水渠段、翼墙段、交通桥段、闸室段、泄槽段、消力池段、海漫段及防冲墙段组成。

进水渠长 300.2m，底宽 31.50m，底板高程为 134.60m，由直段、转弯段、衬砌段和渐变段组成。桩号 Y0-307.70～Y0-244.24 之间为直段，两侧边坡 1∶2.0；桩号 Y0-

244.24~Y0-122.20 之间为转弯段，转弯半径 150.0m，两侧边坡 1∶2.0；桩号 Y0-030.00~Y0-017.50 之间为浆砌石衬砌段，衬砌厚度 0.3m，两侧边坡 1∶2.0；桩号 Y0-017.50~Y0-007.50 之间为渐变段，首端的浆砌石衬砌厚 0.3m、边坡 1∶2.0，末端为浆砌石重力式挡土墙。

"八"字翼墙段长 7.5m，为浆砌石重力式挡土墙。首端底宽 31.5m，末端与交通桥桥墩相接，底宽 21.0m，渠底板高程为 134.60m。翼墙顶宽 0.5m，顶部与上游坝坡齐平。

交通桥段长 8m，底宽 26.4m，被桥墩自然分为 3 孔，每孔净宽 6.0m，桥中墩厚 1.5m，边墩顶宽 1m，在顶面以下 1m 处以 1∶0.25 的坡与底面相接，桥墩底厚 1.5m，两桥墩之间底板厚 0.5m。

闸室段长 8m、宽 25.15m，溢流堰为无坎宽顶堰，分为 3 孔，每孔净宽 6.0m。中墩厚 1.5m，边墩顶部厚 1.0m，底板厚 1.0m。Y0+008.00~0+016.00 之间为闸室，闸室设工作门，闸墩顶与坝顶齐平，上部设机架桥层和启闭机层，机架桥顶高程 145.90m，顺水流向跨度 6.2m，垂直水流方向跨度 7.5m。

桩号 Y0+016.00~Y0+180.00 之间为泄槽段，长度为 164.00m，为钢筋混凝土结构，底宽 21.00m；其中桩号 Y0+016.00~Y0+024.00 间泄槽两侧填土较高，采用钢筋混凝土悬臂式挡土墙，挡土墙高 5.30m，底板厚 0.30m；桩号 Y0+024.00~Y0+180.00 间泄槽两侧填土较低，为减少工程量，采用受力条件较好的钢筋混凝土 U 形槽结构，U 形槽结构底板衬砌厚度 0.4m。桩号 Y0+016.00~Y0+018.00 间为平段，泄槽底板高程 134.60m；桩号 Y0+018.00~Y0+180.00 之间纵向坡度为 $i=0.04$，末端高程 128.12m。

桩号 Y0+180.00~Y0+200.00 间为消力池段，池底高程 126.12m，为钢筋混凝土结构。消力池段长 20.0m，池深 2m，池底板厚 1.0m。消力池段边墙为钢筋混凝土 U 形槽结构。

桩号 Y0+200.00~Y0+562.00 间为尾水渠段，总长 362.00m。桩号 Y0+200.00~Y0+210.00 之间为渐变段，渠道断面由矩形渐变为梯形，采用浆砌石衬砌，底板衬砌厚度 0.3m。桩号 Y0+210.00~Y0+398.00 之间为梯形渠道，其中，桩号 Y0+253.46~Y0+318.92 间为转弯段，转弯半径 150.00m，圆心角为 25.00°，渠道底宽 21.00m，边坡为 1∶1.5，渠深 2.50m；Y0+210.00~Y0+225.00 段采用浆砌石衬砌，厚度 0.30m，下部设 0.20m 厚的级配碎石垫层；Y0+225.00~Y0+388.00 段两侧边墙采用浆砌石衬砌，厚度 0.3m，底板不衬砌。桩号 Y0+408~Y0+418.00 之间原为泗良路跨溢洪道拱桥，因阻水严重，本次予以拆除，在原址新建跨度 21.00m 的预应力钢筋混凝土 T 形梁桥，桥面高程为 130.76m，较现状桥面高程 129.10m 抬高 1.66m；桥下为钢筋混凝土矩形渠道，其前后各设 10m 长浆砌石渐变段与梯形渠道相连，为了防止水流对桥梁基础的冲刷破坏，上游渐变段及以上 10m 范围采用浆砌石护坡及护底，厚度 0.3m，下游渐变段及以下 30m 范围采用浆砌石护坡及护底，厚度 0.3m。桩号 Y0+458.00~Y0+562.00 间渠道断面为梯形，边坡采用浆砌石衬砌，厚度 0.3m，渠底不衬砌，其中，在桩号 Y0+458.00~Y0+463.00 间渠深由 2.50m 均匀降至 1.50m，尾水渠在桩号 Y0+562.00 处汇入八里沟。尾水渠起点高程 128.12m，桩号 Y0+200.00~Y0+503.00 间纵坡为 0.007，桩号 Y0+

503.00～Y0＋562.00 间为平段，底高程为 126.00m。

4. 下泄流量及相应水位

根据泰安市岱岳区山阳水库除险加固资料和泰安市水利局提供资料，确定溢洪道的下泄流量和相应水位：20 年一遇洪水下泄流量 $Q=57.7\text{m}^3/\text{s}$，相应库水位 137.90m，相应下游水位 127.20m；30 年一遇洪水下泄流量 $Q=174\text{m}^3/\text{s}$，相应库水位 137.90m，相应下游水位 127.50m；100 年一遇洪水下泄流量 $Q=191\text{m}^3/\text{s}$，相应库水位 138.13m；1000 年一遇洪水下泄流量 $Q=263\text{m}^3/\text{s}$，相应库水位 138.95m。

5. 水力计算

(1) 溢洪道泄量。宽顶堰自由溢流的泄流能力可按下式计算：

$$Q=mnb\sqrt{2g}H_0^{3/2} \tag{3.4-43}$$

式中：Q 为流量，m^3/s；b 为溢流堰每孔净宽，m；H_0 为计入行进流速的堰顶水头，m；g 为重力加速度，取 9.81m/s^2；m 为自由溢流的流量系数，根据溢流堰布置型式，计算得 $m=0.364$；n 为溢流堰孔数。

溢流堰共分 3 孔，每孔净宽 6m，中墩厚 1.5m，边墩与前部八字形翼墙连接，八字形翼墙段始端渠道宽 31.5m，至闸墩处渐变为 21m，采用式（3.4-43）计算，溢流堰的水位流量，计算成果见表 3.4-53。

表 3.4-53　　　　　溢洪道泄流量与库水位关系表

水位/m	134.60	136.70	136.80	136.90	137.00	137.10	137.20	137.30	137.40	137.50	137.60
流量/(m³/s)	0.00	88.32	94.70	101.23	107.90	114.71	121.67	128.75	135.97	143.32	150.80

(2) 泄槽段设计。泄槽段沿程水面线可按式（3.4-21）进行计算。

波动及掺气水深可根据式（3.4-22）计算。

依据上述公式，泄槽在下泄千年一遇洪水时水面线计算成果见表 3.4-54。

表 3.4-54　　　　　山阳水库泄槽水面线计算成果表

计算断面	0+018.00	0+024.00	0+040.00	0+080.00	0+100.00	0+140.00	0+160.00	0+180.00
流量/(m³/s)	263	263	263	263	263	263	263	263
水深/m	2.52	2.00	1.67	1.36	1.28	1.18	1.15	1.12
流速/(m/s)	4.97	6.27	7.51	9.21	9.78	10.62	10.93	11.19
掺气水深/m	2.66	2.14	1.81	1.50	1.42	1.32	1.28	1.26
超高/m	2.64	3.16	0.69	1.00	1.08	1.18	1.22	1.24
边墙高度/m	5.3	5.3	2.5	2.50	2.50	2.50	2.50	2.50

(3) 消能防冲设计。

1) 设计标准。消能防冲按 30 一遇洪水标准（$P=3.33\%$）设计，相应溢洪道泄量为 174m^3/s，下游水位为 127.50m。

2) 消力池。消力池深度 d 按《溢洪道设计规范》（SL 253—2000）所给公式计算，即式（3.4-28）求得，其中 $\sigma=1.05$。

共轭水深计算公式为

$$h''_c = \frac{h_c}{2}\left(\sqrt{1+8\frac{q^2}{gh_c^3}}-1\right) \qquad (3.4-44)$$

式中：h_c 为收缩水深，m；q 为单宽流量，$m^3/(s \cdot m)$。

收缩水深计算公式为

$$h_c^3 - T_0 h_c^2 + \frac{\alpha q^2}{2g\varphi^2} = 0 \qquad (3.4-45)$$

式中：T_0 为以消力池底板为基准的消力池上游总能头；φ 为水流自消力池出流的流速系数，此处取 $\varphi=0.95$。

采用以上各式计算得下泄 30 年一遇洪水时消力池深为 1.35m，设计消力池深为 2.0m，则消力池底板高程为 128.12m−2m＝126.12m。

消力池长度计算公式为

$$L_K = 0.8L_J$$
$$L_J = 10.8h_c\left(\sqrt{\frac{q^2}{gh_c^3}}-1\right)^{0.93} \qquad (3.4-46)$$

式中：L_K 为消力池长度，m；L_J 为水跃长度，m。

由式（3.4−46）计算得消力池长度为 19.15m，取消力池长度为 20m。

3) 下游河道防冲墙。溢洪道与下游八里沟河道交角近 50°，原防冲墙已部分损坏，为避免下泄水流对河岸冲刷，在八里沟溢洪道水流顶冲部位、原防冲墙的基础上建一新防冲墙，新防冲墙厚 1.0m、高 3.0m、长 50m。

6. 闸室稳定计算

（1）荷载及荷载组合。作用在水闸上的竖直向荷载主要有闸室自重、设备自重、水重、扬压力等，水平向荷载主要有静水压力。荷载组合分基本组合与特殊组合，其中基本组合包括完建情况、正常蓄水位情况及设计洪水位情况，特殊组合包括检修情况及校核洪水位情况，荷载组合情况见表 3.4−55。

表 3.4−55　　　　荷　载　组　合　表

荷载组合	计算情况	荷载				
		结构自重	设备自重	静水压力	扬压力	土压力
基本组合	完建情况	√	√			√
	正常蓄水位情况	√	√	√	√	√
	设计洪水位情况	√	√	√	√	√
特殊组合	检修情况	√	√	√	√	√
	校核洪水位情况	√	√	√	√	√

（2）计算公式及标准。根据《水闸设计规范》（SL 265—2001），闸室沿基础底面抗滑安全系数 K_c 可采用式（3.4−17）求得，其中闸室基底面与地基之间摩擦系数 f，采用下式计算：

$$f = \frac{\tan\varphi_0 \sum G + c_0 A}{\sum G} \qquad (3.4-47)$$

式中：φ_0 为闸室基底面与土质地基之间摩擦角，按 0.9 倍粉土质砂摩擦角计取；c_0 为闸室基底面与土质地基之间黏结力，按 0.2 倍粉土质砂黏结力计取。

根据粉土质砂物理力学指标，计算得综合摩擦系数在 0.42~0.43 之间，根据工程类比最终采用取 $f = 0.35$。

闸室基底应力计算采用式（3.4-16）计算。

闸室抗浮稳定计算公式为

$$K_f = \frac{\sum V}{\sum U} \tag{3.4-48}$$

式中：K_f 为闸室抗浮稳定安全系数；$\sum V$ 为作用在闸室上全部向下的铅直力之和；$\sum U$ 为作用在闸室基底面上的扬压力。

溢洪道为 3 级建筑物，按 100 年一遇洪水设计，1000 年一遇洪水校核。稳定分析取 3 孔整体进行计算。闸室底板高程 134.60m，闸室段长 8.0m，宽 25.15m。地基为粉土质砂，地基承载力为 85~95kPa，闸室基础高程为 133.60m。根据《水闸设计规范》（SL 265—2001）规定，建在土基上的闸室稳定计算应满足下列要求。

1) 在各种计算情况下，闸室基底应力平均值不大于地基允许承载力，最大基底应力不大于地基允许承载力的 1.2 倍。

2) 闸室基底应力的最大值与最小值比不大于 2.00（基本组合）、2.50（特殊组合）。

3) 沿闸室基底面的抗滑稳定安全系数不大于 1.25（基本组合）、1.10（特殊组合）。

4) 闸室抗浮稳定安全系数不应小于 1.10（基本组合）、1.05（特殊组合）。

(3) 计算结果。各类工况闸基的抗滑稳定安全系数、抗浮稳定安全系数和基底应力的计算成果见表 3.4-56。

表 3.4-56 基底应力及稳定安全系数汇总表

计算工况		抗滑稳定安全系数	应力/kPa		P_{max}/P_{min}	抗浮稳定安全系数
			P_{max}	P_{min}		
基本组合	完建工况	稳定	79.92	79.44	1.01	稳定
	正常运用	3.94	81.16	62.93	1.29	5.50
	设计工况	3.25	80.57	43.29	1.86	2.61
特殊组合	校核工况	2.21	75.53	44.65	1.69	2.33

由上表可见，闸室的基底应力在基础承载力范围内，满足规范要求；闸基抗滑稳定和抗浮稳定均满足规范要求。

7. 闸底板内力及配筋计算

(1) 计算方法。根据《水闸设计规范》（SL 265—2001），对于开敞式闸室底板的应力分析，黏性土地基或相对密度大于砂土地基的可采用弹性地基梁法进行计算。山阳水库溢洪道闸室地基为粉土质砂，符合以上条件，因此，闸底板应力分析采用弹性地基梁计算。

计算采用中国建筑科学研究院 PKPM CAD 软件计算，计算过程采用该软件《结构平面计算机辅助设计》PMCAD 和《基础工程计算机辅助设计》JCCAD 两大模块。采用结构计算模块建模并布置荷载，经荷载传导计算，由基础工程计算机辅助设计模块按照弹性地基筏板基础板元法计算（按广义文克尔假定）。根据基床反力系数推荐值表，对于中等密实的黏土和亚黏土，$K = 10000 \sim 40000 \text{kN/m}^3$，该工程 K 取 10000kN/m^3。

（2）计算结果。闸底板内力计算结果见图 3.4-18。

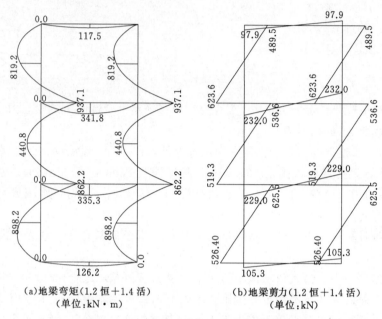

（a）地梁弯矩（1.2 恒＋1.4 活）　　　　（b）地梁剪力（1.2 恒＋1.4 活）
（单位：kN·m）　　　　　　　　　　（单位：kN）

图 3.4-18　山阳水库闸底板内力计算结果

底板配筋根据以上弯矩包络图按钢筋混凝土结构计算配筋，经计算，地梁（板带每延米）配筋面积为 2000mm^2，实配 $\phi 25@200$，闸底板单位长度实配钢筋面积为 2454.37mm^2。

8. 挡土墙设计

（1）设计参数。根据地质资料，挡土墙主要坐落在粉土质砂基础上，挡土墙断面与土层对应关系见表 3.4-57，各土层力学参数见表 3.4-58。

表 3.4-57　　　　　　　　　挡土墙计算断面与土层对应关系

土层	桩号	断面	计算编号
第②层粉土质砂	Y0－007.50	3	R3
	Y0＋000.00	4	R4
	Y0＋016.00～Y0＋024.00	5	R5

表 3.4-58　　　　　　　　　挡土墙基底各土层力学参数

土层	湿容重/(kN/m³)	饱和容重/(kN/m³)	C'/kPa	φ'/(°)	承载力标准值/kPa
第②层粉土质砂	20.0	21.4	35	20	85～95

桩号 Y0＋016.00～Y0＋024.00 之间的泄槽边墙采用悬臂式钢筋混凝土挡土墙，桩号 Y0＋024.00～Y0＋180.00 之间的泄槽采用钢筋混凝土 U 形槽结构，引渠渐变段、八字翼

墙段的边墙采用重力式浆砌石挡土墙。为提高悬臂式钢筋混凝土挡土墙的抗滑稳定性，在墙踵处设厚 0.5m、深 0.5m 的齿墙。

（2）计算公式及标准。根据《水工挡土墙设计规范》（SL 379—2007），挡土墙基底应力按式（3.4-16）计算。

抗滑稳定计算采用式（3.4-17）。

抗倾覆稳定安全系数 K_0 计算公式为

$$K_0 = \frac{\sum M_V}{\sum M_H} \tag{3.4-49}$$

式中：$\sum M_V$ 为对挡土墙基底前趾的抗倾覆力矩，kN·m；$\sum M_V$ 为对挡土墙基底前趾的倾覆力矩，kN·m。

《水工挡土墙设计规范》（SL 379—2007）中对挡土墙各种工况的抗滑和抗倾覆稳定安全系数以及最大、最小应力的比值的规定见表 3.4-59。

表 3.4-59　　　　挡土墙抗滑、抗倾覆稳定安全系数允许值表

计算工况	抗滑稳定	抗倾覆稳定	P_{max}/P_{min}
设计工况	1.25	1.50	2.00
校核工况	1.10	1.40	2.50

（3）荷载及计算工况。主动土压力采用朗肯理论进行计算，公式为

$$K_a = \cos\beta \frac{\cos\beta - \sqrt{\cos^2\beta - \cos^2\varphi}}{\cos\beta + \sqrt{\cos^2\beta - \cos^2\varphi}} \tag{3.4-50}$$

式中：K_a 为主动土压力系数；β 为墙后回填土表面与水平面的夹角；φ 为土的内摩擦角。

按以下 3 种工况分析挡墙的稳定：①完建工况，挡土墙前后均无水；②校核工况，挡土墙前后均为校核水面高程；③不利工况，挡土墙前无水，墙后水位离底板 1.0m。

（4）计算结果。采用依据上述公式编制的《水利水电工程设计计算程序集 V3.0》中相关程序计算挡土墙的稳定，各工况下不同断面的计算成果见表 3.4-60。

表 3.4-60　　　　　　挡土墙稳定计算成果表

计算工况	计算编号	K_c	K_0	P_{max}	P_{min}	P_{max}/P_{min}
完建工况	R3	1.58	7.32	53.34	49.65	1.07
	R4	1.61	7.04	103.25	100.37	1.03
	R5	2.22	10.70	112.70	108.50	1.04
校核工况	R3	1.60	7.40	28.95	26.71	1.08
	R4	1.45	3.30	68.38	57.68	1.19
	R5	1.85	3.17	96.10	81.30	1.18
不利工况	R3	1.33	3.83	55.25	35.38	1.56
	R4	1.50	5.08	102.22	90.36	1.13
	R5	2.02	6.73	113.20	99.10	1.14

由计算结果可知，拟定的钢筋混凝土悬臂式挡土墙和浆砌石重力式挡土墙均满足抗滑、抗倾覆稳定要求，R4 计算断面对应的最大基底压应力为 103.25kPa，R5 计算断面对应的基底最大压应力为 113.20kPa，依据《水工挡土墙设计规范》（SL 379—2002）6.3.1 条，土质地基挡土墙基底应力应满足最大基底应力不大于地基允许承载力的 1.2 倍，山阳水库溢洪道地基允许承载力为 114kPa，大于各计算断面的最大基底应力。可见拟定的挡土墙尺寸满足要求。

9. 泄槽排水设计

由现场勘察可知，溢洪道泄槽地下水位较高，在转弯段后均有地下水出露。为防止地下水位过高，影响泄槽底板的稳定，在闸室段后（桩号 Y0+018.00～Y0+024.00）、泗良路桥（桩号 Y0+408.00～Y0+418.00）分别设置底板排水区，底板排水区从下往上依次为 400g/m² 土工布、0.2m 厚砂砾石、0.1m 厚 C10 素混凝土垫层、0.5m 厚 C20 钢筋混凝土底板，在素混凝土和钢筋混凝土之间采用 $\phi=0.1m$ 无砂混凝土柱排水，无砂混凝土柱长 0.6m，采用等边三角形布置，间距 1.5m。

为防止降雨使泄槽外侧水位增加，影响挡土墙的抗滑稳定性，在泄槽两侧挡土墙内各设一排 ϕ 80mm 的 PVC 排水管，排水管间距 2.0m，排水管出口位于挡土墙趾端，距底板 0.3m 处，为防止墙外侧杂物随水流进入排水管造成堵塞，在排水管外侧设 1 条宽 0.3m、高 0.5m 的纵向反滤带，反滤带构成从外到内依次为土工布（400g/m²）、0.2m 厚砂砾石（1～4mm 粒径级配）、0.3m 厚碎石（20mm 粒径级配）。为防止溢洪道泄水时，水流沿排水管向墙外倒灌，排水管沿挡墙倾斜向下游布置。

10. 交通桥设计

山阳水库共有两座交通桥，跨溢洪道闸室交通桥和跨泄槽段泗良路交通桥。交通桥设计标准为公路-Ⅱ（相当于原汽-20）。

（1）坝顶交通桥。根据枢纽总体布置和交通需要，在闸室前部设交通桥与坝顶公路相接，设计交通桥宽 7.5m，桥上路面宽 6.0m，两侧设人行道和混凝土栏杆。交通桥为钢筋混凝土预制空心板桥，根据溢洪道闸墩的布置型式，桥分 3 跨，每跨 7.5m。

（2）泗良路交通桥。溢洪道与泗良路交汇处原桥净宽 13m，桥面较低，阻水严重，根据本次除险加固要求，决定此桥拆除重建。重建后的泗良路交通桥为预制预应力钢筋混凝土 T 形梁结构，桥宽 12.5m，跨度 22.0m，桥路面净宽 9.0m，路两侧设人行道和钢筋混凝土栏杆，由于新建泗良路桥较原桥面抬高 1.66m，为与原路面平顺连接，桥两侧 34m 范围重新填筑，铺设纵坡为 0.05 的沥青混凝土路，将原路面与桥相接。

11. 主要工程量

山阳水库溢洪道改建、加固主要工程量见表 3.4-61。

表 3.4-61　　　　　　　溢洪道改建、加固主要工程量表

项目	材料	单位	工程量
拆除工程	浆砌石拆除	m³	3008
	混凝土拆除	m³	203
	房屋拆除	m²	312

项目	材料	单位	工程量
土方工程	土方开挖	m³	54201
	土方回填	m³	21462
浆砌石		m³	2795
混凝土	C20 混凝土	m³	3972
	C25 混凝土	m³	132
	钢筋	t	286
	C10 混凝土垫层	m³	532
	无砂混凝土	m³	5
其他材料	单层砖混结构	m²	192
	橡胶止水	m	642
	排水管	m	550
	土工布	m²	1017
	砂砾石	m³	230
	碎石	m³	1128
交通桥	C25 混凝土	m³	314
	钢筋	t	58
	沥青混凝土	m³	67
	灰土垫层	m³	501

3.4.2.4　放水洞设计

1. 加固方案

南放水洞位于主坝桩号 0+250.00 处,1960 年建成,为单孔无压半圆砌石拱涵洞,洞底进口高程 131.50m,砌石拱涵总长 50.5m,底坡 0.01。涵洞宽 1.0m,墩高 1.0m,拱高 0.5m,基础坐落在粉土质砂上。设计引水流量 3.0m³/s,闸孔尺寸 1.0m×1.0m;闸门为平板铸铁闸门,尺寸 1.4m×1.4m,采用螺杆启闭机。存在的主要问题如下。

(1)经过 40 多年的运行,洞身内壁浆砌石砌筑缝处可见大面积的水泽,墙壁溶蚀现象严重,洞内可见大面积的碳酸钙结晶物析出,拱涵内部有 20%左右的面积被碳酸钙结晶物所覆盖。拱涵内壁存在裂缝并渗水,且伴有大量结晶物覆盖表面,这将造成拱涵结构强度的下降。

(2)由于不均匀沉陷等的影响,放水洞浆砌石拱涵存在一条横向裂缝,位于放水洞闸门下游 10m 处,裂缝最大宽度 3.0mm,该断裂已贯穿整个放水洞洞身,浆砌块石也被剪断,影响其整体稳定性。由于放水洞竖井基础沉陷,放水洞启闭机房与坝体间的引桥已断裂,存在一条宽 3.6mm 的断裂缝,危及竖井和引桥的安全。

鉴于南放水洞存在以上问题,应对其进行加固处理。由于现洞身断面小,在内部加固施工困难,再加上山阳水库仅有 1 条南放水洞可以放空水库,在水库加固过程中,此放水洞要作为施工期导流洞使用,所以,只有重新修建南放水洞。现南放水涵洞作为施工期导流洞使用，待施工结束后对其进行封堵处理。北放水洞处于报废状态，本次予以封堵。

根据水库地形条件，新建放水洞仍按坝下埋涵方式设计。

2. 放水涵洞布置

为减少工程量并考虑与下游渠道合理连接，新建放水洞布置在原南放水洞左侧，其轴线与原放水洞轴线夹角近15°，与坝轴线夹角73°，在满足工程施工条件下紧靠现输泄水涵洞布置。新建涵洞坐落在粉土质砂地基上，为钢筋混凝土结构，断面型式仍采用城门洞型，按明流涵洞设计，设计流量与原南放水洞相同，为 $3.0 \mathrm{m^3/s}$。

新建放水洞主要由进口段、闸室段、洞身段、出口消力池、干渠连接段 5 部分组成，总长 130.96m。

进口段由 9.00m 长的浆砌石引渠和 6.00m 长的钢筋混凝土引渠组成，平面布置为八字翼墙，渠底高程为 131.50m。

闸室段采用塔式进水口，为钢筋混凝土结构，混凝土强度等级 C25。闸室底板长 8.0m，宽 5.0m，底板下铺 10cm 强度等级为 C10 的素混凝土。闸室内设置检修及工作 2 道闸门，检修门闸孔尺寸为 1.5m×1.5m，工作门闸孔尺寸为 1.0m×1.0m。检修门和工作门之间设置胸墙 1 道，检修门启闭机室布设在闸室上部，底板与坝顶平，高程为 139.90m，启闭机室内设可以顺水流向移动的单轨移动启闭机作为检修门的启门设备，并可以作为工作门及启闭机检修的起吊设备。工作门启闭机室布置于前后胸墙之间，底板高程为 134.00m，设固定螺杆启闭机作为工作门的启闭设备，该层与检修门启闭机室之间设置爬梯供操作人员通行。

涵洞全长 32.0m，受现状下游灌溉渠道高程的限制，以及为最大限度地利用库内水量，进口底板高程确定为 131.50m，出口底板高程 131.18m，纵坡为 1/100。涵洞断面在满足设计流量的前提下，还应保证运用期的正常检查、维修，尺寸为 1.5m×2.0m，圆拱直墙式城门洞型，钢筋混凝土结构，断面净宽 1.5m，侧墙高 1.57m，顶拱中心角 120°，半径 0.866m。

涵洞出口处设置消力池，为钢筋混凝土结构，总长 10.3m，其中，陡坡水平长 4.8m、坡度为 0.1，池长 5.2m、宽 4.0m、深 0.3m，池底高程为 130.70m，池边墙为重力式挡土墙。

消力池与东干渠间连接段长 65.66m，其中消力池后 19.0m 长渠道采用浆砌石衬砌，渠底宽 4.00m，渠道边坡为 1:1；其余渠道为土渠，渠顶宽 1.5m，渠道内、外边坡均为 1:1.5。

3. 水力计算

(1) 正常水深及临界坡度。洞内正常水深按下式计算：

$$Q = \frac{1}{n} A i^{1/2} R^{2/3} \tag{3.4-51}$$

式中：R 为水力半径；n 为渠道糙率系数，取 $n=0.015$；i 为渠道比降；A 为过流面积。

临界坡度 i_K 计算公式为

$$i_K = \frac{g \chi_K}{\alpha C_K^2 B_K} \tag{3.4-52}$$

式中：g 为重力加速度；α 为流量不均匀系数，取 $\alpha=1.1$；χ_K 为湿周；C_K 为谢才系数；B_K 为断面宽。

设计流量为 $3\text{m}^3/\text{s}$ 时洞内正常水深 h_t 为 0.617m，临界水深为 0.765m，临界坡度 i_K 为 0.0056。涵洞坡度大于临界坡度，为陡坡。正常水深时，洞内过水流速为 3.24m/s。

（2）闸门开启度。当水库水位在 133.50m 以上时，放水洞自由泄流量将大于设计流量，此时应按设计流量通过闸门控制放水。因进口段设置有压短洞，设下游水位不影响隧洞的泄流能力，此时，其泄流量可由闸孔自由出流的公式计算：

$$Q = \sigma_s \mu Be \sqrt{2g(H - \varepsilon e)} \tag{3.4-53}$$

式中：e 为闸门开启高度；B 为水流收缩断面处的底宽；H 为由有压短洞出口的闸孔底板高程起算的上游水深；ε 为垂直收缩系数；μ 为短洞有压段的流量系数，计算公式为

$$\mu = \frac{\varepsilon}{\sqrt{1 + \sum \zeta_i \left(\dfrac{\omega_c}{\omega_i}\right)^2 + \dfrac{2gl_a}{C_a^2 R_{ai}} \left(\dfrac{\omega_c}{\omega_a}\right)^2}} \tag{3.4-54}$$

式中：ω_c 为收缩断面面积，$\omega_c = \varepsilon eB$；$\zeta_i$ 为局部能量损失系数；ω_i 为与 ζ_i 相应的过水断面面积；l_a 为有压短洞长度；ω_a、R_a、C_a 分别为有压短管的平均过水断面面积、相应的水力半径和谢才系数。

由以上公式计算新建放水洞不同水位的闸门开启高度见表 3.4-62。

表 3.4-62   新建放水洞不同水位的闸门开启高度结果表

水位/m	水头/m	开启高度/m	流量/(m³/s)
133.50	2.0	0.785	3.0
134.00	2.5	0.702	3.0
134.50	3.0	0.637	3.0
135.00	3.5	0.590	3.0
135.50	4.0	0.551	3.0
136.00	4.5	0.517	3.0
136.50	5.0	0.489	3.0
136.80	5.3	0.475	3.0

由于为陡坡，洞内临界水深大于正常水深，闸后水深将由正常水深及下游渠道水深决定，而正常水深为 0.617m，下游渠道水位为 131.97m 时涵洞末端水深为 0.79m，因此洞内水深将不超过 0.79m。洞内水面线以上的空间大于涵洞断面面积的 15%，且涵洞内净空超过 40cm，故涵洞过流能力满足《水工隧洞设计规范》（SL 279—2002）规范要求。

（3）消力池。消力池尺寸按《溢洪道设计规范》（SL 253—2000）规定方法计算，计算公式见式（3.4-15），而自由水跃长度 L_j 按下式计算：

$$L_j = 6.9(h_2 - h_1) \tag{3.4-55}$$

式中：h_1 为跃前水深；h_2 为池中发生临界水跃时的跃后水深。

经计算，跃长 3.9m，池深为 0.13cm，故所设计的池长 5.2m、底坎高 30cm 满足消能要求。

（4）海漫。海漫长度 L_p 按《水闸设计规范》（SL 265—2001）所给公式计算，即

$$L_p = K_s \sqrt{q_s \sqrt{\Delta H'}} \tag{3.4-56}$$

式中：q_s 为消力池末端单宽流量；K_s 为海漫长度计算系数，取 $K_s = 11$；$\Delta H'$ 为上、下游水位差。

经计算，海漫长度为 15.5m，设计海漫长为 19.0m，满足要求。

4. 结构设计

（1）闸室稳定分析。

1）荷载组合。作用在水闸上的竖直向荷载主要有闸室自重、启闭机自重、水重、扬压力、浪压力、风压力等，水平向荷载主要有静水压力、填土压力等。荷载组合分基本组合与特殊组合，其中基本组合包括完建情况、正常蓄水位情况及设计洪水位情况，特殊组合包括检修情况及校核洪水位情况，荷载组合情况参见表 3.4-55。

2）计算公式及标准。与溢洪道闸室稳定计算方法相同，闸室抗滑稳定、基底应力、闸室抗倾覆稳定分别按式（3.4-17）、式（3.4-16）、式（3.4-18）计算。根据粉土质砂物理力学指标，由式（3.4-47）计算得闸基底面与地基之间摩擦系数为 0.32～0.35，取 $f = 0.32$。

新建闸室为 3 级建筑物，闸底宽 5.0m，长 8.0m。基础为更新统壤土，其允许承载力为 110kPa。根据《水闸设计规范》（SL 265—2001）规定，建在土基上的闸室稳定计算应满足下列要求：①在各种计算情况下，闸室平均基底应力不大于地基允许承载力，最大基底应力不大于地基允许承载力的 1.2 倍；②闸室基底应力的最大值与最小值比不大于 2.00（基本组合）、2.50（特殊组合）；③沿闸室基底面的抗滑稳定安全系数不大于 1.25（基本组合）、1.10（特殊组合）；④闸室抗倾覆稳定安全系数不应小于 1.10（基本组合）、1.05（特殊组合）。

3）计算结果。各类工况下抗倾覆稳定安全系数为 2.19～2.85，基底应力及抗滑稳定安全系数计算结果见表 3.4-63。

表 3.4-63　　　　　　　　山阳水库基底应力、抗滑稳定安全系数汇总表

计算工况	基底应力分析					抗滑稳定分析	
	基底应力/kPa			P_{max}/P_{min}		安全系数计算值	允许值
	P_{max}	P_{min}	允许值	计算值	允许值		
完建情况	165.6	145.8	110.0	1.14	2.00	1.28	1.25
正常蓄水位	117.9	98.0	110.0	1.20	2.00	1.96	1.25
设计洪水位	111.3	86.9	110.0	1.28	2.00	1.85	1.25
校核洪水位	107.2	80.0	110.0	1.34	2.50	1.78	1.10
检修情况	127.3	88.4	110.0	1.44	2.50	1.96	1.10

计算表明，抗倾覆稳定安全系数均大于规范规定的允许值，闸室满足抗倾覆要求；抗滑稳定安全系数均大于规范规定的允许值，闸室稳定能满足要求；完建情况下闸室基底平均应力大于地基允许承载力，最大应力亦大于地基允许承载力的 1.2 倍，不满足规范要

求，需要做基础处理。

（2）复合地基承载力计算。地基采用旋喷桩进行加固处理，依据《建筑地基基础设计规范》（GB 50007—2002），深层搅拌桩的复合地基承载力按下式计算：

$$f_{sp,k} = m\frac{R_k^d}{A_p} + \beta(1-m)f_{s,k} \qquad (3.4-57)$$

式中：$f_{sp,k}$ 为复合地基的允许承载力，kPa；m 为桩土面积置换率；R_k^d 为单桩竖向允许承载力；A_p 为单桩横截面面积；β 为桩间土的承载力折减系数；$f_{s,k}$ 为桩间土的允许承载力，kPa。

单桩允许承载力 R_k^d 估算如下：

$$R_k^d = \eta f_{cu,k} A_p$$
$$R_k^d = q_s U_p l + \alpha A_p q_p \qquad (3.4-58)$$

式中：$f_{cu,k}$ 为搅拌桩桩深加固土相同配比的室内加固土试块立方体 28d 龄期的无侧限抗压强度平均值，kPa；η 为强度折减系数；U_p 为桩周长，m；q_s 为桩周土允许侧阻力的加权平均值；α 为桩端土承载力折减系数；q_p 为桩端土的允许承载力；l 为桩的长度，m。

经计算，取其中最小值作为设计值 R_k^d，施工前应通过现场单桩载荷试验验证单桩竖向承载力。

设计旋喷桩直径 0.6m，桩间距 1.6m，桩座至页岩岩面长 9.3m。采用梅花形布置 36根旋喷桩时，复合地基承载力达 194.1kN，满足基底应力要求。

（3）涵洞衬砌结构计算。

1）荷载组合。作用在涵洞上的荷载主要有衬砌自重、填土压力、外水压力、内水压力、地基抗力等，本次主要计算了衬砌自重、填土压力、外水压力、地基抗力等荷载共同作用下衬砌的内力。各类荷载分项系数按《水工混凝土结构设计规范》（SL/T 191—1996）及《水工建筑物荷载设计规范》（DL 5077—1997）规定确定。

2）计算方法及结果。按荷载结构法计算涵洞衬砌内力，采用衬砌边值问题的数值解法，即计算衬砌的内力和变形时，不需事先对抗力作出假设，而由程序自动迭代求出。

设计衬砌厚 0.30m，混凝土强度等级为 C25，衬砌的内力计算结果见表 3.4-64。

表 3.4-64　　　　　　　　　山阳水库衬砌内力计算结果统计表

位置	轴力/kN	剪力/kN	弯矩/(kN·m)
拱顶	−161.0	0.5	3.3
拱与直墙交汇处	−196.5	1.4	10.9
直墙腰部	−178.8	4.7	22.5
直墙与底板交汇处	−186.5	144.1	53.3
底板中央	−147.4	2.5	30.8

注　表中轴力拉为正、压为负。

计算结果显示在直墙与底板交汇处，衬砌内力较大。衬砌按正常使用极限状态限裂设计，取衬砌最大裂缝宽度允许值为 0.25mm，依此进行配筋计算。

5. 主要工程量

山阳水库新建放水洞及原洞封堵主要工程量见表 3.4-65。

表 3.4 - 65　　　　　　　　新建放水洞及原洞封堵主要工程量表

序号	工程项目	单位	数量	备　注
Ⅰ	新建工程			
1	土方开挖	m³	6761	
2	土方回填	m³	5754	
3	引渠混凝土 C25	m³	18.6	
4	闸室混凝土 C25W4	m³	240.6	
5	启闭机房梁柱混凝土 C30	m³	9.5	
6	放水洞衬砌混凝土 C25W4	m³	78.1	
7	消力池混凝土 C25	m³	36.3	
8	工作桥混凝土 C25	m³	5.0	
9	钢筋	t	30.42	
10	浆砌石 M7.5	m³	124.5	
11	素混凝土垫层 C10	m³	18.8	
12	砂砾石垫层	m³	39.1	
13	铜片＋塑性填料止水	m	37.74	
14	铁栏杆	m	27.8	
15	钢爬梯	m	5.87	
16	启闭机房	m²	39.31	
17	旋喷桩	m	342	桩径 0.6m，桩间距 1.6m
Ⅱ	封堵工程			
1	原闸室拆除	m³	56.66	
2	浆砌石 M7.5	m³	3.74	
3	堆石	m³	68.74	
4	回填灌浆	m³	20.62	按堆石孔隙率30％计

3.4.2.5　工程监测

1. 监测设计原则

该工程监测设计的主要原则如下。

（1）突出重点、兼顾全局，既密切结合工程具体情况，以危及建筑物安全的因素为重点监测对象，做到少而精，同时兼顾全局，又要能全面反映工程的运行状况。

（2）由于该工程为已建工程，因此以外部变形和坝体渗流为主。监测项目的设置和测点的布设应满足监测工程安全资料分析的需要。

（3）对于监测设备的选择要突出长期、稳定、可靠。

2. 监测项目选择

为确保大坝的安全运行，掌握大坝的工作状态，根据《土石坝安全监测技术规范》（SL 60—1994）要求，结合该工程的实际情况以及类似工程的经验，该工程设置了如下监测项目。

(1) 坝体水平位移和垂直位移监测。

(2) 坝体浸润线监测。

(3) 坝基渗透压力、绕坝渗流和渗流量监测。

(4) 南放空洞与坝体结合部的渗流监测。

(5) 溢洪道的安全监测。

(6) 库水位、气温和降雨量监测。

3. 大坝安全监测

(1) 已有安全监测项目。山阳水库1960年建成后，没有安装观测设备。1990年11月安装了6支浸润线测压管和量水堰观测设施。由于年久失修，测压管已经严重淤堵，量水堰已损坏，原有观测设施均不能正常使用。鉴于上述情况，在本次改造中不考虑对原有的观测设施进行利用，所有项目均为新设项目。

(2) 监测布置。

1) 坝体的水平位移和垂直位移监测。外部变形监测是判断大坝是否正常运行的重要指标。根据该水库自身的特点以及运行情况，在主坝的平行坝轴线方向上布设2条测线，分别位于坝顶和坝下游一级马道上，每条测线上每间隔50m左右设置1个位移标点，监测坝体的水平位移和沉降，共18个测点。

2) 坝体浸润线监测。对土石坝而言，坝体浸润线的高低是大坝稳定与否的关键，为监测坝体浸润线的分布情况，主坝沿坝轴方向共布设5个监测断面进行监测，分别位于坝轴线桩号0+180、0+280、0+380、0+500和0+600处，每个监测断面上布设3个测压管，分别位于坝顶、坝下一级马道、马道下的边坡上，每个测压管内放置1支渗压计，共15支。除此之外，为监测复合土工膜和高喷混凝土墙的防渗效果，在上述监测断面的高喷混凝土墙后、复合土工膜下的坝体133.00m高程附近布设1支渗压计，共5支。渗压计通过电缆引向观测站。

3) 坝基渗透压力、绕坝渗流和渗流量观测。为监测坝基的渗流情况，在上述5个监测断面上，坝顶和坝下一级马道的测压管底部的坝基内，分别布设1支渗压计，共5支。

为监测主坝的绕坝渗流状况，在主坝两侧坝肩分别布设3支测压管，每个测压管内放置1支渗压计，共6支。

另外，在坝后300m处的公路桥下，布设1个量水堰，用以监测坝体的渗流量情况。

4) 南放空洞与坝体结合部的渗流监测。为监测南放空洞与坝体结合部的渗流状况，在其结合部布设5支渗压计。

5) 溢洪道的安全监测。在本次除险加固中，溢洪道属于重建工程，为监测溢洪道底板渗透压力，在沿底板中心线上布置3支渗压计；为监测溢洪道与坝体结合部的接触渗流，沿溢洪道与坝体结合部布设5支渗压计，溢洪道左侧设2支，溢洪道右侧设3支，共计8支。渗压计通过电缆引向监测站。

另外，为监测溢洪道的不均匀沉陷情况，在溢洪道闸室及挡墙左右两侧各布置6个垂直位移标点，共12个。

6) 库水位、气温和降雨量监测。根据该水库目前现状，水位计拟放在主坝上游坡库水位比较平稳的部位，通过水压力的变化来测定库水位的高低。同时，在南放水洞闸室侧面布设 1 个水尺，用以进行人工观测。

为监测库区附近的大气温度和降雨量，拟在监测房顶设 1 个百叶箱和 1 个雨量计。

由于该工程规模不大，监测仪器电缆引设距离不长，为了便于管理，拟将所有的监测仪器电缆均引到水库管理所内。

4. 监测工程量

大坝安全监测工程量见表 3.4 - 66。

表 3.4 - 66　　　　　　　　　　大坝安全监测工程量表

序号	项目	单位	数量
1	渗压计	支	44
2	水位计	支	1
3	温度计	支	1
4	雨量计	支	1
5	水尺	m	10
6	量水堰	套	1
7	四芯屏蔽水工电缆	m	25000
8	位移标点	个	18
9	工作基点	个	4
10	垂直位移测点	个	12
11	垂直位移工作基点	个	1
12	镀锌钢管	m	200
13	电缆保护管（ϕ50mm PVC 管）	m	2000
14	经纬仪	台	1
15	水准仪	台	1
16	振弦式读数仪	台	1
17	平尺水位计	台	1

3.4.2.6　机电及金属结构

1. 电气一次

(1) 现状。现有变电站 1976 年建造，电气设备运行年久，已严重老化，变压器型号为 S7 - 50/10kVA，型号老、容量小、损耗大，运行的安全性和可靠性较差，不符合节能要求，属于淘汰产品；跌落式熔断器已损坏无法使用，该站已无法进行停电检修。变电站现有低压配电盘 1 面，为自制的 "三无" 产品；动力箱小，进、出线混乱且不规范，低压线路均为架空裸线，部分地段较低，存在严重安全隐患，对人身安全构成威胁；坝顶照明电源线路、灯具及放水洞电源线路已被盗，供电设施已不存在；柴油发电机组型号老，容量为 7.5kW，该容量已不能满足此次改造所需要的容量，且漏油严重，启动不可靠；变电站无补偿设备，变电站房子十分破旧，属危房。

此次更新改造将原有电气设备、线路全部更换，变电站重建。

(2) 电源引接方式。本次属除险加固改造，根据《供配电系统设计规范》（GB

50052—1995）规定该工程按二级负荷设计。主供电源利用原有 10kV 电源，从原"T"接杆处"T"接经电缆（YJV22 - 3×35 8.7/10kV）引至变电站；备用电源由柴油发电机组发电经电缆（ZR - YJV22 - 3×70＋1×35 1kV）引至变电站 0.4kV 母线；变电站主要为溢洪道、放水洞闸门启闭机负荷、照明负荷、检修负荷、计算机监控负荷及管理房原有负荷等供电。电网与柴油发电机组通过 SQG1 - 200 - 3PF 自动电源转换开关，完成双回路供电系统的电源自动转换，以保证重要负荷供电的可靠性。

（3）电气接线。该变电站属永久变电站，电压等级为 10kV/0.4kV，高压均采用组合式变电站 1 台，变压器容量为 100kVA。

10kV 进线 1 回，0.4kV 进、出线采用 MNS 组合式低压开关柜 2 面；电容补偿柜 1 面，补偿装置容量为 15kvar×2＝30kvar。另设 1 台柴油发电机组作为外来电源失去时的备用电源，为重要闸用负荷供电。本站 10kV 侧采用单母线接线，0.4kV 侧亦采用单母线接线，高压侧 1 回进线接入 10kV 母线，经主变压器至 0.4kV 母线，考虑到负荷功率不大，距离较近，在低压母线上采用集中补偿装置补偿。

（4）主要电气设备选择。

1）组合式变电站。变压器容量选择：按最大运行工况为 2 台 7.5kW 启闭机运行、正常照明加 1 台 7.5kW 启闭机启动，经计算选择变压器容量为 100kVA。

高压单元：型式 ZBN - 100/10 户内型，额定电压 10kV，最高工作电压 11.5kV，额定电流 630A，额定短时耐受电流 16kA，额定峰值耐受电流 40kA。

变压器单元：型式 SC10 - 100/10 环氧树脂浇注干式变压器，额定容量 100kVA，额定电压 10/0.4kV，绝缘水平 LI175AC35/LI0AC3，高压分接范围±2×2.5%，联接组别 Dyn11，阻抗电压 $U_k＝4\%$。

2）氧化锌避雷器。型号 Y5WS5 - 17/50，系统额定电压 10kV，避雷器额定电压 17kV，避雷器持续运行电压 13.6kV，雷电冲击残压 50kV，爬电比距大于 2.4cm/kV。

3）跌落式熔断器。型号 RW9 - 10，额定电压 10kV，额定电流 100A，额定断流容量 100kVA。

4）低压开关柜。型式为 MNS 型低压抽出式开关柜，额定工作电压 380V，额定绝缘电压 660V，水平母线额定工作电流 4000A，垂直母线额定工作电流 1000A，水平母线短时耐受电流 100kA，垂直母线短时耐受电流 60kA，外壳防护等级为 IP4X。

5）柴油发电机。柴油发电机容量选择：按 2 台 7.5kW 启闭机运行，正常照明加 1 台 7.5kW 启闭机起动，选择柴油发电机容量为 68kW。

额定输出功率 68kW，额定电压 400V、三相四线，额定频率 50Hz，额定功率因数 0.8，噪声水平（dB）不大于 92。

（5）主要电气设备布置。变电站在原站位置布置，与 10kV "T" 接杆、溢洪道、放水洞、管理房均相对合理，且地势相对较高，不易集水、便于值班人员巡视的地方。组合式变压器、低压柜、无功补偿柜布置在变电站内。柴油发电机布置在柴油发电机房内。变电站布置见配电房电气设备布置图。

溢洪道、放水洞启闭机控制箱布置在启闭房内，为方便溢洪道、放水洞启闭机检修，溢洪道、放水洞房内各布置 1 个配电箱、1 个照明箱。

从变电站至溢洪道，管理房、放水洞电缆均采用穿管直埋；溢洪道、放水洞房内电缆穿管暗敷。

（6）照明。为降低损耗，采用节能型高效照明灯具。启闭机房照明布置工矿灯，事故照明灯采用带蓄电池灯具；变电站、柴油发电机房、管理房办公楼照明布置荧光灯、吸顶灯，事故照明灯采用带蓄电池灯具。坝顶道路照明灯具布置在坝顶上游侧，灯杆采用钢管杆、杆高 8m，安装间距为 30m、电缆穿管直埋。

（7）过电压保护及接地。为防止雷电波侵入，在变电站 10kV 电源进线处，即原 10kV 架空线"T"接杆上装设 1 组氧化锌避雷器。

接地系统以人工接地装置（接地扁钢加接地极）和自然接地装置相结合的方式。人工接地装置包括：变电站、溢洪道、管理房、放水洞等处设的人工接地装置。自然接装置主要是利用结构钢筋等自然接地体，人工接地装置与自然接地装置相连，所有电气设备均与接地网连接。接地网接地电阻不大于 1Ω，若接地电阻达不到要求时，采用高效接地极或降阻剂等方式有效降低接地电阻，直至满足要求。

（8）电缆防火。根据《水利水电工程设计防火规范》（SDJ 278—1990）要求，所有电缆孔洞均应采取防火措施，根据电缆孔洞的大小采用不同的防火材料，比较大的孔洞选用耐火隔板、阻火包和有机防火堵料封堵，小孔洞选用有机防火堵料封堵。电缆沟主要采用阻火墙的方式将电缆沟分成若干阻火段，电缆沟内阻火墙采用成型的电缆沟阻火墙和有机堵料相结合的方式封堵。

（9）主要工程量。电气一次主要工程量见表 3.4 - 67。

表 3.4 - 67　　　　　　　　　　电气一次主要工程量表

序号	名称	型号规格	单位	数量	备注
1	组合式变电站	ZBN - 100/10 100kVA	台	1	
2	氧化锌避雷器	Y5WS5 - 17/50	组	1	
3	跌落式熔断器	RW9 - 10 10kV 100A	套	1	
4	户外三芯电缆终端	5601PST - G1 15kV	套	1	
5	户内三芯电缆终端	5623PST - G1 15kV	套	1	
6	低压配电盘	MNS	面	3	
7	照明配电箱		面	3	
8	检修箱		面	2	
9	灯具		项	1	
10	10kV 电缆	YJV22 - 3×35 8,7/10kV	m	100	终端杆至变压器
11	电缆	YJV22 - 3×70＋1×35 0.6/1kV	m	30	发电机至低压盘
12	电缆	VV22 - 3×35＋1×16 0.6/1kV	m	250	变电站至启闭机室
13	电缆	VV22 - 3×25＋1×16 0.6/1kV	m	100	变电站至启闭机室
14	电缆	VV22 - 3×16＋1×10 0.6/1kV	m	1100	变电站至启闭机室
15	电缆	VV22 - 4×10 0.6/1kV	m	300	至照明箱
16	电缆	VV22 - 3×10＋1×6 0.6/1kV	m	400	变电站至启闭机室

序号	名称	型号规格	单位	数量	备注
17	电缆	VV22-3×6+1×4 0.6/1kV	m	200	变电站至启闭机室
18	电缆	VV22-3×4+1×2.5 0.6/1kV	m	50	
19	导线	BV-16	m	3200	
20	导线	BV-6	m	800	
21	导线	BV-4	m	1000	
22	导线	BV-2.5	m	400	
23	护管	φ32	m	400	
24	护管	φ20	m	600	
25	接地装置		项	1	
26	电缆封堵防火材料		项	1	
27	水煤气管	φ40	m	1000	
28	水煤气管	φ100	m	300	
29	柴油发电机	68kW 0.4kV	台	1	
30	坝顶照明	含灯柱	套	25	

2. 电气二次

（1）控制范围。山阳水库闸门自动控制系统的控制范围包括放水洞工作闸门1扇、溢洪道工作闸门3扇，其中放水洞工作闸门配套螺杆式启闭机，电机功率为3kW；溢洪道工作闸门配套固定卷扬启闭机，电机功率为7.5kW。

（2）控制方式及系统组成。闸门控制拟采用由上位计算机系统及现地控制单元组成的分层分布式控制系统。

上位计算机系统由监控计算机、不间断电源、以太网交换机、打印机等设备组成，设于水库管理处办公室内。

现地控制单元设于启闭机房，与上位计算机系统通过以太网连接，由PLC控制屏、动力屏、自动化元件构成。

PLC控制屏内装设可编程序逻辑控制器（PLC）、触摸屏、信号显示装置、网络服务器等。PLC具有网络通信功能，采用标准模块化结构。PLC由电源模块、CPU模块、I/O模块、通信模块等组成。

动力屏装设主回路控制器件，主要包括空气开关、接触器、热继电器等。

为了配合实施闸门控制系统的功能要求，实现闸门的远方监控，启闭机均装设闸门开度传感器、荷重传感器和水位传感器，将闸门位置信号、荷载信号及水位信号传送至现地控制单元和上位机系统，为闸门控制提供重要参数。

（3）上位计算机系统的功能。

1）数据采集和处理。

a. 模拟量采集：闸门启闭机电源电流、电压、闸前水位、闸后水位、闸门开度、闸门荷载。

　　b. 状态量采集：闸门上升或下降接触器状态、闸门启闭机保护装置状态、动力电源、控制电源状态、有关操作状态等。

　　2）实时控制。通过监控计算机对闸门实施上升或下降的控制，所有接入闸门控制系统的闸门均采用现地控制与远方控制两种控制方式，互为闭锁，并在现地切换。

　　3）安全运行监视。

　　a. 状态监视。对电源断路器事故跳闸、运行接触器失电、保护装置动作等状态变化进行显示和打印。

　　b. 过程监视。在控制台显示器上模拟显示闸门升降过程，并标定升降刻度。

　　c. 监控系统异常监视。监控系统中硬件和软件发生故障时立即发出报警信号，并在显示器显示记录，同时指示报警部位。

　　d. 语音报警。利用语音装置，按照报警的需要进行语言的合成和编辑。当事故和故障发生时，能自动选择相应的对象及性质语言，实现汉语语音报警。

　　4）事件顺序记录。当供电线路故障引起启闭机电源断路器跳闸时，电气过负荷、机械过负荷等故障发生时，应进行事件顺序记录，进行显示、打印和存档。每个记录包括点的名称、状态描述和时标。

　　5）管理功能。

　　a. 打印报表。包括打印闸门启闭情况表、闸门启闭事故记录表。

　　b. 显示。以数字、文字、图形、表格的形式组织画面在显示器上进行动态显示。

　　c. 人机对话。通过标准键盘、鼠标可输入各种数据，更新修改各种文件，人工置入各种缺漏的数据，输入各种控制命令等，实现各涵闸运行的监视和控制。

　　6）系统诊断。主控级硬件故障诊断：可在线和离线自检计算机和外围设备的故障，故障诊断能定位到电路板。

　　主控级软件故障诊断：可在线和离线自检各种应用软件和基本软件故障。

　　7）软件开发。应能在在线和离线方式下，方便地进行系统应用软件的编辑、调试和修改等任务。

　　（4）现地控制单元的功能。

　　1）实时数据采集和处理。

　　模拟量采集：闸门启闭机电源电流、电压、闸前水位、闸后水位、闸门开度、闸门荷载。

　　状态量采集：闸门行程开关状态、启闭机运行故障状态等。

　　涵闸监控系统通过在不同点安装一定数量的传感器进行以上数据的信号采集，并对数据进行整理、存储与传输。

　　2）实时控制。

　　a. 运行人员通过触摸屏在现场对所控制的闸门进行上升、下降、局部开启等操作。闸门开度实时反映，出现运行故障能及时报警并在触摸屏上显示。

　　b. 通过通信网络接受上位机系统的控制指令，自动完成闸门的上升、下降、局部开启。

　　3）安全保护。闸门在运行过程中，如果发生电气回路短路电源断路器跳闸，当发生电气过负荷，电压过高或失压，启闭机荷重超载或欠载时，保护动作自动断开闸门升/降接触器回路，使闸门停止运行。如果由于继电器、接触器接点粘连，或发生其他机械、电气及环境异常情况时，应自动断开闸门电源断路器，切断闸门启闭机动力电源。

4）信号显示。在 PLC 控制屏上通过触摸屏反映闸门动态位置画面、电流、电压、启闭机电气过载、机械过载、故障等信号。

5）通信功能。现地控制单元将采集到的数据信息上传到上位机系统，并接收远程控制命令。

3. 金属结构

（1）概况。山阳水库除险加固金属结构设备主要布置在新建南放水洞和溢洪道控制闸。金属结构设备包括平面闸门 5 扇、螺杆启闭机 1 台、单轨移动式启闭机 1 台、固定卷扬式启闭机 3 台。总工程量约为 45.3t。

（2）工程现状和存在的主要问题。山阳水库水库始建于 20 世纪 60 年代，由主坝、东副坝、北副坝、南北放水涵洞和开敞式溢洪道组成。金属结构设备布置在南北放水涵洞进口。

南放水洞进口设有活动式拦污栅 1 扇，上游坝肩竖井内设工作闸门 1 扇，闸门为平面铸铁闸门，孔口尺寸为 1.4m×1.4m，采用启闭容量为 80kN 的螺杆启闭机启闭。

北放水洞上游坝肩竖井内设工作闸门 1 扇，闸门为平面铸铁闸门，孔口尺寸为 1.0m×1.0m，采用启闭容量为 50kN 的螺杆启闭机启闭。

南放水洞的闸门和启闭设备运行已 30 年以上，北放水洞因灌渠未开挖，闸门和启闭设备处于报废状态。2 条放水洞闸门和启闭设备均已陈旧、锈蚀、破损严重，操作困难，不能正常运行。放水洞进口没有设置检修门，工作闸门无法进行正常维修。运行管理存在安全隐患，已不能满足运行要求。

大坝安全鉴定结论是：北放水洞已报废，但未封堵；2 条放水洞的闸门和启闭设备陈旧、老化不能正常运行。

（3）设备选型与布置。南放水洞进口增设检修闸门，更换工作闸门及启闭机，封堵北放水洞。

由于溢洪道下游河道防洪能力低，为控制下泄流量，溢洪道增设控制闸门及启闭设备。

1）放水洞。新建南放水洞的主要任务是灌溉引水，依次设进口检修闸门、工作闸门及相应的启闭设备。

a. 检修闸门及启闭设备。检修闸门选用平面滑动门，孔口尺寸为 1.5m×1.5m，闸门尺寸 2.04m×2.0m，设计水头 5.3m，底坎高程 131.50m。运用条件为静水启闭，采用门顶充水阀充水平压。闸门平时锁定在塔顶 139.90m 高程，当工作门槽需要检修时闭门挡水。闸门主要材料采用 Q235B，主支承材料为油尼龙。

启闭设备选用单轨移动式启闭机，同时兼顾工作闸门及其启闭机的检修；启闭容量为 50kN，扬程 12m。

b. 工作闸门及启闭设备。工作闸门选用平面滑动闸门，孔口尺寸为 1.0m×1.0m，闸门尺寸 1.54m×1.4m，设计水头 6.63m。运用方式为动水启闭，有局部开启要求，闸门平时根据灌溉引水流量要求局部开启运用，汛期或不引水时闸门闭门挡水。闸门主要材料采用 Q235B，主支承材料为油尼龙。

启闭设备选用螺杆启闭机，启闭容量为 50kN/30kN，扬程 3.0m。

2）溢洪道控制闸。根据水工布置，新建溢洪道控制闸设在原溢洪道处，共 3 孔；由于水库水位一般低于正常蓄水位，闸门检修可安排在低水位时进行，故不设检修闸门，仅设工作闸门，工作闸门每孔 1 扇。

工作闸门孔口尺寸 6.0m×2.53m，闸门尺寸 6.9m×3.0m，底坎高程为 134.60m，根据闸门控制泄量 57.7m³/s 的要求，设计水头 2.53m，闸门运用方式为动水启闭，有局部开启要求。工作闸门选用平面滑动闸门。门体主要材料采用 Q345B，埋件采用 Q235B，主支承为自润滑复合材料。

启闭设备选用固定卷扬启闭机，1 门 1 机布置，共 3 台。启闭机容量 2 台×100kN，扬程 7m。

（4）启闭设备及控制要求。螺杆式启闭机和固定卷扬式启闭机均可现地控制与远方控制。

启闭机设有荷载限制器，具有自动报警及切断电路功能。当荷载达到 90% 额定起重量时自动报警，达到 110% 额定起重量时自动切断起升机构电路，确保运行安全。

启闭机设有行程限位开关，用于控制闸门的上、下极限位置，具有闸门到位自动切断电路的功能。

启闭机设有闸门开度传感器，用于显示和控制闸门的起升高度，与行程限位开关一起控制闸门的运行，其接收装置具有数字动态显示功能，可安装于现场；对于要求远方控制的启闭机其信号可传至远方控制中心。该装置可控制闸门停在预先设定的任意位置，满足工作闸门的局部开启要求。

（5）金属结构工程量表。金属结构工程量详见表 3.4-68。

3.4.2.7　消防与节能设计

山阳水库除险加固工程主要建筑物包括新建南放水洞和溢洪道控制闸。根据运行要求和结构特点，溢洪闸 3 孔设进口工作闸门 3 套，工作闸门用固定卷扬式启闭机，上面布置卷扬启闭机室。放水洞设进口检修门、工作门各 1 套，上面设闸门启闭机室。溢洪闸附近有变电站和柴油发电机房、集中控制室等建筑物。

1. 节能设计

（1）设计依据。

1）《水利水电工程设计防火规范》（SL 329—2005）。

2）《建筑设计防火规范》（GB 50016—2006）。

3）《建筑灭火器配置设计规范》（GB 50140—2005）。

（2）设计原则。该工程消防设计贯彻"预防为主，防消结合"和"确保重点，兼顾一般，便于管理，经济实用"的原则。

2. 消防设计

该工程中需要消防的部位有：放水洞的启闭机房、溢洪闸的卷扬式启闭机室、柴油发电机房、变压器房、闸门集中控制室、值班及生活用房等。

3.4 工 程 设 计

表 3.4－68   山阳水库除险加固工程金属结构工程量表

基本资料				闸门					启闭机						
闸门名称		闸门尺寸/(宽×高,m×m)—设计水头/m	孔口数量/个	扇数	闸门型式	门体重量		埋件重量		型式	容量/kN—行程/m	数量/个	单重/t	共重/t	抓梁/t	轨道/t
						单重/t	共重/t	单重/t	共重/t							
放水洞	检修闸门	2.14×2.0—5.3	1	1	平面滑动	1.5	1.5	3.5	3.5	单轨移动式启闭机	50—12	1	1.0	1.0		0.5
	工作闸门	1.54×1.4—6.63	1	1	平面滑动	1	1	0.8	0.8	螺杆机	50/30—3	1	1.0	1.0		
溢洪道	工作闸门	6.9×3.0—2.53	3	3	平面滑动	4	12	3.5	10.5	固定卷扬启闭机	2×100—7	3	4.5	13.5		

根据《水利水电工程设计防火规范》(SL 329—2005)的规定,上述各部位的火灾危险性及耐火等级见表 3.4－69。

表 3.4－69   山阳水库需要消除部位的火灾危险性及耐火等级表

部 位	火灾危险性类别	耐火等级	火灾危险等级
柴油发电机房	丙	二	中
干式变压器室	丁	二	中
中控室、通信室、继电保护盘室等	丙	二	严重
卷扬式启闭机室	戊	三	轻
水工观测仪表室	丁	二	轻
值班及生活用房	丁	二	轻

因该工程涉及的建筑物比较简单,消防面积相对较小,大多为混凝土结构,耐火等级高,易燃物较少。故根据不同的耐火等级、火灾危险性类别和火灾危险等级,配备适当的移动灭火器即可满足防火要求。

山阳水库需要消防部位的灭火器配置见表 3.4 - 70。

表 3.4 - 70　　　　　　　　　山阳水库需要消防部位的灭火器配置表

序号	部位	火灾危险等级	灭火器型号	数量
1	放水洞启闭机房	轻	MT5	2
2	卷扬式启闭机室	轻	MT5	2
3	柴油发电机房	中	MT5	2
4	干式变压器室	中	MT5	2
5	集中控制室	严重	MT5	3
6	水工观测仪表室	轻	MT5	2
7	值班及生活用房	轻	MT5	2

3. 节能设计

（1）电气设备。在整个配电系统中，变压器的能源消耗所占比重最大，因而选用低损耗变压器可以降低能源消耗。山阳水库原有 1 台 S7 - 50/10 型三相油浸站用电力变压器，为 20 世纪 70 年代生产，属超期服务，其技术参数落后，能耗指标偏高，运行的安全性和可靠性较差，不符合节能要求，属于淘汰产品。本次改造将该站变压器更新为 1 台 ZBN - 100/10 型干式变压器，变压器参数按《三相配电变压器能效限定值及节能评价值》（GB 20052—2006）控制。

为提高电网潮流功率因数、减少无功潮流、降低电网损耗，在变电站设计中增设无功补偿装置。

新站高、低压母线均采用铜母线，与铝母线相比电能损耗降低，节约了能源。

在此次改造中，为降低损耗，照明均采用节能型灯具和节能控制系统等高效产品。

在闸门控制系统设计中，控制设备在选型时充分考虑安全可靠，经济合理，节约运行费用并选择节能产品。控制系统采用 PLC 控制，采用弱电集成模块，较常规继电器接线回路节省了设备，降低了电能损耗，节约了能源。

（2）金属结构。在金属结构设备运行过程中，操作闸门的启闭设备消耗了大量的电能，降低启闭机的负荷，就能减少启闭机的功电能消耗，实现节能。

闸门启闭力的大小与闸门重量、闸门的支承和止水的摩阻力有关。因此，在闸门设计中选用摩擦系数较小的自润滑复合材料作为主滑块的材质；闸门的止水采用摩擦系数小、耐磨性强的橡塑复合材料。这些设计和新材料的选用降低了闸门的启闭力，从而减少了启闭机的容量，在保证设备安全运行的情况下减少电能消耗。

（3）施工机械。该工程主要施工项目有：原大坝、水闸等建筑物的混凝土、砌石拆除和重建，基础固结灌浆、土工膜铺设及高喷防渗墙、土石方挖装和运输、混凝土拌和和浇筑、金属结构和机电设备运输和安装等等。这些项目均需要施工机械、设备和配套设施。施工期从机械设备使用与管理等方面应尽量采用节能新工艺、新技术、新材料和新产品，并采用以下节能措施：

1）限制并淘汰落后的施工机械和设备。

2）施工期夜间照明，采用节能型灯具和节能控制系统。

3）尽量采用生物柴油、乙醇类燃料汽车和机械。

4）尽量采用高效节能水泵和空压机。

5）使用逆变式焊接电源焊机、自动和半自动焊接设备、CO_2 气体保护焊机等。

6）建立一套完善的施工机械设备技术状况检查方法及管理制度，推广燃油节能添加剂、燃油清净剂、润滑油节能添加剂、子午线轮胎等汽车节能新技术产品。

7）推广节能驾驶操作培训，提高驾驶员技术素质。

8）更新改造老化的大中型拖拉机、推土机等施工机械，加强柴油机的节能技术改造。

第4章　中型水库的施工、水土环境生态景观设计

4.1　施工组织设计

4.1.1　角峪水库

角峪水库位于山东省泰安市岱岳区角峪镇纸房村东南，水库位于牟汶河一级支流汇河上，是一座以防洪为主，兼顾农业灌溉、水产养殖等综合利用的中型水库。角峪水库枢纽包括大坝、溢洪道和放水洞（东、西两条放水洞）3部分。水库大坝距国防09公路1km，水库下游3km是角峪镇政府，5km以内有青银高速公路，坝顶公路在左坝肩与当地简易公路相连，对外交通比较方便。

角峪水库等别为中型Ⅲ等工程，主要建筑物大坝、溢洪道、放水洞为3级建筑物，其余次要建筑物为4级建筑物。

本次除险加固的主要任务是对坝体、坝基、放水洞、溢洪道及其他建筑物进行除险加固，完善防汛路、水库管理和监测设施等。

除险加固工程主要工程量：清基及土方总开挖5.86万 m^3、石方总开挖4.09万 m^3、土方总填筑67923 m^3、混凝土浇筑总量9952 m^3、砌石10828 m^3、钢筋767t、高喷进尺7075m。

工程所需的主要建筑材料有水泥、钢材、木材等，因施工现场距泰安等市县较近，在工程建设期间，上述物资均可由当地建材市场购买，水泥、钢材、木材运距均为30km；汽油、柴油在附近加油站购买，运距15km。

工程区附近土料丰富，质量满足需要，可就近选定料场开采。混凝土粗细骨料、块石料可在附近生产企业处购买成品料。

该工程附近有村庄和水库管理所，施工生产用水可自行抽取河水处理后使用，生活用水有条件时结合当地饮水方式解决，否则可拉水使用。施工供电考虑从附近网电引接，距离约0.5km。

4.1.1.1　自然条件

1. 气象、水文

（1）气象。该流域属暖温带大陆性季风气候，据多年实测资料统计，该地区多年平均年降水量712mm，其中6—9月降水量489mm，占全年的70%左右；流域平均气温12.8℃，最大冻土深46cm，最高月平均气温26.4℃，最低月平均气温−3.2℃，无霜期平均200d，多年平均最大风速为14.6m/s。

（2）水文。

1）设计洪水。根据水文计算结果，角峪水库设计洪水成果见表4.1−1。

表 4.1－1　　　　　　　　　　　角峪水库设计洪水成果表

单位：流量，m^3/s；洪量，万 m^3

项目	不同频率 P 设计值								
	0.05%	0.1%	0.2%	1%	2%	3.33%	5%	10%	20%
Q_m	962	873	783	579	493	433	381	307	229
W_{6h}	1361	1242	1122	847	729	646	573	443	332
W_{24h}	1948	1778	1609	1216	1049	931	828	655	495
W	2033	1861	1688	1289	1118	996	891	714	548

2）施工洪水。

汛期施工洪水的计算同水库入库设计洪水，成果见表 4.1－1。

非汛期施工洪水，根据水文计算结果，角峪水库非汛期施工设计洪水成果见表 4.1－2。

表 4.1－2　　　　　　　　角峪水库非汛期施工设计洪水成果表

采用方法	不同频率 P 流量设计值/(m^3/s)		
	5%	10%	20%
地区综合	6.06	2.86	1.02
单站（推荐）	8.37	4.37	1.74

2. 地形地质

角峪水库位于牟汶河一级支流汇河上，为丘陵地貌，海拔高度在 151.00～172.00m 之间，地势平缓，沟谷开阔。汇河呈 SE～NW 流向，河谷呈不对称"U"字形，坝址区河床宽 80～100m。河漫滩主要由冲洪积中粗砂为主，由壤土及中粗砂、粉砂组成。由于人为修梯田、耕植等原因，两岸阶地形态已分辨不清。在坝下的放水洞水沟中可见阶地的底部砂砾石层。

坝体与坝基地层，坝体为人工堆积碾压的坝体材料，坝基为风化的闪长岩、灰岩以及粉砂、中粗砂、壤土等。

溢洪道位于大坝右端，总长约 980m。溢流堰前引水渠长约 220m，底宽 196～100m，底高程为 161.60～163.57m；溢流堰为宽顶堰，堰面为开挖的全风化闪长岩，堰顶高程 163.57m；溢洪道下游无消能防冲设施，下游泄槽由宽 100m 渐变为 20m，泄槽上游段覆盖层为全风化的闪长岩，下游段覆盖层为壤土，覆盖层抗冲刷能力极差，溢洪道退刷严重，下游多处已形成冲沟。

西放水洞位于大坝桩号 0＋058.00 处，为无压砌石拱涵洞，进口洞底高程 157.07m，砌石拱涵总长 60.56m，放水洞内渗漏、溶蚀严重，西放水洞回填时拱涵处理不彻底，填土压实度不够。西放水洞洞周土体黏粒含量在 29.4%～32.7% 之间，基本满足规范对坝体土料要求的 10%～30%。西放水洞进口底高程为 157.07m，基础坐落在灰岩上。

东放水洞位于大坝桩号 0＋865.00 处，为无压砌石拱涵洞，进口洞底高程 156.57m，砌石拱涵总长 54.66m。东放水洞洞内渗漏、溶蚀严重，下游部分基础坐落在壤土上。东放水洞外围被壤土层覆盖，其黏粒含量在 21.0%～32.6% 之间，基本满足规范对坝体土料的要求。

4.1.1.2　施工导流

该除险加固工程施工是在原有的水库大坝上进行施工，为此必须一边低水位运行，一边施工，在施工时间上会受到一定限制，因此应合理安排施工进度，要协调好施工时段与水库泄水两者关系。

1. 导流标准和导流时段

角峪水库除险加固工程主要是对大坝、溢洪道、放水洞进行加固、防渗处理。为了保证施工期间能够干地施工，施工前应首先放空水库，施工期必须解决好施工导流问题。

角峪水库枢纽工程由大坝、放水洞、溢洪道等组成。水库工程等级为Ⅲ等，主要建筑物级别为 3 级。根据《水利水电工程施工组织设计规范》（SL 303—2004）的规定，导流临时建筑物级别为 5 级，相应的土石类导流建筑物设计洪水标准为重现期 10～5 年。由于围堰使用时间较短，且导流建筑物失事后只对该工程工期造成影响，不会造成大的经济损失和严重后果，因此选择 5 年一遇作为导流建筑物设计标准。考虑放水洞建筑物在原大坝上开口施工，为保证建筑物施工安全，需考虑超标准设防，按 20 年一遇考虑临时度汛，可采用临时修筑子堰等措施加高围堰。

角峪水库所在的汇河流域洪水主要由暴雨形成，洪水主要集中在汛期，且年际变化大。汇河属山溪性河流，源短流急，洪水暴涨暴落，历时较短，一次洪水总历时一般在 24h 左右，双峰型洪水历时可达 2～3d。根据流域水文特点、工程建筑物布置及施工进度安排，将放水洞和泄水隧洞的加固施工安排在汛后进行，即每年 10 月开始进行施工。

2. 导流方式

工程为除险加固工程，将在大坝坡脚处进行防渗墙施工，结合水库永久建筑物布置，根据工期分析，拟采用东、西放水洞互相导流交替施工的导流方式，主要考虑以下 2 种导流方案。

（1）方案一。先施工西放水洞，东放水洞导流，后施工东放水洞，利用完建的西放水洞导流。

（2）方案二。先施工东放水洞，西放水洞导流，后施工西放水洞，利用完建的东放水洞导流。

经过对 2 种导流程序水力学计算，方案一挡水围堰高程为 159.00m，方案二挡水围堰高程为 159.30m，防渗墙施工平台高程与挡水围堰顶高程一致，因此采用方案一。

汛期利用两放水洞泄流时，溢洪道施工不受汛期洪水影响。

3. 导流建筑物设计

（1）导流建筑物布置条件。导流建筑物利用坝脚的防渗墙施工平台进行布置。

（2）围堰设计。为了节省工程投资，充分利用当地材料，施工简便，围堰采用土袋结构。

非汛期 5 年一遇设计流量为 $1.74m^3/s$，经水力学计算，一期利用东放水洞泄流，西放水洞围堰挡水位为 157.90m；二期利用完建西放水洞泄流，东放水洞围堰挡水位为 157.70m，考虑波浪爬高和安全超高后，将围堰堰顶高程统一确定为 159.00m。

西放水洞围堰堰高 3.00m，堰顶轴线长 37.90m，堰顶宽 3.00m，上游坡 1∶2.0，下游坡 1∶1.0，围堰堰体采用土工膜及黏土铺盖防渗；东放水洞围堰堰高 3.50m，堰顶轴线长 55.00m，堰顶宽 4.00m，上游坡 1∶2.0，下游坡 1∶1.0，围堰堰体采用土工膜及黏土铺盖防渗。

导流建筑物特性见表 4.1-3。

表 4.1-3 角峪水库导流建筑物特性表

项目	西放水洞围堰	东放水洞围堰
结构型式	土袋	土袋
高度/m	3.0	3.5
堰顶长度/m	38.0	55.0
堰顶高程/m	159.00	159.00
堰顶宽度/m	3.0	4.0
坡度	迎水 1∶2.0，背水 1∶1.0	迎水 1∶2.0，背水 1∶1.0
防渗结构	土工膜、黏土铺盖	土工膜、黏土铺盖

（3）导流建筑物工程量。导流建筑物工程量见表 4.1-4。

表 4.1-4 角峪水库导流建筑物工程量表

编号	工程名称	单位	工程量
Ⅰ	西放水洞		
1	基础清理	m³	1021
2	土袋	m³	644
3	土方填筑	m³	322
4	土工膜（一布一膜）	m²	180
Ⅱ	东放水洞		
1	基础清理	m³	1940
2	土袋	m³	1196
3	土方填筑	m³	815
4	土工膜（一布一膜）	m²	305

（4）导流工程施工。放水洞围堰土方填筑采用 1.0m³ 液压挖掘机挖装，10t 自卸汽车运输，59kW 推土机平料、碾压。放水洞加固施工完成后需进行围堰的拆除，围堰拆除采用 1.0m³ 反铲挖掘机挖装 10t 自卸汽车，运输至渣场。

4.1.1.3 料场选择与开采

角峪水库除险加固工程需要的主要建筑材料包括混凝土骨料约 15048m³、碎石料约 10137m³、块石料约 10845m³、土料约 46138m³。其中块石料、砂石料拟选用商品料，土料场选定角峪土料场。

角峪土料场位于右坝肩下游距坝址直线距离约 100m 的河床上，有简易路通向坝顶，地面高程 152.00～160.00m，地形平坦，为第四系冲洪积壤土，分布平均厚度 4～5m，料场长 310m，宽 168m，料场储量约 10.54 万 m³。

角峪土料场土料颗粒中黏粒（$d<0.005$mm）平均含量 24.4%；粉粒（0.05～

0.005mm）平均含量 46.3%；土料以中、重粉质壤土为主。土样塑性指数为 16.5。渗透系数 9.64×10^{-7} cm/s。料场质量储量各项指标均符合规程要求。

土料开挖采用 $1m^3$ 挖掘机挖装，10t 自卸汽车运输至填筑工作面，综合平均运距约 0.7km。

本次除险加固工程所需块石料、人工骨料、砂砾料用量较少，全部采用商品料。经地质调查，料场岩性为灰岩，岩性坚硬，质量较好，料源丰富，为前期工程施工和附近工程建设所利用。运距近，交通便利，质量和储量均能满足设计要求。

4.1.1.4　主体工程施工

为了减少河水对施工干扰，保证施工质量、进度与安全，施工单位应严格按照有关技术规范、规程，合理安排、精心施工。

1. 开挖与拆除

主要包括原有但需重建的建筑物拆除，基础开挖，大坝清坡，溢洪道开挖等。总拆除方约 $11733m^3$，石方开挖约 $40938m^3$，清坡约 $15080m^3$，土方开挖 $43536m^3$。

土方开挖和清坡采用 $1m^3$ 挖掘机挖装，10t 自卸汽车运输至弃渣场，坝面反滤料等的拆除由 59kW 推土机配合完成。拆除工程由人工利用风镐等机具完成，必要时可爆破拆除。石方开挖采用手风钻钻孔，人工装炸药爆破。渣料用 $1m^3$ 挖掘机挖装，10t 自卸汽车运输弃渣。

溢洪道石方开挖采用自上而下分层开挖，台阶爆破法施工，周边预裂爆破，建基面预留保护层。以 100 型履带式潜孔钻机钻孔为主，手风钻钻孔为辅，180 马力推土机辅助集料，爆破石渣由 $1.0m^3$ 挖掘机挖装，10t 自卸汽车运输。

2. 土石方填筑

该工程土方回填主要集中在坝体坝坡回填与放水洞开挖后坝体回填修复。总的回填土方约 $74378m^3$。坝体土方填筑属于常规施工，由于该工程坝体开挖土方不能利用，土料主要利用溢洪道开挖与料场采运符合质量指标要求的土料为主，用 10t 自卸车运输至作业面，74kW 推土机推平，平铺厚度 0.3m 左右，使用小型平碾进行压实，搞好层间结合及施工段落之间的结合。机械无法压实的部位用打夯机压实，碾压干容重应达设计要求。

石渣回填主要集中在溢洪道工程，总共需要石方 $17349m^3$，溢洪道石渣回填全部采用自身开采料。

3. 混凝土施工

该工程混凝土工程地点分散、方量小，较大的浇筑部位包括泄水隧洞、放水隧洞、溢洪道等。其施工方法简介如下。

东放水洞底板高程 156.57m，混凝土工程主要包括闸室 $272m^3$，涵洞修复工程 $124m^3$，交通桥 $11m^3$，断层处理用 C15 混凝土 $157m^3$，C20 钢筋混凝土挡土墙 $54m^3$。总计混凝土 $618m^3$。混凝土浇筑前，应详细检查仓内清理、模板、钢筋、预埋件、永久缝及浇筑前的准备工作，并经验收合格后方可浇筑。混凝土由拌和站提供，5t 自卸汽车运输。底部混凝土由自卸汽车直接入仓，平板式振捣器振捣密实，混凝土从一端向另一端浇筑，采用斜层浇筑法依次推进，一次成型，中间不留施工缝。待底板混凝土达到 50% 设计强度进行基础固结灌浆。上部混凝土浇筑采用普通模板施工，混凝土由 QY8 型汽车起重机吊运 1m³ 吊罐入仓，钢筋等材料由 QY8 型汽车起重机吊运。涵洞修复混凝土采用泵入仓，插入式振捣器振捣密实。

西放水洞底板高程 157.07m，混凝土工程主要包括闸室 263m³，涵洞修复工程 134m³，交通桥 2m³，断层处理用 C15 混凝土 26m³，闸室进口段坝下埋涵 C25 混凝土 76m³。总计混凝土 501m³。施工方法同东放水洞。

大坝混凝土工程量包括土工膜与定喷墙连接混凝土 529m³、坝顶混凝土路缘石 42m³。总计混凝土 171m³。

坝顶混凝土防浪墙与土工膜与定喷墙连接混凝土施工为常规施工，施工方法不再阐述。坝顶混凝土路缘石由综合加工厂预制，由 5t 自卸汽车配合汽车吊吊装。

4. 高喷墙施工

该工程大坝防渗处理需进行 7075m 的高喷墙施工，孔距 0.8～1.2m。高压喷射防渗墙施工为常规方法，以分序加密的原则按两序进行，奇数孔为Ⅰ序孔，偶数孔为Ⅱ序孔，其中每隔 20 孔在Ⅰ序孔上布置 1 个先导孔，施工时先钻先导孔来确定地层尺寸，后钻喷其他Ⅰ序孔，间隔一定时间后再钻Ⅱ序孔。施工流程为钻机定位、钻孔、台车定位、下管喷射、成墙、检查验收。

灌浆用水可为未受污染且不含杂质的河水，水泥采用 32.5 级各项指标检验合格的普通硅酸盐水泥，施工参数根据现场工艺试验确定，并根据施工情况随时修正。钻孔采用 1 台 150 型地质钻机钻孔，孔径 150mm，黏土泥浆护壁，孔斜不超过 1‰。孔深达到设计要求后停钻，并将喷射装置下至孔底，将水、气、浆的压力都调到设计值，当冒浆比重大于 1.2g/cm³ 时，且各项指标均达到设计值时，开始按预定的提升速度边喷射边提升，由下而上进行高压喷射灌浆。灌浆结束后及时重新拌制水泥浆液对已灌过的孔进行静压回灌，回灌标准为孔口的液面不再下降。

5. 复合土工膜铺设

首先按设计要求选购土工膜材料。在进场时由检测机构按《聚乙烯（PE）土工膜防渗工程技术规范》（SL/T 231—1998）标准进行物理力学性能检测，在土工膜的物理力学性能达到规范要求后方可进场入库，其运输和贮存应符合有关规定。施工前应对坝坡进行整修，按设计坝面修整平顺、光滑，验收合格后方可进行下道工序。在铺设开始后，严禁在可能危害土工膜安全的范围内进行开挖、凿洞、电焊、燃烧、排水等交叉作业。

坝坡土工膜采用人工铺设，方向为顺坝轴向。施工工艺应按以下顺序进行：铺设→剪裁→对正、搭齐→压膜定型→擦拭尘土→焊接试验→焊接→检测→修补→复检→验收。焊缝搭接面不得有污垢、砂土、积水（包括露水）等影响焊接质量的杂质存在，否则应用干纱布擦干、擦净膜面。铺设时，土工膜应自然松弛并与支持层贴实，不宜褶皱、悬空。施工中应及时清理膜下土料中的各种有害尖锐物体，严禁扎破土工膜。工作人员严格按操作规程施工，不得将火种带入施工现场；不得穿钉鞋、高跟鞋及硬底鞋在复合膜上踩踏。车辆等机械不得碾压一布一膜膜面及其保护层。

宜在气温 5～35℃、风力 4 级以下并在无雨天气进行土工膜施工。铺设完毕、未覆盖保护层前，应在膜的边角处每隔 2～5m 放 1 个 20kg、40kg 重的砂袋压边。铺膜速度与砂砾垫层及干砌石施工相对应。检测、修补、复检、验收等程序都应该按规范的要求去做。

6. 灌浆工程施工

该工程需要进行固结灌浆的部位包括：东放水洞基础、西放水洞基础、溢洪道工程基础灌浆、大坝帷幕灌浆。放水洞灌浆孔间距为 3m，孔深 3.5m；溢洪道闸室固结灌浆孔距 1m，孔深 6m；溢流堰固结灌浆孔深 6m，孔距 2m。固结灌浆孔呈梅花形布置，共需固结灌浆 3331m。采用 YQ - 80 型潜孔钻钻孔，BW200 型灌浆泵灌浆。

由于基础岩石条件较差，强度较低，固结灌浆应在有盖重的条件下进行。当底板混凝土达到 50％ 设计强度以后，即可开始固结灌浆施工。固结灌浆进行全孔一次灌浆，选用循环式灌浆法施工。大坝帷幕灌浆在其上高喷桩完成后强度达到设计强度时进行，方法参照固结灌浆。

7. 砌石施工

砌石主要用于上下游坝坡干砌石护坡 9204m³、防浪墙浆砌块石 1389m³、其他浆砌石 685m³。砌石工程应在基础验收合格后方可施工。砌石用石料应质地坚硬，不易风化，无剥落层或裂纹，其基本物理力学指标应符合设计规定。块石由 1m³ 挖掘机挖装，10t 自卸汽车运输至工地后，堆存于指定地点，然后由人工按设计要求砌筑。浆砌石用水泥砂浆，采用 0.4m³ 砂浆搅拌机就近在使用地点拌和，人工胶轮架子车运输。

干砌石护坡施工时应先进行人工整坡。整坡完成后，先铺设砂砾石垫层，人工洒水、夯实，砂砾石垫层合格后可进行护坡砌石施工。

8. 金属结构安装

该工程金属结构安装工程有闸门、启闭机等。钢闸门和启闭机制作与安装应符合《水利水电工程钢闸门制造、安装及验收规范》（DL/T 5018—1994）和《水利水电工程启闭机制造、安装及验收规范》（DL/T 5019—1994）的有关规定。

闸门由加工厂运至安装现场，放水洞进口闸门由汽车吊吊入检修间拼装，待启闭机安装完后吊入门槽安装。安装前应全面检查各部位总成和零部件，并符合相关规定。构件安装的偏差应符合设计和规范要求。

4.1.1.5　施工总布置

1. 场内外交通

角峪水库位于山东省泰安市岱岳区角峪镇纸房村东南，水库位于牟汶河一级支流汇河上。水库大坝距国防 09 公路 1km，水库下游 3km 是角峪镇政府，5km 以内有青银高速公路，坝顶公路在左坝肩与当地简易公路相连，对外交通可利用当地道路。

施工区内交通可利用原坝顶道路，另需新建道路 0.5km，从溢洪道到弃渣场；改建道路 1.0km，仅对路面改善。场内道路路面宽 6.0m，碎石路面。角峪水库施工场内施工道路特性见表 4.1-5。

表 4.1-5　　　　　　　　　角峪水库施工场内施工道路特性表

公路起讫点	长度/m	路面宽度/m	路面结构	备注
溢洪道到弃渣场	500	6.0	碎石	新建
其他	1000	6.0	碎石	改建
合计	1500			

2. 施工工厂设施

该工程砂石料从当地购买，工程区不设砂石料加工系统。根据工程施工需要，主要施工工厂设施有：混凝土拌和站，综合加工厂，机械停放场，施工仓库及风、水、电系统。

（1）混凝土拌和站。混凝土浇筑总量约9952m³，根据施工进度安排及结构施工特点，混凝土最大浇筑强度为25m³/h，工程规模较小，工程布置比较集中，因此选用2台0.4m³混凝土搅拌机拌制混凝土，混凝土拌和站占地1000m²。

（2）综合加工厂。综合加工厂包括钢木加工厂、混凝土预制厂等。混凝土预制件有条件时，可考虑利用当地企业生产，综合加工厂占地1200m²。

（3）机械停放场。该工程离城镇较近，可提供一定程度的修理服务。在满足工程施工需要的前提下，本着精简现场机修设施的原则，工地仅设机械停放场，承担机械的停放和保养，机械停放场占地面积500m²。

（4）风、水、电系统。施工区用水分为两处：一处是主体施工区；另一处是施工工厂及生活区。主体施工区用水利用库水，水泵抽取，水池内澄清后使用；施工工厂及生活区用水接附近居民水管管网。

施工用电高峰负荷约350kW，可由大坝附近10kV输电线路接入，距离约0.5km，工区内设额定容量约250kVA的10/0.4kV变压器2座。

（5）施工仓库。设置满足使用要求的简易仓库，用于存放施工所用物资器材，邻近综合加工厂布置，施工仓库占地面积450m²。

3. 施工总布置

（1）布置原则。坝后地势平坦，场地条件较好，距离近、利用方便。施工场区布置遵从以下原则。

1）方便生产生活、易于管理、经济合理。

2）施工布置紧凑，节约用地，取土和弃渣尽量少占或不占耕地。

3）尽量临近现有道路，减少施工道路工程量。

（2）生产生活设施布置。根据坝区地形、交通情况等因素，将施工工厂设施（混凝土拌和站、综合加工厂、施工车辆停放场、仓库、生活区等）集中布置在右岸坝后的平地上。

主要生产、生活设施规模见表4.1-6。

表4.1-6　　　　　　　　角峪水库主要生产、生活设施规模表　　　　　　　单位：m²

序号	项目名称	建筑面积	占地面积
1	混凝土拌和站	150	1000
2	综合加工厂	200	1200
3	机械停放场	50	500
4	仓库	300	450
5	办公生活区	833	1249
合计		1533	4399

（3）弃渣规划。该工程主体工程土方开挖 43537m³、清基清坡 18041m³、石方开挖拆除 52577m³、围堰拆除土方 2978m³，总计 117132m³。其中，利用土方 38306m³，利用石方 21222m³。坝体清坡清基用于回填土料场，折合松方 20056m³；其余土石方全部弃渣，折合松方 81987m³。弃渣场位于坝后，占地面积为 33482m²。土石方平衡见表 4.1-7。

表 4.1-7　　　　　　　　　　角峪水库土石方平衡表　　　　　　　　　单位：m³

项目	开挖类别	工程量	松方	利用量（松方）	弃渣量（松方）	
					土场回填	弃于渣场
主坝	土方开挖	1670	2221			2221
	清基清坡	15080	20056		20056	
	石方拆除	11004	12104	2645		9459
东放水洞	土方开挖	11021	14658	9588		5069
	石方拆除	282	432			432
西放水洞	土方开挖	10478	13936	9755		4181
	石方拆除	327	501			501
	石方开挖	26	40			40
溢洪道	土方开挖	20368	27089	18963		8127
	石方开挖	40938	62635	18577		44058
东围堰	清基	1940	2580			2580
	围堰拆除	2012	2676			2676
西围堰	清基	1021	1358			1358
	围堰拆除	966	1285			1285
合计		117133	161571	59528	20056	81987

4. 施工占地

施工临时占地包括生产生活设施、料场、渣场、道路等，共 58361m²。场内新建临时道路宽 6m，平均占压宽按 10m 计，改建道路不计占地。施工占地面积见表 4.1-8。

表 4.1-8　　　　　　　　　　施工占地面积汇总表

序号	项目	占地面积	
		m²	亩
1	混凝土拌和站	1000	1.5
2	仓库	450	0.68
3	综合加工厂	1200	1.8
4	机械停放场	500	0.75
5	生活区	1249	1.87
6	施工道路	5000	7.5
7	土料场	15480	23.22
8	弃渣场	33482	50.22
合计		58361	87.54

4.1.1.6 施工总进度

1. 编制原则及依据

该水库除险加固工程包括挡水大坝除险加固，东、西放水涵洞与溢洪道等项目的施工。由于工程规模较小，施工时以小型机械为主，配合人工施工。为了实现除险加固的目标，施工时应合理组织施工、加强管理。

编制本进度的主要依据为水利部编制的有关定额，根据工程特点和选用的施工方法及相应的施工机械，参照已建类似工程的资料，分析确定机械生产率，以期使施工进度经济合理。

2. 施工总进度计划

主体工程主要工程量汇总见表4.1-9。

表 4.1-9　　　　　　　　　　主体工程主要工程量汇总表

序号	项目	单位	工程量
1	清基及土方开挖	m^3	61277
2	石方开挖	m^3	40938
3	土方回填	m^3	67923
4	干砌石	m^3	9204
5	浆砌石	m^3	4980
6	碎石垫层	m^3	9529
7	混凝土	m^3	9952
8	高喷	m	7075
9	灌浆	m	2936
10	钢材	t	767

该工程施工总进度主要包括：施工准备、大坝加固工程、东西放水涵洞改建工程、溢洪道工程，施工总工期20个月。该工程的施工主要受汛期度汛限制，6—9月为汛期。该工程属于除险加固工程，泄水通道只能选择原有的东、西放水洞泄流，导致汛期库水位较高，围堰不能全年挡水，所以选择东、西放水洞交替施工，溢洪道施工不受汛期影响。

（1）施工准备。主要包括进行场内道路建设及场地平整、风水电设施建设、施工临时住房以及施工工厂设施建设等，拟安排在第一年2月初开始，工期1个月，3月初结束。

（2）西放水洞施工。西放水洞于第一年3月初，准备工程结束后进行。围堰修筑工期半个月，之后进行洞身修复，于第一年3月中旬开始至4月中旬结束。为了避免施工干扰，原有浆砌石拆除314m^3待洞身修复结束后进行，拆除工期10d，于4月底结束。4月底至6月初进行土方开挖，完成土方开挖10478m^3。开挖完成后进行进口挡土墙浇筑，完成混凝土浇筑118m^3，工期为半个月。土方回填与挡土墙同时施工，工期2个月，完成土方回填9977m^3。闸室混凝土浇筑于第一年7月初开始至9月初结束，完成混凝土浇筑263m^3。基础固结灌浆待底板混凝土达到50%设计强度后进行，于7月中旬开始，8月中旬结束，工期1个月，完成固结灌浆303m。交通桥施工安排在闸室混凝土施工结束后进行，工期1个月，于第一年9月底结束。

（3）东放水洞施工。东放水洞施工于第二年 3 月初进行。围堰修筑工期半个月，之后进行洞身修复，于第二年 3 月中旬开始至 4 月中旬结束。为了避免施工干扰，原有浆砌石拆除 269m³ 待洞身修复结束后进行，拆除工期 10d，于 4 月底结束。4 月底至 6 月初进行土方开挖，完成土方开挖 11021m³。开挖完成后进行进口挡土墙浇筑，完成混凝土浇筑 54m³，工期为半个月。土方回填与挡土墙同时施工，工期 2 个月，完成土方回填 10348m³。闸室混凝土浇筑于第二年 7 月初开始至 9 月初结束，完成混凝土浇筑 272m³。基础固结灌浆待底板混凝土达到 50％设计强度后进行，于 7 月中旬开始，7 月底结束，工期 10d，完成固结灌浆 76m。交通桥施工安排在闸室混凝土施工结束后进行工期 1 个月，于第二年 9 月底结束。

（4）大坝加固施工。大坝加固工程主要包括原有坝面及防浪墙等拆除与重建，高喷墙及帷幕灌浆等。准备工程结束后首先进行原有干砌石护坡及防浪墙的拆除及清坡和土方开挖等，工期 2 个月，于第一年 3 月初开始至 4 月底结束。之后进行坝坡土方回填，工期 3 个月，7 月底结束，完成土方填筑 37975m³。紧接着进行土工膜铺设及坝面干砌石和高喷墙等施工，其中坝坡砌石工程工期 2 个月，于 9 月底结束，完成砌石 9889m³；土工膜铺设于 9 月底结束，共铺设土工膜 40087m²；高喷墙工期 3 个月，共完成定喷和旋喷 6409m。混凝土工程于 10 月初开始至 11 月中旬结束，工期 1.5 个月，共完成混凝土工程 2358m³。

（5）溢洪道施工。因为溢洪道修复工程不受汛期影响，为了减少与其他工程的干扰，降低施工强度，尽量利用第一年汛期进行施工。第一年 6 月中旬开始，12 月初结束。总工期 5.5 个月。其中土石方工程从第一年 6 月初开始至 8 月中旬结束，工期 2 个月，共完成土石方开挖 61306m³；浆砌石砌筑从第一年 10 月初开始，12 月初结束，工期 2 个月，共完成砌石工程 2907m³；混凝土工程于 8 月中旬开始，11 月初结束，工期 2 个月，共完成混凝土浇筑 8046m³；启闭机房于 12 月初完成，工期 1 个月。

主要施工技术指标见表 4.1-10。

表 4.1-10　　　　　　　　角峪水库主要施工技术指标表

序号	项目名称		单位	指标
1	总工期		月	20
2	清坡及土方开挖	最高月平均强度	m³/月	10491
3	石方开挖	最高月平均强度	m³/月	20469
4	混凝土浇筑	最高月平均强度	m³/月	5780
5	砌石	最高月平均强度	m³/月	4944
6	施工期高峰人数		人	350

4.1.1.7　主要技术供应

1. 主要建筑材料

工程所需主要建筑材料包括：混凝土骨料约 15048m³、碎石料约 10137m³、块石料约 10828m³、水泥约 6620t、钢材约 767t、木材约 15m³、土料约 46183m³。

2. 主要施工机械设备

根据施工进度表中各项工程施工时间,确定施工机械设备数量。其主要施工机械设备数量详见表 4.1-11。

表 4.1-11   主要施工机械设备统计表

机械名称	型号	单位	数量
液压挖掘机	1m³	台	5
推土机	74kW	台	3
自卸汽车	10t	辆	15
自卸汽车	5t	辆	5
蛙夯机	2.8kW	台	3
拌和机	0.8m³	台	2
振捣器	2.2kW	台	4
混凝土泵		台	1
汽车起重机	8t	辆	1
冲击钻机	KCL-100 型	套	1
潜孔钻		套	1
灌浆设备		套	1
手风钻		台	3
高喷设备		套	2
风镐		台	2

4.1.2 山阳水库

山阳水库位于黄河流域大汶河北支八里沟上游,徂徕山南侧,泰安市岱岳区良庄镇新庄村东 300m 处,是一座以防洪、灌溉及水产养殖综合利用的中型水库。水库大坝距京沪铁路 12km,距京福高速公路、104 国道 13.5km,距泰良公路 2.5km,距泰楼公路 0.8km,距良庄镇 1km。坝顶公路在主坝左坝肩与当地简易公路相连,对外交通比较方便。

水库枢纽由主坝、东副坝、北副坝、南放水涵洞、北放水涵洞和溢洪道等组成。

山阳水库等别为中型Ⅲ等工程,主要建筑物大坝、溢洪道、放水洞为 3 级建筑物,其余次要建筑物为 4 级建筑物。

本次除险加固的主要任务是对坝体、坝基、南放水洞、溢洪道及其他建筑物进行除险加固,完善防汛路、水库管理和监测设施等。

除险加固工程土方总开挖 63631m³、清基清坡 50449m³、土方总填筑 161038m³、混凝土浇筑总量 6263m³、砌石 18765m³、钢筋 419t、复合土工膜 28759m²、高喷桩 6952m。

工程所需的主要建筑材料有水泥、钢材、木材等,因施工现场距泰安等市县较近,在工程建设期间,上述物资均可由当地建材市场购买、水泥、钢材、木材运距均为 30km;汽油、柴油在附近加油站购买,运距 15km。

工程区附近土料丰富,质量满足需要,可就近选定料场开采。混凝土粗细骨料、块石料可由附近生产企业处购买成品料。

该工程附近有村庄和水库管理所，施工生产用水可自行抽取河水处理后使用，生活用水有条件时结合当地饮水方式解决，否则可拉水使用。施工供电考虑从附近网电引接，距离约 1.0km。

4.1.2.1　自然条件

1. 气象、水文

（1）气象。该流域处于泰山山系徂徕山前，属温带大陆性湿润半湿润气候，四季分明，春季干旱多风，夏季酷热多雨，秋季天高气爽，冬季严寒少雨雪，据泰安气象局多年实测资料统计，该地区多年平均降水量 770mm，平均气温 12.8℃，极端最高气温 40℃，极端最低气温 -22.4℃，多年平均蒸发量 1081.8mm，最大冻土深 50cm，全年主要风向为东北风，多年平均风速为 2.6m/s。

（2）水文。

1）设计洪水。根据水文计算结果，山阳水库设计洪水成果见表 4.1-12。

表 4.1-12　　　　　　　　山阳水库设计洪水成果表

单位：流量，m³/s；洪量，万 m³

项目	不同频率 P 设计值								
	0.05%	0.1%	0.2%	1%	2%	3.33%	5%	10%	20%
Q_m	938	857	712	551	482	433	390	319	251
W_{6h}	1315	1209	1001	770	671	601	540	437	342
W_{24h}	1839	1690	1401	1086	949	852	766	628	497
W_{72h}	2032	1866	1554	1213	1065	958	865	712	567

2）施工洪水。

a. 汛期施工洪水。汛期施工洪水的计算同水库入库设计洪水，成果见表 4.1-12。

b. 非汛期施工洪水。根据水文计算结果，山阳水库非汛期施工设计洪水成果见表 4.1-13。

表 4.1-13　　　　　　　山阳水库非汛期施工设计洪水成果表

采用方法	不同频率 P 流量设计值/（m³/s）		
	5%	10%	20%
地区综合	2.77	1.23	0.41
单站（推荐）	4.56	2.38	0.95

2. 地形地质

坝址区位于牟汶河一级支流八里沟上游，海拔高度在 127.00～140.00m 之间，地势平缓，沟谷开阔。主坝址处河谷呈不对称"U"字形，宽 700～800m。

坝址区地形起伏不大，高程一般在 134.00～140.00m 之间，属低山丘陵地貌。局部范围地形起伏较大，高差可达 20m。区内植被较差，多为耕种土地。区内未见基岩出露，地表多被第四系黄土覆盖，厚度为 3～24m，厚度变化较大。

大坝为均质土坝。主坝部位地层共分 6 层：①人工填土，②中粗砂，③壤土，④中粗砂，⑤残积土，⑥页岩。局部缺失第②层和第④层；东副坝坝基地层主要为页岩和第四系松散堆积物。第四系堆积物主要由壤土和残积土组成。壤土呈黄褐色，硬塑状，局部含有砾石。残积土呈灰白色～黄白色，残留原始痕迹；北副坝坝基由壤土和残积土组成。

溢洪道位于主坝右侧，为浆砌石渠，总长550m。溢洪道地层岩性主要为壤土、中粗砂和残积土。

放水洞位于主坝桩号0+250.00处，为单孔无压半圆砌石拱涵，拱涵长50.5m，放水洞坐落在土基上，外围被壤土层覆盖，壤土为黄褐色，可塑～硬塑状，稍湿～饱和。

4.1.2.2 施工导流

该除险加固工程施工是在原有的水库大坝上进行施工，为此必须一边低水位运行，一边施工，在施工时间上会受到一定限制，因此应合理安排施工进度，要协调好施工时段与水库泄水两者关系。

1. 导流标准

山阳水库除险加固工程主要是对大坝进行加固、防渗处理，对溢洪道进行改建，同时修建1条新的输水涵洞，废除原输水涵洞。为了降低导流难度，保证施工期间能够干地施工，施工前应首先放空水库，施工期必须解决好施工导流问题。

山阳水库是一座以防洪为主，兼顾灌溉、养殖的综合型水库。等别为中型Ⅲ等工程，主要建筑物大坝、溢洪道、放水洞为3级建筑物，其余次要建筑物为4级建筑物。根据《水利水电工程施工组织设计规范》（SL 303—2004）规定，导流临时建筑物级别为5级，相应的土石类导流建筑物设计洪水标准为重现期10～5年。

因施工期间围堰主要保护新建的放水涵洞，围堰使用时间短，仅为一个枯水期，故该工程采用导流标准的下限值，即选择枯水期5年一遇设计洪水标准，相应的设计洪水流量为0.95m³/s。考虑放水洞建筑物在原大坝上开口施工，为保证建筑物施工安全，需考虑超标准设防，按20年一遇考虑临时度汛，可采用临时修筑子堰等措施加高围堰。

2. 导流方式

因山阳水库改建工程需要修建一条新的放水涵洞，将原放水涵洞废除，故施工期间可以利用清淤后的原放水涵洞过流，在新的放水涵洞前修建土石围堰临时挡水，待放水涵洞完成后，将其拆除。

对于溢洪道的施工，其高程较高为134.60m，可以将其安排在枯水期进行施工，利用清淤后的原放水涵洞过流，可以保证其干地施工，不需要修建施工临时围堰，汛期过流度汛。

对于大坝上游坝脚处的基础防渗处理，处理平台高程为133.50m，可以将其安排在枯水期进行施工，利用清淤后的原放水涵洞过流，可以保证其干地施工，不需要修建施工临时围堰。

故该工程推荐利用围堰一次截断，利用清淤后的原放水涵洞泄流的导流方式。

3. 导流建筑物设计

该工程施工期间，仅新建放水涵洞期间需要修建土石挡水围堰，故该工程导流建筑物仅为新建放水涵洞前的施工临时围堰。为保证泄水通畅，加大输水能力，应对放水涵洞洞前和洞内清淤。

围堰采用均质土围堰，由土料堆筑而成，堰基采用土工膜防渗。围堰前水位为132.40m，超高 1.0m，即堰顶高程 133.40m；围堰堰顶宽 3.0m，最大高度 3.0m，围堰背水面边坡 1∶2.0，迎水面边坡为 1∶2.0。

施工导流临时建筑物工程量见表 4.1-14。

表 4.1-14　　　　　　　　　　山阳水库施工导流临时建筑物工程量

序号	项目名称	单位	工程量
1	土料堆筑	m³	1828
2	编织袋装土堆筑	m³	500
3	土工膜（200g/0.5mm）	m²	1200
4	输水涵洞清淤	m³	800
5	围堰拆除	m³	2328

4. 导流工程施工

围堰土石混合料筑料采用 8t 自卸汽车运输至工作面，59kW 推土机铺筑、碾压；编织袋装土采用 8t 自卸汽车运输至工作面，人工堆筑。待新的输水涵洞完成后人工将其拆除。

4.1.2.3　料场选择与开采

山阳水库除险加固工程需要的主要建筑材料包括：混凝土骨料约 14467t、砂卵石及碎石料约 10306m³、粗砂 6112m³、块石料约 23779m³。其中块石料、砂石料拟选用商品料，土料场选定山阳土料场。

1. 土料场选择与开采

山阳土料场位于右坝肩距坝址约 300m 的河流一级阶地和高漫滩上，地面高程142.50~145.80m，地形起伏不大，为第四系冲洪积壤土，开采运输较为方便，料层厚度3~4m，料场长 350m，宽 250m，料场总储量约 26.25 万 m³。

颗粒中黏粒（$d<0.005$mm）平均含量 19.1%；粉粒（0.05~0.005mm）平均含量19.2%；土料以壤土为主，土样塑性指数为 11.3，渗透系数平均值 $7.7×10^{-6}$cm/s。料场质量储量各项指标均符合规程要求。

土料开挖采用 1m³ 挖掘机挖装，10t 自卸汽车运输至填筑工作面，综合平均运距0.7~3.5km。

2. 块石料、砂砾料与混凝土骨料

本次除险加固工程所需块石料、人工骨料、砂砾料用量较少，全部采用商品料。经地质调查，料场岩性为灰岩，岩性坚硬，质量较好，料源丰富，为前期工程施工和附近工程建设所利用。运距近，交通便利，质量和储量均能满足设计要求。

4.1.2.4　主体工程施工

为了减少河水对施工干扰，保证施工质量、进度与安全，施工单位应严格按照有关技术规范、规程，合理安排、精心施工。

1. 土方开挖、回填

土方开挖采用 1m³ 挖掘机挖装，10t 自卸汽车运输至附近堆土场或弃渣场。

土方填筑属于常规施工，土料首先利用自身开挖土方，不足部分从料场采运符合质量指标要求的土料，用 10t 自卸车运输至坝作业面，74kW 推土机推平，平铺厚度 0.5m 左右，使用小型平碾进行压实，搞好层间结合及施工段落之间的结合。机械无法压实的部位，用打夯机压实，碾压干容重应达设计要求。

2. 复合土工膜铺设

首先按设计要求选购土工膜材料。在进场时由检测机构按《聚乙烯（PE）土工膜防渗工程技术规范》（SL/T 231—1998）标准进行物理力学性能检测，在土工膜的物理力学性能达到规范要求后方可进场入库，其运输和贮存应符合有关规定。施工前应对坝坡进行整修，按设计坝面修整平顺、光滑，验收合格后方可进行下道工序。在铺设开始后，严禁在可能危害土工膜安全的范围内进行开挖、凿洞、电焊、燃烧、排水等交叉作业。

主坝坝坡土工膜采用人工铺设，方向为顺坝轴向。施工工艺应按以下顺序进行：铺设→剪裁→对正、搭齐→压膜定型→擦拭尘土→焊接试验→焊接→检测→修补→复检→验收。焊缝搭接面不得有污垢、砂土、积水（包括露水）等影响焊接质量的杂质存在，否则应用干纱布擦干、擦净膜面。铺设时，土工膜应自然松弛并与支持层贴实，不宜褶皱、悬空。施工中应及时清理膜下土料中的各种有害尖锐物体，严禁扎破土工膜。工作人员严格按操作规程施工，不得将火种带入施工现场；不得穿钉鞋、高跟鞋及硬底鞋在复合膜上踩踏。车辆等机械不得碾压一布一膜膜面及其保护层。

宜在气温 5～35℃、风力 4 级以下并在无雨天气进行土工膜施工。铺设完毕、未覆盖保护层前，应在膜的边角处每隔 2～5m 放置砂袋压边。铺膜速度与砂砾垫层及干砌石施工相对应。检测、修补、复检、验收等程序都应该按规范的要求去做。

3. 干砌石护坡施工

护坡施工时应先进行人工整坡。整坡完成后，先铺设砂砾石垫层，人工洒水、夯实，砂砾石垫层合格后可进行上游护坡砌石施工。砌石用石料应质地坚硬，不易风化，无剥落层或裂纹，其基本物理力学指标应符合设计规定。

4. 混凝土施工

混凝土浇筑前，应详细检查仓内清理、模板、钢筋、预埋件、永久缝及浇筑前的准备工作，并经验收合格后方可浇筑。混凝土采用 2 台 0.75m³ 拌和机拌和，10t 自卸汽车运输。底板混凝土由 10t 自卸汽车直接入仓，平板式振捣器振捣密实，混凝土从一端向另一端浇筑，采用斜层浇筑法依次推进，一次成型，中间不留施工缝。边墙、顶拱、板梁、防浪墙等其他部位混凝土采用组合钢模立模浇筑混凝土，采用 15t 履带吊配 1.5m³ 罐入仓，插入式振捣器振捣密实。

5. 浆砌石施工

砌石工程应在基础验收合格后方可施工。砌石用石料应质地坚硬，不易风化，无剥落层或裂纹，其基本物理力学指标应符合设计规定。块石由 1m³ 挖掘机挖装，10t 自卸汽车运输至工地后，堆存于指定地点，然后由人工按设计要求砌筑。浆砌石用水泥砂浆，采用 0.4m³ 砂浆搅拌机就近在使用地点拌和，人工胶轮架子车运输。

6. 高喷防渗墙施工

高压喷射防渗墙施工为常规方法，以分序加密的原则按两序进行，奇数孔为Ⅰ序孔，偶数孔为Ⅱ序孔，其中每隔 20 孔在Ⅰ序孔上布置 1 个先导孔，施工时先钻先导孔来确定地层尺寸，后钻喷其他Ⅰ序孔，间隔一定时间后再钻Ⅱ序孔。施工流程为钻机定位、钻孔、台车定位、下管喷射、成墙、检查验收。

灌浆用水可为未受污染且不含杂质的河水，水泥采用 32.5 级各项指标检验合格的普通硅酸盐水泥，施工参数根据现场工艺试验确定，并根据施工情况随时修正。钻孔采用 1 台 150 型地质钻机钻孔，孔径 150mm，黏土泥浆护壁，孔斜不超过 1%。孔深达到设计要求后停钻，并将喷射装置下至孔底，将水、气、浆的压力都调到设计值，当浆液密度大于 1.2g/cm³ 时，且各项指标均达到设计值时，开始按预定的提升速度边喷射边提升，由下而上进行高压喷射灌浆。灌浆结束后及时重新拌制水泥浆液对已灌过的孔进行静压回灌，回灌标准为孔口的液面不再下降。

7. 金属结构安装

该工程金属结构安装工程有闸门、启闭机等。钢闸门和启闭机制作与安装应符合《水利水电工程钢闸门制造、安装及验收规范》（DL/T 5018—1994）和《水利水电工程启闭机制造、安装及验收规范》（DL/T 5019—1994）的有关规定。

闸门由加工厂运至安装现场，在门槽部位搭设拼装平台，进行组装，然后用汽车起重机吊装。启闭机安装时应全面检查各部位总成和零部件，并符合相关规定。构件安装的偏差应符合设计和规范要求。

4.1.2.5　施工总布置

1. 场内外交通

山阳水库位于黄河流域大汶河北支八里沟上游，泰安市岱岳区良庄镇新庄村东 300m 处。水库大坝距京沪铁路 12km，距京福高速公路、104 国道 13.5km，距良庄镇 1km。坝顶公路在主坝左坝肩与当地简易公路相连，对外交通可利用当地道路。

施工区内主坝与东副坝间坝顶不连通，施工道路利用当地路，但局部需改造路面，约 1.5km；新建副坝与北副坝间无连接道路，为满足土石料等材料运输，拟修建连接路约 1.5km，工程竣工后作为永久管理道路使用；从施工工厂到主坝新建 0.3km 施工道路，另需新建 0.7km 场内其他道路，路面宽 6.0m，碎石路面。山阳水库施工场内施工道路特性详见表 4.1 - 15。

表 4.1 - 15　　　　　　　　山阳水库施工场内施工道路特性表

公路起讫点	长度/m	路面宽度/m	路面结构	备注
施工工厂到主坝	300	6.0	碎石	新建
新建副坝—北副坝	1500	6.0	碎石	新建
主坝—东副坝	1500	6.0	碎石	改建
其他	700	6.0	碎石	新建
合计	4000			

2. 施工工厂设施

该工程砂石料从当地购买，工程区不设砂石料加工系统。根据工程施工需要，主要施工工厂设施有：混凝土拌和站，综合加工厂，机械停放场，水、电系统及仓库。

（1）混凝土拌和站。混凝土浇筑总量约 6263m³，根据施工进度安排及结构施工特点，混凝土最大浇筑强度为 20m³/h，工程规模较小，工程布置比较集中，因此选用 2 台 0.8m³ 混凝土搅拌机拌制混凝土，混凝土拌和站占地 1000m²。

（2）综合加工厂。综合加工厂包括钢木加工厂、混凝土预制厂等。混凝土预制件有条件时，可考虑利用当地企业生产。综合加工厂占地 1200m²。

（3）机械停放场。该工程离城镇较近，可提供一定程度的修理服务。在满足工程施工需要的前提下，本着精简现场机修设施的原则，工地仅设机械停放场，承担机械的停放和保养。机械停放场占地面积 500m²。

（4）水、电系统。施工区用水分为两处：一处是主体施工区；另一处是施工工厂及生活区。主体施工区用水利用库水，水泵抽取，水池内澄清后使用；施工工厂及生活区用水接附近居民水管管网。

施工用电高峰负荷估约 350kW，可由大坝附近 10kV 输电线路接入，距离约 1.0km，工区内设额定容量约 250kVA 的 10/0.4kV 变压器 2 座。

（5）仓库。设置满足使用要求的简易仓库，用于存放施工所用物资器材，邻近综合加工厂布置，占地面积 450m²。

3. 施工总布置

（1）布置原则。坝后地势平坦，场地条件较好，距离近、施工方便。施工场区布置遵从以下原则。

1）方便生产生活、易于管理、经济合理。

2）施工布置紧凑，节约用地，取土和弃渣尽量少占或不占耕地。

3）尽量临近现有道路，减少施工道路工程量。

（2）生产生活设施布置。根据坝区地形、交通情况等因素，将施工工厂设施（混凝土拌和站、综合加工厂、施工车辆停放场、仓库、办公生活区等）集中布置在坝后的平地上。

主要生产、生活设施规模见表 4.1-16。

表 4.1-16　　　　　　　　　　主要生产、生活设施规模表

序号	项目名称	建筑面积/m²	占地面积/m²
1	混凝土拌和站	150	1000
2	综合加工厂	200	1200
3	机械停放场	50	500
4	仓库	300	450
5	办公生活区	1350	1800
合计		2050	4950

（3）弃渣规划。该工程主体工程土方开挖 63631m³、清基清坡 50449m³、石方拆除 11165m³、围堰拆除土方 2328m³，清淤 800m³，总计 128373m³。其中，土方 42674m³ 作为回填料利用，其余土方和清坡清基用于回填土料场，折合松方 99129m³；工程拆除的石方全部弃渣，折合松方 17083m³。弃渣场位于 2.5km 远处，占地面积为 5694m²。土石方平衡见表 4.1-17。

表 4.1－17　　　　　　　　　　　土 石 方 平 衡 表　　　　　　　　　　　单位：m³

项目	开挖类别	工程量	松方	利用量（松方）		弃渣（松方）	
				副坝	放水洞	土场回填	弃于渣场
主坝	土方开挖	2668	3548			3548	
	清基清坡	6564	8731			8731	
	石方拆除	7898	12083				12083
副坝	清基清坡	43884	58366			58366	
溢洪道	土方开挖	54202	72088	50462		21626	
	石方拆除	3211	4913				4913
放水洞	土方开挖	6761	8992		6295	2698	
	石方拆除	57	87				87
围堰	土方开挖	2328	3096			3096	
	清基清坡	800	1064			1064	
合计		128373	172968	50462	6295	99129	17083

4. 施工占地

施工临时占地包括生产生活设施、料场、渣场、道路等，共 61514m²。场内新建临时道路宽 6m，平均占压宽按 10m 计，支线和改建道路不计占地。施工占地面积见表 4.1－18。

表 4.1－18　　　　　　　　　　施工占地面积汇总表

序号	项目	占地面积	
		m²	折合亩
1	混凝土拌和站	1000	1.50
2	仓库	450	0.68
3	综合加工厂	1200	1.80
4	机械停放场	500	0.75
5	办公生活区	1800	2.70
6	施工道路	3000	4.50
7	土料场	47869	71.80
8	弃渣场	5694	8.54
9	合计	61514	92.27

4.1.2.6　施工总进度

1. 编制原则及依据

该水库除险加固工程包括挡水大坝除险加固、副坝除险加固、改建溢洪道、新建放水洞等项目的施工。由于工程规模较小，施工时以中小型机械为主，配合人工施工。为了实现除险加固的目标，施工时应合理组织施工、加强管理。

编制本进度的主要依据为水利部编制的有关定额，根据工程特点和选用的施工方法及相应的施工机械，参照已建类似工程的资料，分析确定机械生产率，以期使施工进度经济合理。

2. 施工总进度计划

主体工程主要工程量汇总见表 4.1－19。

表 4.1-19   主体工程主要工程量汇总表

序号	项目	单位	数量
1	砌石、混凝土等拆除	m³	12084
2	清基、清坡	m³	50449
3	土方开挖	m³	63631
4	土方回填	m³	161038
5	碎石、粗砂	m³	14925
6	干砌石	m³	12601
7	浆砌石	m³	6164
8	混凝土	m³	6263
9	高喷桩	m	6952
10	钢筋	t	419
11	复合土工膜	m²	28759
12	草皮护坡	m²	26056

工程施工总进度主要包括：准备工程、主坝加固工程、东副坝加固工程、北副坝加固工程、新增副坝加固工程、新建放水洞工程、改建溢洪道工程等，施工总工期 15 个月。考虑工程导流度汛要求，枯水期进行主坝上游坡施工、东副坝施工、北副坝施工、新增副坝施工，汛期进行下游坡施工。

（1）准备工程。准备工程主要进行场内道路建设及场地平整，风、水、电设施建设，施工临时住房以及施工工厂设施建设等，拟安排在第一年 10 月施工。

（2）主坝加固工程。大坝加固工程主要包括干砌石拆除、浆砌石拆除、坝顶清基、上游坡脚开挖及回填、高压定喷防渗墙施工、坝面整平碾压、复合土工膜铺设、砂卵石垫层及干砌石施工、下游排水棱体施工、下游护坡、排水沟以及坝顶道路施工、防浪墙施工等。

上游坝坡及岸坡施工安排在第一年 11 月至第二年 5 月，共完成清基、拆除及土方开挖 120048m³，土方回填 3544m³，碎石垫层 5212m³，干砌方块石护坡 5809m³，高压定喷防渗墙 6610m，复合土工膜铺设 28759m²。

下游坝坡施工安排在第二年 6—12 月，主要完成清基和下游棱体排水拆除 6420m³，土方回填 3280m³，耕植土填筑 4920m³，排水棱体 1056m³。

（3）东副坝加固。东副坝加固主要包括坝基坝坡清基、土方回填、垫层及干砌石施工、草皮护坡以及坝顶道路等。安排在第一年 11 月至第二年 6 月，共完成清基清坡 39356m³，土方回填 9469m³，耕植土填筑 1764m³，垫层及干砌石 13796m³。

（4）北副坝加固及连接路面工程。北副坝加固工程主要包括清基、土方回填、草皮护坡以及坝顶路面施工，安排从第二年 4—6 月施工，共完成清基 2732m³，土方回填 7749m³，耕植土填筑 1133m³。

（5）新增副坝工程。新增副坝工程主要包括清基、土方回填、草皮护坡以及坝顶路面施工，安排从第二年 4—6 月施工，共完成清基 1796m³，土方回填 10454m³，耕植土填筑 402m³。

（6）新建放水洞工程。放水洞工程主要包括导流系统施工、土方开挖、基础旋喷桩施工、混凝土浇筑、土方回填、原闸室拆除以及原放水洞封堵。

放水洞施工安排在第一年 11 月至第二年 5 月,共完成土方开挖 6761m³,混凝土浇筑 402m³,土方回填 5754m³。

原放水洞封堵、原闸室及围堰拆除、新建消力池及护坦施工安排在新建涵洞完成后进行,安排在第二年 4 月中旬至 5 月底施工。

(7) 改建溢洪道工程。溢洪道工程主要包括浆砌石及混凝土拆除、土方开挖、浆砌石施工、混凝土浇筑、土方回填及交通桥施工。

溢洪道土方开挖与东副坝土方回填同时进行,有用料直接运输上坝,安排在第一年 12 月至第二年 2 月施工,混凝土浇筑及土方回填安排在第二年 3—12 月施工,共完成土方开挖 54202m³,土方回填 21463m³,混凝土浇筑 5008m³,浆砌石 4441m³。

主体施工技术指标见表 4.1-20。

表 4.1-20　　　　　　　　主要施工技术指标表

序号	项目名称		单位	指标
1	总工期		月	15
2	清基及土方开挖	最高月平均强度	m³/月	52000
3	土石方填筑	最高月平均强度	m³/月	48944
4	混凝土浇筑	最高月平均强度	m³/月	928
5	砌石	最高月平均强度	m³/月	3023
6	施工期高峰人数		人	410

4.1.2.7　主要技术供应

1. 主要建筑材料

工程所需主要建筑材料包括:混凝土骨料约 14467t、砂卵石及碎石料约 10306m³、粗砂 6112m³、块石料约 26353m³、水泥约 5490t、钢材约 438t、木材约 30m³,土料约 161461m³。

2. 主要施工机械设备

根据各项工程施工时间,确定施工机械设备数量。其主要施工机械设备数量详见表 4.1-21。

表 4.1-21　　　　　　　　主要施工机械设备统计表

机械名称	型号	单位	数量
液压挖掘机	1m³	台	4
推土机	74kW	台	1
自卸汽车	10t	辆	21
蛙夯机	2.8kW	台	2
拌和机	0.75m³	台	2
振捣器	2.2kW	台	3
履带吊	15t	辆	1
高喷设备		套	3

4.2 施工工程征（占）地

4.2.1 角峪水库

4.2.1.1 工程征地范围

角峪水库加固工程征（占）地范围包括加固工程建设征地、枢纽运行管理征地、施工临时占地（施工工厂设施占地、生活区占地、土料场占地、弃渣场占地、施工道路占地），根据工程总布置图和施工总布置图及原枢纽运行管理范围，共布置加固工程建设征地、枢纽运行管理征地及施工临时占地面积共329.17亩，其中，永久征地241.63亩，临时占地87.54亩。角峪水库加固工程征（占）地情况详见表4.2-1。

表4.2-1　　　　　　　　　　角峪水库加固工程征（占）地情况表　　　　　　　　　单位：亩

序号	项目	征（占）地面积	其中		备注
			永久征地	临时占地	
	合计	329.17	241.63	87.54	
一	加固工程建设征地	68.91	68.91		需征用
二	枢纽运行管理征地	172.72	172.72		需征用
三	施工临时占地	87.54		87.54	需征用
1	施工工厂设施			4.73	需征用
(1)	混凝土拌和系统			1.5	需征用
(2)	综合加工厂			1.8	需征用
(3)	机械停放场			0.75	需征用
(4)	中心仓库			0.68	需征用
2	生活区占地			1.87	需征用
3	土料场占地			23.22	需征用
4	弃渣场占地			50.22	需征用
5	施工道路占地			7.5	需征用

4.2.1.2 工程占压实物指标

1. 调查内容及方法

根据《水利水电工程建设征地移民设计规范》（SL 290—2003）及原水电部1986年颁布的《水利水电工程水库淹没实物指标调查细则》（以下简称《细则》）的要求，结合工程征地区实际情况，将调查项目分为农村和专业项目两部分进行调查。

农村调查分为个人和集体两部分。个人部分包括人口、房屋、房屋附属建筑物、零星林木、坟墓和小型水利水电设施六部分；集体部分包括土地、房屋、房屋附属建筑物等。专业项目调查包括道路、电力等。

根据确定的工程建设征地范围和调查内容，在泰安市水务局、角峪水库管理所的配合下，设计单位于 2007 年 11 月对角峪水库加固工程征（占）地范围内的实物进行了全面调查。

（1）人口、房屋及附属设施。

1）人口。人口是按照《水利水电工程建设征地移民设计规范》（SL 290—2003）的有关规定，以户口簿为主要依据，现场核对户籍，逐户逐人进行调查，按姓名、身份证号、出生年月、性别、家庭关系、民族、文化程度、是否农业人口、劳动力（年满 18 周岁，男小于 60 周岁、女小于 55 周岁的具有劳动能力的人口，在校生除外）等项登记造册。

2）房屋及附属设施。

a. 房屋按结构类型分为：框架结构、砖混结构、砖木结构、土木结构以及杂房 5 类。各类结构房屋的一般定义如下：

框架结构：以钢筋混凝土梁柱承重，砖（石）和其他建筑材料作为填充墙的结构。

砖混结构：以砖（石）墙和钢筋混凝土梁柱承重的结构。

砖木结构：以砖（石）和木承重的结构。

土木结构：以土砖或干打垒土质墙承重的结构。

杂房：结构不完整的房屋。

其他特种主房屋建筑，按特例临时立类。

b. 房屋建筑面积计算及计量单位。房屋面积调查以房屋的建筑面积计算，以 m^2 为单位。房屋建筑面积是指房屋勒脚线以上外墙的边缘所围的面积，不考虑屋檐或滴水界线。

楼层面积计算：楼板、四壁完整者，楼层层高（以该层前后外墙高的平均值）2.0m 以上（含 2.0m），按该楼层的整层面积计算；楼层层高 2.0～1.8m（含 1.8m）者，按该楼层的 0.8 层计；1.8～1.5m（含 1.5m）者，按该楼层的 0.6 层计；1.5～1.2m（含 1.2m）者，按该楼层的 0.4 层计；1.2m 以下者，不计楼层面积。

阳台面积：以阳台外围面积的一半计入该房屋面积中。

室外走廊面积计算：没有柱子的不计面积；有柱子的，以外柱所围面积的一半计入该房屋面积中。

屋内的天井，无柱的屋檐，雨篷、临时篷（盖），遮盖体等均不计算房屋面积。

在建房屋，根据有关审批报告（或材料）按计划建筑面积统计，并在调查表中注明。

c. 房屋调查方法。调查人员实地逐单位、逐户、逐幢对房屋进行丈量计算和清点，现场登记。

d. 附属设施。附属设施主要调查内容包括：围墙、厕所、蓄水池、水井等。围墙按立面面积以 m^2 计，厕所以个计，蓄水池以 m^3/个计，水井以口计。

调查人员实地逐单位、逐户对其附属设施的数量、结构进行丈量计算和清点，现场登记。

（2）土地类别。

1）土地利用现状的分类。土地调查主要分类包括耕地、园地、林地、水塘、建设用地和未利用地等。进行现场核对地类、地界。

各类土地的含义解释参照《山东省土地利用现状更新调查技术细则》（2004 年 3 月

16 日）。

根据《中华人民共和国土地管理法》的规定，将土地用途分为 3 类：即农用地、建设用地和未利用地。农用地是指直接用于农业生产的土地，包括耕地、园地、林地、草地、农田水利用地、养殖水面等；建设用地是指建造建筑物、构筑物的土地，包括城乡住宅和公共设施用地、工矿用地、交通水利设施用地、旅游用地、军事设施用地等；未利用地是指农用地和建设用地以外的土地。

2）土地计量单位。土地面积采用水平投影面积，以亩计（1 亩≈666.67m²）。

3）调查方法。根据国土资发〔2001〕255 号文划分地类，各类土地面积从 1:2000 水库地形地类图上现场核对图斑，内业在 1:1000 电子地形图上量算，各类土地面积以亩为计算单位。

（3）零星林木和坟墓。零星林木系指园地成片面积小于 0.2 亩和分散栽种在房前屋后、田边地角的有收益的果树、经济树木及其他树木。

1）零星林木分果树、经济树、其他林木 3 类。①果树，包括柑橘、苹果、梨、枇杷、芭蕉、桃、核桃、板栗等；②经济树，包括桑树、花椒、桐子、竹子等；③其他，包括独立的用材树和其他树。

各类零星林木种类的设立根据调查范围内实际情况进行确定，所有的零星林木均以株（笼）计。

根据规范要求，零星果树木调查"以户为单位，采用抽样调查的方法"，样本数为 25%～30%，将零星林木按果树、经济树、用材树等三大类，同时结合树种进行调查登记，并根据抽样成果推算实物指标，对其余部分树木种类和大小方面进行了实地定性调查，以保证在抽样调查成果的基础上推算出的实物指标更具有可靠性、偏差更小。

2）坟墓按座登记，只登记 30 年内的坟墓。

（4）专业项目。包括交通道路、输电线等。按照《水利水电工程建设征地移民设计规范》（SL 290—2003）的要求，持地形地类图（比例尺为 1:2000）实地调查，并收集相关资料，查清各专项等级、规模、权属等。对于公路、输电线等以长度进行数量统计的，首先核对其走向、位置、起止点，然后根据核对后的结果在图上量算其长度。

（5）社会经济调查。主要收集角峪水库加固工程征（占）地涉及的泰安市岱岳区角峪镇和纸房村组等 2005—2007 年的统计年鉴和农业生产统计年报以及农业综合区划、林业区划、水利区划、土地详查等有关资料。

2. 工程建设征地范围内实物指标

角峪水库加固工程征（占）地涉及泰安市岱岳区 1 个镇共 2 个村，征（占）地范围内没有居民点，但有 2 户 7 人农业人口（属户籍不在调查范围之内，但有产权房屋的常住人口）；征（占）土地面积为 329.18 亩，其中，耕地 267.64 亩，林地 31.94 亩，鱼塘 11.20 亩，未利用地 18.40 亩；各类房屋面积 706.36m²，其中，砖木结构 411.18m²，杂房 295.18m²；砖围墙 290.18m²，压水井 1 眼，厕所 2 个，猪羊圈 3 个，鸡兔窝 3 个；零星林木 3784 棵；等外公路 0.8km。主要实物指标见表 4.2-2。

表 4.2-2　　　　　　　角峪水库加固工程建设征（占）地实物指标汇总表

序号	项目	单位	合计	永久征地			临时占地
				小计	枢纽运行管理征地	坝体加固工程建设征地	施工占地
一	农村部分						
（一）	土地	亩	329.19	241.65	172.73	68.92	87.54
1	水浇地	亩	267.65	180.11	153.09	27.02	87.54
2	用材林	亩	31.94	31.94	10.12	21.82	
3	鱼塘	亩	11.2	11.2	9.52	1.68	
4	未利用地	亩	18.4	18.4	0	18.4	
（二）	房屋	m²	706.36	706.36	706.36		
1	主房	m²	411.18	411.18	411.18		
	砖（石）木结构	m²	411.18	411.18	411.18		
2	杂房	m²	295.18	295.18	295.18		
	砖（石）木结构	m²	295.18	295.18	295.18		
（三）	附属建筑物						
1	砖围	m²	290.18	290.18	290.18		
2	压水井	眼	1	1	1		
3	厕所	个	2	2	2		
4	猪羊圈	个	3	3	3		
5	鸡兔窝	个	3	3	3		
（四）	零星树	棵	3784	3784	3784		
1	用材树	棵	3757	3757	3757		
2	挂果树	棵	27	27	27		
二	专业项目		0.8	0.15	0.15		0.65
	等外公路	km	0.8	0.15	0.15		0.65

4.2.1.3 移民安置规划

1. 指导思想

兼顾国家、集体、个人三者的利益，走开发性移民的道路，贯彻前期补偿补助，后期扶持的安置方针，以大农业安置为主，以土地为依托，因地制宜，充分利用当地资源，广开安置门路，逐步形成多元化的产业结构，多行业综合安置，使移民生产有出路，劳力有安排，努力保证移民达到或超过原有生活水平。

2. 基本原则

（1）坚持一靠科学，二靠政策，走开发性移民的新路子。工程征地移民安置以种植业、养殖业为主，保证基本口粮田，因地制宜，发展乡村工副业等，多渠道、多门路、多形式开发区域资源。

（2）生产开发的规模和资金，应以征用土地的补偿费和安置补助费为限额。

3. 安置任务

（1）设计基准年安置任务。移民安置规划设计基准年，以编制规划的当年为基准年。角峪水库加固工程设计基准年为 2007 年。按安置性质，角峪水库加固工程仅有移民生产安置任务。生产安置人口计算公式如下：

生产安置人口（人）＝占压影响总耕地（亩）/占压前本村人均耕地（亩/人）

人均耕地（亩/人）＝土地详查耕地面积（亩）/农业人口（人）

（2）设计水平年安置任务。

1）设计水平年的确定。移民安置规划的设计水平年，根据工程施工进度安排及移民搬迁计划，确定工程征地移民安置设计水平年为 2009 年。

2）安置任务计算。设计水平年生产安置人口的计算，以设计基准年相应指标为基数，根据确定的人口自然增长率分村进行计算。计算公式为

$$Q = Q_0 (1+K)^n \tag{4.2-1}$$

式中：Q 为总人口预测数（设计水平年数），人；Q_0 为总人口现状数（设计基准年数），人；K 为规划期内人口自然增长率；n 为规划期限，即设计基准年至设计水平年增长数，年。

按照泰安市岱岳区近年来人口自然增长率 1.5‰，推算至设计水平年（2009 年），需要进行生产安置人口情况见表 4.2-3。

表 4.2-3　　　　　　　　　角峪水库加固工程移民生产安置任务计算表

项目		单位	合计	纸房村	柴庄村
耕地总面积		亩	4892	1860	3032
征用耕地		亩	180.1	107.84	72.26
总农业人口		人	4010	1910	2100
劳力		人	2360	1100	1260
人均耕地		亩/人	1.22	0.97	1.44
规划基准年	人口	人	161	111	50
	劳力	人	94	65	29
规划水平年	人口	人	161	111	50
	劳力	人	94	65	29

4. 移民环境容量分析

移民安置区初步拟定，根据移民安置任务和地方提出的安置意见，拟定移民安置方式为本村安置。移民安置主要着眼于安置区土地资源的开发利用，安置区环境容量分析主要是研究安置区的土地承载力和水资源容量。

（1）土地承载力分析。土地承载力分析是建立在土地评价的基础上，综合考虑了土地资源质量和数量及投入水平、人均消费水准等社会经济因素，选取以粮食占有量为指标的容量计算模式，计算公式如下：

$$P = \sum_{i=1}^{n} P_i \tag{4.2-2}$$

$$P_i = Y_i / L_i$$

式中：P 为区域的土地承载人口；P_i 为以村为单位的土地承载力人口；Y_i 为该区域（村）设计水平年粮食总产量；L_i 为水平年人均最低耗粮指标；i 为行政村序号；n 为行政村个数。

设计水平年粮食总产量 Y_i 是以设计基准年粮食总产量为基础推算的。设计基准年粮食总产量是以 2006 年统计资料为基础推算的耕地亩产量和 2006 年初实有耕地数量为基准推算的。推算设计水平年粮食总产量时因设计基准年和设计水平年时间间隔较短，不考虑正常耕地递减及耕地单产的逐年增加等因素的影响。

水平年人均最低耗粮指标 L_i 采用农民家庭人均最低耗粮指标，根据工程征地区"十一五"规划、"十年"计划指标，综合选取加权平均值为 460kg/人。土地承载容量分析见表 4.2-4。

表 4.2-4　　　　　　　　角峪水库加固工程移民安置土地承载容量分析表

涉及村庄	设计基准年		设计水平年					
	人口/人	征用前耕地/亩	粮食总产量/t	人口/人	征用后耕地面积/亩	粮食总产量/t	人口容量/人	富余容量/人
合计	4010	4892	2935.2	4022	4711.9	2827.14	6146	2124
纸房村	1910	1860	1116.00	1916	1752.16	1051.30	2285	369
柴庄村	2100	3032	1819.20	2106	2959.74	1775.84	3861	1755

根据表 4.2-4 可知，工程征地涉及各村的土地承载容量可以满足本村生产安置的要求。

（2）水环境容量分析。移民生产安置在原村后靠，移民安置区为工程征地涉及的村组，人均水资源量无变化。另一方面，角峪水库加固工程建设后，水库防洪标准提高，将有利于移民安置区生产生活供水，因此，不存在水资源制约因素。

5. 农村移民生产安置规划

（1）种植业规划。移民生产用地划拨：根据安置区的土地资源状况，规划在安置区对生产安置人口征用生产用地，保证安置人口最低人均耗粮指标。划拨生产用地详见表 4.2-5。

表 4.2-5　　　　　　　　角峪水库加固工程移民安置生产用地划拨表

涉及村庄	生产安置人口/人	安置去向	划拨耕地/亩	征地单价/（元/亩）	投资/万元
		调地村庄	水浇地	水浇地	
合计	161		171.78		439.75
纸房村	111	本村	101.51	25600	259.86
柴庄村	50	本村	70.27	25600	179.89

（2）移民安置补充措施规划。移民安置补充措施是为了安置移民剩余劳动力，以恢复原有生活水平。根据移民安置区实际情况，结合当地经济发展规划和区域经济优势，综合规划下列措施：利用生产开发剩余资金，进一步提高土地利用率和优化种植业结构，适当发展商品蔬菜基地或林果业，增加移民收入，使移民生活达到或逐步超过原有水平。

6. 生产安置规划综合评价

（1）移民劳力安置情况。设计水平年，角峪水库加固工程共安置移民 161 人，劳力 94 个，全部大农业安置，达到了移民生产有出路，收入有门路。

（2）移民劳力安置情况。农村移民生产安置规划是限额投资规划，生产开发投资来源于工程征地原有生产体系的生产补偿补助费，包括工程征地补偿费及安置补助费，征地范围内小型水利水电设施补偿费等。为保证移民安置后尽快恢复原有生活水平，生产安置规划投资为 439.75 万元，而仅用于生产安置规划的耕地的补偿费为 461.06 万元，尚富余 21.31 万元，该部分资金可用于移民发展蔬菜大棚，增加移民收入。

4.2.1.4 专项设施恢复规划

1. 占压影响情况

角峪水库加固工程征（占）地范围内涉及的专业项目只有交通道路，无电力线等专业项目。涉及 0.80km 等外公路，其中，0.15km 位于枢纽运行管理征地范围之内，不影响通行，不需要进行恢复改建；0.65km 位于加固工程施工临时占地范围内，受占压影响，需恢复改建。

2. 复建规划

按照原标准、原规模，恢复原功能的原则，对加固工程建设征地范围内影响的交通道路进行恢复改建。

对加固工程施工临时占地范围内占压影响的 0.65km 等外公路进行恢复改建，改建长度为 0.75km。

4.2.1.5 工程建设征地移民补偿投资估算

1. 编制的依据和原则

（1）依据。

《大中型水利水电工程建设征地补偿和移民安置条例》，2006 年 7 月，国务院第 471 号令。

《中华人民共和国土地管理法》，1998 年 8 月 29 日主席令第 8 号，2004 年 8 月 28 日修订《中华人民共和国土地管理法》。

《中华人民共和国耕地占用税暂行条例》国务院第 511 号令及中华人民共和国财政部、国家税务总局颁发的《中华人民共和国耕地占用税暂行条例实施细则》（第 49 号令，2008 年 2 月 26 日）。

国土资源部、国家经贸委、水利部文件，国土资发〔2001〕355 号，"关于水利水电工程建设用地有关问题的通知"，简称"三部委 355 号文"。

《国务院关于深化改革严格土地管理的决定》（国发〔2004〕28 号），2004 年 10 月。

财政部国家林业局文件财综字〔2002〕73 号，关于印发《森林植被恢复费征收使用管理暂行办法》的通知。

《水利水电工程建设征地移民设计规范》（SL 290—2003）。

财政部国家林业局文件财综字〔2002〕73 号，关于印发《森林植被恢复费征收使用管理暂行办法》的通知。

山东省实施《中华人民共和国土地管理法》办法，1999 年通过，2004 年修正。

《山东省基本农田保护条例》。

鲁政办发〔2004〕51 号山东省人民政府办公厅《关于调整征地年产值和补偿标准的通知》。

鲁价费发〔1999〕314 号山东省物价局、财政厅《关于调整征用土地年产值和地面附着物补偿标准的批复》文件。

角峪水库实物指标调查成果，有关统计资料、物价资料和典型调查资料。

（2）原则。凡国家和地方政府有规定的，按规定执行，无规定或规定不适用的，依据工程实际调查情况或参照类似工程标准执行，地方政府规定与国家规定不一致时，以国家规定为准。

工程建设征地范围内实物指标，按补偿标准给予补偿。基础设施、专项部分规划采用恢复改建，按"原规模、原标准恢复原功能"的原则计算规划投资，不需恢复改建的占用对象，只计拆除运输费或给予必要的补助。

概算编制按 2008 年第一季度物价水平计算。

2. 概算标准的确定

（1）土地补偿补助标准。土地分为耕地、园地、林地、鱼塘等。

1）土地补偿补助倍数。

a. 土地补偿倍数。根据《中华人民共和国土地管理法》第四十七条规定"征收耕地的土地补偿费，为该耕地被征收前 3 年平均年产值的 6～10 倍"，征用耕地的补偿倍数取 10 倍。

根据《中华人民共和国土地管理法》第四十七条规定"征用其他土地的土地补偿费和安置补助费标准，由省（自治区、直辖市）参照土地的补偿费和安置补助费的标准规定"，结合《山东省实施〈中华人民共和国土地管理法〉办法》第二十五条规定"（一）征用城市规划区内的耕地（含园地、鱼塘、藕塘，下同），土地补偿费标准为该耕地被征用前 3年平均年产值的 8～10 倍；（三）征用林地、牧草地、苇塘、水面等农用地，土地补偿费标准为邻近一般耕地前 3 年平均年产值的 5～6 倍；（五）征用未利用地，土地补偿费标准为邻近一般耕地前 3 年平均年产值的 3 倍"。结合当地具体情况，征用鱼塘的补偿倍数取 10，其他土地（含林地、牧草地、苇塘、水面等农用地）的补偿倍数取 6 倍，未利用地的补偿倍数取 3 倍。

b. 补助倍数。根据《中华人民共和国土地管理法》第四十七条规定"……安置补助费标准，为该耕地被征用前 3 年平均年产值的 4～6 倍"，取 6 倍。"征用其他土地的土地补偿费和安置补助费标准，由省（自治区、直辖市）参照土地的补偿费和安置补助费的标准规定"，结合《山东省实施〈中华人民共和国土地管理法〉办法》第二十六条"（二）征用林地、牧草地、苇塘、水面以及农民集体所有的建设用地，每一个需要安置的农业人口的安置补助费标准为邻近一般耕地前 3 年平均年产值的 4 倍"。征用其他土地（含林地、牧草地、苇塘、水面等农用地）的补助倍数取 4 倍。

各类土地的补偿补助倍数见表 4.2－6。

表 4.2－6　　　　　　　　角峪水库加固工程土地补偿补助倍数表

序号	地类	补偿补助倍数	补偿倍数	补助倍数
1	水浇地	16	10	6
2	林地	10	6	4
3	鱼塘	16	10	6
4	未利用地	3	3	

2）亩产值。

a. 耕地。角峪水库加固工程征用耕地均为水浇地，水浇地亩产值根据鲁政办发〔2004〕51号《山东省人民政府办公厅〈关于调整征地年产值和补偿标准的通知〉》执行，角峪水库所在泰安市辖区属于二类地区，耕地每亩最低亩产值标准为1600元。

b. 林地、鱼塘。根据鲁价费发〔1999〕314号山东省物价局、财政厅《关于调整征用土地年产值和地面附着物补偿标准的批复》文件，"果园地、林地、塘地参照邻近耕地（粮食作物）确定"，经实地调查，该工程建设征（占）地林地、塘地邻近耕地（粮食作物）均为为水浇地，因此，林地、塘地（鱼塘）亩产值均执行水浇地亩产值标准，为1600元/亩。

3）各地类地面附着物补偿标准。

a. 林地。根据鲁价费发〔1999〕314号文件"参照邻近耕地（粮食作物）的确定，树木补偿另计"。经实地查勘，该工程建设征（占）地涉及的林地株间距1.5m，行间距2m，亩均林地树木220棵，按照鲁价费发〔1999〕314号文件"胸径10~20cm，补偿标准为30~45元/株"的标准，并结合实际，取40元/株，经计算，按照补偿标准林地地面附着物补偿标准为8800元/亩。

b. 塘地。根据鲁价费发〔1999〕314号文件"参照邻近耕地（粮食作物）的确定，土石方工程及鱼苗损失另计"，参照当地类似工程，地面附着物补偿（主要包括塘地开挖，鱼塘开挖深度一般在1.2m左右，土石方开挖单价按2.5元/m³计算，鱼塘内附属设施等）参考当地类似工程，鱼塘地面附着物补偿6000元/亩。

4）土地补偿补助标准。

a. 工程建设征地补偿补助标准按各类土地亩产值乘相应的补偿补助倍数，并综合考虑地面附着物补偿确定；角峪水库加固工程各地类土地补偿补助标准见表4.2-7。

表4.2-7　　　　　　　　角峪水库加固工程土地补偿补助标准表　　　　　　单位：元/亩

序号	地类	补偿补助倍数	地面附属物补偿	补偿补助标准
1	水浇地	16		25600
2	林地	10	8800	24800
3	鱼塘	16	6000	31600
4	未利用地	3		4800

b. 临时占用的耕地根据使用期影响作物产值给予补偿。该工程的临时占地期限为8个月，根据占用土地类别的一年产值进行补偿，水浇地的补偿标准为1600元/亩。

（2）房屋及附属建筑物补偿标准。

1）房屋补偿标准。分主房和杂房，其中主房按结构类型分砖混结构、砖（石）木结构、土木结构；杂房按结构分砖木结构、土木结构、简易结构等。

根据《中华人民共和国土地管理法》第四十七条规定："被征用土地上附着物和青苗补偿标准，由省（自治区、直辖市）规定执行。"而近年来山东未出台新的房屋补偿标准，且目前市场上人工、建筑材料价格涨幅较大，根据物价上涨情况参照相近区域工程房屋补偿标准分析确定。角峪水库加固工程房屋补偿标准见表4.2-8。

表 4.2－8　　　　　　　　　　角峪水库加固工程房屋补偿标准表

项目	补偿标准/(元/m²)
主房	
砖木	416
杂房	
砖木	185

2）附属建筑物补偿标准。房屋附属物补偿标准根据鲁价费发〔1999〕314 号文件，结合调查情况分析并参照相近区域附属建筑物补偿标准分析确定，该工程附属建筑物补偿标准见表 4.2－9。

表 4.2－9　　　　　　　　　角峪水库加固工程附属建筑物补偿标准表

项目	补偿标准
砖围	50 元/m²
压水井	300 元/眼
厕所	180 元/个
猪圈	124 元/个
鸡窝	35 元/个

（3）零星树及坟墓补偿标准。

1）零星树包括零星果木和材木。零星果木主要是杏树、苹果树等。根据鲁价费发〔1999〕314 号文件及当地类似工程标准确定。果树：未结果 30 元/棵，初果期 150 元/棵，盛果期 300 元/棵。材树：大树 45 元/棵，中树 30 元/棵，小树 20 元/棵，幼树 4 元/棵，风景树综合价 52 元/株，花椒树 50 元/株。

2）根据山东省有关规定，坟墓补偿标准 300 元/座。

（4）迁移运输费补偿标准。迁移运输费，根据加固工程建设征地范围内的实际情况，参照当地类似工程分析确定，迁移运输费补偿标准见表 4.2－10。

表 4.2－10　　　　　　　　角峪水库加固工程迁移运输费补偿标准表

项　目	单　位	单价/元
迁移运输费		
1. 物资搬迁		
个人	户	350
2. 搬迁损失	人	25
3. 误工补助	人	160
4. 车船医药	人	8
5. 临时住房补贴	户	900

（5）土地复垦费。根据类似工程，挖地（料场）土地复垦标准按 2200 元/亩计列；压地（弃渣场、施工工厂、生活区及施工道路）按 300 元/亩计列。

（6）过渡期生活补助。按生产安置人口 300 元/人进行补偿。

（7）专业项目复建。根据工程占压专业项目的实际情况，按原标准、原规模恢复原功能的原则复建。专业项目补偿标准见表 4.2－11。

表 4.2－11　　　　　　　　　角峪水库加固工程专业项目补偿标准表

序　号	项　目	单价
1	等外公路	20000 元/km
2	桥涵	2000 元/m²

（8）其他费用。包括勘测规划设计费、实施管理费、技术培训费、监理监测费。

1）勘测规划设计费：按直接费的 3% 计列。

2）实施管理费：按直接费的 3% 计列。

3）技术培训费：农村移民费的 0.5%。

4）监理监测费：按直接费的 1% 计列。

（9）基本预备费。按直接费和其他费用之和的 10% 计列。

（10）有关税费。

1）耕地占用税。耕地占用税根据《中华人民共和国耕地占用税暂行条例》（国务院第 511 号令）及中华人民共和国财政部、国家税务总局颁发的《中华人民共和国耕地占用税暂行条例实施细则》（第 49 号令），山东省取 22.5 元/m²（折合 15000.75 元/亩）计列。其中，占用原枢纽运行管理范围内的土地不计列土地占用税。

2）耕地开垦费。根据山东省实施《中华人民共和国土地管理法》办法规定："占用基本农田的，按该耕地被征用前 3 年平均年产值的 10 倍计收，占用一般耕地的，按耕地被征用前 3 年平均年产值的 8 倍计收。"国土资源部、国家经贸委、水利部国土资发〔2001〕355 号文件规定："以防洪、供水（含灌溉）效益为主的工程，所占压耕地，可按各省（自治区、直辖市）人民政府规定的耕地开垦费下限标准的 70% 收取。"该工程主要以供水（含灌溉）为主，所占耕地为一般农田。

3）森林植被恢复费。为加强林政管理，保护和合理利用林地资源，根据财政部国家林业局文件财综字〔2002〕73 号，关于印发《森林植被恢复费征收使用管理暂行办法》的通知精神执行。①征用用材林地、经济林地、薪炭林地、苗圃地，恢复费 6 元/m²；②未成林造林地，恢复费 4 元/m²；③防护林和特种用途林地，恢复费 8 元/m²；④国家重点防护林地和特种用途林地，恢复费 10 元/m²；⑤疏林地、灌木林地，恢复费 3 元/m²。按占用林地的用途和类型，合理征收森林植被恢复费。其中，原枢纽运行管理范围内的林地不计列森林植被恢复费。

3. 概算

根据占压影响实物指标和移民安置规划及专项处理方案，按确定的补偿补助标准计算，角峪水库加固工程征（占）处理及移民安置规划总投资为 1413.73 万元，其中，农村移民补偿费为 652.44 万元，专业项目复建费 1.60 万元，其他费用 49.05 万元，基本预备费 70.31 万元，有关税费 640.33 万元。角峪水库加固工程征（占）地处理及移民安置规划概算详见表 4.2－12。

表 4.2-12　　角峪水库加固工程征（占）地处理及移民安置规划概算总表

序号	项目	单位	补偿标准/元	实物及规划量	概算/万元
第一部分	农村移民补偿费				652.44
一	土地补偿补助费				598.48
1	永久征地				584.47
(1)	水浇地	亩	25600	180.1	461.06
(2)	材林	亩	24800	31.93	79.19
(3)	鱼塘	亩	31600	11.2	35.39
(4)	未利用地	亩	4800	18.4	8.83
2	临时占地	亩			14.01
(1)	水浇地	亩	1600	87.54	14.01
二	房屋及附属物				24.16
1	房屋补偿				22.59
(1)	主房				17.13
①	砖木房	m²	416	411.8	17.13
(2)	杂房				5.46
①	砖木房	m²	185	295.18	5.46
2	附属物补偿				1.57
(1)	砖围	m²	50	290.18	1.45
(2)	压水井	眼	300	1	0.03
(3)	厕所	个	180	2	0.04
(4)	猪圈	个	124	3	0.04
(5)	鸡窝	个	35	3	0.01
三	零星树				17.72
1	用材树	棵	45	3757	16.91
2	挂果树	棵	300	27	0.81
四	迁移运输费				0.21
1	物资搬迁	户	350	2	0.07
2	搬迁损失	人	25	7	0.02
3	误工补偿	人	160	7	0.11
4	车船医药	人	8	7	0.01
五	土地复垦费	亩			7.04
1	挖地	亩	2200	23.22	5.11
2	压地	亩	300	64.32	1.93
六	过渡期生活补助费	人	300	161	4.83

续表

序号	项目	单位	补偿标准/元	实物及规划量	概算/万元
第二部分	专业项目复建费				1.60
	等外公路	km	20000	0.8	1.60
第一部分、第二部分之和					654.04
第三部分	其他费用				49.05
一	勘测规划设计科研费		3%		19.62
二	实施管理费		3%		19.62
三	技术培训费		0.50%		3.27
四	监理检测费		1%		6.54
第一部分至第三部分之和					703.09
第四部分	基本预备费		10%		70.31
第五部分	有关税费				640.33
一	耕地占用税	亩	15000.75	310.77	466.18
二	耕地开垦费	亩	8960	180.1	161.37
三	森林植被恢复费				12.78
1	用材林	亩	4002	31.94	12.78
总投资					1413.73

其中管理区永久征（占）地需要征用土地的概算详见表4.2-13。

表 4.2-13 　　　　角峪水库加固工程管理区永久征（占）地处理概算表

序号	项目	单位	补偿标准/元	实物及规划量	概算/万元
第一部分	农村移民补偿费				493.97
一	土地补偿补助费				447.07
1	永久征地			172.73	447.07
(1)	水浇地	亩	25600	153.09	391.90
(2)	材林	亩	24800	10.12	25.09
(3)	鱼塘	亩	31600	9.52	30.08
(4)	未利用地	亩	4800	0	0.00
二	房屋及附属物				24.16
1	房屋补偿				22.59
(1)	主房				17.13
①	砖木房	m²	416	411.8	17.13
(2)	杂房				5.46
①	砖木房	m²	185	295.18	5.46

续表

序号	项目	单位	补偿标准/元	实物及规划量	概算/万元
2	附属物补偿				1.57
(1)	砖围	m²	50	290.18	1.45
(2)	压水井	眼	300	1	0.03
(3)	厕所	个	180	2	0.04
(4)	猪圈	个	124	3	0.04
(5)	鸡窝	个	35	3	0.01
三	零星树				17.72
1	用材树	棵	45	3757	16.91
2	挂果树	棵	300	27	0.81
四	迁移运输费				0.21
1	物资搬迁	户	350	2	0.07
2	搬迁损失	人	25	7	0.02
3	误工补偿	人	160	7	0.11
4	车船医药	人	8	7	0.01
五	土地复垦费	亩			0.00
1	挖地	亩	2200		0.00
2	压地	亩	300		0.00
六	过渡期生活补助费	人	300	161	4.83
第二部分	专业项目复建费				0.30
一	等外公路	km	20000	0.15	0.30
	第一部分、第二部分之和				494.27
第三部分	其他费用				37.07
一	勘测规划设计科研费		3%		14.83
二	实施管理费		3%		14.83
三	技术培训费		0.50%		2.47
四	监理检测费		1%		4.94
	第一部分至第三部分之和				531.34
第四部分	基本预备费		10%		53.13
第五部分	有关税费				400.31
一	耕地占用税	亩	15000.75	172.72	259.09
二	耕地开垦费	亩	8960	153.09	137.17
三	森林植被恢复费				4.05
1	用材林	亩	4002	10.12	4.05
	总投资				984.79

坝区建设永久征（占）地概算详见表 4.2-14。

表 4.2-14　　　　　角峪水库加固工程坝区建设永久征（占）地概算表

序号	项目	单位	补偿标准/元	实物及规划量	概算/万元
第一部分	农村移民补偿费				137.40
一	土地补偿补助费				137.40
1	永久征地			68.91	137.40
（1）	水浇地	亩	25600	27.02	69.16
（2）	材林	亩	24800	21.82	54.10
（3）	鱼塘	亩	31600	1.68	5.31
（4）	未利用地	亩	4800	18.4	8.83
第二部分	其他费用				10.31
一	勘测规划设计科研费		3%		4.12
二	实施管理费		3%		4.12
三	技术培训费		0.50%		0.69
四	监理检测费		1%		1.37
	第一部分、第二部分之和				147.71
第三部分	基本预备费		10%		14.77
第四部分	有关税费				108.71
一	耕地占用税	亩	15000.75	50.51	75.77
二	耕地开垦费	亩	8960	27.02	24.21
三	森林植被恢复费				8.73
1	用材林	亩	4002	21.82	8.73
	总投资				271.19

临时征（占）地的概算详见表 4.2-15。

表 4.2-15　　　　　角峪水库加固工程临时征（占）地处理概算表

序号	项目	单位	补偿标准/元	实物及规划量	概算/万元
第一部分	农村移民补偿费				21.04
一	土地补偿补助费				14.01
1	临时占地	亩			
2	水浇地	亩	1600	87.54	14.01
二	土地复垦费	亩			7.04
1	挖地	亩	2200	23.22	5.11
2	压地	亩	300	64.32	1.93

续表

序号	项目	单位	补偿标准/元	实物及规划量	概算/万元
第二部分	专业项目复建费				1.30
一	等外公路	km	20000	0.65	1.30
第一部分、第二部分之和					22.34
第三部分	其他费用				1.67
一	勘测规划设计科研费		3%		0.67
二	实施管理费		3%		0.67
三	技术培训费		0.50%		0.11
四	监理检测费		1%		0.22
第一部分至第三部分之和					24.01
第四部分	基本预备费		10%		2.40
第五部分	有关税费				131.32
一	耕地占用税	亩	15000.75	87.54	131.32
总投资					157.73

4.2.1.6　耕地占补平衡

根据《中华人民共和国土地法》第三十一条："国家实行占用耕地补偿制度。非农业建设经批准占用耕地的，按照'占多少，垦多少'的原则，由占用耕地的单位负责开垦与所占用的数量和质量相当的耕地；没有条件开垦或者开垦的耕地不符合要求的，应当按照省（自治区、直辖市）的规定缴纳耕地开垦费，专款用于开垦新的耕地。"

角峪水库加固工程征（占）地范围内征用耕地按照国家和山东省的规定缴纳耕地开垦费，专款用于开垦新的耕地。

4.2.1.7　本次设计考虑范围

由于角峪水库的溢洪道征地和水库管理范围征地属于历史遗留问题，本次设计按照工程管理要求提出整个管理区的征地范围和投资，但工程建设征地、工程管理征地的投资不计入本次设计内，为了工程安全，在资金许可的情况下，尽早完成以上征地。本次设计投资仅列入临时工程征地，临时工程征地总投资为 157.74 万元。

4.2.2　山阳水库

山阳水库加固工程所在区域属于暖温带大陆性半湿润季风气候，寒暑适宜，光温同步，雨热同季。年平均气温 13℃，多年平均降雨量 700～800mm，无霜期 200 多天。粮食作物主要有小麦、玉米、地瓜、高粱、大豆、大麦等；经济作物主要有花生、芝麻、棉花、大麻、烟草、蔬菜等。坝址区涉及泰安市岱岳区的良庄镇，岱岳区 2005 年末农业人口 78.35 万人，农作物总播种面积为 194.76 万亩，其中，粮食作物播种面积 107 万亩，粮食总产 49.96 万 t，农业人均 638kg。农民人均纯收入 4085 元。

4.2.2.1　工程征地范围

山阳水库加固工程征（占）地范围包括加固工程建设征地、枢纽运行管理征地、施工临时占地（施工工厂设施占地、生活区占地、土料场占地、弃渣场占地、施工道路占地），根据工程总布置图和施工总布置图及山阳水库原枢纽运行管理范围，共布置加固工程建设征地、枢纽运行管理征地及施工临时占地面积共343.05亩，其中，永久征地250.78亩（其中有22.36亩位于原枢纽运行管理范围内，不需征用），临时占地92.27亩（其中有11.93亩位于原枢纽运行管理范围内）。山阳水库加固工程征（占）地情况详见表4.2-16。

表4.2-16　　　　　　　　　山阳水库加固工程征（占）地情况表　　　　　　单位：亩

序号	项目	征（占）地面积	其中		
			永久征地	临时占地	备注
	合计	343.05	250.78	92.27	
一	加固工程建设征地		59.04	80.34	需重新征用
			22.36	11.93	山阳水库原枢纽运行管理范围
二	枢纽运行管理征地	169.38	169.38		需重新征用
三	施工临时占地	92.27		92.27	
1	施工工厂设施	4.73		4.73	山阳水库原枢纽运行管理范围
(1)	混凝土拌和系统	1.5		1.5	山阳水库原枢纽运行管理范围
(2)	综合加工厂	1.8		1.8	山阳水库原枢纽运行管理范围
(3)	机械停放场	0.75		0.75	山阳水库原枢纽运行管理范围
(4)	中心仓库	0.68		0.68	山阳水库原枢纽运行管理范围
2	生活区占地	2.7		2.7	山阳水库原枢纽运行管理范围
3	土料场占地	71.8		71.8	需重新征用
4	弃渣场占地	8.54		8.54	需重新征用
5	施工道路占地	4.5		4.5	山阳水库原枢纽运行管理范围

4.2.2.2 工程占压实物指标

1. 调查内容及方法

根据确定的工程建设征地范围和调查内容，在泰安市水务局、山阳水库管理所的配合下，设计单位于2007年11月对山阳水库加固工程征（占）地范围内的实物进行了全面调查。

2. 工程建设征地范围内实物指标

山阳水库加固工程征（占）地涉及泰安市岱岳区1个镇共5个村，征（占）地范围内人口为2户7人，全部为农业人口（属户籍不在调查范围之内，但有产权房屋的常住人口）；征（占）土地面积为343.05亩，其中，耕地195.86亩，园地4.1亩，林地49.59亩，塘地1亩，未利用土地73.02亩，建设用地（水利设施用地）19.48亩；各类房屋面积 204.75m²，其中，砖混结构 48.00m²，砖木结构 123.75m²，杂房 33.00m²；围墙 45.50m²，大口井 2 口，厕所 1 个，指示牌 1 个，蔬菜大棚 5384m²；零星林木 2930 棵，坟墓 24 座；机井 2 眼；10kV 输电线路 0.20km；四级公路 0.1km。主要实物指标见表 4.2－17。

表 4.2－17　　　　　　　　　　　　山阳水库实物指标表

序号	项目	单位	合计	永久征地					临时占地	
				小计	需征用		不需征用		需征用	不需征用
					枢纽运行管理征地	坝体加固工程建设征地	溢洪道加固工程建设征地	部分坝体工程建设征地	原枢纽运行管理范围外	原枢纽运行管理范围内
一	农村部分									
（一）	土地		343.05	250.78	169.38	59.04	19.48	2.88	80.34	11.93
1	耕地	亩	195.86	181.11	128.34	49.89		2.88	7.32	7.43
（1）	水浇地	亩	181.11	181.11	128.34	49.89		2.88		
（2）	菜地	亩	14.75		0.00	0.00			7.32	7.43
2	果园	亩	4.1	4.1	2.55	1.55				
3	林地	亩	49.59	45.09	37.84	7.25				4.5
（1）	用材林	亩	42.08	37.58	31.46	6.12				4.5
（2）	苗圃	亩	7.51	7.51	6.38	1.13				
4	水塘	亩	1	1	0.65	0.35				
5	水利设施用地	亩	19.48	19.48	0.00	0.00	19.48			
6	未利用地	亩	73.02						73.02	
（二）	房屋	m²	204.75	156.6	156.6				48.15	
1	主房	m²	171.75	123.6	123.6				48.15	
（1）	砖混结构	m²	48	48	48					
（2）	砖（石）木结构	m²	123.75	75.6	75.6				48.15	
2	杂房	m²	33	33	33					
（1）	砖（石）木结构	m²	33	33	33					
（三）	附属建筑物									
1	砖围	m²	45.5	45.5	45.5					
2	大口井	口	2	2	2					
3	厕所	个	1	1	1					
4	指示牌	个	1	1	1					
5	温室蔬菜大棚	m²	5384	5384	5384					

序号	项目	单位	合计	永久征地					临时占地	
				小计	需征用		不需征用		需征用	不需征用
					枢纽运行管理征地	坝体加固工程建设征地	溢洪道加固工程建设征地	部分坝体工程建设征地	原枢纽运行管理范围外	原枢纽运行管理范围内
（四）	零星树及坟墓									
1	用材树	棵	2930	2930	322	2608				
2	坟墓	座	24	24	24					
（五）	小型水利水电设施									
1	机井	座	2	2	2					
二	专业项目									
（一）	交通设施									
1	四级公路	km	0.1	0.1	0.1					
2	等外公路	km	0.86	0.69	0.19	0.5			0.17	
3	桥、涵									
（1）	交通桥	座	1	1			1			
（2）	桥涵	m²	83.06	83.06	20.69	62.37				
（二）	输变电设施									
1	10kV 线路	km	0.2	0.2	0.16	0.03	0.01			

4.2.2.3 移民安置规划

按照泰安市岱岳区近年来人口自然增长率 1.5‰，推算至设计水平年（2009 年），需要进行生产安置人口计算见表 4.2 - 18。

表 4.2 - 18　　　　　　　山阳水库加固工程移民生产安置任务计算表

项目		单位	合计	辛庄村	凤凰村	良庄东村	良庄南村	山阳南村
耕地总面积		亩	11100	330	3459	2680	1420	3211
征用耕地		亩	178.22	10.73	103.68	2.63	19.85	41.33
总农业人口		人	8412	394	2296	2098	1306	2318
劳力		人	5354	300	1774	1080	750	1450
人均耕地		亩/人	6.11	0.84	1.51	1.28	1.09	1.39
规划基准年	人口	人	132	13	69	2	18	30
	劳力	人	83	8	44	1	11	19
规划水平年	人口	人	132	13	69	2	18	30
	劳力	人	83	8	44	1	11	19

1. 移民环境容量分析

（1）土地承载容量分析。土地承载容量分析见表4.2-19。

表4.2-19　　　　　　　　山阳水库加固工程移民安置环境容量分析表

涉及村庄	设计基准年			设计水平年				
	人口/人	征用前耕地面积/亩	粮食总产量/t	人口/人	征用后耕地面积/亩	粮食总产量/t	人口容量/人	富余容量/人
合计	8412	11100	5849.24	8437	10921.78	5755.01	12512	4075
辛庄村	394	330	191.40	395	319.27	185.17	403	8
凤凰村	2296	3459	1817.13	2303	3355.32	1762.66	3832	1529
良庄东村	2098	2680	1407.89	2104	2677.37	1406.51	3058	954
良庄南村	1306	1420	745.97	1310	1400.15	735.54	1599	289
山阳南村	2318	3211	1686.85	2325	3169.67	1665.13	3620	1295

根据表4.2-19显示，工程征地涉及各村的环境容量可以满足本村生产安置的要求。

（2）水环境容量分析。移民生产安置在原村后靠，移民安置区为工程征地涉及的村组，人均水资源量无变化。另一方面，山阳水库加固工程建设后，水库防洪标准提高，将有利于移民安置区生产生活供水，因此，不存在水资源制约因素。

2. 农村移民生产安置规划

移民生产用地划拨：根据安置区的土地资源状况，规划在安置区对生产安置人口征用生产用地，保证安置人口最低人均耗粮指标。划拨生产用地详见表4.2-20。

表4.2-20　　　　　　　　山阳水库加固工程移民安置生产用地划拨表

涉及村庄	生产安置人口/人	安置去向	划拨耕地/亩	征地单价/(元/亩)	投资/万元
		调地村庄	水浇地	水浇地	
合计	132		173.73		444.72
辛庄村	13	本村	10.51	25600	26.90
凤凰村	69	本村	100.53	25600	257.35
良庄东村	2	本村	2.55	25600	6.52
良庄南村	18	本村	19.24	25600	49.25
山阳南村	30	本村	40.90	25600	104.70

3. 生产安置规划综合评价

（1）移民劳力安置情况。设计水平年，山阳水库加固工程共安置移民132人，劳力83个，全部大农业安置，达到了移民生产有出路、收入有门路。

（2）移民劳力安置情况。农村移民生产安置规划是限额投资规划，生产开发投资来源于工程征地原有生产体系的生产补偿补助费，包括工程征地补偿费及安置补助费，征地范围内小型水利水电设施补偿费等。为保证移民安置后尽快恢复原有生活水平，生产安置规划投资为 444.72 万元，而仅用于生产安置规划的耕地补偿费为 463.64 万元，尚富余 18.92 万元，该部分资金可用于移民发展蔬菜大棚及蔬菜基地。

4.2.2.4　专项设施恢复规划

1. 占压影响情况

（1）交通道路。

1）四级公路：涉及的 0.1km 全部位于枢纽运行管理征地（溢洪道运行管理征地）范围之内，工程建设期和工程建设后均不影响通行，不需要进行恢复改建。

2）等外公路：涉及 0.86km 等外公路，其中，0.19km 等外公路位于枢纽运行管理征地范围之内，不影响通行，不需要进行恢复改建；0.5km 等外公路位于加固工程建设征地范围内，受占压影响，需进行恢复重建；0.17km 等外公路位于加固工程施工临时占地（料场）范围内，受占压影响，需恢复改建。

3）桥（涵）：涉及桥涵 4 座，1 座位于枢纽运行管理征地范围之内，工程建设期和工程建设后均不影响通行，不需要进行恢复改建；3 座位于加固工程建设征地范围内，其中 1 座虽不影响通行，但需要做防护工程，另 2 座受占压影响，需恢复重建。

（2）电力线。涉及 10kV 电力线 0.20km，其中，0.17km 电力线在工程建设期和工程建设后均不影响正常通电，不需要恢复改建；0.03km 电力线位于加固工程建设征地范围内，受占压影响，需恢复改建。

2. 复建规划

按照原标准、原规模，恢复原功能的原则，对加固工程建设征地范围内影响的交通道路及电力线进行恢复改建。

（1）交通道路。

1）等外公路。对加固工程建设征地范围内占压影响的 0.5km 等外公路需进行恢复重建，重建长度为 1.0km；对加固工程施工临时占地范围内占压影响的 0.17km 等外公路恢复重建，重建长度为 0.4km。

2）桥（涵）。位于加固工程建设征地范围内占压影响的 2 座桥涵需进行恢复重建；1 座桥涵进行防护加固处理，根据调查情况分析，需计列防护加固费用 50 万元。

（2）电力线。需要对加固工程建设征地范围内的占压影响 0.03km 10kV 输变电线路加高改建，改建长度为 0.2km。专项设施占压影响及恢复改（重）建情况见表 4.2-21。

4.2.2.5　工程建设征地移民补偿投资估算

各类土地的补偿补助倍数见表 4.2-22。

工程建设征地补偿补助标准按各类土地亩产值乘相应的补偿补助倍数，并综合考虑地面附着物补偿确定；山阳水库加固工程各地类土地补偿补助标准见表 4.2-23。

房屋补偿标准见表 4.2-24。

房屋附属物补偿标准根据鲁价费发〔1999〕314 号文件，结合调查情况并参照相近区域附属建筑物补偿标准分析确定，该工程附属建筑物补偿标准见表 4.2-25。

表 4.2 - 21　　　山阳水库加固工程征（占）地专项设施占压影响及处理情况表

序号	项目	单位	小计	永久征地									临时占地		
				需征用						不需征用			需征用		
				枢纽运行管理征地			加固工程建设征地			溢洪道加固工程建设征地			料场		
				数量	影响情况	处理情况	数量	影响情况	处理情况	数量	影响情况	处理情况	数量	影响情况	处理情况
一	交通道路														
1	四级公路	km	0.1	0.1	0.1km 不影响通行	不需进行恢复改建									
2	等外公路	km	0.86	0.19	0.19km 不影响通行	不需进行恢复改建	0.5	占压影响	恢复重建、重建长度 1.0km						
3	桥、涵	座	1												
(1)	交通桥	座	1							1	工程施工影响	防护工程			
(2)	桥涵	m²	83.06	20.69	不影响通行	不需进行改建恢复	62.37	占压影响	恢复重建、重建 62.37m²						
二	输变电设施														
1	10kV 线路	km	0.2	0.16	不影响通电	不需进行改建恢复	0.03	占压影响	恢复改建抬高 4 杆（0.2km）	0.01	不影响	不需恢复改建	0.17	占压影响	恢复重建、重建长度 0.4km

表 4.2 - 22 山阳加固工程土地补偿补助倍数表

序号	地类	补偿补助倍数	补偿倍数	补助倍数
1	耕地			
(1)	水浇地	16	10	6
(2)	菜地	16	10	6
2	园地	16	10	6
3	林地	10	6	4
4	水塘	10	6	4

表 4.2 - 23 山阳水库加固工程土地补偿补助标准表 单位：元/亩

序号	地类	补偿补助倍数	地面附属物补偿	补偿补助标准
1	耕地			
(1)	水浇地	16		25600
(2)	菜地	16		38400
2	园地	16	12000	37600
3	林地			
(1)	用材林	10	8800	24800
(2)	苗圃	10	10000	26000
4	水塘	10	3335	19335

表 4.2 - 24 山阳水库加固工程房屋补偿标准表 单位：元/m²

序 号	项 目	补偿标准
1	主房	
(1)	砖混	455
(2)	砖木	416
2	杂房	
(1)	砖木	185

表 4.2 - 25 山阳水库加固工程附属建筑物补偿标准表

项 目	单 位	补偿标准/元
砖围	m²	50
机井	眼	5000
厕所	个	180
指示牌	个	3000
温室大棚	m²	40

迁移运输费标准见表 4.2 - 26。

表 4.2 - 26　　　　　　山阳水库加固工程迁移运输费补偿标准表

项　目	单　位	单价/元
迁移运输费		
1. 物资搬迁		
个人	户	350
2. 搬迁损失	人	25
3. 误工补助	人	160
4. 车船医药	人	8
5. 临时住房补贴	户	900

专业项目补偿标准见下表 4.2 - 27。

表 4.2 - 27　　　　　　山阳水库加固工程专业项目补偿标准表

序　号	项　目	单　位	单价/元
1	道路		
(1)	四级公路	km	400000
(2)	等外公路	km	20000
(3)	桥涵	m²	2000
2	输变电		
(1)	10kV 线路	km	73000

根据工程征（占）地范围内的实物指标和移民安置规划及专项处理方案，按确定的补偿补助标准计算，山阳水库加固工程征（占）地处理及移民安置规划总投资为 1375.98 万元，其中，农村移民补偿费为 640.54 万元，专业项目复建费 73.72 万元，其他费用 53.57 万元，基本预备费 76.78 万元，有关税费 531.37 万元。概算详见表 4.2 - 28。

表 4.2 - 28　　　　　山阳水库加固工程征（占）地处理及移民安置规划概算表

序号	项目	单位	补偿标准/元	实物及规划量	概算/万元
第一部分	农村移民补偿费				640.54
I	土地补偿补助费				589.21
一	集体				588.11
(一)	永久征地				586.35
1	耕地	亩			456.27
(1)	水浇地	亩	25600	178.23	456.27
(2)	菜地	亩	38400		0.00
2	园地	亩	37600	4.1	15.42
3	林地	亩			112.73

续表

序号	项目	单位	补偿标准/元	实物及规划量	概算/万元
（1）	用材林	亩	24800	37.58	93.20
（2）	苗圃	亩	26000	7.51	19.53
4	塘地	亩			1.93
（1）	灌溉水塘	亩	19335	1	1.93
（二）	临时占地				1.76
1	挖地	亩			1.76
（1）	菜地（补1年）	亩	2400	7.32	1.76
（2）	未利用地（不补）	亩		64.48	0.00
2	填地（未利用地，不补）	亩		8.54	0.00
二	水库管理所				1.12
（一）	永久征地				0.23
1	水浇地		800	2.88	0.23
（二）	临时占地				0.89
1	压地	亩			0.89
（1）	菜地	亩	1200	7.43	0.89
Ⅱ	房屋及附属物				30.63
一	房屋补偿				7.94
（一）	主房				7.33
1	砖混房	m²	455	48	2.18
2	砖木房	m²	416	123.75	5.15
（二）	杂房				0.61
1	砖木房	m²	185	33	0.61
二	附属物补偿				22.69
（一）	砖围	m²	50	45.5	0.23
（二）	大口井	口	3000	2	0.60
（三）	厕所	个	180	1	0.02
（四）	指示牌	个	3000	1	0.30
（五）	温室蔬菜大棚	m²	40	5384	21.54
Ⅲ	零星树及坟墓				13.91
一	用材树	棵	45	2930	13.19
二	坟墓	座	300	24	0.72
Ⅳ	小型水利水电设施				1.00
一	机井	眼	5000	2	1.00

续表

序号	项目	单位	补偿标准/元	实物及规划量	概算/万元
V	迁移运输费				0.21
一	物资搬迁	户	350	2	0.07
二	搬迁损失	人	25	7	0.02
三	误工补偿	人	160	7	0.11
四	车船医药	人	8	7	0.01
VI	土地复垦费	亩			1.61
一	挖地	亩	2200	7.32	1.61
二	压地	亩	300		0.00
VII	过渡期生活补助费	人	300	132	3.96
第二部分	专业项目复建费				73.72
I	道路复建费				72.33
一	四级公路	km	400000	0.1	4.00
二	等外公路	km	20000	0.86	1.72
三	桥涵				66.61
（一）	交通桥	座			50.00
（二）	桥涵	m²	2000	83.06	16.61
II	输变电工程复建费				1.39
一	10kV线路	km	73000	0.19	1.39
第一部分、第二部分之和					714.26
第三部分	其他费用				53.57
I	勘测规划设计科研费		3%		21.43
II	实施管理费		3%		21.43
III	技术培训费		0.50%		3.57
IV	监理检测费		1%		7.14
第一部分至第三部分之和					767.82
第四部分	基本预备费		10%		76.78
第五部分	有关税费				531.37
I	耕地占用税	亩	15000.75	235.74	353.63
II	耕地开垦费	亩	8960	178.23	159.69
III	森林植被恢复费				18.05
一	用材林	亩	4002	37.58	15.04
二	苗圃	亩	4002	7.51	3.01
总投资					1375.98

管理区永久征（占）地概算详见表 4.2 - 29。

表 4.2 - 29　　　　　山阳水库加固工程管理区永久征（占）地概算表

序号	项目	单位	补偿标准/元	实物及规划量	概算/万元
第一部分	农村移民补偿费				470.21
Ⅰ	土地补偿补助费				434.25
一	集体				434.02
（一）	永久征地			169.38	434.02
1	耕地	亩		128.34	328.55
（1）	水浇地	亩	25600	128.34	328.55
（2）	菜地	亩	38400	0.00	0.00
2	园地	亩	37600	2.55	9.59
3	林地	亩		37.84	94.62
（1）	用材林	亩	24800	31.46	78.02
（2）	苗圃	亩	26000	6.38	16.60
4	塘地	亩		0.65	1.26
（1）	灌溉水塘	亩	19335	0.65	1.26
二	水库管理所				0.23
（一）	永久征地				0.23
1	水浇地	亩	800	2.88	0.23
Ⅱ	房屋及附属物				28.62
一	房屋补偿				5.93
（一）	主房				5.32
1	砖混房	m²	455	48	2.18
2	砖木房	m²	416	75.6	3.14
（二）	杂房				0.61
1	砖木房	m²	185	33	0.61
二	附属物补偿				22.69
（一）	砖围	m²	50	45.5	0.23
（二）	大口井	口	3000	2	0.60
（三）	厕所	个	180	1	0.02
（四）	指示牌	个	3000	1	0.30
（五）	温室蔬菜大棚	m²	40	5384	21.54
Ⅲ	零星树及坟墓				2.17
一	用材树	棵	45	322	1.45
二	坟墓	座	300	24	0.72

续表

序号	项目	单位	补偿标准/元	实物及规划量	概算/万元
Ⅳ	小型水利水电设施				1.00
一	机井	眼	5000	2	1.00
Ⅴ	迁移运输费				0.21
一	物资搬迁	户	350	2	0.07
二	搬迁损失	人	25	7	0.02
三	误工补偿	人	160	7	0.11
四	车船医药	人	8	7	0.01
Ⅵ	土地复垦费	亩			0.00
一	挖地	亩	2200		0.00
二	压地	亩	300		0.00
Ⅶ	过渡期生活补助费	人	300	132	3.96
第二部分	专业项目复建费				9.69
Ⅰ	道路复建费				8.52
一	四级公路	km	400000	0.1	4.00
二	等外公路	km	20000	0.19	0.38
三	桥涵				4.14
（一）	交通桥	座		1	0.00
（二）	桥涵	m²	2000	20.69	4.14
Ⅱ	输变电工程复建费				1.17
一	10kV 线路	km	73000	0.16	1.17
	第一部分、第二部分之和				479.9
第三部分	其他费用				36
Ⅰ	勘测规划设计科研费		3%		14.40
Ⅱ	实施管理费		3%		14.40
Ⅲ	技术培训费		0.50%		2.40
Ⅳ	监理检测费		1%		4.80
	第一部分至第三部分之和				515.9
第四部分	基本预备费		10%		51.59
第五部分	有关税费				384.21
Ⅰ	耕地占用税	亩	15000.75	169.38	254.08
Ⅱ	耕地开垦费	亩	8960	128.34	114.99
Ⅲ	森林植被恢复费				15.14
一	用材林	亩	4002	31.46	12.59
二	苗圃	亩	4002	6.38	2.55
	总投资				951.7

坝区工程建设征（占）地概算详见表 4.2-30。

表 4.2-30　　　　　　　山阳水库加固工程坝区建设征（占）地概算表

序号	项目	单位	补偿标准/元	实物及规划量	概算/万元
第一部分	农村移民补偿费				164.07
Ⅰ	土地补偿补助费				152.33
一	集体				152.33
（一）	永久征地			59.04	152.33
1	耕地	亩		49.89	127.71
（1）	水浇地	亩	25600	49.89	127.71
（2）	菜地	亩	38400	0.00	0.00
2	园地	亩	37600	1.55	5.83
3	林地	亩		7.25	18.11
（1）	用材林	亩	24800	6.12	15.18
（2）	苗圃	亩	26000	1.13	2.93
4	塘地	亩		0.35	0.68
（1）	灌溉水塘	亩	19335	0.35	0.68
Ⅱ	零星树及坟墓				11.74
一	用材树	棵	45	2608	11.74
第二部分	专业项目复建费				63.69
Ⅰ	道路复建费				63.47
一	四级公路	km	400000	0.00	0.00
二	等外公路	km	20000	0.5	1.00
三	桥涵				62.47
（一）	交通桥	座			50.00
（二）	桥涵	m²	2000	62.37	12.47
Ⅱ	输变电工程复建费				0.22
一	10kV 线路	km	73000	0.03	0.22
	第一部分、第二部分之和				227.76
第三部分	其他费用				17.08
Ⅰ	勘测规划设计科研费		3%		6.83
Ⅱ	实施管理费		3%		6.83
Ⅲ	技术培训费		0.50%		1.14
Ⅳ	监理检测费		1%		2.28
	第一部分至第三部分之和				244.84
第四部分	基本预备费		10%		24.48

续表

序号	项目	单位	补偿标准/元	实物及规划量	概算/万元
第五部分	有关税费				136.16
Ⅰ	耕地占用税	亩	15000.75	59.04	88.56
Ⅱ	耕地开垦费	亩	8960	49.89	44.70
Ⅲ	森林植被恢复费				2.90
一	用材林	亩	4002	6.12	2.45
二	苗圃	亩	4002	1.13	0.45
	总投资				405.49

临时征（占）地概算详见表 4.2 - 31。

表 4.2 - 31　　　　　山阳水库加固工程临时征（占）地概算表

序号	项目	单位	补偿标准/元	实物及规划量	概算/万元
第一部分	农村移民补偿费				6.26
Ⅰ	土地补偿补助费				2.65
一	集体				1.76
（一）	临时占地				1.76
1	挖地	亩			1.76
（1）	菜地（补 1 年）	亩	2400	7.32	1.76
（2）	未利用地（不补）	亩		64.48	0.00
2	填地（未利用地，不补）	亩		8.54	0.00
二	水库管理所				0.89
（一）	临时占地				0.89
1	菜地	亩	1200	7.43	0.89
Ⅱ	房屋及附属物				2.00
一	房屋补偿				2.00
（一）	主房				2.00
1	砖混房	m²	455		0.00
2	砖木房	m²	416	48.15	2.00
Ⅲ	土地复垦费	亩			1.61
一	挖地	亩	2200	7.32	1.61
二	压地	亩	300		0.00
第二部分	专业项目复建费				0.34
Ⅰ	道路复建费				0.34
一	等外公路	km	20000	0.17	0.34
	第一部分、第二部分之和				6.60

序号	项目	单位	补偿标准/元	实物及规划量	概算/万元
第三部分	其他费用				0.50
Ⅰ	勘测规划设计科研费		3%		0.20
Ⅱ	实施管理费		3%		0.20
Ⅲ	技术培训费		0.50%		0.03
Ⅳ	监理检测费		1%		0.07
第一部分至第三部分之和					7.10
第四部分	基本预备费		10%		0.71
第五部分	有关税费				10.98
Ⅰ	耕地占用税	亩	15000.75	7.32	10.98
总投资					18.79

4.2.2.6 耕地占补平衡

根据《中华人民共和国土地法》第三十一条："国家实行占用耕地补偿制度。非农业建设经批准占用耕地的，按照'占多少，垦多少'的原则，由占用耕地的单位负责开垦与所占用耕地的数量和质量相当的耕地；没有条件开垦或者开垦的耕地不符合要求的，应当按照省（自治区、直辖市）的规定缴纳耕地开垦费，专款用于开垦新的耕地。"

山阳水库加固工程征（占）地范围内征用耕地按照国家和山东省的规定缴纳耕地开垦费，专款用于开垦新的耕地。

4.3 水土保持治理设计

4.3.1 角峪水库

4.3.1.1 水土流失现状分析

角峪水库位于山东省泰安市岱岳区角峪镇纸房村东南，是一座以防洪为主，兼顾农业灌溉、水产养殖等综合利用的中型水库。该水库坐落在牟汶河一级支流汇河上，水库及周边地区为丘陵地貌，区内海拔高度在151.00～172.00m之间，地势平缓，沟谷开阔。汇河呈南东—北西流向，河谷呈不对称"U"字形，坝址区河床宽80～100m。区内植被较差，多为耕种土地，土壤侵蚀类型区属北方土石山区，土壤侵蚀类型主要为水蚀，土壤侵蚀模数平均为1520t/(km²·a)，属轻度侵蚀。项目区土壤容许流失量为200t/(km²·a)。

根据《山东省人民政府关于发布水土流失重点防治区的通告》（1999年3月3日），项目区处于水土流失重点治理区，因此，在项目建设过程中必须处理好资源开发和生态环境保护的关系，搞好水土保持工作，有效防治水土流失。

4.3.1.2 防治责任范围

1. 项目建设区

项目建设区主要包括工程永久占地区、施工期间的临时占地区。根据该工程移民拆迁及安置专章设计，该工程不涉及移民拆迁和安置，移民生产用地划拨由于未改变其土地性质，不考虑防治措施。通过对本项工程的施工组织分析，工程建设征用土地总面积以及永久占地和工程临时占地详见表 4.3-1。

2. 直接影响区

直接影响区主要指工程施工及运行期间对未征、租用土地造成影响的区域。从各单项工程施工及运行情况进行分析。

(1) 主体工程永久占地区。由于主体工程施工产生的水土流失对工程占地四周会产生影响，影响区范围按照工程占地的 10% 计算。

(2) 施工生产生活区。根据对类比工程的调查观测和分析，施工生产生活区产生的水土流失一般影响到场地外边界约 2.50m，因此，按区域周边延外 2.50m 作为直接影响区。

(3) 根据对类比工程和该项目的现场考察可知，弃渣场施工对周围的影响在征地范围外 5m 以内，据此确定该项目弃渣场直接影响区。

(4) 施工道路。施工道路两侧各 5m 可作为水土流失直接影响区。

水土流失防治责任范围包括项目建设区和直接影响区，总面积为 24.43hm²，其中，项目建设区面积为 21.94hm²，直接影响区面积为 2.49hm²。防治责任范围详见表 4.3-1。

表 4.3-1　　　　　　　　　　角峪水库水土流失防治责任范围统计表　　　　　　　单位：hm²

占地类型		项目建设区面积	直接影响区面积	防治责任范围
永久占地	主体工程占地	16.11	1.61	17.72
	小计	16.11	1.61	17.72
临时占地	弃渣场	3.35	0.50	3.85
	施工生产生活区	0.44	0.07	0.51
	施工道路	0.50	0.08	0.58
	土料场	1.55	0.23	1.78
	小计	5.84	0.88	6.71
合计		21.94	2.49	24.43

4.3.1.3　项目区水土流失预测

由于项目建设将会损坏原有的地形地貌和植被，而且施工活动扰动了原有的土体结构，致使土体抗侵蚀能力降低，造成项目建设使区域内的土壤加速侵蚀，产生较大的水土流失。工程建设造成的新增水土流失量是指因开发建设导致的新的水土流失量，即项目建设区内在没有任何防护措施的情况下，建设和生产过程中产生的水土流失总量与原地面水土流失总量（背景值）的差值。工程建设造成的新增水土流失主要包括破坏原地貌造成的流失量、弃渣流失量、工程施工活动产生的水土流失量。

1. 水土流失预测时段划分

预测时段分为项目建设期和自然恢复期，根据主体工程设计项目建设期 20 个月，由于项目建设跨两个汛期，故水土流失预测项目建设期按 2 年，自然恢复期根据不同工程部位按 1～2 年计算，具体见表 4.3-2。

表 4.3-2   **水土流失预测项目、预测时段划分及土壤侵蚀模数表**

水土流失防治区		施工期 /a	侵蚀模数背景值 /[t/(km²·a)]	施工期土壤侵蚀模数 /[t/(km²·a)]	自然恢复期 /a	自然恢复期土壤侵蚀模数 /[t/(km²·a)]
主体工程防治区		2	1000	3000	1	2000
取土场区	坡面	2	1500	4500	1	3000
	底面	2	1000	3000	1	2000
弃渣场区	坡面	2	1500	5500	2	3500
	顶面	2	1000	3500	2	2500
施工道路		2	1300	3000	1	2000
施工生产生活区		2	1000	3000	1	2000

2. 预测内容

根据工程建设特点，水土流失预测内容主要包括以下几个方面：①工程施工过程中扰动地表面积的预测；②破坏植被的面积和破坏水土保持设施量的预测；③可能产生的弃渣量预测；④新增的水土流失面积、流失量预测；⑤可能造成的水土流失危害及综合分析。

（1）扰动原地貌和破坏的植被面积。扰动地表面积和破坏的植被主要发生在工程建设期，主要是项目征占地范围内的土地。扰动地表总面积为 21.94hm²，破坏植被面积 2.13hm²。具体土地面积及类别详见表 4.3-3。

表 4.3-3   **项目占地类型汇总**   单位：hm²

占地类型		占地面积				合计
		耕地	林地	水塘	未利用地	
永久占地	主体工程占地	12.01	2.13	0.75	1.23	16.11
	小计	12.01	2.13	0.75	1.23	16.11
临时占地	弃渣场	3.35				3.35
	施工生产生活区	0.44				0.44
	临时道路	0.50				0.50
	取土场	1.55				1.55
	小计	5.84				5.84
合计		17.84	2.13	0.75	1.23	21.94

（2）弃渣量。根据项目设计报告、施工组织设计提供的资料，并进行挖填平衡分析，工程施工弃渣总量为 14.16 万 m³，其中，4.12 万 m³ 回填取土场，弃往弃渣场的 10.04 万 m³。

（3）损坏水土保持设施数量。通过实地查勘和对项目征地情况分析，同时根据《山东省水土保持补偿费、水土流失防治费收取标准和使用管理暂行办法》规定，对该工程占地中损坏水土设施征收水土保持补偿费。损坏水土保持设施量为 2.13hm²。

（4）工程建设可能造成的水土流失总量预测。工程建设造成的水土流失量采用侵蚀模数法进行预测，计算公式为

$$W_{1, 2} = \sum_{i=1}^{n} (F_{1i, 2i} \times M_{1i, 2i} \times T_{1i, 2i}) \tag{4.3-1}$$

式中：$W_{1, 2}$ 分别为工程施工期、自然恢复期扰动地表所造成的总水土流失量，t；$F_{1i, 2i}$ 为各个预测时段各区域的面积，km^2；$M_{1i, 2i}$ 为各预测时段各区域扰动后的土壤侵蚀模数，$t/(km^2 \cdot a)$；$T_{1i, 2i}$ 分别为各预测时段各区域的预测年限，a；n 为水土流失预测的区域个数，包括主体工程占地区、施工生产生活区、施工道路、取土场、临时弃渣区和永久弃渣场等。

主要计算参数的确定采用类比方法，2006 年黄河下游防洪工程为该项目的类比地区。

项目区建设水土流失预测量、新增水土流失预测量见表 4.3-4。通过计算，预测新增水土流失量 1473.26t。其中，主体工程区新增水土流失量占新增总量的 65.60%，弃渣场为 23.52%，取土场为 7.25%。因此主体工程区、取土场区和弃渣场区为本次设计的防治重点。

表 4.3-4　　　　　　　各水土流失防治区水土流失预测汇总表

水土流失防治区		水土流失预测		新增水土流失预测	
		水土流失预测总量/t	所占比例/%	新增水土流失预测量/t	所占比例/%
主体工程防治区		1288.69	65.47	966.52	65.60
取土场区	坡面	55.73	2.83	41.80	2.84
	底面	86.69	4.40	65.02	4.41
弃渣场区	坡面	180.80	9.19	135.60	9.20
	顶面	281.25	14.29	210.94	14.32
施工道路		40.00	2.03	27.00	1.83
施工生产生活区		35.19	1.79	26.39	1.79
合计		1968.35	100.00	1473.26	100.00

（5）水土流失危害预测。主体工程区、取土场等在施工期间，由于土方开挖，大面积的土地被扰动，破坏了原地表的地貌和植被，打破了原有土体的稳定平衡和土壤结构，如果不采取及时有效的水保措施，一遇到暴雨，就会使扰动地面有面蚀发展到沟蚀，随着沟蚀的延伸，将蚕食农田，淤积河道，影响行洪，威胁城镇居民的生产、生活安全，同时，大量的土壤流失也会影响到主体工程本身的安全。

根据表 4.3-4，若不采取水土生态治理措施，项目建设新增水土流失总量为 1473.26t，工程建设产生的水土流失将会对工程安全、土地等产生严重的危害。

4.3.1.4　水土流失生态治理

1. 方案编制原则和目标

方案编制贯彻"预防为主，全面规划，综合防治，因地制宜，加强管理，注重效益"的水土保持工作方针，体现"谁造成水土流失，谁负责治理"的原则。同时依据国家水土

保持有关法规和技术规范，充分考虑该项目的特点，结合区域水土流失状况和当地自然条件，进行水土保持措施的布设。

该项目水土流失生态治理方案编制的目标主要如下。

(1) 依据国家的法律法规和技术规范进行方案编制，使防治方案符合国家对水土保持、环境保护的总体要求。

(2) 水土保持方案是项目建设设计的组成部分，方案编制要为项目建设服务。

(3) 本方案根据项目建设特点，结合该项目实际情况，提出科学合理的水土保持防治体系。

(4) 使水土保持工程与主体工程同时设计、同时施工、同时投产使用。

(5) 方案的目标应实现技术规范中提出的水土流失防治要求。

根据水土保持技术规范的规定，提出具体防治目标：①防止堆弃渣场、开挖面崩塌、滑坡等现象发生，消除工程隐患，保障安全；②有效控制水土流失，使项目区新增水土流失减少 70% 以上；③科学合理地布设工程措施和植物措施，通过对临时占地区绿化等措施，使可绿化面积全部进行绿化；④该工程水土保持 6 项防治目标量化指标如下：扰动土地的治理率达 95%，总治理程度达 90% 以上，弃渣的拦渣率达到 98% 以上，水土流失控制比达到 1.0 以上。扰动地面的土壤侵蚀模数在施工结束后 2 年内恢复到扰动前的背景值。项目区植被恢复系数达到 98%，林草覆盖率达到 25% 以上。

2. 水土流失防治分区及水土生态治理总体布局

(1) 防治分区确定。根据该工程区的自然状况、工程建设时序、工程造成的水土流失特点及项目主体工程布局等，结合分区治理的规划原则，本方案将该工程水土流失防治区分为：主体工程防治区、施工生产生活区、施工道路防治区、弃渣场区和取土场区。

(2) 总体布局。

1) 主体工程防治区。由于主体工程设计满足水土保持要求，本设计只补充施工中的临时防护措施。对土方开挖、临时堆存等施工修筑临时排水沟、临时挡土埂以及临时覆盖措施。

2) 施工生产生活区。对混凝土拌和站、综合加工厂、机械停放场、工地仓库和办公生活区结合施工用地情况，空闲地进行绿化，占地周围修建临时排水沟，施工结束后对污染物质进行清理，然后对其进行土地整治，有条件的要进行复耕。

3) 施工道路防治。施工道路分两种情况：①永久占地的施工道路，在道路两侧修建浆砌石排水沟，路边 0.5m 范围内植树绿化；②临时占地，施工结束后该道路需还原为原占地类型，对这类施工道路在道路两侧修建临时土排水沟，施工结束后进行土地整治。

4) 弃渣场区。弃渣场区是本方案设计的重点区域。在方案设计中，对地形进一步勘察，对主体工程弃渣量复核，并对主体工程设计弃渣提出优化建议。通过复核、调整、优化设计，并根据渣场特点有针对性地采取防护措施。

弃渣场一般选择在荒沟沟头或荒沟沟道岸坡，按照"先拦后弃，上截下排"的弃渣设计原则，弃渣前先在荒沟沟口或荒坡坡底设挡渣墙，在弃渣场上游布置截水措施，对弃渣场本身布置排水设施，使弃渣场能够在施工结束后安全稳定运行，组织有序排水，防止坡面漫流产生水土流失。

5) 取土场区。取土场区为本方案设计的重点区域。取土场在取土过程中破坏了原有地貌及地表植被，改变了原有的自然坡度，形成了裸露坡面，容易产生水土流失，因此在取土场取土过程中，无论采用何种取土方式，都要在取土场四周设挡水土埂，防止周边雨水冲刷取土场表面。取土结束后，要根据取土场不同地形，对取土场布设防护工程，配套防洪排水工程、土地整治工程和覆土造地工程。场内的临时施工便道和临时堆积的耕作层表土要实施施工期临时防护措施。

角峪水库水土生态治理体系见表 4.3-5。

表 4.3-5　　　　　　　　　　**角峪水库水土生态治理体系表**

防治分区	分部水土保持措施
主体工程防治区	临时排水、临时拦挡
取土场	拦挡措施、植物护坡、排水措施、渣顶绿化
弃渣场	拦挡措施、植物护坡、排水措施、渣顶绿化
施工生产生活区	临时土排水沟、土地整治、土壤肥力恢复
施工道路	排水措施、土地整治、土壤肥力恢复、种一季苜蓿复耕

(3) 水土生态景观设计。通过研究分析，主体工程设计中具有水土保持功能的措施基本满足相应的水土保持要求，为避免重复设计和重复投资，不再布置新的水土保持措施。因此，在分区防治时，应综合考虑，视具体情况有针对性的采取相应的水土保持防治措施。因而，确定本次水土保持方案重点防治区为弃渣场区、施工生产生活区、施工道路防治区、主体工程占地区、取土场区。

1) 弃渣场区防护措施。该工程共设计 1 个弃渣场，弃渣场位于坝后 200m，弃渣场的北侧 70m 为溢洪道的尾水渠，南侧 10m 左右为水库东放水渠，东侧与取土场相连。占地面积为 33482m²。该渣场为典型的缓坡地弃渣，上游边坡平均高程 159.00m，下游平均高程 153.00m，高差为 6m，渣场平均堆渣高度为 3m，弃渣场下游边坡设计为1:3。

弃渣场防护措施分工程措施和植物措施。

工程措施包括：①渣场截排水措施。沿弃渣场征地界限，拦渣堤外侧设置周边排水沟，排水沟与已有天然沟道相连。排水沟为梯形土排水沟，底宽 80cm，高 80cm，内坡坡比为 1:1，经计算修建 600m。②土地整治。弃渣占地为工程临时占地，工程结束后需复耕，施工结束后平整渣场，平整后地面坡度小于 5°，同时将堆放的表土覆盖渣顶，覆土厚度为 30cm。

植物措施包括：①护坡措施。弃渣场下游边坡设计为 1:1.2，为了防护坡面水土流失，在坡面上种植 3 排灌木紫穗槐，种植密度为 2m×2m。林下种植狗牙根草，种植密度为 120kg/hm²。②渣面种草。为改善土壤肥力，在渣顶种植一季紫花苜蓿绿肥。种植方式为撒播，种植密度 120kg/hm²。③临时措施。弃渣场弃渣前，将表土剥离集中堆放留做复耕覆土，对临时堆土采用临时拦挡和临时排水措施，其中，临时拦挡修筑梯形挡土土埂，尺寸为顶宽 30cm、底宽 60cm、高 40cm；临时排水修建临时梯形土排水沟，尺寸为上口宽 30cm、底宽 60cm、深 40cm。

弃渣场工程量见表 4.3-6。

表 4.3-6　　　　　　　弃渣场防治区新增水土保持措施工程量汇总表

防治区	工程措施			植物措施			临时防护措施
	排水沟	渣场顶面整治和覆土		护坡措施		绿肥种草	
	排水沟基础开挖土方/m³	渣面整治/hm²	覆土/m³	种草(狗牙根)/m²	绿化灌木(紫穗槐)/株	种植紫花苜蓿/hm²	挡水土埂/m³
弃渣场区	1418	2.99	8974	3991.38	998	2.99	43

2）施工生产生活区。在项目建设期，主要采取土地整治和工程护坡措施。生产生活场地在进场利用前，首先进行土地平整压实、地面硬化处理。施工单位离场前，首先对污染物质进行清除或掩埋处理，把生活垃圾和固体废弃物运送到垃圾处理厂或进行深埋，清除临时建筑，废旧机械及生产生活设施全部撤离施工场地。这些措施在主体工程设计中均已考虑，在本方案中不再重新设计。

本方案设计主要为临时排水措施，在占地四周修建临时梯形土排水沟，尺寸为上口宽40cm、底宽40cm、深40cm，边坡 1∶1。

施工结束后，采取土地整治复耕，并种植一季绿肥紫花苜蓿。施工生产生活区生态治理景观工程量见表 4.3-7。

表 4.3-7　　　　　　施工生产生活区新增生态治理景观工程量汇总表

防治区	工程措施			植物措施	临时防护措施	
	排水沟挖土方/m³	土地整治/hm²	覆土/m³	种植紫花苜蓿/hm²	挡水土埂/m³	排水沟开挖土方/m³
施工生产生活区	95.51	0.44	1319.70	0.44	50	50

3）施工道路防治区。施工便道两侧采取排水措施，施工结束后进行土地平整，并种植一季绿肥紫花苜蓿进行土地熟化。

道路两侧设置梯形土排水沟，上口宽40cm、底宽40cm、深40cm，边坡 1∶1。

施工道路防治区工程量见表 4.3-8。

表 4.3-8　　　　　　施工道路防治区新增水土保持措施工程量汇总表

防治区	工程措施			植物措施	临时防护措施	
	排水沟挖土方/m³	土地整治/hm²	覆土/m³	取土场底部绿肥种草/hm²	挡水土埂/m³	排水沟开挖土方/m³
施工道路防治区	960.00	0.50	1500.00	0.50	30	30

4）主体工程占地区。主体工程占地区产生的水土流失主要发生在施工过程中。在建设过程中必须采取临时措施进行防治，临时防护措施包括临时拦挡和临时排水措施等。其中，临时拦挡修筑梯形挡土土埂，尺寸为顶宽30cm、底宽60cm、高40cm；临时排水修建临时梯形土排水沟，尺寸为上口宽30cm、底宽60cm、深40cm。经计算共开挖土方

142m³，填筑土方 142m³。

5）取土场区。该工程共设计 1 个弃渣场，弃渣场位于坝后 200m，西面与弃渣场相连，占地面积为 15480m²。平均取土厚度 1m，同时回填弃渣 41174m³，平均回填高度 3m。

取土场工程措施包括：①弃渣拦挡措施。在取土场的北、东、南侧修建拦渣堤，与弃渣场拦渣堤相连，其尺寸与弃渣场拦渣堤设计一致。②排水措施。在取土场的北、东、南建拦渣堤外侧修建排水沟，排水沟与弃渣场的排水沟相连，其尺寸与弃渣场拦渣堤设计一致。③土地整治。施工结束后进行取土场按 1∶2 坡度削坡，对底面整平，覆表土。

取土场植物措施：为了防护坡面水土流失，在坡面上种植 3 排灌木紫穗槐，种植密度为 2m×2m。林下种植狗牙根草，种植密度为 120kg/hm²。

取土场底面取土完毕后表土覆盖，为改善土壤肥力，在渣顶种植一季紫花苜蓿绿肥。种植方式为撒播，种植密度 120kg/hm²。

取土场临时措施：对取土场的因清表而临时堆放耕植层土，对临时堆土采用临时拦挡和临时排水措施，其中，临时拦挡修筑梯形挡土土埂，尺寸为顶宽 30cm、底宽 60cm、高40cm；临时排水修建临时梯形土排水沟，尺寸为上口宽 30cm、底宽 60cm、深 40cm。

取土场防治区工程量见表 4.3-9。

表 4.3-9　　　　　　　　取土场防治区新增水土保持措施工程量汇总表

防治区	工程措施			植物措施			临时防护措施	
	排水沟	底面整治和覆土		护坡措施		取土场底部绿肥种草		
	排水沟挖土方/m³	土地整治/hm²	覆土/m³	种植灌木紫穗槐/株	坡面种草/hm²	种植紫花苜蓿/hm²	挡水土埂/m³	排水沟开挖土方/m³
取土场区	744.35	1.36	4086	520	0.21	1.36	33	33

（4）方案实施进度安排及主要工程量。

1）方案实施进度安排。根据水土保持"三同时"制度，规划的各项防治措施应与主体工程同时进行，在不影响主体工程建设的基础上，尽可能早施工、早治理，减少项目建设期的水土流失量，以最大限度地防治水土流失。

根据水土保持方案设计，该工程水土保持措施主要有两部分内容：①主体工程原设计具有水土保持功能的各项措施；②水土保持新增措施。其中，主体工程原设计包含的具有水土保持功能的各项措施，按主体工程提出的工程时序安排施工。新增水土保持设施应根据主体工程施工对区域影响情况及工程完工情况，在不影响主体工程施工的前提下，水土保持措施的实施进度安排必须与主体工程交叉进行，达到早施工、早发挥效益的目的。

新增水土保持措施中，各区域的防护措施按照工程的施工进度及时进行。各区域的绿化措施，安排在各单项工程完成后的第一个季度。施工生产生活区和其他临时占地区的复耕措施安排在工程结束后的第一个春季。各种临时防护措施与主体工程同时进行。

水土保持措施实施进度安排见表4.3-10。

表 4.3-10　　　　　　　　　水土保持措施实施进度安排表

措施名称	措施实施时间和顺序
1. 临时措施	工程施工期
2. 道路排水	施工道路施工期
3. 渣场平整	弃渣堆放完成后
4. 渣场护坡	渣场堆弃完成后
5. 渣场顶面覆土绿化	渣场堆弃完成后
6. 场地清理、土地整治	工程完工撤离时

2）方案新增水土保持工程量。水土保持方案新增措施工程量主要包括挡护坡草皮、渣场平整、复耕和临时防护工程等工程量，具体数量见表4.3-11。

表 4.3-11　　　　　　　　水土保持方案工程措施工程量明细表

项目	开挖土方	填筑土方	种植灌木	绿化种草	改善土壤种绿肥	覆土	土地整治
单位	m^3	m^3	株	hm^2	hm^2	m^3	hm^2
工程量	4420.74	298	520	0.61	5.29	15879.30	5.29

4.3.1.5　水土流失监测

工程建设期要在工程建设管理局配备水土保持专职人员，负责组织水土保持方案的设计、方案实施及施工期间的水土流失监测。工程运行期在枢纽管理局配备水土保持专职人员，主要负责对水土保持工程的管理及对工程运行期的水土流失监测。

1. 监测内容

水土保持方案施工前主要监测水土流失灾害和水土流失量，方案实施后主要监测水土保持效益。

2. 监测项目

结合水土保持工程情况，本方案中安排的监测项目主要如下。

（1）水土流失灾害和水土流失量的监测。主要是可能产生的水土流失危害和可能产生的洪涝灾害以及主要部位产生的水土流失量的监测。

（2）水土保持措施实施后的效果监测。对方案实施后的各类防治措施效果、控制水土流失面积、改善生态环境的作用等进行调查分析。重点是弃渣场、取料场和场外道路措施的防护效果的监测。

3. 监测方法

在工程建设期可结合工程施工管理体系进行动态检测；在项目运营期，采用定点监测，设立监测断面和监测小区，监测沟道径流及泥沙变化情况，从中判断弃渣场防护措施的作用和效果。

4. 重点监测地段和重点监测项目

该工程水土流失重点监测地段为弃渣场、取料场及场外施工道路两侧。水土流失重点监测项目如下。

（1）工程建设期。建设管理单位应配备专职人员负责建设期水土流失监测工作，主要工作有以下 3 个方面。

1）弃渣场边坡的稳定及弃渣流失情况。

2）工程开挖地段：主要监测原坝体拆除开挖时局部滚石和小规模崩塌或滑坡以及施工对周围生态环境破坏等。

3）工程填筑地段：主要监测坝基填筑、黏土坝胎施工过程中的土石渣的流失。

（2）工程运行期。在工程运行期，主要观测水土保持措施的防护效果。观测施工区内的植物生长情况和生态环境的变化，监测弃渣场和施工道路采取水土保持措施的水土流失量等。

5. 监测时段、监测频次

（1）监测时段。水土保持监测时段分水土保持方案施工期和自然恢复期 2 个阶段，水土保持监测主要在施工期。

（2）监测频次。在水土保持方案施工期内的每月监测 1 次，方案实施后第进行 2 次监测。

4.3.1.6　水土保持投资概算

1. 基础资料

（1）人工单价。按水土保持工程工资标准，六类地区 190 元/月，补贴标准按水土保持工程及山东省补贴标准计算。人工预算单价：工程措施为 24.01 元/工日，3 元/工时；植物措施为 20.19 元/工日，2.52 元/工时。

（2）电、水及砂石料等基础单价。根据主体工程施工组织设计提供的资料和数据进行计算，工程中不涉及风，水的预算价格为 1.00 元/m^3，电价按电网价格乘以 1.06 计。

主要材料价格参照主体工程的材料价格，其他材料，如苗木为 0.60 元/(kW·h)。

（3）主要材料价格和其他材料价格。草种等的价格根据市场调查确定。

2. 费用构成

根据《开发建设项目水土保持工程概（估）算编制规定》和《关于开发建设项目水土保持咨询服务费用计列的指导意见》，水土保持方案投资概算费用构成为：①工程费（工程措施、植物措施、临时工程）；②独立费用（建设管理费、工程建设监理费、水土保持措施设计费、水土保持监测费、工程质量监督费）；③预备费（基本预备费、价差预备费）；④建设期融资利息。水土保持方案不计建设期融资利息，因此，水土保持方案投资由工程费、独立费用和预备费以及水土保持补偿费组成。

（1）工程措施及植物措施工程费。水土保持工程措施和植物措施工程单价由直接工程费（包括直接费、其他直接费和现场经费）、间接费、企业利润和税金组成。工程单价各项的计算方法或取费标准如下。

1）直接费：按定额计算。

2）其他直接费：建筑工程按直接费的 2.5% 计算。

3）现场经费费率，见表 4.3-12。

表 4.3-12   现 场 经 费 费 率 表

序号	工程类别	计算基础	现场经费费率/%
1	土石方工程	直接费	4
2	混凝土工程	直接费	6
3	植物及其他工程	直接费	4

4) 间接费费率,见表 4.3-13。

表 4.3-13   间 接 费 费 率 表

序号	工程类别	计算基础	间接费费率/%
1	土石方工程	直接工程费	4
2	混凝土工程	直接工程费	4
3	植物及其他工程	直接工程费	4

5) 企业利润。工程措施企业利润按直接工程费与间接费之和的 7% 计算,植物措施企业利润按直接工程费与间接费之和的 5% 计算。

6) 税金。该项目属于市区和城镇以外的工程,税金按直接工程费、间接费、计划利润之和的 3.22% 计算。

(2) 临时工程费。临时工程费按工程措施费和植物措施费的 2% 计列。

(3) 独立费用。独立费用包括建设单位管理费、工程建设监理费、水土保持方案设计费、水土保持监测费、工程质量监督费。

1) 建设单位管理费。按工程措施投资、植物措施投资和临时工程投资 3 部分之和的 2.0% 计算。运行期的建设单位管理费从生产费用中列支。

2) 工程建设监理费。根据国家发展改革委、建设部《关于印发〈建设工程监理与相关服务收费管理规定〉的通知》(发改价格〔2007〕670 号),工程监理费 8 万元。

3) 水土保持方案设计费。根据《关于开发建设项目水土保持咨询服务费用计列的指导意见》中关于水土保持方案编制费的规定,可行性研究阶段方案编制费按《关于开发建设项目水土保持咨询服务费用计列的指导意见》中的表 1 取值,初步设计和施工图阶段的水土保持勘测设计费按《工程勘察设计收费管理规定的通知》(计价格〔2002〕10 号)的规定计取。由于该工程现处于初步设计阶段,因此,水土保持设计费取为 15 万元。

4) 水土保持监测费。根据《指导意见》,水土保持施工期监测费为 10 万元。

5) 工程质量监督。依据"国家计委收费管理司、财政部综合与改革司关于水利建设工程质量监督收费标准及有关问题的复函",按工程措施投资、植物措施投资和临时工程投资 3 部分之和的 1.0‰ 计算。

(4) 预备费。

1) 基本预备费:按一至四部分合计的 3% 计。

2) 价差预备费:暂不计列。

(5) 水土保持补偿费。根据山东省水土保持三区划分通告,项目区属重点治理区,按照《山东省水土保持补偿费、水土流失防治费征收管理办法》的规定,重点治理区损坏水土保持梯田设施和林地按 1.0 元/m² 征收，工程建设期间损坏水土保持设施和林草的面积为 2.13hm²，经计算，应征收的水土保持补偿费为 2.13 万元。

3. 概算结果

根据上述费用构成计算方法和取费标准，计算各单项工程的单价，用计算的单价乘以各项措施的工程量即得出各项工程的投资，各项工程投资加上临时工程费、独立费用、基本预备费和水土保持补偿费等其他费用，构成本方案总投资。

（1）方案总投资概算。本次设计水土保持方案总投资为 53.42 万元，其中，工程措施投资 12.38 万元，植物措施投资 3.53 万元，临时工程费 0.54 万元，独立费用 33.35 万元，基本预备费用 1.49 万元，水土保持设施补偿费 2.13 万元。水土保持方案各项投资或费用详见表 4.3－14～表 4.3－17。

表 4.3－14　　　　　　　　　水土保持方案新增投资概算表　　　　　　　　单位：万元

序号	工程或费用名称	建筑安装工程费	植物措施		独立费用	水土保持方案投资
			栽植费	种苗费		
第一部分	工程措施	12.38				12.38
一	弃渣场区	6.30				6.30
二	取土场区	2.92				2.92
三	施工道路防治区	2.29				2.29
四	生产生活区	0.87				0.87
第二部分	植物措施		0.30	3.23		3.53
一	弃渣场区		0.18	1.86		2.05
二	取土场区		0.09	0.86		0.95
三	施工道路防治区		0.01	0.27		0.28
四	生产生活区		0.01	0.24		0.25
第三部分	临时工程					0.54
一	临时防护工程	0.54				0.54
二	其他临时工程	0.00				0.00
	第一部分至第三部分之和					16.45
第四部分	独立费用					33.35
一	建设管理费				0.33	0.33
二	工程建设监理费				8.00	8.00
三	科研勘测设计费				15.00	15.00
四	水土保持监测费				10.00	10.00
五	工程质量监督费				0.02	0.02
	第一部分至第四部分合计					49.80
	基本预备费					1.49
	静态总投资					51.29
	水土保持设施补偿费					2.13
	水土保持工程总投资					53.42

表 4.3－15 水土保持工程措施投资分项概算表

序号	工程或费用名称	单位	数量	单价/元	投资/万元
第一部分	工程措施				12.38
一	弃渣场区				6.30
1	排水沟				0.72
(1)	排水沟基础开挖土方	m^3	1417.80	5.04	0.72
(2)	排水沟浆砌石	m^3	649.80		
2	渣场顶面整治和覆土				5.59
(1)	渣面整治	hm^2	2.99	1258.25	0.38
(2)	覆土	m^3	8973.60	5.81	5.21
二	取土场区				2.92
1	排水沟				0.38
(1)	排水沟基础开挖土方	m^3	744.345	5.04	0.38
2	渣场顶面整治和覆土				2.54
(1)	渣面整治	hm^2	1.36	1258.25	0.17
(2)	覆土	m^3	4086.00	5.81	2.37
三	施工道路防治区				2.28
1	排水沟挖土方	m^3	960.00	5.04	0.48
2	土地整治	hm^2	0.50	1258.25	0.06
3	覆土	m^3	1500.00	5.81	1.74
四	生产生活区				0.88
1	排水沟挖土方	m^3	95.51	5.04	0.05
2	土地整治	hm^2	0.44	1258.25	0.06
3	覆土	m^3	1319.70	5.81	0.77

表 4.3－16 水土保持植物措施投资分项概算表

序号	工程或费用名称	单位	数量	单价/元	投资/万元
第二部分	植物措施				3.53
一	弃渣场区				2.05
1	护坡措施				0.36
(1)	种草（狗牙根）	hm^2	0.40	234.95	0.009
(2)	狗牙根	kg	47.90	45	0.216
(3)	栽植紫穗槐	株	998	0.48	0.048
(4)	小鱼鳞坑整地	个	998	0.57	0.057
(5)	紫穗槐	株	998	0.30	0.03
2	植树				1.69
(1)	种植紫花苜蓿	hm^2	2.99	234.95	0.07
(2)	紫花苜蓿	kg	358.94	45	1.615
二	取土场区				0.95
1	护坡措施				0.19

续表

序号	工程或费用名称	单位	数量	单价/元	投资/万元
（1）	栽植紫穗槐	株	520	0.48	0.03
（2）	小鱼鳞坑整地	个	520	0.57	0.03
（3）	紫穗槐	株	520	0.30	0.02
（4）	种草（狗牙根）	hm²	0.21	234.95	0.00
（5）	狗牙根	kg	24.95	45	0.11
2	植树				0.77
（1）	种植紫花苜蓿	hm²	1.36	234.95	0.03
（2）	紫花苜蓿	株	163.44	45	0.74
三	施工道路防治区				0.28
1	取土场底部绿肥种草				0.28
（1）	种植紫花苜蓿	hm²	0.50	234.95	0.01
（2）	紫花苜蓿	kg	60.00	45.00	0.27
四	生产生活区				0.25
1	种植紫花苜蓿	hm²	0.44	234.95	0.01
2	种植紫花苜蓿	kg	52.79	45.00	0.24

表 4.3 - 17　　　　　　　　　水土保持临时措施投资分项概算表

序号	工程或费用名称	单位	数量	单价/元	方案新增投资/万元
第三部分	临时工程				0.54
一	临时工程				0.54
1	弃渣场区				0.059
（1）	挡水土埂填筑土方	m³	43.14	13.77	0.059
2	取土场区				0.062
（1）	挡水土埂填筑土方	m³	32.75	13.77	0.045
（2）	土排水沟开挖土方	m³	32.75	5.04	0.017
3	施工道路防治区				0.056
（1）	挡水土埂填筑土方	m³	30.00	13.77	0.041
（2）	土排水沟开挖土方	m³	30.00	5.04	0.015
4	生产生活区				0.094
（1）	挡水土埂填筑土方	m³	50.00	13.77	0.069
（2）	土排水沟开挖土方	m³	50.00	5.04	0.025
5	主体工程防治区				0.268
（1）	挡水土埂填筑土方	m³	142.21	13.77	0.196
（2）	土排水沟开挖土方	m³	142.21	5.04	0.072
二	其他临时工程费				0.003
1	工程措施	%	2	12.38	0.002
2	植物措施	%	2	3.53	0.001

（2）年度投资概算。水土保持工程建设期共 2 年，第一年水土保持独立费和部分工程措施费 36.28 万元，第二年 17.15 万元。

4.3.1.7 方案实施保证体系

1. 组织领导及管理措施

为保证水土保持方案报告书提出的各项水土保持措施的实施和落实，应做好以下组织领导工作。

（1）建立健全项目水土保持工作的领导体系，确保各项水土保持措施的落实。

（2）加强《中华人民共和国水土保持法》的学习、宣传和贯彻工作，提高水土保持意识。

（3）明确职责，做好方案实施监督工作。

2. 技术保障措施

（1）做好该项目水土保持工程设计。

（2）做好水土保持工程的施工。

（3）实施水土保持工程监理。

3. 资金来源及管理使用办法

该工程建设区及间接影响区的各项水土保持措施所需资金均来源于工程建设投资，与主体工程建设资金同时调拨，并做到专款专用。工程的水土保持工程应尽快设计、施工，充分发挥方案的效益。

4.3.1.8 结论与建议

1. 结论

（1）根据《开发建设项目水土保持方案技术规范》规定的编制深度要求，方案编制深度应与项目主体设计所处的阶段要求相适应，为初步设计阶段。水土保持方案设计水平年为年。

（2）项目属建设生产类项目，水土流失主要类型为水力侵蚀，水土流失的预测时段包括施工建设期 2 年和植被恢复期 2 年。该工程建设扰动原地貌、占压和损坏土地和植被面积 21.94hm²，损坏水土保持设施面积 2.13hm²，新增水土流失量 1473t。

（3）根据工程外业调查，该工程水土流失防治责任范围为项目建设区和直接影响区，总面积为 24.43hm²。

（4）本方案新增水土保持工程总量为：开挖土方 4420.74m³，填筑土方 298m³，浆砌石 2348.45m³，护底干砌石 452.5m³。种植灌木 1518 株，绿化种草 0.61hm²，改善土壤种绿肥 5.29hm²，覆土 15879.30m³，土地整治 5.29hm²。

（5）本次设计水土保持方案总投资为 53.42 万元，其中，工程措施投资 12.38 万元，植物措施投资 3.40 万元，临时工程费 0.54 万元，独立费用 33.35 万元，基本预备费用 1.49 万元，水土保持设施补偿费 2.13 万元。

（6）水土保持方案实施后，该工程水土保持 6 项防治目标：扰动土地的治理率达 95%，总治理程度达 90% 以上，弃渣的拦渣率达到 98% 以上，水土流失控制比限制在 1.0 以下，扰动地面的土壤侵蚀模数在施工结束后 2 年内恢复到扰动前的背景值，项目区植被恢复系数达到 98%、林草覆盖率达到 25% 以上均能满足。

综上所述，通过编报并实施本水土保持方案，可有效防治项目建设引起的新增水土流失，从水土保持角度来看，该项目是可行的。

2. 建议

（1）在主体工程初步设计阶段，主体工程设计单位应落实水土保持方案的初步设计，将水土保持方案新增投资列入总体投资，保证各项水土保持措施顺利实施。

（2）根据对主体工程可行性研究中具有水土保持功能措施的评价结果，建议主体设计单位在初步设计阶段，进一步优化主体工程施工方案，合理确定施工进度和施工时序，更好地体现水土保持要求。

（3）施工单位施工期应划定施工活动范围，严格控制和管理车辆机械的运行范围，不得随意行驶，任意碾压。在出入口竖立保护地表及植被的警示牌，提醒作业人员。不得随意占地，防止对地表的扰动范围扩大。教育施工人员保护植被，保护地表。注意施工及生活用火安全，防止因火灾烧毁地表植被。

（4）水土保持监理机构应加强监理工作，对工程进度、工程质量及工程投资全面控制，以保证水土保持方案按照"三同时"制度顺利实施。

（5）监测机构要严格按照项目监测方案开展水土保持监测，全面反映 6 项水土流失防治目标落实情况，发现问题及时采取措施，尽可能降低工程建设造成的水土流失危害。

4.3.2　山阳水库

4.3.2.1　水土流失现状分析

山阳水库位于黄河流域大汶河北支八里沟上游，徂徕山南侧，泰安市岱岳区良庄镇新庄村东 300m 处，坝址区地形起伏不大，高程一般 134.00～140.00m 之间，属低山丘陵地貌。局部范围地形起伏较大，高差可达 20m。区内植被较差，多为耕种土地，土壤侵蚀类型区属北方土石山区，土壤侵蚀类型主要为水蚀，土壤侵蚀模数平均为 $1520t/(km^2 \cdot a)$，属轻度侵蚀。项目区土壤容许流失量为 $200t/(km^2 \cdot a)$。

根据《山东省人民政府关于发布水土流失重点防治区的通告》（1999 年 3 月 3 日），项目区处于水土流失重点预防保护区，因此，在项目建设过程中必须处理好资源开发和生态环境保护的关系，搞好水土保持工作，有效防治水土流失。

4.3.2.2　防治责任范围

1. 项目建设区

项目建设区主要包括工程永久占地区、施工期间的临时占地区。根据该工程移民拆迁及安置专章设计，该工程不涉及移民拆迁和安置，移民生产用地划拨由于未改变其土地性质，不考虑防治措施。通过对本项工程的施工组织分析，工程建设征（占）用土地面积详见表 4.3-18。

2. 直接影响区

直接影响区主要指工程施工及运行期间对未征、租用土地造成影响的区域。从各单项工程施工及运行情况进行分析如下。

（1）主体工程永久占地区。由于主体工程工程施工产生的水土流失对工程占地四周会产生影响，影响区范围按照工程占地的 10% 计算。

（2）施工生产生活区。根据对类比工程的调查观测和分析，施工生产生活区产生的水土流失一般影响到场地外边界约 2.50m，因此，按区域周边延外 2.50m 作为直接影响区。

（3）弃渣场区。根据对类比工程和该项目的现场考察可知，弃渣场施工对周围的影响在征地范围外 5m 以内,据此确定该项目弃渣场为直接影响区。

(4) 施工道路。施工道路两侧各 5m 可作为水土流失直接影响区。

水土流失防治责任范围包括项目建设区和直接影响区,总面积为 25.38hm²,其中,项目建设区面积为 22.79hm²,直接影响区面积为 2.59hm²。防治责任范围详见表 4.3-18。

表 4.3-18　　　　　　山阳水库防治责任范围及其征(占)地面积表　　　　　单位:hm²

占地类型		项目建设区面积	直接影响区面积	防治责任范围
永久占地	主体工程占地	16.64	1.66	18.31
	小计	16.64	1.66	18.31
临时占地	弃渣场	0.57	0.09	0.65
	施工生产生活区	0.50	0.07	0.57
	施工道路	0.30	0.05	0.35
	土料场	4.79	0.72	5.50
	小计	6.15	0.92	7.07
合计		22.79	2.59	25.38

4.3.2.3　项目区水土流失预测

由于项目建设将会损坏原有的地形地貌和植被,而且施工活动扰动了原有的土体结构,致使土体抗侵蚀能力降低,造成项目建设使区域内的土壤加速侵蚀,产生较大严重的水土流失。工程建设造成的新增水土流失量是指因开发建设导致的新的水土流失量,即项目建设区内在没有任何防护措施的情况下,建设和生产过程中产生的水土流失总量与原地面水土流失总量(背景值)的差值。工程建设造成的新增水土流失主要包括破坏原地貌造成的流失量、弃渣流失量、工程施工活动产生的水土流失量。

1. 水土流失预测时段划分

预测时段分为项目建设期和自然恢复期,根据主体工程设计项目建设期 10 个月,由于项目建设跨 1 个汛期,故水土流失预测项目建设期按 1 年,自然恢复期根据不同工程部位按 1~2 年计算,具体见表 4.3-19。

表 4.3-19　　　　　水土流失预测项目、预测时段划分及土壤侵蚀模数表

水土流失防治区		施工期/a	侵蚀模数背景值/[t/(km²·a)]	施工期土壤侵蚀模数/[t/(km²·a)]	自然恢复期/a	自然恢复期土壤侵蚀模数/[t/(km²·a)]
主体工程防治区		1	1000	3000		2000
取土场区	坡面	1	1500	4500	1	3000
	底面	1	1000	3000	1	2000
弃渣场区	坡面	1	1500	5500	2	3500
	顶面	1	1000	3500	2	2500
施工道路		1	1300	3000	1	2000
施工生产生活区		1	1000	3000	1	2000

2. 预测内容

根据工程建设特点，水土流失预测内容主要包括以下几个方面：①工程施工过程中扰动原地貌、破坏植被的面积和破坏水土保持设施量；②可能产生的弃渣量；③新增的水土流失面积、流失量；④可能造成的水土流失危害及综合分析。

(1) 扰动原地貌和破坏的植被面积。扰动地表面积和破坏的植被主要发生在工程建设期，主要是项目征占地范围内的土地。扰动地表总面积为 22.79hm²，破坏植被面积 3.31hm²，具体土地面积及类别详见表 4.3-20。

表 4.3-20　　　　　　　　　工程建设占地面积汇总表　　　　　　　　单位：hm²

占地类型		占　地　面　积					合计
		耕地	果园	林地	水塘	未利用地	
永久占地	主体工程占地	12.00	0.27	3.01	0.07		15.35
	小计	12.00	0.27	3.01	0.07		15.35
临时占地	弃渣场					0.57	0.57
	施工生产生活区	0.50					0.50
	临时道路			0.30			0.30
	取土场					4.79	4.79
	小计	0.50		0.30		5.36	6.16
合计		12.50	0.27	3.31	0.07	5.36	21.51

(2) 弃渣量。根据项目设计报告、施工组织设计提供的资料，并进行挖填平衡分析，工程施工弃渣总量为 12.83 万 m³，其中，9.91 万 m³ 回填取土场，弃往弃渣场的 1.71 万 m³。

(3) 损坏水土保持设施数量。通过实地查勘和对项目征地情况分析，同时根据《山东省水土保持补偿费、水土流失防治费收取标准和使用管理暂行办法》规定，对该工程占地中损坏水土设施征收水土保持补偿费。损坏水土保持设施量为 3.31hm²。

(4) 施工区可能造成的水土流失总量预测。工程建设造成的水土流失量采用侵蚀模数法进行预测，工程造成的水土流失量预测采用式 (4.3-1) 计算。

主要计算参数的确定采用类比方法，2006 年黄河下游防洪工程为该项目的类比地区。

项目区建设新增的土壤侵蚀总量见表 4.3-21。通过计算，预测新增水土流失量 724.41t。其中新增水土流失量，主体工程区占新增总量的 69.25%，取土场区为 22.80%，弃渣场区为 4.92%。因此主体工程区、取土场区和弃渣场区为本次设计的防治重点。

表 4.3-21   各水土流失防治区水土流失预测汇总表

水土流失防治区		水土流失预测总量/t	所占比例/%	新增水土流失预测量/t	所占比例/%
主体工程防治区		836.04	69.31	501.62	69.25
取土场区	坡面	107.71	8.93	64.62	8.92
	底面	167.54	13.89	100.52	13.88
弃渣场区	坡面	21.35	1.77	13.67	1.89
	顶面	33.88	2.81	21.92	3.03
施工道路		15.00	1.24	7.20	0.99
施工生产生活区		24.75	2.05	14.85	2.04
总计		1206.26	100.00	724.41	100.00

（5）水土流失危害预测。主体工程区、取土场等在施工期间，由于土方开挖，大面积的土地被扰动，破坏了原地表的地貌和植被，打破了原有土体的稳定平衡和土壤结构，如果不采取及时有效的水保措施，一遇到暴雨，就会使扰动地面由面蚀发展到沟蚀，随着沟蚀的延伸，将蚕食农田，淤积河道，影响行洪，威胁城镇居民的生产、生活安全，同时，大量的土壤流失也会影响到主体工程本身的安全。

（6）预测结果和综合分析。若不采取水土保持措施，项目建设新增水土流失总量为724.41t，工程建设产生的水土流失将会对工程安全、土地等产生严重的危害。

4.3.2.4　水土流失防治方案

1. 方案编制原则和目标

方案编制贯彻"预防为主，全面规划，综合防治，因地制宜，加强管理，注重效益"的水土保持工作方针，体现"谁造成水土流失，谁负责治理"的原则。同时依据国家水土保持有关法规和技术规范，充分考虑该项目的特点，结合区域水土流失状况和当地自然条件，进行水土保持措施的布设。

该项目水土流失防治方案编制的目标主要如下。

（1）依据国家的法律法规和技术规范进行方案编制，使防治方案符合国家对水土保持、环境保护的总体要求。

（2）水土保持方案是项目建设设计的组成部分，方案编制要为项目建设服务。

（3）本方案根据项目建设特点，结合该项目实际情况，提出科学合理的水土保持防治体系。

（4）使水土保持工程与主体工程同时设计、同时施工、同时投产使用。

（5）方案的目标应实现技术规范中提出的水土流失防治要求。根据水土保持技术规范的规定，提出具体防治目标如下。

1）防止堆弃渣场、开挖面崩塌、滑坡等现象发生，消除工程隐患，保障安全。

2）有效控制水土流失，使项目区新增水土流失减少 70％以上。

3）科学合理地布设工程措施和植物措施，通过对临时占地区绿化等措施，使可绿化面积全部进行绿化。

4）该工程水土保持 6 项防治目标量化指标如下：扰动土地的治理率达 95％，总治理程度达 90％以上，弃渣的拦渣率达到 98％以上，水土流失控制比达到 1.0 以上，扰动地面的土壤侵蚀模数在施工结束后 2 年内恢复到扰动前的背景值，项目区植被恢复系数达到 98％、林草覆盖率达到 25％以上。

2. 水土流失防治分区及水土保持措施总体布局

（1）防治分区确定。根据该工程区的自然状况、工程建设时序、工程造成的水土流失特点及项目主体工程布局等，结合分区治理的规划原则，将该工程水土流失防治区分为：主体工程防治区、施工生产生活区、施工道路防治区、弃渣场区和取土场区。

（2）措施总体布局。

1）主体工程防治区。由于主体工程设计满足水土保持要求，本设计只补充施工中的临时防护措施。对土方开挖、临时堆存等施工修筑临时排水沟、临时挡土埂以及临时覆盖措施。

2）施工生产生活区。对混凝土拌和站、综合加工厂、机械停放场、工地仓库和办公生活区结合施工用地情况，空闲地进行绿化，占地周围修建临时排水沟，施工结束后对污染物质进行清理，然后对其进行土地整治，有条件的要进行复耕。

3）施工道路防治区。施工道路分两种情况：①永久占地的施工道路，在道路两侧修建浆砌石排水沟，路边 0.5m 范围内植树绿化；②临时占地，施工结束后该道路需还原为原占地类型，对这类施工道路在道路两侧修建临时土排水沟，施工结束后进行土地整治。

4）弃渣场区。弃渣场区是本方案设计的重点区域。在方案设计中，对地形进一步勘察，对主体工程弃渣量复核，并对主体工程设计弃渣提出优化建议。通过复核、调整、优化设计，并根据渣场特点有针对性地采取防护措施。

弃渣场一般选择在荒沟沟头或荒沟沟道岸坡，按照"先拦后弃，上截下排"的弃渣设计原则，弃渣前先在荒沟沟口或荒坡坡底设挡渣墙，在弃渣场上游布置截水措施，对弃渣场本身布置排水设施，使弃渣场能够在施工结束后安全稳定运行，组织有序排水，防止坡面漫流产生水土流失。

5）取土场区。取土场区为本方案设计的重点区域。取土场在取土过程中破坏了原有地貌及地表植被，改变了原有的自然坡度，形成了裸露坡面，容易产生水土流失，因此在取土场取土过程中，无论采用何种取土方式，都要在取土场四周设挡水土埂，防止周边雨水冲刷取土场表面。取土结束后，要根据取土场不同地形，对取土场布设防护工程，配套防洪排水工程、土地整治工程和覆土造地工程。场内的临时施工便道和临时堆积的耕作层表土要实施施工期临时防护措施。

本方案水土防治措施体系见表 4.3-22。

表 4.3－22 水土防治措施体系表

防治分区	分部水土保持措施
主体工程防治区	临时排水、临时拦挡和临时覆盖措施
取土场	渣场削坡、挡水土埂、土地整治、种一季苜蓿复耕
弃渣场	拦挡措施、植草护坡、渣顶绿化
施工生产生活区	临时土排水沟、土地整治、种一季苜蓿复耕
施工道路	临时土排水沟、土地整治、种一季苜蓿复耕

3. 水土保持措施设计

通过研究分析，主体工程设计中具有水土保持功能的措施基本满足相应的水土保持要求，为避免重复设计和重复投资，不再布置新的水土保持措施。因此，在分区防治时，应综合考虑，视具体情况有针对性地采取相应的水土保持防治措施。因而，确定本次水土保持方案重点防治区为弃渣场、施工生产生活区、施工道路防治区、主体工程占地区、取土场区。

(1) 弃渣场区防护措施。

1) 工程措施。

a. 拦挡措施。该工程共设计 1 个弃渣场，距山阳水库大坝 2.5km，是典型的沟头弃渣，渣场平均堆渣高度为 3m，下游平均堆高为 6m。因此弃渣场的拦挡措施设计为在弃渣场的堆渣下游布置挡渣堤，挡渣堤采用 M75 浆砌片石，墙顶面宽度 75cm，墙体高度 150cm，其中，地面部分高 100cm，地下部分高 50cm。承受弃渣压力的边坡为 1∶0.5，另一边坡比为 1∶0.75。断面具体尺寸见图 4.3－1。堤身后设 3.0m 长、0.5m 厚干砌石护底。挡渣堤单位砌体体积 2.535m³/m。

b. 场截排水措施。沿弃渣场征地界限设置周边排水沟，排水沟与已有天然沟道相连。排水沟为梯形断面，底宽 80cm、高 80cm，内坡坡比为 1∶1，采用浆砌片石衬砌，衬砌厚度 30cm。断面具体尺寸见图 4.3－2。

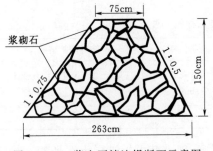

图 4.3－1 浆砌石挡渣堤断面示意图

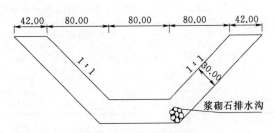

图 4.3－2 浆砌排水沟断面示意图（单位：cm）

c. 土地整治。弃渣占地为工程临时占地，工程结束后需复耕，施工结束后平整渣场，平整后地面坡度小于 5°，同时将堆放的表土覆盖渣顶，覆土厚度为 30cm。

2）植物措施。

a. 护坡措施。弃渣场下游边坡设计为 1∶1.75，边坡防护采用植草防护，种植方式为草籽撒播，种植密度为 120kg/hm²。

b. 渣面种草。为改善土壤肥力，在渣顶种植一季紫花苜蓿绿肥。种植方式为撒播，种植密度 120kg/hm²。

3）临时措施。弃渣场弃渣前，将表土剥离集中堆放留做复耕覆土，对临时堆土采用临时拦挡和临时排水措施，其中，临时拦挡修筑梯形挡水土埂，尺寸为顶宽 30cm、底宽 60cm、高 40cm；建临时梯形土排水沟，尺寸为上口宽 30cm、底宽 60cm、深 40cm。

弃渣场区水土保持措施工程量见表 4.3-23。

表 4.3-23　　　　　　　弃渣场防治区新增水土保持措施工程量汇总表

防治区	工程措施							植物措施		临时措施	
	挡渣墙			排水沟		渣场顶面整治和覆土		护坡措施	绿肥种草		
	挡渣墙基础开挖土方 /m³	挡渣墙浆砌石 /m³	PVC 排水管 /m	排水沟基础开挖土方 /m³	排水沟浆砌石 /m³	渣面整治 /hm²	覆土 /m³	种草（狗牙根） /m²	种植紫花苜蓿 /hm²	挡水土埂 /m³	排水沟开挖土方 /m³
弃渣场区	92.64	202.8	95	532	244	0.49	1456	967.47	0.49	19	19

（2）施工生产生活区。在项目建设期，主要采取土地整治和工程护坡措施。生产生活场地在进场利用前，首先进行土地平整压实、地面硬化处理。施工单位离场前，首先对污染物质进行清除或掩埋处理，把生活垃圾和固体废弃物运送到垃圾处理厂或进行深埋，清除临时建筑，废旧机械及生产生活设施全部撤离施工场地。这些措施在主体工程设计中均已考虑，在本方案中不再重新设计。

本方案设计主要为临时排水措施，在占地四周修建临时梯形土排水沟，尺寸上口宽40cm、底宽 40cm、深 40cm，边坡 1∶1。

施工结束后，采取土地整治复耕，并种植一季绿肥紫花苜蓿，施工生产生活区工程量见表 4.3-24。

表 4.3-24　　　　　　施工生产生活区新增水土保持措施工程量汇总表

防治区	工程措施			植物措施	临时防护措施	
	排水沟挖土方 /m³	土地整治 /hm²	覆土 /m³	种植紫花苜蓿 /hm²	挡水土埂 /m³	排水沟开挖土方 /m³
施工生产生活区	101.31	0.50	1485.00	0.50	50	50

（3）施工道路防治区。施工便道两侧采取排水措施，施工结束后进行土地平整，并种植一季绿肥紫花苜蓿进行土地熟化。

道路两侧设置梯形土排水沟，上口宽 40cm、底宽 40cm、深 40cm，边坡 1∶1。施工生产生活区工程量见表 4.3-25。

表 4.3 - 25　　　　　　　　　施工道路防治区新增水土保持措施工程量汇总表

防治区	工程措施			植物措施	临时防护措施	
	排水沟挖土方 /m³	土地整治 /hm²	覆土 /m³	取土场底部绿肥种草 /hm²	挡水土埂 /m³	排水沟开挖土方 /m³
施工道路防治区	3200	0.30	900	0.30	35	35

（4）主体工程占地区。主体工程占地区产生的水土流失主要发生在施工过程中。在建设过程中必须采取临时措施进行防治。临时防护措施包括：临时拦挡和临时排水措施等。其中，临时拦挡修筑梯形挡水土埂，尺寸为顶宽 30cm、底宽 60cm、高 40cm；临时排水修建临时梯形土排水沟，尺寸为上口宽 30cm、底宽 60cm、深 40cm。经计算共开挖土方 138m³，填筑土方 138m³。

（5）取土场区。

1）工程措施。

a. 排水措施：沿取土场征地界限设置周边排水沟，排水沟与已有天然沟道相连。排水沟为梯形断面，底宽 80cm、高 80cm，内坡坡比为 1∶1，采用浆砌片石衬砌，衬砌厚度 30cm。

b. 土地整治：施工结束后进行取土场按 1∶2 坡度削坡，对底面整平，覆表土。

2）植物措施。取土场取土量为 14.34 万 m³，平均取土深度为 3m，同时回填主体工程清基清表土 10.93 万 m³（自然方），回填后取土场与原地面高差为 1m 左右。这样就形成一个 2m 宽的坡面（取土场设计边坡为 1∶2），为了防护坡面水土流失，在坡面上种植两排灌木紫穗槐，种植密度为 2m×2m。林下种植狗牙根草，种植密度为 120kg/hm²。

取土场底面取土完毕后表土覆盖，种植一季绿肥紫花苜蓿。

3）临时措施。对取土场的因清表而临时堆放耕植层土，对临时堆土采用临时拦挡和临时排水措施，其中，临时拦挡修筑梯形挡水土埂，尺寸为顶宽 30cm、底宽 60cm、高 40cm；临时排水修建临时梯形土排水沟，尺寸为上口宽 30cm、底宽 60cm、深 40cm。

取土场防治区工程量见表 4.3 - 26。

表 4.3 - 26　　　　　　　　取土场防治区新增水土保持措施工程量汇总表

防治区	工程措施				植物措施				临时防护措施	
	排水沟		底面整治和覆土		护坡措施		取土场底部绿肥种草			
	排水沟挖土方 /m³	排水沟浆砌石 /m³	土地整治 /hm²	覆土 /m³	种植灌木紫穗槐 /株	坡面种草 /hm²	种植紫花苜蓿 /hm²		挡水土埂 /m³	排水沟开挖土方 /m³
取土场区	2326.50	1066.27	4.79	14361	1969	0.79	4.79		61	61

4. 方案实施进度安排及主要工程量

（1）方案实施进度安排。根据水土保持"三同时"制度，规划的各项防治措施应与主体工程同时进行，在不影响主体工程建设的基础上，尽可能早施工、早治理，减少项目建设期的水土流失量，以最大限度地防治水土流失。

　　根据水土保持方案设计，该工程水土保持措施主要有两部分内容：①主体工程原设计具有水土保持功能的各项措施；②水土保持新增措施。其中，主体工程原设计包含的具有水土保持功能的各项措施，按主体工程提出的工程时序安排施工。水土保持新增措施应根据主体工程施工对区域影响情况及工程完工情况，在不影响主体工程施工的前提下，水土保持措施的实施进度安排必须与主体工程交叉进行，达到早施工、早发挥效益的目的。

　　水土保持新增措施中，各区域的防护措施按照工程的施工进度及时进行。各区域的绿化措施，安排在各单项工程完成后的第一个季度。施工生产生活区和其他临时占地区的复耕措施安排在工程结束后的第一个春季。各种临时防护措施与主体工程同时进行。

　　水土保持措施实施进度安排见表 4.3-27。

表 4.3-27　　　　　　　　　　水土保持措施实施进度安排表

措施名称	措施实施时间和顺序
1. 临时措施	工程施工期
2. 道路排水	施工道路施工期
3. 渣场平整	弃渣堆放完成后
4. 渣场护坡	渣场堆弃完成后
5. 渣场顶面覆土绿化	渣场堆弃完成后
6. 场地清理、土地整治	工程完工撤离时

　　（2）方案新增水土保持工程量。水土保持方案新增措施工程量主要包括挡护坡草皮、渣场平整、复耕和临时防护工程等工程量。具体数量见表 4.3-28。

表 4.3-28　　　　　　　　　水土保持方案工程措施工程量明细表

开挖土方 /m³	填筑土方 /m³	浆砌石 /m³	种植灌木 /株	绿化种草 /hm²	改善土壤种绿肥 /hm²	覆土 /m³	土地整治 /hm²
6555.38	253	1512.75	1969	0.88	6.07	18201.9	6.07

4.3.2.5　水土流失监测

　　工程建设期要在工程建设管理局配备水土保持专职人员，负责组织水土保持方案的设计、方案实施及施工期间的水土流失监测。在工程运行期在枢纽管理局配备水土保持专职人员，主要负责对水土保持工程的管理及对工程运行期的水土流失监测。

　　1. 监测内容

　　水土保持方案施工前主要监测水土流失灾害和水土流失量，方案实施后主要监测水土保持效益。

　　2. 监测项目

　　结合水土保持工程情况，本方案中安排的监测项目主要如下。

　　（1）水土流失灾害和水土流失量的监测。主要是可能产生的水土流失危害和可能产生的洪涝灾害以及主要部位产生的水土流失量的监测。

　　（2）水保措施实施后的效果监测。对方案实施后的各类防治措施效果、控制水土流失面积、改善生态环境的作用等进行调查分析。重点是弃渣场、取料场和场外道路措施的防护效果的监测。

3. 监测方法

在工程建设期可结合工程施工管理体系进行动态检测；在项目运营期，采用定点监测，设立监测断面和监测小区，监测沟道径流及泥沙变化情况，从中判断弃渣场防护措施的作用和效果。

4. 重点监测地段和重点监测项目

该工程水土流失重点监测地段为弃渣场、取料场及场外施工道路两侧。水土流失重点监测项目如下。

(1) 工程建设期。建设管理单位应配备专职人员负责建设期水土流失监测工作，主要工作有以下 3 个方面。

1) 弃渣场边坡的稳定及弃渣流失情况。

2) 工程开挖地段。主要监测原坝体拆除开挖时局部滚石和小规模崩塌或滑坡以及施工对周围生态环境破坏等。

3) 工程填筑地段。主要监测坝基填筑、黏土坝胎施工过程中的土石渣的流失。

(2) 工程运行期。在工程运行期，主要观测水土保持措施的防护效果。观测施工区内的植物生长情况和生态环境的变化，监测弃渣场和施工道路采取水土保持措施的水土流失量等。

5. 监测时段、监测频次

(1) 监测时段。水土保持监测时段分水土保持方案施工期和自然恢复期两个阶段，水土保持监测时段主要在施工期。

(2) 监测频次。在水土保持方案施工期内的每月监测 1 次，方案实施后进行 2 次监测。

4.3.2.6 水土保持投资概算

1. 基础资料

(1) 人工单价。按水土保持工程工资标准，六类地区 190 元/月，补贴标准按水土保持工程及山东省补贴标准计算。人工预算单价：工程措施为 24.01 元/工日，3 元/工时；植物措施为 20.19 元/工日，2.52 元/工时。

(2) 电、水及砂石料等基础单价。根据主体工程施工组织设计提供的资料和数据进行计算，工程中不涉及风，水的预算价格为 1.00 元/m^3，电价按电网价格乘以 1.06 计算得 0.60 元/(kW·h)。

(3) 主要材料价格和其他材料价格。主要材料价格参照主体工程的材料价格，其他材料（如苗木草种等）的价格根据市场调查确定。

2. 费用构成

根据《开发建设项目水土保持工程概（估）算编制规定》和《关于开发建设项目水土保持咨询服务费用计列的指导意见》，水土保持方案投资概算费用构成为：①工程费（工程措施、植物措施、临时工程）；②独立费用（建设单位管理费、工程建设监理费、水土保持措施设计费、水土保持监测费、工程质量监督费）；③预备费（基本预备费、价差预备费）；④建设期融资利息。本水土保持方案不计建设期融资利息，因此，水土保持方案投资由工程费、独立费用和预备费以及水土保持补偿费组成。

（1）工程措施及植物措施工程费。水土保持工程措施和植物措施工程单价由直接工程费（包括直接费、其他直接费和现场经费）、间接费、企业利润和税金组成。工程单价各项的计算方法或取费标准如下。

1）直接费：按定额计算。

2）其他直接费率：建筑工程按直接费的2.5％计算。

3）现场经费费率，见表4.3-29。

表4.3-29　　　　　　　　现 场 经 费 费 率 表

序号	工程类别	计算基础	现场经费费率/%
1	土石方	直接费	4
2	混凝土	直接费	6
3	植物及其他工程	直接费	4

4）间接费费率，见表4.3-30。

表4.3-30　　　　　　　　间 接 费 费 率 表

序号	工程类别	计算基础	间接费费率/%
1	土石方	直接工程费	4
2	混凝土	直接工程费	4
3	植物及其他工程	直接工程费	4

5）企业利润。工程措施企业利润按直接工程费与间接费之和的7％计算，植物措施企业利润按直接工程费与间接费之和的5％计算。

6）税金。该项目属于市区和城镇以外的工程，税金按直接工程费、间接费、计划利润之和的3.22％计算。

（2）临时工程费。临时工程费按工程措施和植物措施费的2％计列。

（3）独立费用。独立费用包括建设单位管理费、工程建设监理费、水土保持措施设计费、水土保持监测费、工程质量监督费。

1）建设单位管理费。按工程措施投资、植物措施投资和临时工程投资3部分之和的2.0％计算。运行期的建设单位管理费从生产费用中列支。

2）工程建设监理费。根据国家发展改革委、建设部《关于印发〈建设工程监理与相关服务收费管理规定〉的通知》（发改价格〔2007〕670号），工程监理费8万元。

3）水土保持措施设计费。根据《关于开发建设项目水土保持咨询服务费用计列的指导意见》中关于水土保持方案编制费的规定，可行性研究阶段方案编制费按《关于开发建设项目水土保持咨询服务费用计列的指导意见》中的表1取值，初步设计和施工图阶段的水土保持勘测设计费按《工程勘察设计收费管理规定的通知》（计价格〔2002〕10号）的规定计取。由于该工程现处于初步设计阶段，因此，水土保持设计费取为15万元。

4）水土保持监测费。根据《关于开发建设项目水土保持咨询服务费用计列的指导意见》，水土保持施工期监测费为10万元。

5）工程质量监督费。依据"国家计委收费管理司、财政部综合与改革司关于水利建设工程质量监督收费标准及有关问题的复函"，按工程措施投资、植物措施投资和临时工程投资 3 部分之和的 1.0‰计算。

（4）预备费。

1）基本预备费：按第一部分至第四部分合计的 3%计。

2）价差预备费：暂不计列。

（5）水土保持补偿费。根据山东省水土保持三区划分通告，项目区属重点治理区，按照《山东省水土保持补偿费、水土流失防治费征收管理办法》的规定，重点治理区损坏水土保持梯田设施和林地按 1.0 元/m² 征收，工程建设期间损坏水土保持设施和林草的面积为 3.58hm²，经计算，应征收的水土保持补偿费为 3.58 万元。

3. 概算结果

根据上述费用构成计算方法和取费标准，计算各单项工程的单价，用计算的单价乘以各项措施的工程量即得出各项工程的投资，各项工程投资加上临时工程费、独立费用、基本预备费和水土保持补偿费等其他费用，构成本方案总投资。

（1）方案总投资概算。本次设计水土保持方案总投资为 75.39 万元，其中，工程措施投资 31.19 万元，植物措施投资 4.18 万元，临时工程费 0.58 万元，独立费用 33.76 万元，基本预备费用 2.09 万元。水土保持方案各项投资或费用详见表 4.3-31～表 4.3-34。

表 4.3-31　　　　　　　　　水土保持方案新增投资概算表　　　　　　　　　单位：万元

序号	工程或费用名称	建筑安装工程费	植物措施		独立费用	水土保持方案新增投资
			栽植费	种苗费		
第一部分	工程措施	31.19				31.19
一	弃渣场区	7.45				7.45
二	取土场区	17.24				17.24
三	施工道路防治区	5.52				5.52
四	施工生产生活区	0.98				0.98
第二部分	植物措施		0.37	3.81		4.19
一	弃渣场区		0.01	0.31		0.33
二	取土场区		0.34	3.07		3.41
三	施工道路防治区		0.01	0.16		0.17
四	施工生产生活区		0.01	0.27		0.28
第三部分	临时工程	0.58				0.58
一	临时防护工程	0.57				0.57
二	其他临时工程	0.01				0.01
	第一部分至第三部分之和					35.96
第四部分	独立费用					33.76
一	建设管理费				0.72	0.72

续表

序号	工程或费用名称	建筑安装工程费	植物措施		独立费用	水土保持方案新增投资
			栽植费	种苗费		
二	工程建设监理费				8.00	8.00
三	科研勘测设计费				15.00	15.00
四	水土保持监测费				10.00	10.00
五	工程质量监督费				0.04	0.04
	第一部分至第四部分合计					69.72
	基本预备费					2.09
	静态总投资					71.80
	水土保持设施补偿费					3.58
	水土保持工程总投资					75.39

表 4.3 - 32　　　　　水土保持工程措施投资分项概算表

序号	工程或费用名称	单位	数量	单价/元	水土保持方案新增投资/万元
第一部分	工程措施				31.19
一	弃渣场区				7.45
1	挡渣墙				2.90
(1)	挡渣墙基础开挖土方	m^3	92.64	5.04	0.05
(2)	挡渣墙浆砌石	m^3	202.80	139.81	2.84
(3)	PVC排水管	m	95.00	1.50	0.01
2	排水沟				3.65
(1)	排水沟基础开挖土方	m^3	531.68	5.04	0.27
(2)	排水沟浆砌石	m^3	243.68	138.82	3.38
3	渣场顶面整治和覆土				0.90
(1)	渣面整治	hm^2	0.49	1258.25	0.05
(2)	覆土	m^3	1456.20	5.81	0.85
二	取土场区				17.24
1	排水沟				9.51
(1)	排水沟挖土方	m^3	2326.50	5.04	1.17
(2)	排水沟浆砌石	m^3	1066.27	138.82	8.34
2	底面整治和覆土				7.73
(1)	土地整治	hm^2	4.79	1258.25	0.60
(2)	覆土	m^3	14360.70	5.81	7.13
三	施工道路防治区				5.52
1	排水沟挖土方	m^3	3200.00	5.04	1.62

序号	工程或费用名称	单位	数量	单价/元	水土保持方案新增投资/万元
2	土地整治	hm²	0.30	1258.25	1.95
3	覆土	m³	900.00	5.81	1.95
四	施工生产生活区				0.98
1	排水沟挖土方	m³	101.31	5.04	0.06
2	土地整治	hm²	0.50	1258.25	0.06
3	覆土	m³	1485.00	5.81	0.86

表 4.3 - 33　　　　　　　**水土保持工程植物措施投资分项概算表**

序号	工程或费用名称	单位	数量	单价/元	水土保持方案新增投资/万元
第二部分	植物措施				4.18
一	弃渣场区				0.33
1	护坡措施				0.06
(1)	种草（狗牙根）	hm²	0.10	234.95	0.003
(2)	狗牙根	kg	11.61	45	0.052
2	绿肥种草				0.27
(1)	种植紫花苜蓿	hm²	0.49	234.95	0.011
(2)	紫花苜蓿	kg	58.25	45	0.262
二	取土场区				3.41
1	护坡措施				0.72
(1)	栽植紫穗槐	株	1969	0.48	0.10
(2)	小鱼鳞坑整地	个	1969	0.5694	0.11
(3)	紫穗槐	株	1969	0.3	0.06
(4)	种草（狗牙根）	hm²	0.79	234.95	0.02
(5)	狗牙根	kg	94.52	45	0.43
2	绿肥种草			0.00	2.69
(1)	种植紫花苜蓿	hm²	4.79	234.95	0.11
(2)	紫花苜蓿	株	574.43	45	2.58
三	施工道路防治区				0.17
1	取土场底部绿肥种草				0.17
(1)	种植紫花苜蓿	hm²	0.30	234.95	0.01
(2)	紫花苜蓿	kg	36.00	45.00	0.16
四	生产生活区				0.28
1	种植紫花苜蓿	hm²	0.50	234.95	0.01
2	种植紫花苜蓿	kg	59.40	45.00	0.27

表 4.3 - 34 水土保持临时措施投资分项概算表

序号	工程或费用名称	单位	数量	单价/元	水土保持方案新增投资/万元
第三部分	临时工程				0.58
一	临时工程				0.57
1	弃渣场区				0.035
(1)	挡水土埂填筑土方	m³	18.82	13.77	0.026
(2)	土排水沟开挖土方	m³	18.82	5.04	0.009
2	取土场区				0.116
(1)	挡水土埂填筑土方	m³	61.39	13.77	0.085
(2)	土排水沟开挖土方	m³	61.39	5.04	0.031
3	施工道路防治区				0.066
(1)	挡水土埂填筑土方	m³	35.00	13.77	0.048
(2)	土排水沟开挖土方	m³	35.00	5.04	0.018
4	施工生产生活区				0.094
(1)	挡水土埂填筑土方	m³	50.00	13.77	0.069
(2)	土排水沟开挖土方	m³	50.00	5.04	0.025
5	主体工程防治区				0.260
(1)	挡水土埂填筑土方	m³	138.04	13.77	0.190
(2)	土排水沟开挖土方	m³	138.04	5.04	0.070
二	其他临时工程费				0.007
1	工程措施	%	2	31.19	0.006
2	植物措施	%	2	4.18	0.001

（2）年度投资概算。水土保持工程建设期共1年，全部水土保持工程在1年内完成，因此水土保持投资不再分年度进行，全部投资均在第一年内到位。

4.3.2.7 方案实施保证体系

1. 组织领导及管理措施

为保证水土保持方案提出的各项水土保持措施的实施和落实，应做好以下组织领导工作。

（1）建立健全项目水土保持工作的领导体系，确保各项水土保持措施的落实。

（2）加强《中华人民共和国水土保持法》的学习、宣传和贯彻工作，提高水土保持意识。

（3）明确职责，做好方案实施监督工作。

2. 技术保障措施

（1）做好该项目水土保持工程设计。

（2）做好水土保持工程的施工。

（3）实施水土保持工程监理。

3. 资金来源及管理使用办法

该工程建设区及间接影响区的各项水土保持措施所需资金均来源于工程建设投资，与主体工程建设资金同时调拨，并做到专款专用。工程的水土保持工程应尽快设计、施工，充分发挥方案的效益。

4.3.2.8 结论与建议

1. 结论

（1）根据《开发建设项目水土保持方案技术规范》规定的编制深度要求，方案编制深度应与项目主体设计所处的阶段要求相适应，为初步设计阶段。水土保持方案设计水平年为工程竣工后的第一年。

（2）项目属建设生产类项目，水土流失主要类型为水力侵蚀，水土流失的预测时段包括施工建设期 1 年和自然恢复期 2 年。该工程首采矿段建设扰动原地貌、占压和损坏土地和植被面积 22.79hm²，损坏水土保持设施面积 3.58hm²，新增水土流失量 724.41t。

（3）根据工程的可行性研究和外业调查，该工程水土流失防治责任范围为项目建设区和直接影响区，总面积为 25.38hm²。

（4）本方案新增水土保持工程总量为：开挖土方 6555.38m³，填筑土方 253m³，浆砌石 1512.75m³，种植灌木 1969 株，绿化种草 0.88hm²，改善土壤种绿肥 6.07hm²，覆土 18201.90m³，土地整治 6.07hm²。

（5）项目水土保持方案总投资为 75.38 万元，其中，工程措施投资 31.19 万元，植物措施投资 4.18 万元，临时工程费 0.58 万元，独立费用 33.76 万元，基本预备费 2.09 万元等。

（6）水土保持方案实施后，该工程水土保持 6 项防治目标：扰动土地的治理率达 95%，总治理程度达 90% 以上，弃渣的拦渣率达到 98% 以上，水土流失控制比限制在 1.0 以下，扰动地面的土壤侵蚀模数在施工结束后 2 年内恢复到扰动前的背景值，项目区植被恢复系数达到 98%、林草覆盖率达到 25% 以上均能满足。

综上所述，通过编报并实施本水土保持方案，可有效防治项目建设引起的新增水土流失，从水土保持角度来看，该项目是可行的。

2. 建议

（1）在主体工程初步设计阶段，主体工程设计单位应落实水土保持方案的初步设计，将水土保持方案新增投资列入总体投资，保证各项水土保持措施顺利实施。

（2）根据对主体工程可行性研究中具有水土保持功能措施的评价结果，建议主体设计单位在初步设计阶段，进一步优化主体工程施工方案，合理确定施工进度和施工时序，更好地体现水土保持要求。

（3）施工单位施工期应划定施工活动范围，严格控制和管理车辆机械的运行范围，不得随意行驶，任意碾压。在出入口竖立保护地表及植被的警示牌，提醒作业人员。不得随意占地，防止对地表的扰动范围扩大。教育施工人员保护植被，保护地表。注意施工及生活用火安全，防止因火灾烧毁地表植被。

（4）水土保持监理机构应加强监理工作，对工程进度、工程质量及工程投资全面控制，以保证水土保持方案按照"三同时"制度顺利实施。

（5）监测机构要严格按照项目监测方案开展水土保持监测，全面反映 6 项水土流失防治目标落实情况，发现问题及时采取措施，尽可能降低工程建设造成的水土流失危害。

4.4　环境生态保护景观设计

水库除险加固施工过程中将不可避免地产生废（污）水、废（尾）气，道路扬尘、施工噪声、生活垃圾与生产弃渣等，处理不当将会对工程区的环境造成一定的不利影响。

环境保护设计主要针对以上环境因素，结合施工组织设计、项目区环境现状和环境质量要求，通过采取环境保护措施缓解或减免项目施工所带来的环境污染、生态破坏等不利环境影响。

4.4.1　角峪水库

4.4.1.1　概况

角峪水库除险加固施工内容主要包括：准备工程、以大坝为主体的加固与修复、溢洪道加固、东、西放水涵洞加固、复合土工膜铺设〔聚乙烯（PE）土工膜〕、安全监测设施的布设等。

主要工程量有主体工程土方开挖 66901m³、清基清坡 30958m³、石方开挖拆除 52697m³、围堰拆除土方 2978m³、清淤 2961m³，总计 156495m³。其中，直接利用土方 27448m³，间接利用土方 16523m³，间接利用石方 12142m³。坝体清坡清基用于回填土料场，折合松方 41174m³；其余土石方全部弃渣，折合松方 100445m³。混凝土浇筑总量约 22218m³，最大浇筑强度为 25m³/h，选用 2 台 0.8m³ 混凝土搅拌机拌制混凝土，混凝土拌和场占地 1000m²。

该工程施工总工期 20 个月，施工总工日 1.35 万工日，施工期高峰人数 333 人。其中，施工过程主要受汛期度汛限制，6—9 月为汛期。加固工程对环境的不利影响主要在施工期，为减免施工所产生的不利影响，需要采取以下环境保护措施。

（1）水污染防治。对施工过程中产生的生产废水和生活污水进行处理，排放废污水应达到《污水综合排放标准》（GB 8978—1996）一级排放标准要求。

（2）采取措施对施工过程中产生的扬尘进行控制，对大气污染物进行治理，施工期环境空气质量应达到《环境空气质量标准》（GB 3095—1996）二级标准要求。

（3）采取措施对噪声污染源进行治理。

（4）对生活垃圾和建筑垃圾进行处理。

（5）强化施工区医疗保健和卫生防疫工作。对施工人员进行体检、采取灭鼠、灭蚊蝇措施。

（6）加强对施工区的环境监测，定期对施工区大气、噪声、水环境质量进行监测。

（7）制定环境管理和环境监理规划。

1. 环境生态保护设计标准

（1）《地表水环境质量标准》（GB 3838—2002）Ⅲ类标准。

（2）《环境空气质量标准》（GB 3095—1996）二级标准。

（3）《污水综合排放标准》（GB 8978—1996）一级排放标准。

（4）《大气污染物综合排放标准》（GB 16297—1996)(新污染源) 二级标准。

（5）《生活饮用水卫生标准》（GB 5749—2006）。

（6）《城市区域环境噪声标准》（GB 3096—1993）Ⅱ类标准。

（7）《建筑施工场界噪声限值》（GB 12523—1990）Ⅱ类标准。

2. 环境生态保护目标

（1）生态环境保护。项目建设区生态系统的整体功能、结构不受到影响。

（2）水库水源地及坝下游水质不因该工程的建设活动而受到影响。

（3）坝下游河流水体不因工程修建而使其功能发生改变。

（4）最大程度减轻施工区废水、大气、固体废弃物和噪声等对环境的影响。

（5）移民安置区的生活水平和生活环境不因工程兴建而降低，并能得到改善。

（6）施工技术人员及工人的人群健康问题得到保护。

3. 设计依据

（1）《中华人民共和国环境保护法》（1989年12月26日）。

（2）《中华人民共和国水污染防治法》（1996年5月）。

（3）《中华人民共和国大气污染防治法》（2000年4月）。

（4）《中华人民共和国固体废物污染环境防治法》（1995年10月）。

（5）《中华人民共和国环境噪声污染防治法》（1996年10月）。

（6）《中华人民共和国土地管理法》（1998年8月）。

（7）《建设项目环境保护设计规定》（1987年3月）。

（8）《中华人民共和国水土保持法》（1991年）。

（9）《建设项目环境保护管理条例》（1998年11月）。

（10）《饮用水水源保护区划分技术规范》（HJ/T 338—2007）。

（11）《水利水电工程初步设计报告编制规程》（DL 5021—1993）。

（12）《山东角峪水库除险加固工程安全鉴定报告》（2007年4月）。

4. 设计原则

环境保护设计应针对工程建设对环境的不利影响，采用系统分析的方法，将工程建设和地方环境保护规划目标结合起来，进行环境保护措施设计；从可持续性发展的理念出发，力求项目区经济、环境、社会相关要素之间协调和谐发展。该工程环境保护设计主要遵循以下原则。

（1）预防为主、以管促治、防治结合、因地制宜、综合治理的原则。

（2）各类污染源治理，经污染控制处理措施后相关指标达到国家规定的排放标准。

（3）应尽可能减少施工活动对生态环境的不利影响，工程区环境质量得以恢复或改善。

（4）环境保护对策措施的设计，应切合项目区实际，力求措施具有较强的可操作性。

4.4.1.2 环境生态保护设计

1. 生活饮用水处理

根据工程建设施工现场的实际情况，项目区附近有村庄和水库管理所，生活用水结合当地饮水方式解决。在施工人员进驻之前，应委托有资质的单位对水源水质进行监测，对施工人员饮用水进行加氯消毒处理。

饮用水加氯消毒处理是防止饮用水污染危及施工人员身体健康，确保工区饮用水满足《生活饮用水卫生标准》（GB 5749—2006）的相关要求，保障水质安全较为常用的措施之一。考虑该项目施工区生活供给水需求规模较小，推荐采用漂白粉或漂白精片的滤后加氯消毒方式。具体量化标准为：根据漂白粉的有效净氯含量指标推算，$1m^3$ 水中加入漂白粉 8g 左右；若使用漂白精片，$1m^3$ 水中加入 10 片左右。在向水中加入氯制剂作用 30min 后，水中游离性余氯含量维持在 0.3～0.5mg/L。

经采取以上措施处理后，施工区饮用水应满足国家《生活饮用水卫生标准》（GB 5749—2006）的要求。

2. 生产生活污水处理

角峪水库除险加固工程主要施工生产及附属设施有：混凝土拌和站，综合加工厂，机械停放场，金属结构拼装场，仓库及风、水、电系统等。在施工总体规划布置中，综合考虑坝区地形、交通情况等因素，布设生产生活设施和施工场区，施工工厂设施（混凝土拌和站、综合加工厂、施工车辆停放场、仓库、生活区等）集中布置在右岸坝后的平地上。

（1）生活污水处理。角峪水库除险加固工程施工总工期 20 个月，大坝加固工程主体施工总工日 r 为 1.35 万工日，施工期高峰人数 333 人；施工区员工每人每日平均生活粪便污水排放量 w_{max} 按 3L/d 计算，则生活污水总排放量为

$$Q_总 = rw_{max} \times 10 = 1.35 \times 3 \times 10 = 40.5 (m^3)$$

施工生活营区外排污水总量相对较小。生活污水中污染物成分主要为 SS（悬浮物）、COD、BOD_5、TN（总氮）、TP（总磷）等。生活污水处理设施（备）类型，设施（备）数量、容积大小等相关参数，参照工程施工规模和人员集中程度、高峰期人数、施工平均人数、污水排放量等指标来确定。

对于小型生活营地设立简易厕所，洗涤废水选用简易积水坑收集处理，沉淀污水可综合利用，浇灌庭院植被或排入当地排水沟渠；规模较大且相对集中的施工生活营地外排污水，应经过污水处理设施（如化粪池等）处理后排放。

根据施工布置，拟设化粪池 2 个，推荐化粪池采用《建筑给水与排水设备安装图集》（上）L03S002—114 中的 5 号化粪池。其他污水相关处理设施（备）的选型与布设，均应保证满足《污水综合排放标准》（GB 8978—1996）中的一级排放标准要求。

（2）生产废水处理。该工程混凝土浇筑总量约 $22218m^3$，计划选用 2 台 $0.8m^3$ 混凝土搅拌机进行混凝土拌和，混凝土最大浇筑强度为 $25m^3/h$。按生产每立方米混凝土产生废水大约 $1.5m^3$ 推算，该项目施工混凝土生产废水总排放量为 $33327m^3$。生产废水的主要处理措施如下。

1）对含有高浓度 pH 值的混凝土拌和类废水，结合施工方案布设，采用沉淀法进行处理，设置 2 处 $25m^3$ 的沉淀池。在生产过程中废水进入沉淀池后，加入适量的酸性调节剂使 pH 至中性，沉淀时间不宜小于 2h，对沉淀池上清液可进行综合回用，如用于工程洒水等；对沉淀池定期清挖，以确保沉淀处理效果，使混凝土拌和废水满足达标排放要求。

2）沙石料场冲洗废水中除 SS 含量稍高外，基本不含其他污染物，经沉淀处理后可重复循环利用、或直接排入河流水体。

3）机械车辆检修冲洗及其他设备检修废水，除悬浮物（SS）含量较高外，还含有石油类等污染物，这类废污水必须经过相关污水设施、设备处理达标后才能排放。根据含油废水排放量及生产设施场区的地形情况，对于生产废水的处理，拟通过沉淀池和隔油池进行处理。隔油池的相关设计参数推荐采用《建筑给水与排水设备安装图集》（上）L03S002—9。如果废水含油量及外排流量较小时，也可采用油水分离装置或简易的隔油板予以处理。含石油类污染废水处理工艺流程见图 4.4-1。

图 4.4-1 机械车辆检修冲洗废水处理工艺流程图

该工程需建造 1 套生产废水处理设施。经污水处理设施（备）处理后，各类生产废水排放应满足《污水综合排放标准》（GB 8978—1996）中的一级标准要求。

3. 大气污染控制

施工期大气污染主要来自道路扬尘、沙石场爆破、取土料场开挖作业产生的粉尘，机动车辆（施工机械）燃油排放的尾气等。对施工区的大气污染通过采取以下措施进行控制。

（1）进场机械设备尾气排放必须符合环保相关标准。

（2）加强运输车辆管理，保持良好车况，尽量减少因机械、车辆状况不佳造成的污染。

（3）土料堆放和运输时加强防护，可借助防尘网等覆盖物遮挡以避免风吹起尘及运输抛撒。临近居民区或厂区时车辆实行限速行驶，以防止道路扬尘过多。

（4）对工区道路、施工料场和施工现场定时洒水，洒水量大小和洒水频度可视施工区大气扬尘、粉尘污染的程度而定，一般情况下洒水频率每天至少要保证 2 次。

（5）施工场地设置围挡，工区道路尽可能硬化。

通过采取以上控制措施，各类大气污染物主要外排指标应满足《大气污染物综合排放标准》（GB 16297—1996）中，新污染源二级标准的排放限值。

4. 噪声污染防治

施工区噪声主要来源于交通车辆和施工机械噪声。控制噪声污染，需从以下几个方面着手。

（1）进场设备噪声必须符合环保标准。

（2）临近城镇、乡村等居民区域噪声敏感地段，宜尽量减少夜间作业；运输车辆限速行驶，禁鸣高音喇叭。必要时在噪声敏感点的外围增设声屏障。

（3）噪声较大的施工作业现场员工应配备防护用品，如耳罩等；现场施工车辆（机械设备）尽可能加装消声装置。

采取上述控制措施后，噪声指标应满足《建筑施工场界噪声限值》（GB 12523—1990）中的Ⅱ类标准；对靠近城镇、村庄或文教等场所的施工活动，噪声指标应满足《城市区域环境噪声标准》（GB 3096—1993）Ⅱ类标准。

5. 固体废弃物处置

除原有构筑物的拆除产生的各种建筑垃圾外，固体废弃物主要为生活垃圾。该工程施工总工期 20 个月，施工总工日 1.35 万工日，施工期高峰人数 333 人。每人每天生活垃圾产生量按 1kg 计算，则施工期生活垃圾总排放量约 13.5t，该工程生活废弃物量相对较少。

生产生活固体废弃物尽量做到无害化集中处理，各施工承包商在其生产、生活营区，应设置专门的固体废弃物收集设施，定期进行清运，运往指定的垃圾场进行填埋处理。

对工程原有构筑物的拆除所产生的各种建筑垃圾，以及工程施工产生的各类弃渣，应根据实际情况对仍具可利用价值的建筑材料、废渣等，予以综合回收利用；无使用价值且无毒无害的生产垃圾集中运往规划的弃渣场处理。

6. 人群健康保护

施工单位应与工程所在地卫生医疗部门取得联系，由当地卫生部门负责施工人员的医疗保健、卫生防疫及意外事故的现场救治工作。为保证工程的顺利进行，保障施工人员的身体健康，应切实提高施工参与者的环境卫生意识，加强健康知识的宣传与普及，强化传染性疾病疫情的预防与监测，控制传染病源并适时切断其传播途径。对施工区人群健康的防护采取如下措施。

（1）对施工人员定期体检。

（2）定期开展灭鼠活动，可采用高效、低毒残留且易于操作的毒饵法，在生活区适时投放毒饵。

（3）加强生活营区饮用水源地和废污水排放的管理，防止病原体滋生。

（4）强化对食品的卫生监督，集体食堂要做到严格消毒。

（5）工程指挥部门应重视疫情监测，做到早发现、早治疗，防止疫情蔓延，对承包商严格执行疫情报告制度。蚊蝇是疟疾乙脑的主要传播媒体，其根本防治措施在于消除蚊蝇的滋生地；夏、秋是蚊虫活动频繁的季节，施工区要加强卫生防护工作，减少蚊虫的叮咬，预防传染性疾病的流行。

4.4.1.3　环境管理规划

建设项目的环境保护措施能否真正得到落实，工程能否充分发挥其综合效益，关键在于环境管理规划的制订和实施。

1. 环境管理目标

根据国家有关环境保护法规及本项工程的特点，环境管理的总目标如下。

（1）确保该工程符合环境保护法规、条例要求。

（2）充分利用环境保护投资促进工程潜在效益的充分发挥。

（3）工程所产生的不利影响逐步得以缓解或消除。

（4）实现工程建设的经济、环境与社会效益的同步发展。

2. 环境管理机构及其职责

（1）环境管理机构设置。在工程建设管理单位设置专职人员负责施工期的环境管理工作。

（2）环境管理员职责。

1）贯彻国家及有关部门的环境保护方针、政策、法规、条例，落实污染防治规划，对工程施工过程中各项环境保护措施执行情况进行监督检查。结合该工程特点，制定施工区环境管理办法，并指导、监督实施。

2）代表业主选择有资质的单位签订合同，进行环境监测、环境监理和卫生防疫工作。

3）做好施工期各种突发性污染事故的预防工作，准备好应急处理措施。

4）协调处理工程建设与当地群众的环境纠纷。

5）加强对施工人员的环境保护宣传教育，增强其环境保护意识。

6）定期编制环境简报，及时公布环境保护和环境状况的最新动态，搞好环境保护宣传工作。

3. 环境监理

为防治施工活动造成的环境污染，保障施工人员的身体健康，保证工程顺利进行，需要开展施工区环境监理工作，根据该项目的实际情况，初步考虑安排1名专职环境监理工程师，环境监理工程师职责如下。

（1）按照国家有关环境保护法规和工程的环境保护规定，统一管理施工区环境保护工作。

（2）监督承包商环保合同条款的执行情况，并负责解释环保条款。对重大环境问题提出处理意见和报告，责成有关单位限期纠正。发现并掌握工程施工中的环境问题。对某些环境指标，下达监测指令。对监测结果进行分析研究，并提出环境保护改善方案。

（3）协调业主和承包商之间的关系，处理合同中有关环境保护部分的违约事件。根据合同约定，按索赔程序公正的处理好环境保护方面的双向索赔。

（4）每日对现场出现的环境问题及处理结果作出记录，每月向有关单位和部门提交环境月报，并根据积累的有关资料整理环境监理档案。

（5）参加单元工程的竣工验收工作，对已完成的工程责令清理和恢复现场。

4. 环境监测

环境监测结果是判断工程区环境质量和处理环境问题的依据，在开展环境监理工作的同时，必须开展环境监测工作。

施工区环境监测主要包括水质、大气、噪声、卫生防疫等环境子项目。

（1）水质监测。在生活污水和生产废水排放口设置监测点进行监测。

1）监测内容。生产废水主要监测项目：pH 值、SS、COD、石油类、BOD_5、DO、硝基苯类等；生活污水主要监测项目：SS、BOD_5、COD、TN（总氮）、TP（总磷）等。

2）监测频率。施工初期监测 1 次，施工高峰期监测 1 次。

根据施工现场情况，共设置 8 个水质监测点。生活污水监测点 3 个，布置在生活营地；生产废水监测点 5 个。

（2）噪声监测。

1）噪声监测点布设。选取施工现场、及临近料场的营地区、村庄、学校等噪声敏感点。

2）监测频率。每季度监测 1 次，并根据施工现场具体情况进行不定期抽检。

按照施工现场噪声敏感点分布情况，共设置声环境监测点 6 个。

（3）粉尘监测。环境空气质量监测主要包括施工道路扬尘监测、取土料场粉尘监测等。环境空气质量监测点的位置按照工程施工规划的总体布置，选取在与污染排放源较近的城镇、居民聚集区，或文教卫等地点，即受工程施工活动环境空气影响相对较重的村镇、学校、卫生院（所）等附近。该工程拟布设大气监测点6个。

监测频率：施工初期监测1次，施工高峰期监测1次；部分施工现场区监测点的监测频率可根据需要进行不定期抽检。

（4）卫生防疫监测。

1）监测范围：食品卫生抽检，施工区蚊蝇、鼠密度监测等。

2）监测频度：对食品卫生实行不定期抽检；鼠密度应适时监测；蚊蝇密度宜在蚊虫活动频繁的旺季加强监测。

4.4.1.4　环境保护投资概算

1. 编制原则与依据

（1）编制原则。

1）执行国家有关法律、法规，依据国家标准、规范和规程。严格遵循"谁污染，谁治理，谁开发，谁保护"原则。对于为减缓或消除因工程兴建对环境造成不利影响需采取的环境保护、环境监测、环境工程管理等措施，其所需的投资均列入工程环境保护总投资内。

坚持"突出重点"原则。对受工程影响较大，公众关注的环境因子进行重点保护，在环保经费投资上给予优先考虑。

把握"一次性补偿"原则。对工程所造成的难以恢复的环境损失，采取替代补偿，或按有关补偿标准给予一次性合理补偿。

2）国家和地方没有适合的定额和规定时，参照类似工程资料。

3）环境保护投资估算采用2008年第一季度价格水平。

（2）编制依据。

1）《水利水电工程环境保护设计概（估）算编制规程》（2007年2月发布，水利部）。

2）《工程勘察设计收费标准》（2002年修订本，国家发计委、建设部）。

3）《国家计委关于加强对基本建设大中型项目概算中"价格预备费"管理有关问题的通知》（国家发改委计投资〔1999〕1340号）。

4）《建设工程监理与相关服务收费管理规定》（发改价格〔2007〕670号）。

2. 环境保护投资概算

环境保护投资概算投资包括环境保护措施费、环境监测措施费、环境保护设备费、环境保护临时措施费、保护独立费用和基本预备费等，环境保护总投资54.48万元，环境监测措施费、环境保护设备费、环境保护临时措施费、环境保护独立费用和基本预备费分别为8.2万元、5.5万元、14.13万元、25.05万元、1.59万元，详见表4.4-1。

表4.4-1　　　　山东角峪水库除险加固工程环境保护投资估算表

序号	工程费用和名称	单位	单价/元	数量	投资/万元
第一部分	环境保护措施费				
第二部分	环境监测措施费				8.2
1	生产废水监测	点·次	1000	10	1.00
2	生活污水监测	点·次	1000	6	0.60

序号	工程费用和名称	单位	单价/元	数量	投资/万元
3	环境空气质量监测	点·次	5000	12	6.00
4	噪声监测	点·次	500	12	0.60
第三部分	环境保护设备费				5.5
1	简易积水坑	m³	25.92	887.03	2.30
2	简易厕所	座	1000	8	0.80
3	混凝土废水处理	个	12000	2	2.40
第四部分	环境保护临时措施				14.13
1	生活污水处理	元/t	280	40.5	1.13
2	机修废水处理	元/辆	320	30	0.96
3	大气污染控制费	元/h	89.98	1020	9.18
4	生活垃圾处理费	元/t	150	13.5	0.20
5	人群健康保护费	元/人	80	333	2.66
第五部分	环境保护独立费用				25.05
1	建设管理费				3.89
(1)	管理人员经常费	第一部分至第四部分之和	4%		1.55
(2)	环保竣工验收费	第一部分至第四部分之和	3%		1.17
(3)	宣教及技术培训费	第一部分至第四部分之和	3%		1.17
2	环境监理费	第一部分至第四部分之和	10万元/(人·a)		16.67
3	科研勘测设计费				5.53
4	工程质量监督费	第一部分至第四部分之和	0.25%		0.10
	第一部分至第五部分费用合计				52.89
	基本预备费	第一部分至第五部分之和	3%		1.59
	环境保护总投资				54.48

4.4.2 山阳水库

4.4.2.1 概况

山阳水库除险加固施工内容主要包括准备工程、主坝加固工程、东副坝加固工程、北副坝加固工程、新增副坝加固工程、新建放水洞工程、改建溢洪道工程、复合土工膜铺设[聚乙烯（PE）土工膜]、安全监测设施的布设等。

主要工程量有主体工程土方开挖 63631m³，清基清坡 50449m³，砌石、混凝土等拆除 12084m³。其中土方 161038m³ 作为回填料利用，其余土方和清坡清基用于回填土料场；混凝土浇筑总量约 14129m³，最大浇筑强度为 20m³/h，选用 2 台 0.75m³ 混凝土搅拌机拌制混凝土。

该工程施工总工期 15 个月，施工总工日 5.87 万工日，施工期高峰人数 410 人。其中，施工过程主要受汛期度汛限制，6—9 月为汛期。加固工程对环境的不利影响主要在施工期，为减免施工所产生的不利影响，需要在以下几方面采取环境保护措施。

（1）水污染防治。对施工过程中产生的生产废水和生活污水进行处理，排放废污水应达到《污水综合排放标准》（GB 8978—1996）一级排放标准要求。

（2）采取措施对施工过程中产生的扬尘进行控制，对大气污染物进行治理，施工期环境空气质量应达到《环境空气质量标准》（GB 3095—1996）二级标准要求。

（3）采取措施对噪声污染源进行治理。

（4）对生活垃圾和建筑垃圾进行处理。

（5）强化施工区医疗保健和卫生防疫工作。对施工人员进行体检、采取灭鼠、灭蚊蝇措施。

（6）加强对施工区的环境监测，定期对施工区大气、噪声、水环境质量进行监测。

（7）制定环境管理和环境监理规划。

1. 环境保护评价标准

（1）《地表水环境质量标准》（GB 3838—2002）Ⅲ类标准。

（2）《环境空气质量标准》（GB 3095—1996）二级标准。

（3）《污水综合排放标准》（GB 8978—1996）一级排放标准。

（4）《大气污染物综合排放标准》（GB 16297—1996）（新污染源）二级标准。

（5）《生活饮用水卫生标准》（GB 5749—2006）。

（6）《城市区域环境噪声标准》（GB 3096—1993）2 类标准。

（7）《建筑施工场界噪声限值》（GB 12523—1990）Ⅱ类标准。

2. 环境保护目标

（1）生态环境保护。项目建设区生态系统的整体功能、结构不受到影响。

（2）水库水源地及坝下游水质不因该工程的建设活动而受到影响。

（3）坝下游河流水体不因工程修建而使其功能发生改变。

（4）最大程度减轻施工区废水、大气、固体废弃物和噪声等对环境的影响。

（5）移民安置区的生活水平和生活环境不因工程兴建而降低，并能得到改善。

（6）施工技术人员及工人的人群健康问题得到保护。

3. 依据

（1）《中华人民共和国环境保护法》（1989 年 12 月 26 日）。

（2）《中华人民共和国水污染防治法》（1996 年 5 月）。

（3）《中华人民共和国大气污染防治法》（2000 年 4 月）。

（4）《中华人民共和国固体废物污染环境防治法》（1995 年 10 月）。

（5）《中华人民共和国环境噪声污染防治法》（1996 年 10 月）。

（6）《中华人民共和国土地管理法》（1998 年 8 月）。

（7）《建设项目环境保护设计规定》（1987 年 3 月）。

（8）《中华人民共和国水土保持法》（1991 年）。

（9）《建设项目环境保护管理条例》（1998 年 11 月）。

（10）《饮用水水源保护区划分技术规范》（HJ/T 338—2007）。

（11）《水利水电工程初步设计报告编制规程》（DL 5021—1993）。

(12)《水利水电工程环境保护概估算编制规程》(SL 359—2006)。

(13)《山东山阳水库除险加固工程安全鉴定报告》(2007 年 4 月)。

4. 评价原则

环境保护评价应针对工程建设对环境的不利影响,采用系统分析的方法,将工程建设和地方环境保护规划目标结合起来,进行环境保护措施评价;从可持续性发展的理念出发,力求项目区经济、环境、社会相关要素之间协调和谐发展。该工程环境保护评价主要遵循以下原则。

(1) 预防为主、以管促治、防治结合、因地制宜、综合治理的原则。

(2) 各类污染源治理,经污染控制处理措施后相关指标达到国家规定的排放标准。

(3) 应尽可能减少施工活动对生态环境的不利影响,工程区环境质量得以恢复或改善。

(4) 环境保护对策措施的评价,应切合项目区实际,力求措施具有较强的可操作性。

4.4.2.2 环境保护评价

1. 生活饮用水处理

根据工程建设施工现场的实际情况,项目区附近有村庄和水库管理所,生活用水结合当地饮水方式解决。在施工人员进驻之前,应委托有资质的单位对水源水质进行监测,对施工人员饮用水进行加氯消毒处理。

饮用水加氯消毒处理是防止饮用水污染危及施工人员身体健康,确保工区饮用水满足《生活饮用水卫生标准》(GB 5749—2006) 的相关要求,保障水质安全较为常用的措施之一。考虑该项目施工区生活供给水需求规模较小,推荐采用漂白粉或漂白精片的滤后加氯消毒方式。具体量化标准为:根据漂白粉的有效净氯含量指标推算,1m³ 水中加入漂白粉 8g 左右;若使用漂白精片,1m³ 水中加入 10 片左右。在向水中加入氯制剂作用 30min 后,水中游离性余氯含量维持在 0.3~0.5mg/L。

经采取以上措施处理后,施工区饮用水应满足国家《生活饮用水卫生标准》(GB 5749—2006) 的要求。

2. 生产生活废(污)水处理

根据山阳水库除险加固工程的施工需要,主要施工生产及附属设施有:混凝土拌和站,综合加工厂,机械停放场,金属结构拼装场,仓库及风、水、电系统等。在做施工总体规划布置时,生产生活设施场区的布设综合考虑了坝区地形、交通情况等因素。施工工厂设施(混凝土拌和站、综合加工厂、施工车辆停放场、仓库、生活区等)集中布置在坝后的平地上。

(1) 生活污水处理。山阳水库除险加固工程施工总工期 15 个月,施工过程还需考虑因施工过程主要受汛期度汛限制,即当年 6—9 月的汛期;大坝加固工程主体施工总工日 r 为 5.87 万工日,施工期高峰人数 410 人;施工区员工每人每日平均生活粪便污水排放量 w_{max} 按 3L/d 计算,则生活污水总排放量($Q_\text{总}$)为

$$Q_\text{总} = r \cdot w_{max} \times 10 = 5.87 \times 3 \times 10 = 176.1 (\text{m}^3)$$

施工生活营区外排污水总量相对较小。生活污水中污染物成分主要为 SS(悬浮物)、COD、BOD₅、TN(总氮)、TP(总磷)等。生活污水处理设施(备)类型、设施(备)

数量、容积大小等相关参数，参照工程施工规模和人员集中程度、高峰期人数、施工平均人数、污水排放量等指标来确定。

对于小型生活营地设立简易厕所，洗涤废水选用简易积水坑收集处理，沉淀污水可综合利用，浇灌庭院植被或排入当地排水沟渠；规模较大且相对集中的施工生活营地外排污水，应经过污水处理设施（如化粪池等）处理后排放。

根据施工布置，拟设化粪池 2 个，推荐化粪池采用《建筑给水与排水设备安装图集》（上）L03S002—114 中的 5 号化粪池。其他污水相关处理设施（备）的选型与布设，均应保证满足《污水综合排放标准》（GB 8978—1996）中的一级排放标准要求。

（2）生产废水处理。根据该项目工程施工总体组织布设，施工场地设施布置相对比较集中。计划选用 2 台 0.8m³ 混凝土搅拌机进行混凝土拌和；机械停放场供机械设备、车辆的停放，同时承担机械车辆的冲洗和保养。混凝土浇筑总量约 14129m³，最大浇筑强度为 20m³/h。按生产每立方米混凝土产生废水大约 1.5m³ 推算，该项目施工混凝土生产废水总排放量为 21193.50m³。生产废水的主要处理措施如下。

1）对含有高浓度 pH 值的混凝土拌和类废水，结合施工方案布设，采用沉淀法进行处理，设置 2 处 25m³ 的沉淀池。在生产过程中废水进入沉淀池后，加入适量的酸性调节剂使 pH 至中性，沉淀时间不宜小于 2h，对沉淀池上清液可进行综合回用，如用于工程洒水等；对沉淀池定期清挖，以确保沉淀处理效果，使混凝土拌和废水满足达标排放要求。

2）沙石料场冲洗废水中除 SS 含量稍高外，基本不含其他污染物，经沉淀处理后可重复循环利用、或直接排入河流水体。

3）机械车辆检修冲洗及其他设备检修废水，除悬浮物（SS）含量较高外，还含有石油类等污染物，这类废污水必须经过相关污水设施、设备处理达标后才能排放。根据含油废水排放量及生产设施场区的地形情况，对于生产废水的处理，拟通过沉淀池和隔油池进行处理。隔油池的相关设计参数推荐采用《建筑给水与排水设备安装图集》（上）L03S002—9。如果废水含油量及外排流量较小时，也可采用油水分离装置或简易的隔油板予以处理。含石油类污染废水处理工艺流程见图 4.4－1。

该工程需建造 2 套生产废水（含石油类）处理设施。经污水处理设施（备）处理后，各类生产废水排放应满足《污水综合排放标准》（GB 8978—1996）中的一级标准要求。

3．大气污染控制

施工期大气污染主要来自道路扬尘、沙石场爆破、取土料场开挖作业产生的粉尘，机动车辆（施工机械）燃油排放的尾气等。对施工区的大气污染通过采取以下措施进行控制。

（1）进场机械设备尾气排放必须符合环保相关标准。

（2）加强运输车辆管理，保持良好车况，尽量减少因机械、车辆状况不佳造成的污染。

（3）土料堆放和运输时加强防护，可借助防尘网等覆盖物遮挡以避免风吹起尘及运输抛撒。临近居民区或厂区时车辆实行限速行驶，以防止道路扬尘过多。

（4）对工区道路、施工料场和施工现场定时洒水，洒水量大小和洒水频度可视施工区大气扬尘、粉尘污染的程度而定，一般情况下洒水频率每天至少要保证 2 次。

（5）施工场地设置围挡，工区道路尽可能硬化。

通过采取以上控制措施，各类大气污染物主要外排指标应满足《大气污染物综合排放标准》（GB 16297—1996）中，新污染源二级标准的排放限值。

4. 噪声污染防治

施工区噪声主要来源于交通车辆和施工机械噪声。控制噪声污染，需从以下几个方面着手。

（1）进场设备噪声必须符合环保标准。

（2）临近城镇、乡村等居民区域噪声敏感地段，宜尽量减少夜间作业；运输车辆限速行驶，禁鸣高音喇叭。必要时在噪声敏感点的外围增设声屏障。

（3）噪声较大的施工作业现场员工应配备防护用品，如耳罩等；现场施工车辆（机械设备）尽可能加装消声装置。

采取上述控制措施后，噪声指标应满足《建筑施工场界噪声限值》（GB 12523—1990）中的Ⅱ类标准；对靠近城镇、村庄或文教等场所的施工活动，噪声指标应满足《城市区域环境噪声标准》（GB 3096—1993）Ⅱ类标准。

5. 固体废弃物处置

除原有构筑物的拆除产生的各种建筑垃圾外，固体废弃物主要为生活垃圾。工程施工总工期 15 个月，施工总工日 5.87 万工日，施工期高峰人数 410 人。如果每人每天生活垃圾产生量按 1kg 计算，则施工期生活垃圾总排放量约 58.7t，该工程生活废弃物量相对较少。

生产生活固体废弃物尽量做到无害化集中处理，各施工承包商在其生产、生活营区，应设置专门的固体废弃物收集设施，定期进行清运，运往指定的垃圾场进行填埋处理。

对工程原有构筑物的拆除所产生的各种建筑垃圾，以及工程施工产生的各类弃渣，应根据实际情况对仍具可利用价值的建筑材料、废渣等，予以综合回收利用；无使用价值且无毒无害的生产垃圾集中运往规划的弃渣场处理。

6. 人群健康保护

施工单位应与工程所在地卫生医疗部门取得联系，由当地卫生部门负责施工人员的医疗保健、卫生防疫及意外事故的现场救治工作。为保证工程的顺利进行，保障施工人员的身体健康，应切实提高施工参与者的环境卫生意识，加强健康知识的宣传与普及，强化传染性疾病疫情的预防与监测，控制传染病源并适时切断其传播途径。对施工区人群健康的防护采取如下措施。

（1）对施工人员定期体检。

（2）定期开展灭鼠活动，可采用高效、低毒残留且易于操作的毒饵法，在生活区适时投放毒饵。

（3）加强生活营区饮用水源地和废污水排放的管理，防止病原体滋生。

（4）强化对食品的卫生监督，集体食堂要做到严格消毒。

（5）工程指挥部门应重视疫情监测，做到早发现，早治疗，防止疫情蔓延，对承包商严格执行疫情报告制度。

蚊蝇是疟疾乙脑的主要传播媒体，其根本防治措施在于消除蚊蝇的滋生地；夏、秋是蚊虫活动频繁的季节，施工区要加强卫生防护工作，减少蚊虫的叮咬，预防传染性疾病的流行。

4.4.2.3　环境管理规划

1. 环境管理目标

根据国家有关环境保护法规及本项工程的特点，环境管理的总目标如下。

（1）确保该工程符合环境保护法规、条例要求。

（2）充分利用环境保护投资促进工程潜在效益的充分发挥。

（3）工程所产生的不利影响逐步得以缓解或消除。

（4）实现工程建设的经济、环境与社会效益的同步发展。

2. 环境管理机构及其职责

（1）环境管理机构设置。在工程建设管理单位设置专职环境保护人员，负责施工期的环境管理工作。

（2）环境管理员职责。

1）贯彻国家及有关部门的环境保护方针、政策、法规、条例，落实污染防治规划，对工程施工过程中各项环保措施执行情况进行监督检查。结合该工程特点，制定施工区环境管理办法，并指导、监督实施。

2）代表业主选择有资质的单位签订合同，进行环境监测、环境监理和卫生防疫工作。

3）做好施工期各种突发性污染事故的预防工作，准备好应急处理措施。

4）协调处理工程建设与当地群众的环境纠纷。

5）加强对施工人员的环境保护宣传教育，增强其环境保护意识。

6）定期编制环境简报，及时公布环境保护和环境状况的最新动态，搞好环境保护宣传工作。

3. 环境监理

为防治施工活动造成的环境污染，保障施工人员的身体健康，保证工程顺利进行，需要开展施工区环境监理工作，根据该项目的实际情况，初步考虑安排 1 名专职环境监理工程师，环境监理工程师职责如下。

（1）按照国家有关环境保护法规和工程的环境保护规定，统一管理施工区环境保护工作。

（2）监督承包商环境保护合同条款的执行情况，并负责解释环境保护条款。对重大环境问题提出处理意见和报告，责成有关单位限期纠正。发现并掌握工程施工中的环境问题。对某些环境指标，下达监测指令。对监测结果进行分析研究，并提出环境保护改善方案。

（3）协调业主和承包商之间的关系，处理合同中有关环保部分的违约事件。根据合同约定，按索赔程序公正的处理好环境保护方面的双向索赔。

（4）每日对现场出现的环境问题及处理结果作出记录，每月向有关单位和部门提交环境月报，并根据积累的有关资料整理环境监理档案。

（5）参加单元工程的竣工验收工作，对已完成的工程责令清理和恢复现场。

4. 环境监测

环境监测结果是判断工程区环境质量和处理环境问题的依据，在开展环境监理工作的同时，必须开展环境监测工作。

施工区环境监测主要包括水质、大气、噪声、卫生防疫等环境子项目。

（1）水质监测。在生活污水和生产废水排放口设置监测点进行监测。

1）监测内容：生产废水主要监测项目：pH值、SS、COD、石油类、BOD_5、DO、硝基苯类等。

2）生活污水主要监测项目：SS、BOD_5、COD、TN（总氮）、TP（总磷）等。

3）监测频率：施工初期监测1次，施工高峰期监测1次。

根据施工现场情况，共设置7个水质监测点，其中，生活污水监测点3个，布置在生活营地；生产废水监测点4个。

（2）噪声监测。

1）噪声监测点布设：选取施工现场及邻近料场的营地区、村庄、学校等噪声敏感点。

2）监测频率：每季度监测1次，并根据施工现场具体情况进行不定期抽检。

按照施工现场噪声敏感点分布情况，共设置声环境监测点6个。

（3）粉尘监测。环境空气质量监测主要包括施工道路扬尘监测、取土料场粉尘监测等。环境空气质量监测点的位置按照工程施工规划的总体布置，选取在与污染排放源较近的城镇、居民聚集区，或文教卫等地点，即受工程施工活动环境空气影响相对较重的村镇、学校、卫生院（所）等附近。该工程拟布设大气监测点6个。

监测频率：施工初期监测1次，施工高峰期监测1次；部分施工现场区监测点的监测频率可根据需要进行不定期抽检。

（4）卫生防疫监测。

1）监测范围：食品卫生抽检，施工区蚊蝇、鼠密度监测等。

2）监测频度：对食品卫生实行不定期抽检；鼠密度应适时监测；蚊蝇密度宜在蚊虫活动频繁的旺季加强监测。

4.4.2.4 环境保护投资概算

1. 编制原则与依据

（1）编制原则。

1）执行国家有关法律、法规，依据国家标准、规范和规程。严格遵循"谁污染，谁治理，谁开发，谁保护"原则。对于为减缓或消除因工程兴建对环境造成不利影响需采取的环境保护、环境监测、环境工程管理等措施，其所需的投资均列入工程环境保护总投资内。

坚持"突出重点"原则。对受工程影响较大，公众关注的环境因子进行重点保护，在环保经费投资上给予优先考虑。

把握"一次性补偿"原则。对工程所造成的难以恢复的环境损失，采取替代补偿，或按有关补偿标准给予一次性合理补偿。

2）国家和地方没有适合的定额和规定时，参照类似工程资料。

3）环境保护投资估算采用2008年第一季度价格水平。

（2）编制依据。

1）《水利水电工程环境保护设计概（估）算编制规程》（2007年2月发布，水利部）。

2）《工程勘察设计收费标准》（2002年修订本，国家发计委、建设部）。

3)《国家计委关于加强对基本建设大中型项目概算中"价格预备费"管理有关问题的通知》（国家发改委计投资〔1999〕1340 号）。

4)《建设工程监理与相关服务收费管理规定》（发改价格〔2007〕670 号）。

2. 环境保护投资概算

环境保护投资概算投资包括环境保护措施费、环境监测措施费、环境保护设备费、环境保护临时措施费、环境保护独立费用和基本预备费等，环境保护总投资 64.47 万元；其中，环境监测措施费、环境保护设备费、环境保护临时措施费、环境保护独立费用和基本预备费分别为 8.0 万元、6.12 万元、18.75 万元、29.75 万元、1.85 万元，详见表 4.4 - 2。

表 4.4 - 2　　　　　　　山东山阳水库除险加固工程环境保护投资估算表

序号	工程费用和名称	单位	单价/元	数量	投资/万元
第一部分	环境保护措施费				
第二部分	环境监测措施费				8.00
1	生产废水监测	点·次	1000	8	0.80
2	生活污水监测	点·次	1000	6	0.60
3	环境空气质量监测	点·次	5000	12	6.00
4	噪声监测	点·次	500	12	0.60
第三部分	环境保护设备费				6.12
1	简易积水坑	m³	25.92	1087.03	2.82
2	简易厕所	座	1000	9	0.90
3	混凝土废水处理	个	12000	2	2.40
第四部分	环境保护临时措施				18.75
1	生活污水处理	元/t	280	176.10	4.93
2	机修废水处理	元/辆	320	33	1.06
3	大气污染控制费	元/h	89.98	840	7.56
4	生活垃圾处理费	元/t	150	58.7	0.88
5	人群健康保护费	元/人	80	410	4.32
第一部分至第四部分费用小计					32.87
第五部分	环境保护独立费用				29.75
1	建设管理费				3.19
(1)	管理人员经常费	第一部分至第四部分之和	4%		1.27
(2)	环境保护竣工验收费	第一部分至第四部分之和	3%		0.96
(3)	宣教及技术培训费	第一部分至第四部分之和	3%		0.96
2	环境监理费	第一部分至第四部分之和	15 万元/(人·a)	1.25	18.75
3	科研勘测设计费				7.73
4	工程质量监督费	第一部分至第四部分之和	0.25%		0.08
第一部分至第五部分费用合计					62.62
基本预备费		第一部分至第五部分之和	3%		1.85
环境保护总投资					64.47

4.5 工程管理和保护范围

4.5.1 角峪水库

角峪水库大坝距国防 09 公路 1km，水库下游 3km 是角峪镇政府，5km 以内有青银高速公路，大坝以下保护农田 1.0 万亩，人口 1.2 万人，并直接影响下游牟汶河和京沪高速公路特大桥的防洪安全，地理位置十分重要。

角峪水库管理所定岗人数 35 人，管理制度较为健全，除险加固工程竣工后管理机构以原有管理处为基础，进一步明确水库管理所专职人员。管理所现有人员数量满足规范要求，不再增加编制，对工程的大型维修考虑以社会力量承担。

配备管理人员时应选择具有水利专业知识的人员，上岗前要进行必要的培训，使管理人员掌握水库运行管理的基本知识和常识，熟练掌握各种仪器和工具的使用方法，做好观测检查记录及资料的整编保存工作。

4.5.1.1 工程管理范围

该工程为除险加固工程，建设内容主要包括：大坝改建、溢洪道改建、放水涵洞改建。根据《水库工程管理设计规范》（SL 106—1996）及山东省水利工程管理条例相关规定，划定各建筑物的管理范围如下。

（1）大坝。划定大坝下游坡脚外主河槽段 100m 范围、两侧阶地段 50m 范围、两坝头外 30m 为大坝管理区范围。管理内容主要包括坝体及其附属设施的保护、维护及保养，环境绿化等工作。

（2）溢洪道。划定建筑物外轮廓线以外 50m 范围为工程管理区。

（3）放水隧洞。隧洞出口建筑物外轮廓线在大坝管理范围内，不再重复划定。

（4）管理设施。生产办公、生活设施、交通设施、通信设施等建筑物利用原有设施，其管理范围维持原来的不变。

上述工程管理区的土地按永久征地征用，并办理确权发证手续，待工程竣工时移交管理单位。管理区内土地及其上附着物归工程管理单位使用和管理，其他单位和个人不得擅入或侵占。

4.5.1.2 工程保护范围

为保证工程安全，除按上述要求设置工程管理区外，另设工程保护区。

水工建筑物保护范围在管理范围界线外延，其中，大坝及溢洪道保护范围外延 100m，放水隧洞建筑物保护范围为管理范围外延 50m。

工程保护范围的土地不征用，参照有关法规制定保护区详细管理办法，待工程竣工后由管理单位报上级主管部门批准颁布执行。

4.5.1.3 水库运行调度

（1）水库运用调度原则。在保证水库过程安全的前提下，选用最优调度运用方案，综合利用水资源，充分发挥工程综合效益。

（2）水库调度运用基本要求。山阳水库管理所应每年编制调度运用计划和指标，报上级主管部门批准后执行，同时绘制调度图表；依据批准的调度运用计划和指标，结合水库工程现状和管理运用经验，并参照近期水文、气象预报情况，进行具体最优调度运用。

按下游防洪要求制定水库防洪运用原则，当入库洪水小于 100 年一遇时，控制下泄流量不超过 120m³/s；当入库洪水超过 100 年一遇时，水库敞泄运用。

4.5.1.4　工程维护管理

目前水库已运行多年，对于工程维护和维修有相应的技术要求，也积累了一定的运行管理经验。除险加固工程完成后，应根据建筑物加固情况和新配备设备的情况，制定或修订相应的管理维护、操作运用等技术要求，报请上级主管部门批准后执行。今后需要加强对职工的技术培训，特别是对一些新增管理项目和管理设备要作为重点，以提高职工的管理水平。

管理单位应根据《土石坝安全监测技术规范》（SL 551—2012）及其他相关的规程、规范的要求，制定观测工作细则，包括观测项目的测次、时间、顺序、人员分工、精度要求、资料整理分析保管以及观测设备保护、率定、检修、安全操作等有关各项工作制度，作为工程管理规范的组成部分。应进行经常和特殊情况下的巡检和观测工作，并负责监测系统和全部监测设备的检查、维护、校正、更新补充、完善，监测资料的整编、监测报告的编写以及监测技术档案的建立。定期对大坝及其他建筑物的工作状态提出分析和评估，为工程的安全鉴定提供依据，如果发现异常情况，应立即编写报告及时上报上级主管部门。

大坝管理是水库管理的关键，要经常察看大坝表面有无异常变化，如裂缝、塌陷、鼠洞等，并需对大坝的观测设施进行必要的维修和保护，避免人为破坏确保观测系统正常运行，以便于及时发现问题，及时处理，避免造成重大损失。严格按《水库大坝安全管理条例》77 号令第 3 章的有关规定执行。溢洪道、放水洞闸门启闭前应对闸门和启闭机进行认真检查，闸门停止运行后要及时进行检查、维修和养护。

4.5.1.5　工程管理设施

1. 道路及交通工具

水库现有过坝顶公路可与坝后地方公路连接，对外交通方便，但连接路原路面质量差，为土路，工程竣工后对其进行路面改建，此段道路长约 2.0km。为给坝后工程管理区提供便捷的交通道路，水库加固完成后，对管理所至左坝顶之间 0.5km 的连接道路进行路面改建。上述道路按永久道路改建，采用柏油路面结构，路面宽 6m，总长度约 2.5km。

根据工程管理需要及原有设备缺少的情况，根据规范规定，配备工程管理用载重汽车 1 辆。

2. 管理用房

该工程现有水库管理所现有生产、办公、仓库和职工宿舍等用房都是 20 世纪 60—70 年代修建的，结构简陋、老化陈旧，不能满足目前和今后的管理需要，按规范标准计算，办公用房人均建筑面积 15m²/人，共 525m²；库房及辅助生产用房 420m²，以上共计 945m²。

3. 水文设施

根据山东省水利厅鲁水规计字〔2007〕130 号（2007 年 11 月 28 日）文"关于建设中型水库及 500 万 m³ 以上小型水库水文设施的通知"中的要求，"正在准备实施除险加固工程的中型水库及库容 500 万 m³ 以上的小型水库，其水文设施应与加固工程同步设计、同步实施、同步发挥效益"，本次除险加固增设水文站 1 处，水文站的详细设计见《泰安市岱岳区角峪水库除险加固工程水文设施工程初步设计报告》，水文设施总投资为 91.1 万元。

4.5.2 山阳水库

山阳水库大坝距京沪铁路 12km，距京福高速公路、104 国道 13.5km，距泰良公路 2.5km，距泰楼公路 0.8km，距良庄镇 1km。水库下游主要保护良庄镇、房村镇 4.9 万人和 5.0 万亩农田及京沪铁路、京福高速公路、104 国道等重要交通设施。地理位置重要，防洪任务十分艰巨。水库建成以来，对下游农田灌溉和促进当地经济发展发挥了重要作用。

山阳水库管理所定岗人数 40 人，管理制度较为健全，除险加固工程竣工后管理机构以原有管理所为基础，进一步明确水库管理所专职人员。管理所现有人员数量满足规范要求，不再增加编制，对工程的大型维修考虑以社会力量承担。

配备管理人员时应选择具有水利专业知识的人员，上岗前要进行必要的培训，使管理人员掌握水库运行管理的基本知识和常识，熟练掌握各种仪器和工具的使用方法，作好观测检查记录及资料的整编保存工作。

4.5.2.1 工程管理范围

该工程为除险加固工程，建设内容主要包括：大坝改建、溢洪道改建、放水涵洞改建。根据《水库工程管理设计规范》（SL 106—1996）及山东省水利工程管理条例相关规定，划定各建筑物的管理范围如下。

（1）主坝。划定大坝下游坡脚外主河床段 100m 范围、两侧滩地段 50m 范围、两坝头外 30m 为大坝管理区范围。管理内容主要包括坝体及其附属设施的保护、维护及保养，环境绿化等工作。

（2）北副坝。划定大坝下游坡脚外 20m 范围、两坝头外 30m 为大坝管理区范围。管理内容主要包括坝体及其附属设施的保护、维护及保养，环境绿化等工作。

（3）新副坝。划定大坝上、下游坡脚外 20m 范围、两坝头外 30m 为大坝管理区范围。管理内容主要包括坝体及其附属设施的保护、维护及保养，环境绿化等工作。

（4）东副坝。划定大坝下游坡脚外 30m 范围、两坝头外 30m 为大坝管理区范围。管理内容主要包括坝体及其附属设施的保护、维护及保养，环境绿化等工作。

（5）溢洪道。划定建筑物外轮廓线以外 50m 范围为工程管理区。

（6）放水涵洞。涵洞出口建筑物外轮廓线在大坝管理范围内，不再重复划定。

（7）管理设施。生产办公、生活设施、交通设施、通讯设施等建筑物利用原有设施，其管理范围维持原来的不变。

上述工程管理区的土地按永久征地征用，并办理确权发证手续，待工程竣工时移交管理单位。管理区内土地及其上附着物归工程管理单位使用和管理，其他单位和个人不得擅入或侵占。

4.5.2.2 工程保护范围

为保证工程安全，除按上述要求设置工程管理区外，另设工程保护区。

水工建筑物保护范围在管理范围界线外延，其中，大坝及溢洪道保护范围外延 100m，放水隧洞建筑物保护范围为管理范围外延 50m。

工程保护范围的土地不征用，参照有关法规制定保护区详细管理办法，待工程竣工后由管理单位报上级主管部门批准颁布执行。

4.5.2.3　水库运行调度

（1）水库运用调度原则。在保证水库过程安全的前提下，选用最优调度运用方案，综合利用水资源，充分发挥工程综合效益。

（2）水库调度运用基本要求。山阳水库管理所应每年编制调度运用计划和指标，报上级主管部门批准后执行，同时绘制调度图表；依据批准的调度运用计划和指标，结合水库工程现状和管理运用经验，并参照近期水文、气象预报情况，进行具体最优调度运用。

（3）按下游防洪要求制定水库防洪运用原则，当入库洪水小于 20 年一遇时，控制下泄流量不超过 57.7m³/s；当入库洪水超过 20 年一遇时，水库敞泄运用。

4.5.2.4　工程维护管理

目前水库已运行多年，对于工程维护和维修有相应的技术要求，也积累了一定的运行管理经验。除险加固工程完成后，应根据建筑物加固情况和新配备设备的情况，制定或修订相应的管理维护、操作运用等技术要求，报请上级主管部门批准后执行。今后需要加强对职工的技术培训，特别是对一些新增管理项目和管理设备要作为重点，以提高职工的管理水平。

管理单位应根据《土石坝安全监测技术规范》（SL 551—2012）及其他相关的规程、规范的要求，制定观测工作细则，包括观测项目的测次、时间、顺序、人员分工、精度要求、资料整理分析保管以及观测设备保护、率定、检修、安全操作等有关各项工作制度，作为工程管理规范的组成部分。应进行经常和特殊情况下的巡检和观测工作，并负责监测系统和全部监测设备的检查、维护、校正、更新补充、完善，监测资料的整编、监测报告的编写以及监测技术档案的建立。定期对大坝及其他建筑物的工作状态提出分析和评估，为工程的安全鉴定提供依据，如果发现异常情况，应立即编写报告及时上报上级主管部门。

大坝管理是水库管理的关键，要经常察看大坝表面有无异常变化，如裂缝、塌陷、鼠洞等，并需对大坝的观测设施进行必要的维修和保护，避免人为破坏确保观测系统正常运行，以便于及时发现问题，及时处理，避免造成重大损失。严格按《水库大坝安全管理条例》77 号令第 3 章的有关规定执行。溢洪道、放水洞闸门启闭前应对闸门和启闭机进行认真检查，闸门停止运行后要及时进行检查、维修和养护。

4.5.2.5　工程管理设施

1. 道路及交通工具

水库主坝现有坝顶公路可与地方公路连接，内外交通方便，不再考虑新建对外交通道路。北副坝和新建的副坝间无坝顶连接公路，工程竣工后，应将该段施工临时路（约 1.5km）改建为永久管理道路。东副坝与其他坝段不连接，目前只有当地土路（约 2.0km）可到达坝后，为满足防汛需要，工程竣工后，需对此路段进行路面改建。上述改建道路为柏油路面，里程总计 3.5km，路宽 6m。

工程管理需要及原有设备缺少的情况，根据规范规定，配备工程管理用载重汽车 1 辆。

2. 管理用房

该工程现有水库管理生产、办公、仓库和职工宿舍等用房都是 20 世纪 60—70 年代修建的，结构简陋、老化陈旧，不能满足目前和今后的管理需要，按规范标准计算，办公用房人均建筑面积 15m²/人，共 600m²；库房及辅助生产用房 371m²，以上共计 971m²。

3. 水文设施

根据山东省水利厅鲁水规计字〔2007〕130 号（2007 年 11 月 28 日）文"关于建设中型水库及 500 万 m³ 以上小型水库水文设施的通知"中的要求，"正在准备实施除险加固工程的中型水库及库容 500 万 m³ 以上的小型水库，其水文设施应与加固工程同步设计、同步实施、同步发挥效益"，本次除险加固增设水文站 1 处，水文站的详细设计见《泰安市岱岳区山阳水库除险加固工程水文设施工程初步设计报告》，水文设施总投资为 91.34 万元。

4.6 设计概算

4.6.1 设计依据

1. 依据

（1）水利部水总〔2002〕116 号文"关于发布《水利工程设计概（估）算编制规定》的通知"。

（2）鲁水定字〔2002〕2 号文，关于转发水利部《水利工程设计概（估）算编制规定》和相关概预算定额的通知。

（3）水利部水总〔2002〕116 号文，关于发布《水利建筑工程预算定额》《水利建筑工程概算定额》《水利工程施工机械台时费定额》。

（4）水利部水建管〔1999〕523 号文，关于发布《水利水电设备安装工程预算定额》和《水利水电设备安装工程概算定额》的通知。

（5）各专业提供的设计说明书、工程量及图纸。

2. 人工预算单价

根据水利部水总〔2002〕116 号文和山东省水利厅鲁水定字〔2002〕2 号文的规定，枢纽工程人工工时预算单价为：工长 7.15 元/工时、高级工 6.66 元/工时、中级工 5.66 元/工时、初级工 3.05 元/工时。

3. 材料预算价格

概算编制价格水平年为 2008 年第一季度。

主要建筑材料采用工程所在地区材料价格，另计运杂费、保险费及采保费等，采保费按材料运到工程仓库价格的 3% 计算。主要材料预算价格为：钢筋 5071.57 元/t，汽油 7042.02 元/t，水泥 425 号 90.21 元/t，原木 944.84 元/m³，柴油 6307.88 元/t，板方材 1452.93 元/m³。

主要材料预算价格以基价（钢筋 3000 元/t、汽油 3600 元/t、柴油 3500 元/t、块石 90 元/m³）计入工程单价，余额部分计税后作为材料价差计入独立费用中。次要材料预算价格按现行市场价格计取。

4.砂石料及施工用电、风、水单价

(1) 砂石料外购。砂 65 元/m³，碎石 55 元/m³，块石 60 元/m³，方块石 320 元/m³，粗料石 320 元/m³。

(2) 施工用电。工程按 95% 电网电、5% 自备电计算，电价 0.76 元/(kW·h)。

(3) 施工用风。风价 0.13 元/m³。

(4) 施工用水。水价 0.58 元/m³。

5.费用标准

(1) 其他直接费率。建筑工程按直接费的 2.5%，安装工程按直接费的 3.2% 计算。

(2) 现场经费及间接费，见表 4.6-1。

表 4.6-1　　　　　　　　　　　现场经费及间接费统计表

序号	工程类别	现场经费		间接费	
		计算基础	现场经费费率/%	计算基础	间接费率/%
1	土石方工程	直接费	9	直接工程费	9
2	砂石备料工程	直接费	2	直接工程费	6
3	模板工程	直接费	8	直接工程费	6
4	混凝土浇筑工程	直接费	8	直接工程费	5
5	钻孔灌浆及锚固工程	直接费	7	直接工程费	7
6	其他工程	直接费	7	直接工程费	7
7	设备安装工程	人工费	45	人工费	50

(3) 企业利润。按直接工程费与间接费之和的 7% 计算。

(4) 税金。按直接工程费、间接费、企业利润之和的 3.22% 计算。

4.6.2 概算编制

1.建筑工程

(1) 主体建筑工程概算按设计工程量乘以工程单价。

(2) 内外部观测工程，按设计提供的数据计列。

(3) 永久房屋建筑工程。办公、生产用房，仓库以及生活、文化福利建筑用房，建筑面积由设计提供，室外工程按永久房屋建筑工程投资的 10% 计算。

角峪水库房屋造价指标为：仓库 400 元/m²，变电所、食堂 800 元/m²，调度管理中心 800 元/m²。

山阳水库房屋造价指标为：仓库 600 元/m²，变电所、食堂 800 元/m²，调度管理中心 1200 元/m²，办公室、资料室 1000 元/m²。

(4) 其他建筑工程按主体建筑工程投资的 0.5% 计算。

2.设备及安装工程

主要设备原价采用 2008 年第一季度价格水平，设备费另计运杂费、保险费及采保费等。推荐方案主要设备价格如下。平板闸门 11000 元/t，埋件 10000 元/t，螺杆启闭机 3 万元/t，卷扬机 1.8 万元/t。

3. 临时工程

(1) 临时交通公路。根据设计概算资料，临时新建泥结碎石道路 12 万元/km，改建道路 6 万元/km，10kV 供电线路按 10 万元/km。

(2) 临时房屋建筑工程。仓库按 200 元/m²；办公、生活及文化福利建筑投资按工程第一部分至第四部分建筑安装工作量 1.5% 计算。

(3) 其他施工临时工程。按工程第一部分至第四部分建筑安装工作量（不包括其他施工临时工程）之和的 3% 计算。

4. 独立费用

(1) 建设管理费。不计建设单位开办费；建设单位定员人数根据工程实际情况按 14 人考虑，费用指标 39640 元/(人·年)。工程管理经常费按建设单位开办费和建设单位人员经常费的 20% 计算。工程建设监理费根据发改价格〔2007〕670 号文《建设工程监理与相关服务收费管理规定》计算。

(2) 生产准备费。管理用具购置费分别按工程第一部分至第四部分建筑安装量之和的 0.02% 计算，备品备件购置费按设备费的 0.4% 计算，工器具及生产家具购置费按设备费的 0.08% 计算。

(3) 科研勘测设计费。工程科学研究试验费按工程建筑安装工作量的 0.5% 计算。

工程勘测设计费计算执行计价格〔2002〕10 号文国家计委、建设部关于发布《工程勘察设计收费管理规定》的通知及水利部的相关释义。

(4) 建设及施工场地征用费。编制方法和计算标准参照移民和环境部分编制规定。

(5) 其他。定额编制管理费，按工程建筑安装工作量的 0.13% 计列；工程质量监督费，按工程建筑安装工作量的 0.25% 计列；工程保险费按工程第一部分至第四部分投资的 0.45% 计列。

5. 预备费

基本预备费，按工程第一部分至第五部分投资合计的 5% 计算，不计价差预备费。

6. 计算结果

经计算，角峪水库除险加固工程总投资 4153.98 万元；其中，工程部分投资 3797.25 万元，环境部分投资 54.48 万元，水土保持投资 53.42 万元，临时占地投资 157.73 万元，水文设施工程投资 91.1 万元。

经计算，山阳水库除险加固工程总投资 3770.28 万元；其中，工程部分投资 3520.3 万元，水土保持部分投资 75.38 万元，环境保护部分投资 64.47 万元，临时占地投资 18.79 万元，水文设施工程投资 91.34 万元。

4.7 经济评价

4.7.1 评价方法、依据和主要参数

1. 评价方法和依据

本次经济评价主要依据国家发改委和建设部 2006 年 7 月颁布的《建设项目经济评价方法与参数》（第三版）和水利部发布的《水利建设项目经济评价规范》（SL 72—1994）进行分析计算。

2．主要参数

（1）社会折现率。社会折现率是建设项目经济评价的通用参数，在评价中作为计算经济净现值时的折现率和评判经济内部收益率的基准值，是建设项目经济可行性的主要判别依据。采用 8%的社会折现率进行评价。

（2）计算期。计算期包括建设期和正常运行期。该工程建设期为 2 年，正常运行期取 40 年，故计算期取 42 年。

（3）价格水平年和基准年。价格水平年为 2008 年第一季度。经济评价基准年为项目建设期的第一年，基准点为基准年年初。

4.7.2   国民经济评价

4.7.2.1   费用计算

工程费用主要包括固定资产投资、流动资金及年运行费。

1．角峪水库

（1）固定资产投资。根据投资概算结果，工程静态总投资为 4154 万元。国民经济评价主要对投资估算成果进行如下调整。

1）投资估算的材料价格采用的是 2008 年第一季度的市场价格，其主要建筑材料、人工工资接近影子价格，故不再进行材料、设备、劳动力费用的调整。因占用、淹没土地补偿费占总投资比重很小，为简化计算，这部分费用也不做调整。所以，国民经济评价的影子价格换算系数均采用 1.0。

2）剔除投资估算中属于国民经济内部转移性支付的计划利润和税金。

3）调整土地费用。

4）重新计算基本预备费。

调整后，国民经济评价投资为 3946 万元，第一年 1973 万元，第二年 1973 万元。

（2）设备更新费用。工程机电及金属结构设备的使用年限为 20 年，计算期内需要更新 1 次，更新费用为 322 万元。

（3）年运行费。年运行费包括管理费、综合维护费、水资源费及其他费用等。

1）管理费。包括职工工资、津贴、福利费等，水库管理人员 35 人，每人每年按 3 万元计，共计管理费 105 万元。

2）综合维护费。包括工程日常养护费、岁修和大修理费，根据有关规定及类似工程运行情况，按影子投资的 2.0%计算，共计年均综合维护费 79 万元。

3）水资源费。根据当地水资源费征收管理办法，农业用水不征收水资源费，该工程不征收水资源费。

4）其他费用。主要包括日常办公、差旅、会议等费用，按照上述几项费用的 10%计算，年均 18 万元。

该工程年运行费为上述各项费用合计，为 202 万元。

（4）流动资金。流动资金暂按年运行费的 10%计为 20 万元，在正常运行期的第一年投入。

2．山阳水库

（1）固定资产投资。根据投资概算结果，工程静态总投资为 3770 万元。国民经济评价主要对投资估算成果进行如下调整。

1）投资估算的材料价格采用的是 2008 年第一季度的市场价格，其主要建筑材料、人工工资接近影子价格，故不再进行材料、设备、劳动力费用的调整。因占用、淹没土地补偿费占总投资比重很小，为简化计算，这部分费用也不做调整。所以，国民经济评价的影子价格换算系数均采用 1.0。

2）剔除投资估算中属于国民经济内部转移性支付的计划利润和税金。

3）调整土地费用。

4）重新计算基本预备费。

调整后，国民经济评价投资为 3581 万元。

（2）设备更新费用。工程机电及金属结构设备的使用年限为 20 年，计算期内需要更新 1 次，更新费用为 283 万元。

（3）年运行费。年运行费包括管理费、综合维护费、水资源费及其他费用等。

1）管理费。包括职工工资、津贴、福利费等，水库管理人员 40 人，每人每年按 3 万元计，共计管理费 120 万元。

2）综合维护费。包括工程日常养护费、岁修和大修理费，根据有关规定及类似工程运行情况，按影子投资的 2.0％计算，共计年均综合维护费 72 万元。

3）水资源费。根据当地水资源费征收管理办法，农业用水不征收水资源费，该工程不征收水资源费。

4）其他费用。主要包括日常办公、差旅、会议等费用，按照上述几项费用的 10％计算，年均 19 万元。

该工程年运行费为上述各项费用合计，为 211 万元。

（4）流动资金。流动资金暂按年运行费的 10％计为 21 万元，在正常运行期的第一年投入。

4.7.2.2 效益计算

该项目效益包括农业灌溉效益、防洪效益、水产养殖收入效益以及外部环境效益等。外部效益不易计算，本次经济评价只计算灌区的防洪效益和灌溉效益。

1．角峪水库

（1）防洪效益估算。防洪效益包括工程可减免的洪灾损失和可增加的土地开发利用价值。该工程只计工程减免的洪灾损失。

水库保护下游角峪镇人口 1.2 万人，1.0 万亩耕地，国防 09 公路，青银高速、京沪高速等重要基础设施，地理位置重要，效益比较显著。

根据社会统计资料，分析洪灾损失见表 4.7－1，计算年均防洪效益 584 万元。

表 4.7－1 角峪水库洪灾损失表

频率 P/％	无项目洪灾损失/万元	有项目洪灾损失/万元	有无工程洪灾损失差值/万元	两级洪水平均减少损失/万元	多年平均防洪效益/万元
5					
2	17600		17600	8800	264.00
1	27200		27200	22400	224.00
0.5	30400	19200	11200	19200	96.00
合计					584.00

（2）灌溉效益估算。灌溉效益采用"分摊系数法"计算，水库核定灌溉面积 1.84 万亩。灌区内粮食作物主要有小麦、玉米、红薯、高粱、大豆、大麦等；经济作物主要有花生、芝麻、棉花、大麻、烟草、蔬菜等。

农业产出物主产品中小麦、玉米等为外贸货物，根据经济评价规定应采用影子价格。但考虑到测算影子价格有困难，且目前国内有些农副产品市场已接近国际市场价格。在不影响评价结论的前提下，本次暂按市场价格代替影子价格。

考虑该增产值的产生是水利工程和其他因素共同作用的结果，灌溉效益综合分摊系数取 0.4；水利工程还需考虑水库工程与渠道等工程的分摊，水库工程的分摊系数取 0.8。

经计算，水库产生的灌溉效益为 167 万元。

（3）水产养殖收入。水产养殖每年 2.5 万 kg，按照纯收入 0.75 元/kg，收入约 7.5 万元，按此估计为水产养殖效益。

（4）固定资产余值及流动资金回收。固定资产余值取工程投资的 4%，和流动资金一起在计算期末计入现金流入。

2. 山阳水库

（1）防洪效益估算。防洪效益包括工程可减免的洪灾损失和可增加的土地开发利用价值。该工程只计工程减免的洪灾损失。

山阳水库下游主要保护良庄镇、房村镇 4.9 万人和 5.0 万亩农田及京沪铁路、京福高速公路、104 国道等重要交通设施。地理位置重要，防洪任务十分艰巨。

根据社会统计资料，分析洪灾损失见表 4.7 - 2，计算年均防洪效益 584 万元。

表 4.7 - 2　　　　　　　　　　　　山阳水库防洪效益表

频率 P/%	无项目洪灾损失/万元	有项目洪灾损失/万元	有无工程洪灾损失差值/万元	两级洪水平均减少损失/万元	多年平均防洪效益/万元
5					
2	17600		17600	8800	264.00
1	27200		27200	22400	224.00
0.5	30400	19200	11200	19200	96.00
合计					584.00

（2）灌溉效益估算。灌溉效益采用"分摊系数法"计算，水库核定灌溉面积 1.42 万亩。灌区内粮食作物主要有小麦、玉米、红薯、高粱、大豆、大麦等；经济作物主要有花生、芝麻、棉花、大麻、烟草、蔬菜等。

农业产出物主产品中小麦、玉米等为外贸货物，根据经济评价规定应采用影子价格。但考虑到测算影子价格有困难，且目前国内有些农副产品市场已接近国际市场价格。在不影响评价结论的前提下，本次暂按市场价格代替影子价格。

考虑该增产值的产生是水利工程和其他因素共同作用的结果，灌溉效益综合分摊系数取 0.4；水利工程还需考虑水库工程与渠道等工程的分摊，水库工程的分摊系数取 0.8。

经计算，水库产生的灌溉效益为 129 万元。

（3）水产养殖效益。水产养殖效益比较小，可不计。

（4）固定资产余值及流动资金回收。固定资产余值取工程投资的 4%，和流动资金一起在计算期末计入现金流入。

4.7.2.3 国民经济评价指标及结论

根据角峪水库分析的效益和费用，编制国民经济效益费用流量表（表 4.7-3），计算其评价指标为：经济内部收益率 12.69%，大于 8% 的社会折现率；效益费用比 1.48，大于 1.0；经济净现值为 1723 万元，大于 0。因此，角峪水库除险加固工程在经济上是合理的。

表 4.7-3　　　　　　　　　　角峪水库国民经济效益费用流量表

序号	时间/a 项目	1	2	3	4	5~20	21	22	23	24~40	41	42
1	效益流量			759	759	759	759	759	759	759	759	945
1.1	防洪效益			584	584	584	584	584	584	584	584	584
1.2	灌溉效益			167	167	167	167	167	167	167	167	167
1.3	水产养殖收入			7.50	7.50	7.50	7.50	7.50	7.50	7.50	7.50	7.50
1.4	固定资产余值回收											166
1.5	流动资金回收											20
2	费用流量	1973	1973	223	202	202	368	368	202	202	202	202
2.1	固定资产投资	1973	1973				166	166				
2.2	流动资金			20								
2.3	年运行费			202	202	202	202	202	202	202	202	202
3	净效益流量	-1973	-1973	536	556	556	390	390	556	556	556	743

根据山阳水库分析的效益和费用，编制国民经济效益费用流量表（表 4.7-4），计算其评价指标为：经济内部收益率 13.50%，大于 8% 的社会折现率；效益费用比 1.49，大于 1.0；经济净现值为 1794 万元，大于 0。因此，山阳水库除险加固工程在经济上是合理的。

表 4.7-4　　　　　　　　　山阳水库国民经济效益费用流量表　　　　　　　　单位：万元

序号	时间/a 项目	1	2	3	4	5	6	7	8	9	10~19	20	21~40	41
1	效益流量		713	713	713	713	713	713	713	713	713	713	713	885
1.1	防洪效益		584	584	584	584	584	584	584	584	584	584	584	584
1.2	灌溉效益		129	129	129	129	129	129	129	129	129	129	129	129
1.3	水产养殖收入													
1.4	固定资产余值回收													151
1.5	流动资金回收													21
2	费用流量	3581	232	211	211	211	211	211	211	211	211	494	211	211
2.1	固定资产投资	3581										283		
2.2	流动资金		21											
2.3	年运行费		211	211	211	211	211	211	211	211	211	211	211	211
3	净效益流量	-3581	481	502	502	502	502	502	502	502	502	219	502	674

4.7.2.4 敏感性分析

1. 角峪水库

角峪水库考虑到计算期内投入物和产出物多为预测值，与实际值可能存在着偏差，对评价结果产生一定的影响，分别设定投资增加、效益减少，进行敏感性分析。结果如下：投资增加 10％时，经济内部收益率 11.25％；效益减少 10％时，经济内部收益率 10.79％。

从计算结果看，在设定的浮动范围内，经济内部收益率均大于社会折现率 8％，满足指标要求，说明项目具有一定的抗风险能力。

2. 山阳水库

山阳水库考虑到计算期内投入物和产出物多为预测值，与实际值可能存在着偏差，对评价结果产生一定的影响，分别设定投资增加、效益减少，进行敏感性分析。结果如下：投资费用增加 10％，经济内部收益率为 11.91％；效益减少 10％，经济内部收益率为 11.32％。

从计算结果看，在设定的浮动范围内，经济内部收益率均大于社会折现率 8％，满足指标要求，说明项目具有一定的抗风险能力。

4.7.2.5 财务分析

1. 角峪水库

该工程主要为防洪工程，属社会公益性项目，财务收入很少，该项目只有水产养殖非常少量的收入，因此，只进行财务分析。

（1）财务费用分析。年运行费包括管理费、综合维护费、水资源费及其他费用等。

1）管理费用计算同国民经济评价，为 105 万元。

2）综合维护费按工程静态总投资的 2.0％计算，共计年均综合维护费 83 万元。

3）水资源费不计。

4）其他费用按照以上费用之和的 10％计取，年均 19 万元。

该工程年运行费为上述各项费用合计，为 207 万元。

（2）财务收入分析。该工程以防洪为主，财务收入可有少许的农业灌溉收入和水产养殖收入，农业灌溉收入若按照 20 元/亩计算，灌溉收入可有 36.8 万元；水产养殖每年 2.5 万 kg，按照纯收入 0.75 元/kg，收入约 7.5 万元。合计收入约有 44 万元。

（3）分析结论。工程财务支出 207 万元，财务收入较少，缺口为 163 万元，工程属于公益性项目，当财务收入不能满足其维持正常运行时，建议由政府财政预算支付，维持工程正常运行，发挥其效益。

2. 山阳水库

该工程主要为防洪工程，属社会公益性项目，财务收入很少，该项目只有水产养殖非常少量的收入，因此，只进行财务分析。

（1）财务费用分析。年运行费包括管理费、综合维护费、水资源费及其他费用等。

1）管理费用计算同国民经济评价，为 120 万元。

2）综合维护费按工程静态总投资的 2.0％计算，共计年均综合维护费 75 万元。

3）水资源费不计。

4）其他费用按照以上费用之和的 10%计取，年均 20 万元。

该工程年运行费为上述各项费用合计，为 215 万元。

（2）财务收入分析。该工程以防洪为主，财务收入有少许的农业灌溉收入和水产养殖收入，农业灌溉收入若按照 20 元/亩计算，灌溉收入可有 28.4 万元；水产养殖每年约 2.5 万/kg，按照纯收入 0.75 元/kg，收入约 7.5 万元。合计收入约有 36 万元。

（3）分析结论。工程财务支出 215 万元，财务收入较少，缺口为 179 万元，工程属于公益性项目，当财务收入不能满足其维持正常运行时，建议由政府财政预算支付，维持工程正常运行，发挥其效益。

第5章 小型水库的加固措施特点

5.1 加固前的状况

燕麦地水库、李家龙潭水库和锡伯提水库存在下列主要问题。

（1）土坝中存在的问题。①土坝未达标，坝顶偏低，背水坡比过陡。现状坝顶高程均低于设计坝顶高程。土坝背水坡比过陡，土坝安全存在隐患；②上游干砌石护坡破坏严重。原设计干砌石护坡厚30cm，但施工时块石超径和逊径较为严重，致使块石粒径大小不一，砌筑质量较差。护坡块石受风化、波浪淘刷及冰冻影响，加之管理养护不善，护坡块石破坏严重。

（2）溢洪道出现的问题。溢洪道无护砌及消能设施，渠底高程又较低，一方面使水库无法正常蓄水，水资源未能得到充分利用；另一方面溢洪道无能力承担宣泄较大洪水任务。

（3）输水洞存在的问题。输水洞消力池翼墙受水流冲刷、风化侵蚀和墙后土压力作用及土体冻融等影响，使工程老化，浆砌石出现纵向裂缝。底板受水流冲刷，冻融破坏等，表层已被剥蚀。闸门陈旧、漏水，启闭设备失灵，拦污栅破损。洞身长度不满足土坝加高培厚要求。

5.2 处理措施方案

燕麦地水库、李家龙潭水库和锡伯提水库具体实施除险加固方案均考虑了以下几个方面内容：①根据新的水文资料，复核水库规模；②达标完建尚缺工程设施；③维修加固已遭破坏工程设施。主要包括：①大坝加高培厚。小型水库除险加固工程的除险加固措施应充分利用既有工程。对大坝质量较好、坝身不长、淹没不大的水库，这样做优越性较大，宜对大坝采取加高培厚措施；但对坝身较长的大坝，一般来讲就显得不够经济合理。②溢洪道拓宽。根据新的水文资料，复核水库规模，拓宽溢洪道，拓宽进、出口段。一般水库溢洪道地处右岸或左岸山体坡脚处，闸室段为全风化的岩石，岩石完整性差，中等透水，应对溢洪道进行加固设计。③增建非常溢洪道。利用有利地形增建非常溢洪道，提高水库防洪标准。④输水洞。输水洞除险加固一般主要包括：洞身接长，消力池翻修，更换闸门和启闭设备。输水洞除险加固要对输水洞过流能力进行复核计算。

5.3 采用的新技术

燕麦地水库、李家龙潭水库和锡伯提病险水库加固工作，坚持加固与提高、加固与技术进一步相结合,力求在病险水库治理的技术经济方面有所突破。在 3 个病险水库加固时,采用了新技术、新方法、新材料、新工艺。以上 3 个病险水库均存在上游坝坡冲刷严重,坝体超高及坝体断面不满足要求,无观测设施,管理设施落后、缺乏等问题。关于工程质量问题,以上 3 个土坝主要是渗漏、滑坡和裂缝,其中滑坡和裂缝的产生,有的也与渗漏有关,所以处理土坝质量,关键是防渗。在 3 个病险水库防渗加固中,坝基和坝体都需要防渗加固。在采取工程措施时,多采取垂直防渗措施。近年来水泥深层搅拌防渗墙技术,应用到水库除险加固中效果显著。随着水泥深层搅拌防渗墙施工机械和工艺技术的不断发展和完善,已成为水库大坝防渗加固的一项重要措施。对于坝基,所采用的防渗处理是一种技术先进、工艺合理、工程造价低、防渗效果好、适用范围广。复合土工膜防渗也广泛运用于土坝加固中,因此,3 个水库土坝坝体防渗方案均比较了复合土工膜铺设于上游坡坡面和坝体采用高压定喷灌浆防渗墙。坝基均采用高压定喷灌浆防渗墙。

第6章 小型水库的洪水标准、工程地质评价及除险加固任务

6.1 洪水标准

6.1.1 水文气象

燕麦地水库位于金沙江一级支流牛栏江的右岸支流黑石小河上，行政区划属昭阳区大山包乡老树林村，地理坐标东经103°20′32″，北纬27°20′05″。黑石小河发源于昭阳区大山包乡扫箕湾3302.00m的主峰，流向由西北转向东南，到燕麦地水库后转向西南，在鲁甸县梭山与乐红交界处的下河坝汇入牛栏江，集水面积158km²，河长34.4km，流域最高点海拔3247.00m。其中燕麦地水库集水面积15.6km²，河长5.15km，主河道平均比降52.0‰。水库流域为构造剥蚀、侵蚀高中山地貌，主要地层为二叠系玄武岩及第四系地层。流域内土层厚，土地开垦指数高，植被覆盖差，主要是灌木、杂草，水土流失严重。

流域气候为高原季风气候，干湿季节分明，多年平均降水量1200mm左右，降水量集中于6—10月，占年降水量的85%以上。多年平均径流深600mm，多年平均水面蒸发量1000mm，干旱指数1.0，属昭通市高降水与高径流且阴雨天气多的高寒山区。水库流域附近有大山包、转山包、跳登河、老营盘、拖麻等雨量站点。水库位处高寒山区，气象因子可参照水库西北6km的大山包气象站资料，见表6.1-1。水库南面65km的马树河上的小海子站，径流面积60.6km²，是昭通市南部区唯一的小流域站，可作为水文分析计算的参证站。

表 6.1-1　　　　　　　　　　　大山包站气候因子统计表

项目	降水量/mm	雨日/d	最大1d降雨量/mm	气温/℃				
				平均	最高	最低	1月	7月
数值	1115.4	172	122.5	6.2	23.1	−16.8	1	12.6

项目	日照/h		风速/(m/s)			蒸发/mm
	全年	日均	最大平均	最大	风向	
数值	2324	4.5	19.7	28	WSW	1828

6.1.2 洪水

6.1.2.1 基本资料评述

流域的暴雨受台风外围的影响，因高原上空水汽含量有限，其暴雨的量级居于全国较低水平。流域暴雨以单日雨型为主，雨量大部分集中于6h之内。洪水由暴雨产生，洪水过程为陡涨陡落的尖瘦洪水过程，历时在24h之内。

水库水文观测工作十分薄弱，水文资料十分缺乏，难以满足还原洪水的要求，也不能直接由流量资料推求洪水。所以使用《云南省暴雨洪水查算实用手册》和《昭通水文特性研究》中的"水文地理法"以及水文比拟法进行洪水计算。

（1）由云南省水利厅编制的《云南省暴雨洪水查算实用手册》（1992年12月），以云水规字〔1992〕第92号文通知使用。"本手册可作为面积在1000km²以下小河流规划、小型水利水电工程初步设计和中型可行性研究在无实测流量资料情况下设计洪水计算与审查的依据。"其资料截至1979年，使用时应进行暴雨资料延长。

（2）由云南省水文水资源局昭通分局编制的《昭通水文特性研究》（1997年1月），"依据几十年来大量的水文观测和调查基础资料，经过几年来的分析计算和深入研究……为（昭通市）无水文资料地区的中小型水利水电工程和交通能源设施的规划、设计、施工、运行管理以及城市供水和防洪工程的设计提供科学依据。"资料截止年限为1990年，需要对水文资料进行延长。

6.1.2.2 手册法计算设计洪水

1. 设计暴雨分析计算

（1）暴雨资料的延长。《云南省暴雨洪水查算实用手册》（以下简称《手册法》）的资料截至1979年，采用昭通地区等值线资料，延长至1990年后的暴雨参数为：$H_{1h}=35.0mm$，$H_{6h}=55.0mm$，$H_{24h}=73.5mm$；$C_{V1h}=0.40$，$C_{V6h}=0.36$，$C_{V24h}=0.36$；$C_S=3.5C_V$。

由于水库距大山包气象站直线距离仅6km，且同处气候一致区，因此，采用大山包气象站资料进行水库的暴雨分析。根据大山包气象站1959—1979年21年日暴雨资料，与鲁甸县气象站的同步日暴雨建立相关关系，点据带状分布宽度较大，采用点群中心定线，以延长大山包站的日暴雨系列。经插补延长至2005年资料，共获得49年暴雨系列，按P-Ⅲ型曲线适线，统计参数为$P_均=55.2mm$，$C_V=0.42$，$C_S/C_V=3.5$。

采用大山包站与昭通气象站建立相关关系，推求的大山包站日暴雨统计参数为$P_均=59.0mm$，$C_V=0.44$，$C_S/C_V=3.5$。

（2）暴雨等值线值的修正。由《昭通地区多年平均最大1d暴雨量等值线图》，查得大山包站的多年平均最大1d暴雨量60.0mm，比实测值58.4mm多1.6mm，比插补延长成果分别多4.8mm、1.0mm。由此可见，等值线的暴雨均值与实测值和插补延长值十分接近，从对工程不利的角度出发，可直接采用暴雨等值线成果。设计暴雨成果见表6.1-2。

表 6.1-2　　　　　　　　　　燕麦地水库设计暴雨成果表

项目	设计暴雨/mm		
	1h	6h	24h
均值	35	55	73.5
C_V	0.40	0.36	0.36
C_S	$3.5C_V$	$3.5C_V$	$3.5C_V$
$P=0.2\%$	98.7	141.9	189.5

项目	设计暴雨/mm		
	1h	6h	24h
$P=0.33\%$	93.1	134.8	180.0
$P=0.5\%$	88.6	128.7	171.9
$P=1\%$	80.9	118.3	157.9
$P=2\%$	72.8	107.5	143.5
$P=3.3\%$	66.9	99.5	132.9

2. 产、汇流计算

(1) 产流计算。燕麦地水库的暴雨分区属于全省 14 个分区的第 13 区，产流分区第 1 区，产流参数为：$W_m=100mm$，$W_t=85mm$，$f_c=2.2mm/s$，$\Delta R=1.0mm$，$E=3mm/d$。

根据暴雨公式，计算暴雨过程和时段降水量，由点雨量按时段折减系数换算为面暴雨量和时段面降水过程，采用昭通地区水文特性研究中南区的暴雨雨型，扣初损 15.0mm，扣（后损）稳渗 2.2mm/h，当降水量小于 2.2mm/h，按降水量扣除；最后再扣除雨期蒸发和降水径流不平衡的 1.0mm 后推求净雨过程，见表 6.1-3。

表 6.1-3　　　　　　　　　　燕麦地水库设计净雨过程表

净雨过程 /h	不同频率的设计面净雨/mm					
	$P=0.2\%$	$P=0.33\%$	$P=0.5\%$	$P=1\%$	$P=2\%$	$P=3.3\%$
1	9.66	8.73	7.89	6.30	4.77	3.55
2	93.2	87.7	83.3	75.8	67.9	62.1
3	7.01	6.62	6.29	5.63	5.00	4.43
4	3.43	3.19	2.99	2.57	2.17	1.79
5	2.07	1.80	1.61	1.22	0.82	0.18
6	1.59	1.35	1.17	0.82		
7	1.21	0.99	0.83	0.35		
8	0.91	0.70	0.49			
9	0.66	0.46				
10	0.34	0.07				

(2) 汇流计算。燕麦地水库的汇流分区为第 1 区，汇流参数为：$C_m=0.33$，$C_n=0.70$；最大基流量 0.85m³/(s·100km²)。流域特征值为：$F=15.6km^2$，$J=0.052$，$L=5.15km$，$B=0.58$；因最大 3h 平均雨强大于 10mm，故采用 10mm 为主雨强。推求单位线的参数为 $m_1=1.45$，$n=1.1$，$K=1.33$。由单位线和净雨推求地表径流过程，再加入基流、潜流为总流量过程，见表 6.1-4。

表 6.1－4　　　　　　　　　　燕麦地水库设计洪水过程线表

时段 /h	不同频率流量/(m³/s)					
	$P=0.2\%$	$P=0.33\%$	$P=0.5\%$	$P=1\%$	$P=2\%$	$P=3.3\%$
0	0.13	0.13	0.13	0.13	0.13	0.13
1	20.2	18.2	16.5	13.2	10.0	7.50
2	205	193	183	165	148	134
3	128	121	115	104	93.5	84.9
4	70.9	66.7	63.7	57.8	52.2	47.1
5	42.2	39.4	37.9	34.2	31.2	27.1
6	25.9	24.0	23.4	21.1	18.6	16.4
7	17.7	16.2	16.1	14.3	13.1	11.8
8	13.6	12.4	12.5	10.8	11.1	10.3
9	10.8	9.72	9.55	9.03	10.3	9.73
10	9.57	8.36	8.89	9.02	10.9	10.3
11	7.99	7.33	8.48	9.01	11.3	10.8
12	7.87	7.47	9.00	9.74	12.3	11.8
13	8.15	7.88	9.67	10.5	13.4	12.8
14	8.62	8.40	10.4	11.4	14.5	13.9
15	9.18	8.98	11.2	12.2	13.4	12.8
16	9.78	9.59	11.9	13.1	12.3	11.8
17	10.4	10.2	12.7	12.2	11.2	10.7
18	11.0	10.8	11.9	11.4	10.1	9.66
19	11.7	11.5	11.2	10.5	9.00	8.60
20	11.0	10.8	10.4	9.65	7.89	7.55
21	10.4	10.2	9.58	8.78	6.78	6.49
22	9.75	9.57	8.79	7.92	5.67	5.43
23	9.11	8.94	8.01	7.05	4.56	4.37
24	8.47	8.31	7.22	6.19	3.46	3.31

设计洪水成果为 $Q_{0.2\%}=205\text{m}^3/\text{s}$，$Q_{0.33\%}=193\text{m}^3/\text{s}$，$Q_{0.5\%}=183\text{m}^3/\text{s}$，$Q_{2\%}=148\text{m}^3/\text{s}$，$Q_{3.3\%}=134\text{m}^3/\text{s}$；$W_{0.2\%}=241$ 万 m^3，$W_{0.33\%}=227$ 万 m^3，$W_{0.5\%}=223$ 万 m^3，$W_{2\%}=191$ 万 m^3，$W_{3.3\%}=175$ 万 m^3。

6.1.2.3 昭通水文地理法

根据《昭通地区水文特性研究》推荐的图表和经验公式分别计算流域的洪峰流量。公式为

$$Q_{0m} = CP_{d0}A_n \qquad (6.1-1)$$

式中：Q_{0m} 为多年平均洪峰流量，m^3/s；P_{d0} 为面暴雨均值，$P_{d0} = \eta \cdot P_d$，η 为点面折减系数，P_d 为点 24h 暴雨均值；C 为地理参数；A 为面积，km^2；n 为指数，为 0.75。

根据《昭通地区水文特性研究》中推荐的图表和公式，水库流域面积 15.6km^2，最大 1d 暴雨均值 65.0mm，点面折减系数 0.975，地理参数 0.06，由《昭通地区水文特性研究》推荐的公式计算的洪峰流量均值为 $29.7\text{m}^3/\text{s}$，离势系数 $C_V = 0.90$。按 $C_S = 4C_V$ 查取相应 K_P 值，以此计算的设计洪峰流量为 $Q_{0.2\%} = 209\text{m}^3/\text{s}$，$Q_{0.33\%} = 188\text{m}^3/\text{s}$，$Q_{0.5\%} = 172\text{m}^3/\text{s}$，$Q_{2\%} = 116\text{m}^3/\text{s}$，$Q_{3.3\%} = 96.8\text{m}^3/\text{s}$。

根据本流域特性，按《昭通地区水文特性研究》中的 $W = 0.775Q_m^{1.16}$，计算多年平均最大 24h 洪量，计算结果为 $W_{均} = 39.6$ 万 m^3。按 0.68 倍的洪峰离势系数推求为最大 24h 洪量的离势系数，以 $C_S = 3.5C_V$ 查取相应 K_P 值，以此计算的设计最大 24h 洪量为 $W_{0.2\%} = 172$ 万 m^3，$W_{0.33\%} = 159$ 万 m^3，$W_{0.5\%} = 149$ 万 m^3，$W_{2\%} = 113$ 万 m^3，$W_{3.3\%} = 99.0$ 万 m^3。详见表 6.1 - 5。

表 6.1 - 5 　　　　　　　　麦地水库水文地理法洪水计算成果表

项目	$P = 3.33\%$	$P = 2\%$	$P = 1\%$	$P = 0.5\%$	$P = 0.33\%$	$P = 0.2\%$
洪峰流量/(m^3/s)	96.8	116	144	172	188	209
24h 洪量/万 m^3	99.0	113	130	149	159	172

6.1.2.4 水文比拟法

按参证站小海子站 41 年资料和历史调查洪水组成不连续系列，按经验频率公式计算频率为

$$P = a/(N+1) + [1 - a/(N+1)](m-L)/(n-L+1) \qquad (6.1-2)$$

式中：a 为调查历史洪水个数，取 3 个；N 为调查历史洪水排位期；m 为洪水序号；n 为实测洪水个数；L 为实测系列中提出的大洪水，取 0。

用矩法公式计算统计参数，经 P - Ⅲ型曲线适线求得最大洪水的峰和量统计参数如下。

洪峰：$Q_{0m} = 90.0\text{m}^3/\text{s}$，$C_{Vq} = 0.60$，$C_{Sq} = 4C_{Vq}$；

洪量：$W_{24h,0} = 133.4$ 万 m^3，$C_{Vw} = 0.50$，$C_{Sw} = 3.5C_{Vw}$。

按日暴雨（P_d）、面积（A）、河道比降（S）、流域形状系数（B）比指数改正为流域的洪峰，即

$$Q'_{0m} = Q_{0m} S'^{1/4} P_d'^{1.15} A'^{0.75} B'^{1/3} / (S^{1/4} P_d^{1.15} A^{0.75} B^{1/3}) \qquad (6.1-3)$$

按面积比的 0.95 次方计算得流域的多年平均 24h 洪量。在同一气候区洪峰离势系数 C_V 有随面积减小而增大的规律，水库面积比参证站的小，但差别较小，因此洪峰与洪量的离势系数（C_V）均移用参证站的 C_V 值，即 $C_{Vq} = 0.60$，$C_{Vw} = 0.50$。偏态系数 C_S 值，洪峰的倍比为 4 倍，洪量倍比为 3.5 倍。设计洪水成果见表 6.1 - 6。

表 6.1 - 6   燕麦地水库水文比拟法洪水计算成果表

断面	$P=3.33\%$	$P=2\%$	$P=1\%$	$P=0.5\%$	$P=0.33\%$	$P=0.2\%$
洪峰流量/(m³/s)	120	138	161	184	199	216
24h洪量/万 m³	79.6	88.3	100	111	118	127

6.1.2.5 合理性检查及成果采用

上述 3 种方法的计算结果显示，设计洪峰流量的计算结果差别较小，而 24h 洪量差别较大，以手册法成果最大，水文地理法居中，水文比拟法最小，各方法比较见表 6.1 - 7。

表 6.1 - 7   燕麦地水库 3 种方法洪水计算成果比较表

项目		$P=3.33\%$	$P=2\%$	$P=1\%$	$P=0.5\%$	$P=0.33\%$	$P=0.2\%$
洪峰流量/(m³/s)	手册法（采用）	134	148	165	183	193	205
	水文比拟法	120	138	161	184	199	216
	水文地理法	96.8	116	144	172	188	209
	最大相对误差/%	27.8	21.3	13.2	6.79	5.14	5.14
24h洪量/万 m³	手册法（采用）	175	191	206	223	227	241
	水文比拟法	79.6	88.3	100	111	118	127
	水文地理法	99.0	113	130	149	159	172
	最大相对误差/%	54.5	53.8	51.5	50.1	47.9	47.4

水库附近站点的洪峰流量及洪峰模系数见表 6.1 - 8，其中，50 年一遇洪峰模系数鱼洞站为 9.55，跳石站为 8.39，小海子站为 16.9；100 年一遇洪峰模系数鱼洞站为 11.4，跳石站为 9.98，小海子站为 19.7。

表 6.1 - 8   麦地水库附近站点洪峰模系数分布情况表

站点	径流面积/km²	50 年一遇		100 年一遇	
		洪峰流量/(m³/s)	洪峰模系数	洪峰流量/(m³/s)	洪峰模系数
鱼洞站	709	759	9.55	905	11.4
跳石站	512	537	8.39	638	9.98
小海子站	60.6	260	16.9	304	19.7
燕麦地水库	15.6	148	23.7	165	26.6
新华站（北部区）	324	1528	32.4	1802	38.2

手册法的洪峰模系数与流域附近的站点比较，高于山区、丘陵区的大流域站（鱼洞、跳石站），而与流域面积相对较小的小海子站接近，同时又小于当地高降水且产汇流条件较好的北部区水文站，说明流域洪峰模系数在面上的分布是合理的。

水文地理法是依据当地实测水文数据由水文工作者辛勤研究的地区性方法，但由于当地南部区资料系列较长的小流域水文站点较少（仅小海子站），水文条件复杂，其成果可作比较。水文比拟法虽经流域基本参数的修正，但由于下垫面条件的差异及集水面积的悬殊，影响成果质量的因素较多，具有不确定性，其成果供参考。

因此，采用《云南省暴雨洪水查算实用手册》的洪水成果，是合理的。

6.1.2.6　后汛期洪水

水库附近无小流域水文观测资料，后汛期设计洪水参照渔洞水库全年洪水与后汛期洪水的比例分析确定，成果见表 6.1-9。

表 6.1-9　　　　　　　　　　　燕麦地水库后汛期洪水计算表

序号	项目	渔洞水库	燕麦地水库
一	径流面积/km²	709	15.6
二	设计洪水		
1	全年洪水		
(1)	频率 P/%	3.33	3.33
(2)	洪峰流量/(m³/s)	654	134.0
(3)	洪水总量/万 m³	3700	175.5
2	后汛期洪水		
(1)	频率 P/%	3.33	3.33
(2)	洪峰流量/(m³/s)	247	50.6
(3)	洪水总量/万 m³	1980	84.5
三	校核洪水		
1	全年洪水		
(1)	频率 P/%	0.5	0.33
(2)	洪峰流量/(m³/s)	1050	193.0
(3)	洪水总量/万 m³	5910	228.6
2	后汛期洪水		
(1)	频率 P/%	0.5	0.33
(2)	洪峰流量/(m³/s)	460	84.6
(3)	洪水总量/万 m³	2980	103.7

注　渔洞水库后汛期为 9 月下旬至 11 月，燕麦地水库采用 10—11 月，相应调整洪水总量。

6.1.3　泥沙

由于库盆内植被较少，上游水土流失较严重。据调查库盆自 1973 年蓄水以来，坝前最大淤积厚为 13.1m，库尾最大淤积厚 2.5m，年均淤积量为 1.98 万 m³，淤积较严重。

6.2 小型水库工程地质评价

6.2.1 燕麦地水库
6.2.1.1 工程地质勘察概述

病险水库大坝安全评价工作，主要完成了 1：500 坝址区工程地质测绘 0.5km²，1：500 坝址区工程地质纵横剖面测绘 2km；钻探孔 6 个（其中，坝体钻孔 3 个，左、右坝肩各 1 个，右岸滑坡体 1 个），钻探进尺共计 271.8m；坝体坑探 2 个；钻孔压水试验 42 段，注水试验 13 段，取土样 15 组 45 件，坑槽探取样 2 组；物理试验 15 组，力学试验 15 组，击实试验 2 组等地质勘察工作。

依据云南省昭通市水利水电勘测设计院 2006 年 3 月的地质勘察及试验资料及现场查勘情况，参照《中小型水利水电工程地质勘察规范》（SL 55—2005）要求，编制工程地质勘察成果，为燕麦地水库大坝的除险加固初步设计阶段的设计提供地质依据。

6.2.1.2 区域地质构造与地震动参数

燕麦地水库大坝工程在区域地质构造上位于扬子准地台滇东台褶带滇东北台褶束之中，西距小江活动断裂带大于 40km，断裂构造不太发育，新构造活动性迹象也不明显，区域稳定性相对较好。工程区内主要断裂构造为区域南部、东南部的断层 F1、F2。断层地表延伸长约 10km，构造带宽 5～15m，主要由碎裂岩、糜棱岩组成，性质为压扭性。

根据中国地震局 2001 年 2 月发布的 1：400 万《中国地震动参数区划图》（GB 18306—2001），工程区的地震动峰值加速度为 0.10g，地震动反应谱特征周期为 0.45s，相应地震基本烈度为Ⅶ度。

6.2.1.3 水库区的地质条件与环境地质问题评价

1. 水库区的地质条件

燕麦地水库属侵蚀～剥蚀型中高山地形地貌，地势西高东低。河流流向 SE～SW，河床高程 2750.00～2800.00m，两岸山顶高程 2900.00～3278.00m，相对高差 100～528m。左岸为斜坡至陡坡地形，坡度 20°～35°；右岸较平缓，坡度 10°～20°。水库区植被一般，为高原牧草及少量松树。

水库区地层由二叠系上统峨眉山玄武岩组（P_2^β）及第四系地层组成。二叠系上统峨眉山组玄武岩（P_2^β）遍及整个库区，岩性以深灰色致密块状玄武岩、杏仁状玄武岩、斑状玄武岩为主，下部夹凝灰岩，本组厚度大于 500m。第四系库盆淤积层（Q_4^f）、冲洪积层（Q_4^{al+pl}）及残坡积层（Q_4^{el+dl}）、人工堆积层（Q_4^s），分布于库区坡麓、谷地内。主要由砂质黏土、粉砂质黏土、粉质黏土夹少量碎砾石组成，厚 0～13.1m。

水库区位于勺寨向斜轴部南端，东面 10.9km 为水磨向斜，南西 7km 为梭山背斜。岩体流面产状：走向 N30°～40°E，倾向 SE，倾角 8°～15°。水磨断层位于东侧 4.7km，六合—老营盘断层位于南西侧 7.5km。库区节理裂隙发育，未见通向库外的褶皱与断层。

水库区库盆均由玄武岩组成，属相对隔水层，地下水类型为风化裂隙水，富水性弱～中等。孔隙水主要赋存于第四系松散层内，与风化裂隙水一道接受大气降雨补给，就近沟谷排泄，汇入燕麦地水库。

2. 水库区的环境地质问题评价

（1）库区渗漏。库盆出露岩性为上二叠统峨眉山组（P_2^β）致密块状、杏仁状玄武岩，为相对隔水层。岩层表面风化裂隙发育，透水性中等，深层透水性微弱。虽左岸东部为洒渔河低邻谷，但库盆两岸山体宽厚，且无断层通过库盆，两岸沟谷内雨季均见有泉点出露，且泉水点的出露高程高于库水位，不存在库区渗漏问题。

（2）库岸稳定。库盆内未见突出的不良物理地质现象。岩层大多呈单斜层产出，走向北西，倾向南西（上游），倾角 $14°\sim45°$。水库左岸为逆向坡，基岩多裸露，地形坡度 $25°\sim40°$，岸坡稳定性好。水库右岸山坡为顺向坡，地形较平缓，坡度 $15°\sim30°$，地形与岩体结构面组合属稳定结构。库区经多年运行除局部见有零星坍岸外，库岸整体稳定性好。

（3）库区淹没与浸没。库区内无可供开采利用的矿产资源，也无受保护的文物古迹，不存在其他淹没与浸没问题。

（4）水库淤积。由于库盆内植被较少，上游水土流失较严重。据调查库盆自 1973 年蓄水以来，坝前最大淤积厚为 13.1m，库尾最大淤积厚 2.5m，年均淤积量为 1.98 万 m³，淤积较严重。

6.2.1.4 坝址区基本地质条件

1. 地形地貌

坝址区所在河谷近南北向，坝址为不对称 "V" 形谷。河底高程 2744.00m，河宽 120m；左岸坡顶高程 2835.30m，高差 91.3m，斜坡至陡地形，坡度 $20°\sim40°$；右岸坡顶高程 2813.30m，高差 69.3m，缓坡地形，坡度 $10°\sim20°$。

紧靠右坝肩下游 $78\sim135$m 处有一冲沟，走向近东西向，与主河道交角近于垂直；冲沟断面呈 "V" 形，沟深 $5\sim8$m，底宽 $2\sim3$m，岸坡 $30°\sim45°$，局部为陡坎；冲沟内有常年性流水，由于下切强烈，冲沟两侧蠕变塌陷严重，冲沟口形成中等规模的洪积扇。该冲沟直接影响溢洪道出口段安全。

2. 地层岩性

（1）基岩。坝址区的基岩主要为二叠系上统峨眉山组灰黑色（表层风化后呈黄褐色）致密块状、杏仁状玄武岩（P_2^β）和紫红色、暗紫红色凝灰岩（$P_2^{\beta 1}$）。

凝灰岩厚 $2\sim3$m，坝址区共揭露 3 层，第一层见于左岸坡输水涵洞出口底板，厚 2.0m，埋深 $30.0\sim32.7$m（高程 $2773.50\sim2770.80$m），右岸部分已被剥蚀；第二层出露于右岸下游冲沟，并被钻孔 ZK5、ZK6 揭露，厚 $2.5\sim2.7$m，钻孔 ZK5 揭露埋深 $19.9\sim22.4$m（高程 $2757.50\sim2760.00$m），钻孔 ZK6 揭露埋深 $30.0\sim32.7$m（高程 $2770.80\sim2773.50$m）；第三层仅被钻孔 ZK6 揭露，厚度 3.9m，埋深 $50.1\sim54.0$m（高程 $2749.50\sim2753.40$m）。

（2）第四系松散堆积层。坝址区第四系松散堆积层主要为库盆淤积层（Q_4^f）、冲洪积层（Q_4^{al+pl}）、残坡积层（Q_4^{el+dl}）和人工堆积层（Q_4^s）。

1）库盆淤积层（Q_4^f）位于坝址区上游库盆内，由含砂、砾石黏土及淤泥质黏土组成，为成库后近期淤积物，厚度最厚为 13.1m、一般 $4\sim8$m。

2）冲洪积层（Q_4^{al+pl}）位于坝址区上游库盆淤积层下部及下游河床内，由砂、砾石及砂、砾质黏土组成，厚 0.5～8.6m。

3）残坡积层（Q_4^{el+dl}）分布于坝址区两岸山坡，由褐红色黏土、砂质黏土夹碎砾石、块石组成，厚 0.5～6m。

4）人工堆积层（Q_4^s）主要为坝身填土，由砂质黏土夹碎石、砾石组成，厚 0～28m。

3. 地质构造

坝址区的岩层为单斜构造，产状为 N30°～40°E，倾向 SE，倾角 8°～15°。坝址区未见其他断层及褶皱形迹，但节理裂隙较为发育；主要节理有两组，产状为：①N40°～50°W，SW∠73°～88°；②N46°～80°E，NW∠67°～84°。

4. 水文地质条件

坝址区的含水岩层主要为玄武岩及第四系松散堆积层，地下水属松散岩类孔隙水及玄武岩基岩裂隙水，受大气降水补给，于沟谷或低凹处出露为泉。

右坝肩地下水活动强烈，2781.50m 高程处见泉水点，流量 1.0L/s；下游 2760.00～2765.00m 高程处大面积浸湿渗水，主要出水点 3 个，流量分别为 0.4L/s、0.6L/s、0.8L/s；上游冲沟内 2779.00m 高程处大面积浸湿渗水，主要泉水点流量 0.9L/s。另外，雨季自坝上游冲沟至大坝 2774.00～2779.00m 高程间见长约 220m 线状浸湿。上述泉水与右岸古滑坡有直接的关联。

5. 物理地质现象

坝址区物理地质现象主要表现为冲沟、滑坡、风化及卸荷。

（1）冲沟。坝址左岸冲沟 3 条，对大坝有影响的仅 1 条，表现为季节性冲沟水直接冲刷坝体；右岸见冲沟 2 条，一条位于上游约 210m，于 2779.00m 高程处出露泉水；另一条位于下游约 78m，冲沟内有常年性流水，冲沟两侧蠕变塌陷严重，冲沟口形成中等规模的洪积扇。

（2）滑坡。右岸玄武岩风化剧烈，全风化下限达 33m；岩层产状：N30°～40°E，SE∠8°～15°，为顺层坡，发育 2 组高角度节理。钻孔揭露第二层凝灰岩厚 2.5～2.7m，埋深 19.9～30m；第三层凝灰岩厚 3.9m，埋深 50.1；凝灰岩易风化、泥化，浸水后力学性质差，属顺层的软弱结构面；同时，地下水活动强烈，2761.00～2781.50m 高程处见泉水点 5 个，泉水流量 0.2～1.0L/s，由上述地质原因及地震综合作用形成了右岸滑坡体；滑坡的前缘高程 2760.00～2775.00m，宽度自坝上游冲沟至坝下游冲沟间，后缘至 2820.00m 高程，面积约 0.12km²；滑面大致以第二层凝灰岩为底界，滑面倾角 15°；物质包含地表土及部分全至强风化玄武岩，深度 16～30m，滑向 SE；1974 年 4 月发生地震，滑体中部产生两条宽 5～20cm 地裂缝。

（3）风化。坝址区岩石风化深度随地形变化，顶部风化程度较深，近河床部位及陡崖地带风化程度较浅，坝址区岩石风化较为均一，根据钻孔揭示（详见表 6.2-1），全风化带最大厚度（强风化带顶界最大埋深）为 33.0m，弱风化带顶界最大埋深 55.0m。

（4）卸荷。坝址区河床部位两岸陡岸处见有少量的卸荷裂隙，坝址右岸下游 150m 左右，由于受与坝线方向大致平行的冲沟切蚀，山坡中见有多条卸荷裂隙，卸荷带最大宽度达 80cm，卸荷裂隙张开宽达 1～2.5cm 不等，深度多大于 5m，除此外两岸缓坡地带未发现其他卸荷裂隙。

表 6.2 - 1 　　　　　　　　　燕麦地水库区域钻孔情况统计表 　　　　　　　单位：m

孔号	孔口高程	孔深	坝体厚度	坝基冲（坡）积层厚度	全风化底界埋深	强风化底界埋深	地下水位高程	弱透水层埋深/高程
ZK1	2804.00	55.0	0	0	33.0	45.0		45.0/2759.00
ZK2	2779.70	43.0	28.0	1.0	0	33.0	2752.70	33.0/2746.70
ZK3	2769.40	30.8	15.7	1.8	0	25.5	2754.50	25.5/2743.90
ZK4	2773.20	38.0	20.0	1.2	0	28.5	2766.70	28.5/2744.70
ZK5	2779.90	40.0	4.5	0	25.8	30.0	2773.20	30.0/2749.90
ZK6	2803.50	65.0	0	4.0（坡）	32.7	55.0		55.0/2748.50

6.2.1.5　工程地质评价

1. 坝基工程地质评价

据钻孔资料（ZK2、ZK3、ZK4）揭露，燕麦地水库的大坝坝基底部残留第四系含砾质黏土夹砂卵砾石等冲洪积物，厚 1.0～1.8m（推测上游库盆沼泽堆积、淤泥质黏土及含砾质、粉质黏土夹砂卵砾石冲洪积层，最厚约 13.1m），冲洪积层结构密实，坝基不存在压缩变形问题，地基承载力建议值详见表 6.2 - 2。

表 6.2 - 2 　　　　　　　　　燕麦地水库坝基地层承载力建议值

地层代号	岩性	承载力/kPa
Q_4^s	粉质黏土夹碎石	100～350
Q_4^{al+pl}	砂、砾石、黏土	150～350
	排水棱体	200～400
$P_2^{\beta 1}$	凝灰岩	400～500
P_2^{β}	玄武岩（强风化）	800～1000
	玄武岩（弱风化）	1000～1500

坝基冲洪积层渗透性属中等透水层，下伏基岩为全～强风化岩体，透水率 $q = 17.7$～59.4Lu，属中等透水层，坝基局部存在渗漏问题。

2. 两坝肩工程地质评价

（1）左坝肩工程地质评价。左坝肩地形坡度 15°～35°，局部地形较陡，坝轴线下游约 20m 处有一小冲沟。局部出露 1～2m 的第四系残坡积含碎石黏土，其余基岩裸露，为峨眉山组玄武岩。输水涵洞出口底板高程 2756.00m 处见一层凝灰岩，走向 N26°E，倾向山内，倾角 10°，边坡为逆向坡，岸坡与结构面组合属稳定结构，岸坡稳定性及抗滑稳定性较好。

据钻孔 ZK1 揭露，全风化底界深 33m，强风化底界深 45m。孔深 45m（高程 2759.00m）以上的岩体透水率 q 为 22.9～126.4Lu，属于中等～强透水层，以下的岩体透水率 q 为 3.96～7.17Lu，属弱透水层。高程 2759.00m 以上可能存在绕坝渗漏问题。

（2）右坝肩工程地质评价。右坝肩属滑坡体，下游冲沟下切至两岸第四系及全风化岩体形成蠕动。但水库建成至今，经历水库蓄水以及 1993 年、1995 年鲁甸发生多次地震，滑坡体无明显滑动迹象。1974 年 4 月发生地震，滑体中部产生 2 条宽 5～20cm 地裂缝。

据钻孔 ZK5、ZK6 揭露，高程 2748.50～2749.90m 以上的岩体透水率 q 为 17.9～

65.0Lu，属于中等透水层，以下的岩体透水率 q 为 5.4～7.9Lu，属于弱透水层。高程 2748.50～2749.90m 以上可能存在绕坝渗漏问题。

3. 大坝坝体结构及坝体质量评价

（1）大坝坝体结构。大坝坝体结构分为两层，坝体填筑土层和坝基冲积土层。

1）坝体填筑土层。由砾质粉质黏土组成，其中，砾粒含量 6.7%～23.1%，均值 14.7%；砂砾含量 9.0%～24.3%，均值 13.4%；粉粒含量 16.0%～37.0%，均值 36.8%；黏粒含量 14.8%～52.0%，均值 27.9%；压缩系数 $a_{V1-2}=0.19～0.41MPa^{-1}$，多属中压缩性土；注水试验渗透系数 $k=8.7\times10^{-4}～3.3\times10^{-3}cm/s$，渗透系数平均值 $2.05\times10^{-3}cm/s$，属中等透水；最优含水量为 31.1%，平均最大干密度 ρ_d 为 1.566g/ cm^3；压实度为 73.2%～92.4%，压实度平均值为 82.7%。

2）坝基冲积土层。由含砾黏土颗粒组成，其中，砾粒含量 14.7%，砂砾含量 20.7%，粉粒含量 35.8%，黏粒含量 27.9%；压缩系数 $a_{V1-2}=0.30MPa^{-1}$，属中压缩性土；注水试验渗透系数为 $k=7.7\times10^{-4}cm/s$，属中等透水。

（2）坝体质量评价。

1）大坝的坝坡。前坝坡护坡块石全被风化为碎石，风化后块径 5～20cm；坝坡起伏不平，起伏度 20～40cm；后坝坡见较多的小土坎、冲沟、鼠洞，局部见小的凹陷，坝体下游第三马道到排水棱体之间存在隆起现象，最高达 20cm。

2）大坝下游坝脚的排水棱体。大坝下游坝脚的排水棱体形状不规整，左侧向下游突出，排水棱体为玄武岩块石，表面已被风化为碎石，结构松散，局部存在塌陷、变形、堵塞等现象，说明排水棱体已失效。

综上分析，坝体存在着坡面变形、填筑质量差等问题，从而引起坝体渗漏。

4. 输水涵洞和溢洪道工程地质评价

（1）输水涵洞。输水涵洞位于大坝左端坝体内，进口底板高程 2759.00m。该涵洞为石灰砂浆砌块石圆拱方形洞，属坝下埋管式无压输水涵洞。该涵洞进口及洞身段基础坐落于弱风化玄武岩上，稳定性较好；出口基础为紫红色、暗紫红色凝灰岩，凝灰岩易风化、泥化，基础稳定性较差。由于涵洞为坝下埋管，顶拱及边墙出现断裂，漏水严重，特别是前段及中段。据记载：当水库蓄水深 17m（高程 2767.00m）时，涵洞的渗漏量达 23L/s，且漏水时易带走坝土，对坝体稳定不利。

（2）溢洪道。溢洪道位于右岸滑坡体前缘。进口段边坡较高，由于岩石风化及节理、卸荷影响，边坡不稳定；出口地形平缓，边坡不高，但面临冲沟，冲沟口第四系碎石土呈松散堆积，厚 2～6m，是受冲沟侵蚀切割下的滑坡次生蠕变体。溢洪道出口段即位于该蠕变体上，1974 年 4 月地震蠕变体活动致使溢洪道拉裂。

总体上溢洪道基础与边坡抗滑、抗震稳定性差，其行洪安全将直接影响右坝肩的安全稳定。

6.2.2 李家龙潭水库

6.2.2.1 坝基工程地质评价

据钻孔资料，大坝坝基的冲洪积黏土厚 1～1.5m，地基承载力建议值 100～200kPa，沼泽堆积的淤泥质黏土、淤泥厚 3～6.4m，地基承载力建议值 50～100kPa，注水试验表明属相对不透水层。冲洪积层或沼泽堆积层下伏的页岩夹砂岩岩体破碎，为弱～中等透水层，地基承载力建议值 400～600kPa。

综合评价：坝基分布沼泽堆积的淤泥质黏土、淤泥等软弱土层，存在不均匀沉陷，坝基抗滑稳定不利；但淤泥及淤泥质黏土相对隔水，具有铺盖作用。

6.2.2.2　两坝肩工程地质评价

（1）左坝肩。左坝肩的山体较单薄，地层岩性为上巧家组页岩、砂岩，岩层倾向下游，倾角大于自然山坡，坝肩稳定性较好。但页岩夹砂岩的构造节理发育，风化强烈，岩体较破碎，山体的前缘面临鲁甸河，坝肩可能存在渗漏问题。

（2）右坝肩。右坝肩的山体较厚，地形平缓，地层岩性为上巧家组泥岩、页岩夹砂岩，岩层倾向下游，倾角大于自然山坡，坝肩稳定性较好。泥页岩含（透）水性弱，但表层岩体破碎，存在渗漏问题。

6.2.2.3　大坝坝体质量评价

坝体填筑土层为坡残积土，母岩为砂页岩。据室内颗粒分析试验得知：砂粒含量 0.2%～47%，粉粒含量 17.5%～57.9%，黏粒含量 34.0%～47.5%；不均匀系数为 9.0～26.4，曲率系数为 0.07～0.42，表明级配不良；坝体土料的天然含水量为 33.6%～41.8%，压实填筑干密度 1.19～1.53g/cm^3，压实度为 78.7%～91.9%，孔隙比为 0.750～1.281，饱和度 80.4%～100%；从钻孔岩芯及坑探揭露的情况看，大坝填筑土层中各段的填土厚度不均匀，填筑土的层间结合部位未做处理，注水试验表明坝体基本属中等透水。据水库运行历史记录，当库水位高于河床 13m 以上时，后坝坡普遍浸湿，坝坡中部严重漏水有 7 处，流量为 0.1L/s。

总之，大坝填筑土料级配较差，坝土的层间结合面未作处理，中等透水，填筑质量稍差。

6.2.2.4　输水涵洞工程地质评价

输水涵洞设于坝体左侧，属坝下埋设拱涵，为圆拱直墙，最大流量 1.25m^3/s。地基为强风化砂页岩，强度能满足要求，基础稳定。目前由于结构被破坏形成渗漏通道，结构不满足稳定和抗震要求。

6.2.3　锡伯提水库

6.2.3.1　水库区地质概况

1. 地形地貌

区域内两大地貌单元为古生代褶皱断块和新生代山间断陷盆地。根据地形形态结合形成的主要因素，区域内地貌类型划分为：褶皱断块山、黄土剥蚀丘陵、冰渍、冰水地貌、山前洪积倾斜平原、冲积平原。

锡伯提水库处在塔城盆地北部，山间断陷盆地，山前洪积倾斜平原上，标高 500.00～1000.00m。整体地势北高南低，由北向南逐渐向盆地中央过渡，地形起伏变化明显。塔尔巴哈台山前的强倾斜平原，分布标高 600.00～1000.00m，斯别特河出山口后有较明显下切，下切深达 30m，两侧发育有两级阶地。

库区在地貌单元位于山前洪积倾斜平原上。水库区地面标高为 960.00～1005.00m，地形大致北高南低。左右岸均为黄土岗地，右岸岸坡较陡，地面坡降 5%～15%。左岸坡度较小，地面坡降 3%～6%。库区地形平坦，河谷呈"U"形，沟谷深 5～10m，宽 15～

25m。为黄土梁在后期冲沟切割作用下形成的小型簸箕状凹地，地面起伏，在973.00m高程处冲沟向上又分成2支。

库区分布大面积黄土，在大气降水作用下，植被稀少，地形坡度大，很容易产生面状坡流地质作用；区域性的上升作用，冲沟切割进一步加强，在库盘内的冲沟中又有新的冲沟形成，深切1m左右。

2. 地质构造及地层岩性

（1）地质构造。库区地处塔城盆地北侧，塔尔巴哈台复背斜和扎依尔复向斜之间的塔城—额敏山间断陷上。塔城—额敏山间断陷是华力西硬性的地槽褶皱基底于第三纪晚期呈断块下陷为山间凹地，上第三系棕红色地层广泛不整合于古生界之上。凹陷内新构造断裂发育，这些断裂控制着盆地基底和地表地形以及第四系厚度。

区域性新构造运动主要表现为普遍性的断裂活动和垂直升降运动。北部山区为强烈上升的褶皱断块山，古老的深大断裂把褶皱岩系断割成若干条形断块。新构造运动则继承了这些老断裂，发生大幅度差异性断块错动，形成了层状的断块山地。与此伴生的侵蚀切割作用使出山口处形成基座阶地。斯别特河出山口处右岸的基座阶地高出河床70~80m。下降为主的山间断陷盆地晚第三纪以来基底断裂进一步发生错动，盆地进一步下陷，使古老基底接受了自晚第三纪以来的沉积物。盆地中心地面标高与山麓地带标高相差600m以上，显示出盆地下降幅度。由于盆地内各断块之间下陷幅度的差异，而导致盆地内第四系厚度的明显变化。受此控制影响区内发育的区域性断裂主要如下。

1）塔克台断裂。位于塔尔巴哈台山前，呈舒缓波状展布，大部分为与第四系的分界，长50km左右。从地形地貌上看，它是北部中低山区与南部低山丘陵至平原的自然界线，十分醒目，地形突变，可见到断层陡崖以及挤压破碎带，破碎带宽30~70m，破碎带内常有不规则石英脉充填，见有断层角砾岩和断层泥。绿泥石化，绢云母化，退色化均较发育，断层两侧地层产状相反，北侧地层产状为70°∠65°，而南侧地层产状为320°~350°∠65°~70°，断层倾向总体向北，其力学性质属压性结构面。断层两侧地层中小褶皱特别发育，地层产状很乱，断层附近岩石多已挤压破碎，沿断层线多为负地形，西部南高北低，东部北高南低，不同地貌单元以此为界。该断裂距水库约15km。该断裂在盆地区域内未发生过地震，因此该断裂对库坝区安全性影响较小。

2）巴尔鲁克断裂。位于巴尔鲁克山南侧，呈北东—南西向延伸，长约100km，属于压扭性岩石圈断裂，形成于华力西期，多次复活。其切割了中、上泥盆统及中石炭统，地貌上形成了明显的构造阶梯，1941年4月5日在裕民县断裂带上发生过5级地震。该断裂距锡伯提水库68km左右，离水库较远，其活动对库坝区安全性影响较小。

（2）地层岩性。区域内地层发育有古生界的泥盆系、石炭系、二叠系，新生界的第三系、第四系，其中缺失中生界。新生界第三系中、上新统多埋藏于盆地内。泥盆系多分布于乔拉克山、吉尔得卡拉山、乌日可下亦山、科朱尔山、巴尔雷克山。石炭系多分布于巴尔雷克山。区域地层由老到新分述如下。

1）古生界。

a. 泥盆系—石灰系塔尔巴哈台组（D_3+C_1）t_1。广泛分布于塔尔巴哈台山区，本组岩性自下而上可细分为4个亚组。

第一亚组：分布于塔尔巴哈台山南麓，下部为暗灰色泥岩、粉砂质千枚岩，灰色石英长石砂岩及暗紫红色凝灰粉砂岩，安山玢岩，生物灰岩及白云岩透镜体。中部为黄褐色安山质凝灰岩，灰绿色石英砂岩，钙质粉砂岩，矽化灰岩和千枚岩。上部是灰色石英长石细砂岩与绢云母片岩互层，灰色千枚状泥质页岩，泥质灰岩夹矽质岩透镜体。

第二亚组：分布于塔尔巴哈台山的中山带及乌什水以南之卡因得山。岩性是绿色，黄褐色粉砂岩，粉砂质泥灰岩夹暗灰色岩屑、晶屑凝灰岩，凝灰砂岩夹凝灰砾岩透镜体。

第三亚组：呈窄带状分布于塔尔巴哈台山，岩性是暗灰色石英钠长斑岩，凝灰岩夹暗灰及灰绿色千枚岩，粉砂岩及薄层灰岩。

第四亚组：分布于乌日可下亦山北坡，岩性为深灰、灰绿色中性凝灰岩夹凝灰粉砂岩。

b. 侵入杂岩。侵入杂岩形成于华力西中晚期，岩性是肉红色中、粗粒钾质或黑云母花岗岩，花岗闪长岩。

2）新生界。

a. 第三系。在盆地边缘傍依山麓只零星出露，主要分布在盆地内部，伏于第四系之下，属内陆湖相堆积。岩性为一套棕色黏土岩。中新统（N_1）为深棕色固结黏土，含石膏细脉及铁质斑点。上新统（N_2）底部为薄层钙质胶结砾岩，上部是浅棕色或黄棕色厚层固结黏土，石膏含量显著减少，普遍含碳酸钙质，并有铁锰质斑点。

b. 第四系。中下更新统冰水沉积层（Q_{1-2}^{fgl}）：分布于塔尔巴哈台山山麓，岩性为漂砾、碎石、砂土组成。漂砾直径一般在 0.2～1.0m，出露厚度 5～20m。

上更新统洪积层（Q_3^{pl}）：呈环状分布于山前，宽度达 10～30km。岩性由盆地边缘向中部变细。洪积平原中、上部是暗灰，灰黑色卵砾石层。砾石成分多为凝灰岩类和花岗岩等。地表多覆盖 0.5～1.0m 的含细粒土砾、细粒土砂，至前缘部位砾石尖灭，过渡为低液限黏土、低液限粉土。该层在工作区表现为洪积的含细粒土砾，厚度 8～30m。

上更新统风积层（Q_3^{eol}）：分布于塔尔巴哈台山山前地带，岩性为浅黄色低液限粉土，颗粒均匀，结构疏松，具大孔隙性和垂直节理。据资料分析：粉粒含量占 46%，细砂粒含量占 45%，黏粒含量占 9%；厚度一般为 5～15m。该层在测区广泛分布。

全新统冲洪积层（Q_4^{al+pl}）：分布于现代河道及冲沟底部，在河道内为卵砾石夹粗砂，在冲沟内一般为砾石、粗砂或砂土。

水库处地层主要为：覆盖于黄土层下的上更新统洪积的卵石、砾石和粗砂；沟谷两岸上更新统风积低液限粉土，除冲沟外厚度一般大于 6m；沿冲沟分布有呈条带状全新统冲积的含砾石砂土。

3. 水文地质条件

该区属寒温带半干旱半荒漠草原气候类型，冬季寒冷、夏季炎热，冬长夏短，气温年、月变化幅度很大，根据额敏气象台的资料可知：流域内多年平均降水量 262.5mm，相对湿度冬季一般在 70%～80%，夏季 40%～60%，年平均为 60% 左右；极端最高气温 39.7℃（1962 年），极端最低气温-34.4℃（1961 年），多年平均气温 5.6℃，多年平均无霜期为 133d，封冻期一般为 10 月到第二年 3 月，冻土深度 1—3 月最大，达 1m，4 月开始解冻。

锡伯提水库处在山前洪积倾斜平原上部，地形坡度大，地表水系靠山区泉水、春季融雪水及部分大气降水补给。水库上游系小斯别特河和斯别特河，小斯别特河年径流量为 6350 万 m^3，斯别特河年径流量为 8360 万 m^3。河流的动态类型为雪水型，即春季积雪融化，大量补给河水、形成春汛，河水溢出河床，泛滥于平原，大量补给地下水。地表为 5～15m 厚的覆盖土，下部为巨厚卵石层，地下水埋深大，据区域地质资料该区地下水埋深约 84m。区域内地下水主要为北部山区深部基岩裂隙水和斯别特河水通过河床卵砾石层直接补给。水库底高出斯别特河床 15m 左右，大气降水稀少，渠系田间灌溉渗漏对附近地下水影响甚微。

6.2.3.2　地震动参数

库区地处塔城盆地北侧，塔尔巴哈台复背斜和扎依尔复向斜之间的塔城—额敏山间断陷上，在区域上具有影响的断裂为塔克台断裂和巴尔鲁克断裂。位于塔尔巴哈台山前的塔克台断裂距水库约 15km，该断裂在盆地区域内未发生过地震，因此该断裂对库坝区安全性影响较小。位于巴尔鲁克山南侧的巴尔鲁克断裂距水库 68km 左右，离水库较远，其活动对库坝区安全性影响较小。

根据现有资料，在区内很少地震发生，本区有历史记载的地震在 100km 半径范围仅为 1941 年 4 月 5 日在裕民县断裂带上发生过 5 级地震，震中距水库约 76km，没有 6.5 级以上地震记录，由于地震活动在时间和空间上一般具有继承性和重复性，因此工作区发生强震的可能性不大。

根据 2001 年版 1∶400 万《中国地震动参数区划图》（GB 18306—2001），该区地震峰值加速度为 $0.05g$，场地反应谱特征周期为 $0.35g$，相当于地震基本烈度Ⅵ度。

在水库附近范围没有发生断裂转折及交叉、非构造应力集中区。根据《中国区域地壳稳定性图》（1∶500 万），区域地壳稳定性为稳定区，库区地震基本烈度为Ⅵ度，因此水库区域稳定性较好，不会产生水库诱发地震。

6.2.3.3　坝址区工程地质条件

大坝建于 1992 年，坝型为均质土坝，由于坝基中低液限粉土厚度差异较大，最大厚度达 12.23m，其下的砾石层厚度较大。水库修建时对坝基低液限粉土的湿陷性未进行彻底处理，坝基湿陷使坝体变形严重。

6.2.3.4　坝体填筑料质量评价

锡伯提水库坝体由低液限粉土组成，坝体土不同深度物理力学性质参数统计见表 6.2-3 和表 6.2-4。

表 6.2-3　　　　　　　　各剖面坝体土力学性质参数统计表

| 坝顶桩号 | 深度/m | 岩性 | 裂缝发育情况 | 土的抗剪强度 | | 渗透系数/(cm/s) | 标准贯入击数/击 | 密实程度 |
				黏聚力/kPa	内摩擦角/(°)			
0+174	6.7	低液限粉土	不发育	41	33.6	$1.83×10^{-6}$	18	
0+720	12.8	低液限粉土	不发育	31	32.7	$6.40×10^{-7}$	26	中密
0+926	6.0	低液限粉土	发育	15.1	24.7	$3.15×10^{-6}$	12	中密
	9.6	低液限粉土	发育	27.8	33.4	$8.15×10^{-7}$	9	稍密
0+998	4.7	低液限粉土	发育			$1.48×10^{-5}$	24	密实

表 6.2－4　　　　　　　　各剖面坝体土物理性质参数统计表

坝顶桩号	深度/m	岩性	裂缝发育情况	天然密度/(g/cm³)	含水量/%	干密度/(g/cm³)	压缩系数	颗粒组成/%		
								砂粒	粉粒	黏粒
0＋174	6.7	低液限粉土	不发育	2.19	11.7	1.96	0.11	17.0	68.0	15.0
0＋720	12.8	低液限粉土	不发育	2.14	14.4	1.87	0.13	27.6	59.1	13.3
0＋926	6.0	低液限粉土	发育	2.04	17.6	1.73	0.21	16.8	70.0	13.2
	9.6	低液限粉土	发育	2.04	16.3	1.75	0.14	15.0	62.4	22.6
0＋998	4.7	低液限粉土	发育	2.11	14.5	1.84	0.13	20.4	61.8	17.8

由物探资料知，0＋061～0＋205 段，坝体波速主要在 130～250m/s 间，说明坝体质量较好。只在桩号 0＋061～0＋110 段 2.5～7m 深度，波速在 50～130m/s 之间，强度差，裂缝发育，其余坝体波速在 130～250m/s 之间，强度相对较好，裂缝不发育。0＋251～0＋275 段和 0＋317～0＋365 段中的 0＋251～0＋260 段在 5m 左右、0＋340～0＋365 段在 5～7m 深度，波速在 50～130m/s 之间，强度差，裂缝发育；其余坝体波速在 130～250m/s 之间，说明质量相对较好。0＋698～0＋840 段代表低波速（50～150m/s）的红色和黄色主要分布在 3～10m 深度段，说明该坝段坝体裂缝发育，但坝体上部 2.5～5m 深度范围，颜色以蓝绿为主，波速在 130～250m/s 之间，坝体质量较好。0＋895～1＋040 段，2～8m 深度范围，红黄色的低速体呈蜂窝状不规则分布，说明该坝段坝体存在严重的质量问题，裂缝和软弱层相当发育；而且在 0＋980 桩附近，裂缝较深，可达到 15m 左右，其中上部 2.5～5.0m 范围，波速在 130～250m/s 之间，强度相对较好。1＋062～1＋085 段，在原地面线以上，即坝体部分，颜色以蓝绿为主，波速在 200～250m/s 之间，说明坝体质量较好。

依据《水利水电工程地质勘察规范》（GB 50287—1999）附录 D "岩土物理力学性质参数取值要求"，坝体 0＋061～0＋110 段 2.5～7m、0＋251～0＋260 段 5m 左右、0＋340～0＋365 段 5～7m、0＋698～0＋840 段 3～10m 和 0＋895～1＋040 段 2～8m 的低液限粉土物理力学参数综合取值：天然密度（ρ）为 2.04g/cm³，干密度（ρ_d）为 1.74g/cm³，含水量（ω）为 16.8%，孔隙比（e）为 0.545，黏聚力（C）为 21.45kPa，摩擦角（φ）为 29°，压缩模量为 9.14MPa，压缩系数为 0.175MPa⁻¹。其余坝体质量较好，较密实的低液限粉土物理力学参数综合取值：天然密度（ρ）为 2.147g/cm³，干密度（ρ_d）为 1.89g/cm³，含水率（ω）为 13.5%，孔隙比（e）为 0.479，比重（G_s）为 2.69，液限（w_L）为 24.7%，塑限（w_P）为 14.2%，塑性指数（I_P）为 10.6，黏聚力（C）为 28.73kPa，摩擦角（φ）为 31.1°，压缩模量为 10.24MPa，压缩系数为 0.2MPa⁻¹，砂粒含量为 19.6%，粉粒含量为 66.7%，黏粒含量为 13.7%。坝体土渗透系数为 $6.40 \times 10^{-7} \sim 1.48 \times 10^{-5}$cm/s，属极微透水性，坝体渗漏量很小，可不考虑。

从表 6.2－3 和表 6.2－4 分析可知，坝体填筑料的主要物理力学指标满足均质土坝填筑料质量技术要求，渗漏量很小。从物探资料看，坝体填筑质量较好。坝体填筑材料标准贯入试验坝体密实度为稍密～中密。总体说明坝体填筑质量较好。

6.2.3.5 坝基工程地质条件评价

1. 坝基细粒土工程性质

水库坝基由低液限黏土和低液限粉土组成。低液限黏土在坝基处主要分布于右岸，随着地势的变化向沟谷处逐渐变薄。左岸只在 0＋417 处 ZK8 的 15.96～23.40m 揭露。低液限粉土在坝基处主要分布于左岸，右岸则呈透镜体存在于低液限黏土中，在 0＋720 处 ZK5 的 20.20～28.30m、0＋841 处 ZK2 的 10.60～15.40m 和 0＋926 处 ZK1 的 9.60～15.00m 深度有所揭露。

2. 主坝东端及东副坝坝基土

主坝东端及东副坝坝基土主要是覆于含细粒土砾之上的低液限粉土，由 0＋100 处的 ZK13 和 0＋174 处的 ZK6 可以看出，细粒土在坝基处随着地面高程增加逐渐变厚。根据地层岩性，坝基细粒土分为以下 2 层。

(1) 层低液限粉土。土黄色，含少量的钙质结核。天然密度 1.63～2.01g/cm³，干密度 1.47～1.83g/cm³；含水率 7.8%～10.6%，稍湿；孔隙比 0.48～0.74，中密～密实状态；压缩模量 5.5～16.5MPa，压缩系数 0.1～0.3MPa⁻¹，属中等压缩性；黏聚力 16.0～19.4kPa，摩擦角 22.6°～29.5°；渗透系数 1.8×10^{-6}～3.0×10^{-5}cm/s，属弱～微透水性。

(2) 层低液限黏土。土黄色，可塑～硬塑状态，稍湿，天然密度 1.94g/cm³，干密度 1.71g/cm³，含水率 13.6%，孔隙比 0.84；压缩模量 7.3MPa，压缩系数 0.2MPa⁻¹，属中等压缩性；黏聚力 16.0kPa，摩擦角 28.4°；渗透系数 2.4×10^{-7}cm/s，属极微透水性。在 K0＋000～K0＋140 段，974.30～973.50m 高程处，标准贯入试验击数 5～9 击，承载力值 140～180kPa，承载力建议值 150kPa。在 K0＋417～K0＋504 段，967.90～966.70m 高程处，标准贯入试验锤击数 5～9 击，承载力值 140～180kPa，承载力建议值 150kPa。

3. 主坝 0＋504～0＋720 段坝基土

该段坝基土是含细粒土砾，青灰色，湿，稍密状态；砾石含量占 63.3%，砂含量占 23.8%，粉粒含量占 10.1%，黏粒含量占 2.8%；重型动力触探试验锤击数 22～27 击，承载力值 400～450kPa，承载力建议值 400kPa。

4. 主坝西端及西副坝坝基土

主坝西端及西副坝坝基土由低液限粉土、低液限黏土和含细粒土砾组成，且主要是以低液限粉土和含细粒土砾组成。根据地层岩性，坝基细粒土可分为以下 2 层。

(1) 低液限粉土。土黄色，天然密度 1.76～2.05g/cm³，干密度 1.64～1.80g/cm³，含水率 7.1%～14.1%，稍湿；孔隙比 0.50～0.64，密实状态；压缩模量 5.9～13.1MPa，压缩系数 0.1～0.3MPa⁻¹，属中等压缩性；黏聚力 10.0～12.6kPa，摩擦角 25.8°～27.8°；渗透系数 2.7×10^{-6}～8.2×10^{-7}cm/s，属微～极微透水性。

(2) 低液限黏土。土黄色，硬塑状态，天然密度 1.96g/cm³，干密度 1.68g/cm³，含水率 16.7%，稍湿；孔隙比 0.614，压缩模量 10.1MPa，压缩系数 0.2MPa⁻¹，属中等压缩性；黏聚力 17.0kPa，摩擦角 26.6°，渗透系数 6.0×10^{-6}cm/s，属微透水性。

5. 坝基渗漏评价

水库坝基由低液限黏土、低液限粉土和砾石组成。坝基 0＋000～0＋516 和 0＋742～

1＋200 段为低液限黏土、低液限粉土和含细粒土砾组成的双层结构，其中，东副坝及主坝东端的 0＋000～0＋504 段和西副坝及主坝西端的 0＋742～1＋200 段，两段处低液限黏土和低液限粉土厚度大，其渗透系数为 $5.73×10^{-7}～7.19×10^{-6}$ cm/s，属极微透水性，可视为不透水层。砾石的渗透系数为 $5.93×10^{-3}$ cm/s，属中等透水性。

6. 坝基细粒土湿陷性评价

根据勘察试验资料综合分析，副坝坝基细粒土存在一定的湿陷性，且随着土层厚度的增大，湿陷程度逐渐增强。主坝东端及东副坝坝基细粒土经综合分析，在 K0＋000～K0＋100 段具中等湿陷性，湿陷系数参考取值为 0.04；在 K0＋100～K0＋504 段具轻微湿陷性，湿陷系数参考取值为 0.02。0＋000～0＋100 段坝基湿陷性土总湿陷量是 78.0cm，单位湿陷量是 6.0cm/m，该段坝基属Ⅲ级湿陷性。0＋100.00～0＋504.00 段坝基湿陷性土总湿陷量是 12.0～23.0cm，湿陷量是 3.0cm/m，该段坝基属Ⅰ级湿陷性。

主坝西端及西副坝坝基细粒土经综合分析，在 K0＋720～K1＋100 段具轻微～中等湿陷性，湿陷系数参考取值 1.0～3.0m 为 0.031，3.0m 以下为 0.018。在 K1＋100～K1＋200 段具轻微湿陷性，湿陷系数参考取值为 0.02。0＋720～1＋100 段坝基湿陷性土总湿陷量是 23.9～29.3cm，湿陷量是 1.8～2.4cm/m；1＋100～1＋200 段坝基湿陷性土总湿陷量是 26.0cm，湿陷量是 1.6cm/m；该 2 段坝基均属Ⅰ级湿陷性。

6.2.3.6　库区工程地质条件评价

1. 库区细粒土的分布规律

为探明库区细粒土层厚度，库区共部署对称四级电测深剖面 8 条，以四横四纵构成测网，覆盖了全部库区（死库容面积除外）。其中剖面间距 70～400m，剖面长度 400～1000m 不等，测点点距为 50～100m。库区细粒土层的分布规律见《锡伯提水库工程地质图》。等值线随库区地形的变化而呈现出规律性的变化，一般在低地势的沟内，等值线的值较低，多在 0～8m 间，对应覆盖土层的厚度较薄，最薄处不到 1m，例如在主坝 0＋460～0＋570 段；而在地形变化微弱、地势平坦的库外平原之上，等值线的值却相对较高在 20m 以上，对应土层的厚度较大，厚度最大处近 30m，例如在西副坝 1＋200 以北的麦田处；除此以外的其他地带则随着地形由高向低的变化，土层的厚度逐渐变薄，例如由东副坝向西，土层的厚度由 20m 逐渐降低至 2m 左右。

综上所述，库区细粒土层整体上覆于第四纪冲积、洪积含细粒土砾和卵石混合土层之上，在地表水流的侵蚀与搬运等外力地质营力长期、持续作用下，具有大空隙和垂直节理等物理性质的细粒土产生了以地表水系为中心的宽大沟堑，中心带已侵蚀至卵砾石层，细粒土层厚度近于零。由中心带向两侧土层的厚度随地形的变化而变化，最大至 30m。并且细粒土层在测区平原的厚度由北向南渐薄。最大厚度分布于库区北部，其次为东、西副坝以外；厚度最小处分布于沟堑内及沟堑近处，且以东部面积最大。

2. 库区覆盖层物理力学性质

库区覆盖层由低液限粉土、低液限黏土和含细粒土砾组成，依据《水利水电工程地质勘察规范》（GB 50287—1999）附录 D "岩土物理力学性质参数取值要求"，库盘内不同深度低液限粉土和低液限黏土砾物理力学性质参数见统计表 6.2－5 和表 6.2－6。

表 6.2-5　　　　　　　　　　　库盘内不同深度岩性物理性质参数统计表

坑号	取样深度/m	分类名称	天然密度/(g/cm³)	含水率 ω/%	干密度/(g/cm³)	孔隙比	颗粒组成/%		
							砂粒	粉粒	黏粒
TK4	1.80～2.20	低液限粉土	1.93	19.9	1.61	0.677	24.5	62.7	12.8
	4.00～4.20	低液限黏土	1.78	21.7	1.46	0.846	21.2	62.5	16.3
TK5	2.50～2.80	低液限黏土	1.63	13.8	1.43	0.885	21.3	63.5	15.2
	5.00～5.30	低液限粉土	1.74	17.9	1.48	0.829	25.3	60.4	14.3
TK6	2.00～2.20	低液限粉土	1.76	17.8	1.49	0.807	13.9	66.7	19.4
	4.80～5.00	低液限黏土	1.73	23.5	1.40	0.935	17.1	60.5	22.4
TK7	2.00～2.20	低液限粉土	1.60	10.9	1.44	0.871	26.4	61.3	12.3
	4.80～5.00	低液限黏土	1.77	14.5	1.55	0.747	20.6	66.8	12.6
TK8	4.50～4.80	低液限黏土	1.64	17.3	1.40	0.931	12.3	70.8	16.9
TK10	3.00～3.40	低液限黏土	1.54	9.8	1.40	0.925	20.8	67.7	11.5

表 6.2-6　　　　　　　　　　　库盘内不同深度岩性力学性质参数统计表

坑号	取样深度/m	分类名称	土的抗剪强度		压缩系数/MPa	湿陷系数	渗透系数/(cm/s)
			黏聚力/kPa	内摩擦角/(°)			
TK4	1.80～2.20	低液限粉土	4	27.0	0.31		2.04×10^{-5}
	4.00～4.20	低液限黏土	14	24.0	0.42		1.21×10^{-5}
TK5	2.50～2.80	低液限黏土	3	31.8	0.60	0.04	1.35×10^{-4}
	5.00～5.30	低液限粉土	2	29.9	0.49		4.82×10^{-5}
TK6	2.00～2.20	低液限粉土	5	33.2	0.29	0.02	9.53×10^{-6}
	4.80～5.00	低液限黏土	23	22.8	0.37		1.83×10^{-5}
TK7	2.00～2.20	低液限粉土	10	30.7	0.58	0.04	4.44×10^{-5}
	4.80～5.00	低液限黏土	7	33.1	0.27		5.21×10^{-5}
TK8	4.50～4.80	低液限黏土	11	27.9	0.28	0.05	
TK10	3.00～3.40	低液限黏土	2	32.0	0.55	0.05	

3. 库盘细粒土湿陷性

根据本次勘察，库盘细粒土的湿陷性在分布和深度上存在不同程度的差异。库盘内湿陷性土分布于 980.00m 高程以上分布区。依据本次试验资料湿陷性土具体分布如下。

（1）上游两冲沟之间的三角地上分布的黄土均为湿陷性土，其湿陷程度规律是向上游湿陷程度逐渐增强，随着深度的增大湿陷程度逐渐增强。其中，0～4.0m 湿陷系数是0.016～0.022，属轻微湿陷性土；4.0～5.5m 湿陷系数是 0.032，属中等湿陷性土；5.5～7.0m 湿陷系数是 0.037，属中等湿陷性土；7.0m 以下湿陷系数是 0.074，属强烈湿陷性土。

（2）库盘上游两冲沟之间的三角地上分布的湿陷性土，在小于 2.0m 分布区总湿陷量是 6.6cm，大于 8.0m 分布区总湿陷量是 27.5～42.3cm，属Ⅱ级湿陷性；4.0～6.0m 厚度分布区总湿陷量是 11.4～21.9cm，属Ⅰ级湿陷性。

（3）库盘左岸湿陷性黄土分布于 980.00m 高程以上，其湿陷程度规律是随着地势的升高湿陷程度逐渐增强，在 980.00～990.00m 高程间分布区，0～2.0m 湿陷系数是 0.026，属轻微湿陷性土；2.0～4.0m 湿陷系数是 0.030，属中等湿陷性土；4.0～6.5m 湿陷系数是 0.032，属中等湿陷性土；6.5m 以下湿陷系数为 0.001～0.002，小于 0.015，属非湿陷性土。990.00m 高程以上分布区，湿陷系数是 0.097～0.107，属强烈湿陷性土。

（4）库盘左岸分布的湿陷性土，在 980.00～990.00m 高程间分布区，在 4.0～6.0m 的厚度处总湿陷量是 16.8～23.2cm，属Ⅱ级湿陷性；厚度大于 6.0m 的土总湿陷量是 24.0cm，属Ⅰ级湿陷性。990.00m 高程以上分布区，为厚度大于 14.0m 的湿陷性土，总湿陷量是 125.0～156.0cm，属Ⅲ级湿陷性。

（5）库盘右岸湿陷性土分布于 980.00m 高程以上分布区，其湿陷程度规律是随着地势的升高湿陷程度逐渐增强，在 980.00～985.00m 高程间分布区，0～2.0m 湿陷系数是 0.006，属非湿陷性土；2.0～5.0m 湿陷系数是 0.053，属中等湿陷性土；5.0m 以下湿陷系数为 0.002～0.011，小于 0.015，属非湿陷性土。985.00m 高程以上湿陷系数是 0.018～0.031，属轻微～中等湿陷性土。

（6）库盘右岸分布的湿陷性土，在 980.00～985.00m 高程间分布区，总湿陷量是 23.9cm，属Ⅰ级湿陷性。990.00m 高程以上分布区，为厚度大于 18.0m 的湿陷性土，总湿陷量是 33.6～41.7cm，属Ⅱ级湿陷性。

4. 库盘细粒土的渗透性

根据勘察，库盘细粒土渗透系数是 6.65×10^{-6}～4.28×10^{-4} cm/s，属中等～微透水性。库盘内呈带状分布的含细粒土砾的渗透系数为 1.56×10^{-3}～5.14×10^{-3} cm/s，属中等透水性；具体情况如下。

（1）上游两冲沟之间的三角地上分布的细粒土，表层渗透系数是 4.18×10^{-4}～4.28×10^{-4} cm/s，属中等透水性。

（2）库盘左岸分布的细粒土，表层渗透系数是 1.38×10^{-5}～4.94×10^{-5} cm/s，属弱透水性。5m 以下深层渗透系数是 1.06×10^{-5} cm/s，属弱透水性。

（3）库盘右岸 975.00～985.00m 高程间分布的细粒土，表层渗透系数是 6.65×10^{-6} cm/s，属微透水性。985.00m 高程以上分布的细粒土，表层渗透系数是 1.40×10^{-4} cm/s，属中等透水性。5m 以下深层渗透系数是 2.56×10^{-5} cm/s，属弱透水性。

6.2.3.7　坝基沉陷、库盘渗漏原因分析

1. 坝基沉陷原因分析

东、西副坝及与副坝衔接处的部分主坝段坝基，为 5～15m 厚的非自重湿陷性黄土，土质以粉粒为主，其次是砂粒，属轻质壤土或轻粉质砂壤土，天然容重 1.5～1.6g/cm³，含水量 7%～10%，具有大孔隙结构，较松散。天然状态抗剪强度指标，黏聚力 $C = 20.4$ kPa，摩擦角 $\varphi = 29.75°$；饱和快剪 $C = 0.1$ kPa，摩擦角 $\varphi = 25°$。原设计对坝基下非自重湿陷性黄土的处理方案为："打埂成畦并泡水 2～5 次"。

　　黄土成分在不同地区，不同时代其颗粒组成十分近似，均具有较高的粉砂粒；其矿物成分，特别是重矿物，在不同地区，不同地貌位置上，其种类及含量也基本相同，但具有明显的各向异性。在水平方向上，自北而南，自西向东，粗粉砂及细砂颗粒逐渐减少，黏粒含量逐渐增多。在垂直的方向上，自上而下黏粒逐渐增多，即地质时代越早，黏粒含量越多。

　　由于黄土形成期所处环境气候干燥，从颗粒的方向性来看，系由风的搬运沉积而成。但黄土中往往夹有碎屑或中细砂层，并有贝壳之类存在，说明在黄土形成过程中，有原生基岩或上游河床的砂砾石由于洪水的搬运沉积而形成各种与母岩或上游河床颗粒有直接联系的夹层。因此可以说黄土是由风积-洪积-冲积交替进行所形成的。

　　风积和洪积的松散粉砂土，在雨水淋滤的作用下凝结起来。由于蒸发的作用，土中水分又很快减少，在毛细管作用下，含有较高浓度盐分的水溶液，将大部分细小颗粒牵集到砂-粉粒接触点附近，因而使得黄土形成了以砂-粉粒为骨架，以黏土矿物及上述物质为充填材料的非常疏松而又相当结实的土层，这样黄土结构的雏形便初步形成。

　　当水分继续蒸发，盐溶液浓度继续增加，促进了胶体物质的固化和盐分的浓缩和结晶，但这种固化过程往往是可逆的，当雨水的多次淋滤及蒸发，带有二氧化碳的碳酸溶解、干燥、蒸发又促使溶液浓度加大固结，进一步加强了接点的强度，形成了强度较大的固化黏聚力。黄土结构便是由许多这样的集成体共同组成。

　　由于黄土是由砂-粉粒为骨架的架空结构，较大颗粒"浮"在这个架空结构中，细粉粒、黏粒及胶体附在砂-粉粒表面，特别是集中在大颗粒的接触处，因而黄土的结构就决定它是低容重、大孔隙的天然结构，加上降雨的不断淋滤，使黄土逐渐形成许多垂直的孔隙。

　　典型黄土特性是低含水量、高孔隙率和碳酸盐高的粉质壤土，有雨水崩解的特性，塑性指数在 $9\sim12$ 之间，土粒中以粉粒含量最多，占全部重量的 $45\%\sim60\%$，细粉粒含量次之，占全部重量的 $20\%\sim40\%$，黏粒含量占 $10\%\sim16\%$。

　　黄土的天然含水量一般在 $8\%\sim15\%$ 之间，通常情况下，它随黄土中的黏粒含量增多而增高。

　　当黄土的含水量增高时，由于土中盐分的溶解与软化，减少了对土粒的胶结力。另外由于胶结土粒的盐膜并不是完全连续的，水分由盐膜裂纹楔入，细颗粒发挥了吸水膨胀性而摆脱了胶结它的盐膜，这样脆性键就部分遭到了破坏。同时黏性键也就转化为较不稳定状态，一部分黏粒间的接触，转化为点接触形式，因而导致黄土结构的变弱和强度的降低。

　　饱和黄土承受上部垂直荷重时，会增加附加沉陷量。饱和黄土在承受来自上部垂直荷重时，土层中产生的水平方向应力向四周传递，迫使基础周围受水浸泡后失去或减弱固化凝聚力的黄土受到侧向的挤压，而增加了附加沉陷量。由于土坝基础面积大，而上部填土荷载又不均匀。坝的中心部位，较之两侧的填土高程为大，坝顶中线的荷载也较之两坝坡高，因此中心部位的垂直荷载促使坝基黄土向两侧挤压，而产生附加沉陷量，这个附加沉陷量是较大的。

　　根据黄土的结构特点，坝基土在水库蓄水后，发生湿陷变形，随着库水位的升高，湿陷变形也会增加。

2. 库盘渗漏原因分析

锡伯提水库库盘内主要是沟底及左岸的卵砾石层及两岸大面积的黄土，黄土下也是深厚的卵砾石层。卵砾石层为中等透水性，厚度大（5～20m）、地下水位较深。库盘内低液限粉土及低液限黏土 5.0m 以上湿陷系数为 0.02～0.05，为中等湿陷性土。

库盘原设计为防止和减小库区和坝基渗漏，延长渗径，降低逸出坡降，采用了塑膜铺盖防渗。

由于库盘低液限粉土及低液限黏土的非自重湿陷性，原施工时未对库盘土采取有效的处理措施，水库蓄水后，库盘土发生湿陷变形，形成裂缝和漏斗；另外原铺盖为聚氯乙烯薄膜，其抗裂性能及抗老化性都无法达到要求，当聚氯乙烯薄膜铺盖下形成裂缝及漏斗发生负压后，薄膜会被拉裂，加重库盘土的沉陷，形成恶性循环，以至发生管涌破坏，形成渗漏通道。

3. 坝体裂缝原因分析

从表 6.2-3 和表 6.2-4 可知，坝体填筑料的主要物理力学指标满足均质土坝填筑料质量技术要求，渗漏量很小。从物探资料看，坝体填筑质量较好，坝体填筑材料标准贯入试验坝体密实度为稍密～中密。总体说明坝体填筑质量较好。

由于坝基土的湿陷性，水库蓄水后，坝基发生湿陷沉陷，造成坝体的不均匀垂直变位，而产生了大量的纵缝及横缝；加上雨水的冲刷和浸泡，形成空穴。当然，大坝的个别区域，也可能有碾压不实现象的存在。库区铺盖的失效，也减短了阻水层下的水流渗径，增加了发生接触破坏的可能。

6.3　除险加固任务

6.3.1　燕麦地水库

6.3.1.1　工程存在的主要问题

根据水利部大坝安全管理中心（原大坝安全检测中心）的安全鉴定复核意见，存在的主要问题有：防洪能力不满足规范规定的防洪标准要求；大坝坝体填筑质量差、渗漏严重、上游块石护坡损坏；输水涵洞浆砌石洞身裂缝、砂浆脱落、渗漏；闸门及启门机破损老化；溢洪道破坏严重，不能正常运用；安全检测设备和设施老化。

1. 防洪标准及防洪能力

水库总库容 269.9 万 m^3（本次复核值），根据《水利水电工程等别划分及洪水标准》（SL 252—2000）的要求，工程规模为小（1）型，工程等别为Ⅳ等，其主要建筑物级别为 4 级、次要建筑物 5 级。设计洪水标准为 30 年一遇，校核洪水标准为 300 年一遇。设计洪水位 1962.76m，最大下泄流量 45.9m^3/s；校核洪水位 2779.71m，最大下泄流量 73.3m^3/s；坝顶高程复核结果为 2781.20m，比现状坝顶高程高 1.2m。水库防洪能力不满足 300 年一遇的校核洪水、30 年一遇设计洪水的坝顶超高要求。

2. 大坝

燕麦地水库大坝为均质土坝，坝高 30m，坝顶宽 3.5～5m，左边宽，右边窄，长

185m。水库建成后，存在严重的沉陷、变形及裂缝等险情，自水库竣工蓄水至今，一直带病运行，大部分年份不能达到正常蓄水位，给灌区生产造成巨大损失。主要问题如下。

（1）坝基未进行处理。据钻孔资料 ZK2、ZK3、ZK4 揭露，大坝坝基河床底部残留第四系含砾质黏土夹砂卵砾石冲洪积厚 1.0～1.8m，下伏基岩为强～弱风化岩体，岩石透水率 $q=1.89～58.57$Lu，属弱～中等透水层。

滑坡、蠕动变形体：右岸玄武岩风化剧烈，全风化下限达 33m；岩层流面产状：N30°～40°E，SE∠8°～15°，为顺层坡，发育 2 组节理。钻孔揭露第二层凝灰岩厚 2.5～2.7m，埋深 16～30m；第三层凝灰岩厚 3.0m，凝灰岩易风化、泥化，浸水后力学性质差，属顺层的软弱结构面。地下水活动强烈，2761.00～2781.50m 高程处见泉水点 5 个，泉水流量 0.2～1.0L/s。分析由上述地质原因及地震综合作用形成右岸滑坡体。滑坡范围：前缘高程 2760.00～2775.00m，宽度自坝上游冲沟至坝下游冲沟间，后缘至 2820.00m 高程，面积约 0.12km²；滑面大致以第二层凝灰岩为底界，滑面倾角 15°；物质包含地表土及部分全至强风化玄武岩，深度 16～30m，滑向 SE。但水库建成至今，除 1974 年 4 月发生地震，滑体中部产生 2 条地裂缝，宽 5～20cm 外，经历水库蓄水以及 1993 年、1995 年鲁甸发生多次地震，滑坡体无明显滑动迹象，说明滑坡体现状基本稳定，但存在较严重的绕坝渗漏问题。

由于清基不彻底，坝肩未开挖结合槽，也未作灌浆处理，加之施工质量较差，故大坝存在层间、坝体与坝肩结合部渗漏，绕坝渗漏及坝端结合部渗漏的问题。大坝后坡出现大面积潮湿。

（2）坝体填筑质量差。坝体填筑时，全系人工完成，技术力量薄弱，填筑中土料性质、铺土厚度和碾压遍数控制不规范，对土体压实度、干容重、含水量这些衡量土坝压实的主要指标无相关技术参数控制，铺土厚度普遍大于 40cm，各段填土厚薄不均匀，碾压密实度不够，坝体层间结合部处理不到位，坝体施工质量较差。根据本次试验结果，坝土由砾质、粉质黏土组成，颗粒组成：砾粒含量 6.7%～24.6%，均值 14.7%；砂砾含量 14.5%～27.1%，均值 20.7%；粉粒含量 16.4%～43.1%，均值 36.8%；黏粒含量 14.8%～52.0%，均值 27.9%。不均匀系数为 14.5～20.0，曲率系数为 0.53～1.25，级配不良。总体上，小于 0.075mm 的细颗粒平均含量达 76.8%，体现出细粒土的高含水率、高液限、低强度等特性。坝体土料粗颗粒含量普遍较多，局部有粗颗粒集中架空现象。

对坝体扰动土样作标准击实实验，最优含水量为 31.1%，最大干密度 ρ_d 为 1.566g/cm³。从坝土钻孔中取 15 组原状样进行测试，干密度为 1.15～1.45g/cm³，压实度为 73.2%～92.4%，压实度平均值为 82.9%，未达到规范 96%～98% 要求，坝体碾压不密实。坝体土料的天然含水量平均值为 42.6%，孔隙比为 0.99～1.55。

（3）坝体变形大。水库自运行以来，变形较大，目前坝体形态不规整。

1）上游坝坡：上游坝坡护坡块石全被风化为碎石，风化后块径 5～20cm，坝坡起伏不平，起伏度 20～40cm。

2）坝顶：坝顶高程 2779.60～2780.00m，两边高中间低，最大起伏达 40cm。坝顶宽度 3.5～5.0m，整个坝顶向上游倾斜，高差 40cm。

3）下游坝坡：坝面无排水系统，两坝肩与岸坡接合处形成冲沟；坝坡变形、雨水冲刷后形成小土坎和小塌陷区较多；下游坝脚排水棱体形状不规整，左侧向下游突出，下游第三马道到排水棱体之间存在隆起现象，最高达 20cm。排水棱体为玄武岩块石，表面已被风化为碎石，结构松散，局部存在塌陷、变形、堵塞等现象，说明排水棱体已失效。下游坝坡主要变形情况见表 6.3-1。

表 6.3-1　　　　　　　　　　　　　下游坝坡主要变形统计表

病险类型	规模	位置		备注
		桩号	高程/m	
冲沟	长 83m，宽 2～6m，深 0.5～2m		2775.00～河床	位于右坝肩接合部
冲沟	长 28m，宽 2～3m，深 0.5～1.5m		2769.00～排水棱体顶部	位于左坝肩接合部
塌陷	长 30m，宽 15m，深 0.3～0.7m		2761.00～2753.00	位于右坝肩接合部
塌陷	长 10m，宽 5m，深 0.5m	0+100～0+110	2760.00～2759.00	浸润面积 10m^2
土坎	长 7m，高 0.3m	0+100～0+107	2764.00	
土坎	长 30m，高 0.5m	0+070～0+100	2763.00	
塌陷	长 5m，宽 3m，深 1m	0+065～0+070	2762.00	
土坎	长 21m，高 1m	0+045～0+024	2762.00	
塌陷	长 3m，宽 2m，深 0.5m	0+037	2772.00	
塌陷	长 2m，宽 3m，深 1m	0+031	2772.00	
塌陷	长 1.6m，宽 4m，深 0.8m	0+025	2772.00	
土坎	长 30m，高 0.4m	0+025～0+055	2775.00	

（4）渗漏严重。燕麦地水库自下闸蓄水后，未进行过系统的观测。1976 年每到库水位蓄至 24.00m 时，水库总的渗漏量与进水流量相平衡，无法使库水位再提高。据 1973年鲁甸县水利局蓄水观测，水库蓄水至 20.00m 时，大坝浸润面积约 800m^2，渗漏量约40L/s；输水道进口至中段渗水严重，输水道漏水量约为 50L/s，渗漏量随着水库蓄水水位的升降而增减变化。

1976 年 7 月 16 日当库水位为 13.00m 时，实测到坝脚渗水为 35L/s。坝坡中部渗水1.48L/s，顺流右坝端利用滑坡体（长 33m）部分作坝体，右坝端渗漏 2.18L/s。据水库管理的同志介绍，每到库水位蓄至 24.00m 时，坝体渗漏总量达 40L/s，顺流左岸绕坝渗漏达 0.15L/s，再加上输水涵洞的漏水量后，渗漏总量为 50L/s，无法使库水位再提高。随后于 1976 年、1978—1979 年先后分别对输水涵洞及坝体进行灌浆，灌浆后，渗漏略有减少，但仍存在渗漏问题。

1981 年 1 月当蓄水位 26.00m 时，右坝端产生绕坝渗漏，最大的渗漏量约达 2L/s。坝体中部第三平台浸润面 18m^2；左岸绕坝渗漏及坝身渗漏严重，有数处漏水点，估计最大渗漏为 4～5L/s。

2007 年 4 月现场巡视时，水库无蓄水。据调查从 1994 年以来就一直限制蓄水。

右坝肩溢洪道右岸小山包有泉水出露，2781.50m 高程处见泉水点，流量 1.0L/s；右坝肩 2775.00m 高程以下大面积渗水，总宽度 78.0m，面积达 2700m²，集中有 3 处出水点，出水量分别为 1.5L/s、1.0L/s、0.03L/s。

（5）上游块石护坡裂缝、下滑、沉陷，抗风化能力差。

（6）根据水利部大坝安全管理中心安全鉴定报告，上下游坝坡抗滑稳定均不能满足要求。

（7）根据水利部大坝安全管理中心安全鉴定报告，大坝下游坡脚存在渗透破坏。

（8）坝顶高程不能满足要求。

（9）大坝原型观测设施不全。

3. 输水涵洞

输水涵洞布置在左岸坝体内，断面为 1.6m×1.8m 圆拱直墙式石灰砂浆砌块石结构，其进口段与坝轴线斜交，出口段与坝轴线正交，属坝下埋管式无压输水涵洞。全长164.0m，底坡 $i=1/100$，进口底板高程 2759.00m，出口底板高程 2757.68m。在坝前闸室内安设 0.8m×0.8m 平板钢闸门及螺杆式启闭机 1 套。最大输水能力 5.2m³/s。存在的主要问题如下。

（1）裂缝及砂浆脱落。

1）进口段。进口段前沿"八"字墙长 2m，左右岸均断裂、坍塌；由于泥沙淤积，现边墙在淤积以上只有 0.4m，边墙和拱高均有砌缝砂浆脱落，裂缝宽 3cm。

2）出口段。后段明渠左岸边墙出口处有 1.5m 长垮塌；两侧墙底面高 0.3～0.5m 浆砌石被冲蚀，深度为 5cm；砂浆裂缝被冲蚀，深度为 5cm。

3）洞身段。在渐变段进口处两边边墙均有孔洞，右侧孔洞长 0.5m，宽 0.2m，深0.08m；左侧孔洞长 0.3m，宽 0.3m，深 0.06m；渐变段后涵洞右边墙断裂长 3.0m，出口左边墙断裂长 5.0m，均为边墙突出，裂缝宽 3cm 且有点滴状漏水；从出口算起在 19m处拱顶有 1 个孔洞，长 0.15m，宽 0.15m，深 0.05m；从出口 19m 处至闸室段均有渗水，拱顶部分有脱落现象；两侧墙底板高 0.3～0.5m 被冲蚀，深度为 5cm；砂浆裂缝被冲蚀，深度为 5cm；洞身和明渠段底板均有淤积，浆砌石底板被冲蚀且凸凹不平。

输水涵洞进口淤积严重，闸门井出口渐变段两侧结构被破坏，拱顶和边墙均有渗水现象，底板和两侧墙底部冲蚀严重。

（2）渗漏严重。输水涵洞据记载，顶拱及边墙一直出现漏水，特别是前段及中段，当库水位达 17.00m 时，涵洞的渗漏量为 23L/s，且漏水时带走坝土，对坝体稳定不利。于 1975年对输水涵洞进行灌浆处理，1976 年库水位蓄到 24.00m 时，输水涵洞漏水 0.01m³/s，1976 年对输水涵洞又进行了灌浆处理，渗漏量略有减少，但仍存在渗漏问题。现经巡视检查，侧墙及顶拱勾缝砂浆脱落，顶拱及侧墙上布满钟乳石，该钟乳石是由于砌石体长期受渗漏水侵蚀的作用产生的；在渐变收缩段后发生变形断裂破坏的洞身段，有渗漏通道，通道缝宽 3cm。

（3）洞身结构不满足要求。由于洞身侧墙及顶拱勾缝砂浆脱落，两边墙砌石被冲刷侵蚀破坏，渐变收缩段两边墙及顶板被闸后的高速水流冲刷破坏，紧接渐变收缩段后长1.5～3m 的洞身两侧墙发生不均匀沉降变形破坏。故涵洞不能满足结构安全稳定要求。输水能力因涵洞表面被冲刷侵蚀破坏，糙率增大，经复核允许最大过流量 $Q=4.71m³/s$，加之进口被淤积高 0.8m，过水能力比此值还要低，小于所需过流量 5.2m³/s 的要求，不能满足大坝正常运行要求。

（4）闸门及启门机破损老化。燕麦地水库金属结构布置于左坝段输水涵洞中部闸门井内，包括平板钢闸门 1 道，手摇螺杆式启闭机 1 台。

经现场检查，闸门启闭困难，门叶锈蚀面为 100%，锈蚀达 3～5mm。

启门中心线偏离，顺水流右门槽上面比下面宽 3mm，左门槽上面比下面宽 4mm，止水铜片凸凹不平，最大凸起 4mm，最大凹陷 3mm，关闭不严，漏水严重。

钢闸门采用手摇螺杆式启闭机启闭，启闭机及拉杆锈蚀严重，锈蚀达 3～5mm，机座老化，现转动启闭困难。

4. 溢洪道

溢洪道位于右坝肩，为开敞式溢洪道，堰顶底板高程 2776.50m，宽 11.4m，实有长度 147.56m（原设计长度 260m，已冲毁 112.44m），为浆砌石结构，整个溢洪道边坡及基础均置于滑坡体内，工程运行以来年久失修，溢洪道当时只作临时支砌。经现场检查：①底板浆砌石凸凹不平；②第一个斜坡下游 8m 处有泉水从边墙渗漏，长 10m；③溢洪道出口第二个斜坡有 0.5m 的跌坎，跌坎后两侧边墙垮塌，底板浆砌石被冲毁，陡坡只余下一些碎石；④溢洪道出口尾段被冲毁；⑤尾段处于蠕动体上。

6.3.1.2　除险加固的必要性

燕麦地水库是鲁甸县管理的重要骨干工程，水库以灌溉为主，兼有对下游沿河两岸农田及基础设施的防洪保护作用。设计灌溉农田 5000 亩。由于该工程存在较多的质量问题，尤其是坝体、坝基渗漏严重，水库难以蓄水，无法发挥正常效益。经大坝安全鉴定中心鉴定为Ⅲ类坝。为使该水库正常运行，大部分灌区用水保证率得到提高，为农业稳产奠定基础，因此，对燕麦地水库进行除险加固是十分必要的。

1. 除险加固任务

除险加固的主要任务是在批准的大坝安全鉴定报告的基础上，确定坝体、坝基、输水涵洞、溢洪道及其他建筑物的除险加固方案，完善水库管理设施，使水库能够充分发挥经济效益和社会效益。

2. 除险加固原则

除险加固设计方案的确定按以下原则进行。

（1）根据安全鉴定意见确定加固项目和内容。

（2）本次除险加固的重点是解决水库的渗漏、稳定、防洪标准、溢洪道和输水洞的安全问题。

（3）在保证建筑物安全的前提下，最大可能地保证水库的兴利指标，水库规模不超过原规模。

（4）加固治理措施应做到技术先进，经济合理，安全可靠，便于管理，并为以后提高水资源的利用程度创造有利条件。

3. 防洪能力复核

（1）水库运用方式。

1）汛期限制水位和汛后最高蓄水位的制定。为保证大坝的安全，由市、县水利局，防洪指挥部根据水库的历史运行情况，制定汛期限制蓄水位和汛后最高蓄水位（正常蓄水位），“三查三定”核定的溢洪道堰顶高程 2776.50m，作为汛期限制蓄水位，溢洪道采用木叠梁闸门，汛前拆除木叠梁和黏土，汛后安装木叠梁并在中间回填夯实黏土，增加水库蓄水量。汛期限制蓄水位 2776.50m，原始库容 228.9 万 m^3，淤积后库容 181.4 万 m^3；汛后最高蓄水位（正常蓄水位）2778.00m，原始库容 267.6 万 m^3，淤积后库容 221.5 万 m^3。

因牛栏江干热河谷地形上为单面山，水资源十分缺乏，水库灌区 5000 亩农田缺水严重，灌溉增产潜力大，如不能保证灌溉将造成大面积农田减产乃至绝收，严重地影响灌区人民的生活和社会稳定。除燕麦地水库外，灌区附近并无其他蓄水工程，由于径流时空分布变化大，径流过程与需水过程不一致，枯水季节溪沟断流，水库以蓄洪为主，天然径流只有蓄存在水库中，待第二年枯水季节时向灌区供水，才能保证灌区需水要求。水库正常蓄水，灌区生产、生活用水才有保证，才能增产增收，群众才能脱贫致富奔小康；水库蓄水少甚至不蓄水，供水量减少，导致减产、减收，群众生活水平降低，甚至又返贫。

本次复核采用“三查三定”汛期限制蓄水位 2776.50m，汛后最高蓄水位（正常蓄水位）2778.00m。

2）防洪调度原则。为确保大坝安全，汛前必须全部拆除溢洪道上的木叠梁，水位超过堰顶高程 2776.50m 后，多余水量从溢洪道顶部自由泄出，以确保水库防洪安全，汛期限制库容为 181.4 万 m^3。

汛后为增加蓄水量，需人工安装木叠梁闸门，水库正常蓄水位 2778.00m，正常库容 221.5 万 m^3。为确保水库防洪安全，木叠梁安装宜逐步加高，到 11 月底可安装到正常蓄水位 2778.00m。后汛期如遭遇到特大暴雨，水库水位上升较高，水库水位超过正常蓄水位后，应尽可能拆除部分木叠梁，增加溢洪道下泄流量，确保大坝安全。

（2）调洪计算。该工程设计洪水重现期 30 年（$P=3.3\%$），校核洪水重现期 300 年（$P=0.33\%$）。

主汛期溢洪道无闸门控制，溢洪道自由泄洪。溢洪道为墩子修圆的宽顶堰，包括侧收缩在内的综合流量系数采用 $\delta_m=0.32$，防洪起调水位为汛限水位 2776.50m，汛限库容 181.4 万 m^3。后汛期溢洪道上逐步加高木叠梁，泄洪堰型为薄壁堰，包括侧收缩在内的流量系数采用 $\delta_m=0.41$，防洪起调水位为正常蓄水位 2778.00m。为安全计，输水涵洞不参加调洪计算，调洪演算成果见表 6.3-2。

表 6.3-2　燕麦地水库调洪成果表

序号	项目	$P=3.33\%$	$P=0.33\%$	备注
一	水资源调查评价成果			4 孔 2.2m 宽溢流堰
1	汛限水位/m	2776.50		
2	汛限库容/万 m^3	228.9		原始库容查算
3	调洪最高水位/m	2778.40		
4	调洪最高水位相应库容/万 m^3	278.6		原始库容查算
5	最大下泄流量/(m^3/s)			

续表

序号	项目	$P=3.33\%$	$P=0.33\%$	备注
二	大坝安全评价复核			5 孔 1.8m 宽溢流堰
（一）	主汛期洪水			
1	汛限水位/m	2776.50	2776.50	
2	汛限库容/万 m³	181.40	181.40	淤积后库容
3	调洪最高水位/m	2778.85	2779.71	
4	相应库容/万 m³	245.5	269.9	淤积后库容
5	最大下泄流量/(m³/s)	45.9	73.3	
（二）	后汛期洪水			
1	汛后最高水位/m	2778.00	2778.00	
2	汛后最大蓄水量/万 m³	221.5	221.5	淤积后库容
3	调洪最高水位/m	2779.10	2779.48	
4	调洪最高水位相应库容/万 m³	252.6	264.0	淤积后库容
5	最大下泄流量/(m³/s)	18.8	29.4	

注　①水资源调查评价成果指 1985 年原昭通地区行署水利局编制完成的《云南省昭通地区水资源调查评价与水利区划》成果，其库容根据水位从原设计库容曲线中查算；②大坝安全评价复核以复核洪水和实测淤积后库容进行调洪演算。

从主汛期与后汛期最高洪水位比较来看：设计洪水以后汛期洪水位最高，校核洪水位以主汛期洪水位最高。作为本次安全评价水库防洪水位，即：水库设计洪水位 2779.10m（$P=3.33\%$），相应库容 252.6 万 m³；水库校核洪水位 2779.71m（$P=0.33\%$），相应库容 269.9 万 m³。

4. 安全鉴定意见

昭通市水利局对安全评价报告核定意见如下。

（1）燕麦地水库通过本次安全鉴定，基本查明了现状存在的主要病害问题。燕麦地水库大坝抗洪标准、抗滑、抗震和输水、泄水建筑物结构及金属结构等方面均未达到国家规范要求，水库运行管理情况差。根据水利部《水库大坝安全鉴定办法》和《水库大坝安全评价导则》的规定，同意燕麦地水库大坝安全类别评定为Ⅲ类坝。

（2）基本同意除险加固的意见。

1）对大坝上、下游坝坡进行整修、加固处理，在下游坝坡增设纵横排水沟，改建排水棱体。

2）对坝体及两坝肩进行防渗处理；封堵输水涵洞，新建输水隧洞和新建溢洪道。

3）增设位移、沉陷及渗漏量、测压管等观测设施。

4）建立健全管理机构、完善水库运行管理规章制度，配置专职安全管理人员进行水库管理。

5）完善交通、通信设施，以适应防汛抗旱要求。

5. 除险加固的主要内容

根据根据水利部大坝中心对安全鉴定意见的批复，参考安全评价报告，对水库进行除险加固设计，确定的除险加固的主要内容包括以下几个方面。

（1）解决防洪能力不满足规范规定的防洪标准问题。

（2）大坝加固。

1）坝体裂缝处理。

2）坝体防渗处理。

3）两岸防渗处理。

4）对排水棱体进行加固整修。

5）下游坝坡整修，植草护坡，做整体排水系统。

（3）输水涵洞重建。

（4）溢洪道重建。

（5）增设大坝安全监测设施。

6.3.2 李家龙潭水库

6.3.2.1 工程存在的主要问题

根据水利部大坝安全管理中心（原大坝安全检测中心）的安全鉴定复核意见，存在的主要问题如下。

（1）防洪能力不满足规范规定的防洪标准要求。

（2）大坝坝体填筑质量差、渗漏严重、上游块石护坡损坏。

（3）输水涵洞浆砌石洞身裂缝、砂浆脱落、渗漏。

（4）闸门及启门机破损老化。

（5）安全检测设备和设施老化。

1. 防洪标准及防洪能力

水库总库容 106.7 万 m³（本次复核值），根据《水利水电工程等级划分及洪水标准》（SL 252—2000）的要求，工程规模为小（1）型，工程等别为Ⅳ等，其主要建筑物级别为 4 级、次要建筑物为 5 级。设计洪水标准为 30 年一遇，校核洪水标准为 300 年一遇。设计洪水位 1962.76m，最大下泄流量 1.24m³/s；校核洪水位 1962.90m，最大下泄流量 1.25m³/s；坝顶高程复核结果为 1964.46m，比现状坝顶高程高 0.86m。水库防洪能力不满足 300 年一遇的校核洪水、30 年一遇设计洪水的坝顶超高要求。

2. 大坝

李家龙潭大坝为均质土坝，坝高 18.6m，坝顶宽 2.8～4.3m，长 120m。水库建成后，存在严重的沉陷、变形及裂缝等险情，自水库竣工蓄水至今，一直带病运行，大部分年份不能达到正常蓄水位，给灌区生产造成巨大损失。主要问题如下。

（1）坝基未进行处理。大坝坐落于 3～6.4m 厚的淤泥质黏土、淤泥层上，该层属相对隔水层，下伏基岩为奥陶系中统砂页岩夹泥岩，强风化岩体，属中等透水层。左坝肩地层为奥陶系中统砂岩，右坝肩地层为页岩夹砂岩，岩层均破碎，裂隙发育，同属中等透水层。

由于清基不彻底，坝肩未开挖接合槽，也未作灌浆处理，加之施工质量较差，故大坝存在层间、坝体与坝肩接合部渗漏、绕坝渗漏及坝端接合部渗漏的问题。大坝后坡出现大面积潮湿。

（2）坝体填筑质量差。修筑坝体时，坝体土料开采运输、平土、碾压，全系人工完成，无任何机械设备，技术力量薄弱，填筑中只抓了土料性质、铺土厚度和石碾压遍数，对土体压实度、干容重、含水量这些衡量土坝压实的主要指标无人监督，因此，坝体施工质量较差。根据本次试验结果，坝体的天然含水量为 33.6%～41.8%，压实填筑干密度 1.19～1.53g/cm³，填筑压实度仅为 78.7%～91.9%，孔隙比为 0.75～1.281，饱和度 80.4%～100.1%，表明坝体呈中密偏松状态，其防渗性不能满足均质土坝要求，填土的层间接合部位未做处理，层间存在明显的松散孔隙。

（3）坝体变形大。目前坝体形态不规整。坝顶宽 2.8～4.3m，高程 1963.05～1963.7m，凸凹不平，高差 0.25～0.65m。上游坝面护坡块石坍塌、脱落残缺不全，风浪淘蚀、风化严重，在高程 1962.0m 以下，里程 0+024.4～0+071.1 之间有沉陷（达 0.5～0.8m），沉陷面积约 1126m²。由于雨水冲刷及渗漏等原因的影响，在后坝坡高程 1956.10m 以下造成多处变形，产生有一滑移堆积体，在坝 0+025～0+039.6 之间，宽 4.9～5.7m，并形成大大小小 16 条冲沟，长 3～12m，冲沟深 0.3～0.7m。整个后坝坡杂草丛生。坝后排水棱体发生位移变形，多处坍塌、脱落，范围在坝 0+035～0+056 之间，宽 3.3～5.8m。

水库试运行后，坝体发生不均匀沉陷，对大坝进行了灌浆处理。2003 年 11 月、2005 年 8 月当地发生 5 级以上地震，水库大坝曾经两度发生裂缝和不均匀沉陷，因此对裂缝进行了开挖回填黏土夯实处理。

（4）渗漏严重。水库自下闸蓄水后，未进行过系统的观测。据调查 1997 年水库蓄满后，大坝后坝坡中段和右段出现大面积渗水。1983 年 4 月据鲁甸县水利局调查：当水库水位达到 1958.00m 时，后坝坡高程 1956.00m 以下出现湿润，湿润面积为 158m²；当水库水位超过 1958.00m 时，大坝出现 7 处渗漏点，渗漏量 0.1L/s。渗漏量随库水位的升降而增减。

据水库管理人员介绍：只要库内有水，在大坝坝脚交通道路外侧就会形成沼泽区，沼泽区范围长 12.2m，宽 7～11m。当库容达到 30 万 m³（水位 1954.60m）时，在距左坝脚外 9.4～16.1m 段处有集中出水点。

（5）上游块石护坡裂缝、下滑、沉陷，抗风化能力差。

（6）根据安全鉴定报告，上下游坝坡抗滑稳定均不能满足要求。

（7）根据安全鉴定报告，大坝下游坡脚存在渗透破坏。

（8）坝顶高程不能满足要求。

（9）大坝原型观测设施不全。

3. 输水涵洞

输水涵洞兼有输、泄水功能，布置在坝体内左坝肩底部，为浆砌块石圆拱直墙式城门洞型结构，其轴线与大坝轴线正交，全长 86.835m，进口底板高程 1947.602m，出口底板高程 1947.20m，在坝前进水口安设圆形 $\phi0.4$m 斜拉钢闸门 1 套，启闭室布设在坝顶，布设斜拉式螺杆启门机 1 台。闸室后是无压明渠，输水涵洞断面为 1.0m×1.5m 圆拱直墙式城门洞型，断面净宽 1.0m，侧墙高 1.0m，最大输水能力 1.34m³/s。存在的主要问题如下。

（1）裂缝及砂浆脱落。经现场检查，从进口闸门后输 0＋006.40～输 0＋054.30，涵洞左右边墙、顶拱砂浆脱落，在桩号 0＋016.20、0＋070.04、0＋071.54 处有孔洞（最大长 40cm、宽 16cm），桩号 0＋061.00～0＋086.836 底板浆砌石松动、脱落，形成的裂缝宽 0.03～0.3m。桩号 0＋017.30～0＋034.30 涵洞底板有毛块石淤积，厚 0.2～0.35m。整个涵洞边墙及顶拱凸凹不平，起伏高差 2～6cm。

（2）渗漏严重。输水涵洞及闸门漏水严重，水库蓄水位在 1947.60m 时，漏水量 0.078L/s；水库水位为 1950.00m 时，渗漏流量达到 0.08L/s。1983 年 4 月据鲁甸县水利局调查：当水库水位达到 1958.00m 以下时，渗漏流量达到 0.25L/s；当水库水位超过 1958.00m 以上时，渗漏流量达到 0.5L/s。渗漏流量随着水位的升高而加大。

（3）洞身结构不满足要求。根据安全鉴定报告结论，输水涵洞实际地基承载力小于基础允许承载力；涵洞直墙脚最大压应力、拱顶最大拉应力均远大于现状下浆砌块石的抗压、抗拉应力，故整个涵洞不能满足结构安全稳定要求。

（4）闸门及启门机破损老化。金属结构安装包括 ϕ400mm 圆形闸门，斜拉螺杆启闭机。于 1979 年安装，没有用专业队伍安装。闸门和启门机在进货时无产品合格证、质材检测报告、探伤报告和静水试验报告，安装完毕，未做动水试验报告和单项工程竣工验收报告，不符合一般的闸门安装施工工艺。在运行过程中由于维护不善，闸门长期浸泡在水中，闸门锈蚀面为 100%，止水失效，漏水严重。水库在运行过程中，启闭困难，运行缓慢，运用及管理不便。故闸门及其启闭设施需全部更新。

6.3.2.2 除险加固的必要性

李家龙潭水库是鲁甸县管理的重要骨干工程，担负文屏坝子 2500 亩农田灌溉用水任务和下游鲁甸县城及鲁甸河沿河两岸 2.58 万人、1.5 万亩农田的防洪保护任务。由于该工程存在较多的质量问题，尤其是坝体、坝基渗漏严重，水库难以蓄水，无法发挥正常效益。经大坝安全鉴定中心鉴定为Ⅲ类坝。为使该水库正常运行，大部分灌区用水保证率得到提高，为农业稳产奠定基础，因此，对李家龙潭水库进行除险加固是十分必要的。

1. 除险加固任务

除险加固的主要任务是在批准的大坝安全鉴定报告的基础上，确定坝体、坝基、输水涵洞及其他建筑物的除险加固方案，完善水库管理设施，使水库能够充分发挥经济效益和社会效益。

2. 除险加固原则

除险加固设计方案的确定按以下原则进行。

（1）本次除险加固的重点是解决水库的渗漏、稳定、防洪标准和输水洞的安全问题。

（2）在保证建筑物安全的前提下，最大可能的保证水库的兴利指标，水库规模不超过原规模。

（3）加固治理措施应做到技术先进，经济合理，安全可靠，便于管理，并为以后提高水资源的利用程度创造有利条件。

3. 防洪能力复核

（1）汛期限制水位的确定。根据鲁甸县水利局提供的 1985—2006 年的水库蓄水资料，1985 年、1991 年、1995 年、1997 年、1998 年水库均蓄到正常蓄水位 1962.60m，蓄水量 102.9 万 m^3。22 年最大蓄水量平均值 72.5 万 m^3，水位 1959.87m。鉴于鲁甸县十分缺水，李家龙潭水库灌区 2500 亩农田缺水严重，灌溉增产潜力大，如不能保证灌溉将造成大面积农田减产，严重地影响灌区人民的生活和社会稳定。除李家龙潭水库外，附近区域可利用水源非常少，由于径流时空分布变化大，径流过程与需水过程不一致，枯水季节溪沟断流，水库以蓄洪为主，区间径流只有引蓄到水库中蓄存，到第二年枯水季节时向灌区供水，才能保证灌区需水要求，水库四周栽烟、种玉米所需要的保苗水也靠从水库中挑（拉）水，才能进行抗旱保苗。水库蓄满了，灌区生产、生活用水有了保证，就能增产增收，群众才能脱贫致富奔小康；水库蓄不满，必然减少对灌区供水量，导致减产、减收，群众生活水平降低，甚至又返贫。2005 年和 2006 年昭鲁坝子遭遇特大干旱，加之 2003 年鲁甸发生 5 级以上地震，水库蓄水量较少，最后连输水涵洞底板以下部分蓄水都被抽了利用，灌区供水受到严重破坏，人畜饮水困难，农业生产减产较为严重。

水库径流区降水和径流大部分集中在汛期的 6—9 月，而且各年降水过程有早有晚，如果水库设置汛期限制水位，必然存在前期弃水、后期蓄不满的情况，将影响水库效益的发挥。为保证灌区用水，根据水库历年运行蓄水位在汛期已达到正常蓄水位的实际情况，该工程汛期限制水位同正常蓄水位，即汛期限制水位 1962.60m，相应库容 102.9 万 m^3。

（2）防洪调度原则。在确保大坝安全的前提下，按汛期限制水位蓄水。由于该水库自身径流面积小，蓄水主要靠从外流域引洪，为保证水库蓄水量，水库应尽可能在主汛期蓄水至汛限水位，然后关闭上游引洪沟，避免发生洪水时危及水库安全。在遭遇特大暴雨，水库水位上升较高，水库水位超过汛限水位后，必须尽快开启输水涵洞下泄洪水，以确保水库大坝安全。

（3）调洪计算。该工程设计洪水重现期 30 年（$P=3.3\%$），校核洪水重现期 300 年（$P=0.33\%$）。水库通过输水涵洞可泄洪，起调水位采用汛限水位 1962.60m，采用水量平衡法进行调洪演算，调洪结果为：设计洪水位 1962.76m（$P=3.33\%$），相应库容 104.8 万 m^3；校核洪水位 1962.90m（$P=0.33\%$），总库容 106.7 万 m^3。

李家龙潭水库洪水调洪成果详见表 6.3-3。

表 6.3-3　　　　　　　　　　　李家龙潭水库调洪成果表

序号	项目	$P=3.33\%$	$P=0.33\%$
1	汛限水位/m	1962.60	1962.60
2	汛限库容/万 m^3	102.90	102.90
3	调洪最高水位/m	1962.76	1962.90
4	调洪最高水位相应库容/万 m^3	104.8	106.7
5	最大下泄流量/(m^3/s)	1.24	1.25

4. 安全鉴定意见

昭通市水利局对安全评价报告核定意见如下。

（1）李家龙潭水库通过本次安全鉴定，基本查明了现状存在的主要病害问题。

1）经防洪标准复核，正常水位加非常运用坝顶超高再加地震安全超高，需坝顶高程达1964.46m，高于现状坝顶0.86m。

2）大坝填筑压实度为78.7%～91.9%，低于规范值96%～98%要求。

3）大坝上游坝坡在稳定渗流期的抗滑稳定安全系数均大于现行规范值，在水位从正常蓄水位缓慢降落至最不利水位及从正常蓄水位缓慢降落至死水位时抗滑稳定安全系数均小于现行规范值。下游坝坡在稳定渗流期的抗滑稳定安全系数均小于现行规范值。

4）大坝上游坝坡在稳定渗流期的正常蓄水位及死水位（现状水位）加7度地震的工况下，其抗滑稳定安全系数为1.156～2.483，均大于现行规范值（1.10）；下游坝坡在稳定渗流期的正常蓄水位及死水位（现状水位）加7度地震的工况下，其抗滑稳定安全系数为0.917～1.055，均小于现行规范值（1.10）。大坝下游坝坡抗滑稳定安全系数不满足规范要求。

5）输水涵洞由于清基不彻底，未在坝肩开挖接合槽，也未作灌浆防渗处理，坝体施工质量较差，故水库蓄水后，坝体渗漏。通过渗流量计算，坝体的出逸点水力坡降$J = 0.437 > [J] = 0.422$，坝体可能的渗透变形类型为流土破坏；坝体渗流量，在死水位时渗流量为0.115L/s，在正常水位时渗流量为2.413L/s。

6）输水涵洞仅有1套斜拉闸门，运行管理不便，止水老化破损，闸门关闭不严，渗漏严重。闸门锈蚀，设备老化，拉杆变形，启闭不灵，应急能力差。

根据水利部《水库大坝安全鉴定办法》和《水库大坝安全评价导则》，基本同意李家龙潭水库大坝安全性评定为Ⅲ类坝。

（2）基本同意除险加固的意见。建议进行除险加固处理，初步设计中应充分考虑安全鉴定中所述的问题。

5. 除险加固的主要内容

根据根据水利部大坝中心对安全鉴定意见的批复，参考安全评价报告，对水库进行除险加固设计，确定除险加固的主要内容包括以下几个方面。

（1）解决防洪能力不满足规范规定的防洪标准问题。

（2）大坝加固。

1）坝体裂缝处理。

2）坝体防渗处理。

3）两岸防渗处理。

4）对排水棱体进行加固整修。

5）下游坝坡整修，植草护坡，做整体排水系统。

（3）输水涵洞重建。

（4）增设大坝安全监测设施。

6.3.3 锡伯提水库

新疆生产建设兵团农九师166团锡伯提水库位于塔城地区额敏县境内，农九师166团团部西北方向7km的斯别特河东侧。地理坐标为北纬46°49′，东经83°32′。额敏—塔城公路从水库西南约32km通过，至水库有简易公路相通，交通较为方便。

锡伯提水库是斯别特河流域的一座平原注入式水库，属小（1）型Ⅳ等工程，建于1992年。锡伯提水库主要引蓄斯别特河冬季闲水及部分洪水，水库库容500万 m^3，水库担负着农九师166团垦区2.0万亩农田的灌溉任务。

锡伯提水库工程由主坝、东西副坝、库盘塑膜铺盖、泄水涵洞、水库引水渠、水库泄水渠几部分组成。

锡伯提水库库容500万 m^3，死库容40万 m^3，有效库容460万 m^3，正常蓄水位988.70m，死水位971.00m。水库主坝及东西副坝均为碾压式均质土坝，坝顶高程990.20m，主坝最大断面建基高程960.00m，最大坝高30.2m。灌溉面积为2.0万亩。根据《水利水电工程等级划分及洪水标准》（SL 252—2000），确定水库工程规模为小（1）型，工程等别为Ⅳ等，主要建筑物级别为4级，次要建筑物和临时建筑物为5级。

锡伯提水库坝顶长度1183.5m，其中，主坝轴线长651.1m，坝轴线走向为82°30′；东副坝轴线长219.74m，坝轴线走向为46°50′；西副坝轴线长312.66m，坝轴线走向为143°40′。坝顶高程990.20m，坝顶宽度5.0m。上下游坡各设3个坡比，变坡点高程为982.70m和968.70m，上游坝坡坡比为1:2.25、1:2.5、1:2.75，下游坝坡坡比1:2、1:2.25、1:2.5。上游护坡采用10cm厚现浇混凝土板，板下垫30cm的卵砾石垫层，下游未进行修坡，留1.0m厚的松土护坡。库盘采用塑膜防渗。

泄水涵洞位于主坝1+024.00处，钢筋混凝土方涵，单孔，孔口尺寸1.2m×1.5m，闸底板高程971.00m，设计泄水量4 m^3/s。水库引水口位于大坝北部约1.5km处，设计引水量4 m^3/s。

水库建成后，库盘严重渗漏，东西副坝及基础为黄土的部分主坝段，存在较大的沉陷、变形及大量的裂缝等险情，从1992年水库竣工蓄水至今，一直带病运行，最多蓄水至386万 m^3（相应蓄水位约为986.40m），给灌区生产造成巨大损失。

根据新疆生产建设兵团勘测设计院2002年9月提交的《锡伯提水库除险加固工程地质勘察报告》及现场踏勘，锡伯提水库现状情况如下。

6.3.3.1　坝体现状

锡伯提水库大坝为均质土坝，上游坝坡采用10cm厚现浇混凝土板防护，板下垫30cm的卵砾石垫层，下游未进行修坡。目前上游混凝土板下滑，出现翘起、架空、叠置等现象，局部出现坝体塌陷。

大坝上游坡变形主要发生在东、西副坝及与主坝衔接处。东副坝为桩号0+061～0+205段，其中，0+061～0+160段，上游坝坡混凝土板拱起，拱起高度10cm；0+200～0+270段，上游坝坡混凝土板下滑，下滑位移5cm。主坝0+650～0+675段上游坝坡靠坡脚处和坝后坡约986.00m高程处，出现塌陷，塌陷深度15cm和30cm。西副坝0+884～1+085段，其中，0+884～0+900段和0+924～1+000段，上游坝坡混凝土板下滑，下滑位移约10cm，使混凝土板出现翘起、架空、叠置等现象，翘起高度约15cm；1+000～1+085段，上游坝坡混凝土板拱起，拱起高度20cm。

锡伯提水库坝坡变形情况见表6.3-4。

表 6.3-4   锡伯提水库坝坡变形情况表

坝桩号	变形类型	长度/m	宽度/m	变形量/m	发育部位
0+061~0+160	拱起	99.0	3.0	0.1	坝前坡
0+200~0+270	下滑	70.0	6.0	0.05	坝前坡
0+650~0+675	塌陷	25.0	5.0	0.15	坝前坡
	塌陷	11.0	3.0	0.3	坝后坡
0+844~0+900	下滑	56.0	10.5	0.07	坝前坡
0+924~1+000	下滑	76.0	8.0	0.1	坝前坡
1+000~1+085	拱起	85.0	5.0	0.2	坝前坡

  水库建成运行后，于 1993 年 6 月 24 日，首先在 0+724 处发现有 2 道相距约 10cm 的平行横向裂缝穿过土坝，宽度为 2~10mm，经开挖，一条深为 8.3m，另一条深 7.5m。1994 年春西副坝与主坝衔接处，发现一条长 62m、宽 2~7cm 的裂缝，经开挖探明该裂缝深 2.5m。1998 年水库进行检查，共发现裂缝 16 条，其中，0+084~0+100 处 7 条平行斜缝，长 9~13m、宽 1~6cm，相距 1~3m；0+110 处一纵缝，长 18m、宽 1~3cm；0+144 处一斜缝，长 11m、宽 2cm；0+300 处一斜缝，长 13.5m、宽 1~3cm；0+724 处一斜缝，长 26m、宽 1~5cm；0+750~0+774 处一纵缝，长 23m、宽 2~5cm；0+844~0+900 处一纵缝，长 76m、宽 1~10cm；0+909~0+965 处一纵缝，长 56m、宽 5~7cm；0+974 处一纵缝，长 23m、宽 5cm；0+990 处一斜缝，长 24m、宽 12cm。裂缝相互交叉，经雨水冲刷形成空洞，在 1+000 处有一洞口不规则的空洞，走向北东 20°，宽 1.10m，长 2.40m，深 2.25m。在 0+983 和 0+985 处分别有直径 25cm 和 40cm 的 2 个空洞，深 1m 左右。坝体裂缝发育情况见表 6.3-5。

表 6.3-5   锡伯提水库坝体裂缝发育情况表

坝桩号	裂缝	裂缝长度/m	裂缝宽度/m	发育部位
0+084~0+100	7 条斜缝	9~13	0.01~0.06	坝顶及后坡
0+144~0+160	1 条斜缝	11	0.02	坝顶及后坡
0+160~0+270	1 条纵缝	170	0.01~0.05	坝后坡靠坡脚
0+300~0+313	1 条斜缝	18.5	0.01~0.03	坝顶及后坡
0+372~0+404	1 条纵缝	32	0.01~0.05	坝顶
0+650~0+700	1 条纵缝	50	0.07	坝顶
0+720~0+724	2 条平行斜缝	20, 26	0.01~0.05	坝顶及后坡
0+750~0+774	1 条纵缝	23	0.02~0.05	坝顶
0+844~0+900	1 条纵缝	76	0.01~0.10	坝顶
0+940~0+996	1 条纵缝	56	0.05~0.07	坝顶
0+974~0+998	1 条纵缝	23	0.05	坝顶
0+080~1+000	2 条平行斜缝	16, 18	0.05	坝顶
0+990~1+020	1 条斜缝	24	0.12	坝顶及后坡

6.3.3.2　库盘现状

锡伯提水库库盘面积约为 $0.456km^2$，库盘内土层厚度分布不均，且差异较大。沟谷地势两侧随着地势的增高，土层逐渐变厚。沟谷谷底为冲洪积的砾石。水库修建时为防止和减少库区渗漏，库区内采用塑膜铺盖防渗，铺盖范围包括库区所有砾石出露部位和低液限粉土及低液限黏土层厚不足该点设计水深 1/4 的地方。水库库盘内裂缝和漏斗特别发育，渗漏漏斗 52 个，大型裂缝（$\delta \geqslant 5cm$）76 条。库盘内渗漏漏斗和裂缝主要发育于 973.00～980.00m 高程处，即死库容以上铺膜部分。裂缝呈网格状纵横交错，渗漏漏斗则发育于裂缝交汇处。

6.3.3.3　大坝安全鉴定

水利部大坝安全管理中心鉴定锡伯提水库大坝为Ⅲ类坝。鉴定意见（坝函〔2002〕2185 号）如下。

该大坝存在的主要问题：坝基湿陷性黄土的高压缩性导致坝体多处出现纵、横、斜向裂缝，危及大坝安全；坝基渗漏严重；上游混凝土护坡破损；泄水洞开裂，闸门漏水；引水渠入库段无防护，造成水流冲刷坝区防渗系统；无大坝安全观测设施等。同意按Ⅲ类坝上报。建议加固设计中，对坝顶超高做进一步计算复核；按现行规范，合理选取稳定分析计算指标，对大坝结构稳定作进一步复核，以便确切了解大坝安全性，合理采取加固措施，彻底除险加固。

6.3.3.4　工程存在的主要问题及除险加固的必要性

1. 工程存在的主要问题

锡伯提水库工程由主坝、东西副坝、库内塑膜铺盖、泄水涵洞、水库引水渠、水库泄水渠等部分组成。水库建成后，库盘严重渗漏，东西副坝及基础为黄土的部分段主坝，存在严重的沉陷、变形及裂缝等险情，从 1992 年水库竣工蓄水至今，一直带病运行，最多蓄水至 386 万 m^3（相应蓄水位约为 986.40m），给灌区生产造成巨大损失。主要问题如下。

（1）水库大坝。

1）坝体裂缝发育、变形严重。坝体变形主要发生于东副坝 0+061～0+270 段、主坝 0+650～0+832 段及西副坝 0+844～1+024 段。裂缝共 21 条，裂缝长 9～180m，宽 2～40cm。这些纵横斜交分布的裂缝将坝体劈裂成大小不一的条块。

2）库盘内渗漏漏斗和裂缝发育，水库库盘内裂缝和渗漏漏斗特别发育，共 52 个，大型裂缝（宽不小于 5cm）76 条。库盘内渗漏漏斗和裂缝发育主要发育于 973.00～980.00m 高程处。裂缝呈网格状纵横交错，渗漏漏斗则发育于裂缝交汇处。

3）坝基湿陷性黄土的高压缩性导致坝体多处出现纵、横、斜向裂缝，危及大坝安全。

4）库盘及坝基的防渗缺陷，造成水库渗漏严重。

5）上游混凝土护坡裂缝、下滑、沉陷，抗风浪能力差。

6）大坝原型观测设施不健全。

（2）泄水涵洞。锡伯提水库是一座注入式水库，水库引水口位于坝北部 1.5km 处，引水流量 $4m^3/s$，最大引水量 $6m^3/s$。

泄水涵洞位于主坝 1+024 处，钢筋混凝土方涵，单孔，孔口尺寸 $1.2m \times 1.5m$，闸底板高程 971.00m，设计泄水量 $4m^3/s$，加大引水量 $6m^3/s$，泄水涵洞出口设消力池，后接泄水渠。

原设计引水渠入库段未做防护，水流冲刷，不利于库区水平防渗系统的安全。

泄水涵洞闸门及其启闭设施陈旧、老化，操作失灵，锈蚀严重，存在严重的结构安全隐患，金属结构不能安全可靠运行，闸门漏水，闸门及其启闭设施简陋残破，需全部更新。

2. 除险加固的必要性

农九师 166 团垦区内，锡伯提水库是唯一的一座水库，灌区土地肥沃，是垦区主要粮、油、糖基地之一。由于该工程存在较多的质量问题，尤其是坝基渗漏严重，水库难以蓄水，无法发挥正常效益。为使该水库正常运行，166 团大部分灌区用水保证率得到提高，为农业稳产奠定基础，提高职工生产水平，稳定团场职工人心，更好地发挥屯垦戍边的作用，因此，对锡伯提水库进行除险加固是十分必要的。

第7章　小型水库的除险加固工程 措施研究与处理

7.1　燕麦地水库

7.1.1　工程等别、建筑物级别及洪水标准

燕麦地水库是鲁甸县的重要骨干水库，水库以灌溉为主，兼有对下游沿河两岸农田及基础设施的防洪保护作用。水库总库容 269.9 万 m^3，灌溉耕地面积 5000 亩，根据《水利水电工程等级划分及洪水标准》（SL 252—2000）、《防洪标准》（GB 50201—1994）的规定，确定水库等别为小（1）型 Ⅳ 等工程，主要建筑物大坝、输水涵洞和溢洪道为 4 级建筑物，其余次要建筑物为 5 级建筑物，设计洪水重现期为 30 年（$P=3.3\%$），校核洪水重现期为 300 年（$P=0.33\%$）。

7.1.2　设计依据

除险加固设计采用的主要技术规范、规程如下。

（1）《碾压式土石坝设计规范》（SL 274—2001）。

（2）《水利水电工程等级划分及洪水标准》（SL 252—2000）。

（3）《防洪标准》（GB 50201—1994）。

（4）《水利水电工程土工合成材料应用技术规范》（SL/T 225—1998）。

（5）《水工混凝土结构设计规范》（SL/T 191—1996）。

除险加固设计依据的文件如下。

（1）昭通市水利水电勘测设计院《昭通市鲁甸县燕麦地水库大坝安全评价报告》。

（2）云南地质工程勘察设计研究院昭通分院《鲁甸县燕麦地水库大坝安全评价钻探施工报告》。

（3）昭通市润源建设工程质量检测咨询有限公司《云南省昭通市鲁甸县燕麦地水库大坝安全评价土工试验报告》。

（4）昭通市水利局《昭通市鲁甸县燕麦地水库大坝安全鉴定报告》。

7.1.3　基本资料

（1）水库特征水位。正常蓄水位 2778.00m，设计洪水位（$P=3.33\%$）2779.10m，校核洪水位（$P=0.33\%$）2779.71m，汛限水位 2776.50m，死水位 2770.00m。

（2）库容。总库容 269.9 万 m^3，汛限库容 181.4 万 m^3。

（3）入库洪峰流量。设计洪水流量（$P=3.33\%$）5.01m^3/s，校核洪水流量（$P=0.33\%$）7.69m^3/s。

（4）气象资料。多年平均气温 6.2℃，最高气温 23.1℃，最低气温 −16.8℃，实测最大风速 28m/s。

（5）地震烈度。根据《中国地震动峰值加速度区划图》（1：400万）和《中国地震动反应谱特征周期区划图》（1：400万），燕麦地坝址区地震动峰值加速度为0.10g（相应的地震基本烈度为Ⅶ度），地震动反应谱特征周期为0.45s。

7.1.4 土坝加固设计

7.1.4.1 坝顶高程确定

按照《碾压式土石坝设计规范》（SL 274—2001）计算坝顶超高。坝顶高程按式（3.4-1）计算。其中A设计工况取0.5m，校核工况取0.3m。

（1）风壅水面高度e。计算公式取用式（3.4-2）。

（2）平均波高和平均波周期采用莆田试验站公式计算，即采用式（3.4-3）计算。

（3）平均波长。采用式（3.4-4）计算。

（4）平均波浪爬高。正向来波在$m=1.5\sim5.0$的单一斜坡上的平均爬高按式（3.4-5）计算，其中$m=2.6$。

设计波浪爬高值应根据工程等级确定，4级坝采用累积频率为5%的爬高值$R_{5\%}$。

根据《碾压式土石坝设计规范》（SL 274—2001），坝顶高程等于水库静水位与坝顶超高之和，分别按以下组合计算，取其最大值。①设计洪水位加正常运用条件的坝顶超高；②正常蓄水位加正常运用条件的坝顶超高；③校核洪水位加非常运用条件的坝顶超高；④正常蓄水位加非常运用条件的坝顶超高，再加地震安全加高。

根据鲁甸县气象站的观测资料统计分析，多年平均最大风速为19.7m/s，设计风速正常运用情况下乘以1.5系数为29.6m/s，吹程992m。坝顶高程计算结果见表7.1-1。

表7.1-1　　　　　　　　　　　坝顶高程计算结果表　　　　　　　　　　　单位：m

运用工况	水位	设计波浪爬高R	风壅水面高度e	安全加高A	地震壅浪超高	地震沉降超高	坝顶超高y	计算坝顶高程
正常	2778.00	1.610	0.013	0.5			2.123	2780.12
设计	2779.10	1.596	0.012	0.5			2.107	2781.21
校核	2779.71	0.915	0.005	0.3			1.220	2780.93
地震	2778.00	0.925	0.006	0.3	0.7	0.3	2.231	2780.23

从表7.1-1看出，设计洪水位工况控制坝顶高程，根据计算情况取坝顶高程为2781.20m。

现大坝坝顶高程为2780.00m，加高后的坝顶高程为2781.20m，大坝需加高高度为1.20m，可采取在坝顶加1.2m防浪墙，原坝体不加高方案。

7.1.4.2 大坝加固方案

燕麦地水库为特定历史条件下的产物，现坝体存在较多的质量缺陷。主要表现为上游护坡破坏、下游无护坡、坝体填土干密度较小、坝体防渗性能较差、坝基渗漏严重、坝顶高度低，不满足设计要求等问题。但大坝需要解决的主要问题是渗漏稳定和坝体加高问题。

为了保证大坝的安全，应尽可能大的降低坝体内浸润线，封堵坝基渗漏通道，针对主坝在此考虑了3种防渗方案：方案一是坝体采用复合土工膜、基础采用高压定喷桩防渗；

方案二是坝体坝基均采用复合土工膜防渗；方案三是坝体坝基均采用高压定喷桩防渗。

（1）方案一。结合上游护坡改建，拆除原干砌石护坡，坡面整平后铺设两布一膜复合土工膜，以防止随着水库运用水位升高后，坝体浸润线升高引起坝体新的变形，导致沿坝体裂缝以及填筑接合面可能产生的集中渗漏。复合土工膜铺设到现淤积面高程，此高程以下采用高压定喷桩作为坝基防渗，顶部与复合土工膜连接，底部嵌入基岩1m。此方案的优点是既可彻底解决坝体与坝基的渗漏问题，又可减少施工围堰和施工期间的基坑排水。

（2）方案二。自水库运行以来，库区淤积较严重，坝前最大淤积厚为13.1m，库尾最大淤积厚2.5m。原坝基河床底部残留第四系含砾质黏土夹砂卵砾石冲洪积厚1.0～1.8m，下伏基岩为强～弱风化岩体，由于库区淤积，可作为坝前水平铺盖，防止地基渗漏，所以，本次设计结合上游护坡改建，拆除原干砌石护坡，坡面整平后铺设两布一膜复合土工膜，直至现淤积面高程以下2m，此高程以下不再进行防渗处理。

此方案的优点是：施工简单，工程投资少。

（3）方案三。坝体与坝基均采用高压定喷桩防渗墙，即在坝顶向下做高压定喷桩，直至岩石下1m。此方案的优点是可以彻底解决坝体坝基防渗，减少施工期围堰、基坑排水等投资，缺点是高压定喷桩投资较土工膜大，造成工程总投资偏高。

复合土工膜具有适应变形能力强，防渗性能好的特点，而且在近几年的病险水库加固处理中得到了广泛的应用，施工工艺成熟。方案二充分利用现坝前淤积层作为坝基防渗，复合土工膜作为坝体防渗，既可解决坝体坝基防渗问题，又可节省工程投资，故推荐方案二。

7.1.4.3　坝顶加高

根据坝顶高程计算结果，坝顶需加高1.2m，由于加高高度较低，可采用在坝顶上游侧加混凝土防浪墙方案。现坝顶高程不变，为2780.00m，防浪墙顶高程2781.20m，高出坝顶1.2m。

7.1.4.4　坝体裂缝处理

裂缝处理采用开挖回填的方法处理：①深度不超过1.5m的裂缝，可顺裂缝开挖成梯形断面的沟槽；②深度大于1.5m的裂缝，可采用台阶式开挖回填；③横向裂缝开挖时应作垂直于裂缝的结合槽，以保证其防渗性能。

坝体裂缝处理，开挖前需向裂缝内灌入白灰水，以利于掌握开挖边界；开挖时顺裂缝开挖成梯形断面的沟槽，根据开挖深度可采用台阶式开挖，确保施工安全。裂缝相距较近时，可一并处理。裂缝开挖后防止日晒、雨淋。

回填土料与坝体土料相同，应分层夯实，达到原坝体的干密度。回填时要注意新老土的接合，边角处用小榔头击实。注意勿使槽内发生干缩裂缝。

7.1.4.5　防渗设计

1. 防渗方案

结合上游护坡改建，拆除原干砌石护坡，坡面整平后铺设两布一膜复合土工膜，以防止随着水库运用水位升高后，坝体浸润线升高引起坝体新的变形，导致沿坝体裂缝以及填筑接合面可能产生的集中渗漏。复合土工膜铺到淤积面高程以下2m，此高程以下靠现坝前淤积防渗。

左岸基岩裸露的，采用喷混凝土减少渗漏量，喷混凝土厚 0.05m，喷混凝土前，应对岩石边坡上的浮土、悬石和风化剥落层进行清除；右岸滑坡体物质包含地表土及部分全至强风化玄武岩，将表面植物、腐殖物清除，基础整平，铺设复合土工膜以延长渗径，解决两岸绕渗问题。

喷混凝土范围和铺设复合土工膜范围均按稍大于 1 倍的坝高考虑，为 40m，以延长两岸渗径，减小两岸绕渗。

2. 复合土工膜选型

工程常用土工膜有聚氯乙烯（PVC）和聚乙烯（PE）两种。PVC 膜比重大于 PE 膜；PE 膜较 PVC 膜易碎化；PE 膜成本价低于 PVC 膜；二者防渗性能相当；PVC 膜可采用热焊或胶粘，PE 膜只能热焊；PVC 膜和 PE 膜还有一个突出差别，就是膜的幅宽，PVC 复合土工膜一般为 1.5～2.0m，PE 复合土工膜可达 4.0～6.0m，相应地接缝 PE 膜比PVC 膜减少 1 倍以上。而且，PE 膜接缝采用热焊，施工质量较稳定，焊缝质量易于检查，施工速度快，工程费用低。PVC 膜虽然可焊接，可胶粘，但胶粘施工质量受人为因素较大，大面积施工中粘缝质量较难控制，成本较高；采用焊接时温度控制很关键，温度较高易碳化，较低则焊接不牢。

在物理性能、力学性能、水力学性能相当的情况下，大面积土工膜施工，为减少接缝，确保施工质量，土工膜采用 PE 膜。根据工程类比，PE 膜厚度选用 0.5mm。

复合土工膜是膜和织物热压黏合或胶粘剂黏合而成，土工织物保护土工膜以防止土工膜被接触的卵石碎石刺破，防止铺设时被人和机械压坏，亦可防止运输时损坏，织物材料选用纯新涤纶针刺非织造土工织物，规格为 $200g/m^2$。复合土工膜采用两布一膜，规格为 200g/0.5mm/200g。

鉴于坝体防渗需要全部由复合土工膜来承担，为了适应大坝未来较大的变形，土工织物采用长丝结构。为了减少接缝，降低大坝发生问题的几率，复合土工膜幅宽采用 5m。

鉴于复合土工膜防渗系统对该工程安全的重要性，其指标应满足以下基本要求：断裂强度不小于 26kN/m，断裂伸长率不小于 65%，撕破强度不小于 0.7kN，CBR 顶破强力不小于 6.0kN。此外，土工膜应具有较好的抗老化、抗冻性能。

3. 复合土工膜施工注意事项

坝坡复合土工膜是由一幅幅土工膜拼接而成的，接缝多，因此施工很关键，施工质量是土工膜防渗性能好坏的一个决定性因素。复合土工膜的铺设要注意以下几点。

（1）复合土工膜施工前操作人员要经过上岗前的技术培训，培训合格后方可进行施工。

（2）土工膜由厂家运至仓库后，即作抽样检查，对不合格产品及时要求厂家更换。

（3）土工膜铺设前，清除坡面杂物等，将坡面夯拍整平。

（4）土工膜铺设时注意土工膜张弛适度，避免应力集中和人为损伤。要求土工膜与接触面吻合平整，防止土工膜折皱形成渗水通道的现象。

（5）土工膜接缝焊接前必须清除膜面的脏物保证膜面清洁，膜与膜接合平整后方可施焊。施工宜在室外气温 5℃以上、风力 4 级以下、无雨雪天气。阴雨天应在雨棚下作业，以保持焊接面干燥。在爬行焊接过程中，操作人员要仔细观察焊接双缝质量，随时根据环境温度的变化调整焊接温度及行走速度。可先在试样上试焊，定出合理的工艺参数再正式焊接。正式焊接时对焊缝要仔细检查，主要看两条焊缝是否清晰、透明，有无气泡、漏焊、熔点或焊缝跑边等。不合格的要进行补焊。在焊接过程中和焊接后 2h 内，焊接面不得承受任何拉力，严禁连接面发生错动。

（6）膜、布的连接，要松紧适度，自然平顺，确保膜布联合受力。对焊接接头应 100% 检查，采用接缝充水或充气的方法检查。接缝强度不低于母材的 80%。

（7）复合土工膜的铺设应自上向下滚铺。

（8）复合土工膜在坝顶上游侧墙及泄水涵洞的衔接处，应把复合土工膜裁剪成适合该角隅的形状，注意防止角隅处复合土工膜架空，不贴基面。

（9）尽量不在酷热天气强阳光下铺设。铺设过程中，作业人员不得穿硬底皮鞋及带钉的鞋。

（10）为防止大风吹损，在铺设期间所有的复合土工膜均应用沙袋或软性重物压住，接缝焊接后把沙袋移压在接缝上，直至保护层施工完为止。当天铺设的复合土工膜应在当天全部拼接完成。复合土工膜完成铺设和拼接后，应及时（48h 内）回填保护层。斜坡保护层应妥善保护，防止阳光直射复合土工膜或雨水冲刷保护层。

（11）铺设干砌石护坡时应采取可靠的保护措施，确保土工膜不受损坏。

7.1.4.6　坝的计算分析

1. 渗流计算

（1）计算方法。渗流计算程序采用河海大学工程力学研究所编制的《水工结构分析系统（AutoBANK v5.0）》。计算采用二维有限元法，按各向同性介质模型，采用拉普拉斯方程式，用半自动方式生成四边形单元，对复杂的剖分区域需要用若干个四边形子域拼接形成，划分单元对子域依次进行。

（2）计算断面。坝总长 185m，选择河床最大断面进行渗流计算。上游正常蓄水位 2778.00m，下游水位与地面平。

（3）基本参数选取。根据地质勘探资料，结合工程的材料特性，选用坝身、坝基材料渗流计算，参数见表 7.1-2。

表 7.1-2　　　　　　　　　燕麦地水库坝渗流计算材料参数表

序号	材料名称	渗透系数/(cm/s)
1	坝身	2×10^{-3}
2	棱体	1.4×10^{-2}
3	冲洪积黏土夹砾石	7.7×10^{-4}
4	淤泥及淤泥质黏土	5.8×10^{-6}
5	强风化玄武岩	4×10^{-4}
6	复合土工膜	1×10^{-9}

（4）渗流计算成果及分析。燕麦地水库坝渗流计算结果见图 7.1-1 及表 7.1-3。

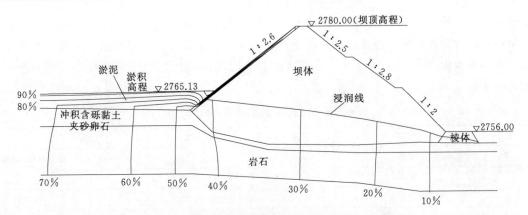

图 7.1-1 燕麦地水库坝渗流计算成果图（单位：m）

表 7.1-3　　　　　　　燕麦地水库坝二维渗流计算成果表

工况	单宽渗流量/[m³/(d·m)]	出逸点高度/m	出逸比降	容许比降
正常蓄水位	1.08	0	0.33	0.402
设计洪水位	1.14	0	0.35	0.402

从表 7.1-3 渗流计算结果看：由于坝体采用复合土工膜，坝体浸润线位置均较低，对大体稳定有利。

坡脚出逸比降为 0.35，小于压实黏土的容许水力坡降建议值 0.402，因此不会发生渗透破坏。

2. 坝坡稳定计算分析

该坝为 4 级建筑物。根据《碾压式土石坝设计规范》（SL 274—2001）的要求及工程情况，大坝抗滑稳定应包括正常情况和非常情况，计算情况如下。

（1）正常运用条件。

1）水库水位处于正常蓄水位和设计洪水位与死水位之间的各种水位稳定渗流期的上游坝坡，规范要求安全系数不应小于 1.25。

2）水库水位处于正常蓄水位和设计洪水位稳定渗流期的下游坝坡，规范要求安全系数不应小于 1.25。

（2）非常运用。

1）条件Ⅰ。①本次加固对原坝体体型未改变，因此不再复核施工期的稳定；②水库水位的非常降落，每年灌溉期，库水位从正常蓄水位降落到死水位。

2）条件Ⅱ。正常运用条件遇地震的上下游坝坡，规范要求安全系数不应小于 1.10。大坝按Ⅶ度地震设防。

稳定计算采用黄河勘测设计有限公司与河海大学工程力学研究所联合研制的《土石坝稳定分析系统 r1.2》。该程序有规范规定的瑞典圆弧法和考虑条块间作用力的各种方法。计算方法采用计及条块间作用力的简化毕肖普法圆弧滑动。

简化毕肖普法公式见式（3.4-7）。

稳定计算材料强度指标根据安全鉴定期间做的试验和工程类比确定。试验指标偏低，主要原因有几种：①试验为不固结不排水剪 UU 指标，较水库运用期的 CD 指标低；②试验所用样品为钻孔所取，很难保证土样不扰动；③从标准贯入击数可看出，抗剪强度也偏低，坝体贯入击数平均值为 11.8，地基承载力平均为 302kPa。稳定计算最终采用的指标见表 7.1-4。

表 7.1-4　　　　　　　　　燕麦地水库坝体和坝基材料强度指标表

序号	材　料	湿容重/(kN/m³)	饱和容重/(kN/m³)	C/kPa	φ/(°)
1	坝身	18.5	19.1	17.17	16.7
2	棱体	20.0	20.6	10	25
3	冲洪积黏土夹砾石	19.6	20.2	25	14.8
4	淤泥及淤泥质黏土	16.0	16.6	20	6
5	强风化玄武岩	25.5	26.1	350	25

稳定计算分析成果见表 7.1-5 与图 7.1-2。坝坡在各计算工况下均满足抗滑稳定要求。

表 7.1-5　　　　　　　　　　稳 定 计 算 成 果 汇 总

坝坡	滑裂面位置	计算工况	规范要求安全系数	计算安全系数
上游坡	(1)	不利水位 2770.00m	1.25	1.72
	(2)	不利水位 2770.00m 加遇Ⅶ地震	1.10	1.43
	(3)	上游水位骤降（正常蓄水位骤降到死水位）	1.15	1.71
下游坡	(4)	设计洪水位	1.25	1.29
	(5)	设计洪水位遇Ⅶ地震	1.10	1.13

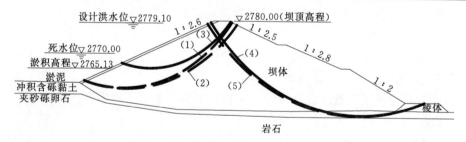

图 7.1-2　稳定计算成果图（单位：m）

3. 复合土工膜的稳定分析

根据《水利水电工程土工合成材料应用技术规范》（SL/T 225—1998），需验算水位骤降时，防护层与土工膜之间的抗滑稳定性，采用规范附录 A 中推荐的计算方法。计算采用极限平衡法。坝坡复合土工膜上面铺设了 30cm 厚的砂卵石和 30cm 厚干砌石，为等厚保护层，因此抗滑稳定安全系数可按式（3.4-8）计算。

根据工程经验，土工织物与砂卵石之间的摩擦角取 26°。上游坝坡坡度为 1：2.6。边坡计算的抗滑安全系数为 1.27，边坡复合土工膜与砂卵石之间的抗滑稳定安全系数满足《碾压式土石坝设计规范》（SL 274—2001）规定的 4 级建筑物骤降情况的安全系数 1.25

的要求。

复合土工膜直接铺设在主坝材料土坡上。土工织物与土的摩擦系数一般为 0.43 左右，取 0.43 计算，计算的土工织物与大坝边坡的抗滑稳定安全系数为 1.12，安全系数不完全满足规范要求，为增强复合土工膜的抗滑稳定性，在高程 2775.00m、2770.00m、2765.00m 及坡脚设止滑槽。

燕麦地水库的主要功能是灌溉，水位降落速度较慢，随着库水的降落，坝坡干砌石后的水位也会随之下降，对坝坡稳定不会造成危害。

增加止滑槽提高防渗结构的抗滑稳定性规范中有此规定，并且在已完工的除险加固工程中有所应用。如：义乌长堰水库为黏土斜墙坝，坝高 37m，坝坡分 3 级，分别为 1：1.5、1：2.6 及 1：2.8，采用复合土工膜防渗加固，设 3 道抗滑沟。

7.1.4.7 坝顶结构设计

原坝顶宽度 3.5～5.0m，为了交通方便和坝体美观，本次设计将坝顶宽度统一定为5.0m。坝顶路面采用沥青路面，厚 0.34m，其中，灰土基层厚 0.3m，沥青碎石层厚0.04m。路面设倾向下游的单面排水坡，坡度为 2%。

7.1.4.8 上游坝坡处理及设计

主坝上游坝面由于采用复合土工膜防渗，须对上游坝面进行清基，因此，与上游护坡改造相结合，统一考虑。

为了保证复合土工膜与坝体连接质量和避免其他材料对土工膜的破坏，上游坝面应清除干砌石护坡及其垫层，并应保持坝面平顺。

复合土工膜直接铺设在原坝坡上。土工膜上游面为防止波浪淘刷、风沙的吹蚀、紫外线辐射以及膜下水压力的顶托而浮起等，需要在土工膜上设保护层。保护层分为面层和垫层。保护层面层采用 0.30m 厚的干砌石，要求石料坚硬，抗风化能力强；保护层垫层采用 0.30m 厚的砂砾料，粒径范围为 0.1～40mm 的连续级配，小于 0.075mm 的颗粒含量应小于 5%。

为增加护坡稳定性，在高程 986.00m、982.70m、974.70m 及坡脚设止滑槽。

复合土工膜顶部与坝顶上游侧防浪墙连接，与输水涵洞混凝土采用锚固连接，底部挖槽埋在土中。

7.1.4.9 下游坝坡处理及设计

现大坝下游坝坡变形严重，坡面遍布冲沟，且有滑坡堆积体，应对其进行整修。整修原则是在保证坝坡稳定的前提下，为了减少工程投资，原坝坡基本不变，仅对坝坡进行整修。现坝坡表面清除 0.3m 厚杂草等，其余整平碾压。整修后下游坝坡在 2773.00m 高程和 2766.00m 高程各设一马道，宽 3.0m；2773.00m 马道以上坝坡为 1：2.5，2773.00～2766.00m 高程间坝坡为 1：2.8。2776.00m 以下至排水棱体间坝坡为 1：2，排水棱体顶高程 2756.00m，宽度不变，为 0～12m，2776.00m 以下坡度为 1：1.3。

下游坝面采用草皮护坡。为了保证草皮护坡的成活率，在下游坝坡填筑垂直厚度0.3m 厚的耕植土。

7.1.4.10 下游排水棱体设计

现下游坝脚排水棱体坍塌、脱落严重，需进行整修。将原排水棱体表面风化破碎的岩

石清除，其余部分整平。为了保证排水畅通，在清除后的下游面，分别铺设垂直厚度
0.2m 的砂卵石、粗砂和 0.4m 厚的干砌石。

棱体排水顶高程与原设计相同，为 2756.00m；顶宽与现状相同，为 0～12m，外坡
1：1.3。

7.1.4.11　下游排水设计

燕麦地水库大坝高 30m，在下游坝坡 2773.00m、2766.00m、2756.00m 高程马道各
设置 1 排纵向排水沟；在下游坝脚和两岸岸边连接处设计排水沟，以便收集下游坝坡和两
岸岸坡雨水。下游坝坡排水汇入坝下游坝脚排水沟，形成完整的排水系统。下游坝脚的排
水最终汇集到位于河漫滩最低处的渗流监测处，然后经渠流入下游河道。排水沟宽 0.4m、
深 0.4m，采用浆砌石砌筑。

7.1.4.12　主要工程量

燕麦地水库大坝加固主要工程量见表 7.1－6。

表 7.1－6　　　　　　　　　　燕麦地水库大坝加固主要工程量表

编号	材料	单位	工程量
1	坝顶清基	m³	1428
2	下游坝坡清基	m³	3333
3	排水沟及开登开挖	m³	963
4	左岸喷混凝土、岩石清基	m³	1117
5	右岸岸坡清基	m³	2394
6	坝前淤泥开挖	m³	1976
7	耕植土	m³	3333
8	坝顶回填土	m³	720
9	上、下游坝坡回填土	m³	19141
10	坝前淤泥开挖后填筑土	m³	1976
11	碎石垫层	m³	2958
12	粗砂	m³	153
13	坝顶混凝土挡土墙	m³	312
14	钢筋	t	18
15	浆砌石	m³	298
16	干砌石	m³	4716
17	上游坝坡复合土工膜 200g/0.5mm/200g	m²	14540
18	坝顶沥青路面（沥青碎石，厚 0.05m）	m²	860
19	坝顶沥青路面（厚 0.3m 灰土基层）	m²	860
20	上、下游坝面整平、碾压	m²	19142
21	干砌石护坡拆除	m³	2409
22	上游护坡垫层拆除	m³	2409
23	下游排水棱体清除	m³	741
24	左岸喷混凝土	m³	90
25	下游护坡草坪	m²	11112

7.1.4.13 大坝观测设计

1. 监测设计原则

(1) 突出重点、兼顾全局，密切结合工程具体情况，以危及建筑物安全的因素为重点监测对象，做到少而精。同时兼顾全局，又要能全面反映工程的运行状况。

(2) 由于该工程为已建工程，因此以外部变形和坝体渗流为主。监测项目的设置和测点的布设应满足监测工程安全资料分析的需要。

(3) 对于监测设备的选择要突出长期、稳定、可靠。

2. 监测项目选择

为确保大坝的安全运行，掌握大坝的工作状态，根据《土石坝安全监测技术规范》（SL 60—1994）要求，结合该工程的实际情况以及类似工程的经验，该工程设置了如下监测项目。

(1) 坝体的水平位移和垂直位移监测。

(2) 坝体的浸润线监测。

(3) 坝基渗透压力和绕坝渗流监测。

(4) 上下游水位以及气温监测。

3. 大坝安全监测

(1) 已有安全监测项目。水库无观测设施，未进行系统的详细观测。

(2) 监测布置。

1) 坝体的水平位移和垂直位移监测。外部变形监测是判断大坝是否正常运行的重要指标。根据该水库自身的特点以及运行情况，在坝顶和 2766.00m 下游马道平行坝轴线方向上各布设 1 条测线，每条测线上每间隔 30～40m 设置 1 个测点。另外，为监测坝体沉陷情况，在坝顶和 2153.00m 马道布设位移测点兼顾沉陷监测，此外在坝体 2773.00m 下游马道上设 1 道水准测点。

2) 坝体浸润线监测。对土石坝而言，坝体浸润线的高低是大坝稳定与否的关键，为监测坝体浸润线的分布情况，沿坝轴方向共布设 2 个监测断面进行监测。2 个监测断面分别位于最大坝高和靠近输水隧洞处，每个断面布设 3 个测压管。

3) 坝基渗透压力和绕坝渗流监测。绕坝渗流监测，由于右坝肩属滑坡体，绕坝渗漏问题将较为突出，故在右岸设 2 排测压管，在左岸设 1 排测压管。

4) 渗流量监测。在坝体下游适当位置设置量水堰进行监测。

5) 上下游水位监测。根据该水库目前现状，上游水位测点拟在隧洞的竖井内布设 1 支水位计，通过水压力的变化来测定上游水位的高低。

4. 监测工程量

燕麦地水库大坝监测工程量见表 7.1-7。

表 7.1-7   燕麦地水库大坝监测工程量表

序号	项目	单位	数量
一	一次仪表		
1	水平位移标点	个	5

序号	项目	单位	数量
2	水平位移工作基点	个	2
3	水准工作基点	个	1
4	镀锌钢管	m	60
5	平尺水位计	台	1
二	土建工程		
1	钻孔（φ110mm）	m	180

7.1.5　输水隧洞加固设计

7.1.5.1　加固方案

根据工程现状、存在问题及安全鉴定报告结论可知，燕麦地水库的现状输水涵洞断面为 1.6m×1.8m 圆拱直墙式浆砌石结构，断面小，破坏严重，设备老化。考虑现状输水涵洞的病害等实际情况，决定将现状输水涵洞废弃、封堵，新增建 1 条输水洞，并增建溢洪道。

新增建输水洞布置在左岸山体上，该处山体为玄武岩，岩质坚硬，适宜成洞，而且输水洞布置在左岸山体，还可以利用老渠道输水。现状输水涵洞作为施工期导流洞使用，待施工结束后对现有输水涵洞进行封堵处理。

7.1.5.2　输水隧洞布置

新设输水隧洞布置在距原输水涵洞 15.0m 处山体内，洞轴线与大坝轴线垂直。隧洞洞身为钢筋混凝土结构，断面型式仍采用城门洞型。全长 193.95m，进口底板高程 2759.00m，出口底板高程 2756.00m。

新设输泄水隧洞主要由进口段、闸室段、洞身段、出口段 4 部分组成。进口段采用挡墙式矩形引渠，平面布置为"八"字翼墙。闸室段采用塔式进水口，钢筋混凝土结构，设置检修及工作 2 道闸门，检修门闸孔尺寸为 1.0m×1.5m，工作门闸孔尺寸为 1.0m× 1.0m。检修门和工作门之间设置胸墙 1 道，检修门启闭机室布设在闸室上部，底板与坝顶平，高程为 2780.00m，上部框架下架设可以顺水流向移动的单轨移动启闭机作为检修门的启门设备，并可以作为工作门及启闭机检修的起吊设备。工作门启闭机室布置于前后胸墙之间，底板高程为 2764.50m，设固定螺杆启闭机作为工作门的启闭设备，该层与检修门启闭机室之间设置楼梯供操作人员通行。输水涵洞洞身段为明流洞，断面为 1.5m× 2.0m 圆拱直墙式城门洞型，钢筋混凝土结构，断面净宽 1.5m，侧墙高 1.57m，顶拱中心角 120°，半径 0.866m。出口处设置消力池，池长 14.5m、深 1.0m，消力池末端以圆弧形式与现状排洪渠相接。

7.1.5.3　泄水能力计算

根据拟定输水隧洞的断面尺寸，按明渠均匀流公式 $Q = AC\sqrt{Ri}$ 进行水力计算，计算成果见表 7.1-8。

从表 7.1-8 可见，新修输水洞过水能力 $Q = 10.55\text{m}^3/\text{s} > 3.5\text{m}^3/\text{s}$（保证大坝安全的出库洪峰流量），过水能力满足设计要求。

表 7.1－8   燕麦地水库新修输水洞水力计算成果表

洞宽 b /m	侧墙 h_1 /m	顶拱角 α /(°)	顶拱半径 r/m	底坡 i	糙率 n	水深 h /m	过水面积 A/m^2	湿周 X /m	水力半径 R/m	流速 v /(m/s)	流量 Q /(m³/s)
1.5	1.57	120	0.866	0.016	0.017	0.86	1.29	3.22	0.401	4.04	5.22
1.5	1.57	120	0.866	0.016	0.017	1.50	2.25	4.50	0.500	4.69	10.55

7.1.5.4 结构设计

1. 闸室稳定计算

（1）荷载组合。作用在水闸上的竖直向荷载主要有闸室自重、启闭机自重、水重、填土压力、扬压力以及闸顶交通活荷载等，水平向荷载主要有静水压力、地震荷载等。

（2）计算公式。闸室基底应力计算采用式（3.4－16）。

闸室抗滑稳定计算采用式（3.4－17），其中 f 取 0.6。

燕麦地水库闸室基底应力、抗滑稳定安全系数计算结果见表 7.1－9。

表 7.1－9   闸室基底应力、抗滑稳定安全系数汇总表

计算工况	P_{max}/kPa	P_{min}/kPa	基底应力允许值 /kPa	抗滑稳定安全系数	抗滑稳定安全系数允许值	
					基本组合	特殊组合
完建情况	387.72	314.98	1000	∞	1.05	
正常蓄水位	254.74	89.91	1000	1.32	1.05	
校核洪水位	340.86	21.95	1000	2.19		1.00
地震情况	332.74	−5.42	1000	1.14		1.00

（3）计算结果分析。计算表明，闸室在基本荷载组合情况下和特殊组合情况下的基底最大应力均小于地基允许承载力 1000kPa，在地震情况下基底出现拉应力，但小于 100kPa，所以能满足规范要求；抗滑稳定安全系数最小值为 1.14，大于规范规定的 1.00 的允许值，水闸的闸室稳定能满足要求；因地基承载力满足要求，不需要地基处理。

2. 闸底板结构计算

该工程地基岩性属白云岩夹泥质灰岩地基，按照《水闸设计规范》（SL 265—2001）采用弹性地基梁法计算。对涵闸闸门门槛上下游分别计算，计入门槛处在闸墩与底板之间分配的不平衡剪力。基础底面上的均布荷载为正值时不计底板自重，边荷载对地板内力产生有利影响时取半值，产生不利影响时取全值。根据计算，配筋率小于规范规定的最小配筋率，所以按最小配筋率进行底板配筋。

3. 输水涵洞加固工程量

燕麦地水库输水涵洞新建进水闸室及输水洞加固主要工程量见表 7.1－10。

表 7.1－10   燕麦地水库进水闸室及输水洞工程量表

序号	工程项目	单位	数量	备注
一	新建工程			
1	库区清淤量	m³	44100.0	
2	坡挖石方	m³	199.7	

续表

序号	工程项目	单位	数量	备注
3	槽挖石方	m³	1524.2	
4	洞身石方开挖	m³	822.0	
5	C25 闸室钢筋混凝土	m³	543.6	
6	C25 钢筋混凝土护坡	m³	118.1	
7	C25 钢筋混凝土洞身	m³	298.3	
8	C25 钢筋混凝土桥板	m³	2.6	
9	C25 桥墩混凝土	m³	2.4	
10	C30 上部钢筋混凝土	m³	13.1	
11	钢筋	t	78.7	
12	C10 素混凝土垫层	m³	44.4	
13	桥栏杆（混凝土）	m	21.9	
14	钢爬梯	个	39	
15	启闭机房	m²	50.4	
16	5cm 厚喷混凝土	m³	12.1	
17	ϕ20 钢筋锚杆	m	109.2	锚杆长度 5m
18	10cm 厚碎石路面	m³	15.2	
二	拆除工程			
1	启闭机房拆除	m²	14.7	含下部结构
三	封堵工程			
1	M7.5 浆砌石	m³	5.92	
2	堆石	m³	23.67	
3	回填灌浆	m³	7.1	按堆石孔隙率 30% 计
4	C25 钢筋混凝土板	m³	4.41	厚 0.3m
5	钢筋	t	0.35	

7.1.6　溢洪道加固设计

现状溢洪道置于右岸滑坡体上，出口陡坡段为第四系松散蠕动体，该段边墙被冲毁，底板断裂滑移，出口无消能防冲设施。因此溢洪道整体结构不稳定，不能泄洪；而左岸山体为玄武岩，岩质坚硬，适宜建筑，所以新建溢洪道布置在左坝肩山体。

新设溢洪道位于大坝左坝肩的山体处，全长 164.82m，由进口段、控制段、泄槽段、消力池和连接段组成。控制段设为宽顶堰型平底板闸 3 孔，每孔净宽 3.3m，闸室为钢筋混凝土结构，每孔各设置工作闸门 1 道，闸门用手电两用螺杆式启闭机控制，闸前预留检修门槽。在坝顶处设桥板 3 跨，净跨 3.3m，桥面宽度与坝顶相同，为 5.0m，闸室顺水流向长 9.2m。泄槽段总长 89.62m，泄槽断面为矩形钢筋混凝土结构，底宽 5.0m；上段槽深 2.7m，纵坡为 1∶5；下段槽深 2.0m，纵坡为 1∶3；墙及底板厚均为 0.5m。泄槽末端设消力池，采用底流消能结构，池深 1.0m、长 35.0m；消力池末端与坝下游的泄水渠道相连。

(1) 闸室宽顶堰泄水能力计算。宽顶堰泄水能力计算采用下列公式：

$$Q = m\varepsilon B \sqrt{2g} H_0^{3/2} \tag{7.1-1}$$

式中：Q 为校核洪水时的下泄流量；m 为流量系数；ε 为边墙侧收缩系数；B 为闸孔总净宽；H_0 为上游水头。

经计算，$Q = 80.93\text{m}^3/\text{s} > 77.83\text{m}^3/\text{s}$，满足设计要求。

(2) 泄槽水面线推求。根据拟定溢洪道的断面尺寸，按最大下泄流量 $Q = 80.93\text{m}^3/\text{s}$，计算出泄槽起点的临界水深 h_k，然后以 h_k 为起点水深，根据能量方程，用分段总和法计算泄槽水面线。

根据算得的各断面水深，按下式计算泄槽的掺气水深：

$$h_b = \left(1 + \frac{\xi v}{100}\right) h \tag{7.1-2}$$

式中：h、h_b 分别为泄槽计算断面的水深及掺气后的水深；ξ 为修正系数；v 为不掺气情况下泄槽计算断面的流速。

燕麦地水库溢洪道水力计算成果见表 7.1-11。

表 7.1-11　　　　　　　　燕麦地水库溢洪道水力计算成果表

桩号	底宽 b/m	底坡 i	糙率 n	流速 v/(m/s)	水深 h/m	掺气水深 h_b/m	流量 Q/(m³/s)
0+009.20	11.9	1∶5	0.017	4.05	1.68	1.76	80.93
0+029.20	5.0	1∶5	0.017	9.01	0.91	0.94	80.93
0+057.00	5.0	1∶5	0.017	3.87	0.90	0.94	80.93
0+089.00	5.0	1∶3	0.017	10.57	0.33	0.38	80.93
0+108.00	5.0	1∶3	0.017	11.08	0.32	0.37	80.93

(3) 消能计算。按下式计算水跃的共轭水深：

$$h_2 = \frac{h_1}{2}\left(\sqrt{1 + 8Fr_1^2} - 1\right) \tag{7.1-3}$$

式中：h_2 为水跃的共轭水深；Fr_1 为收缩断面弗劳德数；h_1 为收缩断面水深；v_1 为收缩断面流速。

水跃长度 L 按下式计算：

$$L = 6.9(h_2 - h_1) \tag{7.1-4}$$

池深 d 按下式计算：

$$d = \sigma h_2 - h_t - \Delta Z \tag{7.1-5}$$

式中：σ 为水跃淹没度；h_t 为消力池出口下游水深；ΔZ 为消力池尾部出口水面跌落。

消力池长度 L_k 按下式计算：

$$L_k = 0.7L \tag{7.1-6}$$

根据以上计算，算得 $d=0.77$m，$L_k=11.3$m；故溢洪道加固设计中取 $d=0.8$m，$L_k=12.0$m。

（4）主要工程量。燕麦地水库新建溢洪道主要工程量见表 7.1 - 12。

表 7.1 - 12　　　　　　　　　燕麦地水库新建溢洪道主要工程量表

序号	工程项目	单位	数量	备　注
1	槽挖石方	m³	3888.9	
2	C25 闸（桥）墩钢筋混凝土	m³	425.0	
3	C30 闸室上部钢筋混凝土	m³	27.0	
4	C25 钢筋混凝土流槽	m³	750.5	含斜槽段与消力池底板
5	喷混凝土	m³	25.7	50mm 厚
6	C25 钢筋混凝土预制桥板	m³	12.3	160mm 厚
7	C25 混凝土（桥面铺装）	m³	4.6	60mm 厚
8	C10 素混凝土垫层	m³	90.1	100mm 厚
9	钢筋	t	98.4	
10	锚杆	m	271.9	ϕ20 钢筋，每根 5m 长
11	启闭机房	m²	50.4	
12	桥栏杆（混凝土）	m	33.6	

7.1.7　机电和金属结构

燕麦地水库除险加固工程的金属结构设备布置在输水涵洞和溢洪道进口。共设置平面滑动闸门 5 套，单轨移动启闭机 1 台，固定螺杆启闭机 4 台。金属结构总工程量约 21.7t。金属结构特性及工程量见表 7.1 - 13。

表 7.1 - 13　　　　　　　　　燕麦地水库金属结构特性及工程量表

工程部位	名称	孔口尺寸（宽×高/m×m）—设计水头（H/m）	闸门型式	孔数/个	扇数/扇	闸　门				启闭机						备注
						门重		埋件重		型式	容量/kN	扬程/m	数量	单重/t	共重/t	
						单重/t	共重/t	单重/t	共重/t							
输水涵洞	进口检修闸门	1.0×1.5—19.0	平面滑动	1	1	1.5	1.5	5	5	单轨移动启闭机	100	22	1	1.2	1.2	轨道 1t
	进口工作闸门	1.0×1.0—19.0	平面滑动	1	1	1.2	1.2	0.8	0.8	固定螺杆启闭机	100/70	3	1	0.25	0.5	
溢洪道	进口工作闸门	3.3×1.5—1.5	平面滑动	3	3	2	6	1	3	固定螺杆启闭机	2×50/2×10	4	3	0.5	1.5	
合　计							8.7		8.8						3.2	1

7.1.7.1　输水涵洞进口闸门及启闭设备

输水涵洞主要承担灌溉任务。在进口闸室内依次设置检修闸门和工作闸门。

1. 检修闸门及启闭机

检修闸门选用平面滑动闸门，1孔1扇，孔口尺寸 1.0m×1.5m，底坎高程为 2759.00m，设计水头 19.0m。平时闸门锁定在检修平台上，当工作闸门及埋件需要检修时，关闭闸门挡水。门叶主材为 Q235-B，滑块选用自润滑复合材料，埋件材料为 Q235-B。顶、侧止水布置在闸门下游面，采用 P 型橡皮，压缩量 3mm；底止水采用 I 型橡皮，压缩量 5mm。

检修闸门操作条件为静水启闭，充水平压方式为小开度提门充水，启门水头差 2m。启闭设备选用 100kN-22m 的单轨移动启闭机。

2. 工作闸门及启闭机

工作闸门选用平面滑动闸门，1孔1扇，孔口尺寸 1.0m×1.0m，底坎高程为 2759.00m，设计水头 19.0m，操作条件为动水启闭，且有局部开启要求。为防止闸门局部开启时射水，采用高胸墙布置。

门叶主材为 Q235-B，滑块选用自润滑复合材料，埋件材料为 Q235-B。顶、侧止水布置在闸门上游面，采用 P 型橡皮，压缩量 3mm；底止水采用 I 型橡皮，压缩量 5mm。

启闭设备选用固定螺杆启闭机，启闭容量 100/70kN，扬程 3m。

7.1.7.2　溢洪道进口工作闸门及启闭机

溢洪道主要承担水库防洪任务。在进口闸室内设置工作闸门，平时关闭闸门挡水，当水库泄洪时，开启闸门。在工作闸门前预留检修门槽，当工作闸门埋件需要检修时，采取临时封堵措施。

工作闸门选用平面滑动闸门，3孔每孔1扇，孔口尺寸 3.3m×1.5m，底坎高程为 2776.50m，设计水头 1.5m，操作条件为动水启闭。

门叶主材为 Q235-B，滑块选用自润滑复合材料，埋件材料为 Q235-B。侧止水布置在闸门下游面，采用 P 型橡皮，压缩量 3mm；底止水采用 I 型橡皮，压缩量 5mm。

启闭设备选用固定螺杆启闭机，启闭容量 2×50kN/2×10kN，扬程 4m。

7.1.7.3　启闭设备控制要求

单轨移动启闭机、固定螺杆启闭机均为现地控制。

启闭机设有行程限位开关，用于控制闸门的上、下极限位置，具有闸门到位自动切断电路的功能。

7.1.7.4　防腐涂装设计

（1）表面处理。闸门的表面采用喷砂除锈，表面除锈等级为《涂装前钢材表面锈蚀等级和除锈等级》（GB 8923）中规定的 Sa2.5 级，表面粗糙度为 $40\sim80\mu m$。机械设备采用手工动力除锈，表面除锈等级为 Sa2 级。

（2）涂装材料。闸门的表面采用涂料涂装，底漆为环氧富锌防锈底漆2道，干膜厚度为 $80\mu m$；中间漆为环氧云铁防锈漆1道，干膜厚 $70\mu m$；面漆为氯化橡胶面漆2道，干膜厚 $100\mu m$；干膜总厚度 $250\mu m$。

埋件的非加工裸露表面采用涂料涂装，底漆为环氧富锌底漆2道，干膜厚度为 $80\mu m$；

中间漆为环氧云铁漆 1 道，干膜厚 $70\mu m$；面漆为改性环氧耐磨漆 2 道，干膜厚 $100\mu m$；干膜总厚度 $250\mu m$。

埋件的埋入表面（与混凝土结合的表面）涂刷无机改性水泥浆，厚度为 $300\mu m$。

机械设备的外表面采用涂料涂装，底漆为无机富锌漆 2 道，干膜厚度为 $100\mu m$；中间漆为环氧云铁漆 1 道，干膜厚 $50\mu m$；面漆为丙烯酸聚氨酯漆 2 道，干膜厚 $100\mu m$；干膜总厚度 $250\mu m$。

7.2　李家龙潭水库

7.2.1　工程等别、建筑物级别及洪水标准

李家龙潭水库是鲁甸县的重要骨干水库，担负着水库下游农田灌溉、防洪和鲁甸县城市防洪的任务。水库总库容 106.7 万 m^3，灌溉耕地面积 2500 亩，根据《水利水电工程等级划分及洪水标准》（SL 252—2000）、《防洪标准》（GB 50201—1994）的规定，确定水库等别为小（1）型Ⅳ等工程，主要建筑物大坝、输水涵洞为 4 级建筑物，其余次要建筑物为 5 级建筑物，设计洪水重现期为 30 年（$P=3.3\%$），校核洪水重现期为 300 年（$P=0.33\%$）。

7.2.2　设计依据

除险加固设计采用的主要技术规范、规程：《水利水电工程等级划分及洪水标准》（SL 252—2000）；《防洪标准》（GB 50201—1994）；《碾压式土石坝设计规范》（SL 274—2001）；《水利水电工程土工合成材料应用技术规范》（SL/T 225—1998）；《水工混凝土结构设计规范》（SL/T 191—1996）。

7.2.3　基本资料

（1）水库特征水位。正常蓄水位 1962.60m，设计洪水位（$P=3.33\%$）1962.76m，校核洪水位（$P=0.33\%$）1962.90m，汛限水位 1962.60m，死水位 1950.00m。

（2）库容。总库容 106.7 万 m^3，汛限库容 102.9 万 m^3。

（3）入库洪峰流量。设计洪水流量（$P=3.33\%$）$5.01m^3/s$，校核洪水流量（$P=0.33\%$）$7.69m^3/s$。

（4）气象资料。多年平均气温 6.2℃，最高气温 23.1℃，最低气温 −16.8℃，实测最大风速 28m/s。

（5）地震烈度。根据《中国地震动峰值加速度区划图》（1：400 万）和《中国地震动反应谱特征周期区划图》（1：400 万），李家龙潭坝址区地震动峰值加速度为 $0.10g$（相应的地震基本烈度为Ⅶ度），地震动反应谱特征周期为 0.45s。

7.2.4　土坝加固设计

7.2.4.1　坝顶高程确定

按照《碾压式土石坝设计规范》（SL 274—2001）计算坝顶超高。坝顶超高按式（3.4-1）计算。其中 A 设计工况取 0.5m，校核工况取 0.3m。

（1）风壅水面高度 e。计算公式采用式（3.4-2）。

（2）平均波高和平均波周期采用莆田试验站公式计算，即采用式（3.4-3）计算。

（3）平均波长。采用式（3.4－4）计算。

（4）平均波浪爬高。正向来波在 $m=1.5\sim5.0$ 的单一斜坡上的平均爬高按式（3.4－5）计算，其中 $m=2.97$。

设计波浪爬高值应根据工程等级确定，4 级坝采用累积频率为 5% 的爬高值 $R_{5\%}$。

根据《碾压式土石坝设计规范》（SL 274—2001），坝顶高程等于水库静水位与坝顶超高之和，分别按以下组合计算，取其最大值。①设计洪水位加正常运用条件的坝顶超高；②正常蓄水位加正常运用条件的坝顶超高；③校核洪水位加非常运用条件的坝顶超高；④正常蓄水位加非常运用条件的坝顶超高，再加地震安全加高。

根据鲁甸县气象站的观测资料统计分析，多年平均最大风速为 15.3m/s，设计风速正常运用情况下乘以系数 1.5 为 23m/s，吹程 400m。坝顶高程计算结果见表 7.2－1。

表 7.2－1　　　　　　　　　　　李家龙潭水库坝顶高程计算结果表

运用工况	水位/m	设计波浪爬高 R/m	风壅水面高度 e/m	安全加高 A/m	地震壅浪超高/m	地震沉降超高/m	坝顶超高 y/m	计算坝顶高程/m
正常	1962.60	0.663	0.003	0.50			1.166	1963.77
设计	1962.76	0.662	0.003	0.50			1.165	1963.92
校核	1962.90	0.401	0.001	0.30			0.702	1963.60
地震	1962.60	0.401	0.001	0.30	0.5	0.25	1.452	1964.05

从表 7.2－1 看出，地震工况控制坝顶高程，根据计算情况取坝顶高程为 1964.10m。

现大坝坝顶高程为 1963.60m，加高后的坝顶高程为 1964.10m，大坝需加高高度为 0.50m，可采取在坝顶加 0.5m 防浪墙，原坝体不加高方案。

7.2.4.2　大坝加固方案

李家龙潭水库为特定历史条件下的产物，现坝体存在较多的质量缺陷。主要表现为上游护坡破坏、下游无护坡、坝体填土干密度较小、坝体防渗性能较差，坝基渗漏严重，坝顶高度低，宽度小，不满足设计要求等问题。但大坝需要解决的主要问题是渗漏稳定问题。

为了保证大坝的安全，应尽可能大的降低坝体内浸润线，封堵坝体坝基渗漏通道，针对主坝在此考虑了 3 种防渗方案：方案一是坝体采用复合土工膜、基础采用高压定喷桩防渗；方案二是坝体坝基均采用复合土工膜防渗；方案三是坝体坝基均采用高压定喷桩防渗。由于坝顶需加高 0.5m，故采用坝顶加混凝土防浪墙方案。

（1）方案一。结合上游护坡改建，拆除原干砌石护坡，坡面整平后铺设两布一膜复合土工膜，以防止随着水库运用水位升高后，坝体浸润线升高引起坝体新的变形，导致沿坝体裂缝以及填筑结合面可能产生的集中渗漏。复合土工膜铺设到 1949.00m 高程，此高程以下采用高压定喷桩作为坝基防渗，顶部与复合土工膜连接，底部嵌入基岩 1m。此方案的优点是既可彻底解决坝体与坝基的渗漏问题，又可减少施工围堰和施工期间的基坑排水，工程投资又省。

（2）方案二。结合上游护坡改建，拆除原干砌石护坡，坡面整平后铺设两布一膜复合土工膜，直至基础 2.3m 厚的 Q_4 坡积层（主要由砂土、砂岩和泥岩碎石）以下 1m。此方案的复合土工膜与坝基 5.3m 厚黏土和淤泥层连接，解决了坝体本身的防渗，坝基防渗采用 5.3m 厚黏土和淤泥层。此方案的优点是工程投资省，缺点是必须修筑施工围堰，而且要挖除坡脚上较厚的淤泥，基坑排水和开挖工作实施困难很大。

（3）方案三。坝体与坝基均采用高压定喷桩防渗墙，即在坝顶向下做高压定喷桩，直至岩石下 1m。此方案的优点是可以彻底解决坝体坝基防渗，减少施工期围堰、基坑排水等投资，缺点是高压定喷桩投资较土工膜大，造成工程总投资偏高。

复合土工膜具有适应变形能力强，防渗性能好的特点，而且在近几年的病险水库加固处理中得到了广泛的应用，施工工艺成熟。因此，选择适应坝体变形的坝体土工膜、坝基高压定喷桩防渗方案，即方案一。

两岸基岩裸露的，采用喷混凝土减少渗漏量，喷混凝土厚 0.05m。喷混凝土范围按 2 倍的坝高考虑，为 30m，以延长两岸渗径，减小两岸绕渗。喷混凝土前，应对岩石边坡上的浮土、悬石和风化剥落层进行清除。为了保证喷混凝土质量，采取边清除边喷射的方法。

7.2.4.3　坝顶加高

根据坝顶高程计算结果，坝顶需加高 0.5m，由于加高高度较低，可采用在坝顶上游侧加混凝土防浪墙方案。现坝顶高程不变，为 1963.60m，防浪墙顶高程 1964.10m，高出坝顶 0.5m。

7.2.4.4　坝体裂缝处理

裂缝处理采用开挖回填的方法处理。

（1）深度不超过 1.5m 的裂缝，可顺裂缝开挖成梯形断面的沟槽。

（2）深度大于 1.5m 的裂缝，可采用台阶式开挖回填。

（3）横向裂缝开挖时应作垂直于裂缝的结合槽，以保证其防渗性能。

坝体裂缝处理，开挖前需向裂缝内灌入白灰水，以利于掌握开挖边界；开挖时顺裂缝开挖成梯形断面的沟槽，根据开挖深度可采用台阶式开挖，确保施工安全。裂缝相距较近时，可一并处理。裂缝开挖后防止日晒、雨淋。

回填土料与坝体土料相同，应分层夯实，达到原坝体的干密度。回填时要注意新老土的接合，边角处用小榔头击实。注意勿使槽内发生干缩裂缝。

7.2.4.5　防渗设计

1．防渗方案

结合上游护坡改建，拆除原干砌石护坡，坡面整平后铺设两布一膜复合土工膜，以防止随着水库运用水位升高后，坝体浸润线升高引起坝体新的变形，导致沿坝体裂缝以及填筑结合面可能产生的集中渗漏。复合土工膜铺设到 1949.00m 高程，此高程以下采用高压定喷墙作为坝基防渗，顶部与复合土工膜连接，底部嵌入基岩 1m。

坝基采用高压定喷桩防渗，孔距 1.2m，墙体最小厚度 0.1m。

为增加护坡稳定性，在高程 986.00m、982.70m、974.70m 及坡脚设止滑槽。

复合土工膜顶部与坝顶上游侧防浪墙连接，埋入防浪墙底部，与输水涵洞混凝土采用锚固连接，底部无定喷墙段挖槽埋在土中，与定喷墙连接采用挖平墙顶，土工膜铺到墙顶，上部浇筑 30cm 厚的混凝土，保证定喷墙与土工膜的连接可靠。

两岸基岩裸露的，采用喷混凝土减少渗漏量，喷混凝土厚 0.05m，喷混凝土前，应对岩石边坡上的浮土、悬石和风化剥落层进行清除。喷混凝土范围按 2 倍的坝高考虑，为

30m，以延长两岸渗径，减小两岸绕渗。

2. 复合土工膜选型

工程常用土工膜有聚氯乙烯（PVC）和聚乙烯（PE）两种。PVC膜比重大于PE膜；PE膜较PVC膜易碎化；PE膜成本价低于PVC膜；两者防渗性能相当；PVC膜可采用热焊或胶粘，PE膜只能热焊；PVC膜和PE膜还有一个突出差别，就是膜的幅宽，PVC复合土工膜一般为1.5~2.0m，PE复合土工膜可达4.0~6.0m，相应地接缝PE膜比PVC膜减少1倍以上。而且，PE膜接缝采用热焊，施工质量较稳定，焊缝质量易于检查，施工速度快，工程费用低。PVC膜虽然可焊接，可胶粘，但胶粘施工质量受人为因素较大，大面积施工中粘缝质量较难控制，成本较高；采用焊接时温度控制很关键，温度较高易碳化，较低则焊接不牢。

在物理性能、力学性能、水力学性能相当的情况下，大面积土工膜施工，为减少接缝，确保施工质量，土工膜采用PE膜。根据工程类比，PE膜厚度选用0.5mm。

复合土工膜是膜和织物热压粘合或胶粘剂粘合而成，土工织物保护土工膜以防止土工膜被接触的卵石碎石刺破，防止铺设时被人和机械压坏，亦可防止运输时损坏，织物材料选用纯新涤纶针刺非织造土工织物，规格为200g/m²。复合土工膜采用两布一膜，规格为200g/0.5mm/200g。

鉴于坝体防渗需要全部由复合土工膜来承担，为了适应大坝未来较大的变形，土工织物采用长丝结构。为了减少接缝，降低大坝发生问题的几率，复合土工膜幅宽采用5m。

鉴于复合土工膜防渗系统对该工程安全的重要性，其指标应满足以下基本要求：断裂强度不小于26kN/m，断裂伸长率不小于65%，撕破强度不小于0.7kN，CBR顶破强力不小于6.0kN。此外，土工膜应具有较好的抗老化、抗冻性能。

3. 复合土工膜施工注意事项

坝坡复合土工膜是由一幅幅土工膜拼接而成的，接缝多，因此施工很关键，施工质量是土工膜防渗性能好坏的一个决定性因素。复合土工膜的铺设要注意以下几点。

（1）复合土工膜施工前操作人员要经过上岗前的技术培训，培训合格后方可进行施工。

（2）土工膜由厂家运至仓库后，即作抽样检查，对不合格产品及时要求厂家更换。

（3）土工膜铺设前，清除坡面杂物等，将坡面夯拍整平。

（4）土工膜铺设时注意土工膜张弛适度，避免应力集中和人为损伤。要求土工膜与接触面吻合平整，防止土工膜折皱形成渗水通道的现象。

（5）土工膜接缝焊接前必须清除膜面的脏物保证膜面清洁，膜与膜接合平整后方可施焊。施工宜在室外气温5℃以上、风力4级以下、无雨雪天气。阴雨天应在雨棚下作业，以保持焊接面干燥。在爬行焊接过程中，操作人员要仔细观察焊接双缝质量，随时根据环境温度的变化调整焊接温度及行走速度。可先在试样上试焊，定出合理的工艺参数再正式焊接。正式焊接时对焊缝要仔细检查，主要看2条焊缝是否清晰、透明，有无气泡、漏焊、熔点或焊缝跑边等。不合格的要进行补焊。在焊接过程中和焊接后2h内，焊接面不得承受任何拉力，严禁连接面发生错动。

（6）膜、布的连接，要松紧适度，自然平顺，确保膜布联合受力。对焊接接头应100%检查，采用接缝充水或充气的方法检查。接缝强度不低于母材的80%。

（7）复合土工膜的铺设应自上向下滚铺。

（8）复合土工膜在坝顶上游侧墙及泄水涵洞的衔接处，应把复合土工膜裁剪成适合该角隅的形状，注意防止角隅处复合土工膜架空，不贴基面。

（9）尽量不在酷热天气、强阳光下铺设。铺设过程中，作业人员不得穿硬底皮鞋及带钉的鞋。

（10）为防止大风吹损，在铺设期间所有的复合土工膜均应用沙袋或软性重物压住，接缝焊接后把沙袋移压在接缝上，直至保护层施工完为止。当天铺设的复合土工膜应在当天全部拼接完成。复合土工膜完成铺设和拼接后，应及时（48h 内）回填保护层。斜坡保护层应妥善保护，防止阳光直射复合土工膜或雨水冲刷保护层。

（11）铺设干砌石护坡时应采取可靠的保护措施，确保土工膜不受损坏。

7.2.4.6　坝的计算分析

1. 渗流计算

（1）计算方法。渗流计算程序采用河海大学工程力学研究所编制的《水工结构分析系统（AutoBANK v5.0）》。计算采用二维有限元法，按各向同性介质模型，采用拉普拉斯方程式，用半自动方式生成四边形单元，对复杂的剖分区域需要用若干个四边形子域拼接形成，划分单元对子域依次进行。

（2）计算断面。坝总长 120m，选择河床最大断面进行渗流计算。上游正常蓄水位1962.60m，下游水位与地面平。

（3）基本参数选取。根据地质勘探资料，结合工程的材料特性，选用的坝身、坝基材料渗流计算参数见表 7.2 - 2。

表 7.2 - 2　　　　　　　　李家龙潭水库坝身、坝基渗流材料计算参数表

序号	材料名称	渗透系数/(cm/s)
1	坝体	3.0×10^{-4}
2	黏土夹砾石	2.2×10^{-2}
3	淤泥及淤泥质黏土	4.0×10^{-5}
4	棱体	1.0×10^{-1}
5	基岩	1.0×10^{-6}
6	复合土工膜	1.0×10^{-9}
7	高压定喷墙	1.0×10^{-7}

（4）渗流计算成果及分析。渗流计算结果见图 7.2 - 1 及表 7.2 - 3。

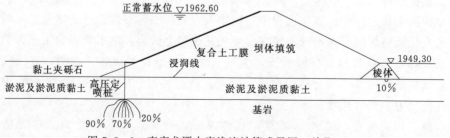

图 7.2 - 1　李家龙潭水库渗流计算成果图（单位：m）

表 7.2-3   李家龙潭水库二维渗流计算成果表

工况	单宽渗流量/[m³/(d·m)]	出逸点高度/m	出逸比降	容许比降
正常蓄水位	0.155	0	0.01	0.32
校核洪水位	0.166	0	0.01	0.32

从渗流计算结果看：由于坝体采用复合土工膜，坝体浸润线位置均较低，对大坝稳定有利。坡脚处的最大渗透坡降为 0.01，小于压实黏土的容许水力坡降建议值 0.32，因此不会发生渗透破坏。

2. 坝坡稳定计算分析

该坝为 4 级建筑物。根据《碾压式土石坝设计规范》（SL 274—2001）的要求及工程情况，大坝抗滑稳定应包括正常情况和非常情况，计算情况如下。

（1）正常运用条件。

1）水库水位处于正常蓄水位和设计洪水位与死水位之间的各种水位稳定渗流期的上游坝坡，规范要求安全系数不应小于 1.25。

2）水库水位处于正常蓄水位和设计洪水位稳定渗流期的下游坝坡，规范要求安全系数不应小于 1.25。

（2）非常运用条件。

1）条件Ⅰ。①本次加固对原坝体体型未改变，因此不再复核施工期的稳定；②水库水位的非常降落，每年灌溉期，库水位从正常蓄水位降落到死水位。

2）条件Ⅱ。正常运用条件遇地震的上下游坝坡，规范要求安全系数不应小于 1.10。大坝按Ⅶ度地震设防。

稳定计算采用黄河勘测设计有限公司与河海大学工程力学研究所联合研制的《土石坝稳定分析系统 r1.2》。该程序有规范规定的瑞典圆弧法和考虑条块间作用力的各种方法。计算方法采用计及条块间作用力的采用简化毕肖普法圆弧滑动。

简化毕肖普法公式见式（3.4-7）。

李家龙潭水库坝体和坝基材料强度指标见表 7.2-4。

表 7.2-4   李家龙潭水库坝体和坝基材料强度指标表

部位	湿容重/(kN/m³)	浮容重/(kN/m³)	C/kPa	φ/(°)
坝体	18.3	9.1	30	18
黏土夹砾石	20	10.6	20	15
淤泥及淤泥质黏土	15	15.6	22.5	11
棱体	19	9.6	5	30
基岩	19	10	55.8	25

稳定计算成果见表 7.2-5 和图 7.2-2。在上游坝坡铺设复合土工膜后，坝体浸润线降低，上下游坝坡在各计算工况下均满足抗滑稳定要求。

表 7.2 - 5　　　　　　　　　　李家龙潭水库坝稳定计算成果汇总表

坝坡	滑裂面位置	计算工况	规范要求安全系数	计算安全系数
上游坡	(1)	不利水位 1954.00m	1.25	1.99
	(2)	不利水位遇 7 级地震	1.10	1.71
	(3)	水位骤降（正常蓄水位骤降到死水位）	1.15	1.69
下游坡	(4)	正常蓄水位 1962.60m	1.25	1.28
	(5)	正常蓄水位遇 7 级地震	1.10	1.14

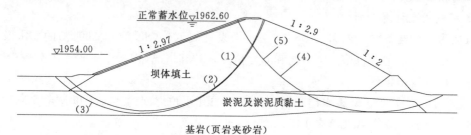

图 7.2 - 2　李家龙潭水库坝稳定计算成果图（单位：m）

3. 复合土工膜的稳定分析

根据《水利水电工程土工合成材料应用技术规范》（SL/T 225—1998），需验算水位骤降时，防护层与土工膜之间的抗滑稳定性，采用规范附录 A 中推荐的计算方法。计算采用极限平衡法。坝坡复合土工膜上面铺设了 30cm 厚的砂砾石和 30cm 厚干砌石，为等厚保护层，因此抗滑稳定安全系数可按式（3.4 - 8）计算。

根据工程经验，土工织物与砂砾石之间的摩擦角取 26°。上游坝坡坡度为 1：2.97。边坡计算的抗滑安全系数为 1.45，边坡复合土工膜与砂砾石之间的抗滑稳定安全系数满足《碾压式土石坝设计规范》（SL 274—2001）规定的 4 级建筑物骤降情况的安全系数 1.25 的要求。

复合土工膜直接铺设在主坝材料土坡上。土工织物与土的摩擦系数一般为 0.43 左右，取 0.43 计算；计算的土工织物与大坝边坡的抗滑稳定安全系数为 1.27，安全系数满足规范要求。

为增强复合土工膜的抗滑稳定性，在高程 1958.00m、1953.00m 及坡脚设止滑槽。

李家龙潭水库的主要功能是灌溉，水位降落速度较慢，随着库水的降落，坝坡干砌石后的水位也会随之下降，对坝坡稳定不会造成危害。

增加止滑槽提高防渗结构的抗滑稳定性规范中有此规定，并且在已完工的除险加固工程中有所应用。如：义乌长堰水库为黏土斜墙坝，坝高 37m，坝坡分 3 级，分别为 1：1.5、1：2.6 及 1：2.8；采用复合土工膜防渗加固，设 3 道抗滑沟。

7.2.4.7　坝顶结构设计

原坝顶宽度 2.8～4.3m，为了交通方便和坝体美观，本次设计将坝顶宽度统一定为 4.0m。坝顶路面采用沥青路面，厚 0.34m，其中，灰土基层厚 0.3m，沥青碎石层厚 0.04m。路面设倾向下游的单面排水坡，坡度为 2%。

7.2.4.8　上游坝坡处理及设计

主坝上游坝面由于采用复合土工膜防渗，须对上游坝面进行清基，因此，与上游护坡改造相结合，统一考虑。

为了保证复合土工膜与坝体连接质量和避免其他材料对土工膜的破坏，上游坝面应清除干砌石护坡及其垫层，并应保持坝面平顺。

复合土工膜直接铺设在原坝坡上。土工膜上游面为防止波浪淘刷、风沙的吹蚀、紫外线辐射以及膜下水压力的顶托而浮起等，需要在土工膜上设保护层。保护层分为面层和垫层。保护层面层采用 0.3m 厚的干砌石，要求石料坚硬，抗风化能力强。保护层垫层采用 0.15m 厚的碎石料，粒径范围为 10～40mm 的连续级配。

7.2.4.9　下游坝坡处理及设计

现大坝下游坝坡变形严重，坡面遍布冲沟，且有滑坡堆积体，应对其进行整修。整修原则是在保证坝坡稳定的前提下，为了减少工程投资，原坝坡基本不变，仅对坝坡进行整修。现坝坡表面清除 0.3m 厚杂草等，其余整平碾压。整修后下游坝坡在 1956.10m 高程设一马道，宽 2.0m，马道以上坝坡为 1∶2.9，以下至排水棱体间为 1∶2；排水棱体顶高程 1949.30m，宽 3m，以下坡度为 1∶1.5。

下游坝面采用草皮护坡。为了保证草皮护坡的成活率，在下游坝坡填筑垂直厚度 0.3m 厚的耕植土。

7.2.4.10　下游排水棱体设计

现下游坝脚排水棱体坍塌、脱落严重，需进行整修。将原排水棱体表面风化破碎的岩石清除，其余部分整平。为了保证排水畅通，在清除后的下游面，分别铺设垂直厚度 0.2m 的砂砾石、粗砂和 0.4m 厚的干砌石。

棱体排水顶高程与原设计相同，为 1949.30m，顶宽 3.3m，外坡 1∶1.5。

7.2.4.11　下游排水设计

李家龙潭大坝高度较低，仅在下游坝坡 1956.10m 高程马道和排水棱体顶部各设置 1 排纵向排水沟；在下游坝脚和两岸岸边连接处设计排水沟，以便收集下游坝坡和两岸岸坡雨水。下游坝坡排水汇入坝下游坝脚排水沟，形成完整的排水系统。下游坝脚的排水最终汇集到位于河漫滩最低处的渗流监测处，然后经渠流入下游河道。排水沟宽 0.4m，深0.4m，采用浆砌石砌筑。

7.2.4.12　主要工程量

李家龙潭水库大坝加固主要工程量见表 7.2 - 6。

表 7.2 - 6　　　　　　　　李家龙潭水库大坝加固主要工程量表

编号	材料	单位	工程量
1	坝顶防浪墙混凝土	m³	44
2	浆砌石	m³	84
3	干砌石	m³	1554
4	上下游坝坡回填土	m³	5590
5	定喷桩回填土	m³	621

编号	材料	单位	工程量
6	碎石垫层	m³	1266
7	粗砂垫层	m³	60
8	耕植土	m³	1028
9	复合土工膜 200g/0.5mm/200g	m²	5253
10	坝顶沥青路面（沥青碎石，厚 0.05m）	m²	460
11	灰土基层（厚 0.3m）	m²	470
12	喷混凝土	m³	158
13	高压定喷桩	m	553
14	上下游坝面整平、碾压	m²	7826
15	上游坝坡干砌石护坡拆除	m³	1368
16	上游护坡垫层拆除	m³	912
17	下游坝坡清基	m³	1028
18	棱体排水表面干砌石拆除	m³	101
19	喷混凝土岩石清基	m³	2371
20	坝顶清基	m³	154
21	沟槽开挖	m³	729
22	左坝头岩石开挖	m³	142
23	下游护坡撒草籽	m²	3427
24	输水洞开挖后坝体回填	m³	10677

7.2.4.13　大坝观测设计

1. 监测设计原则

（1）突出重点、兼顾全局，即密切结合工程具体情况，以危及建筑物安全的因素为重点监测对象，做到少而精。同时兼顾全局，又要能全面反映工程的运行状况。

（2）由于该工程为已建工程，因此以外部变形和坝体渗流为主。监测项目的设置和测点的布设应满足监测工程安全资料分析的需要。

（3）对于监测设备的选择要突出长期、稳定、可靠。

2. 监测项目选择

为确保大坝的安全运行，掌握大坝的工作状态，根据《土石坝安全监测技术规范》（SL 60—1994）要求，结合该工程的实际情况以及类似工程的经验，该工程设置了如下监测项目。

（1）坝体的水平位移和垂直位移监测。

（2）坝体的浸润线监测。

（3）坝基渗透压力和绕坝渗流监测。

（4）上下游水位以及气温监测。

3．大坝安全监测

（1）已有安全监测项目。李家龙潭水库无观测设施，未进行系统的详细观测。

（2）监测布置。

1）坝体的水平位移和垂直位移监测。外部变形监测是判断大坝是否正常运行的重要指标。根据该水库自身的特点以及运行情况，在坝顶平行坝轴线方向上布设 1 条测线，其位于坝顶下游侧，每条测线上每间隔 30～40m 设置 1 个测点。

另外，为监测坝体沉陷情况，布设坝顶位移测点兼顾沉陷监测，另在坝体下游马道上设 1 道水准测点。

2）坝体浸润线监测。对土石坝而言，坝体浸润线的高低是大坝稳定与否的关键，为监测坝体浸润线的分布情况，沿坝轴方向共布设两个监测断面进行监测。一个断面选择在最大坝高处，另一个断面位于输水隧洞处，每个断面布设 3 个测压管。

3）坝基渗透压力和绕坝渗流监测。绕坝渗流监测在左、右岸各设 1 排测压管。

4）渗流量监测。在坝体下游适当位置设置量水堰进行监测。

5）上下游水位监测。根据该水库目前现状，上游水位测点不好布置，经过认真考虑，拟在隧洞的竖井内布设 1 支水位计，通过水压力的变化来测定上游水位的高低。

4．监测工程量

李家龙潭水库大坝监测工程量表 7.2－7。

表 7.2－7 李家龙潭水库大坝监测工程量表

序号	项目	单位	数量
一	一次仪表		
1	水平位移标点	个	4
2	水平位移工作基点	个	2
3	水准点	个	4
4	水准工作基点	个	1
5	镀锌钢管	m	60
6	平尺水位计	台	1
二	土建工程		
1	钻孔（ϕ110mm）	m	120

7.2.5 输、泄水涵洞加固设计

7.2.5.1 加固方案

李家龙潭水库仅设有 1 座输泄水涵洞，同时承担输水和泄洪任务。因建设年代久远，现洞身及涵洞进口存在较多的质量缺陷。主要表现为涵洞过水能力不满足设计要求、洞身结构不满足设计要求、闸门止水及涵洞边墙和顶拱均有渗漏、底板浆砌石松动脱落、边墙及顶拱凹凸不平、涵洞无事故检修闸门、斜拉闸门锈蚀严重、启闭机老化、没有应急能力等问题。但涵洞需要解决的主要问题是过水能力、洞身结构和进口启闭闸门正常工作问题。

根据工程现状、存在问题及安全鉴定报告结论可知，现输泄水涵洞为 1.0m×1.5m 圆拱直墙式城门洞型断面小，渗漏严重，设备老化，对其进行修补或改造很困难。考虑现输水涵洞的病害和加固施工困难等实际情况，决定将现输水涵洞废弃、封堵，新增建 1 条输水洞。现输泄水涵洞作为施工期导流洞使用，待施工结束后对其进行封堵处理。

工程布置时比较了左坝肩坝下埋涵和左岸山体隧洞两种方案，考虑到工程造价、施工难易、工程进度等方面的问题，最终确定采用坝下埋涵方案布置。

7.2.5.2　坝下埋涵布置

为减少开挖量并与下游渠道合理连接，新增建输泄水洞仍布置在左岸，并紧靠现输泄水涵洞布置，以便利于向下游已有的渠道输水。洞轴线与原涵洞轴线平行，基础坐落在岩石地基上，为钢筋混凝土结构，断面型式仍采用城门洞形，为明流涵洞。全长 72.5m，进口底板高程 1947.60m，出口底板高程 1947.20m。

新设输泄水涵洞主要由进口段、闸室段、洞身段、出口消力池段 4 部分组成。其洞线与现状涵洞的距离受闸室段控制，闸室紧靠现状涵洞，洞身段与现状涵洞洞身段之间采用素混凝土回填。

进口段采用钢筋混凝土梯形护坡，边坡 1:0.5，平面布置为"八"字翼墙。闸室段采用塔式进水口，钢筋混凝土结构，设置检修及工作 2 道闸门，检修门闸孔尺寸为 1.0m×1.5m，工作门闸孔尺寸为 1.0m×1.0m。检修门和工作门之间设置胸墙 1 道，检修门启闭机室布设在闸室上部，底板与坝顶平，高程为 1963.60m，启闭机室内设可以顺水流向移动的单轨移动启闭机作为检修门的启门设备，并可以作为工作门及启闭机检修的起吊设备。工作门启闭机室布置于前后胸墙之间，底板高程为 1953.10m，设固定螺杆启闭机作为工作门的启闭设备，该层与检修门启闭机室之间设置楼梯供操作人员通行。洞身段为明流洞，断面为 1.5m×2.0m 圆拱直墙式城门洞型，钢筋混凝土结构，断面净宽 1.5m，侧墙高 1.57m，顶拱中心角 120°，半径 0.866m。出口处设置消力池，池长 10.0m、深 1.0m，底高程为 1946.20m，消力池末端与现状排洪渠相接。

7.2.5.3　泄水能力计算

根据拟定输水涵洞的断面尺寸，按明渠均匀流公式 $Q = AC\sqrt{Ri}$ 进行水力计算，计算成果见表 7.2-8。

表 7.2-8　　　　　李家龙潭水库新建输水涵洞水力计算成果表

洞宽 b /m	侧墙 h_1 /m	顶拱角 α /(°)	顶拱半径 r/m	底坡 i	糙率 n	水深 h /m	过水面积 A/m²	湿周 X /m	水力半径 R/m	流速 v /(m/s)	流量 Q /(m³/s)
1.5	1.57	120	0.866	0.006	0.017	0.84	1.26	3.18	0.396	2.46	3.10
1.5	1.57	120	0.866	0.006	0.017	1.50	2.25	4.5	0.5	2.87	6.46

从上表可见，新建输泄水涵洞过水能力 $Q = 6.46\text{m}^3/\text{s} > 1.25\text{m}^3/\text{s}$（保证大坝安全的出库洪峰流量），过水能力满足设计要求。

7.2.5.4　结构设计

1. 闸室稳定计算

（1）荷载组合。作用在水闸上的竖直向荷载主要有闸室自重、启闭机自重、水重、填土压力、扬压力以及闸顶交通活荷载等，水平向荷载主要有静水压力、地震荷载等。

（2）计算公式。闸室基底应力计算采用式（3.4-16）。

闸室抗滑稳定计算采用式（3.4-17），其中 f 取 0.5。

李家龙潭水库闸室基底应力、抗滑稳定安全系数计算结果见表7.2-9。

表 7.2-9   李家龙潭水库闸室基底应力、抗滑稳定安全系数汇总表

计算工况	P_{max}/kPa	P_{min}/kPa	基底应力允许值/kPa	抗滑稳定安全系数	抗滑稳定安全系数允许值	
					基本组合	特殊组合
完建情况	403.18	214.98	500	5.74	1.20	
正常蓄水位	287.33	107.38	500	2.26	1.20	
校核洪水位	297.63	96.32	500	2.19		1.05
地震情况	189.94	187.47	500	1.76		1.00

（3）计算结果分析。计算表明，闸室在基本荷载组合情况下和特殊组合情况下的基底最大应力均小于地基允许承载力500kPa，满足规范要求；抗滑稳定安全系数均大于规范规定的允许值，水闸的闸室稳定能满足要求。因此闸室地基不需要做基础处理。

2. 闸底板结构计算

该工程地基岩性为砂岩夹页岩地基，按照《水闸设计规范》（SL 265）采用弹性地基梁法计算。对涵闸闸门门槛上下游分别计算，计入门槛处在闸墩与底板之间分配的不平衡剪力。基础底面上的均布荷载为正值时不计底板自重，边荷载对地板内力产生有利影响时取半值，产生不利影响时取全值。根据计算，配筋率小于规范规定的最小配筋率，所以按最小配筋率进行底板配筋。

7.2.5.5 主要工程量

李家龙潭水库新建输水涵洞主要工程量见表7.2-10。

表 7.2-10   李家龙潭水库新建输水涵洞主要工程量汇总表

序号	工程项目	单位	数量	备 注
一	新建工程			
1	石方开挖	m³	2354.1	
2	土方开挖	m³	11767.2	
3	开挖料回填	m³	607.3	
4	C25 闸室钢筋混凝土	m³	317.4	
5	C25 挡土墙钢筋混凝土	m³	63.5	
6	C25 钢筋混凝土洞身	m³	145.9	
7	C25 桥面钢筋混凝土	m³	6.0	
8	C25 桥墩混凝土	m³	3.2	
9	C30 上部钢筋混凝土	m³	12.5	
10	钢筋	t	46.7	
11	5cm 厚喷混凝土	m³	17.0	

序号	工程项目	单位	数量	备　注
12	φ16 钢筋锚杆	m	108.0	
13	C10 素混凝土垫层	m³	28.3	
14	C10 素混凝土回填	m³	581.5	
15	桥栏杆（混凝土）	m	50.4	
16	启闭机房	m²	36.8	
17	钢爬梯	个	26.0	
二	封堵工程			
1	M7.5 浆砌石	m³	2.92	
2	堆石	m³	23.40	
3	回填灌浆	m³	7.0	按堆石孔隙率 30％计

7.2.6　机电和金属结构

李家龙潭水库除险加固工程的金属结构设备布置在输水涵洞进口。共设置平面滑动闸门 2 套，单轨移动启闭机 1 台，固定螺杆启闭机 1 台。金属结构总工程量约 11.2t。金属结构特性及工程量见表 7.2－11。

表 7.2－11　　　　　　　　李家龙潭水库金属结构特性及工程量表

工程部位	名称	孔口尺寸（宽×高/m×m）—设计水头（H/m）	闸门型式	孔数/孔	扇数/扇	闸门				启闭机					备注
						门重		埋件重		型式	容量/kN	扬程/m	数量	单重/t	共重/t	
						单重/t	共重/t	单重/t	共重/t							
输水涵洞	进口检修闸门	1.0×1.5—15.0	平面滑动	1	1	1.5	1.5	5	5	单轨移动启闭机	100	18	1	1.2	1.2	轨道 1t
	进口工作闸门	1.0×1.0—15.0	平面滑动	1	1	1.2	1.2	0.8	0.8	固定螺杆启闭机	100/50	3	1	0.5	0.5	
合　计						2.7		5.8						1.7		

7.2.6.1　输水涵洞进口闸门及启闭设备

输水涵洞主要承担灌溉任务，并兼顾泄洪。在进口闸室内依次设置检修闸门和工作闸门。

1. 检修闸门及启闭机

检修闸门选用平面滑动闸门，1 孔 1 扇，孔口尺寸 1.0m×1.5m，底坎高程为 1947.60m，设计水头 15.0m。平时闸门锁定在检修平台上，当工作闸门及埋件需要检修时，关闭闸门挡水。门叶主材为 Q235－B，滑块选用自润滑复合材料，埋件材料为 Q235－

B。顶、侧止水布置在闸门下游面，采用 P 型橡皮，压缩量 3mm；底止水采用 I 型橡皮，压缩量 5mm。

检修闸门操作条件为静水启闭，充水平压方式为小开度提门充水，启门水头差 2m。启闭设备选用 100kN-18m 的单轨移动启闭机，并兼顾工作闸门及启闭机的检修。

2. 工作闸门及启闭机

工作闸门选用平面滑动闸门，1 孔 1 扇，孔口尺寸 1.0m×1.0m，底坎高程为 1947.60m，设计水头 15.0m，操作条件为动水启闭，且有局部开启要求。为防止闸门局部开启时射水，采用高胸墙布置。

门叶主材为 Q235-B，滑块选用自润滑复合材料，埋件材料为 Q235-B。顶、侧止水布置在闸门上游面，采用 P 型橡皮，压缩量 3mm；底止水采用 I 型橡皮，压缩量 5mm。

启闭设备选用固定螺杆启闭机，启闭容量 100/50kN，扬程 3m。

7.2.6.2 启闭设备控制要求

单轨移动启闭机、固定螺杆启闭机均为现地控制。

启闭机设有行程限位开关，用于控制闸门的上、下极限位置，具有闸门到位自动切断电路的功能。

7.2.6.3 防腐涂装设计

1. 表面处理

闸门的表面采用喷砂除锈，表面粗糙度为 $40\sim80\mu m$。机械设备采用手工动力除锈，表面除锈等级为 Sa2 级。

2. 涂装材料

闸门的表面采用涂料涂装，底漆为环氧富锌防锈底漆 2 道，干膜厚 $80\mu m$；中间漆为环氧云铁防锈漆 1 道，干膜厚 $70\mu m$；面漆为氯化橡胶面漆 2 道，干膜厚 $100\mu m$；干膜总厚度 $250\mu m$。

埋件的非加工裸露表面采用涂料涂装，底漆为环氧富锌底漆 2 道，干膜厚 $80\mu m$；中间漆为环氧云铁漆 1 道，干膜厚 $70\mu m$；面漆为改性环氧耐磨漆 2 道，干膜厚 $100\mu m$；干膜总厚度 $250\mu m$。

埋件的埋入表面（与混凝土结合的表面）涂刷无机改性水泥浆，厚度为 $300\mu m$。

机械设备的外表面采用涂料涂装，底漆为无机富锌漆 2 道，干膜厚 $100\mu m$；中间漆为环氧云铁漆 1 道，干膜厚 $50\mu m$；面漆为丙烯酸聚氨酯漆 2 道，干膜厚 $100\mu m$；干膜总厚度 $250\mu m$。

7.3 锡伯提水库

7.3.1 设计依据

除险加固设计采用的主要技术规范、规程如下。

（1）《碾压式土石坝设计规范》（SL 274—2001）。

（2）《水利水电工程等级划分及洪水标准》（SL 252—2000）。

（3）《防洪标准》（GB 50201—1994）。

（4）《水利水电工程土工合成材料应用技术规范》（SL/T 225—1998）。

（5）《水工混凝土结构设计规范》（SL/T 191—1996）。

依据的文件如下。

（1）《农九师 166 团场锡伯提水库大坝安全鉴定报告书》农九师水利局。

（2）《农九师 166 团场锡伯提水库除险加固工程地质勘察报告》新疆生产建设兵团勘测规划设计研究院。

（3）《农九师 166 团场锡伯提水库除险加固补充工程地质勘察报告》新疆生产建设兵团勘测规划设计研究院。

（4）《新疆生产建设兵团农九师 166 团锡伯提水库除险加固工程设计报告》（初步设计）国家电力公司西北勘测设计研究院。

7.3.2　工程等别及建筑物级别

锡伯提水库总库容为 500 万 m³，灌溉耕地面积 2 万亩，根据《水利水电工程等级划分及洪水标准》（SL 252—2000）、《防洪标准》（GB 50201—1994）的规定，确定水库等别为小（1）型Ⅳ等工程，主要建筑物大坝、泄水涵洞按 4 级建筑物设计。

7.3.3　基本资料

（1）水库特征水位及下泄流量。正常蓄水位 988.70m，死水位 971.00m，泄水涵洞泄量 4.0m³/s。

（2）气象资料。多年平均气温 5.6℃，极端最高温度 39.7℃，极端最低温度 −34.4℃，多年平均最大风速 15.3m/s。

7.3.4　土坝加固设计

7.3.4.1　坝顶高程确定

工程为小（1）型Ⅳ等工程，大坝为 4 级建筑物。安全加高 0.5m，正常高蓄水位 988.70m。额敏县气象站测得 1906—1988 年 5 月平均最大风速为 15.3m/s，设计风速正常运用情况下乘以系数 1.5 为 23m/s，吹程 800m。按照《碾压式土石坝设计规范》（SL 274—2001）计算坝顶超高。由于该坝长度相对较短，不考虑分段计算坝顶超高。

1. 坝顶超高计算

坝顶超高按式（3.4-1）计算。

（1）风壅水面高度 e。计算公式采用式（3.4-2）。

（2）平均波高和平均波周期采用莆田试验站公式计算，即采用式（3.4-3）计算。

（3）平均波长。采用式（3.4-4）计算。

（4）平均波浪爬高。正向来波在 $m=1.5\sim5.0$ 的单一斜坡上的平均爬高按式（3.4-5）计算，其中，$m=2.25$，$K_\Delta=0.9$。

设计波浪爬高值应根据工程等级确定，4 级坝采用累积频率为 5% 的爬高值 $R_{5\%}$。

2. 坝顶高程计算

按照《碾压式土石坝设计规范》（SL 274—2001），坝顶高程等于水库静水位与坝顶超高之和。

锡伯提水库坝顶高程计算结果见表 7.3-1。

表 7.3-1   锡伯提水库坝顶高程计算结果表

项 目	计算值/m
波浪爬高	1.231
风壅水面高度	0.005
安全加高	0.5
坝顶超高	1.736
正常高蓄水位	988.70
坝顶高程	990.44

原坝顶高程为 990.20m。根据本次坝顶高程计算和运行管理需要，在原坝顶加铺泥结碎石路面 30cm，考虑坝坡土工膜与坝顶的连接，在坝顶上游侧设混凝土挡墙，混凝土挡墙顶高程 990.70m。

7.3.4.2 大坝加固方案

1. 大坝加固设计

锡伯提水库坝基为非自重湿陷性黄土，在水库建设过程中未彻底处理。坝基非自重湿陷性黄土具有的高压缩性，在水库运用过程中，在垂直荷载作用下产生较大变形，导致坝体上游坝坡混凝土板下滑、塌陷、拱起，坝顶及坝后坡出现裂缝。

由于坝基为非自重湿陷性黄土，坝基黄土的变形稳定主要受到水荷载大小的影响。水库在运用过程中，随着库水位的升高，坝体裂缝就会持续增加，也是非自重黄土湿陷性的具体表现。到目前为止，水库最高蓄水位为 986.40m，距离正常蓄水位 988.70m 差2.3m，坝基黄土的湿陷性大部分完成。在水库达到正常蓄水位时，由于荷载的增加，坝基湿陷性黄土还会产生变形，引起坝体的开裂。

从对湿陷性黄土通常采用的处理措施来看，一旦大坝建成后，再对其下部的黄土进行处理，不但技术复杂、实施的难度大、成本高，而且也难以达到预期的目的，同时会使坝体产生新的渗漏通道，危及大坝的安全。

既然坝体下部黄土的湿陷性难以消除，大坝在以后的运用过程中，仍将会产生新的裂缝，大坝的加固处理，首先满足大坝的防渗性能。因此，需要给大坝增加新的防渗系统。新的防渗系统需要满足两个条件：①能够适应较大的变形；②防渗性能好，渗漏量小。

复合土工膜具有适应变形能力强，防渗性能好的特点，而且在近几年的病险水库加固处理中得到了广泛的应用，施工工艺成熟。因此，坝体加固采用复合土工膜。

2. 复合土工膜选型

复合土工膜采用两布一膜，规格为 200g/0.5mm/200g。

鉴于坝体防渗需要全部由复合土工膜来承担，为了适应大坝未来较大的变形，土工织物采用长丝结构。为了减少接缝，降低大坝发生问题的几率，复合土工膜幅宽采用 5m。

鉴于复合土工膜防渗系统对该工程安全的重要性，其指标应满足以下基本要求：断裂强度不小于 26kN/m，断裂伸长率不小于 65%，撕破强度不小于 0.7kN，CBR 顶破强力不小于 6.0kN。此外，土工膜应具有较好的抗老化、抗冻性能。其抗冻性能（脆性温度）应满足在 −70℃时土工膜膜不发生脆化现象。

7.3.4.3　坝体裂缝处理

裂缝处理采用开挖回填的方法处理。

（1）深度不超过 1.5m 的裂缝，可顺裂缝开挖成梯形断面的沟槽。

（2）深度大于 1.5m 的裂缝，可采用台阶式开挖回填。

（3）横向裂缝开挖时应作垂直于裂缝的结合槽，以保证其防渗性能。

坝体裂缝处理，开挖前需向裂缝内灌入白灰水，以利于掌握开挖边界；开挖时顺裂缝开挖成梯形断面的沟槽，根据开挖深度可采用台阶式开挖，确保施工安全。裂缝相距较近时，可一并处理。裂缝开挖后防止日晒、雨淋。

回填土料与坝体土料相同，应分层夯实，达到原坝体的干密度。回填时要注意新老土的结合，边角处用小榔头击实。注意勿使槽内发生干缩裂缝。

7.3.4.4　坝的计算分析

1. 渗流计算

（1）计算方法。渗流计算程序采用河海大学工程力学研究所编制的《水工结构分析系统（AutoBANK v5.0）》。计算采用二维有限元法，按各向同性介质模型，采用拉普拉斯方程式，用半自动方式生成四边形单元，对复杂的剖分区域需要用若干个四边形子域拼接形成，划分单元对子域依次进行。

（2）计算断面。坝总长 1200m，最大断面在河槽部位，稍大断面位于较厚的黄土地基上，因此计算选择 2 个剖面。其几何尺寸及材料分区见图 7.3-1。上游正常蓄水位 988.70m，下游水位与地面平。

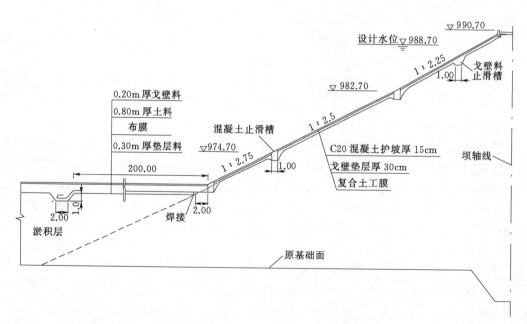

图 7.3-1　土石坝加固剖面图（单位：m）

（3）基本参数选取。根据地质勘探资料，结合工程的材料特性，选用的坝身、坝基材料渗流计算参数见表 7.3-2。

表 7.3－2 锡伯提水库坝身、坝基材料渗流计算参数表

序号	材料名称	渗透系数/(m/s)
1	主坝填筑料	1.61×10^{-8}
2	低液限黏土层	7.19×10^{-8}
3	铺盖层	3.26×10^{-7}
4	卵砾石层	5.93×10^{-5}
5	复合土工膜	1×10^{-11}

（4）渗流计算成果及分析。渗流计算结果见表 7.3－3。

表 7.3－3 二维渗流计算成果表

断面	最大渗透比降	坡脚最大渗透比降	单宽渗漏量/[m³/(d·m)]
剖面 1	4.32	0.31	24.88
剖面 2	3.09	0.26	13.48

从渗流计算结果看：由于坝体采用复合土工膜，坝体浸润线位置均较低，对坝体稳定有利。

铺盖处理后，上游坡脚处等势线密集，说明铺盖对坝的防渗效果明显。

坡脚处的最大渗透坡降，剖面 1 为 0.31，剖面 2 为 0.26，小于压实黏土的容许水力坡降建议值 0.52，因此不会发生渗透破坏。

2. 坝坡稳定计算分析

该坝为 4 级建筑物。根据《碾压式土石坝设计规范》（SL 274—2001）的要求及工程情况，大坝抗滑稳定应包括正常情况和非常情况。

锡伯提水库坝体和坝基材料强度指标见表 7.3－4。

表 7.3－4 锡伯提水库坝体和坝基材料强度指标表

序号	材料	干容重/(kN/m³)	湿容重/(kN/m³)	孔隙比 e	C/kPa	φ/(°)
1	主坝填筑料	18.28	21.0	0.512	28.73	31.10
2	低液限黏土层	17.10	18.9	0.594	11.33	26.58
3	铺盖层	14.67	17.12	0.845	10.00	27.92
4	卵砾石层		21		0	34.00

锡伯提水库坝稳定计算分析成果见表 7.3－5。坝坡在各计算工况下均满足抗滑稳定要求。

表 7.3－5 锡伯提水库坝稳定计算成果汇总表

位置	坝坡	计算工况	规范要求安全系数	计算安全系数
剖面 1	上游坡	不利水位 974.00m	1.25	2.2924
		正常水位 988.70m 加遇 6 级地震	1.10	2.5226
		水位骤降	1.15	1.5400
	下游坡	正常水位 988.70m	1.25	1.7331
		正常水位 988.70m 加遇 6 级地震	1.10	1.6332

位置	坝坡	计算工况	规范要求安全系数	计算安全系数
剖面 2	上游坡	不利水位 979.20.00m	1.25	2.4229
		正常水位 988.70m 加遇 6 级地震	1.10	2.7785
		水位骤降	1.15	1.6265
	下游坡	正常水位 988.70m	1.25	1.6553
		正常水位 988.70m 加遇 6 级地震	1.10	1.5673

3. 复合土工膜的稳定分析

根据《水利水电工程土工合成材料应用技术规范》（SL/T 225—1998），需验算水位骤降时，防护层与土工膜之间的抗滑稳定性，采用规范附录 A 中推荐的计算方法。计算采用极限平衡法。坝坡复合土工膜直接铺设在原大坝坝坡卵砾石垫层上，上面铺设戈壁料保护层和混凝土板护坡，因此抗滑稳定安全系数可按式（3.4-8）计算。

为增强复合土工膜的抗滑稳定性，在高程 986.00m、982.70m、974.70m 及坡脚设止滑槽。

锡伯提水库泄水流量为 $4m^3/s$，水位下降 1m，几乎需要 1d 时间。随着库水的降落，坝坡混凝土板后的水位也会随之下降，对坝坡稳定不会造成危害。

增加止滑槽提高防渗结构的抗滑稳定性规范中有此规定，并且在已完工的除险加固工程中有所应用。如：义乌长堰水库为黏土斜墙坝，坝高 37m，坝坡分 3 级，分别为 1：1.5、1：2.6 及 1：2.8，采用复合土工膜防渗加固，设 3 道抗滑沟。

7.3.4.5　坝顶结构设计

原坝顶高程为 990.20m。根据本次坝顶高程计算结果，在原坝顶加铺泥结碎石路面 0.3m，其中，基层为 0.1m 厚的戈壁料，面层为 0.2m 厚泥结碎石。路面设倾向下游的单面排水坡，坡度为 2%。

考虑坝坡土工膜与坝顶的连接，在坝顶上游侧设混凝土挡墙，其顶高程为 990.70m。

7.3.4.6　上游护坡设计

主坝上游坝坡由于采用复合土工膜防渗，须对上游坝面进行清理，上游坝坡原混凝土板变形比较严重，需拆除混凝土护坡，原坝坡垫层料不再拆除，但需把大粒径料清除，在原垫层料上面铺设细粒料找平，并碾压密实。对于塌陷部位需补料整平。

复合土工膜直接铺设在原坝坡垫层料上。土工膜上游面为防止波浪淘刷、风沙的吹蚀、冰冻的损害、紫外线辐射以及膜下水压力的顶托而浮起等，需要在土工膜上设保护层。保护层分为面层和垫层。保护层面层采用混凝土板，保护层垫层采用戈壁料。

1. 混凝土护坡厚度计算

混凝土护坡厚度根据《碾压式土石坝设计规范》（SL 274—2001）A.2.3 有关规定计算。

$$t = 0.07\eta h_P \sqrt[3]{\frac{L_m}{b}} \frac{\rho_w}{\rho_c - \rho_w} \frac{\sqrt{m^2+1}}{m} \qquad (7.3-1)$$

式中：t 为护坡厚度，m；m 为边坡系数，取 $m=2.25$；η 为整体式大块护面板，取 $\eta=1.0$；

b 为沿坝坡向板长，m，取 $b=3$m；L_m 为平均波长，m，取 $L_m=9.93$m；h_P 为累积概率为 1％的波高，m，取 $h_P=0.78$m；ρ_c 为板的密度，t/m³，取 $\rho_c=2.5$t/m³；ρ_w 为水的密度，t/m³，取 $\rho_w=1.0$t/m³。

计算得 $t=0.06$m，设计选用混凝土护坡厚度为 0.15m。

2. 设计冻深计算

根据《水工建筑物抗冰冻设计规范》（SL 211—1998），黏性土质坝的上游坡应设非冻胀性土的防冻层，设计冻深按规范附录 B 计算。

$$Z_d = \phi_f \psi_d \psi_w Z_k \qquad (7.3-2)$$

式中：Z_d 为设计冻深，m；Z_k 为标准冻深，m，取最大冻深值，$Z_k=1.0$m；ϕ_f 为频率模比系数，m，取 $\phi_f=1.16$；ψ_d 为日照及遮阴程度影响系数，取 $\psi_d=1.0$；ψ_w 为地下水影响系数，取 $\psi_w=1.0$。

计算得 $Z_d=1.16$m。

根据《水工建筑物抗冰冻设计规范》（SL 211—1998）规范，Ⅳ 等工程水上坝坡防冻层厚度应大于 0.6 倍设计冻深。因此，防冻层厚度为 1.16×0.6＝0.70（m）。

3. 护坡设计

锡伯提水库位于严寒地区，冻融循环次数小于 100 次，因此混凝土护坡选用 0.15m 厚 3m×3m 的混凝土板，混凝土等级为 C20F200，抗渗标号为 W6。混凝土板错缝布置。并可利用一部分原坝坡拆除的较完整的混凝土板。混凝土板之间的拼装缝，填塞沥青木条，以免日光由缝隙照射土工膜，每块混凝土板上设 2 个 ϕ75mm 的 PVC 排水管，2 个排水管水平布置，距板端 0.75m。

根据计算，防冻层总厚度为 0.70m，护坡混凝土板厚 0.15m，因此，戈壁料垫层厚需 0.55m。原坝坡垫层厚 0.30m，因此保护层垫层采用 0.30m 厚的戈壁料，戈壁料粒径范围为 0.1～40mm 的连续级配，小于 0.075mm 的颗粒含量应小于 5％，戈壁料应无尖角，以免刺破土工膜。

为增加护坡稳定性，在高程 986.00m、982.70m、974.70m 及坡脚设止滑槽。止滑槽混凝土等级为 C20F200，抗渗标号为 W6。

复合土工膜顶部与坝顶上游侧混凝土挡墙锚固连接，与泄水涵洞混凝土采用锚固连接，底部与库盘水平土工膜连接固定在坡脚混凝土止滑槽底部。

7.3.5 库盘防渗处理

7.3.5.1 库盘现状及存在的主要问题

1. 库盘现状

锡伯提水库库盘面积约为 0.456km²，库盘内土层厚度分布不均，且差异较大。沟谷东西两侧随着地势的增高，土层逐渐变厚。沟谷谷底为冲洪积的砾石。水库修建时为防止和减少库区渗漏，库区内采用塑膜铺盖防渗，铺盖范围包括库区所有砾石出露部位和低液限粉土和低液限黏土层厚度不足该点设计水深 1/4 的地方。水库库盘内裂缝和渗漏漏斗特别发育，勘察期共发现渗漏漏斗 52 个，大型裂缝（宽不小于 5cm）76 条。

库盘内渗漏漏斗和裂缝主要发育于 973.00～980.00m 高程处，即死库容以上铺膜部分。裂缝呈网格状纵横交错，渗漏漏斗则发育于裂缝交汇处。这些呈网格状纵横交错分布的渗漏漏斗及裂缝成为库盘内库水渗漏的主要通道。

2. 库盘渗漏原因

库盘的渗漏原因主要是：①位于深槽区的人工铺盖破坏；②黄土天然铺盖开裂。

库区深槽段由于天然黄土薄，工程建设时采用铺设塑料薄膜防渗，由于塑料膜强度低，加之运行过程中承受较大水头等原因，人工铺盖损坏严重，难以起到很好的防渗作用，是库区渗漏的主要部位。

黄土相对较厚的其他段，黄土厚度分布不均匀，两岸厚度较大，向河槽方向厚度逐渐减薄。由于天然黄土相对疏松，在水库水位降低，库区黄土裸露后，黄土失水收缩，产生干缩裂缝，当裂缝贯穿黄土覆盖层至下部透水层时，即会发生渗漏现象。

7.3.5.2　库盘防渗加固设计

库盘覆盖层由低液限粉土、低液限黏土和含细粒土砾组成。低液限粉土和低液限黏土的渗透系数为 $9.53 \times 10^{-6} \sim 1.35 \times 10^{-4}$ cm/s，属弱微透水层。库盘的漏水不是由于库盘土的防渗性，而是由于库盘土的湿陷性未进行处理，水库蓄水后库盘土大范围湿陷开裂。库盘黏土下为渗透系数 $1.56 \times 10^{-3} \sim 5.14 \times 10^{-3}$ cm/s 的卵砾石层，属中等透水层，库水即通过库盘内的裂缝和漏斗垂直渗透而下。

库盘的低液限黏土的黏粒含量在 20% 以上，低液限粉土的黏粒含量在 18% 左右，有机物、残渣及含盐量都较低，因此，库盘内的原状土完全可以满足黏土铺盖涂料的要求。

库盘渗漏处理是利用库区黄土厚度大、储量多的特点，对库盘内的黄土进行翻倒、调配、碾压形成新的天然防渗铺盖，并对深槽段土层较薄的区域，进行黄土回填，形成新的水平防渗铺盖。

由于水库淤积严重，水库坝前淤积层与原地形相比最深达 10m 以上，淤积顶面高程最低为 970.50m 左右。淤积层主要为土，含水量很高。根据库盘淤土实际情况，库盘处理采取以下措施。

（1）自大坝最大断面坡脚以外 100m 范围内，清淤 0.3m 后铺设复合土工膜水平铺盖，复合土工膜采用一布一膜，规格为 200g/0.5mm，土工织物采用短丝。复合土工膜技术指标需符合规范要求。

水平铺盖复合土工膜铺设膜面向下，土工织物向上，在坡脚混凝土止滑槽以外 2m 与坝坡复合土工膜焊接。膜下铺筑 0.3m 厚的土料，碾压密实；膜上铺筑 0.8m 厚的土料，在其上铺筑 0.2m 厚的戈壁料保护层。

水平铺盖末端埋设在坡比为 1:1，宽 2m、深 2m 的锚固槽中，土工膜在锚固槽内回折 1m，锚固槽内回填土料，碾压密实。

水平铺设复合土工膜应与接触面吻合平整，松紧适度。

（2）无土工膜的河床部位，直接铺设 0.5m 厚的戈壁料，振动碾碾压 4~5 遍。

（3）对于河床卵砾石出露部位，将卵砾石按设计厚度挖除后，铺设土料，铺土前用振动碾将基础碾压 4 遍。

（4）鉴于库盘土失水干裂严重，需要在翻碾后的土层表面设 0.2m 厚的戈壁料保护层。

（5）为减少库内淤积，将泄水涵洞进口至上游的基础面作平顺，坡向涵洞，使水流能够顺利将泥沙带走。

（6）所有回填的戈壁料中细粒含量控制在40%左右。

其余部位的黏土铺盖设计：坝上400.00m黏土铺盖底部厚度为2m，坝上645.00m黏土铺盖底部厚度为1m，坝上800.00m黏土铺盖底部厚度为1m，左右岸985.00m高程黏土铺盖按0.5m控制。

库区覆盖层不均匀系数 C_U 为18.15左右，小于0.075mm颗粒含量为70%左右，小于85%，$D_{15}=0.224\sim0.084\text{mm}<0.7\text{mm}$，完全符合《碾压式土石坝设计规范》（SL 274—2001）中B.0.5对滤土的要求。因此黏土铺盖与河床卵砾石之间不需设反滤层。

在水流入库口20m范围铺设0.10m厚坝坡拆除的护坡混凝土板，防止水流冲刷。

7.3.5.3　库盘铺盖施工

库盘铺盖施工应注意以下问题。

（1）清除库盘内的杂草、树根、硬块土等杂物及淤积物。

（2）黏土回填应分层碾压。黏土回填碾压试验可参照以下参数进行：铺料厚度0.2～0.4m，碾压遍数4～6遍。

回填应根据现场生产性试验确定的最终参数进行施工。经压实后的土料，压实度92%以上，干密度应不低于1.65g/cm³。

7.3.6　泄水涵洞加固设计

泄水涵洞洞口淤积严重，结合坝体及库盘处理，将洞口前开挖成1∶5的边坡，使入洞水流平顺。洞口土坡用坝坡拆除的混凝土护坡材料防护。

闸门漏水，不能正常工作，因此闸门及启闭设备全部更新。

涵洞进口浆砌石，根据其损坏情况进行加固维修。

第8章 小型水库的施工、水土环境
生态景观设计

8.1 施工组织设计

8.1.1 燕麦地水库
8.1.1.1 施工条件
1. 工程条件

（1）工程概况及对外交通条件。燕麦地水库集水面积 15.6km²。水库于 1969 年动工，1972 年完工，最大坝高 30m，总库容 269.9 万 m³。水库枢纽包括大坝、右岸开敞式溢洪道、坝下输水涵洞。燕麦地水库工程规模为小（1）型，工程等别为Ⅳ等，其主要建筑物级别为 4 级、次要建筑物为 5 级。

坝址距离鲁甸县约 80km，当地现有道路较差，尤其是靠近坝区的道路。对外公路位于左岸上游，水库高水位运行时宜被淹没。工程管理人员、物资及机械设备进出困难。

（2）主要施工内容及工程量。本次除险加固主要内容包括：①对坝体进行加固处理；②对坝体进行整体防渗处理；③新建输水涵洞，废除原坝下输水涵洞。

除险加固工程土石方总开挖 12955.6m³、土石方总填筑 26670.0m³、混凝土浇筑总量 2821.8m³、砌石 3746.0m³、钢筋 195.1t、复合土工膜 13221m²。

（3）主要建材供应。工程所需的主要建筑材料有水泥、钢材、木材等，因施工现场距鲁甸县较近，在工程建设期间，上述物资均可由当地建材市场购买。

工程区内石料、土料丰富，质量满足需要，可就近开采。混凝土粗细骨料可由附近生产企业供应成品料。

（4）施工供水、供电条件。该工程附近有村庄和水库管理所，施工生产用水可自行抽取河水处理后使用，生活用水有条件时结合当地饮水方式解决，否则可拉水使用。施工供电考虑从当地农用网电引接，距离约 2.5km。

2. 自然条件

（1）水文气象。燕麦地水库位于金沙江一级支流牛栏江的右岸支流黑石小河上，行政区划属昭阳区大山包乡老树林村，地理坐标东经 103°20′32″，北纬 27°20′05″。燕麦地水库集水面积 15.6km²，河长 5.15km，主河道平均比降 52.0‰。

流域气候为高原季风气候，干湿季节分明，多年平均降水量 1200mm 左右，降水量集中于 6—10 月，占年降水量的 85% 以上。多年平均径流深 600mm，多年平均水面蒸发量 1000mm，干旱指数 1.0，属当地高降水与高径流且阴雨天气多的高寒山区。

流域的暴雨受台风外围的影响，因高原上空水汽含量有限，其暴雨的量级居于全国较低水平。流域暴雨以单日雨型为主，雨量大部分集中于 6h 之内。洪水由暴雨产生，洪水过程为陡涨陡落的尖瘦洪水过程，历时在 24h 之内。

根据水文计算结果，燕麦地水库设计洪水成果见表 8.1-1。

表 8.1-1   燕麦地水库设计洪水成果表

项目	不同频率设计值					
	$P=3.33\%$	$P=2\%$	$P=1\%$	$P=0.5\%$	$P=0.33\%$	$P=0.20\%$
洪峰流量/(m³/s)	96.8	116	144	172	188	209
24h 洪量/万 m³	99.0	113	130	149	159	172

（2）地形地质。坝址区所在河谷近南北向，坝址为不对称"V"形谷。河底高程 2744.00m，河宽 120m；左岸坡顶高程 2835.30m，高差 91.3m，斜坡至陡地形，坡度 20°～40°；右岸坡顶高程 2813.30m，高差 69.3m，缓坡地形，坡度 10°～20°。

紧靠右坝肩下游 78～135m 处有一冲沟，走向近东西向，与主河道交角近于垂直；冲沟断面呈"V"形，沟深 5～8m，底宽 2～3m，岸坡 30°～45°，局部为陡坎；冲沟内有常年性流水。

坝址区的岩层为单斜构造，产状为 N30°～40°E，倾向 SE，倾角 8°～15°。坝址区未见其他断层及褶皱形迹，但节理裂隙较为发育；主要节理有两组，产状为：①N40°～50°W，SW∠73°～88°；②N46°～80°E，NW∠67°～84°。

3. 施工特点

该除险加固工程施工是在原有的水库大坝上进行施工，为此必须一边低水位运行一边施工，在施工时间上会受到一定限制，因此应合理安排施工进度，要协调好施工时段与水库泄水两者关系。

8.1.1.2 施工导流

1. 导流标准

燕麦地水库除险加固工程主要是对大坝进行加固、防渗处理，同时修建了 1 条新的输水涵洞，将原输水涵洞废除。为了保证施工期间能够干地施工，施工前应首先放空水库，施工期必须解决好施工导流问题。

燕麦地水库工程规模为小（1）型，工程等别为Ⅳ等，主要建筑物为 4 级，根据《水利水电工程施工组织设计规范》（SL 303—2004）规定，导流临时建筑物级别为 5 级，相应的土石类导流建筑物设计洪水标准为重现期 10～5 年。

因缺乏 5 年、10 年一遇设计洪水资料，根据其他水库规模及导流工程标准，按照工程类比，该工程采用 10 年一遇设计洪水标准。参照其他水库及该工程 30 年一遇洪水资料，估算 10 年一遇设计洪水流量取 30m³/s。

2. 导流方式

因燕麦地水库改建工程需要修建 1 条新的输水涵洞，将原输水涵洞废除，故施工期间可以利用清淤后的原输水涵洞过流，在新的输水涵洞进口前段预留岩坎或在局部修建土石围堰临时挡水，待输水涵洞完成后将其拆除。

对于大坝上游坝脚处的基础防渗处理，水库淤积平台高程为 2762.10m，低于施工期水位 2766.70m，为了保证干地施工，需要修建临时挡水围堰。

故该工程推荐利用围堰一次截断，清淤后采用原输水涵洞导流的导流方式。

3. 导流建筑物设计

导流期间利用原有输水涵洞过流，对于新的输水涵洞施工和大坝上游坝脚处的基础防渗处理，需修建土石围堰或预留岩坎挡水，故该工程导流建筑物仅为输水涵洞前的施工临时围堰。为保证泄水通畅，加大输水能力，应对输水涵洞内清淤。

围堰采用均质土围堰，由土石混合料堆筑而成。围堰前水位为 2765.00m，超高0.7m，即堰顶高程 2765.70m；围堰堰顶宽 2m，最大高度 1.7m，围堰背水面边坡 1：1.5，迎水面边坡为 1：2.0。

燕麦地水库施工导流建筑物工程量见表 8.1-2。

表 8.1-2　　　　　　　　　　　燕麦地水库施工导流建筑物工程量表

序号	项目名称	工程量/m³
1	土石混合料堆筑	1500
2	输水涵洞清淤	2200

4. 导流工程施工

围堰土石混合料筑料采用 5t 自卸汽车运输至工作面，59kW 推土机铺筑、碾压。待新的输水涵洞完成后将人工拆除。

8.1.1.3　料源选择与开采

调查工程附近料源情况，根据工程混凝土骨料、石料、土料的用量，确定砂石料以购买附近质量满足要求的生产企业的成品料为宜，不考虑自采。坝区附近石料、土料料场质量储量可满足要求，选择自采方式供应。土料开挖采用 1m³ 挖掘机挖装，5t 自卸汽车运输至填筑工作面，运距约 1.0km。石方开挖采用手风钻钻孔，人工装炸药爆破，用 1m³ 挖掘机挖装，5t 自卸汽车运输至填筑工作面，运距约 1.0km。

8.1.1.4　主体工程施工

为了减少河水对施工干扰，保证施工质量、进度与安全，施工单位应严格按照有关技术规范、规程，合理安排、精心施工。主要施工方法如下。

1. 土石方开挖、回填

土方开挖采用 1m³ 挖掘机挖装，5t 自卸汽车运输至附近堆土场或弃渣场。石方开挖采用手风钻钻孔，人工装炸药爆破，用 1m³ 挖掘机挖装，5t 自卸汽车运输弃渣，运距 1.0km。

坝体土方填筑属于常规施工，土料首先利用原坝开挖土方，不足部分从料场采运符合质量指标要求的土料，用 5t 自卸车运输至坝作业面，59kW 推土机推平，平铺厚度 0.5m 左右，使用小型平碾进行压实，搞好层间结合及施工段落之间的结合。机械无法压实的部位，用打夯机压实，碾压干容重应达设计要求。

2. 复合土工膜铺设

首先按设计要求选购土工膜材料。在进场时由检测机构按《聚乙烯（PE）土工膜防渗工程技术规范》（SL/T 231—1998）标准进行物理力学性能检测，在土工膜的物理力学性能达到规范要求后方可进场入库，其运输和贮存应符合有关规定。施工前应对坝坡进行整修，按设计坝面修整平顺、光滑，验收合格后方可进行下道工序。在铺设开始后，严禁在可能危害土工膜安全的范围内进行开挖、凿洞、电焊、燃烧、排水等交叉作业。

主坝坝坡土工膜采用人工铺设，方向为顺坝轴向。施工工艺应按以下顺序进行：铺设→剪裁→对正、搭齐→压膜定型→擦拭尘土→焊接试验→焊接→检测→修补→复检→验收。焊缝搭接面不得有污垢、砂土、积水（包括露水）等影响焊接质量的杂质存在，否则应用干纱布擦干、擦净膜面。铺设时，土工膜应自然松弛并与支持层贴实，不宜褶皱、悬空。施工中应及时清理膜下土料中的各种有害尖锐物体，严禁扎破土工膜。工作人员严格按操作规程施工，不得将火种带入施工现场；不得穿钉鞋、高跟鞋及硬底鞋在复合膜上踩踏。车辆等机械不得碾压一布一膜膜面及其保护层。

宜在气温 5～35℃、风力 4 级以下并在无雨天气进行土工膜施工。铺设完毕、未覆盖保护层前，应在膜的边角处每隔 2～5m 放 1 个 20kg、40kg 重的砂袋压边。铺膜速度与砂砾垫层及干砌石施工相对应。检测、修补、复检、验收等程序都应该按《聚乙烯（PE）土工膜防渗工程技术规范》（SL/T 231—1998）的要求去做。

3. 干砌石护坡施工

护坡施工时应先进行人工整坡。整坡完成后，先铺设砂砾石垫层，人工洒水、夯实，砂砾石垫层合格后可进行上游护坡砌石施工。砌石用石料应质地坚硬，不易风化，无剥落层或裂纹，其基本物理力学指标应符合设计规定。

4. 混凝土施工

混凝土浇筑前，应详细检查仓内清理、模板、钢筋、预埋件、永久缝及浇筑前的准备工作，并经验收合格后方可浇筑。混凝土采用 0.4m³ 搅拌机拌和，机动翻斗车运输。底板混凝土由机动翻斗车直接入仓，平板式振捣器振捣密实，混凝土从一端向另一端浇筑，采用斜层浇筑法依次推进，一次成型，中间不留施工缝。边墙、顶拱、板梁、防浪墙等其他部位混凝土采用组合钢模立模浇筑混凝土，采用 QY8 型汽车起重机吊运 1m³ 吊罐入仓，插入式振捣器振捣密实。

5. 浆砌石施工

砌石工程应在基础验收合格后方可施工。砌石用石料应质地坚硬，不易风化，无剥落层或裂纹，其基本物理力学指标应符合设计规定。块石由 1m³ 挖掘机挖装、5t 自卸汽车运输至工地后，堆存于指定地点，然后由人工按设计要求砌筑。浆砌石用水泥砂浆，采用 0.4m³ 砂浆搅拌机就近在使用地点拌和，人工胶轮架子车运输。

6. 金属结构安装

该工程金属结构安装工程有闸门、启闭机等。钢闸门和启闭机制作与安装应符合《水利水电工程钢闸门制造、安装及验收规范》（DL/T 5018—1994）和《水利水电工程启闭机制造、安装及验收规范》（DL/T 5019—1994）的有关规定。

闸门由加工厂运至安装现场，在门槽部位搭设拼装平台，进行组装，然后用汽车起重机吊装。启闭机安装时应全面检查各部位总成和零部件，并符合相关规定。构件安装的偏差应符合设计和规范要求。

8.1.1.5　施工总布置

1. 场内外交通

坝址距离鲁甸县约 80km，当地现有道路较差，尤其是靠近坝区的道路。对外公路位于左岸上游，水库高水位运行时宜被淹没。工程管理人员、物资及机械设备进出困难。

坝后道路和右坝肩现有路可作为场内主要施工道路，另需新建通往坝前河床、渣场等临时施工道路，总长约 2.0km。上述道路路面宽度 6m、碎石结构。

2. 施工工厂设施

由于该工程项目单一、施工期短，混凝土骨料均从当地采购，施工工厂设施应该减少种类，缩小规模。根据工程施工需要，主要施工工厂设施有：混凝土拌和站，综合加工厂，机械停放场，风、水、电系统及工地仓库。

（1）混凝土拌和站。混凝土浇筑总量约 2821.8m^3，根据施工进度安排及结构施工特点，混凝土最大浇筑强度为 8m^3/h，工程规模较小，工程布置比较集中，因此选用 1 台 0.4m^3 混凝土搅拌机拌制混凝土。混凝土拌和站占地 900m^2。

（2）综合加工厂。综合加工厂包括钢木加工厂、混凝土预制厂等。混凝土预制件有条件时，可考虑利用当地企业生产。综合加工厂占地 700m^2。

（3）机械停放场。该工程离县城较近，可提供一定程度的修理服务。在满足工程施工需要的前提下，本着精简现场机修设施的原则，工地仅设机械停放场，承担机械的停放和保养。机械停放场占地面积 500m^2。

（4）风、水、电系统。该工程石方开挖、混凝土凿除等需用到风钻风镐等用风设备，其用风量较小，宜选用小型移动式空压机供风为宜。经估算，高峰用风量约 18m^3/min，选用 3 台 6m^3/min 移动式空压机分散供风。

施工区用水地点分为两处：①主体施工区；②施工工厂及生活区。各自的高峰用水量都不大，分别估约 5m^3/h、8m^3/h，共计 13m^3/h。可采用输水涵洞出口下泄水流作水源，就近各施工区附近各修建 20m^3 蓄水池供水。生活用水需经处理后方可使用。

施工用电高峰负荷估约 200kW，可由附近网电接入，距离约 2.5km，以单回路 10kV 架空线路引入，工区内设额定容量约 250kVA 的 10/0.4kV 变压器 1 座。条件不具备时采用柴油发电机自行发电。

（5）工地仓库。设置满足使用要求的简易仓库，用于存放施工所用物资器材，邻近综合加工厂布置，建筑面积 100m^2。

3. 施工总布置

（1）布置原则。坝址处于山沟出口，坝后地势平坦，全部为耕地，场地条件较好，距离近、利用方便。施工场区布置遵从以下原则。

1）方便生产生活、易于管理、经济合理。

2）施工布置紧凑，节约用地，取土和弃渣尽量少占或不占耕地。

3）尽量临近现有道路，减少施工道路工程量。

（2）生产生活设施布置。根据坝区地形、交通情况等因素，将施工工厂设施（混凝土拌和站、综合加工厂、机械停放场、仓库等）和办公生活区集中布置在右坝肩处的平地上。

燕麦地水库加固施工区主要生产、生活设施规模见表 8.1-3。

表 8.1-3　　　　燕麦地水库加固施工区主要生产、生活设施规模表　　　单位：m²

序号	项目名称	建筑面积	占地面积
1	混凝土拌和站	60	900
2	综合加工厂	50	700
3	机械停放场	20	500
4	仓库	100	250
5	办公生活区	1040	1560
6	合计	1270	3910

（3）弃渣规划。该工程主体工程土石方开挖 12955.6m³、清基清坡 8272.0m³、围堰拆除 1500m³。主体工程开挖料考虑利用 723.0m³，其余全部作为弃渣。经计算，该工程总弃渣 20505.6m³。根据弃渣量和场地条件，经规划拟在坝址上游左岸布置 1 处渣场，占地面积为 4101m²。

4. 施工占地

该工程为除险加固，永久工程无新增占地。施工临时占地包括生产生活设施、料场、渣场、道路等，共 76.89 亩。场内新建临时道路宽 6m，平均占压宽按 10m 计。燕麦地水库加固施工占地面积见表 8.1-4。

表 8.1-4　　　　　　燕麦地水库加固施工占地面积汇总表

序号	项目	占地面积	
		m²	亩
1	混凝土拌和站	900	1.35
2	施工仓库	250	0.38
3	综合加工厂	700	1.05
4	机械停放场	500	0.75
5	办公生活区	1560	2.34
6	施工道路	23000	34.50
7	土石料场	19768	29.65
8	临时堆土场	482	0.72
9	弃渣场	4101	6.15
	合计	51261	76.89

8.1.1.6　施工总进度

1. 编制原则及依据

该水库除险加固工程包括挡水大坝除险加固、新建涵洞等项目的施工。由于工程规模较小，施工时以小型机械为主，配合人工施工。为了实现除险加固的目标，施工时应合理组织施工、加强管理。

编制本进度的主要依据为水利部编制的有关定额，根据工程特点和选用的施工方法及相应的施工机械，参照已建类似工程的资料，分析确定机械生产率，以期使施工进度经济合理。

2. 施工总进度计划

该工程施工总进度主要包括：准备工程、导流工程、大坝加固工程、新建涵洞工程、新建溢洪道工程以及旧涵洞封堵工程，施工总工期8个月。考虑工程导流度汛要求，枯水期进行新建涵洞以及大坝上游坡施工，汛期进行下游坡施工。

（1）准备工程主要进行场内道路建设及场地平整，风水电设施建设，施工临时住房以及施工工厂设施建设等，拟安排在第一年3月施工。

（2）导流工程施工项目为围堰填筑以及土工膜铺设，拟安排在第一年3月下旬至4月上旬施工，共完成围堰填筑1500m³，输水涵洞清淤2200m²。

（3）大坝加固工程主要包括岸坡清基及挂网喷混凝土、上游清基及回填、复合土工膜铺设、砂卵石垫层及干砌石施工、高压定喷防渗墙施工、下游排水棱体施工、下游护坡、排水沟以及坝顶道路施工等。上游坝坡及岸坡施工安排在第一年4—7月，共完成土石开挖8873m³，土方回填11725m³，碎石垫层1821m³，干砌石护坡2409m³。下游坝坡施工安排在第一年7—10月，主要完成清基和下游棱体排水拆除4074m³，土方回填11112m³，耕植土填筑3333m³，排水棱体1485m³。

（4）新建涵洞工程主要包括坝体及基础土石方开挖、混凝土浇筑、金属结构安装以及土石方回填等。拟安排在第一年4月初至7月中旬施工，共完成土方开挖2546m³、混凝土浇筑1061m³。

（5）新建溢洪道工程主要包括基础石方开挖、混凝土浇筑以及土石方回填等。拟安排在第一年4月初至5月上旬施工，共完成石方开挖3889m³，混凝土浇筑1369m³。

（6）旧涵洞封堵安排在新建涵洞完成后进行，安排在第一年7月上旬封堵。

主要施工技术指标见表8.1-5。

表8.1-5　　　　　　　　　　主要施工技术指标表

序号	项目名称		指标
1	总工期/月		8
2	最高月平均强度 /（m³/d）	土石方开挖	1450
3		土石方填筑	890
4		混凝土浇筑	44
5		砌石	96
6	施工期高峰人数/人		280
7	总工日/万工日		1.55

8.1.1.7 主要技术供应

1. 主要建筑材料

工程所需主要建筑材料包括混凝土骨料约3950.0m³、砂砾石料约2272.0m³、块石料约 3746.0m³、水泥约 1128.9t、钢材约 195.1t、木材约 15m³、土料约 32946m³。

2. 主要施工机械设备

根据施工进度表中各项工程施工时间，确定施工机械设备数量。其主要施工机械设备数量详见下表 8.1-6。

表 8.1-6　　　　　　　　　　主要施工机械设备数量统计表

机械名称	型号	单位	数量
液压挖掘机	1m³	台	2
推土机	59kW	台	2
自卸汽车	5t	辆	5
蛙夯机	2.8kW	台	1
拌和机	0.4m³	台	1
插入振捣器	2.2kW	台	4
胶轮车		辆	8
汽车起重机	8t	辆	1
手风钻		台	6

8.1.2　李家龙潭水库

8.1.2.1　施工条件

1. 工程条件

（1）工程概况及对外交通条件。李家龙潭水库位于鲁甸县城西南约 6km，属金沙江水系横江上游洒渔河右岸二级支流昭鲁河。总库容 106.7 万 m³。枢纽建筑物主要包括大坝及输水涵洞，工程规模为小（1）型，工程等别为 IV 等，其主要建筑物级别为 4 级、次要建筑物为 5 级。现有鲁甸到箐口的公路距大坝约 500m，有简易公路连接可直至坝后，对外交通比较方便。

（2）主要施工内容及工程量。本次除险加固主要内容包括：①对坝体进行加固处理；②对坝体进行整体防渗处理；③封堵原坝下输水拱涵，在左岸山体新建输水隧洞。

除险加固工程土方总开挖 15320m³、石方总开挖 5606m³、土方总填筑 18523m³、混凝土浇筑总量 1219m³、砌石 1664m³、钢筋 46.7t、复合土工膜 5253m²、高压定喷桩 552m。

2. 自然条件

（1）水文气象。水库位于鲁甸县文屏镇昭鲁河的右支流都鲁河上，地理位置东经 $103°30'35''$，北纬 $27°9'40''$。昭鲁河属于洒渔河的右岸一级支流，属金沙江下段水系。水库集水面积 0.45km²，河长 1.12km，主河道平均比降 40.9‰。外流域引洪区集水面积 7.05km²。流域气候为高原季风气候，干湿季节分明，多年平均降水量 900mm 左右，降水量集中于 6—10 月，多年平均径流深 150～200mm，多年平均水面蒸发量 1100mm，干旱指数大于 1.0。

流域的暴雨受台风外围的影响，因高原上空水汽含量有限，其暴雨的量级居于全国较低水平。流域暴雨以单日雨型为主,雨量大部分集中于6h之内。洪水由暴雨产生,洪水过程为陡涨陡落的尖瘦洪水过程,历时在24h之内。

根据水文计算结果,李家龙潭水库设计洪水成果见表8.1-7。

表8.1-7 李家龙潭水库设计洪水成果表

项目	不同频率设计值				
	$P=0.33\%$	$P=0.5\%$	$P=3.33\%$	$P=5\%$	$P=10\%$
洪峰/(m³/s)	7.69	7.21	5.01	4.52	3.70

(2)地形地质。李家龙潭水库位于昭鲁盆地的边缘,自然山坡平缓,坝址区的河谷呈"V"形,河宽40~55m,左岸坡顶高程1968.50m,斜坡地形,坡度33°,山体厚50~105m,较单薄。右岸坡顶高程1994.90m,坡度29°,山体厚116~165m。左右岸出露地层为奥陶系中统上巧家组下段灰绿色、蓝灰色至黑灰色泥岩、页岩夹薄层砂岩和上段灰、黄灰色中厚层长石砂岩。河床沼泽堆积淤泥及淤泥质黏土最厚6.4m,为相对隔水层。地下水为松散岩类孔隙水和裂隙水,受大气降水补给,排泄于河流。坝体填筑土层为坡残积土,母岩为砂页岩。砂粒含量0.2%~47%,粉粒含量17.5%~57.9%,黏粒含量34.0%~47.5%,级配不良;坝体土料的天然含水量为33.6%~41.8%,压实填筑干密度1.19~1.53g/cm³,压实度为78.7%~91.9%;大坝填筑土层中各段的填土厚度不均匀,填筑土的层间接合部位未做处理,注水试验表明坝体基本属中等透水。输水涵洞设于坝体左侧,属坝下埋设拱涵,地基为强风化砂页岩。

3. 施工特点

该除险加固工程施工是在原有的水库大坝上进行施工,为此必须一边低水位运行一边施工,在施工时间上会受到一定限制,因此应合理安排施工进度,要协调好施工时段与水库泄水两者关系。

8.1.2.2 施工导流

1. 导流标准

李家龙潭水库除险加固工程主要是对大坝进行加固、防渗处理,同时修建了1条新的输水涵洞,将原输水涵洞废除。为了保证施工期间能够干地施工,施工前应首先放空水库,施工期必须解决好施工导流问题。

李家龙潭水库工程规模为小(1)型,工程等别为Ⅳ等,主要建筑物为4级,根据《水利水电工程施工组织设计规范》(SL 303—2004)规定,导流临时建筑物级别为5级,相应的土石类导流建筑物设计洪水标准为重现期10~5年。

因缺乏5年一遇设计洪水资料,同时10年一遇设计洪水流量仅为3.70m³/s,按照10年与5年一遇设计洪水设计时,导流工程临建工程量相差不大,故该工程采用10年一遇设计洪水标准,相应的设计流量为3.70m³/s。

2. 导流方式

因李家龙潭水库改建工程需要修建1条新的输水涵洞,将原输水涵洞废除,故施工期间可以利用原输水涵洞过流,在新的输水涵洞进口前段预留岩坎或在局部修建土石围堰临时挡水，待输水涵洞完成后，将其拆除。

对于大坝上游坝脚处的基础防渗处理，处理平台高程为1949.00m，施工期间坝前水位为1948.30m，故桩基施工期间可以保证干地施工。

故该工程推荐利用围堰一次截断，清淤后的原输水涵洞导流的导流方式。

3. 导流建筑物设计

导流期间利用原有输水涵洞过流，对于新的输水涵洞施工，需修建土石围堰或预留岩坎临时挡水，而对于大坝上游坝脚处的基础防渗处理，自身平台高程已经位于施工水位以上，不需要修建临时挡水围堰，故该工程导流建筑物仅为输水涵洞前的施工临时围堰。为保证泄水通畅，加大输水能力，应将原输水涵洞前的闸门拆除，并对输水涵洞内清淤。

围堰采用均质土围堰，由土石混合料堆筑而成。围堰前水位为1948.30m，超高0.7m，即堰顶高程1949.00m；围堰堰顶宽2m，最大高度1.2m，围堰背水面边坡1：1.5，迎水面边坡为1：2.0。

李家龙潭水库施工导流建筑物工程量见表8.1-8。

表8.1-8　　　　　　　　李家龙潭水库施工导流建筑物工程量表

序号	项目名称	单位	工程量
1	土石混合料堆筑	m³	700
2	输水涵洞清淤	m³	200
3	输水涵洞斜拉闸门拆除	项	1

4. 导流工程施工

输水隧洞闸门采用人工拆除，5t自卸汽车运渣。

围堰土石混合料筑料采用5t自卸汽车运输至工作面，59kW推土机铺筑、碾压。待新的输水涵洞完成后将人工拆除。

8.1.2.3　料源选择与开采

调查工程附近料源情况，根据工程混凝土骨料、石料、土料的用量，确定砂石料以购买附近质量满足要求的生产企业的成品料为宜，不考虑自采。坝区附近石料、土料料场质量储量可满足要求，选择自采方式供应。土料开挖采用1m³挖掘机挖装，5t自卸汽车运输至填筑工作面，运距约1.5km。石方开挖采用手风钻钻孔，人工装炸药爆破，用1m³挖掘机挖装，5t自卸汽车运输至填筑工作面，运距约1.5km。

8.1.2.4　主体工程施工

1. 土石方开挖、回填

土方开挖采用1m³挖掘机挖装，5t自卸汽车运输至附近堆土场或弃渣场。石方开挖采用手风钻钻孔，人工装炸药爆破，用1m³挖掘机挖装，5t自卸汽车运输弃渣，运距1.5km。

坝体土方填筑属于常规施工，土料首先利用原坝开挖土方，不足部分从料场采运符合质量指标要求的土料，用5t自卸车运输至坝作业面，74kW推土机推平，平铺厚度0.5m

左右，使用小型平碾进行压实，搞好层间接合及施工段落之间的接合。机械无法压实的部位，用打夯机压实，碾压干容重应达设计要求。

2. 复合土工膜铺设

施工前应对坝坡进行整修，按设计坝面修整平顺、光滑，验收合格后方可进行下道工序。

3. 干砌石护坡施工

护坡施工时应先进行人工整坡。整坡完成后，先铺设砂砾石垫层，人工洒水、夯实，砂砾石垫层合格后可进行上游护坡砌石施工。砌石用石料应质地坚硬，不易风化，无剥落层或裂纹，其基本物理力学指标应符合设计规定。

4. 混凝土施工

混凝土浇筑前，应详细检查仓内清理、模板、钢筋、预埋件、永久缝及浇筑前的准备工作，并经验收合格后方可浇筑。混凝土采用 $0.4m^3$ 搅拌机拌和，机动翻斗车运输。底板混凝土由机动翻斗车直接入仓，平板式振捣器振捣密实，混凝土从一端向另一端浇筑，采用斜层浇筑法依次推进，一次成型，中间不留施工缝。边墙、顶拱、板梁、防浪墙等其他部位混凝土采用组合钢模立模浇筑混凝土，采用 QY8 型汽车起重机吊运 $1m^3$ 吊罐入仓，插入式振捣器振捣密实。

5. 浆砌石施工

砌石工程应在基础验收合格后方可施工。砌石用石料应质地坚硬，不易风化，无剥落层或裂纹，其基本物理力学指标应符合设计规定。块石由 $1m^3$ 挖掘机挖装，5t 自卸汽车运输至工地后，堆存于指定地点，然后由人工按设计要求砌筑。浆砌石用水泥砂浆，采用 $0.4m^3$ 砂浆搅拌机就近在使用地点拌和，人工胶轮架子车运输。

6. 高喷防渗墙施工

高压喷射防渗墙施工为常规方法，以分序加密的原则按两序进行，奇数孔为 I 序孔，偶数孔为 II 序孔，其中，每隔 20 孔在 I 序孔上布置 1 个先导孔，施工时先钻先导孔来确定地层尺寸，后钻喷其他 I 序孔，间隔一定时间后再钻 II 序孔。施工流程为钻机定位、钻孔、台车定位、下管喷射、成墙、检查验收。

灌浆用水可为未受污染且不含杂质的河水，水泥采用 32.5 级各项指标检验合格的普通硅酸盐水泥，施工参数根据现场工艺试验确定，并根据施工情况随时修正。钻孔采用 1 台 150 型地质钻机钻孔，孔径 150mm，黏土泥浆护壁，孔斜不超过 1％。孔深达到设计要求后停钻，并将喷射装置下至孔底，将水、气、浆的压力都调到设计值，当冒浆比重大于 $1.2g/cm^3$ 时，且各项指标均达到设计值时，开始按预定的提升速度边喷射边提升，由下而上进行高压喷射灌浆。灌浆结束后及时重新拌制水泥浆液对已灌过的孔进行静压回灌，回灌标准为孔口的液面不再下降。

7. 金属结构安装

闸门由加工厂运至安装现场，在门槽部位搭设拼装平台，进行组装，然后用汽车起重机吊装。启闭机安装时应全面检查各部位总成和零部件，并符合相关规定。构件安装的偏差应符合设计和规范要求。

8.1.2.5 施工总布置

1. 场内外交通

李家龙潭水库位于鲁甸县城西南约 6km 处，现有鲁甸到箐口的公路距大坝约 500m。该工程外来物资、机械设备及人员进场运输方便，对外交通可利用当地道路。

坝后道路和右坝肩现有路可作为场内主要施工道路，另需新建通往坝前河床、渣场的临时施工道路，总长估约 1.0km。上述道路路面宽度 6m、碎石结构。

2. 施工工厂设施

由于该工程项目单一、施工期短，混凝土骨料均从当地采购，施工工厂设施应该减少种类，缩小规模。根据工程施工需要，主要施工工厂设施有：混凝土拌和站，综合加工厂，机械停放场，风、水、电系统及仓库。

(1) 混凝土拌和站。混凝土浇筑总量约 1219m³，根据施工进度安排及结构施工特点，混凝土最大浇筑强度为 8m³/h，工程规模较小，工程布置比较集中，因此选用 1 台 0.4m³ 混凝土搅拌机拌制混凝土。混凝土拌和站占地 900m²。

(2) 综合加工厂。综合加工厂包括钢木加工厂、混凝土预制厂等。混凝土预制件有条件时，可考虑利用当地企业生产。综合加工厂占地 700m²。

(3) 机械停放场。该工程离县城较近，可提供一定程度的修理服务。在满足工程施工需要的前提下，本着精简现场机修设施的原则，工地仅设机械停放场，承担机械的停放和保养。机械停放场占地面积 500m²。

(4) 风、水、电系统。该工程石方开挖、混凝土凿除等需用到风钻风镐等用风设备，其用风量较小，宜选用小型移动式空压机供风为宜。经估算，高峰用风量约 18m³/min，选用 3 台 6m³/min 移动式空压机分散供风。

施工区用水地点分为两处：①主体施工区；②施工工厂及生活区。各自的高峰用水量都不大，分别估约 5m³/h、8m³/h，共计 13m³/h。可采用输水涵洞出口下泄水流作水源，就近各施工区附近各修建 20m³ 蓄水池供水。生活用水需经处理后方可使用。

施工用电高峰负荷估约 200kW，可由附近网电接入，距离约 2.5km，以单回路 10kV 架空线路引入，工区内设额定容量约 250kVA 的 10/0.4kV 变压器 1 座。条件不具备时采用柴油发电机自行发电。

(5) 仓库。设置满足使用要求的简易仓库，用于存放施工所用物资器材，邻近综合加工厂布置，建筑面积 100m²。

3. 施工总布置

(1) 布置原则。坝址处于山沟出口，坝后地势平坦，全部为耕地，场地条件较好，距离近、利用方便。施工场区布置遵从以下原则。

1) 方便生产生活、易于管理、经济合理。

2) 施工布置紧凑，节约用地，取土和弃渣尽量少占或不占耕地。

3) 尽量临近现有道路，减少施工道路工程量。

(2) 生产生活设施布置。根据坝区地形、交通情况等因素，将施工工厂设施（混凝土拌和站、综合加工厂、机械停放场、仓库等）和办公生活区集中布置在坝址右岸下游侧山坡坡脚处的平地上。

李家龙潭水库加固施工区主要生产、生活设施规模见表8.1-9。

表8.1-9   李家龙潭水库加固施工区主要生产、生活设施规模表   单位：m²

序号	项目名称	建筑面积	占地面积
1	混凝土拌和站	60	900
2	综合加工厂	50	700
3	机械停放场	20	500
4	仓库	100	250
5	办公生活区	800	1200
6	合计	1030	3550

（3）弃渣规划。该工程主体工程土石方开挖20926m³、清基清坡3553m³、临时工程土方开挖200m³、围堰拆除700m³。主体工程开挖料考虑利用11589m³，其余全部作为弃渣，经计算，总弃渣折松方16798m³。根据弃渣量和场地条件，经规划，拟在大坝上游两岸选择合适位置布置渣场，平均运距按1.5km考虑，渣场占地面积为3300m²。

4. 施工占地

工程为除险加固，永久工程无新增占地。施工临时占地包括生产生活设施、料场、渣场、道路等，共46.9亩。场内新建临时道路宽6m，平均占压宽按10m计。李家龙潭水库施工占地面积见表8.1-10。

表8.1-10   李家龙潭水库施工占地面积汇总表

序号	项 目	占地面积	
		m²	亩
1	混凝土拌和站	900	1.35
2	施工仓库	250	0.38
3	综合加工厂	700	1.05
4	机械停放场	500	0.75
5	办公生活区	1200	1.8
6	施工道路	13000	19.5
7	土石料场	8476	12.71
8	临时堆土场	2033	3.0
9	弃渣场	4200	6.3
	合计	31259	46.84

8.1.2.6 施工总进度

工程施工总进度主要包括：准备工程、导流工程、大坝加固工程、新建涵洞工程、新建溢洪道工程以及旧涵洞封堵工程，施工总工期8个月。考虑工程导流度汛要求，枯水期进行新建涵洞以及大坝上游坡施工，汛期进行下游坡施工。

（1）准备工程主要进行场内道路建设及场地平整，风水电设施建设，施工临时住房以及施工工厂设施建设等，拟安排在第一年 3 月施工。

（2）导流工程施工项目为围堰填筑以及土工膜铺设，拟安排在第一年 3 月下旬至 4 月上旬施工，共完成围堰填筑 700m³，输水涵洞清淤 200m²。

（3）大坝加固工程主要包括岸坡清基及挂网喷混凝土、上游清基及回填、复合土工膜铺设、砂卵石垫层及干砌石施工、高压定喷防渗墙施工、下游排水棱体施工、下游护坡、排水沟以及坝顶道路施工等。上游坝坡及岸坡施工安排在第一年 4—6 月，共完成土石开挖 4651m³，土方回填 3191m³，碎石垫层 1147m³，干砌石护坡 1554m³。下游坝坡施工安排在第一年 7—10 月，主要完成清基和下游棱体排水拆除 1129m³，土方回填 2399m³，耕植土填筑 1028m³，排水棱体 120m³。

（4）新建涵洞工程主要包括坝体及基础土石方开挖、混凝土浇筑、金属结构安装以及土石方回填等。拟安排在第一年 4 月初至 7 月中旬施工，共完成土方开挖 11767m³，石方开挖 2354m³，混凝土浇筑 1175m³，土石方回填 607.3m³。

（5）旧涵洞封堵安排在新建涵洞完成后进行，安排在第一年 7 月中旬封堵。

主要施工技术指标见表 8.1-11。

表 8.1-11　　　　　　　　　　主要施工技术指标表

序号	项目名称		单位	指标
1	总工期		月	8
2	土石方开挖	最高月平均强度	m³/d	700
3	土石方填筑	最高月平均强度	m³/d	192
4	混凝土浇筑	最高月平均强度	m³/d	33
5	砌石	最高月平均强度	m³/d	52
6	施工期高峰人数		人	200
7	总工日		万工日	1.20

8.1.2.7　主要技术供应

1. 主要建筑材料

工程所需主要建筑材料包括：混凝土骨料约 2561t、碎石料约 1267m³、粗沙 60m³、块石料约 1664m³、水泥约 681t、钢材约 46.7t、木材约 10m³、土料约 10595m³。

2. 主要施工机械设备

根据施工进度表中各项工程施工时间，确定施工机械设备数量。其主要施工机械设备数量详见表 8.1-12。

表 8.1-12　　　　　　　　　　主要施工机械设备数量统计表

机械名称	型号	单位	数量
液压挖掘机	1m³	台	2
推土机	59kW	台	3
自卸汽车	5t	辆	5

机械名称	型号	单位	数量
蛙夯机	2.8kW	台	3
拌和机	0.4m³	台	1
振捣器	2.2kW	台	4
胶轮车		辆	7
汽车起重机	8t	辆	1
高压定喷设备		套	1
手风钻		台	3

8.2　环境生态保护设计

8.2.1　燕麦地水库

8.2.1.1　任务及依据

1．环境保护的任务

工程环境保护的任务主要是对工程施工对环境产生的不利影响提出具体的环境保护措施，主要内容如下。

（1）通过控制施工噪声及"三废"排放，减少施工场地周围环境所造成的不利影响。

（2）保护水库及河道水质，施工期对水质进行定期监测。

（3）对施工单位及个人加强管理和教育，坚决杜绝工程区放牧、打猎等破坏自然环境行为的发生，同时要教育施工人员主动自觉地对周边环境加以保护。

（4）提出水土流失防治措施。

（5）提出环境保护投资概算。

2．环境保护设计依据

主要设计依据有：《中华人民共和国环境保护法》《建设项目环境保护管理条例》《建设项目环境保护设计规定》《污水综合排放标准》《大气污染综合排放标准》《噪声污染防治法》《固体废物污染环境防治法》。

3．环境影响评价及对策措施

（1）有利影响。水库除险加固工程完成后，在农业灌溉、防洪和环境生态方面都将有较大的改善。首先可恢复下游灌区 5000 亩农田的灌溉，大大提高现有灌区的供水保证率，改善现有灌区的灌溉条件，在其他增产措施的配合下，将使农作物产量大幅度提高，为鲁甸乡收入增长奠定坚实的基础。另外随着灌区供水条件的改善，配合节水灌溉技术和相应的增肥措施，促使土壤、光、水、热、气低产量的改造，使灌区土壤环境向着有利于农业生产的方向发展。水库除险加固后，水库保护农田 10 万亩左右及公路和通信设施等，防洪效益显著。

（2）不利影响。工程施工将破坏一部分地表植被，引起水土流失增大；施工过程中产生一些弃渣，也将增大水土流失。施工期"三废"排放及施工人员的生活垃圾将对水库周围环境造成短期影响。但若处置得当，这些影响不大而且在施工完成后短时期内即可消除。

（3）对策措施。施工期对环境的影响主要是生活区的生活污水、垃圾等和工程临时占地，为此在生活区远离水源的位置建两个临时厕所和垃圾堆放点，待施工结束后集中进行无害化处理。临时占地待施工结束后进行简单整理，自然恢复。

8.2.1.2　环境保护设计

1.　环境生活及生产废料处理设计

加固工程规模较小，施工期短，人员不多，生活污水排放量很小，要求将生活污水排放到库外地表。生活污水局部的少量污染面可以在短期被降雨及土壤降解自净。施工生产废水主要为拌和废水。由于该工程混凝土量较小，故废水排放量也不大，可经二级沉淀回用或排出。

在生活区建两个临时厕所及垃圾堆放点，待施工结束后对生活垃圾集中进行无害化处理。临时占地待施工结束后进行清理恢复。工程承包单位应对施工人员加强管理和教育，有意识地对当地环境加以保护，不随意丢弃废弃物，及时清理施工现场的生活废弃物，避免污染环境。

工程弃渣按规定地点堆放，废旧橡皮、钢铁等及时送交废旧物资回收处理，其余集中送往弃渣场，以免影响周围自然景观。

具体措施如下。

（1）废水处理。砂石料加工系统所产生的废水中不含有害有毒物质，仅悬浮物含量较多，故采取沉淀法处理。

（2）生活污水处理。工程施工高峰期的污水粪便等，建小型化粪池，进行处理后由当地群众拉运作农家肥。

（3）施工区垃圾处理。在水库下游一定距离外，选择1处做填埋场处理垃圾。

（4）废气、噪声及粉尘处理。工程施工区大气环境质量较好，施工区及周围无较大村庄、学校等环境感受体，地处地势开阔，有利于废气、噪声扩散。施工产生的废气和噪声污染主要影响现场工作人员，应采取防噪声、防粉尘措施，给施工人员发放劳动保护用品，加强劳动保护。

2.　空气质量保护

（1）施工扬尘保护措施。据类似环境施工现场检测数据统计，施工区扬尘中最主要的是现场道路扬尘和混凝土搅拌扬尘，两者共占施工扬尘总量的85%以上。混凝土搅拌系统在生产过程中将产生扬尘，系统自身配有除尘设备，其产生扬尘的生产过程中要求除尘设备同时使用。施工道路扬尘可通过坚实路面、保持道路清洁、适时洒水等措施得到有效控制。水泥的装卸、拆包、运输及储存均应封闭进行，并定期对其封闭性能进行保养和检修，使其保持良好的封闭状态。

（2）施工机械尾气防止措施。燃油机械尾气排放应符合有关规定要求，加强施工期大气质量监测，必要时各燃油机械配备尾气净化装置。

（3）噪声防治措施。按《建筑施工场界噪声限值》（GB 12523—1990）中的规定，土石方挖填过程中，推斗二机、挖掘机及装载机的噪声限值为：昼间75dB，夜间为55dB；混凝土搅拌机、电锯的噪声限值为：昼间70dB，夜间为55dB。

1）固定噪声源采取封闭作业，利用吸声材料或隔音结构降低噪声等级。

2）机动车辆产生流动噪声，主要是控制其高音鸣笛，对重型机车安装排气噪声消声器。

3）施工人员做好劳动保护工作，一级工作员轮换作业，避免长时间处在高噪声音环境中，佩带耳机、耳罩、防声头盔等，耳塞、耳罩衰减效果 20～30dB，防声头盔衰减效果为 30～50dB。

8.2.1.3　环境监测

施工期环境监测包括水质、大气、噪声 3 项内容。其中，水质监测设 3 个站点，位置分别布置在污水集水池、污水处理系统的出口处、排污口下游 1km 河道处。大气噪声监测在各开挖作业面，混凝土搅拌系统和交通道路两旁设监测点。监测项目如下。

（1）水质。监测项目：pH 值、BOD_5、SS、石油类、NH_4-N。施工高峰期每月监测 2 次，非高峰期酌减。

（2）大气。监测项目：粉尘、CO、SO_2 等。

（3）噪声。监测项目：A 声级。每月监测 2 次。

施工期环境监测可由工程建设单位委托当地环境保护部门进行。作业人员一定采取劳动保护措施予以防护，作业期应派专人专车定期按时洒水。设计列环境保护费 7.8 万元。

8.2.2　李家龙潭水库

施工期环境监测包括水质、大气、噪声 3 项内容。其中水质监测设 3 个站点，位置分别布置在污水集水池、污水处理系统的出口处、排污口下游 1km 河道处。大气噪声监测在各开挖作业面，混凝土搅拌系统和交通道路两旁设监测点。监测项目如下。

（1）水质。监测项目：pH 值、BOD_5、SS、石油类、NH_4-N。施工高峰期每月监测 2 次，非高峰期酌减。

（2）大气。监测项目：粉尘、CO、SO_2 等。

（3）噪声。监测项目：A 声级。每月监测 2 次。

施工期环境监测可由工程建设单位委托当地环境保护部门进行。作业人员一定采取劳动保护措施予以防护，作业期应派专人专车定期按时洒水。设计列环境保护费 2.5 万元。

8.3　水土生态治理设计

8.3.1　燕麦地水库

8.3.1.1　水土生态治理设计依据

（1）《水土保持综合治理规范》（GB/T 16453.1～16453.6—1996）。

（2）《水土保持综合治理　规划通则》（GB/T 15772—2008）。

（3）《水土保持综合治理验收规范》（GB/T 15773—2008）。

（4）《开发建设项目水土保持方案技术规范》（SL 204—1998）。

（5）《土壤侵蚀分类分级标准》（SL 190—1996）。

8.3.1.2　水土流失防治范围

根据工程施工布置、工程占地，水土流失防治责任范围主要为料场和弃渣场。

8.3.1.3 设计方案编制原则与目标

1. 设计方案编制原则

方案编制本着因地制宜、因害设防、全面防治综合治理的原则，根据防治区内不同的水土流失类型和主体工程的施工工艺，确定不同的水土流失防治措施，通过工程措施与植物措施的有机结合，形成有效的防治体系，最大限度地减少施工过程中的新增水土流失。

2. 设计方案目标

预防和治理水库除险加固而造成的新增水土流失，保护和改善生态环境，针对不同区域工程建设特点和水土流失特点，提出以下目标。

(1) 施工区、料场区内因工程建设造成新增水土流失，工程完建后，各影响区域内应平整表面，尽可能恢复植被，在此基础上减轻原有水土流失。

(2) 施工开挖、拆除的弃渣，应集中堆放在规划设计的弃渣场内，并做好防护工程。

8.3.1.4 项目区概况

1. 水土流失状况

燕麦地水库所在地区土壤侵蚀强度为轻度侵蚀，侵蚀类型以水力侵蚀为主，局部伴有风力侵蚀，有沟蚀、面蚀两种形态。

2. 可能造成水土流失危害

施工区及弃渣场内如不采取有效的防护措施，将会加剧项目区内的水土流失，影响区域生态环境，也将使下游河道产生淤积，故采取水土保持措施。

8.3.1.5 水土生态治理景观绿化

1. 施工区防护措施

施工区及临时占地均在坝址附近，施工期间，场区内应设临时排水系统，临时设施的施工也应尽量避开雨季；施工结束后，拆除临时建筑，平整场地，进行植树、恢复植被，绿化环境。

2. 水库管理绿化

为改善生态环境，创造良好的生活工作环境，按生态建设要求对水库管理所周围进行绿化美化建设，以乔木为主，进行绿化。

设计列入水土保持投资 9.5 万元。

8.3.2 李家龙潭水库

8.3.2.1 项目区概况

1. 水土流失状况

李家龙潭水库所在地区土壤侵蚀强度为轻度侵蚀，侵蚀类型以水力侵蚀为主，局部伴有风力侵蚀，有沟蚀、面蚀两种形态。

2. 可能造成水土流失危害

施工区及弃渣场内如不采取有效的防护措施，将会加剧项目区内的水土流失，影响区域生态环境，也将使下游河道产生淤积，故采取水土保持措施。

8.3.2.2 水土生态治理景观绿化

1. 施工区防护措施

施工区及临时占地均在坝址附近，施工期间，场区内应设临时排水系统，临时设施的施工也应尽量避开雨季；施工结束后，拆除临时建筑，平整场地，进行植树，恢复植被，绿化环境。

2. 水库管理绿化

为改善生态环境，创造良好的生活工作环境，按生态建设要求对水库管理所周围进行绿化美化建设，以乔木为主，进行绿化。

设计列入水土保持投资 3 万元。

8.4　工程管理

8.4.1　燕麦地水库

8.4.1.1　工程任务与规模

燕麦地水库是鲁甸县管理的骨干小（1）型工程，担负梭山乡密所、黑石 5000 亩农田灌溉任务。水库的调度运用分为防洪和兴利两部分。在确保大坝防洪安全的基础上，充分蓄水，在灌区栽插季节向农田供水，以解决梭山乡牛栏江河谷的干旱缺水问题。水库径流面积 15.6km²，多年平均产水量 948 万 m³，径流量满足水库蓄水要求。

8.4.1.2　管理现状

燕麦地水库主管部门是鲁甸县水利局，按《水库工程管理通则》及《水库大坝安全管理条例》设置燕麦地水库管理所，但无固定管理人员，只委托管理员 1 人。

管理人员负责看管大坝及输水涵洞闸门、闸室及溢洪道，栽插季节，根据县乡的指令性计划，开闸放水。

水库的运行调度计划和防洪计划，未以文字的形式固定下来。

燕麦地水库管理设施不配套，无大坝沉降、位移及渗流观测设施；未进行溢洪道、输水涵洞泄流能力率定，无量水设施，无水文气象观测设施和观测场地。水库建成运行 8 年后，因病害原因，不能正常蓄水。水库枢纽无系统的观测和巡查记录及运行记录。

8.4.1.3　管理机构及人员编制

该工程运行管理机构以原有管理所为基础，成立鲁甸县燕麦地水库管理所，隶属鲁甸县水利局管理。按水利部《水利工程管理单位定岗标准》（2004 年 5 月）的有关条文，注重精简人员、机构，实行一岗多能。经分析测算，燕麦地水库管理所人员编制 4 人，对工程的大型维修考虑以社会力量承担。

配备管理人员时应优先选择具有水利专业知识的人员，上岗前要进行必要的培训，使管理人员掌握水库运行管理的基本知识和常识，熟练掌握各种仪器和工具的使用方法，作好观测检查记录及资料的整编保存工作。

8.4.1.4　工程运行管理

（1）水库运行调度管理。由于燕麦地水库主要功能为农业灌溉为主，日常调度根据农业灌溉需水量，及时按照上级要求提供用水。防洪度汛由鲁甸县防洪办统一调度。

工程除险加固后，水库可投入正常的工作运行，在水库初始的运行过程中，应密切关注坝基渗漏、坝体的水平和垂直变形情况，如发现异常情况应查明原因，及时处理。

水库管理站应按照鲁甸县水利局的要求，强化水库运行管理制度的规范化建设，制定包括"防汛度汛水库调度实施细则""汛期值班岗位责任制和考核制""汛期巡坝查险制度""汛期蓄水水位、蓄水量、来水量定时上报制度""抢险物资存储管理制度和抢险实施方案"等。

（2）管理制度。水库除险加固工程完工后，为确保水库安全运行，充分发挥水库的灌溉效益，需制订以下一些规章制度：站长责任制，工程技术人员责任，定期考核制度，仪器设备的保管和使用管理制度，资料收集、整理和保管制度，工作人员值班工作制度，水库日常巡查制度。

（3）工程维护管理。除险加固工程完成后，应根据建筑物加固情况和新配备设备的情况，制定或修订相应的管理维护、操作运用等技术要求，报请上级主管部门批准后执行。今后需要加强对职工的技术培训，特别是对一些新增管理项目和管理设备要作为重点，以提高职工的管理水平。

管理单位应根据《土石坝安全检测技术规范》（SL 551—2012）及其他相关的规程、规范的要求，制定观测工作细则，包括观测项目的测次、时间、顺序、人员分工、精度要求、资料整理分析保管以及观测设备保护、率定、检修、安全操作等有关各项工作制度，作为工程管理规范的组成部分。应进行经常和特殊情况下的巡检和观测工作，并负责监测系统和全部监测设备的检查、维护、校正、更新补充、完善，监测资料的整编、监测报告的编写以及监测技术档案的建立。定期对大坝及其他建筑物的工作状态提出分析和评估，为工程的安全鉴定提供依据，如果发现异常情况，应立即编写报告及时上报上级主管部门。

大坝管理是水库管理的关键，要经常察看大坝表面有无异常变化，如裂缝、塌陷、鼠洞等，并需对大坝的观测设施进行必要的维修和保护，避免人为破坏确保观测系统正常运行，以便于及时发现问题，及时处理，避免造成重大损失。严格按《水库大坝安全管理条例》77号令第3章的有关规定执行。泄洪涵洞闸门启闭前应对闸门和启闭机进行认真检查，闸门停止运行后要及时进行检查、维修和养护。

8.4.1.5　工程管理设施

（1）道路及交通工具。根据水库现有交通条件，可基本满足工程管理、防洪调度的要求，不再新增管理道路。水库加固完成后，对现有对外道路路面进行维修，采用碎石路面结构、路面宽6m，长度估约0.5km。

（2）房屋建筑及绿化。水库管理所现场办公、生产、仓库用房面积在原有基础上增加20m²；现场职工生活住房及文化福利用房增加50m²。以上办公、生活及文化福利总建筑面积70m²。

8.4.2　李家龙潭水库

8.4.2.1　工程任务与规模

李家龙潭水库以灌溉为主，兼有下游文屏镇安阁村及鲁甸县城的防洪。灌区在文屏镇安阁坝子，面积2500亩，土地肥沃、气候温和、适宜种植粮食作物和经济作物，是鲁甸县的主要粮产区之一。水库的建成，为当地自然优势转化为经济优势提供了可靠的水资源保障，极大地促进了地方经济社会的发展。该水库总库容106.7万m³，枢纽建筑物主要包括大坝及输水涵洞。工程规模为小（1）型。

8.4.2.2　管理现状

李家龙潭水库主管部门是鲁甸县水利局，按《水库工程管理通则》及《水库大坝安全管理条例》设置李家龙潭水库管理所。委托管理员 1 人管理。

水库管理人员未进行专业技术培训，技术力量十分薄弱，难以按水库管理的规程、通则要求开展水库管理工作。水库运行 28 年来，无降水、蒸发、风等项目的观测资料，只有零星的水库引水、放水观测资料；水库观测制度不健全，数据残缺不全；日常工作仅局限于巡视检查、水位观测、渗漏情况等。

水库管理所执行市、县防洪指挥部办公室的运行调度计划和防洪计划。水库委托管理人员的主要任务是看管大坝及输水涵洞闸门、闸室；栽插季节，根据农业灌溉需水及县乡的指令性计划供水。

8.4.2.3　管理机构及人员编制

工程运行管理机构以原有管理所为基础，成立鲁甸县李家龙潭水库管理所，隶属鲁甸县水利局管理。按水利部《水利工程管理单位定岗标准》（2004 年 5 月）的有关条文，注重精简人员、机构，实行一岗多能。经分析测算，李家龙潭水库管理所人员编制 4 人，对工程的大型维修考虑以社会力量承担。

配备管理人员时应优先选择具有水利专业知识的人员，上岗前要进行必要的培训，使管理人员掌握水库运行管理的基本知识和常识，熟练掌握各种仪器和工具的使用方法，做好观测检查记录及资料的整编保存工作。

8.4.2.4　工程运行管理

（1）水库运行调度管理。水库的主要任务是以蓄水灌溉为主，兼顾防洪等综合利用。水库运用首先满足汛期防洪，其次满足供水要求。水库防洪由鲁甸县防洪办统一调度。

工程除险加固后，水库可投入正常的工作运行，在水库初始的运行过程中，应密切关注坝基渗漏、坝体的水平和垂直变形情况，如发现异常情况应查明原因，及时处理。

水库管理站应按照鲁甸县水利局的要求，强化水库运行管理制度的规范化建设，制定包括"防汛度汛水库调度实施细则""汛期值班岗位责任制和考核制""汛期巡坝查险制度""汛期蓄水水位、蓄水量、来水量定时上报制度""抢险物资存储管理制度和抢险实施方案"等。

（2）管理制度。水库除险加固工程完工后，为确保水库安全运行，充分发挥水库的灌溉效益，需制订以下一些规章制度：站长责任制；工程技术人员责任制；定期考核制度；仪器设备的保管和使用管理制度；资料收集、整理和保管制度；工作人员值班工作制度；水库日常巡查制度。

（3）工程维护管理。目前水库已运行多年，对于工程维护和维修有相应的技术要求，也积累了一定的运行管理经验。除险加固工程完成后，应根据建筑物加固情况和新配备设备的情况，制定或修订相应的管理维护、操作运用等技术要求，报请上级主管部门批准后执行。今后需要加强对职工的技术培训，特别是对一些新增管理项目和管理设备要作为重点，以提高职工的管理水平。

管理单位应根据《土石坝安全检测技术规范》（SL 551—2012）及其他相关的规程、规范的要求，制定观测工作细则，包括观测项目的测次、时间、顺序、人员分工、精度要求、资料整理分析保管以及观测设备保护、率定、检修、安全操作等有关各项工作制度，作为工程管理规范的组成部分。应进行经常和特殊情况下的巡检和观测工作，并负责监测系统和全部监测设备的检查、维护、校正、更新补充、完善，监测资料的整编、监测报告的编写以及监测技术档案的建立。定期对大坝及其他建筑物的工作状态提出分析和评估，为工程的安全鉴定提供依据，如果发现异常情况，应立即编写报告及时上报上级主管部门。

大坝管理是水库管理的关键，要经常察看大坝表面有无异常变化，如裂缝、塌陷、鼠洞等，并需对大坝的观测设施进行必要的维修和保护，避免人为破坏确保观测系统正常运行，以便于及时发现问题，及时处理，避免造成重大损失。严格按《水库大坝安全管理条例》77 号令第 3 章的有关规定执行。泄洪涵洞闸门启闭前应对闸门和启闭机进行认真检查，闸门停止运行后要及时进行检查、维修和养护。

8.4.2.5　工程管理设施

（1）道路及交通工具。现有鲁甸到箐口的公路距大坝约 500m，只有小路连接到坝顶，难以保证防洪抢险人力、物资、器材及时运到。为给工程防洪调度运用提供便捷交通条件，水库加固完成后，对该道路进行路面硬化，按四级标准改建，采用柏油路面结构、路面宽 6m。

（2）房屋建筑。水库管理所现场办公、生产、仓库用房面积在原有基础上增加 20m²，现场职工生活住房及文化福利用房增加 50m²。以上办公、生活及文化福利总建筑面积 70m²，在坝址附近选择合适位置集中布置。

8.5　设计概算

8.5.1　燕麦地水库
8.5.1.1　编制依据

（1）云水规计〔2005〕116 号文《云南省水利工程设计概（估）算编制规定》。

（2）水利部水总〔2002〕116 号文，关于发布《水利建筑工程预算定额》《水利建筑工程概算定额》《水利工程施工机械台时费定额》。

（3）水利部水建管〔1999〕523 号文，关于发布《水利水电设备安装工程预算定额》和《水利水电设备安装工程概算定额》的通知。

（4）各专业提供的设计数据、资料。

8.5.1.2　基础单价

1. 人工预算单价

根据云水规计〔2005〕116 号文规定，枢纽工程人工工时预算单价为：工长 7.11 元/工时、高级工 6.61 元/工时、中级工 5.62 元/工时、初级工 3.04 元/工时。

2. 主要材料预算价格

概算编制价格水平年为 2007 年第三季度。

主要建筑材料采用工程所在地区材料价格，另计运杂费、保险费及采保费等，采保费按材料运到工程仓库价格的 3% 计算。

主要材料预算价格以基价进入工程单价，超过基价部分只计税金。基价如下：钢筋 3000 元/t，汽油 3600 元/t，柴油 3500 元/t，水泥 300 元/t，砂石料 70 元/m³。

3. 费用标准

(1) 其他直接费率。建筑工程按直接费的 2.0%，安装工程按直接费的 2.7% 计算。

(2) 现场经费及间接费费率，见表 8.5-1。

表 8.5-1　　　　　　　　　　　　现场经费与间接费表

序号	工程类别	现场经费		间接费	
		计算基础	现场经费费率/%	计算基础	间接费率/%
1	土石方工程	直接费	9	直接工程费	9
2	砂石备料工程	直接费	2	直接工程费	6
3	模板工程	直接费	8	直接工程费	6
4	混凝土浇筑工程	直接费	8	直接工程费	5
5	钻孔灌浆及锚固工程	直接费	7	直接工程费	7
6	其他工程	直接费	7	直接工程费	7
7	设备安装工程	人工费	45	人工费	50

(3) 企业利润。按直接工程费与间接费之和的 7% 计算。

(4) 税金。按直接工程费、间接费、企业利润之和的 3.22% 计算。

8.5.1.3　概算编制

1. 建筑工程

(1) 主体建筑工程概算按设计工程量乘以工程单价。

(2) 内外部观测工程，按设计提供的数据计列。

(3) 永久房屋建筑工程。办公、生产用房及仓库以及生活及文化福利建筑用房，建筑面积由设计提供，室外工程按永久房屋建筑工程投资的 10% 计算。

房屋造价指标为：生产用房、仓库 400 元/m²，生活及文化福利建筑用房 500 元/m²。

(4) 其他建筑工程按主体建筑工程投资的 1.0% 计算。

2. 设备及安装工程

主要设备原价采用 2007 年第三季度价格水平，设备费另计运杂费、保险费及采保费等。推荐方案主要设备价格如下：平板闸门 10000 元/t，埋件 9000 元/t，螺杆启闭机 15000 元/台。

3. 临时工程

(1) 临时交通公路。根据设计概算资料，临时新建道路 10 万元/km，改建道路 1.5 万元/km，10kV 供电线路按 6 万元/km。

(2) 临时房屋建筑工程。仓库按 200 元/m²；办公、生活及文化福利建筑投资按公式计算，人均建筑面积综合指标取 12m²/人，单位造价指标取 600 元/m²；全员劳动生产率取 8 万元/(人·年)，施工工期 1.5 年。

（3）其他施工临时工程。按工程第一部分至第四部分建筑安装工作量（不包括其他施工临时工程）之和的 3％计算。

4．独立费用

（1）建设管理费。根据云水规计〔2005〕116 号文规定，改扩建工程未计列开办费。建设单位定员人数根据工程实际情况按 8 人考虑，费用指标 39390 元/（人·年）。工程管理经常费按建设单位开办费和建设单位人员经常费的 20％计算。工程建设监理费根据建设部〔1992〕价费字 479 号规定，按 5 万元/（人·年）计算。

（2）生产准备费。管理用具购置费分别按工程第一部分至第四部分建筑安装量的 0.02％计算，备品备件购置费按设备费的 0.4％计算，工器具及生产家具购置费按设备费的 0.08％计算。

（3）科研勘测设计费。工程科学研究试验费按工程建筑安装工作量的 0.5％计算。工程勘测设计费计算执行国家计委计价格〔2002〕10 号文、建设部关于发布《工程勘察设计收费管理规定》的通知及水利部的相关释义。

（4）建设及施工场地征用费。仅考虑临时占地的青苗赔偿费用。

（5）其他。定额编制管理费，按工程建筑安装工作量的 0.1％计列；工程质量监督费，按工程建筑安装工作量的 0.25％计列；大坝安全鉴定费按合同金额计列。

5．预备费

基本预备费，按工程第一部分至第五部分投资合计的 5％计算，不计价差预备费。

6．计算结果

经计算，该工程静态总投资 1053.47 万元。

8.5.2 李家龙潭水库

1．建筑工程

（1）主体建筑工程概算按设计工程量乘以工程单价。

（2）内外部观测工程，按设计提供的数据计列。

（3）永久房屋建筑工程。办公、生产用房及仓库以及生活及文化福利建筑用房，建筑面积由设计提供，室外工程按永久房屋建筑工程投资的 10％计算。

房屋造价指标为：生产用房、仓库 400 元/m²，生活及文化福利建筑用房 500 元/m²。

（4）其他建筑工程按主体建筑工程投资的 1.0％计算。

2．设备及安装工程

主要设备原价采用 2007 年第三季度价格水平，设备费另计运杂费、保险费及采保费等。推荐方案主要设备价格如下：平板闸门 10000 元/t，埋件 9000 元/t，螺杆启闭机 15000 元/台。

3．临时工程

（1）临时交通公路。根据设计概算资料，临时新建道路 10 万元/km，改建道路 1.5 万元/km，10kV 供电线路按 6 万元/km。

（2）临时房屋建筑工程。仓库按 200 元/m²；办公、生活及文化福利建筑投资按公式计算，人均建筑面积综合指标取 12m²/人，单位造价指标取 600 元/m²；全员劳动生产率取 8 万元/（人·年），施工工期 1 年。

（3）其他施工临时工程。按工程第一部分至第四部分建筑安装工作量（不包括其他施工临时工程）之和的3％计算。

4. 独立费用

（1）建设管理费。根据云水规计〔2005〕116号文规定，改扩建工程未计列开办费。建设单位定员人数根据工程实际情况按5人考虑，费用指标39390元/（人·年）。工程管理经常费按建设单位开办费和建设单位人员经常费之和的20％计算。工程建设监理费根据建设部〔1992〕价费字479号规定，按5万元/（人·年）计算。

（2）生产准备费。管理用具购置费分别按工程第一部分至第四部分建筑安装量的0.02％计算，备品备件购置费按设备费的0.4％计算，工器具及生产家具购置费按设备费的0.08％计算。

（3）科研勘测设计费。

1）工程科学研究试验费按工程建筑安装工作量的0.5％计算。

2）工程勘测设计费计算执行国家计委计价格〔2002〕10号文、建设部关于发布《工程勘察设计收费管理规定》的通知及水利部的相关释义。

（4）建设及施工场地征用费。仅考虑临时占地的青苗赔偿费用。

（5）其他。定额编制管理费，按工程建筑安装工作量的0.1％计列；工程质量监督费，按工程建筑安装工作量的0.25％计列；大坝安全鉴定费按合同金额计列。

5. 预备费

基本预备费，按工程第一部分至第五部分投资合计的5％计算，不计价差预备费。

6. 计算结果

经计算，该工程静态总投资426.38万元。

8.6 经济评价

8.6.1 燕麦地水库

8.6.1.1 评价方法、依据和主要参数

1. 评价方法和依据

工程属于社会公益性质的水利建设项目，只对项目进行国民经济评价。

经济评价主要依据国家发改委和建设部2006年7月颁布的《建设项目经济评价方法与参数》（第三版）和水利部发布的《水利建设项目经济评价规范》（SL 72—1994）进行分析计算。

2. 主要参数

（1）社会折现率。社会折现率是建设项目经济评价的通用参数，在评价中作为计算经济净现值时的折现率和评判经济内部收益率的基准值，是建设项目经济可行性的主要判别依据。采用8％的社会折现率进行评价。

（2）计算期。计算期包括建设期和正常运行期。该工程建设期为8个月，正常运行期30年。

（3）价格水平年和基准年。价格水平年为2007年第三季度。经济评价基准年为项目

建设期的第一年，基准点为基准年年初。

8.6.1.2 工程费用增量

工程费用主要包括固定资产投资、年运行费及流动资金。

1. 固定资产投资

根据投资概算结果，工程静态总投资为1053.47万元。国民经济评价主要对投资估算成果进行如下调整。

（1）投资估算的材料价格采用的是2007年第三季度的市场价格，其主要建筑材料、人工工资接近影子价格，故不再进行材料、设备、劳动力费用的调整。因占用、淹没土地补偿费占总投资比重很小，为简化计算，这部分费用也不做调整。所以，国民经济评价的影子价格换算系数均采用1.0。

（2）剔除投资估算中属于国民经济内部转移性支付的计划利润和税金。

调整后，国民经济评价投资为943.39万元。

2. 年运行费

水库除险加固工程，不增加工作人员，不新增燃料动力费，因此，年运行费率低于新建工程，运行费中大部分为工程维修费，根据工程的实际情况，该工程年运行费率暂按工程投资的2%，其年运行费为20.84万元。

3. 流动资金

流动资金暂按年运行费的20%计，为4.17万元。

8.6.1.3 工程效益

项目效益包括防洪效益、农业灌溉效益以及外部环境效益等。由于外部效益不易计算，本次经济评价只计算灌区的防洪效益和农业灌溉效益。采取有无项目增量效益，对项目的效益进行估算。

（1）防洪效益估算。水库的防洪效益按照下列公式简化计算：

$$C = AW \qquad\qquad (8.6-1)$$

式中：A 为防洪平均保护面积，取10万亩；W 为多年平均洪水灾害损失率，元/亩，参考其他类似流域洪灾资料，取160元/亩。

经估算，多年平均防洪效益为1600万元，加固工程的增量效益按照总效益的20%估计，为320万元。

（2）农业灌溉效益估算。灌区控制灌溉面积5000亩。灌区内农业生产以旱作物为主，其中有小部分的果树，其余主要种植小麦、玉米、红薯等作物。

农业产出物主产品中小麦、玉米等为外贸货物，根据经济评价规定，应采用影子价格。但考虑到测算影子价格有困难，且目前国内有些农副产品市场已接近国际市场价格。在不影响评价结论的前提下，本次暂按市场价格代替影子价格。

由农作物亩均增产量、价格及种植比例，可计算出灌区增产产值为74.55万元。

考虑该增产值的产生是水利工程和其他因素共同作用的结果，经调查分析水利工程净产值效益分摊系数为0.4，其中水库工程的分摊比例为0.7，可得出水库产生的效益为20.87万元。

（3）固定资产余值及流动资金回收。固定资产余值取工程投资的5%，和流动资金一起在计算期末计入现金流入。

8.6.1.4　国民经济评价指标及结论

根据以上分析，编制国民经济效益费用流量表（表 8.6-1），计算其评价指标为：经济内部收益率 33.19%，大于 8% 的社会折现率；效益费用比 3.46，大于 1；经济净现值为 2448 万元。因此，燕麦地水库除险加固工程在经济上是可行的。

表 8.6-1　　　　燕麦地水库除险加固工程国民经济效益费用流量表　　　　单位：万元

时间/a	现金流入	防洪效益	灌溉效益	固定资产余值回收	流动资金回收	现金流出	固定资产投资	流动资金	年运行费	净效益流量
1						964.23	943.39		20.84	-964.23
2	340.87	320	20.87			20.84		4.17	20.84	320.04
3	340.87	320	20.87			20.84			20.84	320.04
4	340.87	320	20.87			20.84			20.84	320.04
5	340.87	320	20.87			20.84			20.84	320.04
6	340.87	320	20.87			20.84			20.84	320.04
7	340.87	320	20.87			20.84			20.84	320.04
8	340.87	320	20.87			20.84			20.84	320.04
9	340.87	320	20.87			20.84			20.84	320.04
10	340.87	320	20.87			20.84			20.84	320.04
11	340.87	320	20.87			20.84			20.84	320.04
12	340.87	320	20.87			20.84			20.84	320.04
13	340.87	320	20.87			20.84			20.84	320.04
14	340.87	320	20.87			20.84			20.84	320.04
15	340.87	320	20.87			20.84			20.84	320.04
16	340.87	320	20.87			20.84			20.84	320.04
17	340.87	320	20.87			20.84			20.84	320.04
18	340.87	320	20.87			20.84			20.84	320.04
19	340.87	320	20.87			20.84			20.84	320.04
20	340.87	320	20.87			20.84			20.84	320.04
21	340.87	320	20.87			20.84			20.84	320.04
22	340.87	320	20.87			20.84			20.84	320.04
23	340.87	320	20.87			20.84			20.84	320.04
24	340.87	320	20.87			20.84			20.84	320.04
25	340.87	320	20.87			20.84			20.84	320.04
26	340.87	320	20.87			20.84			20.84	320.04
27	340.87	320	20.87			20.84			20.84	320.04
28	340.87	320	20.87			20.84			20.84	320.04
29	340.87	320	20.87			20.84			20.84	320.04
30	340.87	320	20.87			20.84			20.84	320.04
31	397.14	320	20.87	52.10	4.17	20.84			20.84	376.30

8.6.2 李家龙潭水库

8.6.2.1 评价方法、依据和主要参数

1. 评价方法和依据

工程属于社会公益性质的水利建设项目，只对项目进行国民经济评价。

本次经济评价主要依据国家发改委和建设部 2006 年 7 月颁布的《建设项目经济评价方法与参数》（第三版）和水利部发布的《水利建设项目经济评价规范》（SL 72—1994）进行分析计算。

2. 主要参数

（1）社会折现率。社会折现率是建设项目经济评价的通用参数，在评价中作为计算经济净现值时的折现率和评判经济内部收益率的基准值，是建设项目经济可行性的主要判别依据。采用 8% 的社会折现率进行评价。

（2）计算期。计算期包括建设期和正常运行期。该工程建设期为 8 个月，正常运行期 30 年。

（3）价格水平年和基准年。价格水平年为 2007 年第三季度。经济评价基准年为项目建设期的第一年，基准点为基准年年初。

8.6.2.2 工程费用增量

工程费用主要包括固定资产投资、年运行费及流动资金。

1. 固定资产投资

根据投资概算结果，工程静态总投资为 426.38 万元。国民经济评价主要对投资估算成果进行如下调整。

（1）投资估算的材料价格采用的是 2007 年第三季度的市场价格，其主要建筑材料、人工工资接近影子价格，故不再进行材料、设备、劳动力费用的调整。因占用、淹没土地补偿费占总投资比重很小，为简化计算，这部分费用也不做调整。所以，国民经济评价的影子价格换算系数均采用 1.0。

（2）剔除投资估算中属于国民经济内部转移性支付的计划利润和税金。

调整后，国民经济评价投资为 386.06 万元。

2. 年运行费

水库除险加固工程，不增加工作人员，不新增燃料动力费，因此，年运行费率低于新建工程，运行费中大部分为工程维修费，根据工程的实际情况，该工程年运行费率暂按工程投资的 2%，其年运行费为 8.53 万元。

3. 流动资金

流动资金暂按年运行费的 20% 计为 1.71 万元。

8.6.2.3 工程效益

项目效益包括防洪效益、农业灌溉效益，以及外部环境效益等。由于外部效益不易计算，本次经济评价只计算灌区的防洪效益和农业灌溉效益。采取有无项目增量效益，对项目的效益进行估算。

（1）防洪效益估算。水库的防洪效益按照式（8.6-1）计算。

经估算，多年平均防洪效益为 240 万元，加固工程的增量效益按照总效益的 20% 估

计，为 48 万元。

（2）农业灌溉效益估算。灌区控制灌溉面积 0.25 万亩。灌区内农业生产以旱作物为主，其中有小部分的果树，其余主要种植小麦、玉米、红薯等作物。

农业产出物主产品中小麦、玉米等为外贸货物，根据经济评价规定应采用影子价格。但考虑到测算影子价格有困难，且目前国内有些农副产品市场已接近国际市场价格。在不影响评价结论的前提下，本次暂按市场价格代替影子价格。

由农作物亩均增产量、价格及种植比例，可计算出灌区增产产值为 37.28 万元。

考虑该增产值的产生是水利工程和其他因素共同作用的结果，经调查分析水利工程净产值效益分摊系数为 0.4，其中水库工程的分摊比例为 0.7，可得出水库产生的效益为 10.44 万元。

（3）固定资产余值及流动资金回收。固定资产余值取工程投资的 5%，和流动资金一起在计算期末计入现金流入。

8.6.2.4　国民经济评价指标及结论

根据以上分析的效益和费用，编制国民经济效益费用流量表（表 8.6-2），计算其评价指标为：经济内部收益率 12.28%，大于 8% 的社会折现率；效益费用比 1.45，大于 1；经济净现值为 157 万元。因此，李家龙潭水库除险加固工程在经济上是可行的。

表 8.6-2　　　李家龙潭水库除险加固工程国民经济效益费用流量表　　　单位：万元

时间/a	现金流入	防洪效益	灌溉效益	固定资产余值回收	流动资金回收	现金流出	固定资产投资	流动资金	年运行费	净效益流量
1						394.58	386.06		8.53	−394.58
2	58.44	48.00	10.44			8.53		1.71	8.53	49.91
3	58.44	48.00	10.44			8.53			8.53	49.91
4	58.44	48.00	10.44			8.53			8.53	49.91
5	58.44	48.00	10.44			8.53			8.53	49.91
6	58.44	48.00	10.44			8.53			8.53	49.91
7	58.44	48.00	10.44			8.53			8.53	49.91
8	58.44	48.00	10.44			8.53			8.53	49.91
9	58.44	48.00	10.44			8.53			8.53	49.91
10	58.44	48.00	10.44			8.53			8.53	49.91
11	58.44	48.00	10.44			8.53			8.53	49.91
12	58.44	48.00	10.44			8.53			8.53	49.91
13	58.44	48.00	10.44			8.53			8.53	49.91
14	58.44	48.00	10.44			8.53			8.53	49.91
15	58.44	48.00	10.44			8.53			8.53	49.91
16	58.44	48.00	10.44			8.53			8.53	49.91
17	58.44	48.00	10.44			8.53			8.53	49.91

续表

时间/a	现金流入	防洪效益	灌溉效益	固定资产余值回收	流动资金回收	现金流出	固定资产投资	流动资金	年运行费	净效益流量
18	58.44	48.00	10.44			8.53			8.53	49.91
19	58.44	48.00	10.44			8.53			8.53	49.91
20	58.44	48.00	10.44			8.53			8.53	49.91
21	58.44	48.00	10.44			8.53			8.53	49.91
22	58.44	48.00	10.44			8.53			8.53	49.91
23	58.44	48.00	10.44			8.53			8.53	49.91
24	58.44	48.00	10.44			8.53			8.53	49.91
25	58.44	48.00	10.44			8.53			8.53	49.91
26	58.44	48.00	10.44			8.53			8.53	49.91
27	58.44	48.00	10.44			8.53			8.53	49.91
28	58.44	48.00	10.44			8.53			8.53	49.91
29	58.44	48.00	10.44			8.53			8.53	49.91
30	58.44	48.00	10.44			8.53			8.53	49.91
31	81.46	48.00	10.44	21.32	1.71	8.53			8.53	72.93

参 考 文 献

［1］　吴中如. 水工建筑物安全监控理论及其应用［M］. 北京：高等教育出版社，2003.
［2］　蒋国澄，傅志安，凤家骥. 混凝土面板坝工程［M］. 武汉：湖北科学技术出版社，1996.
［3］　谢定义. 土动力学［M］. 西安：西安交通大学出版社，1988.
［4］　殷宗泽. 土工原理与计算［M］. 北京：中国水利水电出版社，2007.
［5］　顾淦臣. 土石坝地震工程［M］. 南京：河海大学出版社，1988.
［6］　黄文熙. 土的工程性质［M］. 北京：水利电力出版社，1983.
［7］　沈珠江. 理论土力学［M］. 北京：中国水利水电出版社，2000.
［8］　周文渊，徐海波. 水库大坝安全评价技术探讨［J］. 治淮，2016.
［9］　盛金保，李雷，王昭升. 我国小型水库大坝安全问题探讨［J］. 中国水利，2006.
［10］　朱强，俞孔坚，李迪华，等. 景观规划中的生态廊道宽度［J］. 生态学报，2005.
［11］　李敏. 现代城市绿地系统规划［M］. 北京：中国建筑工业出版社，2002.
［12］　许浩. 国外城市绿地系统规划［M］. 北京：中国建筑工业出版社，2003.